民國建築工程期刊匯編

MINGUO JIANZHU GONGCHENG QIKAN HUIBIAN

17

《民國建築工程期刊匯編》編寫組 編

广西师范大学出版社
GUANGXI NORMAL UNIVERSITY PRESS
·桂林·

第十七册目録

工

程

工　程

第十二卷第四號　二十六年八月一日

中國工程師學會發行

英國愛倫鋼廠

風鋼 炭素鋼 彈簧鋼

其他各種鋼品上海常備現貨

高等工具鋼品

獨家經理 英商怡和機器有限公司

總公司 上海圓明園路五十號

分公司 香港 廣州 漢口

南京 青島 天津

請聲明由中國工程師學會「工程」介紹

8149

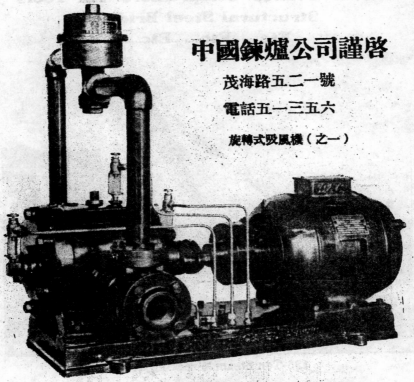

避水？防潮？

註冊商標

樹葉商標

建築物之地下層，貯藏室，屋面，水池，水塔等，最易滲水。水泥地面及牆垣等易生潮氣。與衛生甚有妨礙。故避水防潮為業主及建築師亟欲解決之問題。自「雅禮避水漿」發明後。此煩惱之問題即迎刃而解。「雅禮避水漿」係本廠發明。獨家專利製造。其功效不特能使一切水泥建築物防水避潮。且能延長其壽命。用時祇須將「雅禮避水漿」用水化開。和入三合土內即可。手續異常簡單。而定價低廉。尤得建築界之熱烈歡迎。用量——水泥一桶重量四百磅。只需「雅禮避水漿」一加侖（八磅）即水泥重量百份之二。近來市上發現有以石灰或小粉漿等物混充「避水漿」低價出售。此等物質。毫無避水功效自不待言。而貽誤工程匪淺。敝廠為證明雅禮出品之宏大功效起見。特將所辦較大之避水工程列表於下。購辦時幸認明雅禮製造廠出品之註冊「樹葉」商標為要。

「雅禮避水漿」與油毛毡比較具有下列之優點

(一)用法簡便省工省時

(二)年久不致腐爛而失其避水功效

(三)凡油毛毡不能施工之處（如山洞等）雅禮避水漿俱可應用

(四)油毛毡避水工程如不幸漏水修理非常困難用避水漿之工程則不然

雅禮避水工程一覽表

●本埠工程

中國銀行　花旗銀行　美國學堂　上海市銀行　廣東銀行　大陸商場　五洲藥房第二廠　法國總會游泳池　中西藥房　上海女子銀行　融光大戲院　夏光酒精廠　開江女校　市政府博物館　市政府衛宿舍　市政府市立醫院　申報館　國際飯店　江滬銀行　金城大戲院　中匯銀行　亞洲飯店　同濟大學　四馬路總巡捕房　安利洋行

光明染廠　市政府　綸昌印花廠　漁市場　跑馬廳　上海火車站　南市上海醫院　天盛陶器廠　浦東自來水廠

●外埠工程

南通大生紡織公司　瀏河太嘉寶醫院　杭州水利局　南通電廠　杭州電廠

●南京

三叉河水閘　江蘇農民銀行　山東省政府駐京辦事處　意國領事公館　孔部長公館　劉樸成公館　張公館　許公館　國立編譯館

江南汽車公司　助產學院　財政部　東關抽水機　中央樂園　禁煙委員會　宋部長公館　江南水泥廠　津浦鐵路機頭房　何部長公館　金公館　三民印務局　中央博物院　大華影戲院　自來水廠　譚公館　國立戲劇音樂院　中央農業實驗所　導淮委員會　中南銀行　財政部庫房

●南昌

中國銀行　交通大廈　洪都招待所　省政府發電廠

本廠之出品一覽

避水漿——能使一切水泥建築避水，避潮，耐久

避水漆——為修理各種白鐵或水泥屋面之聖品

膠搽油——能使水泥屋面之微孔填塞而省去油毛毡

紙筋漆——專嵌各種裂縫及修補鋼鐵之白漆用

透明漆——可使牆垣避水而不變原有之色澤

避水粉——能使一切水泥建築，避潮，耐久

保木油——能使木料免蛀防腐

保地精——能使簡陋之水泥地面堅硬耐久

敵水靈——能使水泥增加膠合力及堅硬迅速

避潮漆——新水泥建築用，專使牆垣避免潮氣

快燥精——能使普通水泥快燥一倍，冬季可免冰凍

特快精——（即「快加二」）能使水泥於數秒鐘內凝結

●本廠印有出品說明書及「建築避水法」小冊函索即寄●

本廠除製造避水材料外。特設工程一部。專任各種避水工作。凡一切漏水屋面。牆垣。地坑。水塔水池等。本廠完全負責。務使賜顧者不必再感漏水問題之煩惱。

上海雅禮製造廠

南京路大陸商場六二二號電話九〇〇五一

華東總經理　大陸商行　南京新街口大陸銀行三樓　南昌中正路南昌隧內

華南總經理　大陸商行駐粵辦事處　廣州惠福東路一百三十二號

華中總經理　公平行　漢潮口北街金城里街面十四號

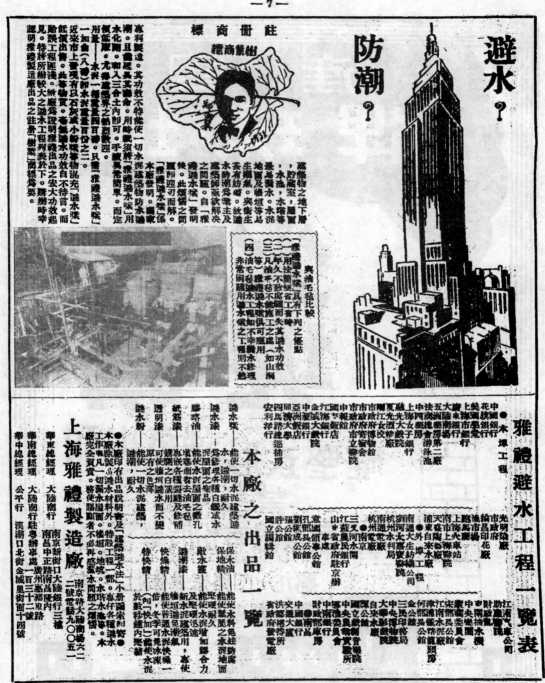

請聲明由中國工程師學會『工程』介紹

請聲明由中國工程師學會『工程』介紹

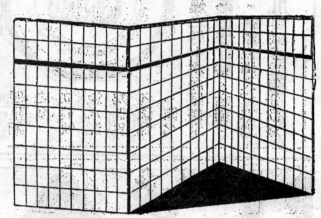

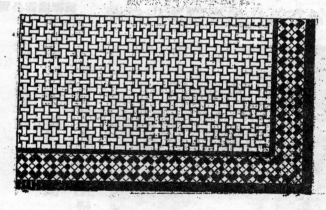

8157

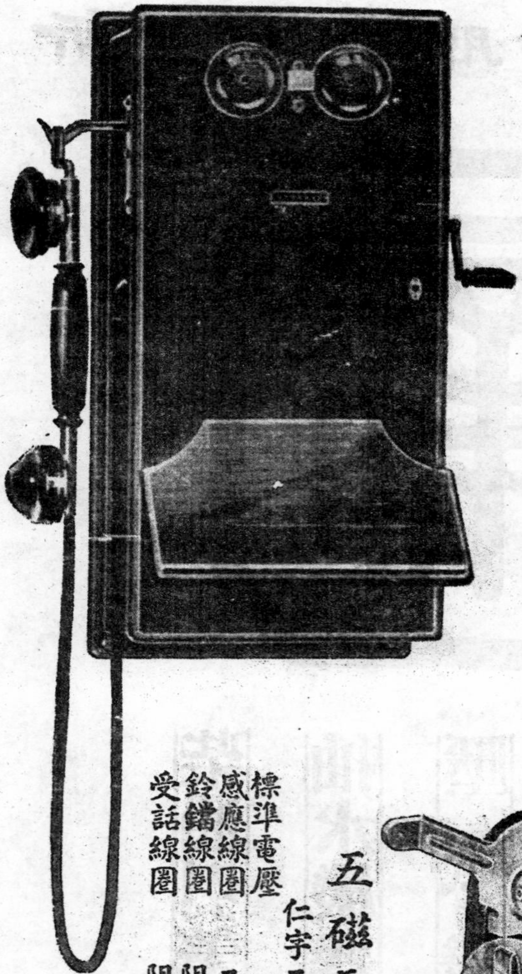

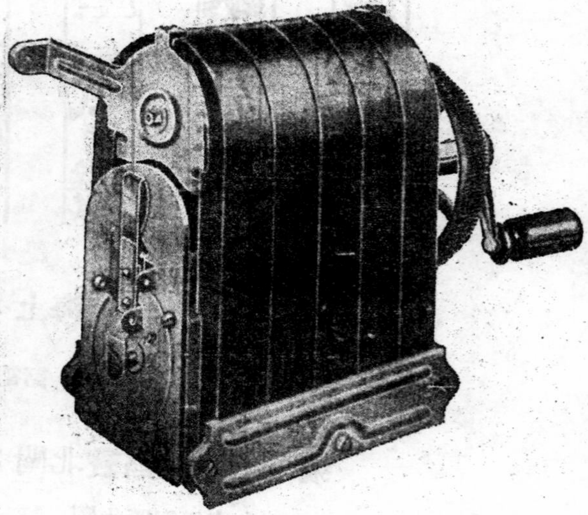

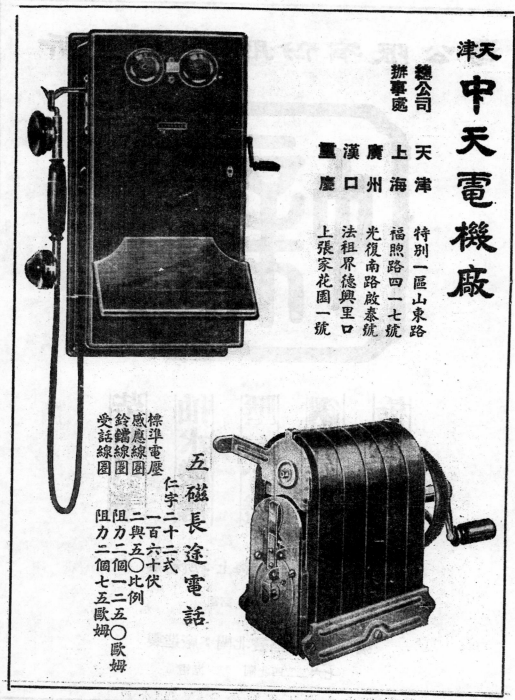

中國工程師學會會刊

工程

第十二卷 第四號

目錄

論著：

工程譯叢：

工程新聞：

中國工程師學會發行

中國工程師學會會員信守規條

（民國二十二年武漢年會通過）

1. 不得放棄責任，或不忠于職務。
2. 不得授受非分之報酬。
3. 不得有傾軋排擠同行之行爲。
4. 不得直接或間接損害同行之名譽及其業務。
5. 不得以卑劣之手段競爭業務或位置。
6. 不得作虛僞宣傳，或其他有損職業尊嚴之舉動。

如有違反上列情事之一者，得由執行部調查確實後，報告董事會，予以警告，或取消會籍。

工程雜誌投稿簡章

一　本刊登載之稿，概以中文爲限。原稿如係西文，應請譯成中文投寄。

二　投寄之稿，或自撰，或翻譯，其文體，文言白話不拘。

三　投寄之稿，望繕寫清楚，並加新式標點符號，能依本刊行格繕寫者尤佳。如有附圖，必須用黑墨水繪在白紙上

四　投寄譯稿，並請附寄原本。如原本不便附寄，請將原文題目，原著者姓名，出版日期及地點，詳細敍明。

五　稿末請註明姓名，字，住址，以便通信。

六　投寄之稿，不論揭載與否，原稿概不檢還。惟長篇在五千字以上者，如未揭載，得因預先聲明，並附寄郵費，寄還原稿。

七　投寄之稿，俟揭載後，酌酬本刊。其尤有價値之稿，從優議酬。

八　投寄之稿，經揭載後，其著作權爲本刊所有。

九　投寄之稿，編輯部得酌量增删之。但投稿人不願他人增删者，可於投稿時預先聲明。

十　投寄之稿請寄上海南京路大陸商場542號中國工程師學會轉工程編輯部。

租辦漢陽鋼鐵廠建議

胡博淵

民國十九年春,奉部派調查漢冶萍公司。返京後曾將報告呈部有案,復經酌量當時國內需用鋼鐵之情形與市價,建議租辦漢陽鋼鐵廠。對於該公司,可將棄而不用之廠,坐得租金,對於國家亦可謀鋼鐵一部份之自給,同時又可減少漏卮,誠有百利而無一弊之舉。後因種種關係,未能見諸實行。現時隔多年,外患益亟,國內需要鋼鐵,較前尤多。現在生鐵市價每噸由六十元漲至九十元,鋼料市價每噸由一百二十元漲至二百二十元。默察現在各國,皆在準備第二次世界大戰,鐵價將更趨增高,來源將日見減少。中央鋼鐵廠雖在積極籌備,但無論如何,非三四年不能開爐。若能於此時,先將漢陽鐵廠承租開煉,俟中央鋼鐵廠成立後再行停止,則利益甚多,玆略述如下:

(一) 可以自給一部份鋼鐵,既減少漏卮,又養活工人數千。

(二) 藉以訓練工人及技術人員。

(三) 如一旦國際戰事發生,來源斷絕,則國內尙可有一部份鋼鐵之自給。

(四) 與漢冶萍公司訂立承租契約,可以不受該公司日本借款之束縛。

(五) 可以利用國內鐵砂,以減少出口數量。

(六) 可以銷售長江下游之煤以煉焦。

(七) 可以最少資本於最短時間出產鋼材。

故現在若能籌資本最多五百萬元,經四個月至六個月之預備,即可開爐提煉鋼鐵,開廠不到一年,即可將資本還淸。此舉於國防旣極重要,收利又甚迅速。時機難得,稍縱即逝,幸熱心國事諸公急起圖之,幸甚!

開辦費預算

(甲) 屬於原料者

名稱	數量	單價	共計
焦炭	30,000噸	28.00元	840,000元
鐵砂	30,000噸	7.00元	210,000元
石灰石	10,000噸	3.00元	30,000元
錳鐵砂	2,000噸	30.00元	60,000元
烟煤	2,000噸	15.00元	30,000元
耐火磚	500噸	80.00元	40,000元

以上共計1,210,000元,於化鐵爐開工前,一律轉運到廠。

名稱	數量	單價	共計
廢鋼	2,000噸	80.00元	160,000元
鐵砂	3,000噸	7.00元	21,000元
石灰石	2,000噸	3.00元	6,000元
白雲石	3,000噸	5.00元	15,000元
矽精	1,000噸	100.00元	100,000元
錳精	2,000噸	120.00元	240,000元
烟煤	5,000噸	15.00元	75,000元
鎂磚	200噸	140.00元	28,000元
矽磚	200噸	60.00元	12,000元
耐火磚	500噸	50.00元	25,000元

以上共計682,000元,於煉鋼爐開工前,須一律轉運到廠。

(乙) 屬於修理費者

化鐵爐,煉鋼廠,製鋼廠,機器廠,銅磚廠,電機廠,交通設備及運轉整理等。

以上共計約1,000,000元

(丙) 流動資金　2,108,000元

以上共計資本5,000,000.00元

成本估計

(甲) 生鐵

料名	消耗量	單價	共原
焦炭	1.20噸	28.00元	33.60元
鑛砂	1.70噸	7.00元	11.90元
石灰石	0.50噸	3.00元	1.50元
錳鑛砂	0.10噸	25.00元	2.50元
薪資			1.50元
添配機件機油動力修理等			8.00元

以上共計 59.00 元

(乙) 鋼品

原料(生鐵)	59.00元
配料(錳精砂精鋁精)	1.50元
磚料	3.50元
燃料	15.00元
石灰石	1.00元
薪工	8.00元
添配機件機油動力修理等	30.00元

以上共計 118.00 元

管理費	每月 40,000 元
租金	每月 40,000 元

盈利　*現生鐵市價每噸以90元計,鋼貨售價每噸以220元計,故製鐵每噸可獲利31元,鋼貨每噸可獲利102元,如一年以煉八萬噸鋼料計算,應售價一千七百六十萬元,除成本九百四十四萬元(每噸118元)及管理費四十八萬元,租金三十六萬元外,可得淨餘七百三十二萬元,則五百萬元之本利,不到一年,即可還清。利莫大焉!

*此稿係兩月前所擬,現鐵價每噸已漲至一百十元,鋼價每噸已漲至二百六十元矣。　作者註　二六,五,一。

桑乾河第一淤灌區堰閘工程基樁摩阻力之試驗

徐宗溥

桑乾河第一淤灌區堰閘工程,位於晉北朔縣屬之泥河村。堰底與閘基之土質,在未開工之前曾經鑽驗純為黃土,質甚均勻。堰底打有板樁兩道,其目的在增加滲綫之長度,與摩阻力無與。惟南北兩岸各閘之基礎,共打木樁二千棵,用以承受上部工程之重量,其摩阻力是否安全,實有詳行試驗之必要。

本工程採用之基樁,為圓形松木,規定長10公尺,大徑3公寸,小徑2公寸,均用單動式汽鎚打入,南北兩岸,各試有兩樁。先用打樁公式推算,再用荷重實驗,以資比較。

北岸試樁

N 93 號:樁長10.11公尺,大頭徑粗3.28公寸,小頭徑粗2.20公寸。打入日期,為二十五年五月十六日,靜荷試驗日期,為六月五日至十日。

N 408 號:樁長10.15公尺,大頭徑粗3.03公寸,小頭徑粗2.10公寸。打入日期,為五月十五日,靜荷試驗日期,為五月十九日至二十四日。

南岸試樁

S 12 號:樁長10.13公尺,大頭徑粗3.05公寸,小頭徑粗2.02公寸。打入日期,為九月二十九日,靜荷試驗日期,為十二月十日至二十日。

S 396 號:樁長10.07公尺,大頭徑粗2.96公寸,小頭徑粗2.13公寸,打入日期,爲十月一日,靜荷試驗日期爲十月七日至十八日。

打樁公式,多至數十,然皆因地制宜,無一可以應用於任何環境之下者,其較爲通行者,爲威靈登 (A. M. Wellington) 公式,其式如下:

$$P=\frac{2WH}{S+C}$$

P = 安全承量(其安全率爲六)

W = 鉈之重量

H = 鉈落高度

S = 鉈擊樁陷深度

C = 常數(單動式汽鉈 C=0.1)

P 及 W 均以磅計, H 以呎計, S 以吋計。

此項公式,用之於砂礫之地層,尚可得相當之準確,今用之於富有黏性之黃土,則求得之安全承量,往往失之過小。蓋以鉈擊樁陷時,土壤孔隙中所含之水分,擠集樁周,發生滑油作用,使樁皮之摩阻力,大行減小,及樁打畢後,其集於樁周之水分,復被四圍之土壤,吸收而去,土得黏合於樁表,使其摩阻力又大增。今命 P_d 爲繼續衝擊最後五鉈所得之安全阻力, K 爲大於1之常數, P_s 爲暫停後再行衝擊五鉈所得之安全阻力,則 $P_s=KP_d$。此次試驗之 K 值如表(一):

表(一) 試樁繼續衝擊與暫停後再擊所得阻力之比較

樁號	繼續衝擊之結果 P_d 磅	停止時間(小時)	停止後再擊之結果 P_s 磅	$K=\frac{P_s}{P_d}$	附註
N93	30,000	14	100,000	3.3	試驗時均加用頂柱(follower)
N408	38,100	15	88,500	2.3	
S12	36,400	10	110,000	3.0	
S396	40,60)	15	93,000	2.3	
			平均	2.7	

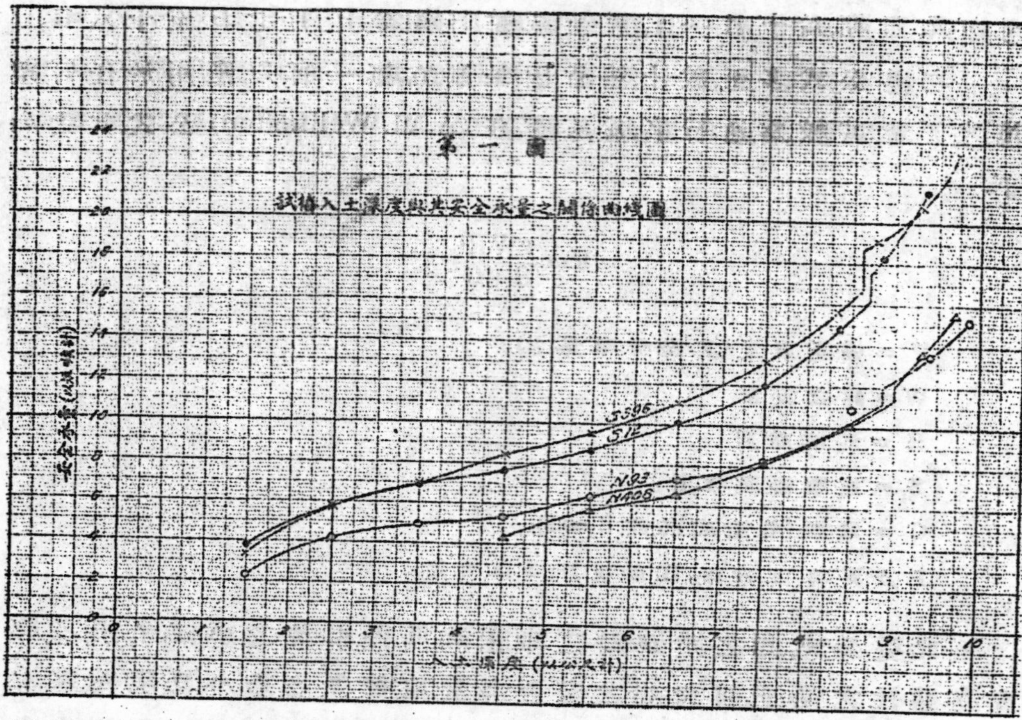

試樁入土深度與其安全承量之關係如第一圖。由該圖觀之:

1. 試樁之承量,隨長度而增加,且粗成比例,故知其所經之土質,頗為均勻。

2. 南岸兩曲綫之位置,均在北岸曲綫之上,故知南岸之土質,較北岸為堅。

再用第一圖及試樁表皮面積曲綫圖(第二圖),求試樁各段之摩阻力,並繪成曲綫如第三圖。

由第三圖觀之,在六公尺以下,各曲綫均由高而低,則知初打時,樁皮阻力較大,打入漸深,阻力漸減。在六公尺至七公尺之間,成為平綫,此為阻力無大加減之表示。至七公尺以上,則各曲綫漸由低而高,可知阻力又漸增加。推其原因,或由於在黏土中打樁,由淺入深時,一方面因擠出水分,發生滑油作用,令其阻力減小,一方面又因土質上鬆而下堅,令其阻力加大,惟滑油作用,由小而大,及達至一定深度後,漸保持其常態,不復再行增加,而土質之變化,則愈下而愈堅，故抵抗力量，亦愈下而愈大，兩者相值，故有此種現象也。

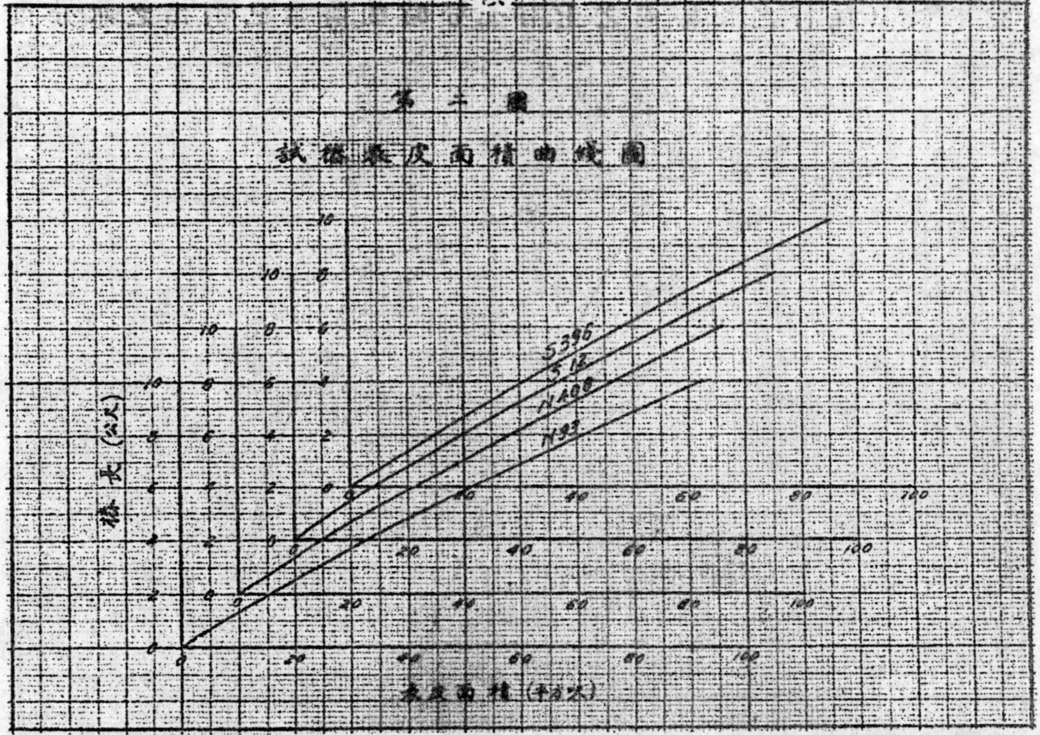

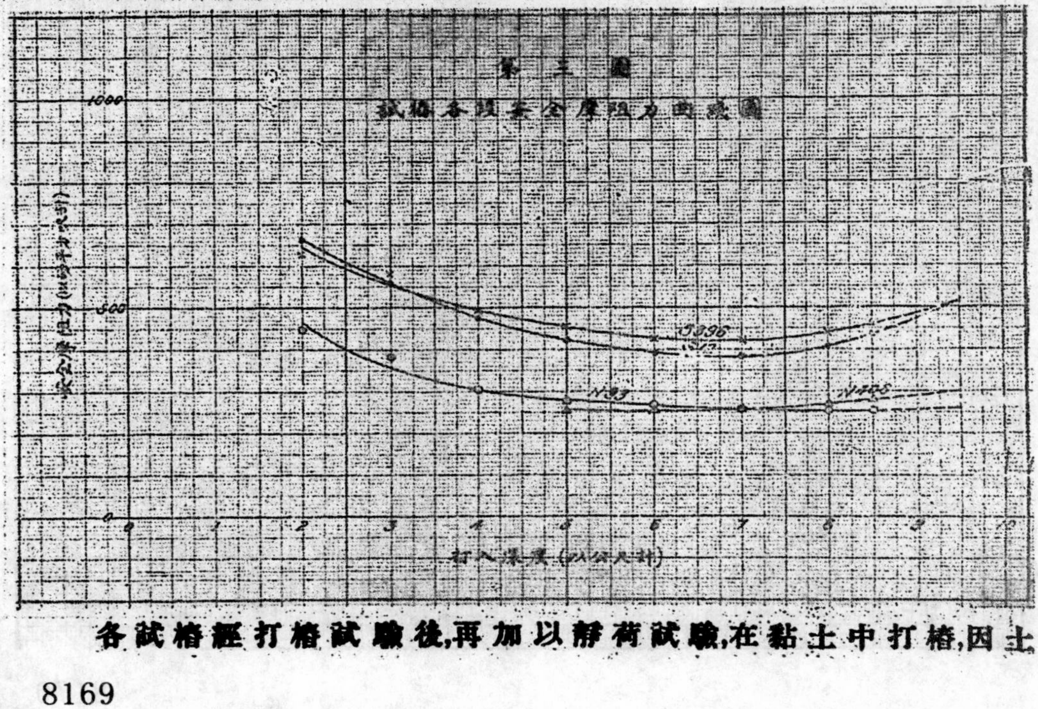

各試樁經打樁試驗後，再加以靜荷試驗，在黏土中打樁，因土

壤中之水分,擠附樁周,令其阻力減小,故靜荷試驗,須在打樁工作完畢數日後行之,使樁周之土,有充分時間,將業已擠出之水分,復

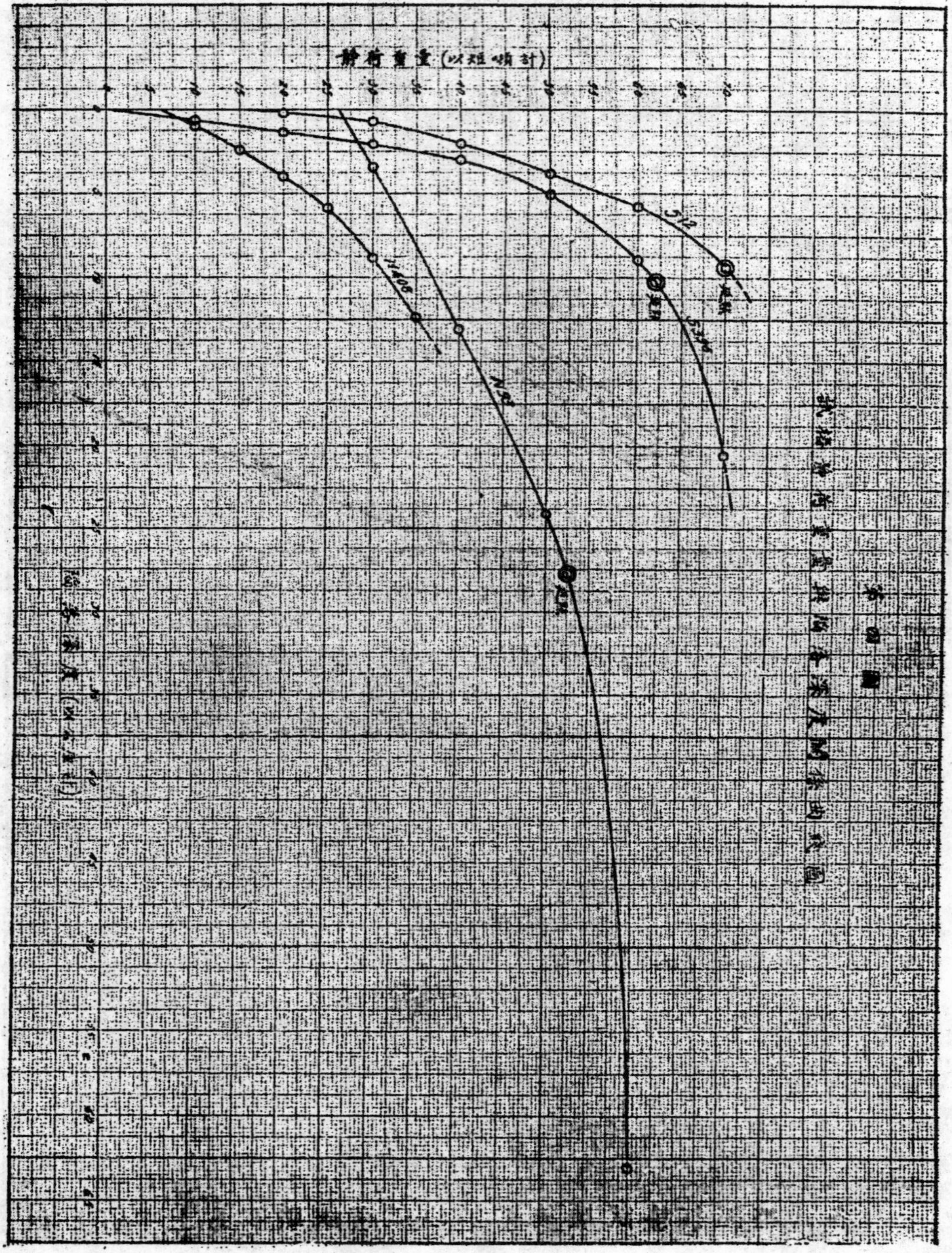

行吸去。此次打樁試驗與靜荷試驗時間之距離,至少者亦有四日,當不復有水分滑油作用之影響也。至於所壓之重量,當以體積小而重量大,如鐵塊鐵軌等爲佳,惟鐵塊既不易得,鐵軌又皆鋪爲運石之用,不得已而求其次,以蔴袋裝沙,逐日壓驗,除N408號樁,因係初試,設備未周,僅壓重至三十噸外,其餘各樁,皆壓至六十噸或七十噸。試驗結果如第四圖;試樁情形如第五圖。

第五圖

觀第四圖中各曲綫,則知此項試樁,經靜荷試驗,有一加重量,即開始陷落者,如S396號樁是;有加至七八噸至十餘噸始開始陷落者,如N408號及S12號樁是;亦有加至二十餘噸始陷者,如N93號樁是。倘假定試樁開始陷落前之荷重爲樁之安全承量,則除S396號樁不計外,其餘三樁,每平方呎之安全摩阻力,如表(二):

表(二)　試樁靜荷開始陷落前之安全阻力計算表

樁　號	開始陷落前之荷重(磅)	入土部分之樁長(公尺)	樁皮面積(平方呎)	每平方呎之安全阻力(磅)
N93	54,000	9.01	82.0	660
N408	14,000	9.28	80.0	175
S12	30,000	9.39	80.0	375

由表(二)觀之各樁安全摩阻力之大小,相去甚鉅,即同在北岸相距僅五十公尺之N93號與N408號兩樁,阻力相去,幾達四倍之鉅,故依此假定,以求樁之安全阻力,須有多數之試驗,求其平均,必非僅試三四樁而可以言準確者。且此次試樁,正在工程進行之時,因不願以試樁工作,妨礙工程之進展,故一方面試樁,一方面打

樁,雖距離均在四十公尺之上,然震動甚大,影響所及,當可減小試樁之荷量,換言之,卽開始陷落點因之減低,則更不準確矣。惟此項震動,雖可使全綫位置,因之降落,發生差誤,然以延點(Yielding Point)與開始陷落點位置有高低之異,故其差誤之百分比,亦因之有大小之不同。例如一綫之延點爲60噸,其開始陷落點爲20噸,因受震動之影響,全綫下降,致延點減爲50噸,開始陷落點減爲10噸,如以百分法計其差誤,則延點爲百分之17,開始陷落點爲百分之50,是開始陷落點之差誤,較延點之差誤約大三倍,若較之延點之半數,則又倍之矣。故在現狀之下,如假定安全摩阻力爲延點之半數,則較爲近似也。茲推算之如表(三):

表(三) 試樁靜荷延點半數之安全阻力計算表

樁號	入土部分之樁長(公尺)	樁皮面積(平方呎)	延點半數(磅)	每平方呎之安全阻力(磅) P_1	打樁試驗之每平方呎安全阻力(磅) P_2	$\frac{P_1}{P_2}$
N93	9.01	82.0	52,500	640	260	2.46
S12	9.39	80.0	70,000	875	510	1.72
S396	9.42	80.0	62,000	775	510	1.52
					平均	1.90

上表所算得樁皮之安全阻力,每一平方呎,均在600磅以上,而工程設計時,假定之爲350磅,僅及其半數,故本工程基礎之安全,可毫無疑問也。

無軌電車之分析的研究

高遠春

(一)引言 無軌電車爲近代城市交通利器之一種,與電車公共汽車鼎足而三,各有所長。我國上海採用已久,營業情形甚佳。最近南京廣州各處,據報紙紀載,亦將次第採用作者深覺無軌電車甚合我國城市之需要,爰將在美研究報告,整理而成此篇,以供國人之參考。

(二)改良經過及應用範圍 關於無軌電車之起源及其改良經過,茲先作簡略之報告。西歷 1899 年 Siemens-Halske 在德國柏林裝置蓄電池供電之無軌電車,是爲無軌電車在世界上第一次之試驗。1900 年 Lombard-Gerin 在法國作第二次試驗,1903 年美國無軌電車公司(American Trackless Trolley Company)在美國 Scranton, Pa. 正式裝置一段無軌電車試驗綫路。自 1903 年至 1909 年之間,在歐洲曾有多次之試驗,其成績最佳者,當推意大利德國及美國。1910 年美國第一次裝置商用無軌電車路綫,自 Los angels-Pacific Railway Track 至 Bungalow Town, 計長半英里。1921 年美國各地對無軌電車感極大之興趣。翌年,美國 Minneapolis, Baltimore, Staten Island,均裝就無軌電車路綫,同時 Peteraburg, Philadelphia, Bochestar 各城,亦開始裝設,但此種高潮,隨卽中止。直至 1923 年,美國 Salt Lake City 裝設最新式之無軌電車路綫成功,而一般人士,始重加注意。New Orleans, Chicago, Knoxville, Detroit, Brocklyn, Rockford 各城,隨卽相繼採用無軌電車,而無軌電車在美國城市交通方面,從此佔重要之地位矣。無軌電車之歷史,已如上述,玆更略述其各部機件之改良情形。自 1899 年以至現在,其各部分之設計,均有極大之進步,舉其犖犖大者,其容量由可容 12 人者,改爲可容 43 人矣。此就單層車而言,至如英國之雙層大無軌電車,則能容 61 人。其車底已降低,各部分配置適宜,不復如以前之奇形怪狀矣。過去所用之弓式接電器(bow collector)現已改用兩條接電桿 (Twin Trolley Poles), 駕駛者之坐位,由半部露出之駕駛台,改爲車內之另一小間。笨重而大之鐵輪,已改爲直徑甚小之打氣橡皮輪。馬達之力量,已由 16 馬力而改用 100 馬力。停車器(Brakes)之控制,原用手推動者,現已改用脚推動。簡單之木質停車器 (Wooden brake shoes) 原僅用於後部兩輪者,現已改用機械停車器(Mechanical brakes),電氣停車器(electric brakes),空氣停車器 (air brakes), 三種可同時並用以一足控制之。其餘各部分之改進情形尚多,非本篇所能盡,玆從略。

關於應用方面,就經濟與需要兩點立論,電車適宜於乘客甚多之繁盛街市,公共汽車適宜於乘客甚少之冷靜街市,而無軌電車則介乎兩者之間。無軌電車之裝設成本,較電車爲少,其維持費用,亦比較爲低,故最適宜於規模較小之城市,及大城市中之新闢區域。如城市之街面,必須保持整潔,而不准敷設路軌者,或街道較狹,不便敷設電車路者,則採用無軌電車,最爲合宜,而路軌之成本,且可節省。

無軌電車與電車比較,有下列之優點:

(1) 每一乘客坐位所需之成本較少(無路軌設備,省費極多)。

(2) 比較安全,(停車速率較高且車行時可以左右避免危險)。

(3) 譟聲甚小(打氣橡皮輪,無路軌聲音)。

(4) 乘客上下,可在街道之旁,使乘客方便,且可減少街市之擁擠。

(5) 表定速度 (Schedule speed)較高(開車速率——acceleration rate——及停車速率——Braking rate——較高)。

(6) 坐位舒適(橡皮打氣輪)。

(7) 載客之伸縮性較大。

(8) 維持費較低。

無軌電車與公共汽車比較,有下列之優點:

(1) 電力比汽油價廉而可靠(此就美國情形而論,我國無汽油出產,尤堪注意)。

(2) 維持費較低。

(3) 表定速度較高。

(4) 車上之暖氣裝置,及電燈設備較佳。

(5) 上坡時電力可以無限制使用,不似汽油機之能力,有一定限度。

(6) 無廢氣臭味。

(7) 噪聲較低(無齒輪聲音)。

(8) 路綫比較固定。

無軌電車亦有其劣點,與電車比較,其劣點如下:

(1) 有時左右搖動。

(2) 在路面不良時,車行不甚平穩。

(3) 供給電力綫須有兩條。

無軌電車與公共汽車比較,其劣點如下:

(1) 需要供給電力綫路之裝置。

(2) 成本較高。

(3) 路綫固定,不似公共汽車之隨時可以變動。

(4) 車行時,左右移動,有一定之限度,不如公共汽車之不受限制。

(三) 構造概况　無軌電車在應用方面,其地位介於電車與公共汽車之間,故其構造情形,亦採用兩者之所長,其馬達(Motors),

控制器 (Control), 停車器 (Brakes), 電燈 (Lighting), 暖氣 (Heating), 通風 (Ventilation), 等設備及一切電氣設備,均取法於電車,其車底架 (chassis), 行車齒輪 (running gear), 駕駛手輪 (steering wheel),則取法於公共汽車茲將馬達,控制器,停車器,及車身,四項,分別論述如下:

(1) 馬達 無軌電車之馬達,與電車所用者相同,俱爲四磁極 (four-poles) 直流 (Direct-Current) 式,質量甚輕,速度極高,具有整流磁極 (Commutating-Pole) 之串聯馬達(Seris Motor),裝固於車底架上,位於底板之下。此車底架則由鋼絲彈簧支持於打氣橡皮輪之上。至於馬達能力之傳出,則取法於汽車,先將能力傳給於直軸 (Propeller Shaft), 再由此直軸上之螺絲齒輪 (Driven Differential Gear)推動後部之兩橡皮輪,使車行動。此馬達因裝固於車底架之上,故其軸承 (Axle Bearing) 可以省去,使重量減輕。又其外殼頭部 (Motor Frame Head) 可以用鋁之合金製造,亦使重量減輕。再因其傳力方法不同,速度較電車馬達爲高。故令無軌電車及電車兩者所用之馬達供給能力相同,而用於無軌電車者,則重量較輕。根據美國奇異電氣公司 (General Electric Co.) 之報告, 50 H.P. G.E. 1154 之無軌電車馬達,其重僅 785 磅。

普通 30 坐位之無軌電車,裝一 50 H.P. 馬達,或兩 35 H.P. 馬達, 40 坐位者裝兩 50 H.P. 馬達。比較上以裝兩馬達者爲佳,因車初次開動時,兩馬達先成串聯,繼成並聯,對於電流控制,有極大之幫助。此點後節當再論之。

(2) 控制器 最近無軌電車所用之控制器,係採用遙控方法(remote Control)。車開動時,由駕駛者用右脚踏下機板 (Pedal),則裝於車尾下面之控制器,即使車開動,且徐徐加速,達到最高之速度。如駕駛者將脚離去此機板,則電力隔斷而令車停止。美國奇異電氣公司所製造之 PCM 控制器,為著名之 PC 及 M 兩種控制器所合成,共分四部分,即馬達控制器 (Motor Control), 囘轉器 (reverser),

電阻 (resistor), 及控制總機(Master Controller)。其電力主要開關,及聯接馬達之開關等,均利用磁力推動,且在各開關處裝有新式磁力排火器 (Magnetic Browout), 使開關啓閉,不生火花。其截去馬達電阻之方法,利用歪輪 (Cam), 使電阻次第短路 (Short circuit), 故防止火花之裝置,可以免去。在車初次開動時,兩馬達成串聯,此歪輪向右轉動,而逐漸截去電阻。繼而兩馬達變爲並聯,此歪輪向左轉動,而逐漸截去電阻,至電阻截盡爲止。在馬達串聯時,截去電阻分九次。在馬達並聯時,截去電阻亦分九次。於是電流每次變改甚微,而加速所需之大量電流,得以維持,且不妨礙乘客之舒適。上述之控制總機,即爲控制附屬電路之用。此附屬電路與多數裝於車底之磁力開關及繼電器相連。此等開關雖經過電流甚多,因用電力啓閉,故無危險。附屬電路之電源,多有直接連於供電綫之上而加入高電阻者。

(3) 停車器 自無軌電車發明後,有數種停車器經人建議採用,以代空氣停車器。其最著者爲電動力停車器 (Dynamic elec-tric Braking), 電氣再生停車器 (regenerative Braking), 及電氣旋流停車器 (eddy current Braking)。上述三種,在歐洲曾經應用,其電氣動力停車器一種,在美國亦經應用。此三種停車器之弊端,有下列數種: (1) 增加車之重量, (2) 增加電路複雜, (3) 增加購置費及維持費電氣動力停車器比較爲有希望但空氣停車器最近數年來改良極速,他種停車器可否與之競爭,殊爲疑問。

美國 H. A. Davis 在 1934 年三月發表一文,報告美國新式無軌電車 244 輛中,有 196 輛採用空氣停車器,48 輛採用電氣動力停車器。所有空氣停車器均爲內漲鞋式(internal expanding Shoe-type, Brake), 使車之四輪,皆受控制。在停車時,先着力於車後兩輪,繼着力於車前兩輪。在開車時,則先解放車前兩輪,繼解放車後兩輪。如此,可使駕駛者自由運用手輪,便於改變車之進行方向。又車上除裝有空氣停車器之外,尚有另一用手控制之獨立機械停車器,以備不時之需。

(4) 車身 就美國目前之無軌電車而言,其車身構造,大約皆係採用鋼殼電車式,其馬達及停車器等等,皆裝固於車底架之上,而車底架則由鋼絲彈簧支持於打氣橡皮輪之上。就一般工程師之觀察,此項車身,目前不至有特殊之改變,惟為增加堅固及減輕重量計,將來或用鋁板以代鋼板,但價值增加甚多,非有必要,頗不經濟也。

(四) 速度時間曲綫及電能分配圖解 吾人研究無軌電車之工作效率,其速度時間曲綫 (Speed-Time Curve), 極為重要,因從該項曲綫,可以求出電能消耗(energy consumption),表定速度(Schedule Speed)及週段效率(duty cycle efficiency) 也。此曲綫普通分五部分:(1) 加速部分(acceleration),(2) 常速部分(Balance speed), (3) 停電部分 (Coasting),(4)使用停車器部分 (Braking), (5)停車部分 (stop)。其計算方法及作圖程序,各電車專書,均有紀載,雖各有出入,然原則一致,茲不多贅。下列之速度時間曲綫,其根據之條件如下:

(1) 車重 空車重 8.65 噸,合乘客四十名計算,共重 11.45 噸。

(2) 馬達 兩個 G.E. 1154 600 伏馬達。

(3) 供電綫路電壓 600 伏。

(4) 齒輪比率 10.25:1。

(5) 車輪直徑 40 吋。

(6) 車身橫斷面積 75 平方呎。

(7) 車行距離一英里。

(8) 加速率及停車速率每秒每小時三英里。

(9) 路面坡度平均為 1.1%。

(10) 車停時間一次十秒鐘。

根據速度時間曲綫,則無軌電車之電能分配,即可求出。當車開動時,電力經過控制器之電阻,故一部分電能,變為熱能,此項消耗頗大。其次流入馬達之電力,亦有種種消耗,如電阻消耗(Copper

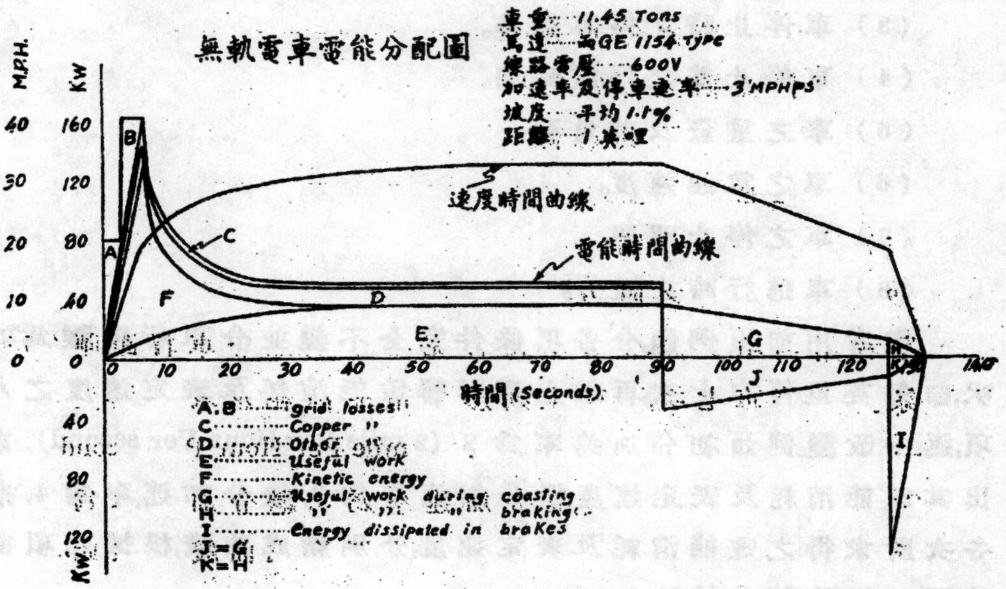

loss), 磁場消耗 (Hysteresis and eddy Current Losses), 以及機械消耗 (Mechanical Losses)。再就馬達出產(Output)加以分析,一部分克服車行阻力,驅車前進,另一部分則變爲動能 (Kinetic energy), 至停電時,用以克服車行阻力,繼續驅車前進,所餘者卽爲停車器所吸收,而變爲熱能,上圖所示電能分配圖,與速度時間曲綫互相關連,卽在任何時刻吾人可知其速度及電能分配也。再上圖 I, J, K 三面積所代表之電能,按照能力不滅之定律,應等於F 面積所代表之電能。作者所繪之圖,曾用儀器較量,二者相等。再上圖E, +G, +H, 代表有用之電能, A, +B, +C, +D, +E, +F, 代表所用之全部電能,故用下式,可求得其週段效率:

$$\frac{E+G+H}{A+B+C+D+E+F}=64\%$$

(五) 電能消耗及表定速度 電能消耗,務求其少,表定速度,務求其高。此二者爲無軌電車管理者亟應注意之事。茲將影響此二者之件開列於下:

(1) 在一定距離內,停車之次數。

(2) 車開動時之加速率。

（3）車停止時之停車速率。

（4）車停止前之停電時間。

（5）車之重量及其負荷。

（6）車之常速速度。

（7）車之停止時間。

（8）車進行時之阻力。

作者用前項例題,令各項條件完全不變並令車行距離爲755呎,即每英里停車七次,再就上列影響電能消耗及表定速度之八項,逐一改變。例如初令加速率爲 2 (2 mile Per Hour Per second), 求出其電能消耗及表定速度,繼令加速率爲 3, 繼令加速率爲 4, 將各次所求得之電能消耗及表定速度,分別繪成曲綫,根據此項計算而加以比較,其結論如下:

（1）每英里所消耗之電能,其影響最大者,爲每英里所停之次數,其次爲停電時間 (Coasting),其次爲車行時之阻力。

（2）表定速度,其影響最大者,爲每英里所停之次數,其次爲開車時之加速率,其次爲停車時之停車速率,其次爲停車時間。

（3）如車行距離爲 755 呎時,一次停20秒,其表定速度爲每小時 10.5 英里。如其距離改爲一英里,一次停止10秒時,則其表定速度爲每小時28.3 英里。

（4）如車行距離爲 755 呎時,路面坡度平均爲 5%, 其電能消耗爲每英里4.7度 (KWH)。如其距離改爲 1 英里,路面平整時,則其電能消耗爲每英里 1.02 度。

（六）結論　根據上項研究,無軌電車在乘客不大擁擠之街市中,確有其特優之價值。我國各城市之交通設備,卽待興辦,如採用電車,財力常感不足。如採用公共汽車,實不經濟之至。况汽油非我國出產,一旦國際有事,卽成問題。雖最近已有用木炭或菜油代替汽油者,然全盤計算,仍不經濟。國內工程先進及市政當局,對於無軌電車加以研究而採用之,是卽作者之微意也。

波蘭水泥混凝土道路之建築

方福森

引言 波蘭北面臨海,中部地上到處冲積砂礫。徑最粗者,達2公厘,所含黏土及淤泥,鮮有超過5%者,故其滲水性當解良好。至其支撑力之均勻與否,與夫柔軟彈性之程度,雖未經詳細有系統之試驗與研究,但五六年前所築之缸磚路及混凝土路,至今均未呈有何甚大之跌陷與破裂故該處頗適於混凝土道路之建築。

近來華沙市至其他重要城市之道路幹線,皆着手改築混凝土路面。作者曾在華沙至格當斯克(Gdansk)水泥混凝土路建築時實習半月。爰將觀察所得,分項述之於下,以供道路工程界人士之參攷。

設計 此項道路係由波蘭交通部,及道路研究所共同設計,其詳細情形,分述如下(參閱第一圖):

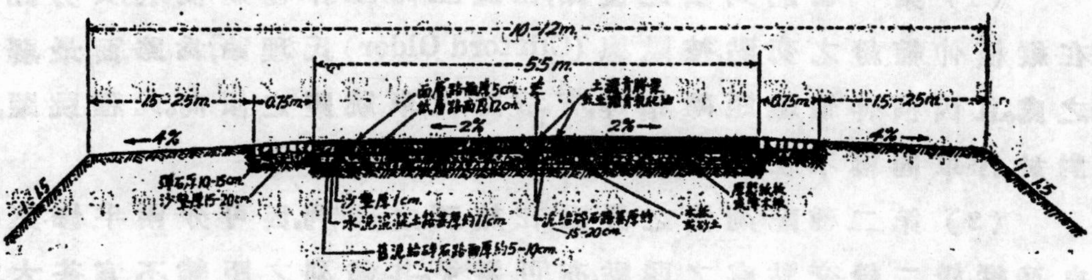

第一圖 橫斷面設計圖

A. 路面 —— 寬5.5公尺。係分為面底兩層。面層厚5公分。所含水泥成分較多;底層厚12公分所含水泥成分較少。橫坡度為2%。

面底兩層係同時舖築,以免分離而成兩獨立層,致材料伸縮時發生甚大之摩擦阻力,而影響於材料之堅固。

B. 縱伸縮縫 —— 寬約 5 公厘,在路之中線。在底層者係用木製,或灌以沙土;在面層者係灌以土瀝青膠漿。木板及沙土之伸縮性雖不及土瀝青之大,但因氣溫之變化,不易深入底層,且路不甚寬,橫向伸縮較小,故採用之。

C. 橫伸縮縫 —— 寬約 1 公分。低層用厚鬆紙板或薄木板製之;面層則灌以土瀝青膠漿。其配列法有三種,如第二圖所示。

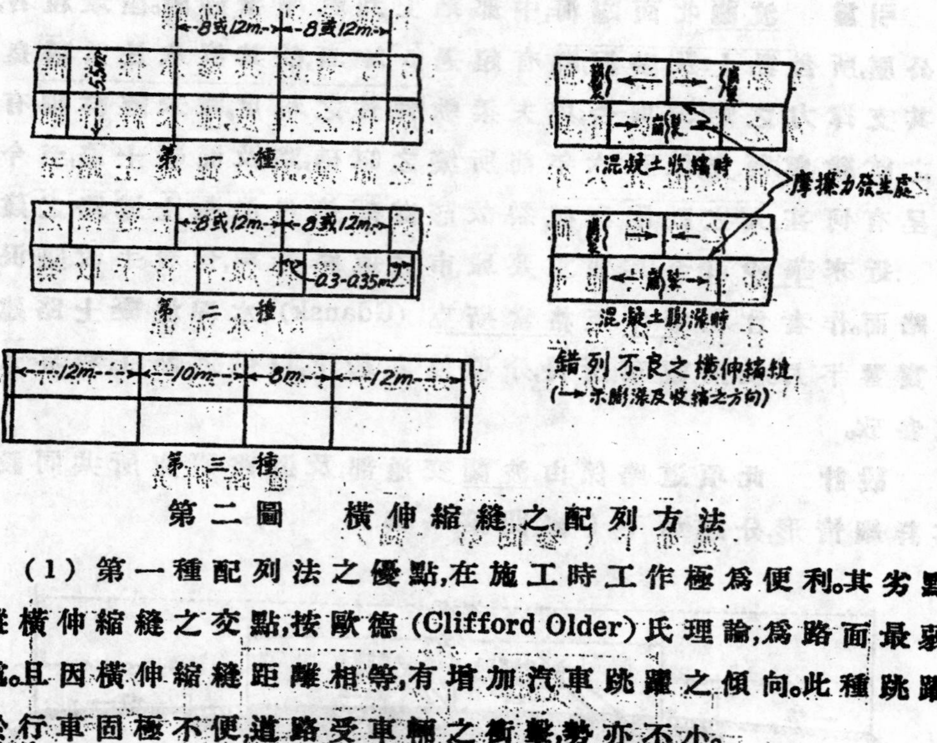

第二圖　橫伸縮縫之配列方法

(1) 第一種配列法之優點,在施工時工作極爲便利。其劣點在縱橫伸縮縫之交點,按歐德 (Clifford Older) 氏理論,爲路面最弱之處。且因橫伸縮縫距離相等,有增加汽車跳躍之傾向。此種跳躍,對於行車固極不便,道路受車輛之衝擊,勢亦不小。

(2) 第二種配列法之優點在施工之便利,因可分兩半修築也。又縱橫二縫交點處之弱點,亦可避免。其錯列之距離不宜甚大,若其錯列距離等於二縫距離之半,則氣候變化時,路面左右兩半之脹縮方向適相反,因而於縱伸縮縫間發生有極大之摩擦阻力,使整塊路面發生破裂。

(3) 第三種配列法之優點在避免增加汽車跳躍之波高;其劣點亦爲縱横縫交點之軟弱。

D.路基 —— 按舊有路面之平坦及路基土壤之良好與否,路基建築有下列二種:

(1) 舊泥結碎石路,高低不平土壤不穩固者,於其上舖極稠之水泥混凝土一層,厚約11公分,以增加路基之支撐力。混合料之成分係由80%(容量)之0—40公厘徑卵石或花岗石與20%之0—2公厘徑之河砂組成。水泥之成分爲每立方公尺混凝土含160公斤。水與水泥比例爲0.92。因空中溫度之變化不易深入地基,故縱伸縮縫免去不用,横伸縮縫每隔30公尺設一條,用木板爲之。

(2) 舊泥結碎石路,倘甚平坦土壤良好者,於其上加碎石及泥土一層,用汽輾壓平之。汽輾重14公噸,輪寬1.2公尺。加厚後之泥結碎石路基,厚約15—20公分。

E.砂墊 —— 路基之上再加沙墊一層,厚1公分。其功用有二:

(1) 隔離面基減少摩擦力。

(2) 混凝土路面不甚宜於舖築堅硬路基之上,路面與路基之間,必須再加一層砂墊,以增加路基之彈性,而吸收路面所傳來之振動及衝擊。

F.路肩 —— 路面兩旁各砌有0.75公尺寬之彈石面,彈石徑約10—15公厘此項彈石面兼具排水及保護路面邊緣之功用。彈石面之外,爲約2公尺寬之泥土面,横坡度4.0%。

材料

水泥 —— 華沙道路研究所中規定水泥之宜於建築水泥混凝土道路者其性質必如下:

1.標準結度最初硬化時間必多於2小時,按美國公路委員會規定標準結度最初硬化時間必多於45分鐘。因波蘭之建築道路時,其材料拌合地點與施工地點,每相隔太遠。爲免材料在中途硬化起見,故其規定之硬化時間較之美國所規定者較多。

2. 標準結度最後硬化時間必少於10小時。

3. 膠漿(1:3)在28日後試驗之抗拉力,最小爲35 kg./cm.²其抗壓力最小爲550 kg./cm.²

波蘭築路所用之水泥,其性質皆與上述規定頗相近。

砂與卵石——砂與卵石之用於低層路面者,係由波蘭之維蘇(Wisly)河,布格(Bugu)河或那維(Narwi)河中所採集來者。但亦有一小段路面,係用拉基明(Radzymin)縣地上出產之天然砂及卵石。

河中砂石因有河水天然洗刷之作用,其所含污濁物及有機物,爲量極少。據華沙道路研究所中試驗結果卵石所含之淤泥僅有0.2—0.96%而河砂所含之黏土(徑小於0.05公厘者)爲量亦極少,鮮有超過1%,故並不爲害。但地上採來之石砂在應用之前,須經過嚴密之洗刷。

據華沙道路研究所試驗結果:砂石混合料之具有最小空隙度及能使混凝土中具有最大抗力者其級配應在第三圖中兩曲線所包括面積之範圍內。純砂具有最小空隙度及適宜作混凝土材料者,其級配應在第四圖中兩曲線所包括面積之範圍內。據分

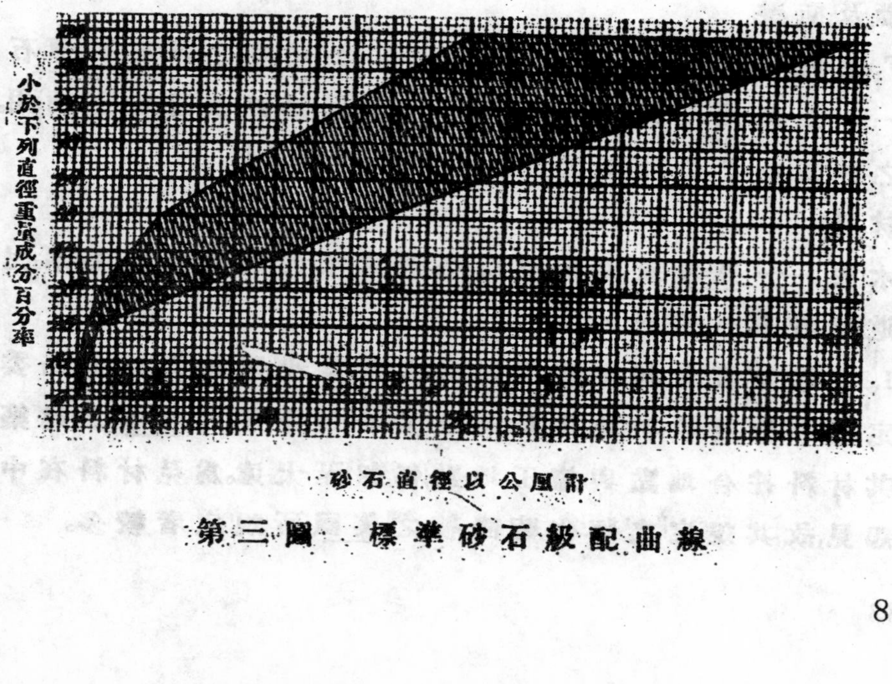

第三圖　標準砂石級配曲線

析結果,上述各種砂石之級配與此項規定尙無甚出入(參閱第五圖)。

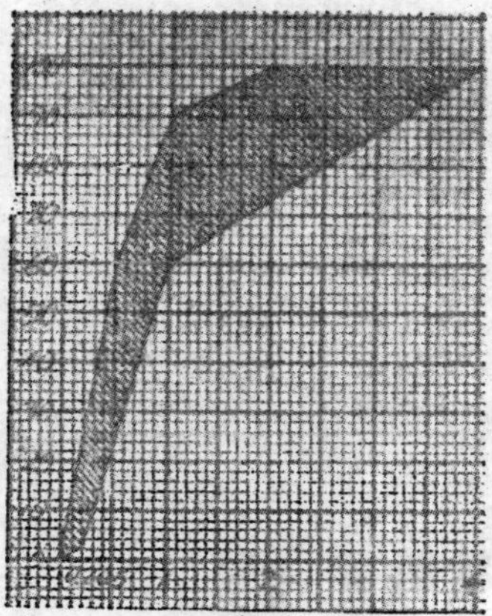

第四圖　標準純砂級配曲線

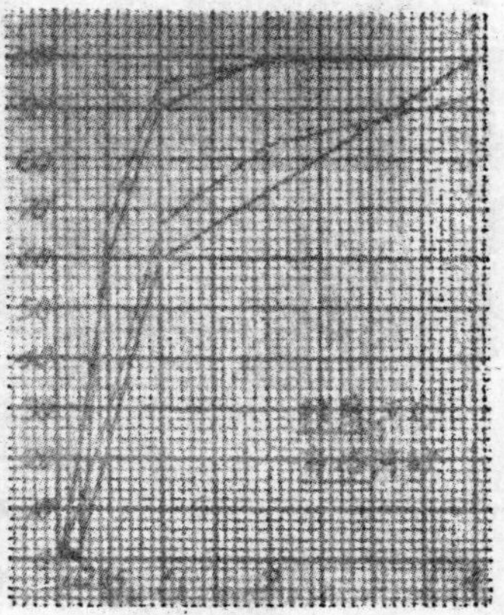

第五圖　河砂級配曲線

維蘇河沙含有約94%徑0—1.0公厘之粒,故可稱爲極細而且級配甚爲均勻之砂。而布格河砂則不然,其含有約17%徑2.0—10.0公厘粒大如卵石者,且並不含有小於0.2公厘之粒,故可稱爲粗砂而帶卵石。至乾砂子舖鬆時之密度爲1.65—1.68。

卵石內所含砂之成分約爲10—15%。在應用時,並未將卵石中之砂篩去。如卵石與砂之比例爲1:1;在混合時,只須加較少量之細砂,如維蘇河中者,於較多量之卵石中卽可。如在格當斯克(Gdansk)處路基中所用混凝土材料,規定卵石與砂之容量比例爲4:1,卽一份維蘇河砂與四份卵石混合。但實際上,則用一份維蘇河砂只與兩份或三份卵石混合。

卵石之形狀甚圓。徑大於4公分者,置廢不用。密度約爲1.7—1.8。

路面底層所用混合料之級配曲線,與標準曲線之比較,如第六圖。I及II兩號材料爲華沙至格當斯克路所用,而III及IV兩號材料爲華沙至維爾諾(Wilno)路上所用者。

碎石料——波蘭建築混凝土路面層所用石子有三種:卽花崗岩,輝綠岩(diabase),及玄武岩。其基本工程性質,如表(一)。

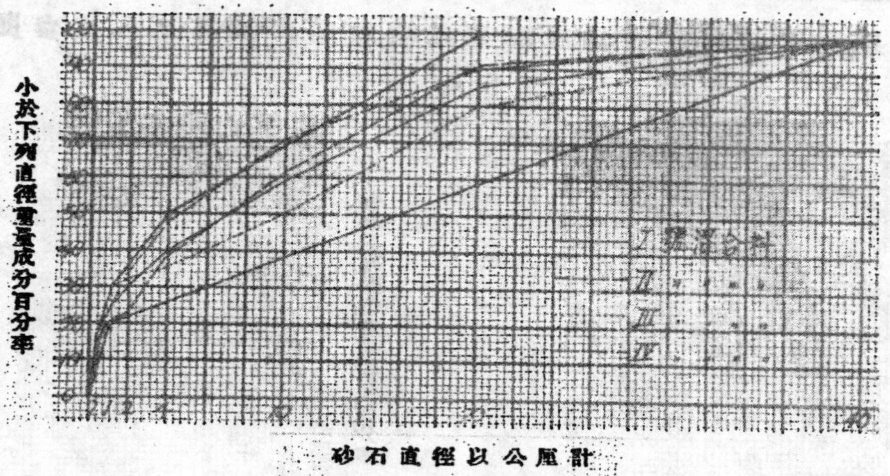

第六圖　低層路面混合料級配曲線

表（一）

石料種類	產地	磨耗損失，以公厘計 道雷氏機 (Dorry)	伯米荷機 (Bohmego)	抗壓力 Kg./cm.2	吸水量 %	密度	衝擊抗力 陪治機 (Page)
小粒花崗岩 (Micro-granite)	克雷疏夫 (Klesow)	0.17	——	2813	0.01	2.66	25
		——	0.10	3643	0.13	2.65	28
		——	0.10	2106	0.37	2.65	——
		——	0.10	2914	0.23	2.64	——
輝綠岩 (Diabase)	乃茲未皆 (Niedzwiedziej)山上	0.34	——	2903	0.10	2.87	24
		0.42	——	2589	0.14	2.86	——
		0.46	——	2195	0.26	2.81	——
玄武岩	揚諾威 (Janowej)	0.58	——	2335	0.26	2.94	23
		——	0.17	3484	0.26	2.90	25
		——	0.16	3365	0.33	2.91	30

花崗石子按其粗細分為 2—5 公厘，5—10 公厘，10—15 公厘，及 15—25 公厘等四級。

輝綠岩石子按其粗細分為 1—3 公厘，3—7 公厘，7—10 公厘，10—15公厘及 15—20 公厘等五級。

玄武岩石子按其粗細分為 2—5 公厘，5—10 公厘，10—15 公

8186

濉等三級。

疏鬆時乾石子之密度如表(二):

表 (二)

級(徑以公厘計)	花崗石子	輝綠岩	玄武岩
1—3	—	1.44	—
2—5或3—7	1.35	1.52	1.43
5—10或7—10	1.41	1.56	1.55
10—15	1.42	1.58	1.59
15—20	1.45	1.60	—

各部石子之形狀,潔淨度及粗細度,在顯察鏡下檢驗之結果如表(三):

表 (三)

級(徑以公厘計)	板狀及針狀石粒所佔之百分率		
	花崗岩	輝綠岩	玄武岩
1—3	—	在細粒石子，形狀殊不甚規則一律，難於分析	—
2—5或3—7	無一定有規則之形狀，但含有極多板狀粒。	30	60
5—10或7—10	43	28	40
10—15	34	22	23
15—20	36	15	—

由表(三)觀之,最潔淨而形狀最好之石子,當稱輝綠岩,因其所含板狀及針狀粒成分最少也。玄武岩含有較多成分板狀及針狀之粒,及淤泥,尤以徑2—5公厘一級爲最顯著。花崗石除含有甚多成分板狀及針狀粒外,尚含有極易腐蝕之薄膜。且其級配亦不甚良好,徑1—3公厘一級成分太少。應用時當加一部分之砂以改善之。

路面面層所用混合料共五種,其級配曲線與標準曲線之比較,如第七圖。I, II 及 III 號混合料爲華沙至格當斯克路上所用;

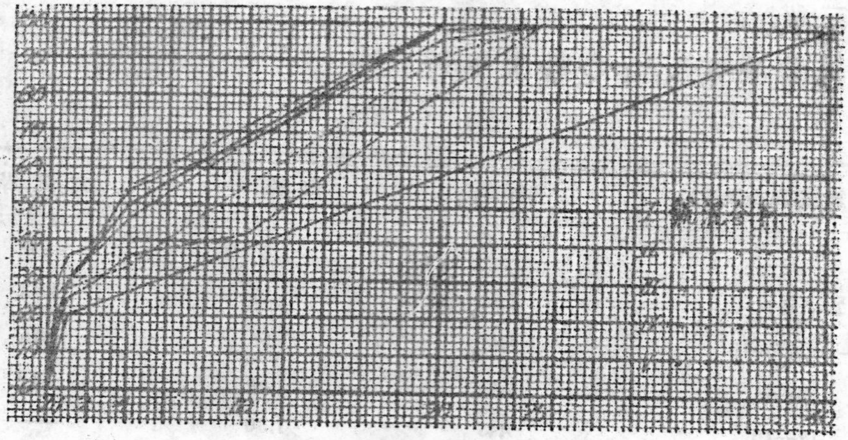

第七圖 面層路面混合料級配曲線

IV 及 V 號混合料爲華沙至維爾諾路上所用。

伸縮縫中材料——底層路面所用者爲木板,砂土及厚鬆紙板,皆爲波地所產,其性質未有若何嚴密之規定。面層路面所用爲土瀝青乳化油及膠漿二種。乳化油優點在其能冷澆,勿庸燒熱熔化;但因其中含有多量水分,頗損害油與混凝土間之膠結性,且油常由縫內流出,故結果不甚良好,近來已不用之。膠漿係由波產之土瀝青(軟化度 Kramer Sarnow 法須在 35°C 與 40°C 之間,引伸度 25°C 時須爲 60—100 公分)與斯郎斯克(Slask)地所產之石灰石粉末拌合而成。華沙道路研究所曾規定:石灰石粉末最少能有 80% 通過美國 200 號篩孔者。至膠漿之用於此項伸縮縫者,其性質必合於如下之規定:

1. 軟化點(Kramer Sarnowa)須在 50°C 以上。

2. 針入度(Tlyu Vicata),針徑 1 公厘,針重 200g. 時間 60 秒之針入度須在 12 至 24 厘之間。

水——拌合混凝土所用之水,有由維蘇河或布格河引來,亦有鑿井抽水而用鋼管及橡皮帶輸送於工作地點者。其性質在施工之先,皆經試驗,認爲良好。

施工　路面之施工步驟,簡述如下(參閱第八圖):

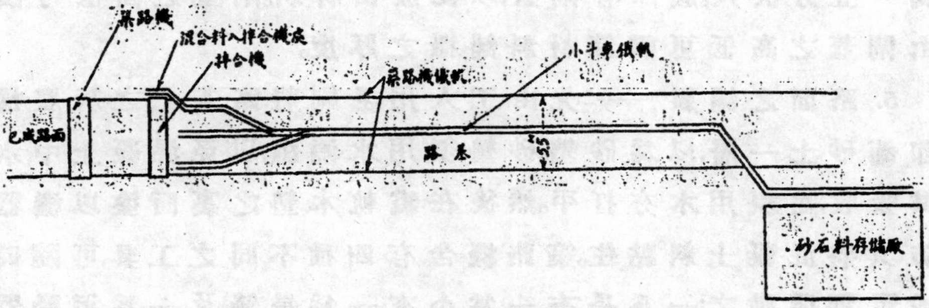

第八圖　工作地點之佈置

1. 砂石料之存儲——工程之進行,係按路之全長分爲若干站,相距各約一公里。每站存儲材料,須能足以供給製造一公里之路面。砂石可隨站露天保存,水泥則須建臨時小木房保存之。碎石係由採石廠預先壓碎過篩分級運來。每一公里路面完成之後,即向前遷移站址。

2. 石砂料之運輸——由存儲廠至拌合機沿路基上鋪有小鐵軌。砂石料由存儲處按比例混合裝入一列小斗車內,運往拌合機旁應用。斗車由一小汽車頭拖拉,每一車頭可拉斗車十輛。

3. 材料之拌合——路基兩旁,敷有鐵軌(參閱第九圖。)拌合機,運輸機及築路機底各有四輪。鐵軌供各機在上行走。拌合機一次可拌合一立方公尺之材料。水泥之成分經華沙道路研究所規定在底層路面內,每立方公尺混凝土須加270公斤水泥;在面層路面內,每立方公尺混凝土須加400公斤水泥。至應加水量與水泥之比例,由華沙道路研究所規定:面層材料0.45;底層材料0.55。砂石內含有水分之多寡,施工時,應每日試驗之,以定出實際上應加之水量。

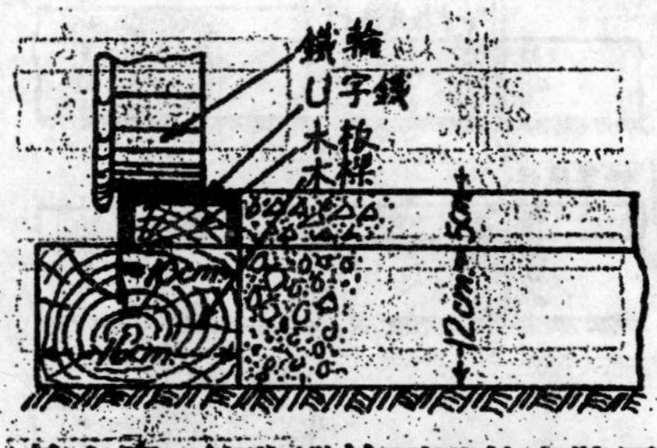

第九圖　築路機輪下鐵軌之裝置

4. 材料之運輸 —— 材料拌合好後,即裝入運輸機內。機之容量爲一立方公尺。底部有閘蓋,以便放出材料。閘蓋之高低可調節之。由閘蓋之高低可調節材料舖撒之厚度。

5. 路面之舖製 —— 先由工人用毛刷將路基上之灰塵掃去,隨卽舖砂土一層,以爲砂墊。砂墊須用水澆濕,以免混凝土中水分被其吸收;並須用木夯打平。然後在鐵軌木墊之裏面塗以機器油,以防其將混凝土料黏住。築路機含有四種不同之工具,可隨時全體或單獨開動之:一爲長夯,一爲小夯,一爲長鏟,及一爲振動器。底層材料舖至相當厚度後,卽開動長鏟及小夯,來回施兩次。機之進行速度爲每分鐘 2 公尺。然後再將面層材料舖上,至相當厚度後,開動長鏟及小夯來回施兩次;隨卽開長夯及振動器施一次。長夯及長鏟形式皆適合於 2% 之橫坡度,故製成之路面,無須再費修製手續。築路機上有木頂蓋,在雨中仍可進行工作。在曲線上之路面,因有超高度,築路機無從使用,則由人工直接用鐵鏟及手夯搗築之。至於伸縮縫之安置,在底層內,係於舖散材料時同時將木板或厚粽紙板置入,至築路機將材料夯實後,木板等卽停留不動。在面層內,則於路面夯實後,將一鐵楔打入,至與底層填縫料相接觸。十二小時後,用小鉗將其拔出(參閱第十圖),面上遂留一空縫矣。

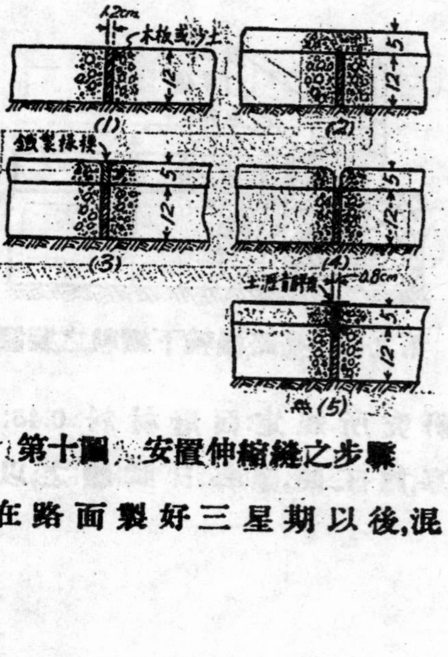

第十圖　安置伸縮縫之步驟

6. 修舖及保養 —— 築路機有未將路面舖平之處,仍須由工人用小鐵鏟直接鏟平。爲防止風雨烈日之傷害及混凝土之硬化過速起見,新築成之路面須用活動木蓬保護之。於路面製好一日後,卽加砂土一層,厚約 4—5 公分,每日按氣候乾燥之情形,隨時澆水以爲濕治。

7. 伸縮縫中材料之灌注 —— 在路面製好三星期以後,混凝土硬化,去其表面之砂土,卽可開始

8190

(1) 砂石料存儲廠內工作

(2) 運輸石料至拌合機

(3) 拌合機之一

(4) 拌合機之二

(5) 底層路面伸縮縫之安設

波蘭華沙——格當斯克間建築混凝土路情形攝影(一)

(6) 運輸機運輸材料情形

(7) 路面築造時情形

(8) 平墁路面情形

(9) 路面築成後之保護

(10) 完工後之路面

波蘭華沙——格當斯克間建築混凝土路情形攝影(二)

灌澆土瀝青膠漿料。法先將縫中塵土用毛刷掃去,或用吸塵器吸去,即灌以燒熱約 175°C 之膠漿,至其溢出表面時爲止。灌澆工作須在混凝土乾燥時行之。混凝土濕潮則損及膠漿之黏結力。灌澆後再過一星期,即可開放車馬通行。

8. 路肩及邊溝——掘深至約30公分,隨即加砂土一層,厚約15—20公分,以爲砂墊。於其上再舖以徑10—15公分之石塊。邊溝於掘好後,在邊坡上舖草根泥,以爲保護。

材料試驗

A. 砂石料到工程地時,隨時採集樣品,作下列五種試驗:

1. 碎石及砂中所含黏土及淤泥之成分,其結果須小於1%。
2. 碎石砂子之級配分析。
3. 砂內所含有機物之多寡。
4. 碎石及砂之密度。
5. 卵石及碎石之空隙度。

B. 工程地點日常所作之試驗:

1. 砂石料所含之水分。此爲計算拌合混凝土時所應加之水量;因砂石間已含有水分不應加水如所規定量之多。

2. 混凝土之結度,每日至少須試驗二次。係用沈落試驗法,樣品可由將拌好之混凝土中取之。華沙道路試驗所規定面層材料結果沉落不得超過2公分;低層材料結果沉落不得超過4公分。

C. 華沙道路研究所中所作之試驗:

建築路面時,每經過200公尺之距離於拌好之材料中,取樣品灌於模板內,7日或28日後,作試驗如表(四)所示(標準結果係研究所中規定)。

D. 路成數年後應作之試驗,其樣品可自路面上用刀斧割取,約40公分見方。試驗種類等,除撓曲力可以免試外,其餘與C項表內相同。以視其材料性質是否有變遷。

E. 路面之實際磨耗損失:

表（四）

層	樣品數目	樣品形狀及尺寸(以公分計)	幾日後	試驗種類	標準結果
低	2	長樑10×15×70	7	撓曲力	20Kg./cm.²
	2	長樑10×15×70	28	撓曲力	30Kg./cm.²
	1	圓柱 高16公分 徑16公分	28	抗壓力	250Kg./cm.²
面	2	長樑10×15×70	7	撓曲力	25Kg./cm.²
	2	長樑10×15×70	28	撓曲力	40Kg./cm.²
	1	圓柱 高16公分 徑16公分	28	抗壓力	350Kg./cm.²
	1	立方體 10³	28	吸水量	≤6%
	2	立方體 7³	28	磨耗損失(Bohmego法)	≤0.3cm.³/cm.²

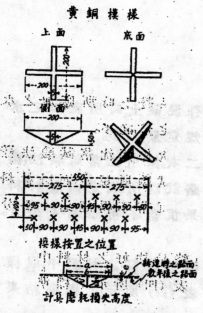

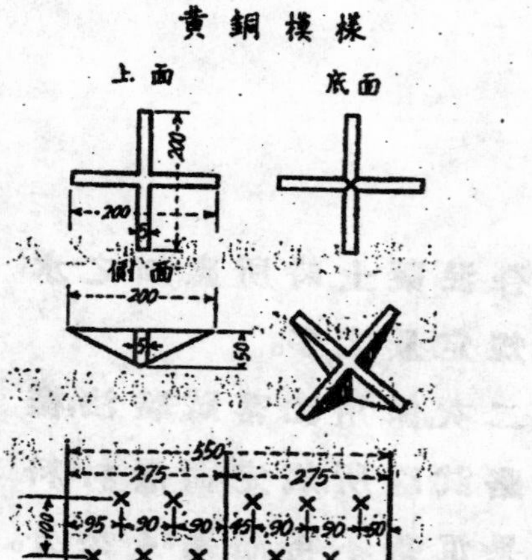

第十一圖　路面實際磨耗損失高度試驗

（圖中尺寸以公厘計）

試驗室中磨耗試驗結果,係代表某一樣品在某磨耗機內磨耗之結果,僅可以作多種材料磨耗損失之比較。在某一定時間內車輛走過路面之實際磨耗損失,用下法察驗之（參閱第十一圖）。

先用黃銅鑄成十字形之模樣,黃銅之硬度須較混凝土路小。其底部有1:2之傾斜度。在修築路面時,於每 500 公尺之距離內安置模樣十個,使其表面與路面完全齊平。

如第十一圖所示, a 及 b 爲新造時及數年後銅十字形銅模之長度,則其磨耗之厚度損失與全高度之比爲

$$\frac{e}{h}=\frac{a-b}{a}\text{；或 } e=h\frac{a-b}{a}=\frac{a}{4}\cdot\frac{a-b}{a}=\frac{1}{4}(a-b)\text{。}$$

排水

路面排水——用邊溝,深 0.60—1.30 公尺。溝底寬約 0.50 公尺。邊坡按土壤之性質,分爲 1:1,1:1.5,及 1:2 三種縱坡度最小爲 1/10000,坡上護有草根泥。邊溝通入河流,如附近無河流,則掘滲井（波蘭地層多砂,頗適於築滲井）。路旁如有房屋或道路交插,則於溝內置一徑約 0.50 公尺之混凝土管,上覆泥土。

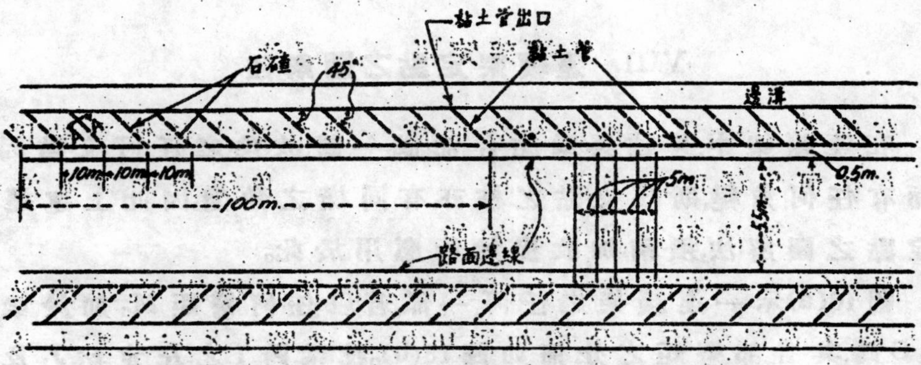

第十二圖 底土排水佈置(平面草圖)

底土排水——舊路表面不甚平坦,且土壤大部爲泥質時,其排水佈置如第十二圖。粘土管之坡度,最小爲 2/10000,所埋之深度,最少在冰層以下,即在地面下 0.80 之譜。出口處蓋以鋼篩,篩孔約 2 公厘以阻廢物入管。

〔勘誤〕 本刊第十二卷第三號內炸彈破壞力之算法篇中,據譯述者來函,有應更正者如下:

頁數	行數(自下向上)	誤	正
313	3	$E=\frac{mv^2}{2}$	$E=\frac{mv^2}{2g}$
316	6	$E=\frac{mv^2}{2}=\frac{100\times\overline{250}^2}{2}$	$E=\frac{mv^2}{2g}=\frac{100\times\overline{250}^2}{2\times9.81}$
316	3	$\frac{320}{3.1416\left(\frac{25}{2}\right)^2}\cdot\frac{1}{1200}$	$\frac{320}{3.1416\left(\frac{0.25}{2}\right)^2}\cdot\frac{1}{1200}$

8195

連續架之圖解通法（續）

蔡方蔭

VIII. 連續架定點之圖解法

在連續架中，其柱與梁結合而成一體，故梁之任何支點因載重而有任何角變，則該支點之柱亦有同樣之角變。因此上述連續梁定點之圖解法，須稍加改變，始能應用於此。

圖16(a)示一連續架之任何一部，若以任何彎距 M_C 加於梁跨2之C端，其各部彎矩之分佈如圖16(b)。設梁跨1之左定點 J_1 及柱之左定點 J_3（向左橫看而定柱之左右端），均為已知，所欲求得者，為梁左跨2之左定點 J_2。

在未述圖解法之先，應明瞭B點梁柱之彎矩及角變之關係。若梁柱B端之彎矩 $M_{B1}=M_{B2}=M_{B3}=1$，則其B端之角變各為 ε_{B1} ε_{B2} 及 ε_{B3}（圖16(c)）。故

$$\theta_{B1}=M_{B1}\ \varepsilon_{B1} \tag{59}$$

$$\theta_{B2}=M_{B2}\ \varepsilon_{B2} \tag{60}$$

$$\theta_{B3}=M_{B3}\ \varepsilon_{B3} \tag{61}$$

依B點之連續性，則

$$\theta_{B1}=\theta_{B3}=\theta_B \tag{62}$$

$$\theta_{B2}=-\theta_B \tag{63}$$

由是

$$M_{B1}=\frac{\theta_B}{\varepsilon_{B1}} \tag{64}$$

$$M_{B2}=-\frac{\theta_B}{\varepsilon_{B2}} \tag{65}$$

$$M_{B3}=\frac{\theta_B}{\varepsilon_{B3}} \tag{66}$$

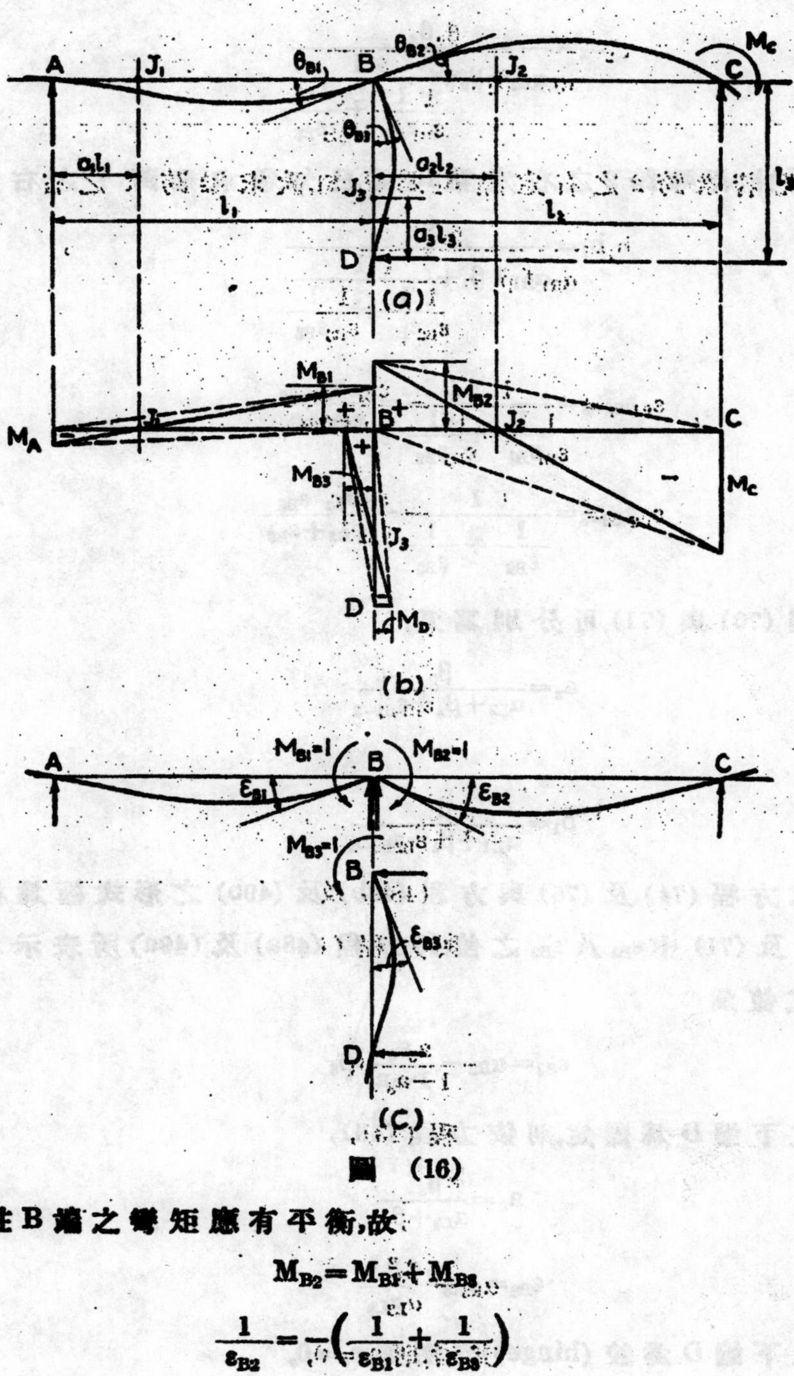

圖 (16)

但梁柱B端之彎矩應有平衡,故

$$M_{B2}=M_{B1}+M_{B3} \tag{67}$$

所以

$$\frac{1}{\varepsilon_{B2}}=-\left(\frac{1}{\varepsilon_{B1}}+\frac{1}{\varepsilon_{B3}}\right) \tag{68}$$

但
$$\varepsilon_{B3}=\alpha_{L2}-\frac{1-a_2}{a_2}\beta_2 \quad (69)$$

故
$$a_2=\frac{\beta_2}{\alpha_{L2}+\beta_2+\cfrac{1}{\cfrac{1}{\varepsilon_{B1}}+\cfrac{1}{\varepsilon_{B3}}}} \quad (70)$$

同此,若梁跨2之右定點K_2爲已知,欲求梁跨 1 之右定點K_1,

則
$$b_1=\frac{\beta_1}{\alpha_{R1}\,f\,\beta_1+\cfrac{1}{\cfrac{1}{\varepsilon_{B2}}+\cfrac{1}{\varepsilon_{B3}}}} \quad (71)$$

使
$$\varepsilon_{B1-3}=\frac{1}{\cfrac{1}{\varepsilon_{B1}}+\cfrac{1}{\varepsilon_{B3}}}=\frac{\varepsilon_{B1}\ \varepsilon_{B3}}{\varepsilon_{B1}+\varepsilon_{B3}} \quad (72)$$

$$\varepsilon_{B2-3}=\frac{1}{\cfrac{1}{\varepsilon_{B2}}+\cfrac{1}{\varepsilon_{B3}}}=\frac{\varepsilon_{B2}\ \varepsilon_{B3}}{\varepsilon_{B2}+\varepsilon_{B3}} \quad (73)$$

則方程 (70) 與 (71) 可分別寫爲,

$$a_2=\frac{\beta_2}{\alpha_{L2}+\beta_2+\varepsilon_{B1-3}} \quad (74)$$

與

$$b_1=\frac{\beta_1}{\alpha_{R1}+\beta_1+\varepsilon_{B2-3}} \quad (75)$$

應注意方程 (74) 及 (75) 與方程 (48b) 及 (49b) 之形式極爲相似。方程 (70) 及 (71) 中ε_{B1}及ε_{B2}之值,與方程 (48a) 及 (49a) 所表示者相同。至ε_{B3}之值爲

$$\varepsilon_{B3}=\alpha_{R3}-\frac{a_3}{1-a_3}\beta_3 \quad (76)$$

若柱之下端D爲固定,則依方程 (43),

$$a_3=\frac{\beta_3}{\alpha_{L3}+\beta_3} \quad (77)$$

故
$$\varepsilon_{B3}=\alpha_{R3}-\frac{\beta_3^2}{\alpha_{L3}} \quad (78)$$

若柱之下端D爲鉸 (hinge) 支者,則,$a_3=0$,

$$\varepsilon_{B3}=\alpha_{R3} \tag{79}$$

若柱之斷面不變,則 α_{R3}, α_{L3} 及 β_3 可用方程 (29),(30),及 (31) 求之。

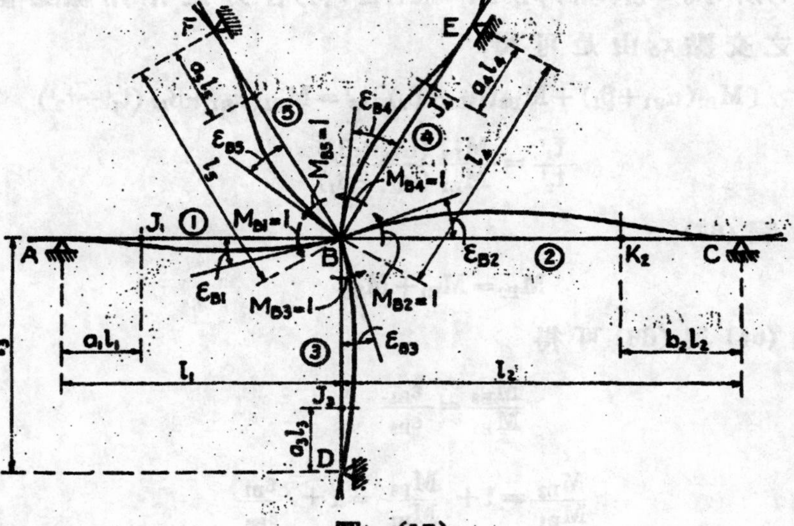

圖 (17)

若B點倘有其他梁或柱連接,如圖17之4及5,則求 a_2 時方程 (74) 中 ε_{B1-3} 當改為 $\varepsilon_{B1-3-4-5}$,其值為

$$\varepsilon_{B1-3-4-5}=\frac{1}{\frac{1}{\varepsilon_{B1}}+\frac{1}{\varepsilon_{B3}}+\frac{1}{\varepsilon_{B4}}+\frac{1}{\varepsilon_{B5}}} \tag{80}$$

同此,求 b_1 時則方程 (75) 中 ε_{B2-3} 當改為 $\varepsilon_{B2-3-4-5}$,其值為

$$\varepsilon_{B2-3-4-5}=\frac{1}{\frac{1}{\varepsilon_{B2}}+\frac{1}{\varepsilon_{B3}}+\frac{1}{\varepsilon_{B4}}+\frac{1}{\varepsilon_{B5}}} \tag{81}$$

連續架鄰跨定點之數學之關係,既闡明如上,茲可進而述其圖解方法。此種圖解方法全係乎幾何學;而幾何學中關係之變化甚多,故此種方法亦甚夥。下述之不同方法,雖有八種之多,但仍有未盡。茲分四大類述之,惟其證明僅舉其重要者。

1. 著者之法　圖 18(a) 示一連續架之一部,其各節點 A,B,C,——等,均有連續性。設跨 1 之左定點 J_1 與跨 3 (即柱 BE) 之左定點 J_3 (向左看) 為已知,茲欲以圖解法求跨 2 之左定點 J_2。若以任何彎矩加於C點,則該三跨之彎矩,約如圖16(b)。以集中彈性載重,依圖15(c)與(d)之方法,作平衡多邊形及力多邊形,其一部份如圖18(b)與(c)所示。$M_{B1}(\alpha_{R1}+\beta_1)$與$M_{B2}(\alpha_{L2}+\beta_2)$合力之作用線,必經過線2與線4之交點r。由是可得,

$$[M_{B1}(\alpha_{R1}+\beta_1)+M_{B2}(\alpha_{L2}+\beta_2)]t_2'=M_{B1}(\alpha_{R1}+\beta_1)(t_1'-t_2') \quad (82)$$

故
$$\frac{t_1'}{t_2'}=\frac{M_{B2}}{M_{B1}}\frac{(\alpha_{L2}+\beta_2)}{(\alpha_{R1}+\beta_1)} \quad (83)$$

但由方程(67),

$$M_{B2}=M_{B1}+M_{B3} \quad (67)$$

由方程(64)與(66)可得

$$\frac{M_{B3}}{M_{B1}}=\frac{\varepsilon_{B1}}{\varepsilon_{B3}} \quad (84)$$

故
$$\frac{M_{B2}}{M_{B1}}=1+\frac{M_{B3}}{M_{B1}}=1+\frac{\varepsilon_{B1}}{\varepsilon_{B3}} \quad (85)$$

代入方程(83)中,則

$$\frac{t_1'}{t_2'}=\left(1+\frac{\varepsilon_{B1}}{\varepsilon_{B3}}\right)\left(\frac{\alpha_{L2}+\beta_2}{\alpha_{R1}+\beta_1}\right) \quad (86)$$

此新換位線T'_{1-2}之位置,既由方程(86)決定後,其餘作法,如圖18(d)下半實線所示,與圖13(c)相似。但其作法亦可如圖18(d)上半虛線所示,與圖13(f)相似。

若節點B尚有其他梁柱連接,如圖17之4與5等,則方程(86)變爲

$$\frac{t_1'}{t_2'}=\left(1+\frac{\varepsilon_{B1}}{\varepsilon_{B3}}+\frac{\varepsilon_{B1}}{\varepsilon_{B4}}+\frac{\varepsilon_{B1}}{\varepsilon_{B5}}+\cdots\right)\left(\frac{\alpha_{L2}+\beta_2}{\alpha_{R1}+\beta_1}\right) \quad (87)$$

其中$\varepsilon_{B1},\varepsilon_{B3}$——之値可由方程(48a)求之。

2. Ritter之法 此法係用連續梁之換位線T_{1-2}及另一豎線名爲「彈性線」(elasticity line) E〔4—13頁〕。其解法如圖18(e)。作J_1B_2線與G_1線交於g及T_{1-2}線交於B_2。作g^B線并引長與F_2線交於f。作B_2F_2線。作E線與B_2F_2交於E。作fE線與梁軸BC交於J_2點,即所

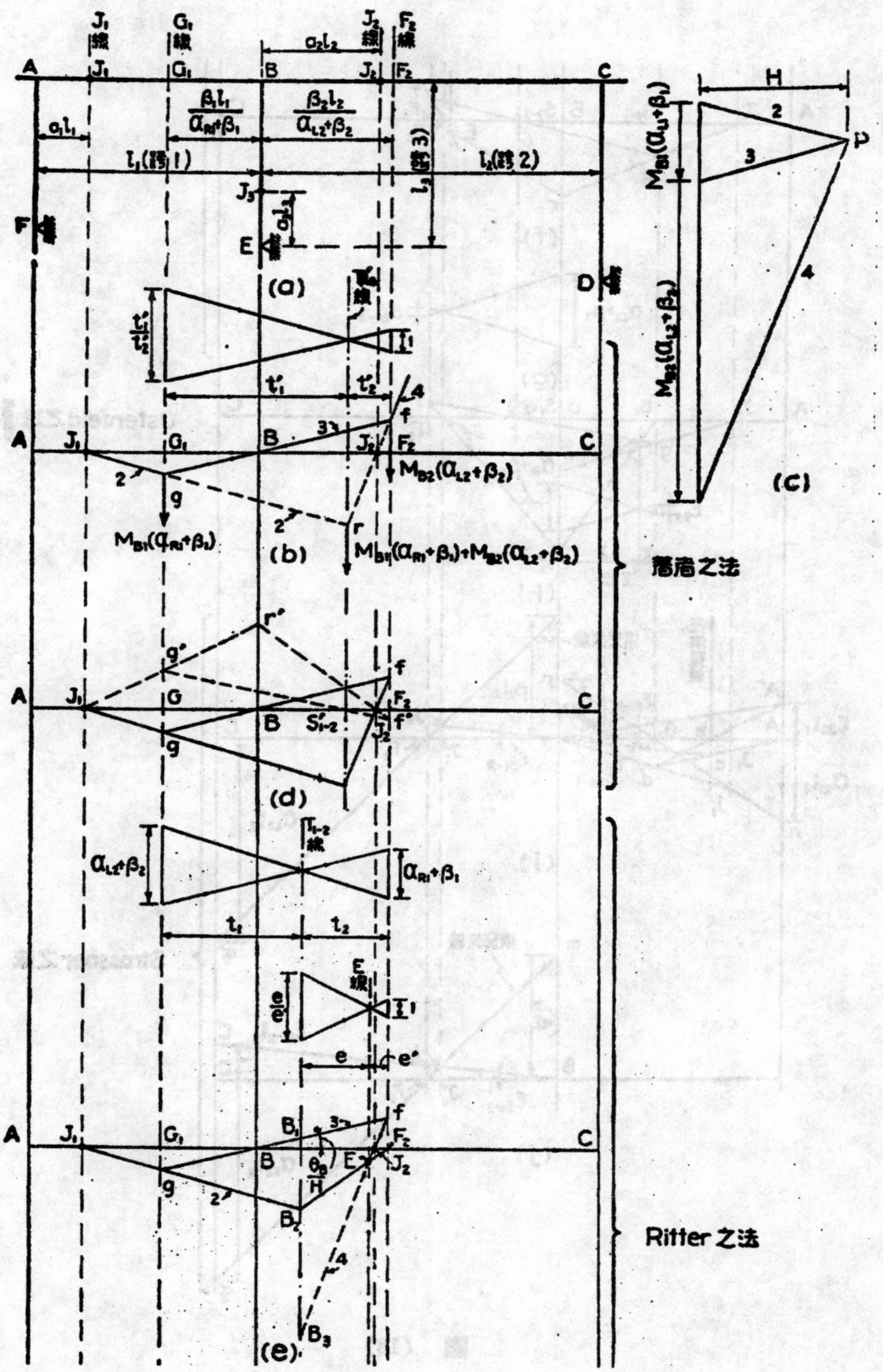
(a)
(b)
(c)
(d)
(e)
H
著者之法
Ritter之法

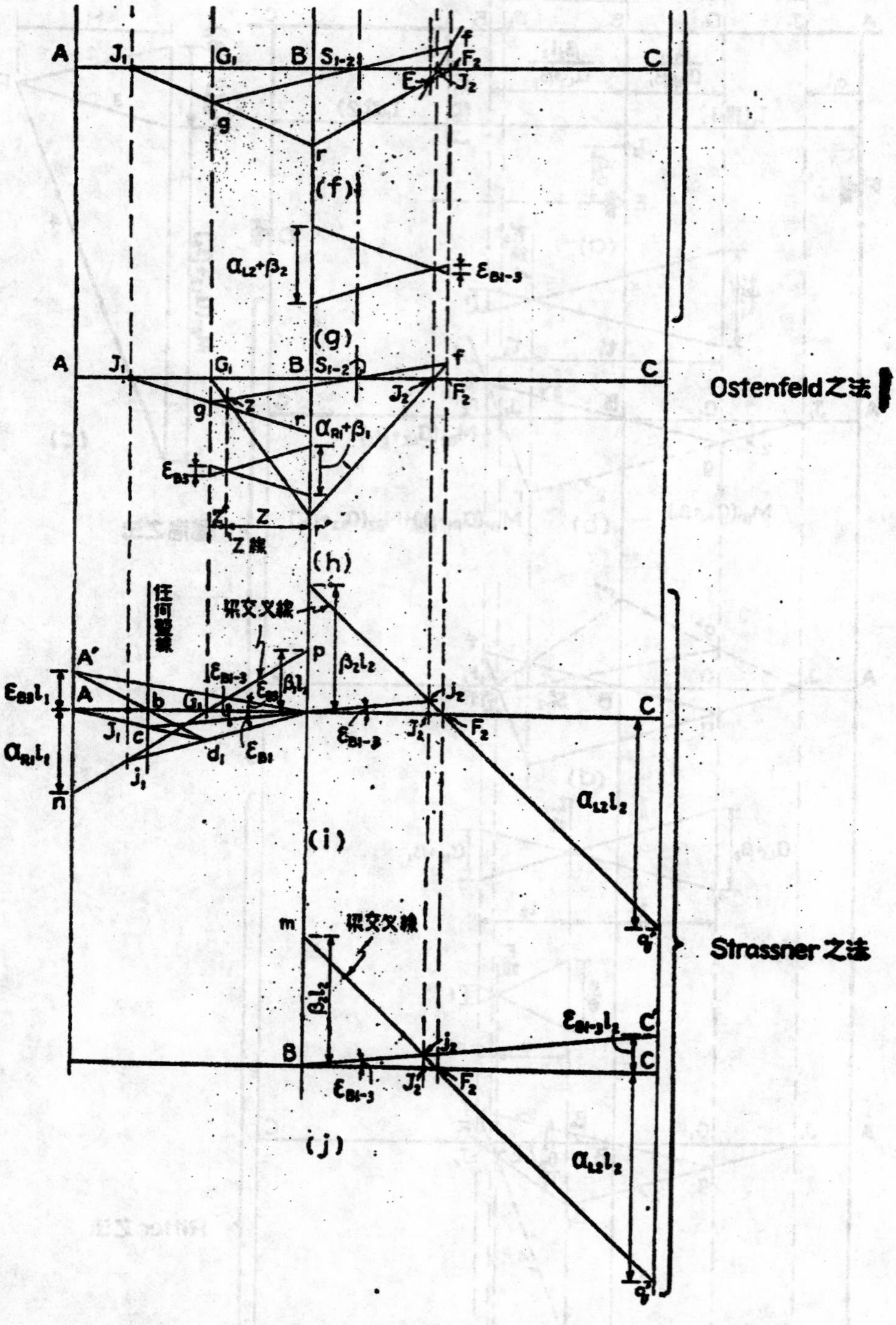
A
J₁
G₁
B
S₁₋₂
F₂
J₂
C
g
r
(f)
(g)
(h)
(i)
(j)
Z線
任何曲線
架交叉線
Ostenfeld之法
Strassner之法

圖 (18)

求跨2之左定點。圖18(e)亦係平衡多邊形之一部,由此可作一力多邊形,如圖18(c)。將fE線引長與T_{1-2}線交於B_3,則E線位置之定法如下:

$$\frac{e}{e'}=\frac{B_2B_3}{fF_2} \tag{88}$$

由圖18(e)與(c),

$$B_1B_3=\frac{M_{B2}(\alpha_{L2}+\beta_2)t_2}{H} \tag{89}$$

$$B_1B_2=\frac{M_{B1}(\alpha_{B1}+\beta_1)t_1}{H}=\frac{M_{B1}(\alpha_{L2}+\beta_2)t_2}{H} \tag{90}$$

故

$$B_2B_3=B_1B_3-B_1B_2=\frac{t_2}{H}(\alpha_{L2}+\beta_2)(M_{B2}-M_{B1})$$

$$=\frac{t_2}{H}(\alpha_{L2}+\beta_2)\ M_{B3}=\frac{t_2\theta_B}{\varepsilon_{B3}H}(\alpha_{L2}+\beta_2) \tag{91}$$

又

$$fF_2=\frac{\beta_2 l_2}{\alpha_{L2}+\beta_2}\tan\frac{\theta_B}{H} \tag{92}$$

但$\frac{\theta_B}{H}$之角度甚小,故$\tan\frac{\theta_B}{H}=\frac{\theta_B}{H}$,由是

$$fF_2=\frac{\beta_2 l_2}{\alpha_{L2}+\beta_2}\times\frac{\theta_B}{H} \tag{93}$$

所以

$$\frac{e}{e'}=\frac{t_2}{\varepsilon_{B3}}\times\frac{(\alpha_{L2}+\beta_2)^2}{\beta_2 l_2} \tag{94}$$

如節點B倘有其他梁柱連接,如圖17之4與5等,則,

$$\frac{e}{e'}=\frac{t_2}{\varepsilon_{B3-5}}\times\frac{(\alpha_{L2}+\beta_2)^2}{\beta_2 l_2} \tag{95}$$

其中

$$\varepsilon_{B3-5}=\frac{1}{\frac{1}{\varepsilon_{B3}}+\frac{1}{\varepsilon_{B4}}+\frac{1}{\varepsilon_{B5}}} \tag{96}$$

由方程(94)可知柱3之剛度(rigidity)愈小,則ε_{B3}之值愈大,而e之值亦愈小。設柱之剛度等於零,則$\varepsilon_{B3}=\alpha$, $e=0$,如是則E線與T_{1-2}線相合,而圖18(e)與圖13(c)亦完全相同。

由方程(89),(90)與(91)可得

$$\frac{M_{B1}}{B_1B_2}=\frac{M_{B2}}{B_1B_3}=\frac{M_{B3}}{B_2B_3} \qquad (97)$$

方程(97)於將來求 M_{B1}, M_{B2} 及 M_{B3} 之值時,甚有輔助。此法又可稍加改變,如圖18(f)所示。方程(74)與(48b)既極相似,則圖14(f)所示之法,亦可用之於此。其解法如圖18(g),殊爲簡易。

3. Ostenfeld之法 如圖18(h)所示〔10—120頁〕,作任何線 J_1gr 與G線交於g。作 gS_{1-2} 線并引長與 F_2 線交於f。作Z線與 J_1gr 線交於Z。作 G_1Z 線引長與B豎線交於r'。作r'f與梁軸BC交 J_2,即所求之跨2左定點也。Z線之作法,可求得如下:

由圖18(h)之幾何性,可得,

$$\frac{Br'}{BJ_2}=\frac{F_2f}{F_2J_2}\times\frac{G_1g}{G_1g}=\frac{F_2f}{G_1g}\times\frac{G_1g}{F_2J_2}$$

故

$$\frac{Br'}{G_1g}=\frac{F_2f}{G_1g}\times\frac{BJ_2}{F_2J_2}$$

但

$$\frac{F_2f}{G_1g}=\frac{t_2}{t_1}=\frac{\alpha_{R1}+\beta_1}{\alpha_{L2}+\beta_2}$$

由圖18(g),則

$$\frac{BJ_2}{F_2J_2}=\frac{\alpha_{L2}+\beta_2}{\varepsilon_{B1-3}}$$

又由方程(72)及(48a),

$$\frac{1}{\varepsilon_{B1-3}}=\frac{1}{\varepsilon_{B1}}+\frac{1}{\varepsilon_{B3}}=\frac{1}{\varepsilon_{B3}}+\frac{1}{\alpha_{R1}-\frac{a_1}{1-a_1}\beta_1}$$

由是

$$\frac{Br'}{G_1g}=(\alpha_{R1}+\beta_1)\left(\frac{1}{\varepsilon_{B3}}+\frac{1}{\alpha_{R1}-\frac{a_1}{1-a_1}\beta_1}\right)$$

又由圖18(g)之幾何性,可得

$$\frac{Br}{G_1g}=\frac{BJ_1}{GJ_1}=\frac{l_1-a_1l_1}{l_1-a_1l_1-\frac{\beta_1l_1}{\alpha_{R1}+\beta_1}}=(\alpha_{R1}+\beta_1)\left(\frac{1}{\alpha_{R1}-\frac{a_1}{1-a_1}\beta_1}\right)$$

故

$$\frac{r'r}{G_1g}=\frac{Br'-Br}{G_1g}=\frac{\alpha_{R1}+\beta_1}{\varepsilon_{B3}}$$

但 $$\frac{z}{z'}=\frac{r'r}{G_1g}$$

故 $$\frac{z}{z'}=\frac{\alpha_{R1}+\beta_1}{\varepsilon_{E3}} \tag{98}$$

4. Strassner 之法　如圖 18(i) 所示〔11—23 至 25 頁〕。先作該二跨之梁交叉線 np 與 m'q'，前者與 J_1 線交於 j_1。於支點 A 與 G_1 二點之間，作任何豎線與 AB 交於 b。作 A'B 線，使 $AA'=\varepsilon_{E3}l_1$，并作 j_1B 線。作 A'b 線引長與 j_1B 交於d。作 Ad 與該任何豎線交於 C。作 CB 線引長與 m'q' 交於 j_2。豎線之經過 j_2 者卽 J_2 線，其與 BC 之交點 J_2，卽所求之跨 2 左定點也。下列方程不難以幾何證明之。

$$\angle ABj_1=\varepsilon_{B1} \tag{99}$$

$$\angle ABc=\angle j_2BF_2=\varepsilon_{B1-2} \tag{100}$$

若 ε_{B1-2} 之值爲已知，則此法可縮短如圖 18(j)，較爲簡便。

上述爲已知跨 1 左定點 J_1 而求跨 2 左定點 J_2 之法。若已知跨 2 右定點 K_2 而求跨 1 右定點 K_1，則解法與上述者相似而相反，上述諸法所需用之方程如下：

$$\frac{t_2'}{t_1'}=\left(1+\frac{\varepsilon_{B2}}{\varepsilon_{E3}}\right)\left(\frac{\alpha_{R1}+\beta_1}{\alpha_{L2}+\beta_2}\right) \tag{86a}$$

$$\frac{e}{e'}=\frac{t_2}{\varepsilon_{E3}}\,\frac{(\alpha_{R1}+\beta_1)^2}{\beta_1 l_1} \tag{94a}$$

$$\frac{z}{z'}=\frac{\alpha_{L2}+\beta_2}{\varepsilon_{E3}} \tag{98a}$$

至 Ritter 及 Strassner 之求右定點 K 法，詳見圖 25。

IX. 祇一跨有載重時之配點

圖 19 (a) 示一有載重之跨，其 L 與 R 兩端各有 $-M_L$ 與 $-M_R$ 之彈性控制。該跨可爲彈性控制之單跨梁，或爲任何跨數連續梁中之祇有載重之一跨。其左右二定點之定法，如前所述。圖 19 (b) 示其彎矩圖，其中 LeR 係該跨在載重下視爲簡單梁時之正彎矩圖，

8205

而 LcdR 為 $-M_L$ 與 $-M_R$ 之負彎矩圖。二者相加，卽成該跨在彈性控制下之總彎矩圖，如圖 19(b)之有線部份，cd 線為總彎矩圖之底線（以後簡稱為「彎矩總底線」[5]）。該彎矩總底線 cd 與 J 及 K 線分別交於 P 與 Q 點。Nishkian 與 Steinman〔13〕稱 P 為左配點，Q 為右配點 (left and right conjugate points)。

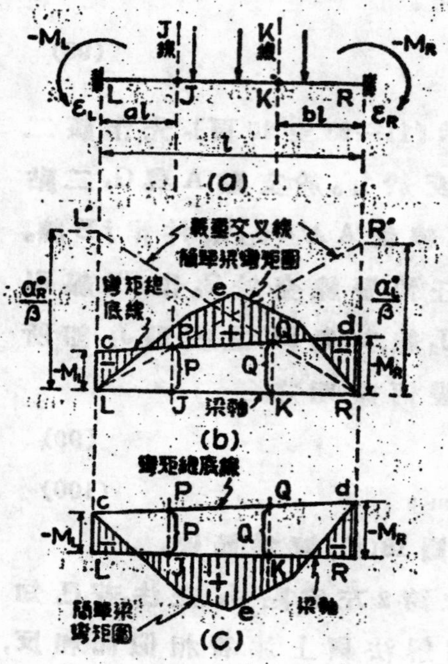

圖 (19)

圖 19 (b)之簡單梁彎矩圖，係以梁軸 LR 為底線，但亦可以彎矩總底線 cd 為該彎矩圖之底線，如圖 19(c)。如是則當先作彎矩總底線 cd，而後始畫簡單梁彎矩圖 ced。

若該跨為一個彈性控制之單跨梁，或任何跨數連續梁之祇有載重之一跨。則該二配點 P 與 Q 距梁軸 LR 之高度，可以下法求之。

由方程 (40)，

$$\alpha_L+\varepsilon_L=\beta\frac{1-a}{a} \tag{101}$$

代入方程 (36)，

$$M_L\frac{1-a}{a}\beta+M_R\beta=-\alpha_L^{\circ} \tag{102}$$

方程 (102) 兩端各乘以 $\frac{a}{\beta}$，則

$$M_L(1-a)+M_R a=-a\frac{\alpha_L^{\circ}}{\beta} \tag{103}$$

5. cd 線之英文名稱為 moment closing line，直譯為「彎矩關閉線」，殊不妥。茲改稱為「總彎矩圖之底線」，簡稱為「彎矩總底線」，與其意義較洽。

由圖19(b)之幾何性,可得

$$M_L(1-a)+M_R a=P \tag{104}$$

故

$$P=-a\frac{\sigma_L^\circ}{\beta} \tag{105}$$

同此

$$Q=-b\frac{\alpha_R^\circ}{\beta} \tag{106}$$

由方程(41)與(42),則上列二方程亦可寫作

$$P=-\frac{\sigma_L^\circ}{\alpha_L+\beta+\varepsilon_L} \tag{107}$$

與

$$Q=-\frac{\alpha_R^\circ}{\alpha_R+\beta+\varepsilon_R} \tag{108}$$

配點P與Q之高度,亦可以「載重交叉線」(load cross lines)〔3—28頁9—39頁與10—88頁〕求之,於經過L之豎線上,量$LL'=\frac{\alpha_R^\circ}{\beta}$。又於經過R之豎線上,量$RR'=\frac{\sigma_L^\circ}{\beta}$。作載重交叉線LR′與RL′,當與J及K線分別交於二配點P及Q如圖19(b)。

如是可知所謂配點P及Q者,即彎矩總底線與經過二定點J及K豎線之交點。若連續梁各跨之二定點及二配點均已求得,即可作各跨之彎矩總底線,而求得該續梁任何點之彎矩。但上述之法,祇可用於一個彈性控制之單跨梁,或任何跨數連續梁之祇有載重之一跨。至連續梁有數個載重跨及任何無載重跨中配點之求法,當於下節述之。

X. 特點之理論

在有載重之單跨,其任何端為固定而非受有彈性控制時,則接近該端之定點,將移近該跨之中線,而其配點之高度亦較大。如圖20(a)中,若L端祇係彈性控制(即ε_L之值大於零而小於無窮),則J與P為接近L端之左定點與左配點。若L端為固定(即ε_L之值為零),則F與U即為接近L端之左定點與左配點。同此,若R端為

固定,則 G 與 V 即為接近 R 端之右定點與右配點。該 U 與 V 二配點,乃該跨兩端固定時二配點之特別位置,即 Fidler 之「特點」(characteristic points)。若使方程 (107) 與 (108) 中 ε_L 與 ε_R 之值為零,則該二特點 U 與 V 距梁軸之高度如下:

$$U=-\frac{\alpha_L^{\circ}}{\alpha_L+\beta} \qquad (109)$$

$$V=-\frac{\alpha_R^{\circ}}{\alpha_R+\beta} \qquad (110)$$

若該跨無載重,則 $\alpha_L^{\circ}=\alpha_R^{\circ}=0$,故 $U=V=0$,如是則特點 U 及 V 即分別與 F 及 G 點相合。

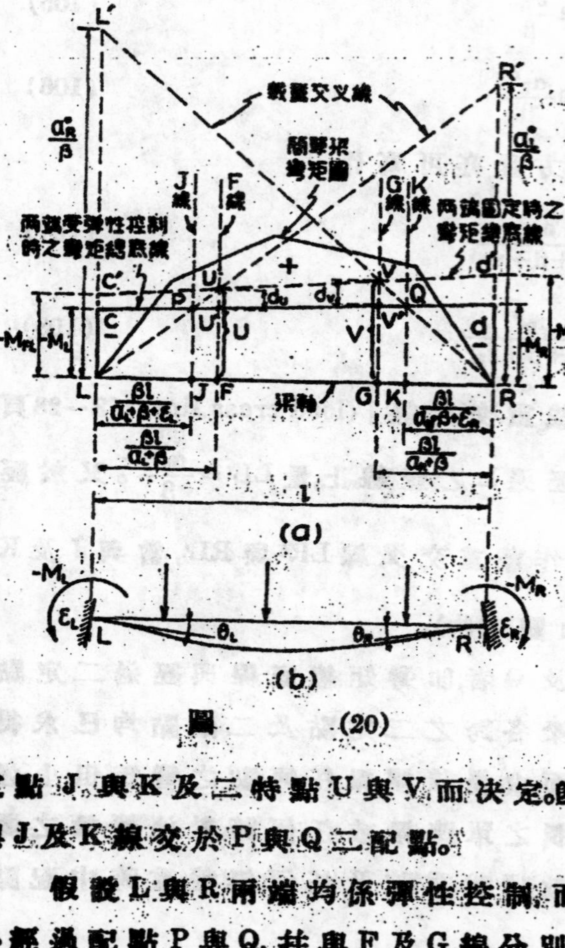

圖 (20)

由圖 20(a) 可知在一個載重單跨中,其二配點 P 與 Q,亦可由二定點 J 與 K 及二特點 U 與 V 而決定。即作 LU 與 RV 二斜線,分別與 J 及 K 線交於 P 與 Q 二配點。

假設 L 與 R 兩端為係彈性控制,而 cd 為其彎矩總底線,則 cd 必經過配點 P 與 Q,并與 F 及 G 線分別交於 U′ 與 V′ 二點。設 $UU'=d_u$,并 $VV'=d_v$,由圖 20(a) 之幾何性,則

$$U-d_u=\frac{1}{\alpha_L+\beta}(M_L\alpha_L+M_R\beta) \qquad (111)$$

$$V-d_v=\frac{1}{\alpha_R+\beta}(M_R\alpha_R+M_L\beta) \qquad (112)$$

由是可得 $M_L=\frac{1}{\alpha_L\alpha_R+\beta^2}\left[(\alpha_L+\beta)(U-d_u)\alpha_R-\beta(\alpha_R+\beta)(V-d_v)\right]$ (113)

$$M_R=\frac{1}{\alpha_L\alpha_R+\beta^2}[(\alpha_R+\beta_2)(V-d_v)\alpha_L-\beta(\alpha_L+\beta)(U-d_u)] \quad (114)$$

以方程(109)與(110)中U及V之值,代入上列二方程中,再代入方程(32)與(33)中,可得(圖20(b))

$$\theta_L=d_u(\alpha_L+\beta) \quad (115)$$

$$\theta_R=d_v(\alpha_R+\beta) \quad (116)$$

由是可知在任何梁兩端受彈性控制時,其兩端之角變θ_L及θ_R,分別與d_u及d_v成正比例。若角變爲正號(即其切線在梁軸之下),則U′及V′二點分別在特點U及V之下,否則在其上。故特點者,乃F或G線上之某點,其自總底線之距離,即與該端之角變成正比例。如是設連續最左跨之左端受彈性控制而其角變θ_L爲已知,則接近該端之V′點可由方程(115)定之。同此,若其最右跨之右端角變θ_R爲已知,則接近該端之U′點可由方程(116)定之。

XI. 連續梁配點之圖解法

若連續梁任何跨中之配點P或Q爲已知,則其鄰跨之配點P或Q不難以圖解法求之。

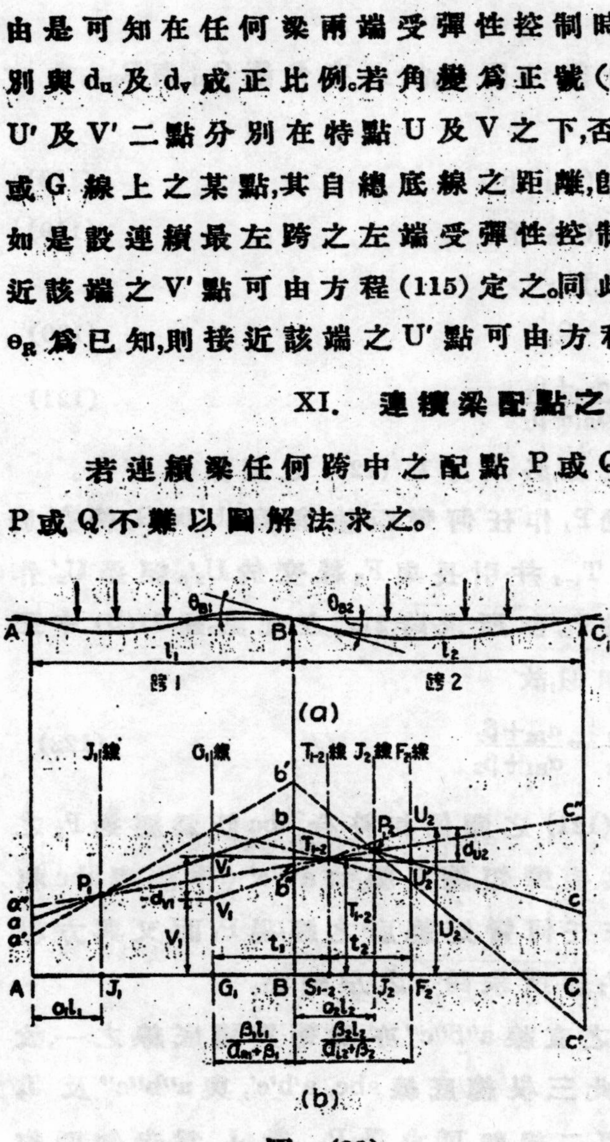

圖(21)

圖21(a)示任何連續梁之兩鄰跨AB(跨1)與BC(跨2),受有任何載重。該二跨之左定點J_1及J_2之求法,如前所述。假設該二跨在B點爲固定,即$\theta_{B1}=\theta_{B2}=0$。依前述之法,定其特點$V_1$及$U_2$如圖21(b)所示。作直線$V_1U_2$,與$T_{1-2}$線交於$T_{1-2}$點,此點可稱爲跨1與跨2間之「換位點」

(transposition point)。由圖21(b)之幾何性,該換位點距梁軸之高度如下:

$$T_{1-2}=-\frac{\alpha^{o}_{R1}+\alpha^{o}_{L2}}{\alpha_{R1}+\beta_1-\alpha_{L2}+\beta_2} \tag{117}$$

故T_{1-2}點之高度,與該二跨梁及載重情形,均有關係。若跨1之左配點P_1爲已知,則跨2之左配點P_2可以T_{1-2}點及方程(115)與(116)求之。

該二跨在B點實際上既非固定,故必有角變Q_{B1}與R_{B2}。由方程(115)及(116),則,

$$Q_{B1}=d_{v1}(\alpha_{R1}+\beta_1) \tag{118}$$

$$Q_{B2}=d_{u2}(\alpha_{L2}+\beta_2) \tag{119}$$

由該二跨在B點之連續性,則,

$$Q_{B1}=-Q_{B2} \tag{120}$$

如是則,

$$\frac{-d_{v1}}{d_{u2}}=\frac{\alpha_{L2}+\beta_2}{\alpha_{R1}+\beta_1} \tag{121}$$

故該二跨之任何彎矩總底線,必與方程(121)之關係相符合。

圖解之方法如下:經過P_1作任何彎距總底線ab,與G_1線交於V_1',及豎線B交於b。作$V_1'T_{1-2}$并引長與F_2線交於U_2'。經過U_2'作彎矩總底線bc與J_2線交於P_2,即所求跨2之左配點。圖21(b)中三角$V_1V_1'T_{1-2}$與$U_2U_2'T_{1-2}$爲相似,故

$$\frac{-d_{v1}}{d_{u2}}=\frac{t_1}{t_2}=\frac{\alpha_{L2}+\beta_2}{\alpha_{R1}+\beta_2} \tag{122}$$

即彎矩總底線abc與方程(121)之關係相符合。abc既爲經過P_2之任何彎矩總底線,則任何其他彎矩總底線如a'b'c'(作法與abc相同)亦必經過P_2。故P_2必在任何彎矩總底之經過P_1而又與方程(121)之關係符合者。所以P_2即所求跨2之左配點。

如是則經過P_1與T_{1-2}之直線a"b"c"亦爲彎矩總底線之一,故亦必經過P_2。吾人可注意此三根總底線abc, a'b'c',與a"b"c"及J_2線均經過P_2,而用其中任何二線,即可求得P_2。設J_2爲未知,則作

8210

任何二彎矩總底線爲abc及a'b'c',亦可求得P_2。Nishkian與Steinman〔13—8頁〕卽主張用此法以求配點,但多數著者,均主先用另法求得定點,再求配點。若J_2爲已知,則最簡易之法,卽經過P_1及T_{1-2}作一直線a"b"c",與J_2線交於P_2。各人又可注意若a"b"c"係一水平線,則尖旗形$P_1V_1'bP_2U_2'$與圖13(f)完全相同。

若跨2之右配點Q_2爲已知而求跨1之右配點Q_1,其方法與上述相同。連續梁各跨左配點P之求法,應自其最左跨起,依次推至其最右跨。而右配點Q之求法,應自其最右跨起,依次推至其最左跨。至其最左跨左配點P及其最右跨之右配點Q,可視該端之情形,依方程(107)與(108)求之。

連續梁各跨之二配點已求得後,卽可作各跨彎矩總底線。以梁軸或彎矩總底線爲底線,作各跨載重之簡單梁彎矩圖,連續梁之圖解法,卽告完成。因連續梁在各支點之彎矩祗有一值,故任何鄰跨之二彎矩總底線線與其間支點之豎線,應相交於一點。於是幷可校驗圖解法之正確與否。如不需此種校驗,則除一端跨外,其餘各跨祗需知其左配點P或右配點Q,卽可作各跨之總底線。

若任何跨數之連續梁中,祗一跨有載重,則根據定點之意義,該載重跨以左任何無載重跨之彎矩總底線,必經過該跨之左定點J(圖11(a)及(b)),故該跨之左配點P與左定點J相合。同此,該載重跨以右任何無載重跨之彎矩總底線,必經過該跨之右定點K(圖12(a)及(b)),故該跨之右配點Q與右定點K相合。故連續梁祗一跨有載重時,其無載重跨之配點,不必另求。

XII. 連續架彎矩總底線之作法

圖22(a)示任何連續架之一部,與圖18(a)所示者完全相同。其J_1,J_2,K_1,K_2,G_1,及F_2均已求得。若該連續架祗跨2(卽與BC)有載重,則該跨之兩配點P_2與Q_2之作法,與圖19(b)相同。經過該二配點,卽可作該跨之彎矩總底線mm',故$M_{B2}=Bm$。跨1既無載重,則其彎矩

8211

總底線,必經過左定點 J_1（參看圖 9(a)）。吾人若能求得 M_{B1} 之值（即圖 22(c) 之 n 點),即可作跨 2 之彎矩總底線 nn′。欲求 M_{B1} 之值,有下列二法:

1. Ritter 之法　圖 22(b) 示由 J_1 求 J_2 之 Ritter 法,與圖 18(e)所示者相同。由方程 (97) 可得

$$\frac{M_{B1}}{M_{B2}}=\frac{B_1B_2}{B_1B_3} \tag{123}$$

於圖 22(b) 之 B_3f 線上量 $pB_3=mB=M_{B2}$, 作 B_1p, 再由 B_2 作 B_2q 與 B_1p 平行,得 q 點。如是,則

$$\frac{B_1B_2}{B_1B_3}=\frac{pq}{pB_3}=\frac{pq}{M_B} \tag{124}$$

故

$$pq=M_{B1} \tag{125}$$

使圖 22(c) 之 B_n 等於 pq, 即 M_{B1} 之值。由方程 (67) 可得 $mn=M_{B3}$,即柱 BE 上端之彎矩。以 mm′ 爲底線,作跨 2 之簡單梁彎矩圖 mem′,則跨 2（即梁 BC）任何點之彎矩,均可求得。該連續架其他部份之彎矩,亦可以同法求之。

2. Strassner 之法　圖 22(d) 示 Strassner 求 M_{B1} 或 n 點之法。於 A 豎線上作 $AA'=\varepsilon_{B3}l_1$, 作 AB′ 及 $A'O_2$, 均與圖 18 (i) 之 j_1B 線平行（即 $\angle B'AB=\varepsilon_{B1}$）。以 O_2 爲圓心, $AA'=O_2B'$ 爲半徑,作一圓弧。作 BB″ 與該圓弧成正切,作 mr 與 BB″ 成正角,則 $mr=M_1$。證明如下:

$$\frac{mr}{mB}=\frac{O_2B'}{O_2B}=\frac{\varepsilon_{B3}l_1}{\varepsilon_{B3}l_1+\varepsilon_{B1}l_1}=\frac{\varepsilon_{B3}}{\varepsilon_{B3}+\varepsilon_{B1}} \tag{126}$$

由方程 (85),則

$$\frac{M_{B1}}{M_{B2}}=\frac{\varepsilon_{B3}}{\varepsilon_{B3}+\varepsilon_{B1}} \tag{127}$$

既然 $mB=M_{B1}$, 則 $mr=M_{B2}$。故作 $Bn=mr$, 即可作跨 1 之彎矩總底線。

上述作彎矩總底線之二法,只能用於連續架之祗有一跨有載重者。若連續架之數跨同時均有載重,則須將各跨之載重分開,依上述二法先後求各跨之若干彎矩總底線,再將各跨之若干彎

8212

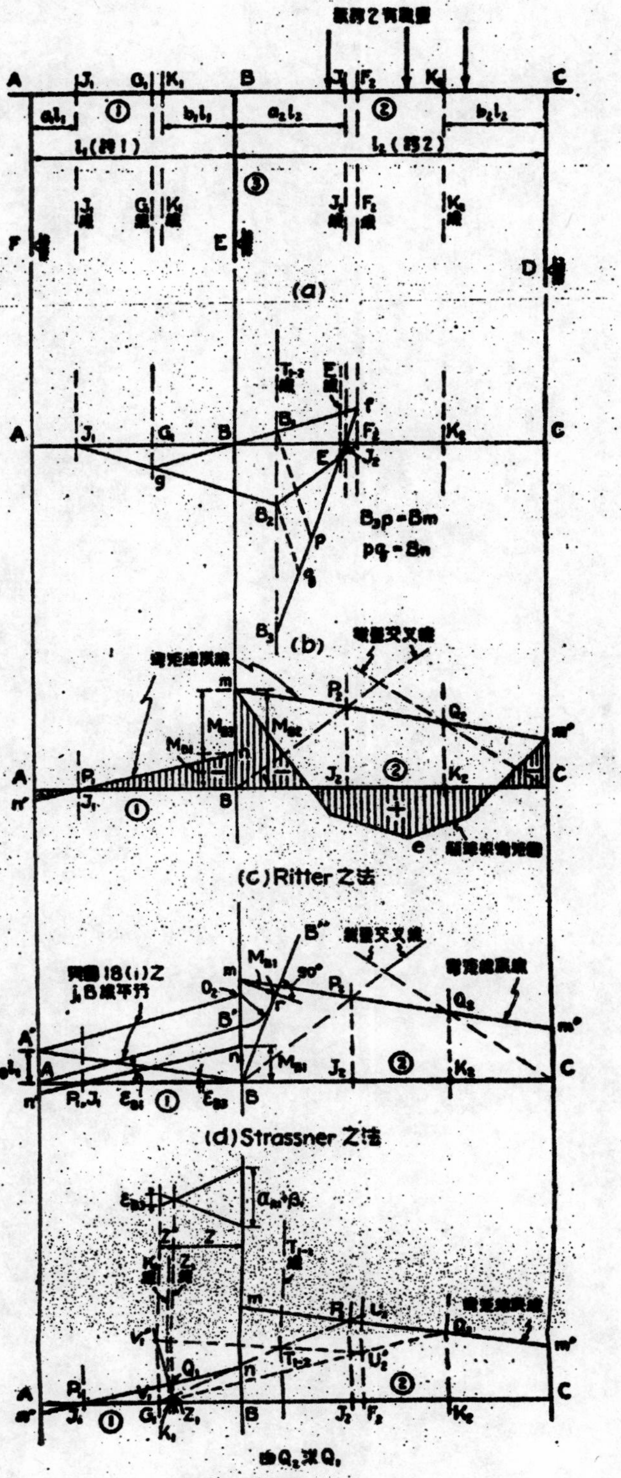

由Q_2求Q_1

(e)逐步之法

圖 (22)

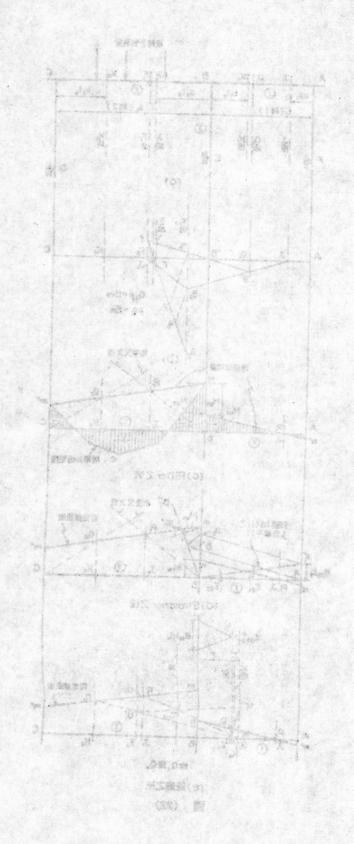

矩總底線相加,即得各跨同時有載重時之彎矩總底線。故載重之跨愈多,則此法亦愈繁瑣。下述著者之法[6],可以直接求連續架都跨之配點,亦如圖21(b)之用於連續梁者相似。故無任連續架之任何跨數同時有載重時,其各跨之彎矩總底線,可以一次求得。其法如下:

8. 著者之法　圖22(e)跨1之左配點 P_1 已知與 J_1 同在一點。若能由跨2之右配點 Q_2 而求得跨1之右配點 Q_1,即可作跨1之彎矩總底線 nn'。先定跨1之右特點 V_1 及跨2之左特點 U_2。作 V_1U_2 線,與 T_{1-2} 線交於 T_{1-2} 點。作 Q_2V_1 線與 F_2 線交於 U_2'。作 $U_2'T_{1-2}$ 并線引長與 G_1 線交於 V_1'。作 Z 線,與 Q_2V_1 線交於 Z_1 點。作 $V_1'Z_1$ 線與 K_1 線交於 Q_1 點,即所求之跨1右配點也。Z_1 線之作法,係根據方程(98),如圖22(e)所示。若欲由 P_1 而求 P_2,其方法與上述者相似。惟 Z_2 線之作法,應根據方程(98a)。至此法之證明較繁,因篇幅關係,應從略。

若任何跨數之連續架中祗一梁跨有載重,則此載重梁跨以左任何梁跨之左配點P,必與其左定點J相合,而此載重梁跨以右任何梁跨之右配點Q,必與其右定點K相合。此與第XI節關於連續梁者相同。至柱則不論在此載重梁跨之左或右,其左配點P均與其左定點J相合。於此應注意,凡柱在梁之下者,應自右向左橫看,而定其上下端之左右。凡柱在梁之上者,應自左向右橫看,而定其上下端之左右。

XIII. 結論

以上已將此種圖解法分部詳細說明,茲將其應用之步驟,列舉如下:

1. 計算各跨之角變。E常爲一恆數,故計算時可以(EX角變)之值,視作角變之值。

6. 著者之發現此法,係於 Ostenfeld [10—1,9頁圖79]之暗示甚多,特此聲明,示不掠美。

2. 定每二鄰跨間之換位線T,如圖13 (b)。(如用Strassner之法,則此步可省去。)

3. 用方程(43)及(44)定各跨之F及G點,并作F及G線(如用Strassner之法,則求各跨之梁交叉線)。

4. 定各跨之左右定點J及K。如係連續梁,用圖13之任何法。如係連續架,用圖18之任何法。定J點應由最左跨起,依次推至最右跨。定K應由最右跨起,依次推至最左跨。其最左跨之左定點J及最右跨之右定點K之定法如下:

(a) 若跨端係簡單支住,或以鉸支住,則接近該端之定點,卽與該支點相合。

(b) 若跨端係固定,則接近該端之定點,卽與F或G點相合。

(c) 若跨端係彈性控制,則接近該端之定點,可用方程(41)或(42)計算之,其圖解法如圖14(f)所示。

5. 於F及G線上定各跨之特點U及V。其方法可用以下二者之一。(如用Strassner之法,則不用特點U及V而用載重之交叉線。)

(a) 用方程(109)及(110)計算之。

(b) 用載重交叉線(圖20)圖解之。

(在無載重之跨,U及V點卽分別與F及G點相合。)

6. 於每二鄰跨間之換位線上,以下列二法之一定換位點T。

(a) 用VU線如圖21(b)。

(b) 用方程(117)計算之。

7. 於J及K線上定最左跨之左配點P及最右跨之右配點Q,其法如下:

(a) 若跨端係簡單支住,或以鉸支住,則接近該端之配點,卽與該定點相合。

(b) 若跨端係固定,則接近該端之配點,卽與特點U或V相合。

(c) 若跨端係彈性控制則接近該端之配點,可用方程(105)及

(106)(或方程(107)及(108))計算之。或用載重交叉線圖解之,如圖20(a)。

8. 於J及K線上,定其他各跨之左右配點P及Q。定P點應由最左跨起,依次推至最右跨。定Q點應由最右跨起,依次推至最左跨。其法如下:

(a) 如係連續梁,用換位點T定之,如圖21(b)。

(b) 如係連續架,用換位點T特點U及V與Z線定之,如圖22(e)。

(c) 無任連續梁或連續架,若其中祗一跨有載重時,該跨之左右二配點P及Q可用方程(105)及(106)(或方程(107)與(108))計算之。或用載重交叉線圖解之各圖20(a)。

9. 經過跨之左右配點P及Q,作各跨之彎矩總底線。若係連續架而又係用上列8(c)之法,則無載重跨中彎矩總底線之作法,如圖22(c),(d),或(e)。

10. 以梁軸或彎矩總底線爲底線,作有載重跨之簡單彎矩圖,與彎矩總底線相加減,即得該連續梁或連續架之總彎矩圖。

上舉步驟,有十項之多,似甚繁瑣。但習用此法者,有若干步驟,極易施行;且有時某步驟之一部或全部,可以省去,所謂熟能生巧者。爲易於明瞭起見,故上舉之步驟,特爲詳盡。故此法之實際應用,并不繁難。

如遇畸形之連續架,如圖23所示。若在載重下,其節點祗有旋轉而無變位,則該畸形之連續架,可先變爲通常之方形連續架,如圖23虛線所示,而後用圖解之法。

構造學中之任何圖解法,均係根據幾何學中之關係,故方法每可變化無窮。著者於本文中表述此種圖解法,雖力求概括與廣博,但未可言所有方法,已盡於此也。至此法之應用,以下當舉二例以明之。

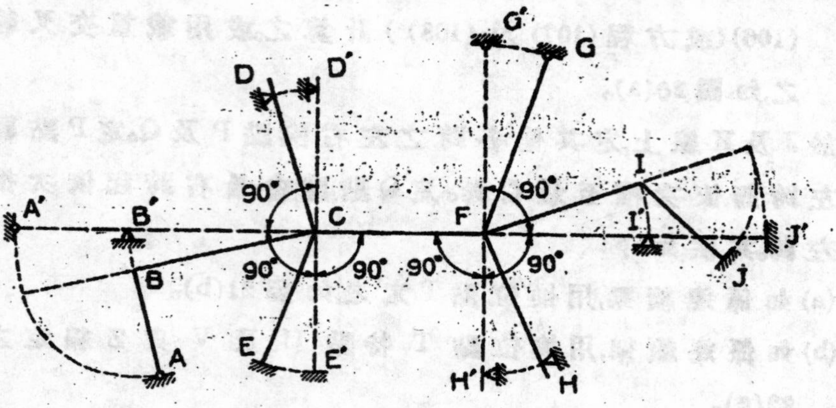

圖 (23)

XIV. 例 I——連續梁

圖 24(a) 示三跨之連續梁,其梁端之加高爲拋物線形,跨 1 及跨 2 均有載重。其最左端 A 點係簡單支住,其最右端 D 係固定。用本文附錄 Strassner 之表,其計算如下:

1. 計算各跨之角變(Ex 角變卽作爲角變之值):

跨 1:

$$I'=\frac{2^3\times1.5}{12}=1\text{ 呎}^4;\qquad \frac{3.42^3\times1.5}{12}=5\text{ 呎}^4$$

$$n=\frac{I'}{I''}=0.2;\qquad \lambda=\frac{8}{20}=0.4$$

由附表 6, $\varphi_{\alpha L}=0.990$; $\varphi_{\alpha R}=0.641$; $\varphi_\beta=0.909$

方程 (24), $E\alpha_{L1}=\frac{20\times0.990}{3\times1}=6.60$

方程 (25), $E\alpha_{R1}=\frac{20\times0.641}{3\times1}=4.28$

方程 (26), $E\beta_1=\frac{20\times0.909}{6\times1}=3.03$

由附表 15, $\varphi_s=1.066$; $\varphi_t=0.934$

方程 (27), $E\alpha^o_{L1}=\frac{20^2\times0.909}{6\times1}\left(\frac{0.5\times20\times1.066}{4}\right)=161.5$

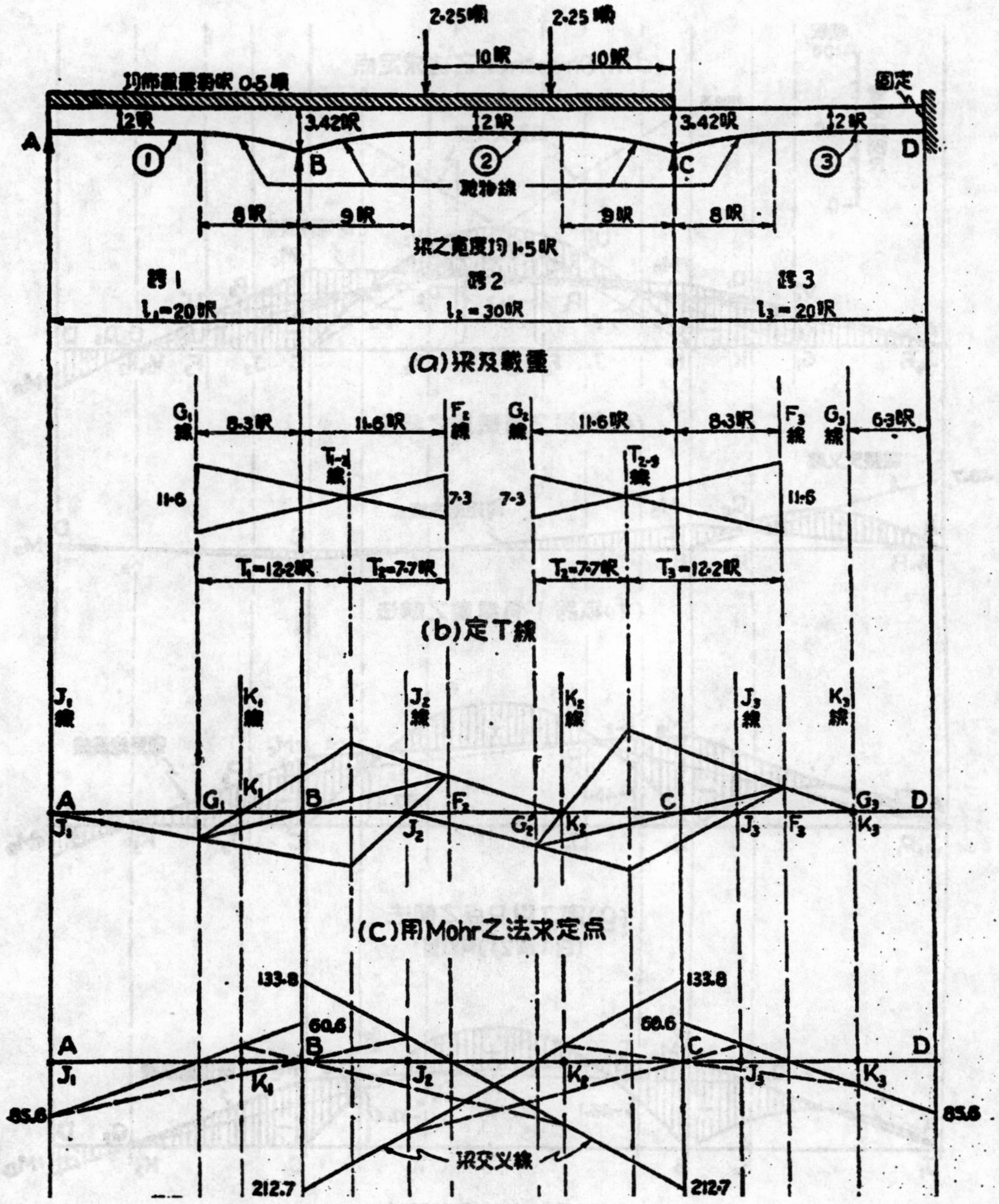
2·25噸
2·25噸
10呎
10呎
均佈載重每呎 0·5噸
固定
12呎
3.42呎
12呎
3.42呎
12呎
A
B
C
D
①
②
③
8呎
9呎
9呎
8呎
梁之寬度均1·5呎
跨1
跨2
跨3
(a)梁及載重
G1線
F2線
G2線
F3線
G3線
8·3呎
11·6呎
11·6呎
8·3呎
6·3呎
11·6
7·3
7·3
11·6
T1=12·2呎
T2=7·7呎
T2=7·7呎
T3=12·2呎
(b)定T線
J1線
K1線
J2線
K2線
J3線
K3線
(C)用Mohr之法求定点
133.8
60.6
85.6
212.7
梁交义線

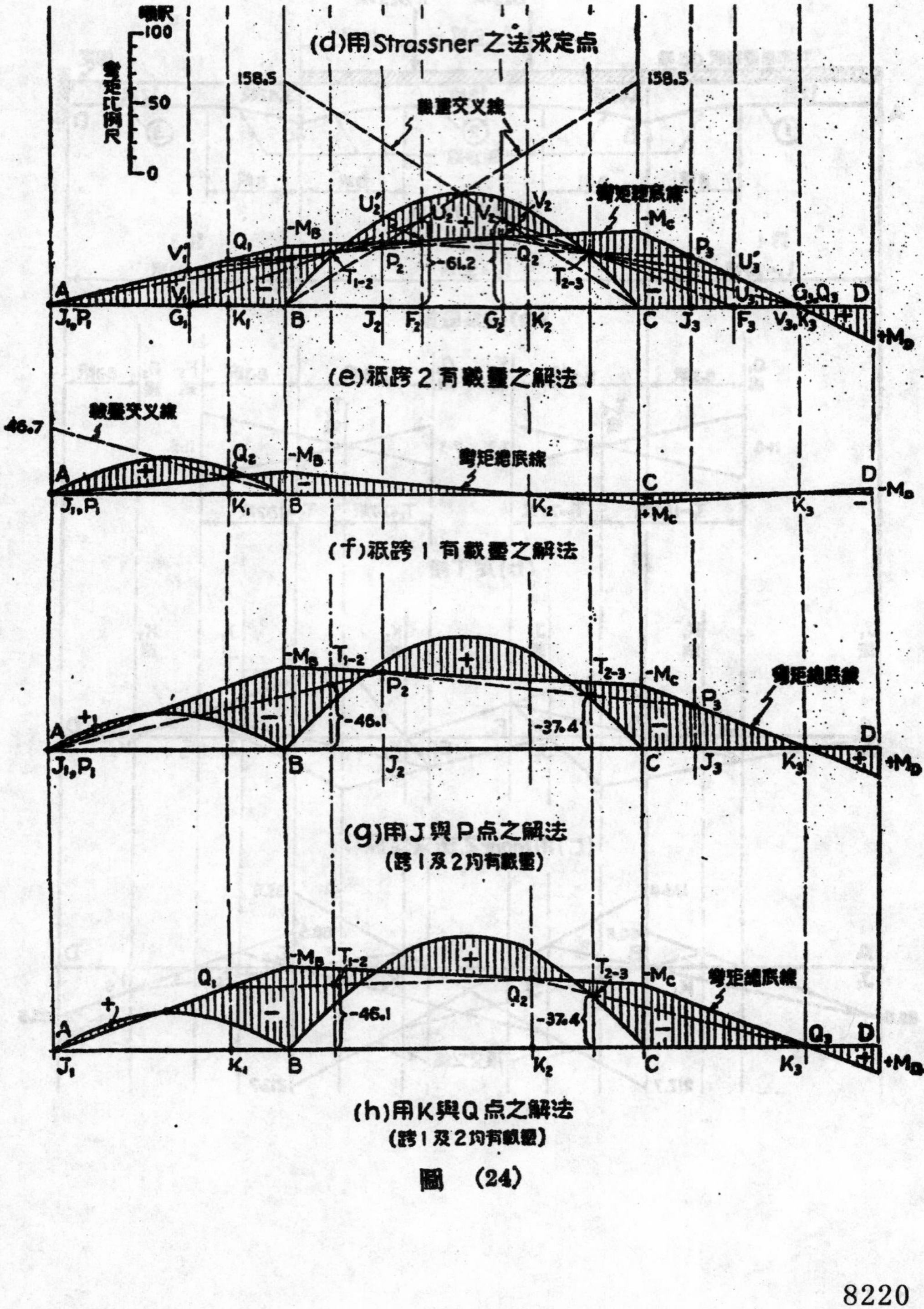

彎矩比例尺
100
50
0
(d)用Strassner之法求定点
158.5
158.5
載量交义線
彎矩總底線
-M_B
-M_C
-61.2
(e)祇跨2有載量之解法
46.7
載量交义線
彎矩總底線
-M_B
-M_D
+M_C
(f)祇跨1有載量之解法
-M_B
-M_C
T_1-2
T_2-3
-46.1
-37.4
彎矩總底線
+M_D
(g)用J與P点之解法
(跨1及2均有載量)
-M_B
-M_C
-46.1
-37.4
彎矩總底線
+M_D
(h)用K與Q点之解法
(跨1及2均有載量)

圖 （24）

方程 (28)，　$E\alpha^{\circ}_{R1}=\frac{20^2\times0.909}{6\times1}\left(\frac{0.5\times20\times0.934}{4}\right)=141.5$

跨 2:

$I'=\frac{2^3\times1.5}{12}=1$ 呎[4]　　$I''=\frac{3.42^3\times1.5}{12}=5$ 呎[4]

$n=\frac{I'}{I''}=0.2;$　　$\lambda=\frac{9}{30}=0.3$

由附表 5,　$\varphi_{\alpha L}=\varphi_{\alpha R}=0.709;\ \varphi_{\beta}=0.892$

方程 (24) 或 (25),　$E\alpha_{L2}=E\alpha_{R2}=\frac{30\times0.709}{3\times1}=7.09$

方程 (26),　$E\beta_2=\frac{30\times0.892}{6\times1}=4.46$

均佈載重,　$\varphi_s=\varphi_t=1$

集中載重 (附表 9), $\varphi_s=\varphi_t=0.372+0.306=0.678$

方程 (27) 或 (28),

$$E\alpha^{\circ}_{L2}=E\alpha^{\circ}_{R2}=\frac{30^2\times0.892}{6\times1}\left(\frac{0.5\times30\times1}{4}+\frac{2.25\times0.678}{1}\right)=706.4$$

跨 3:

跨 3 與跨 1 相同,但位置相反,故

$E\alpha_{L3}=E\alpha_{R1}=4.28;$　　$E\alpha_{R3}=E\alpha_{L1}=6.60$

$E\beta_3=E\beta_1=3.03;$　　$E\alpha^{\circ}_{L3}=E\alpha^{\circ}_{R3}=0$

2. 定 T 線 (圖 24(b));

$$E\alpha_{R1}+E\beta_1=E\alpha_{L3}+E\beta_3=4.28+3.03=7.3$$

$$E\alpha_{L2}+E\beta_2=E\alpha_{R2}+E\beta_2=7.09+4.46=11.6$$

3. 定 F 及 G 點 (圖 24(c)) (用方程 (43) 及 (44)):

$$\frac{\beta_1 l_1}{\alpha_{L1}+\beta_1}=\frac{\beta_3 l_3}{\alpha_{R3}+\beta_3}=\frac{3.03\times20}{6.60+3.03}=6.3 \text{ 呎}$$

$$\frac{\beta_1 l_1}{\alpha_{R1}+\beta_1}=\frac{\beta_3 l_3}{\alpha_{L3}+\beta_3}=\frac{3.02\times20}{4.28+3.03}=8.3 \text{ 呎}$$

$$\frac{\beta_2 l_2}{\alpha_{L2}+\beta_2}=\frac{\beta_2 l_2}{\alpha_{R2}+\beta_2}=\frac{4.46\times30}{7.09+4.46}=11.6 \text{ 呎}$$

4. 定J及K定點（圖34(c)）：

跨1之左端係簡單支住，故J_1與支點相合。跨3之右端係固定，故K_3與G_3相合。各跨之其他定點用Mohr之法定之，如圖24(c)。若用Strassner之法則須定梁之交叉線（圖24(d)），其計算如下：

$$\alpha_{R1}l_1=\alpha_{L3}l_3=4.28\times20=85.6$$

$$\beta_1 l_1=\beta_3 l_3=3.03\times20=60.6$$

$$\alpha_{L2}l_2=\alpha_{R2}l_2=7.09\times30=212.7$$

$$\beta_2 l_2=4.46\times30=133.8$$

5. 定U及V點（圖24(e)至(h)）：

方程(109)：

$$U_1=-\frac{\alpha^\circ_{L1}}{\alpha_{L1}+\beta_1}=-\frac{161.5}{6.06+3.03}=-16.8 \text{ 噸呎}$$

$$U_2=-\frac{\alpha^\circ_{L2}}{\alpha_{L2}+\beta_2}=-\frac{706.4}{7.09+4.46}=-61.2 \text{ 噸呎}$$

$$U_3=0$$

方程(110)：

$$V_1=-\frac{\alpha^\circ_{R1}}{\alpha_{R1}+\beta_1}=-\frac{141.5}{4.28+3.03}=-19.4 \text{ 噸呎}$$

$$V_2=U_2=-61.2 \text{ 噸呎}$$

$$V_3=0$$

6. 定鄰跨間之T點（圖24(e)至(h)）：

作V_1U_2線，即定T_{1-2}點。作V_2U_3線，即定T_{2-3}點。T點之高度，亦可用方程(117)計算之，如是，則

$$T_{1-2}=-\frac{\alpha^\circ_{R1}+\alpha^\circ_{L2}}{\alpha_{R1}+\beta_1+\alpha_{L2}+\beta_2}=-\frac{161.5+706.4}{4.28+3.03+7.09+4.46}=-46.1 \text{ 噸呎}$$

$$T_{2-3}=-\frac{\alpha^\circ_{R2}+\alpha^\circ_{L3}}{\alpha_{R2}+\beta_2+\alpha_{L3}+\beta_3}=-\frac{706.4+0}{7.09+4.46+4.28+3.03}=-37.4 \text{ 噸呎}$$

7. 定跨1之P_1點及跨3之Q_3點：

跨1之左端係簡單支住，故P_1與J_1相合。跨3之右端係固定，故Q_3與V_3相合。

8. 定其他各跨之P點與Q點及作彎矩總底:

(a) 將跨1與跨2之載重分開:—若祗計算跨2之載重(圖24(e)),則該跨之P_2及Q_2可用載重交叉線定之。其計算如下:

$$\frac{\alpha^{o}_{L2}}{\beta_2}=\frac{\alpha^{o}_{R2}}{\beta_2}=\frac{706.4}{4.46}=158.5 \text{ 噸呎}$$

亦可用方程(105)與(106)或方程(107)與(108)計算之。其實既知P_1及Q_3之後,其他跨之P與Q點,均可以T點定之。如作P_1T_{1-2}線與J_2線交於P_2。作P_2T_{2-3}線與J_3線交於P_3。作Q_3T_{2-3}線與K_2線交於Q_2。作Q_2T_{1-2}線與K_1線交於Q_1。因兩鄰跨之彎矩總底線必與其間支點之豎線交於一點,故除一端跨外,其餘各跨祗需一定與一配點(J與P或K與Q),卽可作各跨之彎矩總底線。故(圖24(e))中有多數之點與線爲不需要,其所以示明者,不過表明其間之各種關係耳。圖24(f)示祗跨1有載重時之圖解法,其所需要之點祗P_1,Q_2,K_2,及K_3,故甚爲簡易。Q_2之定法,係用載重交叉線,其計算如下:

$$\frac{\alpha^{o}_{R1}}{\beta_1}=\frac{141.5}{3.03}=46.7$$

若將圖24(e)及(f)各跨之彎矩總底總相加,卽得二跨均有載重時之彎矩總底線,與圖24(g)及(h)所示者相同。

(b) 將跨1與跨2之載重不分開:—若將跨1與跨2之載重同時計算亦可,且較爲簡便。圖24(g)示祗用J與P點之法,圖24(h)示祗用K與Q點之法,其中T_{1-2}及T_{2-3}二點之定法,根據上列第6項之計算。

再作有載重各跨之簡單梁彎矩圖,圖解法卽告完成。

XV. 例II——連續架

圖25(a)示一連續架及其載重。其跨1及跨2與圖24(a)所示者完全相同,故該二跨之角彎,F及G點,T_{1-2}線,均與例I相同,不必再算。所需計算者,祗柱3及4之角變。若自右向左橫看,則上端爲

R端,而下端為L端。由圖25(a),則

$$I=\frac{2^3\times 1.5}{12}=1\text{ 呎}^4;\ h=15\text{ 呎};\ h'=12.9\text{ 呎}\ \ h''=2.1\text{ 呎}$$

方程(29), $$E\alpha_{R3}=E\alpha_{R4}=\frac{12.9^3}{3\times 1\times 15^2}=3.19$$

方程(30), $$E\alpha_{L3}=E\alpha_{L4}=\frac{15^3-2.1^3}{3\times 1\times 15^2}=5.00$$

方程(31), $$E\beta_3=E\beta_4=\frac{12.9^2(15+2\times 2.1)}{3\times 1\times 15^2}=2.37$$

茲將圖25(b)至(d)之圖解法,大概說明如下:

1. Ritter之法:—跨1之左端係簡單支住,故J_1點與支點A相合。跨2之右端係與柱4連接,故該端受有彈性控制,其ε_{c4}之值可用方程(78)算之。

$$\varepsilon_{c4}=\varepsilon_{R3}=3.19-\frac{7.37^2}{5.00}=2.07$$

故K_2點之定法,如圖14(f),用方程(58a)。

$$\frac{e}{e'}=\frac{\alpha_{R2}+\beta_2}{\varepsilon_{c4}}=\frac{7.09+4.46}{2.07}=5.58$$

定J_2點用方程(94),

$$\frac{e}{e'}=\frac{t_2}{\varepsilon_{R3}}\ \frac{(\alpha_{L2}+\beta_2)^2}{\beta_2 l_2}=\frac{7.7}{2.07}\times\frac{(7.09+4.46)^2}{4.46\times 30}=3.71$$

定K_2點用方程(94a),

$$\frac{e}{e'}=\frac{t_1}{\varepsilon_{R3}}\ \frac{(\alpha_{R1}+\beta_1)^2}{\beta_1 l_1}=\frac{12.2}{2.07}\times\frac{(4.28+3.03)^2}{3.03\times 20}=5.19$$

以上定J及K點,係用Ritter之法,如圖18(e)。兩柱3與4之下端係固定,故其定點J_3及J_4可用方程(43)算之:

$$\alpha_3 l_3=\frac{\beta_3 l_3}{\alpha_{L3}+\beta_3}=\frac{2.37\times 15}{5.00+2.37}=4.82\text{ 呎}$$

$$\alpha_4 l_4=4.82\text{ 呎}$$

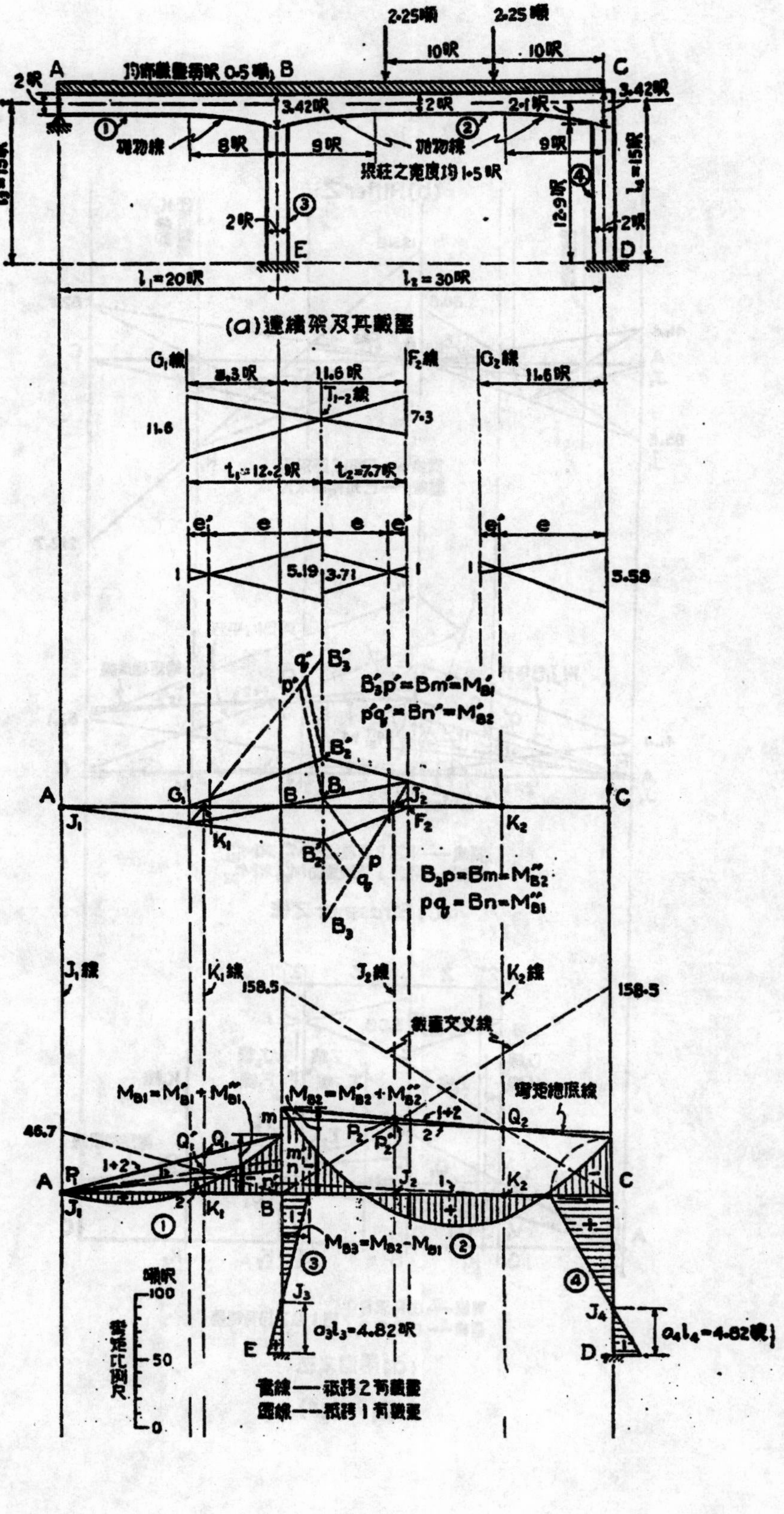
2.25噸
2.25噸
10呎
10呎
均佈載重每呎 0.5 噸
A
B
C
2呎
3.42呎
2呎
2.1呎
3.42呎
砌物線
8呎
9呎
砌物線
9呎
梁柱之寬度均 1.5 呎
l_3=15呎
l_4=15呎
12.9呎
2呎
2呎
E
D
l_1=20呎
l_2=30呎
(a) 連續架及其載重
G_1線
F_2線
G_2線
8.3呎
11.6呎
11.6呎
T_{1-2}線
11.6
7.3
t_1=12.2呎
t_2=7.7呎
e'
e
e
e'
e'
e
5.19
3.71
5.58
$B_3'p'=Bm'=M_{B1}'$
$p'q_0'=Bn'=M_{B2}'$
$B_3p=Bm=M_{B2}''$
$pq_0=Bn=M_{B1}''$
J_1線
K_1線
J_2線
K_2線
158.5
158.5
截面交叉線
彎矩總底線
$M_{B1}=M_{B1}'+M_{B1}''$
$M_{B2}=M_{B2}'+M_{B2}''$
46.7
1+2
$M_{B3}=M_{B2}-M_{B1}$
噸呎
100
50
0
彎矩比例尺
J_3
a_3l_3=4.82呎
J_4
a_4l_4=4.82噸
實線——祇跨 2 有載重
虛線——祇跨 1 有載重

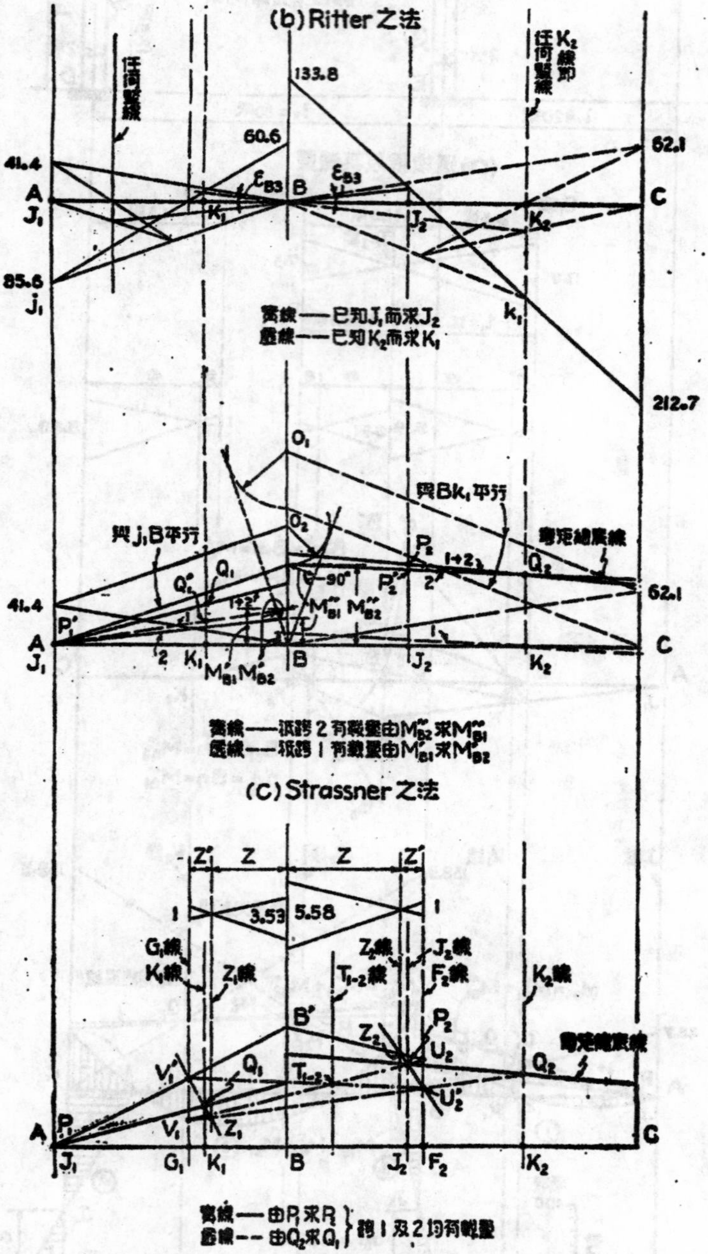
(b) Ritter之法
任何豎線
任何豎線 K₂節線
133.8
60.6
41.4
62.1
85.6
212.7
實線——已知J₁而求J₂
虛線——已知K₂而求K₁
與j₁B平行
與Bk₁平行
彎矩總度線
實線——祇跨2有載重由M''B2求M'''B1
虛線——祇跨1有載重由M'B1求M''B2
(c) Strassner之法
3.53
5.58
實線——由P₁求P₂
虛線——由Q₂求Q₁
跨1及2均有載重

(d)鷹宮之法

圖 (25)

先計算跨1之載重,得彎矩總底線1(虛線)。其P_1與Q_1'係用載重交叉線求得。依圖23(c)之法,得$M'_{B1}=B_m'$及$M'_{F2}=B_n'$。再計算跨2之載重,得彎矩總底線2(實線)。其P'_2與Q_2亦係用載重交叉線求得。依同法,得$M''_{E2}=B_m$及$M''_{F1}=B_n$。若二跨同時有載重,則

$$M_{B1}=M_{B1}'+M_{B1}''$$

$$M_{B2}=M_{F2}'+M_{B2}''$$

柱3 B端之彎矩爲

$$M_{B3}=M_{B2}-M_{B1}$$

其餘解法,無須再解釋。

2. Strassner之法:— 其定點之求法,係用梁交叉線,其計算與例I第4項相同,其方法與圖18(i),另需計算如下:

$$\varepsilon_{E3}\,l_1=2.07\times20=41.4$$

$$\varepsilon_{E3}\,l_2=2.07\times30=62.1$$

各跨彎矩總底線之定法,如圖23(d)。將二跨之載重分開,先後得彎矩總底線1及2,而後再相加。其餘作法與上法相同,故不贅。

3. 著者之法:—著者之法,係直接求配點,故二跨同時有載重,亦可用之。圖25(d)之V_1與U_2二特點之計算,與例I第5項相同。其Z線之求法如下:

由P_1求P_2,用方程(98a),

$$\frac{z}{z'}=\frac{\alpha_{L2}+\beta_2}{\varepsilon_{E3}}=\frac{7.09+4.46}{2.07}=5.58$$

由Q_2求Q_1,用方程(98),

$$\frac{z}{z'}=\frac{\alpha_{R1}+\beta_1}{\varepsilon_{E3}}=\frac{4.28+3.03}{2.07}=3.53$$

其餘作法,一如圖22(e)。惟由P_1求P_2時,本應經過P_1及U_2作一直線。但如是則不甚清晰,故作P_1B及BU_2二線,其作用與一直線相同。若用著者之法求配點,則求定點時最好用Ostenfeld之法,如圖18(g),因該法亦需用Z線也。

8227

XVI. 參考文獻舉要

1. Culmann, C.—"Graphische Statik," Zürich, 1866.
2. Mohr, O.—"Beiträge zur Theorie der Holz- und Eisenkonstruktionen," Zeit. d. Arch.- u. Ing.- Vereins zu Hannover, Bd. 14 (1868), S. 19.
3. Mohr, O.—"Abhandlungen aus dem Gebiete der technischen Mechanik," Wilhelm Ernst & Sohn, Berlin, 1928, S. 316.
4. Ritter, W.—"Anwendungen der graphischen Statik," 3. Teil, "Der kontinuierliche Balken," Albert Raustein, Zürich, 1900.
5. Fidler, T. C.—"Continuous Girder Bridges," Proc. Inst. C. E., London, Vol. 74 (1883), p. 196.
6. Fidler, T. C.—"A Practical Treatise of Bridge Construction," Charles Griffin Co., 1st ed. 1887, 5th ed. 1924, p. 134.
7. Müller-Breslau, H.—"Über einige Aufgaben der Statik, whelche auf Gleichungen der Clapeyronschen Art führen," Zeit. f. Bauwesen, Bd. 41 (1981), S. 103.
8. Müller-Breslau, H.—"Die graphische Statik der Baukonstruktionen," Alfred Kröner, Leipzig, Bd. II, I. Abteilung, 1922, S. 406, und II. Abtielung, 1925, S. 93.
9. Ostenfeld, A.—"Graphische Behandlung der kontinuierlichen Träger . . .," Zeit. f. Architektur u. Ingenieurwesen, Bd. 51 (1905), S. 47, und Bd. 54 (1908), S. 57.
10. Ostenfeld, A.—"Teknisk Statisk," (in Danish), Vol. II, Copenhagen, 3rd ed., 1925.
11. Strassner, A.—"Neuere Methoden," Bd. I, "Der durchlaufende Rahmen," Wilhelm Ernst & Sohn, Berlin, 3. Auflage, 1925.
12. Suter, E.—"Methode der Festpunkte," Julius Springer, Berlin, 2. Auflage, 1932.
13. Salmon, E. H.—"Characteristic Points," Selected Engineering Papers, No. 46, 1927, Inst. C. E., London.
14. Salmon, E. H.—"Materials and Structures," Vol. I, "The Elasticity and Strength of Materials," Longmans, Green & Co., London, 1931, p. 143.
15. Nishkian, L. H. and Steinman, D. B.—"Moments in Restrained and Continuous Beams by the Method of Conjugate Points," Trans. Am. Soc. C. E., Vol.

90 (June 1927), p. 1.

16. Richart, F. E. and Wilson, W. M.—"Graphical and Mechanical Analysis of Frames," Engineering and Contracting, Chicago, Vol. 55, June 1920, p. 700.

17. Albert, O.—"Continuous Beam Design by Fixed Point Theory," Engineering News-Record, Vol. 110, No. 26, June 29, 1933, p. 842.

18. Large, G. E. and Morris, C. T.—"The Moment Distribution Method of Structural Analysis Extended to Lateral Loads and Members of Variable Section," Bulletin No. 66, Engineering Experiments Station, Ohio State Univ., Columbus, Ohio, U. S. A., 1931.

19. Jacob, B. C.—"Area, Center of Gravity, and Moment of Inertia of Members by Graphical Calculus," Civil Engineering, Am. Soc. C. E., April 1934, p. 216.

20. Weiskopf, W. H. and Pickworth, J. W.—"Tapered Structural Members: An Analytical Treatment," Proc. Am. Soc. C. E., Oct. 1935, p. 1149.

21. Tsai, Fang-Yin.—"Theorem of Three Moments in General Form," Science Reports of National Tsing Hua Univ., Series A, Vol. II, No. 1, April 1933, p. 19.

22. Tsai, Fang-Yin.—Discussion on "Analysis of Continuous Structures by Traversing the Elastic Curves," Proc. Am. Soc. C. E., May 1935, p. 588.

23. Tsai, Fang-Yin.—Discussion on "Tapered Structural Members: An Analytical Treatment," to be published shortly (May or Aug. 1936) in Proc. Am. Soc. C. E.

〔編者按〕原稿附錄Strassner氏之表多幀,以限於篇幅從略。

工程譯叢

防洪論*

Arther E. Morgan著　　陳鴻泰譯

當我們念及一九三七年一月水災所給予的數萬萬元之直接損失,加之賑災治病輟業所生與賦稅利息及其他歲收所受種種的間接損失時,似乎概括的和統一的防洪計劃是足以模製我們國民生命的最要之經濟政策,倘使此項計劃不能循序推進,則所付的水災損失之代價可以遠過於實施防洪所付之代價。

防洪在國家或地方上是一種空前的龐大數量和複雜事理的計劃。完妥的準備和聰敏的意慮與管理,使這種計劃在整個河道整理內成一不可分離的因子,其效用是能產生利益超過該計劃之耗費。

一個開路者問題　在阿亥屋(Ohio)或米西西比(Mississippi)相似的大河系,倘其流域內一小部分下了過量的雨水,大洪水即時可以發生。不斷的洪水每因分布不同地點的雨水而發生。我們可以肯定的承認在一個河系內最大量的雨水不會同時遍地的下降,然而約略與這種最大量雨水可能的普遍之程度,我們却也不能準確的臆測。美國的經歷太短不足資以定論。反之,在歐洲及中國長期的水工記載是有的,然而經過數百年來河槽情勢之變遷,恰切的比較却也不可得了。在多腦(Danube)河,近維也納(Vienna)處有一段不會變異的石層河槽,該處有洪水記載,一〇五五年那一回的流量却比一世紀來平均最大洪水的流量多了一半。

---

*原文載 Engineering News-Record, Vol. 118, No. 11, March 18, 1937.

在米西西比或阿亥屋這種相似的河系內,似一九三七年一月那一回阿亥屋的大水,倘使當時多幾個支流也降了差不多最大的雨量,其洪水記載尙可增大得很可觀。當一九二七年米西西比河大水以前,好幾年內各河防機關總是相信的報告米西西比河可以安全的抵制洪水。一九二七年的水災恰是那種報告的有力答案。到現在一般信念的趨向都變成了悲觀,有些人甚至認做控制洪水一事在一個大河流上是辦不到的。這種的悲觀却未有廣義的概論可以證實牠爲有理由的。有些大河系實在是可以控制的。不過有些時候一般公衆的情緒,對於移徙洪水區內一切東西比籌用巨款來保護這些東西,總是前者比後者濃厚而已。

合衆國的地方可算是人間少有發展迅速一個罕人知道的地方。我們把大城市建築在幾個流城內,連那河的洪水情狀都不曾明瞭過。可慘的水災經驗,在我們一般小河如戴頓(Dayton),阿亥屋,布卜羅(Pueblo),柯羅勒度(Colorado),孟特皮來爾(Montpelier),文爾莽(Vermont)等,倘非防洪辦到有效,是可以常常得到的。工程技術的分析法可以指出那一處必定會出險成災,也常常可以運用適宜的建築物去阻免這種災險。

進着一個有智有恆的建設程序幹去,水患的損失是大可以減到現在所受的一個至小的分子。因爲我們有這麼大的大河系,又有這麼極端的大水情形,所以在美國河道上防洪問題的權操是可以成就一個人類史上空前無有的功績。

舊的分析法必須擯除 我們是否預備着要幹這大事業?看一看這四十年來的變遷,汽車已經把肩挑運輸革了命,根本的影響到人們許多的生活狀態,就是建築材料和器具也發生了不較小的革命式之發展。在這種變遷影響之下加以工程知識和技術的邁進,一切工事,在一世紀前認作狂想的,現在都辦得到了。所以防洪問題舊式的分析法務須擯棄不用,每個大計劃發生時必須加以澈底新鮮的分析,一似以前從未有此種計劃過的。

在工程界,也似在其他各界,把遵守舊法的習慣弄到新局面裏,是阻礙有效的成就。現在以及最近將來,在防洪工程上許多變改之中,一個最大的變改可算是每一個工程的廣袤。一個蓄水庫可以容貯二千五百萬畝尺的水,(30,837,500,000立公尺),因為牠的建築至於犧牲了一個或兩個城市的地盤,是未必算做不可行的事。所以在全國大規模的防洪上立論,應備的條件,第一是要完全用新的方法來分析舊的局勢,一切舊的論斷都要看作不再適用了;第二是要練成一種習慣,要向更大得多的建築物之廣袤上着想用功。

檢討每一個可能的辦法 尚有其他根本綱要為一般擴大防洪計劃所當牢記的,是一種抱住透澈檢討每一個可能辦法的政策,連那些好似辦不通的都要包括在檢討之內。工程設計,在防洪方面與在其他方面,最大的弱點是一種意向,以為一般較不明顯較無希望的辦法可以忽略,不去實地檢討牠到底是絕對辦得通或辦不通。

透澈比較種種辦法的可能性之習慣尚須融合另一種習慣,如無休無息的幻想的研問,以力求了解每個可能的辦法或種種混合的辦法,並須不懈的搜選和解決這些辦法有關係的一切事實一切情形。缺乏上述這些習慣,有甚於技術知識之寡陋,是一個大規模工程計劃的最大阻礙。

在阿亥屋研究邁亞米(Miami)河防之始,大家意見都以隄防為唯一辦法,我那時也確信其然。在那時,許多有防洪經驗的工程師之嚴厲表示都認蓄水庫為不適用。我在戴頓防洪會議上也曾發表過不信任蓄水庫的意見。造壩攔洪的可能性所以會被人提出考究者,無非因為工程政策原應考究每個辦法的可能性,無論牠離題多麽遠。然而當事實迫我改變觀念時,無一人比我更覺駭異。

當那攔洪計劃實施之始,無一個工程界中人十分相信攔水壩有防洪之可能。到後來每一個都相信了。不過在那時蓄壩雖說是首要工作,而整個防洪計劃內也短不了河槽及隄防之整理。可是各不可守着單方。一個大規模防洪計劃單用了一種建築是少見的。很少見過僅以隄防,或改良河槽,或滾水壩,或放洪閘,或蓄水庫,或遷徙窪區內的居屋及一切東西,便可單獨地成一個最完善的防洪計劃。這問題的答案通常不是說那一個方法可用,乃是每一個方法應該採用多少。每每這採用多少的分配是由瞎撞與臆斷定下的,不然便是由此減彼削的試出來。然而當一個計劃須籌用鉅大款項時,倘非應用肯決的分析法來配合採用各種方法的分量,却是不妥。這種分析合理的方法曾經 E. W. Lane 和 S. M. Woodward 著述過,在 Part VII of the Miami Technical Bulletins, 原名 "Hydraulics of the Miami Flood Control Project".

現在人們往往有一種印象,以爲在兩個明顯法門之下必須皈依一個,好似一個人要被勸着去決斷是做社會黨人或是法西斯黨人。眼前國會是在兩種壓力之下,一種是一般人迫着要用隄防來解決米西西比河的問題,另一種是要在水源上控制小支流以達到防洪目的。照這情形看來,只恐國會會因工賑問題通過一筆巨款來行種種防洪方法,不待得到由完全與澈底的分析一切因素所得來的歸結辦法而施工。

許多年來我曾劇烈反對單用隄防以制洪,然而現在我却被人說服,相信在一個大河上用控制小支流法子的宣傳是膚淺而不健全的。我不擯斥任何法子,不過在公允分析的主旨下,我要力主每個方法都應讓他得所,不可存有偏見或優先選取之意。倘使上述的事已經辦到,忠實和坦白的工程效果是可靠的。在一個工程界裏,似防洪的這麼容易感受那種優先選取的意念和那遺俗之影響,縱是極有經驗的工程師尚難免有時感到困難來擺脫他自己無意中的成見。

在許多工程裏,所資以研究的資料是普遍的可以通用。譬如

8233

在局部結構上,一個鋼料建築物無論在鄧文爾(Denver)或紐約是可以同樣設計的。反之,在防洪上,例外大部分凡是以拘束工程的條件是在每一個計劃裏都有特殊性。雨量,瀉數(Runoff),流容量(Stream Capocities),蓄水面積,壩與堤的基址,建築材料,計劃所發生之損害,——這許多因素,在每個工作上,都應分別的斷定出來。有這麼多無標準的因子,在別的工程上實是少見。

因此,一個可靠的和經濟的防洪工作的主要工作是在乎搜尋基本的資料。當一個災患發生後,羣衆的情緒必然暴發,接着也許就會籌用巨款來補救整理。然而往往當工程師們來運用這巨款時,他們感到需要種種資料,這些資料不過年年細心檢討撥用不大的款項即可具備。因爲許多資料祗有長期記載纔集得成功,所以防洪的聰敏政策應當津貼地質測量局之河系處,氣象局及其他聯邦代辦機關來代行記載。這種津貼,於增進河防公款上之經濟的和有效的動用,是一個最可靠的法子。

整個的河道管制 在我們國家發展上論之,防洪所居的地位不過是包含種種目的之整個河道管制中之一部分。專做一種防洪計劃,又另一種航運計劃,又另一種發力計劃,又另一種除汙計劃,又另一種遊樂計劃,在整個管制裏必有虛耗和重複的弊病。這許多目的在每個進展上不必全達得到,但是全須記着,衝突和重複須避免,而且在可能的最高程度內須使各種利益之總和得到最好的成績。

武斷的撲棄任何利益,在整個河道的發展上是錯誤的觀念。有些提案向國會要求禁止用蓄水庫發力。在東方各邦裏人民都渴望發力與防洪有並行的可能。騰勒西以外,很少東方的河道有這種可能性,便是騰之本身也遠不如靠太平洋沿岸諸河。況且防洪與發力之致用在幾種情勢下是相背的。然而每一個計劃總應儘牠的效用上來考究,假若在一個整個河道管制上發力一事是可以證明爲無害有益的,牠的發展便不該犧牲。

8234

土壤之保護與小蓄水庫　在我看來,近今一般人們對於土壤管制,造林,及水源上造壩,這些防洪的可能性未免張大其詞。然而此種運動亦不可忽視。阻止土壤鬆脫確是一個大事,至小可以減除塡滿一般小蓄水庫之患,同時普遍地土壤管理,在國民經濟上也居一重要部位。地皮上有土壤與樹木無疑的可以減殺本地水患。小蓄水庫在控制本地洪水上,在減除水流汗濁上,在調劑流量上,在供給工業用水上,在遊樂上,實有牠的價值。反之,在南方地裏,牠們却有增加瘧疾的威脅。牠們的採用應在牠們的功效上着想,不應由感情衝動來贊成或反對。

整個河道的計劃不止在那一個河系上,如騰勒西或阿亥屋,為必要,並且連支流間相互關係的統系都要縱橫綜合起來,成一個無所不包含,統籌兼顧的計劃,在此處即係以米西西比整個大河系為目標。騰勒西,或阿亥屋,或亞甘賽斯河上蓄存多少水量會影響到米西西比河隄防的尺寸,並且也可以影響到其他支流上必須的和經濟的之蓄水庫尺寸。此種包羅萬象的縱橫綜合法之需要,眼前在我們國內已開始萌芽了。

創造之重要性　為整理河道而彙集和統一所有預備與管理之因素,使成一個有效力的工作程序與組織,在大河道上是一種工作大過一般別種工程的。在這種工程的管理內須注重發明的及創作的之技能,不可任它受管理法的制裁。

一個工程機關可以這樣的分部辦事,好比每部各做牠不相屬的工作,而主持人可以專可注重彙集和組織的事情,有過於創作和配合。我相信這種意向是一個原因,何以大工程機關每每志在標準化一切通行之辦法,有甚於認識和接受諸部級中之創作才,其實創作才應當居在主宰地位,縱使有損表面上的秩序和功能。

在公家事業上尚有一要政,即用人的標準,須以功績為取捨,不可含有政治原因是也。不然,這事業的效能定會損失。

8235

以上所述不過是發展及管理一個河道整理計劃之普通條件,不含各種防洪方法在內。每每一般普通辦法不能適合這些條件以至把許多事業的優美結果阻礙了。我的經驗是,假如這些條件辦到了,其餘專門的問題可以迎刃而解。

航空事業未來五年中之趨勢*

顯 譯

約有600位工程師參與會議「未來五年中航空事業之趨勢」,有八位航空界之領袖人物根據現今之趨向,預言未來之發展。所預言未來之發展,不僅及飛機之大小,且及發動機之計劃,運用之經濟,飛行之舒適,飛行之控制及穩定(Control & Stability),飛機之特性(performance),增加海洋飛行(Increared ocean travel)。

此討論會係由美國機械工程師協會(A. S. M. E.),自動機工程師協會(S. A. E.)及航空科學社(I. A. S.)所聯合發起,由洪沙克(J. C. Hunsaker of M. I. T.)主席,假工程協會之大會堂舉行。

發動機 關於發動機方面,泰勒(C. F. Taylor)僅言及火花燃燒式之機器。

照現今所能達到之平均有効壓力(m. e. p.)數觀之,氣冷發動機可以產生1000以上之馬力,最大輸出力增加百分之廿至百分之四十,而每馬力之平均重量降至一磅以下。納波「達格」機(規定數爲3,500呎高時爲725馬力),具24只汽缸,如用較高之活塞速度(piston speed)及平均有效壓力,可產生1,400馬力。

自幾何相似性(Geometric Similarity)之觀點研究之,較小汽缸比大汽缸,能發出較多能力。設一機器容量(Displacement)爲1820立方英寸,如用60只小汽缸能產生1600馬力。產生動力較高,每馬力之重量,因之降低,雖附件數目及重量因之增高。

燃料之節省,用高「壓縮比」(Compression ratio)及「增給」(Super-

* 譯自 Mech. Engineering, Jan. 1937, p. 35—37.

8236

charging)。在未來五年中,每馬力一小時用油可少至0.32磅。

因建造及冷却上之機械簡單,未來五年中之發動機,多數必爲氣冷。但氣冷發動機因壓迫空氣,經過冷却系,有增加阻力(drag)之不利,發展氣冷機其困難必較現在增加,尤其在高空。

所以液體冷却之發動機,亦有發展之可能,尤其在1000馬力以上者,有冷却面增加而空氣阻力並不增加之利。

燃料　格蘭汗意格兒(Graham Edgar),醇基汽油公司(Ethyl Gasoline Corporation)研究所所長(director of ressarch)意與秦勒之主旨相同,且更覺樂觀。彼信比需油量(Specific fuel consumption)將因用至少100八炭烷率(Octane Rating)之燃料而降低。現在所用每年數百萬加侖率數之燃料,未來五年中將與現在用87八炭烷率燃料爲標準相同。此種100相當八炭烷率(Equivalent octane rating)以上之燃料,其成份係混合汽油,鎮擊劑(Ante knock Agent),及綜合精鍊爐中廢氣所成,現尚在研究時期中。

此種新燃料,可用於低壓縮率而高增給(supercharge)機中,每立方寸產生之馬力增加即減少每馬力之重量。壓縮率約爲6—6.5之間,需燃料量確信可自0.43磅/馬力時,減至0.35—0.37磅/馬力時。

意格兒博士並引證英國納波十年前之試驗壓,縮率用10.5時,每馬力時需0.29—0.31磅「$\frac{50}{100}$全活塞開」,在調節塞全開時,每馬力時需0.35磅。

新燃料之標準,不能延用現行之八炭烷度量(Octane Scale)。必須另選一炭水物以爲定率數之用,但迄未獲適當之標準。或將產生一種增給撞擊試驗機(super charged knock-test engine)以達此目的。

有詢以用此等易蒸發燃料,在高空時,結果當如何。意格兒博士之意以爲燃料若係在儲油櫃中沸騰(boiling away),可不成問題,僅須將櫃內壓力增高即可。至於在注射系內(Injection system)之沸騰,實較重要,惟有將燃料注射系改善之。

8237

提士引擎 意格兒博士以爲提士引擎較現用之化汽器(Carburetor)式機無甚優勝之點。在高動力如2,000馬力以上,或可稍優。欲提士引擎之進展,惟有改進所用之燃料。

柔蘭超爾頓(萊特航空公司)意亦以爲然。彼以爲現用火花引燃引擎,實際運用上用充分起動(take off)及巡行,僅需燃料每馬力時0.43磅,故於燃料經濟方面,提士引擎無發展之餘地。

火花引燃引擎之降低需油量之方法將益繁複。高度控制油量之發展適如定速旋葉(Constant speed propeller)有助於降低需油量。目今提士引擎之利,實在油價之低廉而已。

航空機(Aircraft)之大小及其特性(performance) 意戈西哥斯蓋謂照現在之工程技術言之,1950之前,即能建造重一百萬磅載1000位乘客之飛艇,但此種大小之飛艇不幸被場地(terrain)所需長度所限制。

彼信在未來五年之末,重100,000磅至200,000磅之航空機必已造成,或正進行製造。

實際上,祗價負荷(payload)相當於毛重百分之十者,能運用超越4500哩。現在飛機能帶較大負荷,除非飛機之立方量(Cubical contents)限制能負載之有用負荷,而非其重量。

較大之航空機,以重量論,特性(performance)較好,因飛機之機身及負荷阻力(Parasite resistance)依其大小之平方而變,而重量依其大小之立方而變,故飛機之整個大小增加,每單位大小所需之動力減低。

航空機之普通形式,仍大致如舊,然其特性間之差異甚少,因航空機之大小增加,故飛艇之効率將漸與陸上飛機相同。

西戈斯蓋氏以爲飛艇(flying boat)用於越洋飛行較陸上飛機爲佳,非因飛艇可於洋中作意外降落,而因其立方量(Cubical content)較大也。

越洋,越大陸之航空線,其巡行速度(Cruising speed)將增30至

50哩/小時,而巡行速率,飛艇將爲200哩/小時,飛機將爲250哩/小時。

彼對更高之速率,不信能成實用。現代之航空機,已較地面旅行快3—5倍,較海洋旅行快五至十倍。此在開駛及構造技術上,尤須再加以研究,而對旅客之舒適,更須注意,甚至在不良氣候中,能平穩至一盞水亦不致盪溢之程度。

增加速率,仍用現法。每方尺40磅之翼負荷亦能達到。輔翼(flaps)不僅用於起動(takeoff)及着陸,亦用於單機飛行(卽具有雙發動機之飛機,一機損壞時)及高空氣行。最高速率可達每小時525哩以上。

未來五年,正常飛行高度約在20,000至25,000呎之間。高度50,000呎至60,000呎之飛行多屬軍事及科學研究,載客飛行或永不致用此等高度,高度100,000呎以上,目前重於空氣式之飛機,或永不能達到。

高度較高,用同等動力自能得較大之速率,且氣候較佳。

空氣力學—穩定及控制　亞力山大克來明(Alexander Klemin)之意與西戈斯基相同,卽航空機之大小旣將增大,因之發生穩定及控制問題。

目今係用控制面(Control surface)之空氣力學上之平衡(Aerodynamic balancing)以助人力控制,及機之大小增加,將用水力控制。設飛機之大小,依幾何率而增加,一如現在之式樣,則翼面及尾面控制,亦形增多,人工控制固不能,卽用水力,機械方法,或電氣方法,亦屬繁雜多多。故他種方法,或亦將採用,如集中重量於重心點,以減短骨架長度(fuselgge length);在多發動機飛機,如於轉灣時控制各引擎拉力(thrust),以助舵之作用。

自動駕駛甚爲有用需要,在大型機中,尤爲重要。如克來明博士之解釋,近代飛機係計劃爲穩定雖用自動駕駛,仍爲穩定。計劃飛機至少爲中和穩定,用自動駕駛,可助控制及穩定,作一根本改換。

及自動駕駛,裝置於運輸飛機,運用日久之後,將漸行推廣,及於小型私人飛機。

大型機不需要如現在之穩定度,因機身一大,運轉遲鈍,升空着陸,均不能甚快。因以上各點,故大型機之計劃必須改變。

至於雙控制法,未來五年中,將爲間或使用,控制面改進後,大部將用三控制法。

飛機空氣力學 威廉立德烏 (Hilliam Litltewood), 美國空線公司之總工程師。根據現在之趨勢,推斷將來之發展如下。

現代飛機之各點,如低翼式,具可隱之着陸輪,全金屬,內支持式結構;分裂式輔翼(Split flap);小輔助輔翼(Servo & trimming tabs);可隱之燈;改善之旋槳;引擎馬力之增加;及真空邦浦代替外露文吐里管(Venturis)。

將來之進展或將爲減輕旋槳重量,蓋閉可穩着陸輪,免除外豎天線,不同之避風計劃(Wind sheild),化汽器之改良;Deicers 之增加及改良;空氣速度指示設備之改良;輔助控制之增加,控制及穩定之改良;福勞式(Fowler)輔翼之採用全跨(Span)分裂,具有改善之側面控制方法;較速之着陸輪動作;利用排出廢汽餘熱,用於吹風機,給熱,增給;改良自動駕駛,以減少時間延擱;改良之油冷設備,或卽自「膚式」(Skin type)改進。

航空器機架 包爾頓(B. C. Bowlton) (馬丁公司之總工程師)研究飛機重量之變化,尤重飛艇自理論立場及過去趨勢,作下列斷論。

彼謂航空器機架重量,漸趨減少,皆因材料之改善,負載知識之增加,負荷部分之分配,及增加其大小。飛艇利用機身以作着陸用,較陸地,可減少着陸輪之重。

設翼部負荷依毛重之三次四次根而變,則翼部重量可自下式求得之:翼重＝定數×負荷因數×毛重×跨長(英尺)×翼面。彼發現翼重與毛重爲一定之比例。至於尾翼爲翼重之百分之十三至十四。

機身(Body group)以毛重之增加而漸減;引擎艙以機架重量大小之增加而減少,而機架依大小之增加而減其重量。

固定設備,實際重量不變,約爲 20,000 磅飛艇毛重百分之六,100,000 磅飛艇毛重 4½ % 至 5 %。

飛艇未載時之重量,每毛重增 10,000 磅減 1½ % 至 2 %。

對於現在公布於英倫之"Geodetic"結構,包爾頓以爲係過重視其價值。因剛度(Stiffness)係依彈性係數(Modulus of elasticity),複矩(Moment of inertia)及折損力(Crippling stress)。彼以爲用同量材料"Geodetic"式結構較膚力式(Skin-stress type)之結構,複矩及切面係數(section modulus)皆小。且因複疊部份,價較昂貴,又因結構式樣,及用應力分析法(Stress-Analysis method)之經驗,或且較重。

飛船(Airships)　查理司意羅森達(Charles E. Rosendahl)(係來克赫司脫海軍航空站長),以非專家之觀點推測飛船之將來。

彼以爲飛船現已應用於歐洲大陸,及超越大西洋之飛行,未來五年中,或可有定期飛船飛行出現。重於空氣式航空機用於越洋飛行,仍須進展,始克達飛船現在之情形,將來之進展,不過使航空更形改良,更形舒適。

但飛船亦不致淘汰他種航空器,但可相輔爲用。

飛機(Airplanes)可作飛船及岸上連絡之用,使海關檢查,郵件及特快件之送出,或旅客之接送,更形迅速。

結論　上述八專家,皆表示未來五年中航空方面,將有甚多進展,將來止境及更遠之發展,現尙不能預卜。

約略可分爲五點:

(1) 發生同等馬力,引擎重量較前爲輕,而其大小則無甚增加。氣冷引擎仍屬普遍應用,但較大動力,仍用水冷式引擎。

(2) 所用燃料將改善,比需油量將更減少,未來五年約減百分之十。

8241

(3) 提士引擎仍用以產生較大動力,至於航空方面此等機器是否可代替火花燃燒式機,尙屬疑問。

(4) 各式飛機之大小及特性將繼續增大,其限制僅在是否能實施,是否有實用。重於現在最大航空器毛重二三倍者必可實現,速度約增20—25%。

(5) 控制系中將需副控制器。用自動駕駛後,對穩定需要,將有另一觀念,而天然穩定(Inherent stability)將來需要較少。

磁力線檢查鋼鐵裂隙法*

顯　譯

裂隙之檢查　數年之前,用白堊粉法(Whiting test)以檢查目力不能見之裂隙,甚爲通行。用此法,須先將欲檢查之面上,敷以富滲透性之油,使之乾,然後再敷以白堊粉之混合物。油質侵入裂隙,白堊粉因之亦塡入裂隙。此法如用之得當,仍不失其價值,尤其是較粗大之裂隙。但此法究不甚準確,常不能發現能用他法發現之裂隙。在車光面上,細而淺之裂隙,及因壓縮而生之裂隙,此法毫無用處。

酸蝕法(Acid-etch method) 用之得宜,結果常佳。但所檢查面上,需先磨光,而侵蝕亦需時日。檢查之後,再須用鹼性劑使之中和。檢查面積如太大,此法終嫌過於麻煩,而所費又過昂。

鐵質物件,先行磁化之,再施以細鐵粉,以檢查裂隙,近年來採用結果甚佳。雖極細之裂隙,磁力線漏線 (Magnetic flux leakage) 吸附鐵粉,適橫蓋於隙上,於是裂隙因之顯露。磁化擬檢查物件之法有三,各有其用途及利弊。第一法係用電線環繞被檢物數圈,再通以較大電流。電流常用小型移動式電焊機供給之,約有 200 至 400 安培。普通 500 至 2,000 安培圈足夠應用,即最大部份亦已足夠。第二法需檢查部份以兩磁石磁化之,磁極置於該物之兩面,使被檢

* 原文載 Mechanical Engineering, March 1937, p. 145—152

8242

部份發生磁力線。第三法,直接輸入被檢物以大電流。電流之通過,僅須瞬息即可,殘餘磁性,常已足用。尤其細小經常試驗物件,其裂隙與電流方向平行者,更爲有利。

磁鐵粉乾濕均可應用,取其便利即可。乾粉,可用篩灑於面上,最宜於試面積頗大之物件,如鑄件軸,透平葉板,透平圓盤。磁鐵粉係灰白色與被檢物之黑色面相映,使裂隙更明。

黑色細末狀磁性養化鐵最適用於濕法,另用輕稠度油質與之混合。小件物品可浸於此混合油中檢驗之。油中之小磁粉粒立即附於裂隙上,而成一細黑線。此種油,亦可用於大件物品之面上,如軸及透平盤輪。薄油層中之磁粉粒自能移動而集中於裂隙上。此種黑粉,用以檢查車光面上細裂隙最爲適宜。

全部磁化　檢驗物件之前,必須將其磁化。故不能應用於非磁性奧斯騰鋼(Nonmagnetic austenitic-type steel),如含18%鉻(Cr),8%鎳(Ni)之鋼合金類。被檢驗物可依據情形,及數量多寡定磁化其一部或全部。如被檢物體積頗大,而欲檢查其長達數尺之銲接縫,則磁化全部較便於檢驗。如欲檢查之銲接縫甚短,則磁化其一部份,可較迅速。但亦有廠家喜用部份磁化法以檢查物品,雖檢查大面積亦然。

全部磁化,可將被檢物用電纜繞之,再通以電流。欲求結果確實,須先將電纜橫繞,後再縱繞,分別檢驗,有無裂隙。電纜用電銲機所用者亦可。先橫繞被檢物周圍6至14圈,電流可由電銲機供給之,電流量以能使被檢物兩端能吸起小片鋼鐵爲止。$1\frac{9}{16}$英寸厚,8英尺直徑,以及40英尺長之被檢物,繞以電纜8圈,電流300安培,所生磁性,已覺足夠。

被檢物磁化之後,於是將磁鐵粉(Magneflux powder)灑於其上。磁鐵粉係極細之鐵屑,再混以他物而成。再輕擊被檢處旁,鐵粉即排列於有裂隙之處,自裂隙之一邊至他邊。如被檢物磁化過強,則表面上突出之點,或高低突變之處,鐵粉亦將排列成線,然此等鐵粉線,輕輕一吹,即可吹去。如鐵粉排列之處,係一裂縫,雖用力吹之,亦不能吹去。

如被檢面傾側過甚,磁粉易於滑去,不能得一顯明表示。在檢查傾斜面如查試管之沿圓周接縫,查驗時可將管逐漸滾動,然後將磁粉滑去較慢之處,再加檢驗。

被檢物如係用電纜沿周圍紮繞(Circumferential direction),則磁力線與其縱軸平行,凡與之垂直之裂隙,較之平行之裂隙,產生鐵粉線更為顯明,因垂直之裂隙擾動磁力線較狀。平行之裂隙,有時竟不能發現。為避免此弊,故必須再將電纜沿縱向(longitudinal direction)紮繞,再行檢查一次。

部份磁化 小件被檢物或被檢物之一部份,可用U-形電磁石磁化之。每次約可檢查一英尺長之接縫,可將磁石跨越縫之兩邊,再將二磁石相距一尺置於縫上,分別檢查有無裂隙。用此法無論縱橫裂隙,皆能發現。如接縫過多,電磁石頗重,檢查較不便。

部份磁化之另一法,即以較大電流,通過檢查部份。所用器械係二金屬條,不相接觸,裝置於絕緣柄上。用時僅須將二金屬條與被檢查部份接觸,通以電流,此部即被磁化,電流未移去前,即行檢查。

磁力線法最易覓出直達表面之裂隙,即係甚淺之裂隙,亦能顯出一鐵粉線。有甚多氣焠鋼(Air-hardening steel)之銲接,用射電圖照法(Radiographo)檢查,並無缺點,但再用磁力線法檢查之,常發現鐵粉線。此等鐵粉線,往往係鑿傷之表面裂隙,深約$\frac{1}{64}$英寸。而焊接處之總厚度,往往不過1¼英寸,用射電圖照法,已覺太淺,不能發現矣。

裂隙之垂直於紮繞電纜者,磁力線法常不能發現。有被檢物,先用電纜圈繞,結果於兩道接銲處,發現垂直於電纜之橫裂隙數條。然後再縱繞數鐵,重行檢查,橫裂隙發現更多。

有汽鼓(Drum)其壁厚$\frac{9}{16}$英寸,檢查其頂端接縫有無裂隙。偶自鼓端邊際墜下之鐵粉,沿周圍成與鼓軸平行之線數條,約佔全周圍三分之二。吹散鐵粉,鐵銹面上發現細線數條。擦去鐵銹等,發現金屬有裂紋,約磨去 $\frac{1}{16}$ 英寸,始磨去裂紋。如鐵粉偶不墜落,則裂紋,不能發見,或竟釀成慘禍,亦未可知也。

內面缺點 (Subsurface defects)　用磁力線法以檢查裂隙,常於檢查後用他法發現內面缺點,因之對內面缺點之發現,磁力線法是否有効,成一疑問。除去內面小孔之外,原著用此法檢查之物件,亦從未發現內面任何缺點。原著者日常檢驗物件,均係已用X光線法檢查,且已修理,故再用磁力線法檢查時,自不應再發現任何裂隙。但其他被檢物件,未曾用X光線檢查者,依或然性(Probability)言之,用磁力線法檢查之,應有內面缺點發現。

如將銲接處磨光,唧口,人孔圓筒間之楷 (fillet),亦行磨光,檢查結果,或可較好。如仍無効,則檢查發生錯誤表現之原因,如鐵粉線排列於楷中,或銲接處表面起伏之處,如此方能確定是否內面有缺點。

表面下之小孔,檢查時似甚困難,因各磁力擾動,各成中心,而比較甚小。曾有九具人孔伸長部與管焊接,焊接處均已鑿平磨光。表面上並無細孔。檢查時鐵粉聚集成團,稍吹去鐵粉,則見表面上有數小點,黏有鐵粉。註明小點地位,重復檢驗,鐵粉仍黏着於此數小點。鑿開銲接處,始發現多數小孔,有伸至距面 $\frac{1}{16}$ 英寸者。

除上述情形之外,磁力綫法所發現裂隙多係伸展至表面者。有時極易用他法發現之缺點,而用磁力線法不能發現。檢驗磁性不銹鋼導管夾裹 (liner),則用磁力線法爲最佳;能再用流體靜力(hydrostatic) 法輔助之則更佳。如夾裹(liner)未曾緊貼,則用流體靜力法檢查時,與炭鋼板間,油質將滲入。放去被檢物中油質時,則油將自裂縫中漸漸流出,甚者延長至一星期。用流體靜力法,雖不能發現夾裹中各種裂隙,但常發現用磁力線法所不能發現之裂隙。

如唧口及人孔周圍之銲接,因地位關係,不能以X光線法檢查之;或如已經射電圖照法檢查後之縱裂隙,或沿周圍裂隙(girth-crack);磁力線法均係準確決定是否破裂之最後檢驗法。故磁力線法係檢查高壓管銲接時,X光線法之輔助方法。如檢查內面缺點之技術,能更改進,使結果迅速準確,則此法用途更廣矣。

十五年來德國鋼鐵工業技術上之演進

（續）

(二) 品質改進

關於改良品質以及推進新產品方面之努力,亦不弱於上述之工作改良,其成效亦同樣堪加注意,優質鋼之運用,爲影響經濟之一大因素。本題可自二方面分述,曰品質監察(Quality Supervision),曰研究工作(Research)。

1. 品質監察

今人已漸悉爲使成品性質與其實用需要相適合起見,在製造中之品質試驗,行之不嫌過早。鑄鐵之「遺傳質」(Heredity)試驗,以及初用(Virgin)原料對成鋼所生之影響,均證明卽使最初加入之原料,對於最後成品之性質,雖經過手續極多,仍能有不可變更或極難變更之影響。故在德國鋼廠中,均採用「工作卡片」制度,此種卡片,自原料入爐時起,至成品出廠時止,無時不與所關係物質相伴。製造程序中之一切細節,如煉鋼爐溫度,出爐時溫度,輾鋼溫度,以及其他煉鋼情形鑄錠情形等,一一記載其上,醒目無比。在各步製造程序中,均加以試驗,如是不獨不合標準之次貨可以立卽棄去,且使各手續之紀載更爲準確。

製造廠中連續的品質監察,其組織問題已自多方面加以解決。大致每廠均設有性質獨立之試驗室,專司品質之監督。此種試驗機關之詳細情形,自依廠之大小及工作種類而異,但要無與其他各國不同之處,故毋庸贅述。

製造時之品質監察,需要特別迅速之試驗方法,俾每一試驗,數分鐘內即得結果,供正在進行中之手續節制之用,或至遲供次一手續之用。最新高速度之理化試驗方法,如鋼中炭,硫,磷含量之測定,以及爐渣中氧化鐵之含量測定等,目的即在乎此。其他金圖學的或機械學的試驗器具,亦均以簡便迅速爲改進目標。年來製造中之試驗,次數已大有增加。例如1921年煉鋼廠平均每噸佳質鋼煉製時,化學試驗約0.9次,機械試驗約0.2次;至1935年,已增至化學試驗1.5次,機械試驗0.5次。

製造中之品質試驗及節制,以及出品在顧客實用時確實情形之調查,使吾人可得詳細之知識,能煉成適用鋼料,而維持一定之成份與性質。惜用鋼者往往無詳確記載,有之則又不以告出產者,故此種調查,往往無從着手。吾人對用鋼者之如何應將使用情形告知煉鋼廠,毋庸多論,但在無論何種情形之下,煉鋼廠欲見其出品成績美滿,自非與其顧客謀相當之接觸不可。蓋鋼廠中之迅速試驗,僅足用以保證出品之均勻,無良莠不齊之慮,致在出廠後置諸實用時之成績,往往非此種試驗所可測定。試舉一例以明之:吾人雖有各種侵蝕試驗(Corrosion Tests),但迄未能使氣候對某一鋼之作用,在短時期內求得。故欲求將來之改進,非有實際應用經驗之記錄不可。此種記錄,自必向用鋼者求得之。煉鋼廠與顧主互通聲氣,在德國十餘年來已漸得有用結果矣。

出品性質與製造手續之關係,亦因製造手續之有精密節制而易研究。研究結果,可置諸實用。舉例言之,吾人已探知鹼性別式麻鋼與馬丁鋼之含同樣炭份者,前者之抗拉強度(Tensile Strength)及屈點(Yield Point)恆較後者爲高,同時其可以冷煅(Cold work)硬化之程度,亦較後者爲大。根據此種結果,吾人乃可推得鹼性別式麻鋼之特殊用途。又如鋼之除氣程度與其性質間之關係,亦爲其例。

製造中品質節制之實行,又使煉鋼者對於缺點(Defects)之成因及預防,能加探究。今日鑄鋼中之熱裂痕(Heat-fissures),煅鋼之砂雜質,鋼軌之內部裂痕,以及煆鋼之裂片(Flakes),均遠不若十年前之多。即使其直接成因未能覓得,但工廠記錄以及其統計學的利用,往往能指出最佳之工作方法,使缺點減少,品質加優。

2. 研究工作

新鋼鐵材料之發見,端賴研究。大凡研究工作之發源,或爲欲求得具有特種性質之物質,或爲巧遇。後者指在日常工作中,偶爾發現某種物質,具有特殊有價值之性質,例如易車(Free-Cutting)鋼之發明,原不過係某次鋼中硫與磷含量意外過高而已。各國對新鋼鐵推進之研究工作,均行之不遺餘力,但吾人可以斷言者,英德二國在此方面之貢獻,至爲重要。德國之研究,使以冶金學的方法改良鑄鐵一問題,引起世人注意。其他合金鋼之具有高抗拉强度及高屈點,但仍保持易鍛接性者;以及硬金屬合金之產生,亦均在德國有甚重要之研究。更有建築用鋼及永久磁合金之利用沉澱硬化作用(Precipitation Hardening),耐氫及耐熱鋼之推進,以及吾人以耐蝕鋼戰勝結晶邊壁(Grain Boundries)腐化之工作,均不可忘。吾人又已製出在高溫度仍維持强度之耐火鋼,耐磨而又堅韌之鋼軌,耐氣候之建築用鋼,以及其他以前所無具有特殊性質之鋼。總括言之,新鋼鐵之推進,爲德國鋼鐵工業之一大進步。

以前所述一切廠中工作改良以及出品性質求精各點,亦均賴有計劃的研究。德國於年前經濟恐慌期中,萬事節省,但對此種研究,仍勉力繼續進行。關於廠中之觀察,記載,以及記載之利用,俾以最經濟而又可靠之方法,求得所需要之成品性質各點,以前均已述及。凡此各點,多不過爲經驗之利用,使缺點減少,成本降低,出品加精。與之相關者,常有若干問題發生,其解答或因過份費錢,或因過份費時,往往不能在廠中行之,而需要在實驗室研求者。又有若干問題,例如前述之新物質之探求等,非實驗室不可者。故大戰以來,德國鋼鐵廠中附設之實驗室,爲數大增,至今日恐無一廠不具有相當研究機關。研究工作之以特殊實用目標爲宗旨者,固屬重要,純粹學術的工作,德各鋼鐵廠及其規模宏大之威廉鋼鐵研究所(Kaiser-Wilhelm Institüt für Eisenforschung),亦均極加重視,(按該所在多塞道夫郊外,筆者往參觀時尙未全部佈置就緒,但設備之週到,組織之完美,實堪驚佩)。

(三) 將來之問題

無上文所述之廠中或試驗所中研究工作,鋼鐵工業之將來,將無進步之可言。而此種進步,爲德國所必需。再者,將來鋼鐵需求更增,而廢鋼供量同時減少,吾人更須求得新法,利用更多生鐵,而在品質及經濟各方面,仍維持優良之形勢。尤須努力者,爲較劣質鐵鑛之提煉問題,一方面注意原鑛石之裝整工作(Dressing),此點前已提及,一方面研究直接用劣礦煉鐵之方法。關於此點吾人已在試驗中。(筆者按,利用劣鑛提煉鋼鐵,在我國亦將爲一極重要問題)。

現時生鐵之種類至爲繁多,欲求經濟起見,吾人更宜探求如何可將種類減少,而使同一生鐵,可供不同數用。

再有一極重要問題,爲鼓風爐吹氣之人工加高氧份,鼓風爐冶金學,或將由此另闢一徑,煉鋼亦如之。大規模之實地試驗,巳證明在鼓風爐所用空氣中加高氧份,無論在化學作用或經濟情形,均有相當之希望。蓋用同一焦炭,而所生熱力可以加增。根據巳作試驗結果,利用人工加氧,焦炭之消費量可以減低 10—15 %,同時溫度增高,爐渣含石灰量亦加大,將使產量與生鐵成份,更受影響。

經加氧之空氣,或更可用於鹼性別式麻爐中,而將吹風時間縮短,溫度增高。如是則大量廢鋼,乃可在狹小之爐中熔煉。空氣加氧之經濟情形,自依製氧成本而定,但將來之研究,必將證明此爲一大有希望之新法。

輾鋼廠中鋼管及其他鋼條之擠出法,前巳提及,此法前途亦大有發展餘地。壓鋼法用於高合金鋼,亦早有優良之結果。自熔鋼直接輾成所需形狀,而將鑄錠手續根本取消,亦爲一重要問題。以上所述各項新問題,均極動聽,而其研究尙在嬰孩時期,成否將視以後結果。

至於現時正在進行中或籌劃中之工作,尙包括普通建築用鋼氣候及腐蝕抵抗性及耐磨性之加强,此點對鋼軌尤爲重要。由此種研究所得之改良,用鋼者首受其益,因修理及維持費用均減低;但產鋼者因其出品用途可以增廣,亦蒙其利。例如耐氫及不剝(Non-scaling)鋼之推進,乃使若干新工業技術,成爲可能。其他在高溫度下抗拉强度及屈點之保持,以及電動機變壓機等所用之鋼之改進,亦均在努力研究之中。

機械工具之發展*

顯 譯

本篇係總論去年英美及歐陸機械工具 (Machine tools) 之設計改進及實際趨勢。機械工具產銷旺衰之原因,原著者以爲係廠家僅於需要繁忙時,添購工具,以增加出產之陋習,及政府減免津貼之故。

過去一年中機械工具並無明顯發展,皆因全時期在製造產品之高壓下。至於較優良之廠家,亦仍有注重工具應有三基本條件, (一) 增加產量, (二) 工作準確, (三) 運用及維持費低廉,以發展其工具之計劃者。

切割時間亦因用超高速鋼 (Super-high-speed steel) 及炭化鋼 (Cemented carbide)工具而減少,而磨礪機亦能適用於突切 (Plunge cut) 或重荷。各機現多數皆用抗阻軸承;少數機械切刀或工作軸裝置平軸承(plain bearing)者,均有特別潤油裝置。

機械現亦更爲堅固,各部份均已加强。避震方法亦因改良驅動排置(Driving Arrangement),減少頭座輪系 (Gearing from the head-stock)而進步。切割時間亦因用變速電動機及新式機械力水力之

* 原文載 Machinery, Dec. 1936.

無級可變傳力器而減少。因可運用機械於最適宜之速度也。僅有交流電力供給之處,亦可利用熱陰極整流器,使變爲直流,即可應用直流電動機矣。

因切割時間減少,於是裝載被切物之時間,以及不作工動作之時間(time for non-productive movement)皆須重視。裝載被切物件皆利用電氣,水力,或氣壓力抱持器,使之簡單;不作工時間亦用電氣,單槓桿,顏色管理等制度使之減少。機械之分組控制亦能使運用便利。各主軸分別用電動機結果極佳。新式變速傳力器特別適合於單槓或桿手輪控制。

各部份皆形加强,如特種半鋼鑄件,淬火或硬化磨光之防制線,精密抗阻軸承,及壓力潤滑系,均使機械之精密度增加,工作能力增加,以及維持精密度之持久。

大型刨床橫向動作應用水力控制以單位構造最近發展,皆係設計方面之重要趨勢。

汽車及飛機製造廠家,需要精細附件,可自現在所用高精密度機械工具之數目中知之,如輕鑽孔機,精細鑽孔機,精細旋轉器 (Fine turning) 及綫紋磨光機之類。此類機械無論大批或小批精密工作,皆可適用。

如擬磨光一外表面,大都須用鑽鑿法 (Broaching method), 現在又有二種機製方法盛行,且已供商用。一種係根據下切磨銑原理之機械,此原理並不新,但迄今始顯其優點。此外尙有一法,用包綠切刀(Enveloping cutter)做內外齒輪輪齒之用。

印模範鑄 (die-casting) 技術,最近發展,甚爲重要,從前此法僅能用於特種合金,現在黃銅及鐵亦可應用。自動印模範鑄機器,亦有數種業已問世。

焊接機之設計,近亦多改進,尤其用於點焊者 (Spor-welding), 工作之速度,亦大爲增加。新式養氣火焰切割機 (Oxygen flame cutting machine),備有燒管三具,可同時工作,故輸出能力亦增高。

計算池水揮發損失之新公式

Adolph F. Meyer 及 A. S. Levens 著* 謝銘怡譯

在蓄水池之精密設計中,常須顧及水之揮發之損失。此種損失,於儲水供長期之用者,尤覺重要。除非建築有蓋,且不通風之蓄水池,則此種計算可以不必重視。但在普通露天蓄水池,無不受揮發之影響,雖揮發之水分,仍能變成雨水降於地面而回入池中,但其收復之量,僅在百分之一二而已。

關於研究揮發之紀錄可供設計參攷者,近年已有多起,如1934年有羅安氏(Rohwer)報告,及福蘭比氏(Follansbee)報告,1927年有荷克氏(Houk)報告,俱屬參攷實際情形所得之結果。但一般水力工程設計師,猶苦於不能有切於實用之參攷紀錄,蓋水池之環境各有不同,雖有已成之紀錄,非加以斟酌,不能適用,故於其結果,欲求十分準確,殊不可得。

著者根據其致力於水分學多年之經驗,曾於1915年發表其計算水分發揮之Meyer氏公式中之係數新值(見"Computing Run-off from Rainfall and Other Physical Data" Transactions Am. Soc. C. E., Vol. 79, P 1056)。近年因著者多年應用其公式之結果,頗信其公式之切於實用。Meyer氏公式如下——

$$E=C(V-v)(1+W/10)$$

公式中 E = 每月(三十天)水分揮發之深度,以吋計;

V = 最高水蒸氣壓力(Maximum Vapor Pressure);以水銀柱高吋數計,根據附近氣象台按月平均氣溫報告推算;

v = 空氣中所含水蒸氣實際壓力 (Actual Vapor Pressure),根據附近氣象台按月平均氣溫及比較濕度(Relative Humidity)推算;

W = 全月平均風速,以每小時哩數計(離附近鄉村地面或

* 原文載 Engineering News-Record, April 1, 1937.

8252

城市房屋屋面30呎高處之風速);

C＝15(應用於淺水小池或樹葉及草葉上水分揮發之計算);

如欲計算較大及較深水池之揮發量,則公式中之

V＝最高蒸氣壓力 (Maximum Vapor Pressure); 以水銀柱高吋數計根據池水之溫度而推求得之;

v＝距水面30呎高處,空氣中水蒸氣之實際壓力;

C＝11(應用於較大及較深之水池);

計算較深較大水池之揮發量,其係數 C 定為11。係由於 Meyer 氏根據其多年經驗而得者。Meyer 氏曾於 Minnesota 州西部之 Lake Traverse 湖及其北部之 Rad Lake 湖作長時期之實地試驗,證驗實其公式合於實用。

如池水溫度不明,可按氣象台所報告之氣溫,加以增減,即可得水之溫度。其增減之法,四月應減華氏 2 度,五月應減 1 度,九月與十月各加 1 度,水溫既得,即可據以推查最高水蒸氣壓力,以供公式之用。

此外尚有 Horton 氏公式亦供計算水之揮發量之用者,其計算每日揮發量之公式如下:——

$$E=0.4(\psi V-v)$$

其中　$\psi=2-e^{-.2w_0}$

w_0＝在地面上之風速;

此項公式於理論方面頗為合理,但於風速較低之計算其結果,不甚準確。故在平常情形時,仍以 Meyer 氏公式為切於實用。

航空提士引擎*

顯　譯

自動機設備方面,用提士引擎,發展甚快。但在航空襬用提士

* 譯自 1936 Annual Report of the National Advisory Committee for Aeronautics

8253

引擎方面則未見發達。用提士引擎因壓縮而生燃燒,其需油量低,且能避免火災,甚適於長途運輸航空之用。美國國立指導委員會研究壓縮點火引擎,以冀求得關於注油,及燃燒之基本智識,以及「比動力輸出」(specific power out put)之增加。現正致力研究某型整體燃燒室(Integral combustion chamber),利用高速氣流以調和燃料及空氣。用此型燃燒室之單氣缸,液冷引擎獲得「比動力輸出」較現在之增給火花點火式飛機引擎(Super charged spark-ignition)為佳。

空氣溫度及密度對提士燃料自動點火(Anto-ignition)及燃燒之關係,以一定容量空心鐵球試驗之。球係裝置於電爐之上,最高溫度可熱至1100°F,球內空氣之密度則可調整至任何數。燃料注射仍如在壓縮點火式機中,用此器則測得點火最少時滯(lag)為0.001秒。此球求得之燃燒及點火時滯可與壓縮點火引擎求得之數相比較。

另一研究,為以強力氣流注射燃料於前室壓縮點火引擎(Prechamber compression-ignition engine),增加霧化(Atomization)之影響。霧化程度之增加係依注油壓力而變,約自每方寸4,000磅至9,000磅。其結果為增加燃料注射壓力,能減少點火時滯35%,增加輪擧平均有效壓力(brake mean effect pressure)19%。

另再有一研究,關於單缸(single cylinder)燃料注射邦浦之注射速度,具二注射管。

單汽缸機具變位(displacer)式活塞及直盤式燃燒室,研究結果,其輪擧平均有效壓力約每方英寸200磅,比需油量0.46磅/馬力小時,速度每分鐘2000轉。

工程新聞

國內之部

改建與新建全國鐵路鋼橋標準

鐵道部近訂定改建與新建全國各路鋼橋標準四項大致如次:

機車活重制 制定鋼橋之標準,首須統一機車之標準。苟各路機車不能統一,鋼橋必亦因之無從統一。該部此次特參考國內多數機車之式樣,並參以各國機車標準,經過縝密之研討,方制定一種完全以公制爲本位之「新活重制」,以作設計全國橋梁載重之標準,並決定嗣後新購機車或自造機車,悉以此制爲準。所謂「新活重制」,乃決用二個五對主輪的機車,與兩個四輪之煤水車,機車主軸各重二十公噸,取名爲「中華二十」,約相當於「古柏氏E五十」。經過切實研討與審慎考慮,並爲求將來機車標準起見,復將擬定之機車軸距略加修改,使成爲四對主軸之機車。

鋼橋載重量 根據以前各路鋼橋載重量標準,決定屬於幹線橋梁爲『古柏氏E五十』,屬於次要線橋梁爲『古柏氏E三十五』。但最近國內各路業務較前繁盛,除少數橋梁係採用『古柏氏E五十』者外,其餘橋梁已多嫌微弱,不能適用。故現經決定:凡幹線或車務繁盛各線之橋梁載重標準,悉採用相當於『E五十』之『中華二十』,對次要線及業務不甚繁盛各線橋梁載重標準,則決定改用相當於「E四十」之「中華十六」爲準,較前略加提高。至於新建各路,雖均爲主線,但以鐵路新成,業務不致十分發達,因限於目前經濟,亦決採用「中華十六」爲橋梁載重標準,庶可減輕負擔,並符爲將來發展預留地步。

鋼料之提高 造橋鋼料,包括「橋梁」鋼,「鉚釘」鋼,鑄鋼,鑄鐵四種。該部對此次改建與新建全國各路鋼橋之鋼料品質,決定提高,所擬採用之中性鋼最高拉力爲每平方公厘四十二至五十公斤,合英制每平方吋六萬至七萬二千磅(美英法重要工程均採用此種中性鋼)。至鋼料製造法仍規定用出品優良之「馬丁法」。關於化學成分中,對鋼料品質影響較大之磷與硫二成分之限制,則暫爲顧及歐洲出品,稍爲放鬆,庶可相合。

設計之原則 因鋼料品質之提高,故在建築橋梁之設計上,亦較前繁複,而對設計時所用之「准許應力」,更較前提高,以求橋梁工程之鞏固安全。惟以我國工廠與工地之設備,不甚優良,同時工人技術,亦較幼稚,故在用工具式與工地裝配各部份,未能苛求過甚。如鉚釘等「准許應力」並未較前十分提高,是恐過猶不及,而易發生危險。但對建築橋梁之一切設計,俱須依據最新理論與實際環境爲基礎,而對將來應力之增加,須預留發展地步,同時更得兼顧目前之經濟能力云。

浙贛鐵路南萍段工程進行情形

浙贛鐵路全線共長五百六十餘公里,橫貫浙贛兩省。除杭南段早已通車,完成三百公里外,其南萍一段,計長二百六十餘公里,於客年四月興工,積極建設以來,亦將次第完成。全段一切舖軌等工程,將於本年七月間竣工,雙十節通車。

南萍段自向塘起,經豐城,清江,新喩,宜春,分宜等縣,直達萍鄉。其工程分南萍兩端並進。南昌至樟樹鎭,土基軌道,一切工程,均先後竣事。路局爲便利客貨運輸起見,業已於四月二十一日,正式通車,每日開駛客貨混合列車往返各一次,旅客咸稱便。自樟樹起,至新喩縣間,近亦舖軌竣事,不日亦將通車。萍鄉方面,自土基竣事後,亦即從事舖軌工程,現已展至廬溪地方。七月中旬,此偉大工程即可完成,將來自南京可直達廣東,東南交通一貫到底。

該段最大鐵橋,爲在樟樹鎮贛江大橋。全橋計九孔,上面除中間專駛火車,兩傍並附設行人道,道寬四尺。惟此道當時因樟鎮商會要求建築,以利行人,故建築費另由商會負擔一部份,並補助木板一萬方。

該橋自測定樟鎮硃波渚地方,爲橋址後,於去年六月間開始建築橋墩,計河中橋墩八座,東西兩岸各一座,共計十座,早已竣工,並於本年四月十七日,開始架設橋樑。惟該項工程,非常困難。除第一墩與第二墩間須在墩上工作,現已竣工外,其餘每兩墩間爲一段,每段銜接裝釘等工作,均在平地爲之。俟其各件裝釘齊全後,成爲一段完整橋面,然後移放至特製的躉船上,使動機械,並藉水力,架上橋墩,與其他已架墩上橋面,裝釘銜接,便告成功。全橋工程已完成十分之七八。其餘各處小橋,尚有十餘處,亦均已招商承造。

上海市浦東自來水廠出水

上海市浦東自來水廠由興業信託社籌備,費時兩年,現已完全落成出水。

設備大概　浦東水廠位於浦東游龍路,適居浦東最繁盛區域之中心。廠基佔地甚廣,進水幫浦間即在游龍路口。該處水位甚深,爲浦東方面比較最合宜之水源。廠內全部建築,除上述之進水幫浦間外,計有沉澱池一座,快濾池一座,清水池一座,清水幫浦間一所,完全爲鋼骨水泥建築,並經加做避漏工程,清水池上用鋼骨水泥三和土封閉,上設透氣管十五只,水質可絕對保持清潔,另有水塔一座,專供冲洗快濾池之用。其餘如加礬機,加氯氣機,化驗各種儀器等,亦均採用最新式者。所用機器,均以電力發動。進水間有混水馬達幫浦二座,當取水時,先有馬眼鋼網隔絕魚類之流入,復有銅絲網阻止粗砂之吸收。出水間有清水馬達幫浦二座。該廠投資添購清水間加氯氣機一隻,以策萬全。總計各項建築設備等,現又已達國幣約八十萬元。

給水區域 該廠給水區域目前第一步暫定南自塘橋北至其昌棧。聞第二步南擬展長至白蓮涇,北至洋涇鎮。大約不久期內,即將實行云。

廬山裝設懸空電車

籌備經過 廬山管理局為改進交通,便利遊人起見,特籌建懸空電車。本年四五月,先後與中國建設銀公司及各大洋行接洽投資與購料等事,現已由計劃成為事實。全部機件鋼纜安裝工具及工程師監工費共價三十八萬元,由英商安利洋行承辦。訂貨合同於六月底在上海簽訂。自本年十一月起至明年一月底止,所有機件運至九江。二月至六月,從事安裝。約七月初可以裝竣通車。此種懸空電車之裝設,在我國尚屬創見。

構造一般 懸空電車構造原理及安全情形,與電梯相同。用之登山,不僅速率為任何交通工具所不及,即在雨霧冰雪之時,亦可暢行無阻。如用汽車登山,遇霧即易肇禍,且登山汽車路工程較電車尤為艱鉅。懸空電車之裝置,頗為簡單。架設鋼塔以承鋼纜,客車或貨車即懸掛鋼纜之上。此鋼纜名曰承重纜。另以曳車纜曳車而行。車廂上端聯以懸架,懸架上設有槽輪八個,以便行駛於承重纜上。槽輪外表裹以橡皮,車行無聲。設有接合器,以便與曳車纜接合。車上更設有防擺器,平衡器,以防車之擺動,與求車廂之平衡。

電車路線自牯嶺經剪刀峽直達山下之龍潭菴。全線計長約3000公尺,升高約800公尺。途中設有鋼塔六座。只需十分鐘即可到山。該車既可載客觀覽風景,又可運貨。車之容量,每小時上下山各六十人,運貨每小時五噸。客車為八角形,共有兩部,每車可容乘客十五人。貨車每部載重 1000 公斤。

川省成彭支綫彭寶段開工

川省成彭支綫(成都至彭縣下爐房,總長 100 公里)彭寶段,起彭縣之侯家院經關口新興場復興場寶興場而達銅礦所在地之下爐房,共長 36.5 公里,六月一日已由該省公路局派員組織工段籌備開工;將由川軍兩旅担任修築路基土方及路面等工程。路基石方及橋涵溝坎等工程,則招商承辦,共計工程費約四十萬元,預定八個月完成。全段石方約計二拾萬公方。由卡房坪至下爐房長五公里,路基工程,甚為艱鉅,路綫經懸崖峭壁,挖高最大達 25 公尺。橋樑共計 31 座,內二座跨度達 70 公尺,擬全建永久式石拱橋。

該段路綫係為便利銅礦局運輸而建築者。據銅礦局負責人稱:現正從事鑽採及籌備一切應用機器與廠房等工作,全部設備費約需二百萬元。經調查結果,蘊藏量可供五年至十年之開採,預定一年以內正式出銅,最低限度每日可出純銅四噸,該處銅質甚佳,成分在百分之三或四云。

(劉宗周君來稿,封關)

國內工程簡訊

川陝公路通車

川陝公路原分西(安)漢(中),漢(中)甯(羌),廣(元)成(都)三段,於二十四年春動工。全長804公里。西漢由全國經濟委員會修築,嗣以隴海路已達寶鷄,乃改為寶漢段。陝省主修漢甯段,已於去冬完成。川省修築廣成段,亦於去歲以民工征修完竣。該路已於五月十五日開始通車。工款約費一千二百萬左右。全路均舖有碎石。該路工程經過整三年,費工兩千萬以上,炸毀山嶺十餘座,堪稱艱巨偉大。

南龍公路竣工

貴州南龍公路起自安南沙子嶺,經普安關嶺,興仁,興義,貞豐等縣境,以達安龍縣,計長133.8公里。去秋黔省府撥款四十二萬餘元,爲該路建築工程費,分兩總段先後開工,由沿路各縣征工,採用獎金辦法,於今年四月全部竣事。

楊莊活動壩完工 導淮入海工程中之楊莊活動壩,自二十四年十一月興工以來,現已完工,該壩共分五孔,各寬10公尺,高6.6公尺,均裝鋼門,以便啓閉。工程費計六十五萬元。至周門活動壩,需費一百萬元,預定明年六月告成云。

洛陽中正橋完成 洛陽龍門伊水上之中正橋爲洛韶國道唯一巨工。橋長216公尺,寬5.5公尺,高9公尺。二十五年四月興工,現已完工,費款十七萬元。

安綏公路竣工 陝北安綏公路已於六月間由兵工築竣。

連雲港工程全部完竣 隴海鐵路連雲港工程,除海港挖泥工程外,已全部完竣。

平漢鐵路花河支線開工 平漢鐵路建築自幹線孝感縣花園鎭起,至鄂北光化縣老河口止之支線,於六月十七日行開工典禮。

國外之部

支加哥空前巨型開闔橋完成

支加哥江口上最近完工之活動橋(圖一),乃一雙葉式開闔橋(double-leaf bascule)。橋名"Outer Drive Bridge"。現在僅裝上層橋板,每葉已重4,364噸,僅稍遜於上游雙層橋板之Michican Ave.橋耳。將來擬加下層橋板,每葉重量須達6,240噸,將超過目下任何開闔橋之重量。橋闊108呎,橋耳(trunnions)間長264呎。由重量及尺寸之數字可知其工程之浩大矣。

該橋於1929年七月由Strauss工程公司承受設計合同,其後

圖(一) 支加哥開闔橋攝影

四角之鐵架用石灰石堆砌,爲裝飾建築並供管橋人等居住。

打樁工程,鋼料製造,均次第完工。但因不景氣之襲擊,遂致停頓。1935 年繼續進行未完工程,迄於最近,始告完成。計有38呎闊道路

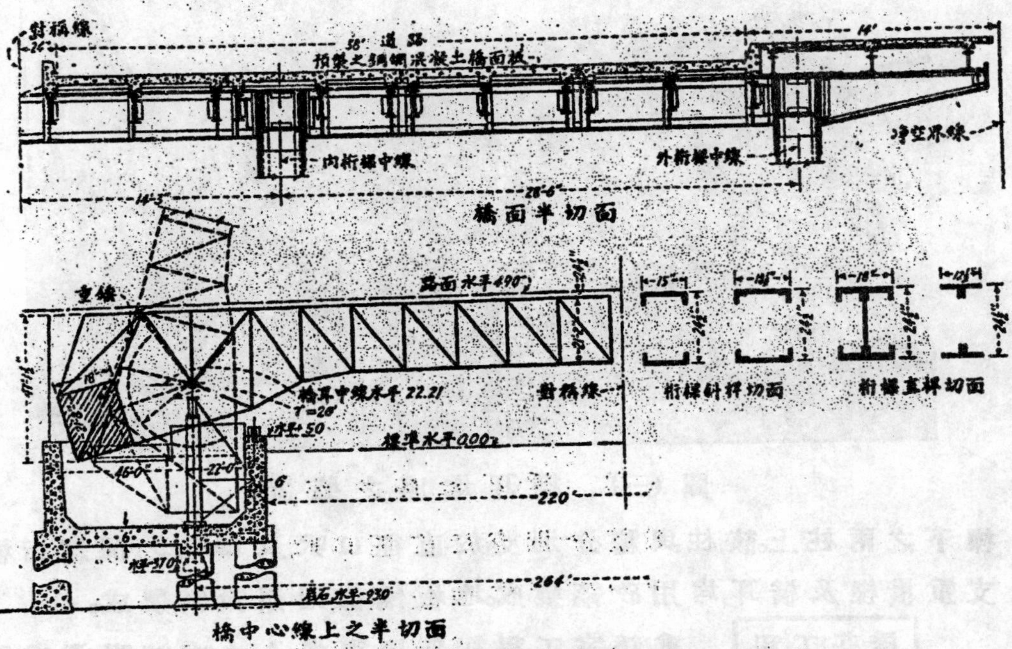

圖(二) 支加哥開闔橋構造設計之一斑

兩條,14呎闊人行道兩條。閉闔時水面至橋底高度爲24呎,重錘室(counterweight pits)之距離爲220呎。

建築大綱 該橋之開闔係利用重錘下墜,重錘固着於橋葉上,故名曰固定重錘式橋(fixed counterweight type)。每葉爲四架桁樑所構成。每兩桁樑之距離爲 28½ 呎。桁樑之上爲道路。每桁樑計有七節,各長15呎10吋,及橋耳接連處之一節,長18呎2吋;橋耳他方,又有長度不同之三節,以承受重錘。重錘位置在橋板之下。承上層橋板之橫樑,鉚接於桁樑上弦之各節點。橫樑之間設縱樑相距各2呎8½吋,其上面與橫樑齊平。桁樑之間又有上下橫撑(upper and lower lateral bracing),以資聯固。縱橫樑上鋪以鋼網,上舖輕質混凝土,便成橋板(圖二)。

橋耳鋼軸有軸承四對,分置於兩根各80噸重之鋼樑上,每對中間置桁樑一架(圖三)。此項鋼樑則架於重錘室牆上,及中間桁

圖(三) 橋耳承座之裝置

樑下之兩柱上。該柱與牆分別支於直徑11呎及12呎之沉箱。桁樑,支重橫樑及橋耳,均用矽鋼製成。地板鋼條則係炭鋼製成。

橋基工程 重錘室工程艱鉅,因須埋入水中25呎深處,設

計及建築述較爲複雜。室爲混凝土築成。面積 $104\frac{1}{4}\times 69$ 呎，深 40 呎。沿河牆脚有圓樁四根，並行之裏牆有圓樁三根，離沿河牆脚 22 呎處，倘有樁脚一列，計四根，乃橋耳之基礎，並用以支撑重錘室之重量。樁脚之直徑，自 $4\frac{1}{2}$ 呎至 12 呎不等；均建立於室下 60 至 70 呎深度之岩石上。垂直荷重及水平荷重之條件各部不同，重錘室各部設計，亦因之而異。河牆之設計，須使能抵抗最高水位之壓力，及船隻觸牆時 560000 磅之碰擊力。在建築時，河牆內面，須亦能受最高水位之壓力室底除各種垂直荷重外，倘須計及全室之浮力。設計河牆時，視之爲四個支點之連續樑，同時又爲臂牆，因受水平荷重之故。並行之裏牆，設計相同，惟支點改爲三個。側牆一端繫於裏牆，一端繫於河牆，故視爲兩端繫着而有三個支點之連續樑，同時又固着於室底，故又視爲垂直臂樑。室底視爲三個支點（河牆，橋耳下樁脚所頂之橫樑及裏牆）之混凝土板。橋耳下之樁脚視爲繫着於室底及地下 58.5 呎處粘土上之受壓柱。偶或室內忽有水壓力，室外並有風力，故單位面積之應力，須使能有百分之廿五之驟增。至於船隻碰擊之荷重應力，須使能有百分之五十之增加。計算內所採用之應力，混凝土每平方吋爲750磅，鋼條每平方吋爲16,000磅 (n=15)。

進行重錘室及其打樁工作，係在單牆式露天鋼板圍堰下爲之。圍堰內部，用木架支撑，木架則用垂直木柱及斜木樁支撑之。室內混凝土地板，計用去混凝土 1500 立方碼，係在 68 小時內不斷工作下完成者。

橋身設計　橋身靜荷重包括上層橋板之輕質道路及人行道之荷重；將來下層橋板上，擬築木板道路及人行道，此項荷重亦計算在內。活荷重假定道路每平方呎爲 125 磅，人行道每平方呎爲 100 磅；下層道路每呎街車車軌荷重 4000 磅；上層道路假定有 24 噸車二輛並肩停放之集中荷重；下層道路假定有 50 噸曳車一輛在橋心及西半橋，105 噸電車一輛在東半橋。

衝擊係數 (impact coefficient) 以100÷(NL+300)公式求之。N係受重道路及人行道闊度十分之一,以英呎計算,L係受重部分之長度,一切地板部分之衝擊數為33⅓%,但輪壓施於道路接縫處時則屬例外:電車路縱樑係100%,道路縱樑係75%,橫樑則50%。

上述諸活靜荷重之外,震動力,及縱橫外力亦均計及。橋葉啓閉時,為顧及震動起見,各部靜荷重應力均使增加百分之廿;埋置橋葉中之士泥築物及其他部分,則不受此項規定。當橋葉開啓時,假定橋身縱向垂直投影面上之風力,每平方呎為20磅。橋葉閉闔時,假定橋身所受縱向推力為活荷重百分之十,着力於橋板上4呎之處。

桁樑設計時,上下層橋板之載重同時加以考慮。外面兩桁樑,建築相同;內面兩桁樑亦相同。桁樑支點之反應力,以五種不同條件定之:橋閉,僅有靜活荷;橋閉,僅有活荷重;橋閉,同時有靜荷重及活荷重;橋開,僅有靜荷重;橋開,有靜荷重及風力。桁樑之應力,亦在此五種條件下計算之。

橋身之動作,係利用電力管理,用鋼索使之開闔。橋身之搭建,係就各葉開啓位置進行之,故兩葉之搭建工程完全分開。

(譯自E.N.R. April 22,1937) (深)

舊金山大橋採用鈉氣光燈

鈉氣光燈應用電氣放電發光原理,故較普通白熱電燈之用電為省。現在美國公路採用鈉氣光燈,已屬甚多,將來我國公路,不久亦必有採用鈉氣光燈之趨勢,蓋其用電節省故也。茲將最近落成之舊金山屋克蘭灣大橋所裝鈉氣光燈情形,略述如次:—

舊金山屋克蘭灣大橋(San Francisco-Oakland Bay Bridge)工程浩大,橋身甚長,並分上下二層,上層公路,下層鐵道,故燈火問題,決計採用鈉氣光燈,以求經濟。此項裝燈工作,現已告竣。其設計之特長,爲光度勻淨,可使橋燈光線不致與車輛燈光線發生反射作用,以亂司機之目光,可以減少行車事變至於節省電費,猶其餘事也。

上層鈉氣光燈裝作兩行,分列於公路之兩旁。各燈間之距離爲 150 呎。下層燈炬裝於一邊,故僅有一行。各燈間之距離爲 120 呎。

在橋堍及過橋費徵收處,則仍裝普通白熱電燈,藉免鈉燈之不便處。統計全橋共用10,000支光鈉燈1077盞,又10,000支光及15,000支光白熱電燈90盞。

綫路之配裝 爲預防電流中斷,而妨礙橋面燈光及航行號誌燈之危險,其電流取給於兩個不同發電原動力之給電站。一在橋東,一在橋西,二者俱由太平洋煤氣電氣公司 (Pacific Gas and Electric Co.) 發電供給。

電流經變壓後,分送於全橋六個分站(見第一圖)。並另裝一互通線,由橋東給電站起,經過六個分站後,接通於橋西給電站每。

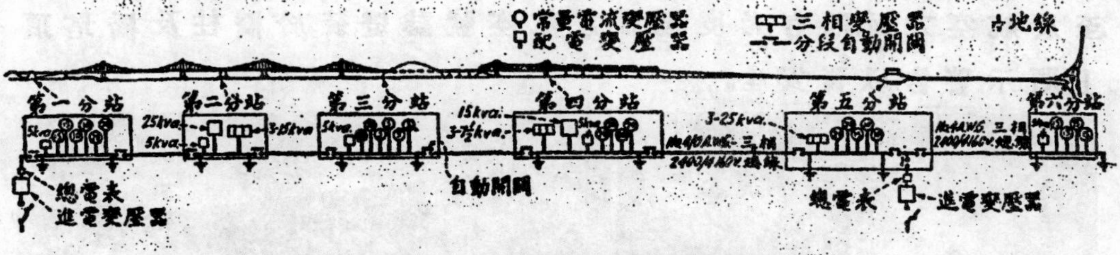

第一圖　舊金山大橋電氣線路詳圖

一分站內裝有電流自動開關兩個。此種裝置,可使各分站取用任何一路電流。第三分站之自動開關,平常置於跳開位置,故六分站分爲東西二組,分用東西給電站之電流。遇有一個給電站斷電時,則第三分站之自動開關,受電氣管理室之控制,即可置於接通位置,使全橋電流均仰給於其他一個給電站,而無斷電之虞。

各分站之二個自動開關內,均附有關閉電圈 (Lock-out Coil),使一個開關接通一路電源時,則其他一路電源即被閉斷,使東西二給電站之電流,不相混合。此項自動開關之旁,又加副開關一副,過有分站內綫路失效,或走電時,此項副開關立即跳開,可以不致應響其他分站。

鈉燈採用6.6安培電流串聯式(Series Circuit),並經過定量電流節制器(Constant Current Regulator)。每燈各附變壓器一具。每層燈炬綫路裝成兩路。故於夜深之際可開半燈,以省電費。開半燈之時,橋面上每隔150呎公路兩邊交換開燈一盞。下層鐵道上則每隔240呎開燈一盞。橋面燈炬裝置距路面25呎。下層燈炬裝置,因受橋面限制,其距離軌道之高度減至19呎。

鈉氣光燈用顯露式(Open type),並附反光罩。其發光效率甚高。平均光度(Average Lumens)每呎爲133.3。路面上平均强度爲0.84呎燭光(foot-candles)。

航空及水運號誌之裝置

該橋除橋燈之外,對於航空號誌及水運號誌,俱極注意。水運號誌,除裝號誌燈外,並裝迷霧警笛六只,用十馬力之馬達拖動發聲。此外並有號鐘五只。亦屬電動者。至於航空方面,則有光度極强之航空號誌燈,裝於橋柱及橋塔頂上,顯示警告,以資安全。

第二圖　電氣管理室

電氣管理室控制版(Control Board)　全橋電氣設備,既如此複雜,故於大橋管理處特闢電氣管理室。室中壁上復裝置控制版 (Control Board) (第二圖)。版長25呎,蓋滿管理室之一壁。版之下半部,按照比例縮尺繪有全橋之側面圖。在相當地點,裝置彩色發光鈕,代表種種電器之裝置。該圖之下,裝有各種電器之指示燈,及其控制器,舉凡變壓器,自動開關,路燈開關,以及給電綫路等等,其情形是否妥善,皆可於此控制版上,一目了然。並可隨時予以控制。故於管理方面殊爲便利。

結論　統計全橋電氣設備費共爲550,000美元,全年電費爲15,000美元,修理費10,000美元,薪資及其他費用15,000美元。如用普通白熱電燈,則全年電費須35,000美元,修理費5,000美

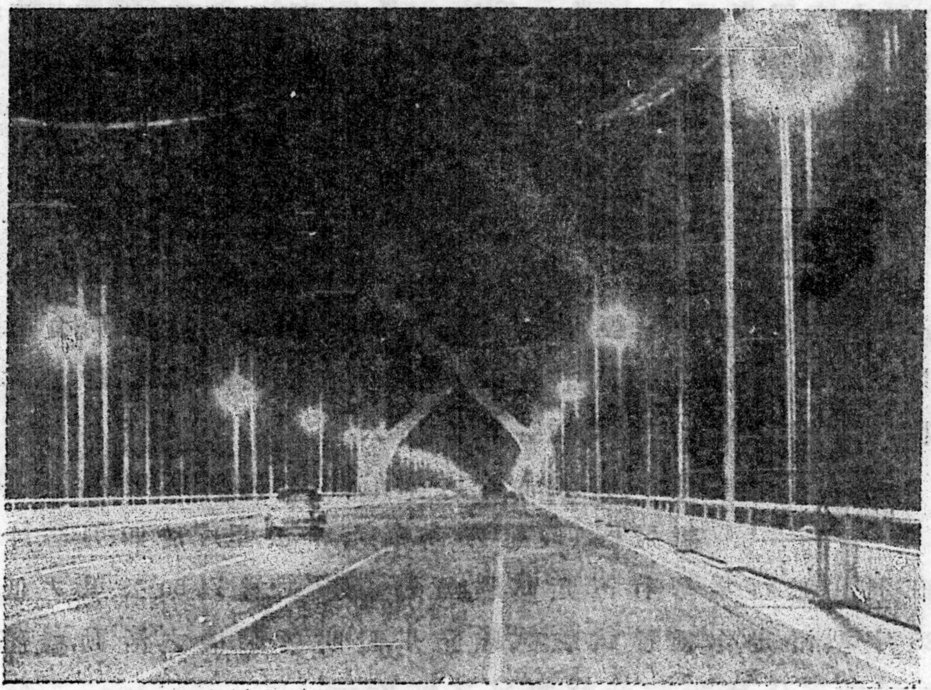

第三圖　橋上夜間燈炬照耀情形

(燈高15呎,相距各150呎)

元。二者相比,此橋因裝用鈉氣光燈而每年可省15,000美元云。

(E. N. R. April 1,1937)　(深)

8267

國外工程簡訊

英人發明直升飛機

英國發明之直升飛機,曾在倫敦附近豐博羅飛機場試飛告成。該飛機自上而下,裝有三翼,貫以一軸,以軸之旋轉,定升空之速度,平均每分鐘可升高二百公尺。至於平面飛行速度,每小時約自二十公里至二百公里不等。其發動機則爲85馬力之引擎二具。升空及降落均作直線形,不必如平常飛機之迂迴曲折云。

日本造船業達空前盛況

日本造船界近來突飛猛進,其盛況尤甚於歐戰時。海運方面定造之船舶已突破百萬噸,其中預定於年內完工者四十七萬八千噸。此外另有定造之「優秀」船舶三十萬噸,將於上項定貨出清後開始建造。以上係就該國內需要者而言。至海外方面訂造濬河船等,亦達相當之數。故各造船所競擴充船塢及附屬機械等,以資應付云。

新加坡港航空站落成

距新加坡城心二哩許所築之船空站,需費一百萬磅者,於六月十三日行落成禮。該站工程至爲精巧,其地址原爲卑隰,經用土填高。站端之房屋,可設郵局,食肆,酒店,其建築爲最新式者。站中有深水碼頭,可容飛艇降落,繫泊其間,且設有航空俱樂部及志願空軍會所云。

日新造長距離機試驗

日本東京帝國大學航空研究所所製成之長距離飛機(續航力一萬六千公里),於四月二十四日在羽田飛行場舉行滑走試驗。發動機撥動後以60公里之低速,依 8 字型滑走,作種種試驗。試驗結果,證明發動機之活動,機體之抵抗力,均充分發揮設計時預定之性能云。

8271

請聲明由中國工程師學會「工程」介紹

8277

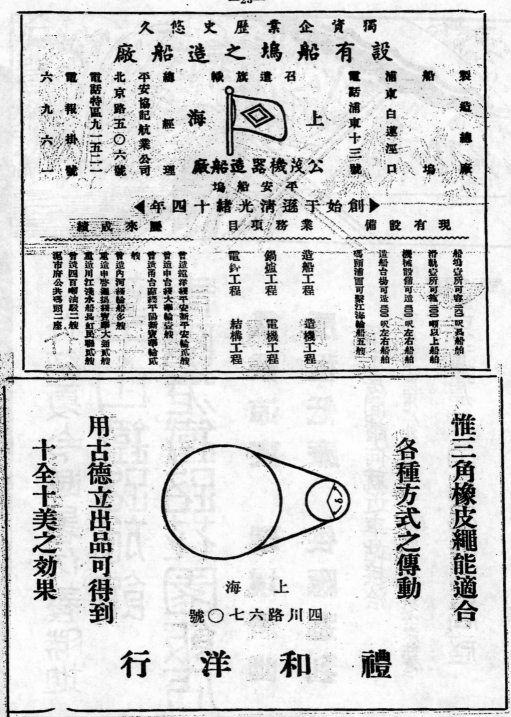

8279

正太鐵路簡明行車時刻表

民國25年3月28日實行

石家莊至各站距離公里	石家莊至各站三等票價	101 榆太區間各等客車	7 石太混合三等客車	3 石太普通膳車各等	241 石獲區間二三等車	1 石太快車膳車各等	261 石獲區間二三等車	車次 / 站名 / 車次	238 獲石區間二三等車	4 太石普通膳車各等	256 獲石區間二三等車	8 太石混合三等客車	102 太榆區間各等客車	6 太石普通臥車各等	太原站至各站三等票價	太原站至各站距離公里
0	0		7.26	8.03	8.34	11.27	15.00	石家莊	14.27	16.03	21.05	22.02		7.26	3.65	243
17	0.30		8.10	8.33	9.07	11.50	15.36	獲鹿縣	13.57	15.37	20.33	21.33		6.54	3.45	227
44	0.70		9.48	9.36		12.35		南河頭		14.44		20.08		5.24	3.00	199
57	0.90		10.51	10.04		12.58		井陘縣		14.24		19.38		4.54	2.80	186
74	1.15		12.08	10.56		13.48		娘子關		13.45		18.45		3.56	2.55	169
121	1.85		16.08	12.48		15.30		陽泉		12.08		16.41		1.57	1.85	122
161	2.45		19.03	14.46		17.25		壽陽縣		10.42		13.54		0.13	1.25	83
218	3.30	13.01	21.13	16.37		19.06		榆次縣		8.30		10.50	16.26	21.18	0.40	26
243	3.65	13.42	22.00	17.18		19.38		太原		7.45		9.52	15.45	20.16	0	0

榆谷支線

公里距離	2001 混合各等	2003 混合各等	2005 混合各等	車次 / 站名 / 車次	2002 混合各等	2004 混合各等	2006 混合各等	三等票價
36	8.40	16.46	21.20	榆次縣	8.20	12.40	20.50	0.55
	9.45	17.51	22.25	太谷縣	7.12	11.32	19.42	

時刻係廿四小時制　除終點站外　均為開行時刻

注　意

各等票價比例	臥車床位票價
二等票價係三等票價之二倍	頭等每夜下舖 4.50元
頭等票價係三等票價之三倍	二等每夜 下舖 3.00元 上舖 2.50元

膠濟鐵路行車時刻表

民國二十六年四月十五日改訂實行

下行列車

站名	到開	三次各等	十五次二三等	七次二三等	五次各等	一次各等
青島	開	七・二〇		一〇・二〇	一三・三〇	一二・〇〇
大港	開	七・三三		[illegible]	一三・四〇	一二・一二
四方	開	七・四五		一〇・三三	一三・四八	一二・二五
沙嶺莊	開	七・五一		一〇・四一	不停	不停
滄口	開	八・〇〇		一〇・五〇	一四・〇二	一二・四二
女姑口	開	八・一三		一一・〇四	不停	不停
城陽	開	八・二一		一一・一四	一四・一〇	一二・五九
南泉	開	八・三七		一一・二二	不停	一三・一二
藍村	開	八・五三		一一・三八	一四・三三	一三・三〇
李哥莊	開	九・〇二		一一・四七	不停	不停
膠東	開	九・一四		一二・〇七	不停	不停
膠州	到	九・二六		一二・二一	一四・五二	一三・四七
膠州	開	九・三九		一二・三一	一五・〇〇	一三・五九
芝蘭莊	開	九・四六		一二・三七	不停	不停
姚哥莊	開	九・五五		一二・四五	不停	不停
高密	到	一〇・〇六		一三・〇四	一五・三一	一四・二四
高密	開	一〇・一六		一三・二〇	一五・四一	一四・三一
康家莊	開	一〇・二八		一三・二六	不停	不停
蔡家莊	開	一〇・四〇		一三・四一	不停	不停
塔耳堡	開	一〇・五〇		一三・五一	不停	不停
丈嶺	開	一一・〇〇		一四・〇五	不停	不停
岞山	開	一一・一九		一四・二四	一六・〇一	一五・〇三
黃旗堡	開	一一・二八		一四・三二	不停	不停
南流	開	一一・四六		一四・四二	不停	不停
蝦蟆屯	開	一一・五三		一四・五九	不停	不停
坊子	到	一二・〇四		一五・一三	一六・三二	一五・四八
坊子	開	一二・一九	七・四〇	一五・二一	一六・四一	一六・〇四
二十里堡	開	一二・三二	七・五四	一五・三六	[illegible]	不停
濰縣	到	一二・三九	八・一〇	一五・四五	一七・〇一	一六・二六
濰縣	開	一三・〇五	八・二五		一七・〇七	一六・三七
大圩河	開	一三・一七	八・三五		不停	不停
朱劉店	開	一三・二二	八・四八		不停	不停
昌樂	開	一三・三七	八・五五		不停	一七・〇五
堯溝	開	一三・四九	九・〇六		不停	不停
譚家坊	開	一三・五九	九・二〇		不停	不停
楊家莊	開	一四・〇五	九・三五		不停	不停
益都	到	一四・一〇	九・四五		一八・二〇	一七・三〇
益都	開	一四・二〇	九・五七		一八・二六	一七・三四
普通	開	一四・三三	一〇・一一		不停	不停
淄河店	開	一四・四三	一〇・二三		不停	不停
辛店	開	一四・五五	一〇・三八		一八・五五	一七・五八
金嶺鎮	開	一五・〇九	一〇・五六		不停	不停
湖田	開	一五・一六	一一・〇七		不停	不停
張店	到	一五・二七	一一・二八		一九・一〇	一八・二〇
張店	開	一五・五五	一一・四五		一九・二五	一八・三〇
馬尚	開	一六・〇四	一二・一五		不停	不停
周村	到	一六・二二	一二・二九		二〇・〇〇	一八・五二
周村	開	一六・二八	一二・四四		二〇・一三	一八・五六
大臨池	開	一六・五五	一二・五九		不停	不停
王村	開	一七・一五	一三・一五		不停	一九・二〇
普集	開	一七・二一	一三・三五		不停	不停
明水	開	一七・三〇	一四・〇三		不停	一九・〇七
棗園寺	開	一七・四三	一四・一六		二〇・五一	不停
龍山	開	一七・五六	一四・三一		不停	不停
郭店	開	一八・一二	一四・四八		不停	不停
歷城	開	一八・二三	一四・五五		不停	不停
黃臺橋	開	一八・三五	一五・〇九		二一・二六	一九・四四
北關	開	一八・四四	一五・一九		不停	一九・五五
濟南	到	一八・五〇	一五・三五		二一・四五	二〇・〇〇

上行列車

站名	到開	四次各等	十六次二三等	六次各等	八次二三等	二次各等
濟南	開	七・三〇		一三・四〇	九・四〇	一三・〇〇
北關	開	七・三八		不停	九・四八	一三・〇九
黃臺橋	開	七・四六		不停	一〇・〇二	一三・二七
歷城	開	八・〇〇		不停	一〇・一三	不停
郭店	開	八・一二		不停	一〇・二五	不停
龍山	開	八・二七		不停	一〇・三八	[illegible]
棗園寺	開	八・四四		一四・〇三	一〇・五二	[illegible]
明水	開	八・五四		不停	一一・〇七	不停
普集	開	九・一二		不停	一一・一八	[illegible]
王村	開	九・二二		不停	一一・二八	不停
大臨池	開	九・三三		不停	一一・四一	不停
周村	到	九・四四		一四・三〇	一二・〇一	[illegible]
周村	開	九・五四		一四・三三	一二・一〇	[illegible]
馬尚	開	一〇・〇二		不停	一二・二四	不停
張店	到	一〇・一九		一四・四九	一二・三二	[illegible]
張店	開	一〇・三四		一五・〇二	一二・四三	[illegible]
湖田	開	一〇・四八		不停	一三・〇〇	不停
金嶺鎮	開	一〇・五五		不停	一三・一八	不停
辛店	開	一一・〇九		一五・一八	一三・二四	[illegible]
淄河店	開	一一・一九		不停	一三・三二	不停
普通	開	一一・三三		不停	一三・四六	不停
益都	到	一一・四四		一五・四一	一四・〇一	[illegible]
益都	開	一一・四八		一五・四九	一四・〇八	[illegible]
楊家莊	開	一二・〇三		不停	一四・二〇	不停
譚家坊	開	一二・一四		不停	一四・三七	不停
堯溝	開	一二・二六		不停	一四・四八	不停
昌樂	開	一二・三八		不停	一五・〇六	[illegible]
朱劉店	開	一二・五一		不停	一五・一四	不停
大圩河	開	一三・〇三		不停	一五・二七	不停
濰縣	到	一三・〇九		一六・二六	一六・〇五	[illegible]
濰縣	開	一三・二〇	八・二〇	一六・三一	一六・一一	[illegible]
二十里堡	開	一三・二九	八・三五	一七・一一	一六・二七	一五・四六
坊子	到	一三・四六	八・四四	一七・四一	一六・四八	一五・五四
坊子	開	一三・五九	八・五三	一七・五九	一七・〇三	一六・〇四
蝦蟆屯	開	一四・〇六	九・〇九	不停		一六・一二
南流	開	一四・一二	九・一四	不停		不停
黃旗堡	開	一四・二五	九・三三	不停		不停
岞山	開	一四・三五	九・四六	一八・三二		一六・五二
丈嶺	開	一四・四四	九・五八	不停		不停
塔耳堡	開	一五・〇三	一〇・〇六	不停		不停
蔡家莊	開	一五・二二	一〇・二八	不停		不停
康家莊	開	一五・三一	一〇・四六	不停		不停
高密	到	一五・四五	一〇・五一	一九・二〇		一七・二三
高密	開	一五・五三	一一・一五	一九・二五		一七・三四
姚哥莊	開	一六・〇四	一一・二六	不停		不停
芝蘭莊	開	一六・一五	一一・三五	不停		不停
膠州	到	一六・二五	一一・四五	一九・五三		一八・〇六
膠州	開	一六・三五	一一・五六	二〇・〇四		一八・〇九
膠東	開	一六・四五	一二・一〇	不停		不停
李哥莊	開	一六・五六	一二・二二	不停		不停
藍村	開	一七・〇六	一二・三七	二〇・三〇		一八・四六
南泉	開	一七・一九	一二・四七	不停		一八・五四
城陽	開	一七・三五	一三・〇四	二〇・五五		一九・〇七
女姑口	開	一七・四四	一三・一四	不停		一九・二四
滄口	開	一七・五七	一三・二八	二一・一〇		一九・二八
沙嶺莊	開	一八・〇五	一三・三七	不停		不停
四方	開	一八・二五	一三・四九	二一・二六		一九・四四
大港	開	一八・三五	一四・〇三	二一・二九		一九・五五
青島	到	一八・四〇	一四・〇七	二一・四〇		二〇・〇〇

隴海鐵路簡明行車時刻表

民國二十四年十一月三日實行

	站名 \ 車次	特別快車			混合列車	
		1	3	5	71	73
上行車	連雲			10.00		
	大浦				8.20	
	新浦			11.46	9.01	
	徐州	12.40		19.47	18.25	19.05
	商邱	17.18				1.36
	開封	21.36	14.20			7.04
	鄭州南站	23.47	16.17			9.44
	洛陽東站	3.51	20.23			16.33
	陝州	9.20				0.09
	靈寶	10.06				1.10
	潼關	12.53				5.21
	渭南	15.37				8.59
	西安	17.55				12.15

	站名 \ 車次	特別快車			混合列車	
		2	4	6	72	74
下行車	西安	0.30				8.10
	渭南	3.15				11.47
	潼關	6.36				15.33
	靈寶	9.09				18.56
	陝州	10.30				20.27
	洛陽東站	16.30	7.36			4.11
	鄭州南站	20.50	11.51			10.27
	開封	22.59	13.40			13.12
	商邱	3.02				18.50
	徐州	7.10		8.53	10.30	0.15
	新浦			16.48	20.04	
	大浦			←	20.30	
	連雲			18.25		

本路73次與平漢62，72次又本路73，74次與平漢61次在鄭州聯接

本路一次特快與平漢21次又本路二次特快與平漢22次在鄭州相聯接

本路一次及二次特快與滬平通車301，302次在徐州聯接

8282

工 THE JOURNAL OF THE CHINESE INSTITUTE OF ENGINEERS 程

FOUNDED MARCH 1925—PUBLISHED BI-MONTHLY

OFFICE: Continental Emporium, Room No. 542. Nanking Road, Shanghai.

中華民國二十六年八月一日出版
工程第十二卷第四號

編輯人 沈怡

發行人 裘燮鈞

發行所 中國工程師學會 上海南京路大陸商場五四二號 電話 九二五八二號

印刷者 中國科學公司 上海福煦路六四九號 電話 七四五七七號

分售處 上海四馬路生活書店 上海愛多亞路大公報代辦部 上海徐家滙蘇新書社 上海四馬路作者書社 上海四馬路上海雜誌公司 南京正中書局南京發行所 濟南芙蓉街教育圖書社 南昌民德路科學儀器館南昌發行所 南昌 南昌書店 成都開明書店 長沙金城圖書公司

定報處 上海南京路大陸商場五四二號 中國工程師學會會刊經理處

收稿處 上海本會編輯部

會員及定戶通訊 凡會員或定戶更改地址或有寄報遺失等情請即函知上海本會

交換書報 凡欲與本刊交換者請向上海本會圖書室接洽並請先寄樣本交換書報概請逕寄上海本會圖書室收

廣告價目表

ADVERTISING RATES PER ISSUE

地位 POSITION	全面每期 Full Page	半面每期 Half Page
底封面外面 Outside back cover	六十元 $60.00	
封面及底面之裏面 Inside front & back covers	四十元 $40.00	
普通地位 Ordinary Page	三十元 $30.00	二十元 $20.00

廣告概用白紙。繪圖刻圖工價另議。連登多期價目從廉。欲知詳細情形。請逕函本會接洽。

本刊價目表

全年六冊零售
每冊定價四角

每冊郵費 本埠二分 國內五分 國外四角

預定	冊數	書價連郵費 本埠	國內	國外
全年	六冊	二元一角	二元二角	四元四角
半年	三冊	一元一角	一元二角	二元三角

新疆蒙古及日本照國內 香港澳門照國外

E Leitz
Wetzlar

工程月刊

中國工程師學會戰時特刊

第一卷 第一期

目錄

中國工程師學會工程月刊社發行

中華民國二十八年一月出版

（本刊登記證已在呈請中）

工程月刊

(中國工程師學會戰時特刊)

第一卷　第一期

目錄

專論

消息

我國此次抗戰因物質建設尚未完成感受無限創痛並蒙極大犧牲此種慘酷經驗必能使全國同胞深切認識總理實業計畫不獨為立國之要素且為民族生命延續之保障希望我工程界同人各貢所知各盡所能加緊努力抗戰建國工作以求實業計畫之實現爭取最後之勝利

曾養甫

曾會長題詞

專論　工程師動員與本刊的使命

吳承洛

工程師是實際去幹工程的人；工程師幹工程，依照預先計劃的程序去幹；工程師幹工程，分別領導工程同儕，依照預定的程序去幹。工程師幹工程，既領導其工程同儕，依照預先計劃的程序去幹，必須於規定的時期，得規定的效果，故能實在的去幹。工程師幹工程，既要於規定的時期，得規定的效果，必須克服他人所不能克服的天然障礙，故能強硬的去幹。工程師幹工程，既要克服他人所不能克服的天然障礙，必須忍耐他人所不能忍耐的人生勞動，故能刻苦的去幹。工程師是先天下之憂而憂，後天下之樂而樂者。在未學工程科學，或未就工程職業以前，就要商量自己，立志犧牲，為人類開闢幸福的大道。這是工程教育的精神，這是工程業務的骨幹。

工程的種類，大別為建築工程，土木工程，水利工程，機械工程，自動工程，電氣工程，採鑛工程，冶煉工程，化學工程，紡織工程，農事工程，管理工程等。工程的目的，在於工業化。不但工業要工業化，即農業也要工業化，不但行動與衣着要工業化，即居住與食用也要工業化，不但文化教育要工業化，即社會娛樂，也要工業化，不但生產事業要工業化，即防衛事業也要工業化。現代的國家，現代的民族，能否獨立自主，全賴工業化的程度與其前程。現代的生活，現代的人生，是否真正活着，是否享受人生，全賴工業化的結果與其過程。雖然工業化要軍事，政治，法制，社會，財政，經濟各方面，共同推進，然工程師更應負其中心的責任。

我們中國工業化的工作，雖然開始於四五十年以前，造船，兵工，機器，造幣，煤鑛，鋼鐵，棉紡，毛織，火柴，郵政，電報，鐵道等，曾一度分別創辦，但直至民國成立，歐戰興起，尚不能發生效力，雖然歷史的原因複雜，而最初創辦的老前輩，未能有整個工業化的國策，實在是主要的緣故。

總理孫中山先生，於推翻專制，創立共和之餘，即專心於主義與計劃的完成。一部物質建設的巨著，比十年以後的蘇聯第一次五年計劃，還要偉大。假使當時利用歐洲大戰剩餘的技術與設備，引用國際力量，共同發展，見於事實，則我們現在在世界上的地位，一定與今不同。國民革命以後十年來的建設，大都依照　總理遺規，但尚有多少人不能徹底了解這個偉大的計劃。自七七抗戰以來，我們退至西北西南的一隅里，而　總理的計劃，如何高瞻遠矚，吾人親臨其境，纔能完全諒解其堅苦卓絕的地方。

工程師不比文化人，不長於說話，不長於作文，工程師所做的工程，常常要文化人去代為宣傳，代為廣播。屬於工程的定期刊物，在平時本已不多，一到戰時，幾於完全自動停刊，此中原因，是由於工程師實際參加抗戰的工作。或任作戰工事的工程，或任防空建築的工程，或任軍事運輸的工程，或任軍需給養的工程，或任鐵道搶修的工程，或任水道開險的工程，或任燃料供給的工程，或任電氣供應的工程，或任軍火製造的工程，或任軍器修造的工程，或任化學兵隊的工程，或任機械兵隊的工程，或任工廠遷建的工程，或任鑛場移置的工程，或任前方爆炸破壞的工程，或任後方物資生產的工程。工程師在各界服務，都是直接間接關係抗戰。

吾們知道，說話做文章的時候已經過去，而事實表現的時候却是到臨，抗戰不能不節節退却，事實表現我們的能力不夠，我們雖有勇敢的肉體，同堅毅的魄力，却敵不過工業化結果造成的重兵器。喚起民衆，的是重要，但是我們無論有幾多「文化人」的千呼萬喚，刊物，傳單，標語，口號，一定敵不過敵人的工業總動員。我們不敢多說空話，我們不敢多做空文，我們所以一年有餘不敢再談刊物。

但是我們在這个埋頭苦幹的環境中，彼此之間，不免失却聯絡，而社會一班人士，對於工業化雖更感覺其需要，對于工業化，雖更力求其實現。對于工程師雖更其希望深切，對於工程師，雖更願與接近。但是工程師究在那裏，工程師的集團更不知道究在那裏。同時淪陷區域擴大，雖然閒居無事，或有意附敵的人，以工程師爲絕對少數，但不能保證其必無此人，爲別忠奸，明向背起見，也應當把工程師集團的意志，宣告社會。尤其是敵人在淪陷區域，作種種奪取資源的陰謀，從事建設的毒計，工程師不但是消極的絕對不爲所利用，更應當積極的去做，人力物力財力不致資敵的工作。工程師不但要在政府整個計劃之下，參加正規的工作，並應自動的參加社會中游擊性的工作。工程師不但要個別的從事工程事業，並應設法集團的推進，使發生更偉大的力量。工程師不但對於實行計劃方面，要能得到良好結果，並應於如何始能得到有效的實施方面，有具體的主張。工程師不但要重實際的去幹，還要深切認識時代的使命，並具有堅強的信心。如何樹立工程師的共同信念，如何確定工程師的工作方向，如何動員全體工程師。如何使個個工程師擔負起工程抗戰與工程建國的責任。千秋萬世的歷史關鍵，業巳到臨，歷史已爲工程師預備着不可磨滅的地位。此次中國工程師學會，在戰時首都的重慶，召集臨時大會，要將工程師規天矩地的「知」和「行」的過程，做工業化的原動力，做抗戰建國的後盾。爰决議發行此工程月刊，定爲戰時特刊，在任何困苦的抗戰時期中，當繼續如期出版，以資聯絡。倘希社會人士，多加指示，本會同仁，相互切磋。以從容不迫的態度，做臨難勿苟的貢獻，以發揮工程師一向所受工程教育的精神，以表現工程師，一向所有工程業務的骨幹，全國工程師，其一致奮起。

中國烟煤之煉焦試驗[1]

（二十七年十月八日臨時大會論文之一）

蕭文謙　賈魁士

目　錄

一　緒言

國內各種烟煤之煉焦性質，迄今尙無精確之試驗。除少數煤礦之產品，曾經製成焦炭，用于鉄廠，確定其可爲冶金焦之原料外，其他則或憑實驗室間接方法之測定(一)，或憑土人之經驗，知其是否可以煉焦，然其所產焦炭之性質，記錄尙付闕如。地質調查所燃料研究室有鑒于此，遂於二十五六兩年度工作程序中，列入此項試驗先審定煤質，繼向各地採集大批烟煤；建造五百磅規模煉焦爐，煉製焦炭。憑焦質之優劣，以定原煤煉焦性之高下。至焦質對于冶金之重要，及冶金焦評價之標準，前已有專文發表。(二)

二　試驗煤樣之性質

試驗所用煤樣計十一種，其產地分析及粘性見第一表。粘性係依照英國雪費耳大學之方法，以煤樣負載一百克之重量而試驗（三）。按此方法之測定，漲性以八字嶺煤爲最高，井陘及中興次之，恩口又次之，其他則皆縮而不漲。譚家山及天府二煤，因級次較高，故初粘及終粘溫度較其他煤樣爲高。

中與，譚家山及八字嶺煤之數最較多，于第一次試驗之後，尙存餘煤樣不少，爰將剩餘之煤，露置于儲煤棧內。棧係以磚砌成，上有遮蓋，藉以防雨，四面可以流通空氣。露置經相當時日後，重復採樣以作試驗，藉以測定風藏者之氧化作用，對于原煤煉焦性之影響。三種煤露置時間之久，詳見表內附註。

三　煉焦爐之設計

試驗所用之煉焦爐係仿傚英國中部焦炭研究委員會（Midland Coke Research Committee）之設計(四)，改用煤爲燃料。爐之煉焦室（Coking Chamber）爲長方形，以矽磚堆砌而成。寬十八英寸，長三英尺，高三英尺，約可裝煤五百至六百磅。兩旁有 $6\frac{1}{2}\times3\frac{1}{2}$ 英寸之火道各七，以火磚砌成。爐外置有離心式鼓風機一具，通風管先經過火道上端，將空氣預熱，然後引至爐柵下面，以助煤之燃燒，可使火道溫度，恆在攝氏一千度左右。爐之構造以煉焦室爲中心，卸焦門在

1.本文經經濟部地質調查所所長准許發表

室之前，烟突處其後，燃料燃燒室在其下，至于裝煉焦煤之煤斗，則置于室之頂部。裝煤斗旁另有一三英斗對經之口，接以鉄管，使煤經熱乾溜而出之氣體，可由此向外溢出。煉焦室兩旁牆外之中心部份各有熱偶一支，以測定火道之溫度。卸焦門之中心，復開一小孔，以備裝熱偶一支，測定在煉焦過程中，焦室中心煤或焦溫度之變遷。

四　試驗之手續

第一表　試驗煤樣煤之性質

煤樣號數	產地 省名	產地 縣名	產地 礦名或地名	附註	煤之分析 水份 %	揮發物 %	固定碳 %	灰份 %	硫份 %	煤之粘性 初縮溫度 ℃	初漲溫度 ℃	止縮漲溫度 ℃	縮度 %	膨漲度 %
16	河北	井陘	井陘		0.3	25.8	62.4	11.5	1.21	361	401	425	38	98
1	山東	嶧	中興	塊煤	0.5	28.8	58.3	12.4	0.68	344	396	422	33	78
2	山東	嶧	中興	塊煤	0.6	29.8	58.0	11.6	0.86	353	398	420	31	92
15	山東	嶧	中興	碎煤	1.1	28.7	59.1	11.1	0.95	350	398	421	29	95
28	山東	嶧	中興	碎煤露置24日後	1.0	27.8	58.8	12.4	1.01	350	400	422	32	82
4	安徽	懷遠	淮南		2.3	31.9	49.9	16.0	0.76	347		440	28	
17	湖南	湘鄉	恩口		0.7	27.0	63.5	8.5	2.12	373	421	436	30	17
5	湖南	湘潭	譚家山		1.4	18.3	73.5	6.8	0.51	397		446	14	
19	湖南	湘潭	譚家山	露置四個月後堆面煤樣	1.4	19.3	72.7	6.6	0.52	405		464	21	
29	湖南	湘潭	譚家山	露置四個月後堆底煤樣	1.0	19.0	74.8	5.2	0.55	405		462	27	
6	湖南	醴陵	石門口		4.8	32.8	49.2	13.2	0.79	368		434	19	
9	湖南	宜章	楊梓山		0.8	22.8	63.0	13.4	5.05	891		444	29	
3	四川	江北	天府		0.8	17.3	66.9	15.0	5.30	412		458	11	
8	廣東	乳源	馬之勒		2.2	30.8	55.0	12.0	0.87	370		419	24	
10	廣東	乳源	禾必壩		0.5	29.1	55.6	14.8	0.60	383		434	27	
11	廣東	乳源	八字嶺		0.8	35.8	56.5	6.9	6.81	313	357	406	33	211
23	廣東	乳源	八字嶺	露置三個半月後堆面煤樣	0.4	37.0	57.3	5.3	6.95	319	363	404	19	192
30	廣東	乳源	八字嶺	露置四個月後堆底煤樣	0.5	37.2	57.2	5.1	7.10	309	364	402	28	198

第一次試驗時，先將卸焦門關閉，用火泥密封，使不漏氣，然後加煤升火，使煉焦室徐徐燒熱，俟兩邊火道溫度達七百餘度時，將磨碎之煉焦煤(過四分之一英寸之煤篩)五百磅，由裝煤斗卸至煉焦室中，用火泥封閉裝煤口，復將熱偶由卸焦門孔插入，外加火泥密封。此後約每十五鐘加煤一次，務使火道溫度，恆在一千度左右。最後俟焦室中心之溫度達八百五十度時，煉焦手續即告完畢，暫時停止鼓風加煤，啓開卸焦門，用鉄扒取出焦炭，洒以冷水。此時焦室仍作赤紅紅，溫度在七百度以上，即可繼續封門裝煤，作第二次試驗。

焦煤完全冷却後，當即採樣作實用分析，並測定其耐墜值(Shatter Index)耐磨值(Tumbler Index)及比重。除石質比重(True sp. gr.)係用丁醇(Butyl Alcohol)測定外，其餘均係按照美國材料試驗所之標準方法。(五)

五　試驗之結果

十一種煤之煉焦溫度，煉焦時間及其焦炭之性質見第二表。其中有煤樣數種，試驗時因試磨機尚未裝置完全，其焦炭之耐磨值，未經測定。

按表中試驗結果，焦質以井陘爲最佳；蓋其化學淨度甚高，灰份硫份均在適當限度以內，耐墜耐磨兩值亦均較其他焦炭爲高。中興焦之耐墜值甚高，硫份亦低，惟灰份略多，應加洗滌。中興碎煤所產之焦炭比煤塊所產之焦較遜，可于兩焦耐墜值之比較見之。楊梅山焦之耐墜值雖高，其灰份略嫌太多，硫份尤甚，不經洗選，頗難適用。恩口焦除硫份略高，禹之勒禾必焦嶺兩焦除灰份略高外，其他性質均尚合冶金條件。譚家山，天府同爲低揮發性之煉焦煤，其焦炭之耐磨值亦頗相似，惟譚家山焦之化學淨度甚高，而天府焦則多灰多硫，此其缺點。八字嶺焦之灰份特低，耐墜值亦高，惜硫份奇高，亟應設法去硫，俾便通用。淮南焦除灰份太高外，其耐墜值亦嫌略低，應與較佳之煤摻合煉焦。醴陵焦悉成灰粉，該煤之不能單獨煉焦，顯而易見，故其焦炭之化學及物理性質均未加測定。

中興，譚家山，八字嶺三煤經氧化後，其焦炭之物理性質均比原煤焦較遜。

六　淮南，天府洗煤與原煤煉焦之比較

資源委員會礦：曾將本試驗所用之淮南，天府二煤用 Baum Jig 作洗滌試驗，分別得淮南淨煤百之八二·二，天府淨煤百分之八三·二。兩種洗煤曾分別採樣作煉焦試驗，玆將結果列錄爲第三表。

以原煤焦與洗煤焦互作比較，其顯著之優點有三：(一)碎焦之成份減少，故一英寸以上焦塊之產量增加，淮南焦之產量由百分之五三．六增至百分之六三·二，天府焦之產量由百分之六六·二增至百分之八〇．二。(二)焦之化學淨度提高：例如淮南焦之固定碳增至百分之八一．三，灰份減至百分之一四·一；天府焦之固定碳增至百分之八五，二，灰份減至百分之一三·五。惟天府原煤之硫份太高，洗煤焦尚含硫份百分之一·七七，衡以冶金標準，仍嫌略高耳。(三)焦之耐墜值亦有顯著之改良，蓋原煤之雜質既經減低，其煉焦性亦自必提高。例如淮南焦之一寸半值由八二·四增至八七·二，半寸值由八八·〇增至九五，八；天府焦之一寸半值由八八·六增至九一·二，半寸值由九五·六增至九八·八，後者之耐墜值幾與中興煤塊所產焦炭之值由似。

第二表　煉焦試驗之結果

煤樣號數	煤樣名稱	*火道溫度 (小時)	煉焦時間 (小時)	一英寸以上焦之產量 %	焦之性質：分析 水份 %	揮發物 %	固定碳 %	灰份 %	硫份 %	%耐壓值 2″	$1\frac{1}{2}$″	1″	$\frac{1}{2}$″	+耐磨值 2″	$1\frac{1}{2}$″	1″	$\frac{1}{2}$″	$\frac{1}{4}$″	表面比重	直正比重	微孔 (%
16	井陘	1044	20½	77.0	0.5	0.8	84.1	14.6	1.14	83.5	95.0	97.5	98.8	29.2	55.6	65.9	69.1	69.9	1.031	1.881	45.3
1	中興煤坑	980	26	68.6	0.9	2.0	80.2	16.9	0.78	82.8	92.5	97.0	98.7						1.102	1.948	43.4
2	中興煤坑	1126	17½	71.1	2.0	3.8	76.6	17.6	0.79	82.8	91.0	95.5	98.3						1.160	1.879	38.3
15	中興碎煤	1058	22½	73.0	0.7	2.1	80.2	17.0	1.09	73.8	86.5	95.0	98.2	7.0	28.6	51.6	65.9	68.1	1.143	1.821	37 2
28	中興碎煤	963	19	72.6	0.8	2.0	80.9	16.3	0.87	63.0	82.5	92.5	97.0	2.3	18.6	47.6	68.6	71.4	1.105	1.821	39.3
4	淮南	1086	17	53.6	2 5	1.2	74.4	21.9	0.80	75.8	82.4	85.4	88.0						6.966	1.835	47.4
17	鳳口	1016	20	75.3	0.7	1.2	86.3	11.8	1.71	76.3	87.5	94.3	97.0	6.1	25.6	44.6	57.2	58.3	1.084	1.741	37.8
5	譚家山	1044	21½	73 6	1.5	1 4	88.3	8.8	0.47	81.0	89.4	93.2	95.2						1.001	1.850	45.9
19	譚家山	1000	24½	67.8	1.1	1.8	87.1	10.0	0.53	68.0	82.0	88.[illegible]	90.5	6.1	22.7	42.0	48.6	49.2	1.061	1.802	41.1
29	譚家山	979	24½	75 3	0.6	1.4	90.3	7.7	0.51	74.3	83.0	85 5	87.5	5.3	27.0	40.3	44.0	44.9	1.073	1.810	40.7
6	陸陵	970	26½																		
9	楊梓山	1041	19	75.9	0.7	1.7	80.3	17.3	4.03	88.2	94.0	97.0	98.2						0.909	1.979	54.1
3	天府	1075	16⅝	66.2	1 7	0.7	80.1	17.5	3.83	78.8	88.6	93.2	95.6						0.999	2.007	50.2
8	馬之勒	1033	26½	67.9	2.7	3.5	77.2	16.6	0.71	80.5	86.7	93.2	97.2						0.926	1.758	47.3
10	禾必鎮	1023	23	64.8	2 6	0 6	78.7	18.1	0.56	78.3	85.3	90.5	95.0						1.003	1.850	45.8
11	八字嶺	1032	19	63.4	1.6	0.8	87.7	9.9	5.53	8.0	91.0	96.2	98.2						0.842	1.918	56.1
23	八字嶺	1053	17	67.4	0.5	1 7	89 5	8.3	5.89	69.8	87.8	94.1	96.4	4.0	19.1	40.9	51.3	53.0	0.895	1.813	50.6
30	八字嶺	955	18	72.4	0.5	1.8	87.8	9.9	5.89	74.5	90.0	94.8	96.5	5.1	22.1	40.0	49.3	50.9	0.935	1.812	48.4

* 此係兩邊火道每小時所測得溫度之平均數

+ 耐壓值係兩次測定之平均數，耐磨值係兩次測定之平均數

8296

第三表　淮南與天府洗煤煉焦之結果

煤樣名稱	煤之分析					試驗情形		一寸以上焦之產量	焦之性質													
									分析					耐壓值				耐磨值				
	水份(%)	揮發物(%)	固定碳(%)	灰份(%)	硫份(%)	火道溫度(℃)	煉焦時間(小時)	(%)	水份(%)	揮發物(%)	固定碳(%)	灰份(%)	硫份(%)	2"	1½"	1"	½"	2"	1½"	1"	½"	¼"
淮南洗煤	1.8	35.6	52.7	9.9	0.68	1011	23	63.2	2.3	2.3	2.3	14.1	0.60	74.0	87.2	92.6	95.8					
天府洗煤	0.7	17.7	69.8	11.8	2.23	1055	18	80.2	0.3	1.02	85.2	13.5	1.77	75.2	91.2	97.2	98.8	16.7	44.1	61.8	66.9	67.4

第四表　摻合煤煉焦之結果

摻合煤之成份	摻合煤之膨漲度	試驗情形		一英寸以上焦之產量	分析					耐壓值				耐磨值				
	(%)	火道溫度(℃)	煉焦時間(小時)	(%)	水份(%)	揮發物(%)	固定碳(%)	灰份(%)	硫份(%)	2"	1½"	1"	½"	2"	1½"	1"	½"	¼"
50%淮南洗煤+50%中興碎煤	不漲	1017	21	69.5	1.6	1.6	81.8	15.0	0.79	80.3	91.7	95.8	97.2					
70%淮南洗煤+30%中興碎煤	不漲	1023	20½	70.2	1.1	2.1	80.9	15.9	0.71	77.5	89.5	94.3	96.3	8.7	28.2	50.0	59.6	60.8
50%醴陵煤+50%譚家山煤	不漲	1032	23¼	30.8	3.7	1.3	81.7	13.3	0.59	63.5	71.5	74.5	77.5					
90%譚家山煤+10%瀝青	26	992	18	76.3	0.4	1.5	90.9	7.2	0.53	74.8	89.3	96.0	97.8	9.5	29.4	56.4	68.7	70.2
97%天府洗煤+3%瀝青	34	1043	19	80.1	0.1	1.1	86.8	12.0	1.70	77.3	92.5	91.0	91.0	22.4	49.8	63.9	67.4	68.1

七　摻合煤之煉焦試驗

淮南洗煤之焦質雖較原煤焦爲優，惟以原煤之煉焦性不甚佳，。洗煤焦之耐壓值僅可提高至第三表所列之數字。苟與中興漲度甚高煉焦性甚佳之煤摻合，則其焦質當可益加改良。又醴陵煤于碳化時不能堅結成塊，宜與煉焦佳煤摻合，以求廢質利用。中興與淮南洗煤之摻合煤及醴陵與譚家山摻合煤煉焦之結果見第四表。

譚家山，天府二煤與瀝靑摻合，使有適當漲度，其所產焦炭之物理性質，亦比原煤較優，其結果亦附列于第四表。

按試驗結果，淮南洗煤與百分之三十中興碎煤摻合以後，焦之產量較原洗煤增多，耐壓值亦提高不少，摻合百分之五十中興煤所得之焦質則更優。醴陵煤摻合譚家山煤以後，雖可煉得較可抗碎之焦炭，然焦之產量過少，太不經濟，且其耐壓值仍嫌太低，宜另覓佳煤，以作摻合試驗。

瀝靑對于譚家山天府二煤煉焦之影響至大。摻合瀝靑以後，譚家山天府焦炭之抗碎度均有顯著之增高，可于第二第三及第四表二焦耐壓耐磨兩值之比較見之，蓋瀝靑經熱軟化，富有粘結性，可以彌補低揮發性煤粘質之不足。摻合瀝靑可以改良譚家山天府之焦質，固在意料中也。

八　結論

本試驗于客歲敵機狂炸首都之時，經本所燃料研究室全人努力工作，差可告一結束，嗣以倉猝離京，尙有一部試驗，未能照原定計劃完成。惟可于本報告內，略窺得國內各種烟煤煉焦性之大概。例如煉焦性較佳之煤，或以灰份太多，或以含硫特富，不宜直接用以煉焦，除採礦者應于產煤時注意選揀，儘量除去雜質外，或需加以洗選，或需設法去硫，俾使所煉製之焦炭，適合冶金標準。又如煉焦性較劣之煤，亟宜就交通便利鄰近煤田之產品，試驗摻合，或加洗選，俾使劣煤亦可製成合用之焦，蓋國內煉焦煤之儲量不豐，節省天賦資源，應爲政府統籌之原則。再值玆抗戰期間，國營及民營鋼鐵廠相繼遷建于內地，前此不甚注意之區域，是否有優等燃料，以供冶金需要，實爲目前之嚴重問題。卽以四川一省而論，天府南川之煤，皆以多硫不甚適用，其他新發見之煤田，其產品之煉焦性，尙得詳細試驗。煉焦研究，乃當前之急務也。

參攷文獻

(一)賓果、熊尙元　試驗煤焦之改良方法　地質彙報第二十八號

(二)簫之　冶鐵焦評價之標準　地質彙報第三十號

(三)Mott and Spooner, Fuel, 16, 4, (1937).

(四)Mott and Wheeler, Coke for Blast Furnaces, The Colliery Guardian Co., Ltd., London, p. 231, 1930.

(五)A.S.T.M. Standards for Coal and Coke, Philadelphia, (1934).

（附註：關于本報所用各項焦炭專門名詞之意義請參看參攷文獻(二)）

誌謝

本試驗之一部份，由前地質調查所技士李子實先生協助進行；又洗煤工作，蒙前資源委員會礦室合作擔任，特此誌謝。

本試驗所用之井陘煤樣及瀝靑，係河北井陘礦務局所贈與；復蒙天府煤礦贈送天府煤樣，廣東省政府建設廳採贈楊梅山，馬之勒，禾必嶺，八字嶺諸煤樣，以供試驗，並誌謝忱。

8298

四川土法煉焦改良之研究

（二十七年十月八日本會臨時大會論文之一）

羅　冕

目　次

(一)導言

四川產煤雖富，然大都星散。以交通不便之故，多未開發。距渝稍便者，僅嘉陵兩岸煤田，現正開發中。重大擬設小型焦炭冶鐵廠，擬對於冶鐵煉焦作具體之研究。特先成立洗煤煉焦廠，從事洗煤煉焦之實驗。惟關于此種研究，煤之產量，運輸及煤質之選擇等各問題，均甚重要。故去歲曾派員到嘉陵兩岸各煤廠，調查上項各問題。幷採取煤樣回校分析，以定取捨。通常冶金焦炭以含碳83～93％，灰分4～15％，硫0.5～1.0％，燐0.05％為合格。尤以含灰12％，含硫0.5％以下者為上乘。故對於生煤之擇取，美國平均以含灰8％，含揮發分18～32％，固定炭60～70％，硫1％以下者為合用。然天然產出之煤，遍查中國西部科學院四川煤炭化驗報告書中所列各煤質，實少有如上列條件者。攷之中外亦同。而冶金焦炭需用重大，在歐美洗煤研究，列為專科。其工場之設備，規模宏大。本校緣本此旨，設立洗煤煉焦廠。先將土法試驗改良，然後逐步推進，以期與吾川經濟情形適合，俾煤鐵事業得以發展。茲將第一次實驗土法洗煤煉焦方法略述於後：

(二)洗煤

冲洗法

煤之組織甚為複雜，其中有純煤，頁岩，煤骼，硫化鐵，硫化鈣，及炭酸鈣，酸化鐵等。洗煤原理，即應用上列各物比重之不同，以水力或風力而分析之。故洗煤工廠所用機械方法雖各不同，而其原理則一。吾川彭灌一帶，土法洗煤，亦係應用上項原理。引流水入一槽，再以篩細之煤粉投入水槽上部。於是水流將純炭冲流以去，而入于濾池沉澱。其中一部分，如硫化鐵，硫化鈣，頁岩等　卽先沉積于水槽之上部（第一槽）。其較輕者，如煤礬，則沉積於槽之下部（第二槽）。或有一部，竟流入濾池內和煤混合。其沉積於第一及第二槽內之各種物體，則用人工以鐵鈀除去。玆將水槽及濾池安置與工作法分述於下：

土溝洗煤裝置平面圖

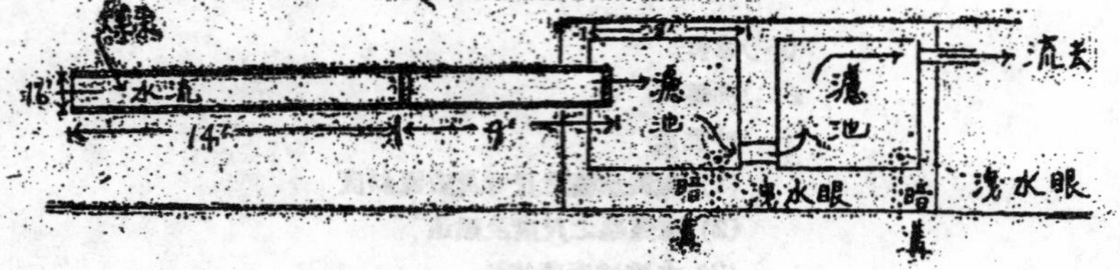

土法洗煤剖面圖

（1）淘炭水槽之尺寸及安置斜度

淘槽爲木板合成，長14呎，寬1呎4吋，兩面牆高 6吋，是爲第一槽。於第一槽之尾端安置橫木條一根，其斷面爲1"×1"，用以阻止殘渣之流入第二槽者。第二槽之構造，與一槽相同。惟較寬較短，兩牆高度則與第一槽全同。其長度爲9呎，寬爲 1呎8吋，尾端亦有橫條一根，斷面與一槽安置者相同。一槽安置之斜度爲2～3％，二槽爲 1％。第一槽斜度較大而寬度較小者，取水流力較大於第二槽。因此第一槽內較重物如 FeS，CaS，與 Shale 等，沉積後。其較輕之中間物如煤礬等，隨純煤流入第二槽。至第二槽後，斜度減小，寬度加大，因之水流厚度減薄，而速度減低，冲力當然減小。中間物較炭質重，於是又沉於槽底。純煤則隨水流翻越尾端橫木，而入于濾池中。

（2）濾煤池之尺度及建造

濾池之容煤體積，恆視需要而定。普通由（6'×6'）—（10'×10'），深則爲3呎，以便於工人站在池底，用鈀取煤舉起故也。濾池爲正身形平底，四牆及底爲磚石夾石灰砌成。普通爲接聯兩池，間亦有接聯三四池者。其入水口與出水口成對角線，取水流在內，紆迴流行，以便夾帶煤末，隨時沉澱于池內。坭漿則隨水流外出。其底部做有暗溝一道，在池角造水眼一個，直徑約 1"～$1\frac{1}{2}$"，通於暗溝。洗淘時插入木棒，將水眼緊塞，務使不致漏水。其外套以竹籠。至洗淘工作完畢，煤沉滿濾池時，一面停止洗淘，使水不再引入池內，一面將木棒抽出，使池內蓄水由水眼洩漏，至于暗溝而流出。池內沉澱煤質，則因竹籠隔絕，而濾在池內。

（3）水流速度與流量

水流速度恆視水槽斜度與流量而定，普通水量約厚$3\frac{1}{2}$"～4"，斜度 1～2％，如水量較大，則斜度減小。水量較小，則斜度增大。總視冲去沉積各物之成績而定。如發見中

8300

間物沉積于第一槽過多，知水速度過小，則增加水流，或增加一槽斜度。其第二槽水量厚度約 3"～3¼"，斜度約 0°～1°%，亦視其中之沉積物而定。如發見煤質沉積二槽內不流入濾池，則增二槽斜度。大約考水量速度是否適當，土法因無儀器測定，均利用經驗以定之。普通以槽內水流面水紋成人字形爲適合。

(4)洗煤作業

先將煤質用1"細孔竹篩篩過，後運至洗煤槽之上流，用水浸透，以人工用鏟或鐵鈀將粉煤投入水流內。其投入時繼續均勻，勿多勿少，用時在第一槽內用人工鐵鈀輕輕疏散翻動，務使重者盡沉槽底，輕者盡量隨水流入二槽。其二槽內，同時亦用上手工人一名，如第一槽之工作法。惟在二槽內工作之人，尤必需技術熟煉精細者司之。因一槽工作稍劣，當可於第二槽內補救。如二槽工作不良，則中間物流入濾池混合，即無法補救，終致成績不良也。一二槽工人將煤疏散翻動，使比重小之煤盡行冲去後，則第一槽底所存者多爲硫化鐵，硫化鈣，頁岩及中間物等。第二槽內所存小部之硫化鉄，硫化鈣，頁岩，與大量之中間物等。於是工人用鐵鈀緊貼槽底，用力將槽底之沉積物盡量刮起，置於槽側。取時將鈀平貼槽底，向前平推，至載滿時，突然向上直提，以免再爲冲去落于二槽及濾池中。淘渣取盡後，再由上流投入煤粉，又行疏散翻動。如此更換翻動，繼續工作。每次需時十分，能洗淘煤六分之一噸，用水約二噸。每日工作十鐘，可洗煤拾噸，用水百餘噸。故此法雖簡，而用水甚多。普通均利用煤窰放出之水，或小溪流之水，以供應用。間有不足時，用土製抽水機將用過之水吸轉上流再用。此法所鏟出之淘渣，含煤頗多。故普通必再將初次取出淘渣，再行淘洗，以取其中所含混煤質。又如遇初次淘得之煤質，其中所含中間物太多，致灰分不能減輕時，亦必再行淘洗。

(5)洗煤成績

土法洗煤成績，恆視原煤所含灰分而定。如原定灰分在10%以下者，其中煤骼必少。經一次洗淘後，可得含碳70～85%焦炭之煤，可用以供煉良焦之用。如原煤灰分在20%以上者，且其中含煤骼過多，則一次淘洗後，僅能得含碳50～60%之煤。必須再行至經一次洗淘，乃可得精製煤含碳60～70%。如遇煤骼過多，終不能得良好之成績。因煤骼與煤之比重相差甚近故也。以粗淺完全人工洗煤法，而期得佳良之結果，似頗困難。玆將本校試用土法實驗寶源粉煤之化驗報告列後：

寶源公司粉煤在未經淘洗及淘洗一二次暨各次淘渣化驗表

種類＼成分	水份%	揮發分%	固定炭%	灰分%	硫質%	發熱量BJ.u.	灰色	粘性
原煤	0.780	17.200	54.420	27.600	1.007	7524.5	棕紅	微粘
洗淘一次煤	0.860	20.275	65.015	13.850	0.940	1 993.7	棕紅	粘結
一次頭槽渣	1.200	10.200	33.225	55.225	2.175	4224	棕紅	不結
一次式槽渣	1.320	14.230	48.900	35.451	1.275	6432	棕紅	不結
淘洗二次煤	0.788	20.750	66.957	12.5 0	0.78	11515.6	棕紅	粘結
二次頭槽渣	1.210	13.140	53.000	32.65	1.135	8141.4	棕紅	微粘
二次式槽渣	1.325	14.850	62.750	21.075	0.800	9786.7	棕紅	粘結
煤末和泥漿	1.400	18.700	52.100	27.785	0.756	7125	棕紅	稍粘

照普通洗煤，第一次頭式槽淘渣，及二次頭式槽淘渣，均重復翻淘。必至其中所含碳質提取在20%以下，乃能拋棄。現為研究化驗故，各次頭槽淘渣均不翻淘，據上表實源礦粉含灰分 27.60%，未免過多。其含揮發分 17.20%，亦嫌不足。故於化驗雖稍粘結，但實際該廠前時以原碳煉焦，確不能焦結。必經洗淘一次，揮發分，固定碳增加，灰分減少後，煉焦乃能焦結。再洗淘二次後，方能緊結。惟查上表，洗一次與洗二次煤相較，應增高之揮發份，固定碳，未見大增。而應減少之灰分，硫黃，亦未見銳減。再查二次頭二槽取出淘洗者，其含碳，灰分成分，與原煤相差甚近，或竟較原煤增加，與一次淘洗者相近。由此可知二次洗煤功效甚微，非再改進其法不可。

(三)煉焦

煉焦法

土法煉焦爐，最初僅挖土成臼形，於其底開一個六吋圓徑風道。煉焦時，將未經淘選之煤粉用水和濕，先於爐底置放乾柴，及塊煤，並豎立若干木棍（直徑 2½"~3"）于底中心點，成放射狀。然後用人工將和濕勻透之粉煤挑裝入爐，用力踏緊，至爐面成凸鏡形，將各木棍抽出。所遺孔眼，即為煉焦時之火道。然後用火引燃爐底之乾柴，塊煤，即開始燃燒焦結。至一週後煉焦完成，用水潑熄，即取出售賣。此法南川萬盛場，嘉陵江兩岸均用。其火焰係由下而上，直接燃燒，灰化太重，所得成分甚低，間有管理不良，而灰化至過半者。

改良土法，其主要原理，及火焰燃燒，煉焦進行方向，與蜂窠煉焦爐(Bcehive Coke Oven) 大約相同。不過構造簡單，工作較易。茲分述其爐之構造及工作於次：

（1）煉焦爐

煉焦爐側面圖

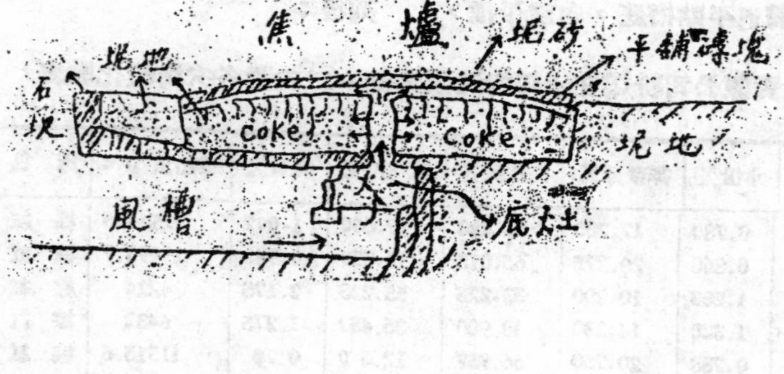

煉焦爐平面圖

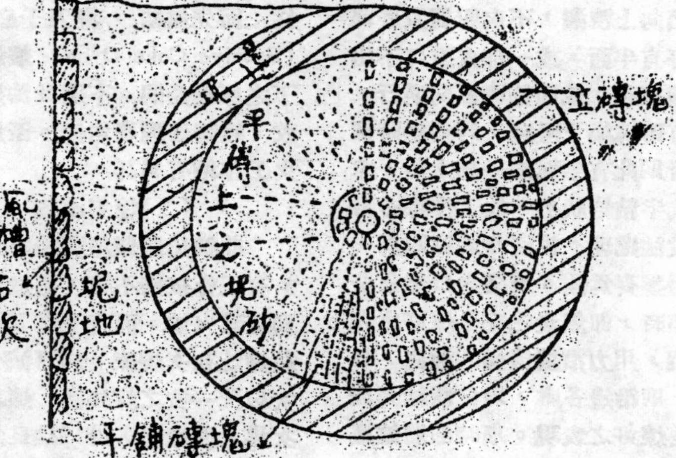

改良土法煉焦爐之構造如上圖，造法先取有高低之土地，在邊沿挖一高4～5呎深坑。于其下用耐火砂石造一灶堂，如家庭用灶然，其堂內空長2—3呎，寬1½～2呎高2呎，下仍置爐橋及風槽。造成後，用2呎×2呎平方，及厚5～6吋之一塊耐火砂石，蓋于灶上。中心鑿一個伍吋圓眼，再以圓眼中心爲中點，造一平底圓盆形坭塌。其直徑視煤質之集結性與產量而定。普通12～30呎。週圍牆16吋乃至3呎向外，斜度約75°。鋪築鍋底及四圍牆垣，即用砂坭爲之。灶前風槽之頂，用石條或木料支持均可。爐前可用毛石安砌，成一高五呎之坎。爐造成，乾燥後，即可備用。

（2）煉焦作業

焦爐造成，乾燥後，即將洗好之煤運至煉焦場。以鐵鈀將煤粉極力和勻。先於鍋堂中心火眼處（煉焦爐裝煤之平底圓形鍋盆俗稱鍋堂）四週砌以塊乾，使成中空管狀。有時用乾柴一束，豎立插入眼內，週圍包砌以塊煤。然後將和勻之煤裝入，由中心至于四周。裝滿後用人工踏緊，使成凸鏡面形。再于其上面用土磚側立放置，向四圍直綫伸長，至抵爐邊爲止。每磚放置，不能連接，必間隔2～3吋，又每磚橫隔距離，不能超出6吋。因于側立磚之上猶必擱置平鋪磚塊，須以側立磚爲支持也。爐面磚砌火道造成後，即於爐底之灶堂內，用乾柴點火，加塊煤烈火燒之。火焰即由鍋堂之中心孔道，直燃而上。至3～4時後，中心孔道四圍塊煤燃燒。焦結後，爐面火焰直伸至4～5吋時，即用磚塊將中心火眼頂部嚴閉，使火焰沿造成各火道各向四週放射。同時盡量加增爐底灶堂內之火力，勿使斷熄衰減，必致爐面四圍之火眼齊放出黃亮一呎乃至二呎之火焰時，然後停止燒底灶之火。用坭將底灶火門封閉，僅留爐橋底風槽一小孔進風。大約燒底火時間，自發火起至停火閉門止，需時36～48小時，恆視煤質所含揮發分及灰分而定。如揮發分多，而灰分少者，則進行甚速，燒底火時少。又底火之猛烈和緩，對于煉出焦質亦有關係。如須緊密者，則底火宜以和緩爲佳。但不可熄滅過微，因熄滅過微，則僅將揮發分驅除，致不能焦結也。再爐面平鋪磚塊，其合縫處每多洩氣漏火，故於其上蓋以泥砂或泥漿。如遇乾裂冒火，時時以泥漿或濕砂淹閉，火焰向上洩漏，不向四周及底部延燒，燒煉時每有半面，或一部火道口不出火焰，其中原因複雜，或因爐面風向逆行，或因火道中途有磚塊塌下阻塞，均須隨時留心檢查處理。否則此有半面或一部之焦，未到熟煉程度而成半粘結狀矣。故工作時必常常注意，即刻設法處理。並隨時視察四周，以火口火焰來得整齊爲佳。至各火口焰色全變爲藍焰或無焰時，即焦炭巳完全煉好之兆。於是再以鐵棍，用力沿爐邊插入爐底，各處均打插不入，則沿邊各處，均巳焦結到底，此爲全爐完全煉好之表現。斯時即將爐底風槽氣孔嚴封，使空氣完全斷絕。一面以灰渣將爐周火口全體封閉，使熱焦在爐內悶熄，待至半日後，用鏟將爐面之磚盡數取出。以灰渣舖蓋焦面成圍田形，用水流入其中，將焦淋熄。放置一夜後，即可用人工取出。約計自停止底火至取焦出爐時，需時4～5日。共計自裝爐，以至出爐，約需時七日。此法火焰先由焦爐中心火眼直上，再由其頂折轉向四圍火道放射而出。沿途火力，由上向下，煨煉至爐底及四周而止。爐內之煤，從上面先焦結，漸及于底部。與蜂窠焦爐(Beehiye Coke Oven)煨煉法，火力由上至下之原理全同。不過此法爐蓋係臨時簡單砌成，建築修理費均無。至於進風火焰，與發火工作稍有異耳。

（3）煉焦成績

此種焦爐煉焦所得成分，常爲65～75%。有工作技術不精，過於燒久，灰化，或未到全熟火候，而有下部及沿途未全焦結者。新爐灶初次燒煉，均可減少其收獲成份。此次以洗一次之煤36挑，煉出得焦22挑。洗兩次煤入爐煉出，得19挑良焦。其收獲適得60%有幾，因係新灶初次應用故也。所得成品，色澤稍佳，惟斷面顆粒疏粗，是其中煤觔未能提選淨盡之故。其灰分仍重，投地聲音不起金石聲，硬度尙差，是其原煤過劣。故實際不能煉出冶鐵焦煤，僅能作其他用耳。

玆將寶源公司粉煤洗淘一二次後煉出之焦炭化驗列表于次：

成分 / 種類	水份%	發揮分%	固定炭%	灰份%	發熱量B.T.u	灰色	粘性	硫黃%
洗一次焦煤	1.070	0.11	78.51	20.33	11876	灰白	不粘	0.984
洗二次焦煤	0.540	Trace	8[illegible].85	19.375	13403.8	灰白	不粘	0.426

據上表攷查焦炭內所含揮發分同硫均少，差合冶金焦條件。惟含灰分過多，若非設法改良洗淘洗將灰分減輕，或另選灰份硫質均少之良煤配合，另行製煉不可也。

(四)結論

可以煉焦之煤，屬於高碳煙煤與中碳煙煤二種。其限制綦嚴，巳如前述。玆必擇灰份低，而固定碳高，且粘結性佳者而用之，方覺事半功倍。寶源粉煤灰份過高，淘洗頗難，如洗淘第一次洗去灰份一半，尙覺稍有功效。惟至二次洗淘，則減去甚微。取出淘渣，含鉄甚富，亦可謂盡犧牲收量以求精純之能事。然而經淘二次之煤，含灰仍在12.50%。煉出之焦，煤灰19.375%，距冶鐵焦規定尙遠。是則此法不適於灰重之煤，可以想見。本系研究之法，可分兩途。(1)用含灰較高之煤以供洗煉，則必採用新法以機械工作煤(2)如用簡單土法則須採用含灰分低而含炭高，且粘結性佳者，始能適用。故此後擬建設新洗煤廠及選擇灰分低，炭高，粘強之煤，以供下次之研究實驗也。

四川冶金焦炭供給問題之檢討

朱玉崙

一　冶金焦炭之急需

在抗戰未發動前，四川原有之鋼鐵事業，其規模較大者，僅有重慶鍊鋼廠華西鍊鋼廠及龍飛甡泰民生等翻砂廠數家而已。前者每日出鋼量約十餘噸，所需生鐵，多取自六河溝及漢陽兩廠；後者每日出鐵五六噸，原料大半由本地土法煉爐供給。自抗戰開始，各地鋼鐵事業，在政府及企業家合作之下，遷移入川者有上海鍊鋼廠，大鑫鍊鋼廠遷建委員會所籌辦之鋼鐵廠等，其原有之重慶及華西兩廠，亦正在設計擴充，以應抗戰需求。翻砂廠最近遷川者，亦有六河溝永利大公等數家。總計最近期間內，餘計增加生鐵產量，每日約二百餘噸，所需焦炭每日約三四百噸，煉焦用煤每日當不下五六百噸。以所知川煤大都不適於煉焦之情況，及現時焦炭之質量。殊不足以供此需求　故最近將來焦炭之供給，實成一大問題，應研究其解決之途徑，以應此急需。

二　鍊鐵所需焦炭之性質

生鐵須含硫百分之．〇五以下，方適合鑄件之用。蓋以硫質過高，足使鐵質硬脆，且多砂眼，不合一般工業之需。鋼鐵中硫之來源主要為焦炭。倘欲使鋼鐵中硫分減低，必須將焦炭中之硫分減低，在鍊鐵爐中，未始不可減少焦量，但需多用石灰岩及焦炭。不但減少煉爐生產量，亦且增高生產成本。據鋼鐵專家之計算，減低焦炭灰份百分之一，每噸生鐵之成本，可省美金二角五分。減低硫分千分之一，每噸生鐵之成本，可減少美金一角五分至三角。得失取捨，無待贅述。

三　四川煤質情形

四川煤田，分二疊及侏羅兩紀。侏羅紀煤分佈較廣，煤質較善，但煤層過薄，開採成本較高，且粘着性及膨脹性不足，不適於單獨製煉冶金焦之用。二疊紀煤質甚厚，開採較易，但所含灰質及硫磺太高，亦非製煉冶焦之選。故今日一言焦炭之供給，惟有一面尋求適合煉焦之煤，一面就己有之煤加以改善，使之適用。前者係地質問題，不在本文討論之列。茲請伸言如何改善煤質，使之適合煉焦之用。

四　改善煤質應採取之方法

欲利用現有產煤，以之煉冶金焦；第一須減低灰分，第二須減低硫分。前者可利用比重，採用洗選，其法較易，後者則因硫之成分複雜，所用之方法，亦較繁，請分別言之。

減輕焦內硫磺，可分數階段：(一)採礦過程中去硫之方法，(二)篩選過程中去硫之方法，(三)洗煤過程中去硫之方法，(四)煉焦過程中去硫之方法。

(一)採礦過程中去硫之方法　查煤之成分，層各不同。卽一層之內，往往因位置上下及區域左右之不同，其含硫成分亦異，極宜分別取樣化驗，其含硫較低者，可分別開採搬運，備作洗選冶煉之用。本人前在井陘礦廠時，目覩二四槽煤灰分較低，宜於煉焦，故特將該兩槽煤單獨提出，直入煉焦爐，可省去洗煤之費。川省二叠紀煤各層含硫成分不等，大可採用此法，至少可以減少一部煤觔之硫分。

(二)篩選過程中去硫之方法 查硫磺之分佈，往往因煤塊大小而異。如發現某一種篩塊含硫過多，卽可將此種篩塊提出，所餘煤觔含硫成分自可減少。查河北井陘煤礦塊煤含硫爲百分之一·六一 末煤爲百分之一·二八，是其證明。

(三)洗煤過程中去硫之方法 煤層中所含硫磺，可分三類：其一爲有機硫 係與煤炭同時生成而密切混合一起。其二爲黃鐵硫，係煤層內黃鐵礦中所含之硫。其三爲硫酸硫，係煤層內石膏所含之硫，有機硫與煤結成一體，非洗煤方法所能減少，石膏可溶解於水，至多不過百分之〇·二，且在洗煤過程中，亦不成問題。故在實行洗煤試驗以前，應將煤內所含之種類詳加檢驗，庶免徒勞無功，蓋以洗煤所可減少者僅爲黃鐵礦故也。黃鐵礦在煤層內有成薄層者，有成球狀者，除在採煤過程中可選出一部外，其餘可利用比重，採用適當洗煤方法使之分離；至其微粒與煤密切混雜者，則須先將煤磨碎，使煤硫分離，再施洗選，在技術上將黃鐵礦完全去掉，似屬可能。但因各種經濟條件之限制，殊覺得不償失。

(四)煉焦過程中去硫之方法 煉焦過程中去硫之方法不外(一)煤經燃燒後，其一部硫磺自然養化成二養化硫而揮發。(二)於焦爐內加水蒸汽，空氣，綠氣或輕氣，以促進揮發作用。(三)於焦爐內加綠化鈉，炭炭酸，及二養化錳等，使煤內之硫可以溶解。以上三種方式，除第一種自然揮發可減去一部分之硫外，其他二種在技術上雖經試驗可能，但以所費過多，尤非現狀下所能辦到。

五 結 論

總上討論結果，吾人今日以言焦炭供給，惟有採取下列途徑。

(一 尋求適合煉冶金焦之煤礦。

(二)就現有煤質加以改良。

1 分採含硫較少之煤層，專供洗煉之用。

2 選取含硫較少之篩塊或末，專供洗煉之用。

3 選擇適當洗煤方法，減少煤內所含之黃鐵礦。

(三)利用二叠及侏羅紀煤混合煉焦 至於進行步驟，可分下列數項：

(一)採取各層煤樣及各種礦末樣品，以研究硫之分佈，而爲取捨之標準。

(二)分析各樣品含硫種類，以決定洗煤方針。

(三)分作浮沉試驗，以選擇適當洗煤方法。

(四)分作煉焦試驗，以測定焦內之硫分。

抗戰期間救濟鐵荒之商榷

周志宏

鋼鐵爲工業之母，尤爲製造軍器之主要原料．我國鋼鐵事業落後，每年鋼料及機器進口達數十萬噸，其價值不下一萬萬元，漏卮可謂巨矣，抗戰以來．戰事日趨緊張，戰區亦日益擴大，交通梗阻，來源斷絕，在新廠未能成立之前，鋼鐵恐慌，在所難免，自不得不預謀救濟，救濟之方，以個人管見，舍利用土爐並增建小規模的新煉爐莫辦，但土鐵之出產欠豐，應設法使之增加，製煉未臻完善．應設法使之改良，此兩點實爲重要問題，皆有研討之必要，爰特分述如次：

(一)量的方面

川省土爐林立，出產亦頗不弱，如綦江，威遠，榮經，萬源，廣元，涪陵，隣水等縣，爲其犖犖大者，統計其全年出產，約有二萬噸之譜，惟以之救濟抗戰期間之鐵荒，則所差尙遠，自不能不設法使之增加．以期供求相等，按其製鐵者之習慣，多係農民藉之以爲副業，僅於每年農事餘暇爲之，其時甚暫，倘能長期工作，則產量大可增加，玆將促進生產之辦法，試述如下：

(一)獎勵生產

重賞之下，必有勇夫，於促進土鐵生產，亦何莫不然，且獎勵工業，爲國家之新政，尤應積極進行，獎勵之方，或不外下列各點：

1.規定鐵價：鐵之價値．本有漲落，與其他貨物，初無差異，但當抗戰期中，鐵之需要，遠勝於其他貨物，故其價値須加以規定．免致奸商屯積居奇，造成有價無市之象．但規定價格，仍令有利可圖，使素來兼營斯業者，咸覺此項重工業之獲利，實較農業爲厚，必將舍農就工，或有其他工人自動改業，其業旣專，則其生產亦自能增加。此外有資產者，見此項工業有利可圖，亦必利用其存放銀行之流滯資金，來作此項工業之投資，諒於鐵荒問題．必多救濟。

2.借貸資本：如有此項鑄鐵經驗而無力舉辦者，或已有煉廠因營業失敗而不能恢復者，可由國家貸以資金，俾便從事於此項生產工作，假如規定五噸之爐貸金五萬元，十噸之爐貸金十萬元．如需每月三千噸生鐵之供給，祗須有五噸爐廿座，十噸爐十座，由國家一次付出一百萬元之貸金，即可辦到，即使再加一倍或一倍以上之貸金，爲數仍屬有限，其詳細辦法，則有待乎法令之規定。

3.技術指導：土法製煉，完全根據成法，旣不經濟，而品質又不易一律，故於經濟助力之外，更應予以技術上之協助，冶煉技術，專人指導，機械工具，如鍋爐鼓風機等，可代爲設計甚至委廠代造，免一般廠商居奇，價高難得，如是則從事斯業者除有營業上之利潤外，並可瞭然於國家對於鋼鐵工業之重視，繼踵而起，當不乏人。

(二)鋼鐵節約

吾國鋼鐵旣不能自給，値此非常時期，必須厲行節約，舉凡一切日常用品，公私建築，除萬不得已外，避免使用鋼鐵，吾人應盡量收集廢鋼，廢鐵，貢獻政府爲製造軍器之需，此種節約，如

8307

能實現，必有裨益，今舉一例以明之，牙膏錫筒爲一極平常之物，鮮有注意及之者，但德國以錫之來源缺乏，錫筒上貼一標誌，令人保存送還，按照統計，德國每週用牙膏8,000,000筒，每年用416,000,000筒，空筒每個重10—15 Gm.，則每年至少可得空筒4160噸，由此一端，已可知金屬材料節約之成效及其重要，又如敵國最近通令全國人民，鋼鐵節約，彼爲一鋼鐵業發達之國家，倘且如此，我國更爲可忽視！

(三)增建熔爐

其熔煉之能力，在五噸三十噸之間，最大不過三十噸，際此非常時期，大規模之鐵廠，因交通及其他問題既不能在短期內成立，不如增建小規模之煉鐵爐多座，其產量之總和亦頗可觀，且化整爲零疏散各處，在空防未臻完善之時，可避免敵機之破壞，川省傢羅紀之煤鐵分佈頗廣，往往有煤卽有鐵，以傢羅紀之煤煉傢羅紀之鐵，實爲最便利之方式，惟以礦層薄而零散，不宜大規模採煉，亦只有建設小規模之鐵爐，以利用之，其容量至多十噸，通常五噸卽可，日本年產生鐵三，〇〇〇、〇〇〇噸（一九三七年產量，高麗，滿洲在內）產量亦不爲少，但小規模化鐵爐仍然存在，並不偏廢，參看附表，可見一班：

日本國內所有小規模化鐵爐表

廠名	爐數	每爐產量
日本鋼管	二 三	二十噸 二十五噸
淺野小倉製鋼	二	二十噸
大倉鑛業山陽製鐵	二	二十四噸
仙人製鐵所	一 一	十五噸 十二噸
神戶製鋼所	一	二十噸
安來製鋼所	一	十五噸
後志製鐵	一	二十噸
久慈製鐵	一	十噸

小規模熔爐，不妨採用新式化鐵爐構造原則，但其構造原料，除必須之動力機械外，可儘量採用當地之耐火磚石，例如熱風爐，除氣門需用鑄鐵外，爐之外圍則不必用鋼板，只需鐵筋水泥，或磚砌加箍，或用砂石水泥漿堆砌，亦未嘗不可使用，因十數噸之煉爐風壓不高，祇須加圍加強內部隔熱足矣，此外爐身冷風管等，亦可用上列方法增強之，總之凡可以省用鋼鐵之處，無不設法利用當地材料爲替代，好在小容量之煉鐵爐，其重量與風力均不大，似無須仿效數百噸化鐵爐之構造方式也，如能在每個土鐵出產中心，視當地鐵礦產量，燃料質地，運輸情形，規定爐容之大小，各設此種化鐵爐一座或數座，大可增加鐵之產量，其舉辦易而收效亦甚速也。

(二)質的方面

上述擬建之新爐，係採用新式化鐵爐原理，其成分當易於控制，惟土產生鐵含矽較少，多爲白口，以之煉鋼，未嘗不可使用，但如以之鑄鐵，則車製困難，目前鐵之需要，仍偏重於翻砂一種，卽含矽較高具有灰口斷面之生鐵也。故於鐵質問題，未可忽視，其解決之方法，應從生產與使用兩方面着手，產鐵者應設法製煉市場需要之鐵，用鐵者應儘量利用目前所能得到之鐵，甚至僅有土鐵，亦得設法熔鑄，玆分述其辦法如次：

(一)改良土爐構造及作業

土爐煉鐵以水力或人力鼓風，風不加熱，風量亦不足，燃料用半焦木柴，礦石用赤鐵礦，或先經焙製之菱鐵礦，每噸生鐵，需用毛炭（即半焦木柴之土稱）四噸，而其品質，亦不一致，多數爲白口鐵，故如以土爐熔煉翻砂生鐵，其作業情形，實有研究之價值，或者以爲土爐適合於經濟環境而產生，已無改良之必要，其見解似未免固步自封，要知各個鋼鐵業先進之國家，其發軔之初，無不有類似之土爐，但以逐步改進，遂有一日千里之勢，吾人墨守成法，爐之設計及使用委之於技工，一般冶金工程人員，又皆習慣於新式高爐，舊有土爐，久已無人顧及，倘非敵人進逼，工廠內遷，生鐵缺乏，誰復注意土鐵，作者以爲在此非常時期亦祇得利用土爐以出產灰口鑄鐵，特下列數點，似必有所改進。

1.風量：土爐鼓風機，爲木板風箱，至爲簡陋，風力不足，威遠土爐，係以人力鼓風，能力有限，故由爐頂出氣，可斷定風之斷續，能，綦江土爐多數利用水力，風量亦少，土爐多年來不能改良之原因，未始不受機械之限制，故欲爐之工作正常，必須採用比較適當之正壓鼓風機（Positive Blowes）其機械能力風量大小，應視爐容與產量爲斷，至於動力方面，有水力則用水力透平，無水力則用汽機，至於木炭氣機一類，不過爲臨時辦法耳。

2.風熱：土爐向用冷風，出鐵口不閉，爐膛之熱不高，爐渣與鐵珠不能分離盡淨，砂之能還原而入鐵者少，故鐵之產量低而用柴多，鐵之斷面，又多爲白口，在此情形之下，熱風爐實不可缺少，熱風原理英人納爾生 Neilson 已於西歷一八二八年發明，一八三〇年在克拉愛得廠 Clyde woks 試用新法用煤燃風管，風熱至 300°F 結果每噸生鐵省煉焦用煤二•五噸一八三一年溫度增至 600°F 可以煤代焦，一八三三年試驗結果，每噸生鐵祇用煤二•六五噸，較之一八二九年紀錄，以八•〇六煤煉焦成一噸生鐵之比例，其節省可見，又 Faber du Faur 於一八三二年改用化鐵爐廢氣燃燒風管，其結果木炭省25%出鐵增多33%，是熱風之成效，已顯然可見，一八五七年英人古柏 Cowper 又發明磚熱風爐，於是風之熱度愈可增高，而爐內鐵之成分亦更易控制，惟以磚熱風爐工作斷續，不及鐵管熱風爐之便利，近代合金製造進步，復有採用管爐熱風之勢，作者前在德國樂克林總廠已親見有是項之設備矣。土爐容量有限，五噸以下之煉爐，如燃料純潔，不妨採用鐵管熱風，如恐管之壽命不長，尚可於鑄管時加入少許合金材料。五噸以上之煉爐，則仍以磚熱風爐爲合式，又以爐內溫度增高，則普通之耐火砂石已不合用，磚熱風爐及煉爐之下部，必須代以耐火火磚。

3.爐之內型：土爐構造，各地幾盡相同，假如增加風量風熱改用焦炭，摻入熔劑，以熔煉翻砂生鐵，則原有爐型，即不合用，又原料之體性成分及容積，均與爐之內型及高度有密切之關係，決非原有土爐即可適用各個不同之條件也。

4.燃料：土爐燃料向用半焦之木柴，水份未淨，揮發物未除，於爐之作業相當影響，似應改用木炭，雖或有環境之困難，亦應設法逐漸改進，又木柴植長需時，來源有限，往往搜求於遠至數十里外之柴山，如威遠一帶之土爐，附近已無柴可採，來自一二百里外之榮縣仁壽資中等處，土爐工作期間至多半年，倘終年不息，則燃料立時發生恐慌，應設法改用焦炭，如焦炭硫高，亦可試以木炭與焦摻用。

上述各點：僅撮其大要，其相互間之關係，更須一一脗合，始可期望工作圓滿，蜀江鐵廠，改用煤氣機鼓風，風力仍嫌不足，風又不加熱，爐型未改，故雖能得紬緻灰口生鐵含矽至1.3%而每噸生鐵費焦達三噸之數，至於其鑄件堅硬難車，是其原料成分問題，又當別論，謙廣雖用熱風，其他條件，仍尚未盡合，故鐵雖較佳，而用柴不省，然較之一般土爐已有所改進矣。

（二）改進翻砂廠鎔鐵的方法：

通常翻砂廠所用熔爐，多為冲天爐，(Cupala)對於鐵之配合，多不注意，故成分亦不易控制，鐵之性質，多以斷面色彩之灰白為定，不知炭口之中，亦有粗細之分，前者含粗石墨片(Graphite)及鐵，後者含細石墨片及炭化鐵(Fe_3C)與鐵，兩者體性之強弱，顯有不同，故鐵之性質，不特須察其斷面，並須檢其成份，因灰白生鐵之來源漸少，於是鑄鐵遂發生問題，土鐵未嘗不可澆製，特成品性硬難車，加以川產焦炭大部含硫頗高，鐵質滯流，即含矽較多之鐵，如鑄件不厚，亦易成為白口，作者察看某翻砂廠，取其所用三種焦炭化驗，所得成分、無一不含高硫。

	No.1	No.2	No.3
硫	2.60%	4.72%	3.08%
灰分	13.96%	17.32%	12.55%

再察其所用生鐵為大河溝之三號，經於熔鐵過程之中段採取$\frac{1}{2}" \times \frac{3}{4}"$試樣斷面已呈細灰，再薄則成麻口，其鑄件與原鐵矽硫之比較，可於下表見之：

	三號生鐵	鑄樣
矽	2.21%	1.71%
硫	0.036%	0.21%(約增加六倍)

熔煉至最後，澆口等廢鐵，一併加入，再取試樣，則外圍已呈白口，可推定其中含矽已低而吸入之硫當更高也。

為適應低矽之鐵，高硫之焦，最好改用電爐，因其中鐵之成分可以矯正，如含矽不高，可以矽鐵加入，電熱熔鐵，硫質無從摻進，即鐵中含硫，亦可除去，次則倒焰爐(Air furnace)亦可利用，惟知祇有冲天爐可用時對於鐵中矽硫問題，亦有解決辦法，可於冲天爐之外增建前爐(Forhearth)並須加熱，為欲增進鐵中矽之成分，可以矽鐵之一部加入冲天爐中，避免消蝕，再以防護物包裹矽鐵外圍，如增加之量不多，亦可全部加入前爐中，鐵熔後隨時流入前爐，與熾熱焦炭接觸之機會減少，則吸入之硫質亦因之減低，如再於前爐中加入燒鹼，更可除去爐中硫質，按照英國考貝城(Corby)某鋼廠之試驗結果，證明用鹼與石灰石及螢石一種混合劑加入盛鉄桶中，亦可除去鐵中大部硫質，含硫0.1—0.5%者可減至0.06%，即再減低，亦屬可能，惟鐵之溫度必須增高，果能試用此法，獲得相當經驗後，即土鐵亦可設法利用，至於新爐以及土爐改良後之產品，當更不成問題，假如澆鑄薄件，發生白口難車，亦可以退火(annealing)方法解決之，作者歷經試驗有效，其他熔鑄方面，問題尚多，茲不贅列。

要言之，在目前之情况，對於鐵之供給，首重其量，次重其質，不論其為白口，灰口，土鐵，鑄鐵，必須有多量生產，始克有濟，至於製造耐火磚及冶煉矽鐵，至關重要，並為刻不容緩之舉，上述種種，僅係個人管見所及，非敢謂當，聊以備邦人之參考云爾。

毛鐵之檢驗

周志宏

毛鐵卽土產熟鐵，川中廢鋼缺乏，外來運輸不便，以之代替廢鋼，實是有效的補救方法，以土鐵與毛鐵配合，入電爐中熔煉之，其熔液卽爲鐵之成分，稍加精煉，卽成鑄鋼，故有人誤以毛鐵爲煉鋼時可作一種去炭劑者，亦有因不明毛鐵之性質而懷疑於成鋼之品質者，此次利用兵工署材試處之設備加以實地檢驗，藉知梗概，玆將其製造情形與檢驗經過簡述如後，以供關心鋼鐵製造者之參考：

一　製煉

毛鐵係以鐵板爲原料，置炒鐵爐內製煉而成，鐵板爲土產之板狀生鐵，因冶鐵時係用冷風與半焦木柴，溫度不高，鑄板內每含氣孔，斷面爲白口（圖三），卽培立特(Pearlite)組織與炭化鐵所組成（圖四），炒鐵爐係以耐火石築成(圖一)，分上下兩部，上部爲石礴，內置燃料，下部爲石器，內盛鐵板，上部成圓甕形，以兩石圈合成，內徑二尺，高二尺八寸，覆於下部之上，頂部有大孔，爲木柴進口，工作時以石蓋閉，另一部木柴則預熱於其上，旁有一孔，以通風箱，下部內圓外方，底舖耐火泥沙，側面有寬九吋高十吋之爐門，卽作業處，頂面一小孔與上部相通，爲火焰之入口，鍛煉熟鐵時，普通用劣質之鐵板(俗名泡板)二成，鐵砂八成，(由爐渣中收回之鐵珠與礦砂有別)或全用鐵板，搗碎混合置石場中，木柴燃燒於爐之上部，鼓風助燃，火焰倒射入爐內，俟生鐵燒透，火焰成綠色，以棒攪炒之，溫度逐漸上升，至全部炒成砂粒狀，同時並加赤鐵礦砂少許，漸近熔狀，終則變爲膠狀，乃以木棒取出，製成圓條形，是爲毛鐵，每爐作業約二十分鐘，再將毛鐵入普通打鐵爐用木炭或煤燃燒，錘去雜質，卽成熟鐵，但其中含渣仍多，通常每百斤毛鐵可得七十五斤熟鐵，每次製煉用鐵板四十五斤，鐵砂一百七十五斤，共二百二十斤，木柴九十三斤，煙煤三十斤，得毛鐵一百五十斤，熟鐵一百一十斤，故所用鐵砂鐵板與所得毛鐵及熟鐵之比爲 100:70:50 其製煉之消耗不可謂少。

二　檢驗

1. 化學分析

此次所取之試樣來自威遠，毛鐵之原料爲威遠土鐵，其成分如次：

炭　3.03—3.28%　矽　◎　0.20%

錳　0.02—0.05%　燐　0.16—0.17%

硫　.04—　.05%

又毛鐵之化學分析結果如次：

碳　0.58%　　燐　0.17%

矽　1.47%　　硫　0.015%

錳　0.25%

按照重慶煉鋼廠化驗結果，其大約成分列後：

碳　0.20%　　燐　0.13%

矽　1.36%（原爲 SiO_2 = 2.90%）

硫　0.04%

錳　0.13%（原爲 MnO_2 = 0.20%）

其炭之成分顯較作者之化驗結果爲低，但最近化驗北碚附近金剛碑鋼廠所煉毛鐵含碳亦高，包括熔渣約爲百分之七十，如除去熔渣，實際含碳約爲 .92%，是毛鐵中之碳分，每地每爐甚至每一條之中（根據以下顯微鏡檢驗結果）並不一致，為欲明瞭毛鐵所含養化物之狀況，設法試驗養之含量，此種試驗，以真空加熱提取法 Hot Extraction Method 最為適宜，惟無是項設備，改用輕氣還原法決定之，使養化物中之養與輕氣在攝氏九五〇度化合成水以 P_2O_5 吸收之秤得水之重量，再以計算養之成分，其裝置如圖，（圖二）所得結果為 $O_2=2.59\%$，所有養化物及渣之成分，可計算如下：

FeO	11.60%
（假定鐵之養化物全為 FeO）	
MnO	0.31%
$FeO \cdot SiO_2$	6.90%
（因熔煉溫度不度，假定矽酸鉄為 Bi-Silicate）	
P_2O_5	0.39%
	19.20%

即毛鐵中所含熔滓之量：

又鐵中含渣，曾用碘試驗含不溶物如矽酸鐵等為6.31%與計算之結果相近，惟以存碘已罄，不能為重複之試驗，其中原有之渣間有脫落實際恐尚不止此數，化驗之結果，可注意者(一)含養化物相當之高，(二)含渣多，(三)含碳高相當於中炭鋼之成份，(四)含矽比原來生鐵為高，其來源一以鐵量因養化而減少自動提高雜質之成分，一係來自炒鐵爐底之砂石。

3.顯微組織

毛鐵外形粗鬆，所含雜質如何？不易判別，用金屬組織方法；將毛鐵切斷磨光，肉眼已可識別，含有雜質，低倍放大後，則所含雜質之狀態，分佈顯然（圖五）可斷定其為熔渣，如細為分辨，其熔滓尚不止一種，將之放大百倍，（圖六）此種雜質之色別，種類，均可判別，深灰色為矽酸養化鐵（Fe-Silicate）並含少許養化錳，淡灰者為養化鐵（FeO）其中亦有少許養化錳，鐵中含渣頗多，有時與鐵不盡完全分離淨盡（圖七），鐵中含碳頗不一致，有為純鐵（圖八），有為鋼，鋼之組織，或成網狀，以純鐵圍成厚鋼，中為培立特組織（圖九），或成韋德門斯泰登（Widmanstiilten）組織（圖十之一邊），有時一邊為純鐵，一邊為韋德門斯泰登（圖十），或一邊為網狀，一邊為近似韋德門斯泰登組織（圖十一），為昆連處兩邊之組織，顯然不同。是不特表示其成分之相差，而冷却時之變態亦各異也，換言之，毛鐵之組織實為各個不同成分的鐵晶體之結合物。

三 申 敍

毛鐵之製造與普通舶來熟鐵（Puddled Iron）近似而不盡同，爐之構造簡單，溫度不高，鐵熔而不能液化，去炭之劑為熱風，故損耗頗高，每爐出品，炭份高低不一，（化分結果）即同一鐵條之內其各部之成分及組織，亦不一致，（金相檢驗結果）鐵出爐時溫度嫌低，渣滓業已固結，雖經加熱捶擊，其作用僅及表面，體質不堅，內部仍含多量渣滓，故毛鐵之為物，實為熔渣與各部成分不同之鋼鐵混凝體，其品質不及普通舶來熟鐵之純，似宜於爐之構造與加熱，去炭，去渣各方法加以改進，至於土鐵與毛鐵熔化後即為鋼之成分，其理由亦甚簡單，土鐵製造，因低温不能產生高矽鑄鐵，即含炭亦不過高，按照土鐵三成毛鐵七成煉鋼之配合，即無養化，其熔液中之炭份已低，況毛鐵含多量熔滓及養化鐵熔液中所含原矽有限，一部炭質自易養而成鋼之成分，惟如以毛鐵含渣較多而懷疑於鋼之品質，似屬過慮。在昔坩鍋煉鋼，所用熟鐵亦含滓渣，人咸知罐鋼之品質優良，近代科學昌明，煉鋼進步，電爐效用與坩鍋相埒，故以電爐替坩鍋，毛鐵替廢鋼，毛鐵雖較外來熟鐵爲遜，但以之煉普通炭素鋼，提去渣滓氣體，亦可適用，鋼內之瑕疵似無關於毛鐵之滓渣，僅爲技術上之問題而已。

四　結　論

根據上術試驗之經過及申敍，益覺土鐵，毛鐵有進一步研究之必要；如何改良土爐作業？使產生高矽鑄鐵，如何改良炒鐵方法？使成低炭較純熟鐵，並大量生產，更進一步試驗如何直接製造純鐵？(Sponge Iron) 以爲製鐵煉鋼之主要原料，均爲當前之切要問題茲篇所述意在發展鋼鐵原料，加強抗戰力量，幸勿以等閒視之。

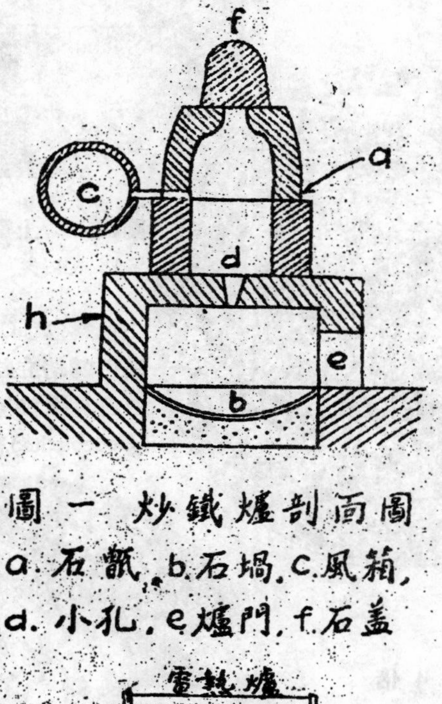

圖一　炒鐵爐剖面圖
a.石甑　b.石堝　c.風箱，
d.小孔，e.爐門，f.石蓋

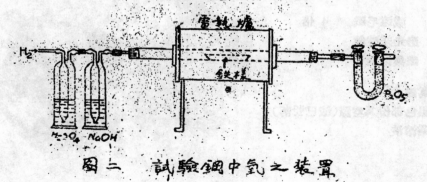

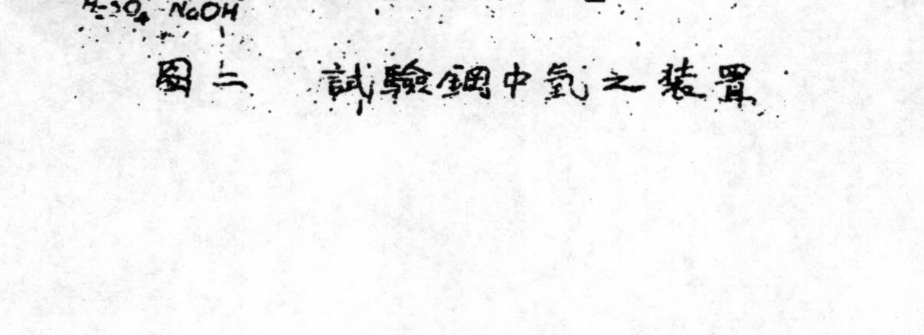

圖二　試驗鋼中氫之裝置

圖三　威遠土鐵　3 倍
磨光，未酸蝕
斷面白口，中含氣泡

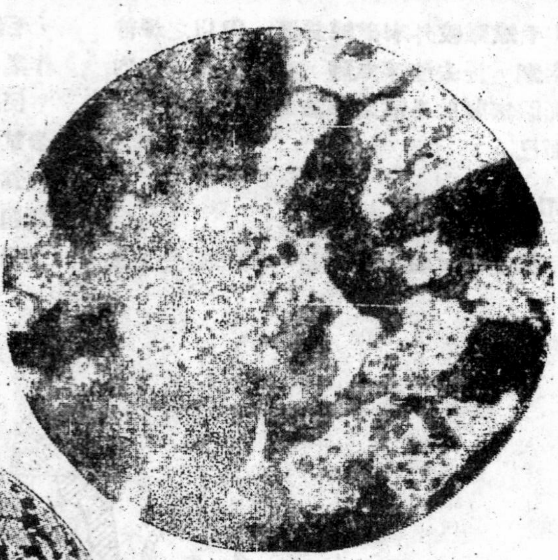

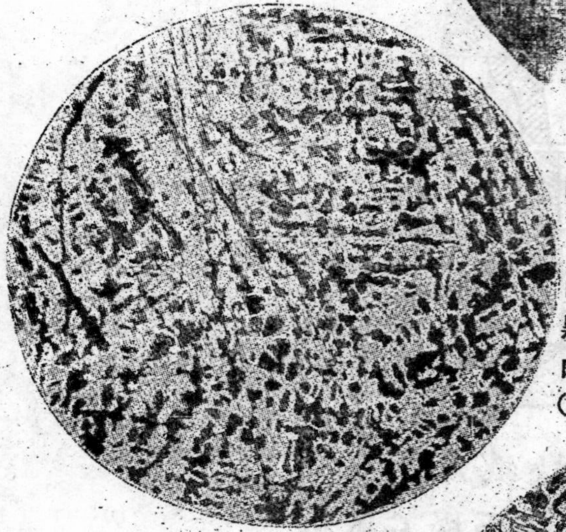

圖四　土鐵斷面組織　100倍
4 % 硝酸浸蝕

白色為 F_3eC
黑色為培立特（Pearlite $=Fe+Fe_3C$）
白底具微細黑點者為萊德布拉特（Ledeburite）組織

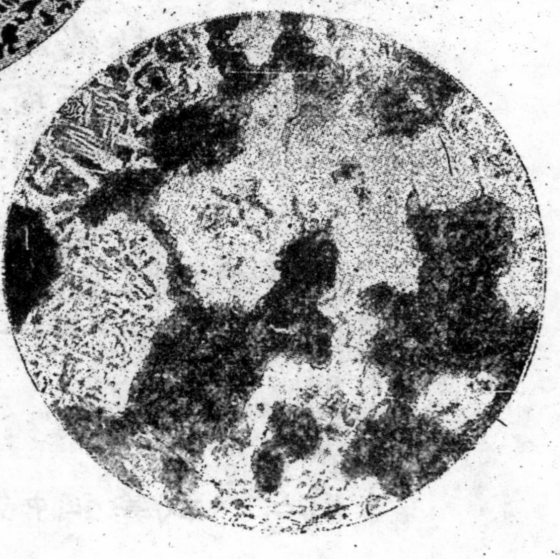

圖五　威遠毛鐵　4 倍
磨光未酸蝕
鐵與溶渣

白色為鐵
鐵中黑色部份為空隙（渣已脫落）
花灰為溶渣

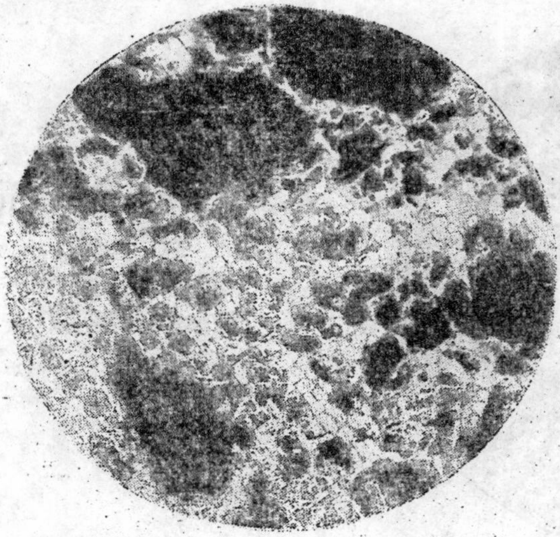

圖六　溶渣組織　100 倍

磨光未酸蝕

深灰爲矽酸鐵(FeSilicate)

內含MnO少許

淡灰爲養化鐵(FeO)

內含MnO少許

深黑爲空隙

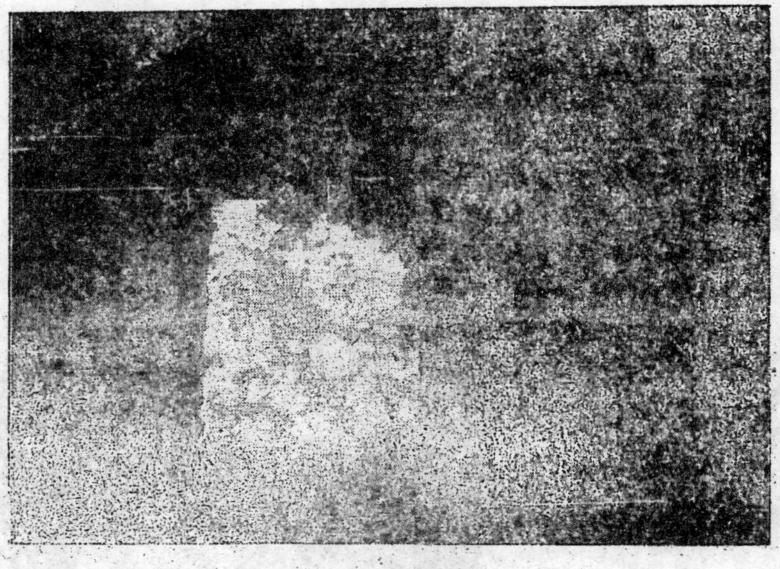

圖七　毛 鐵　100 倍

4% 硝酸微蝕

鐵與溶渣混合，分離未淨

白色爲鐵

淡灰爲溶渣

深黑爲空隙

圖八 毛 鐵 100 倍
純鐵組織
4% 硝酸浸蝕
深黑部份爲空隙

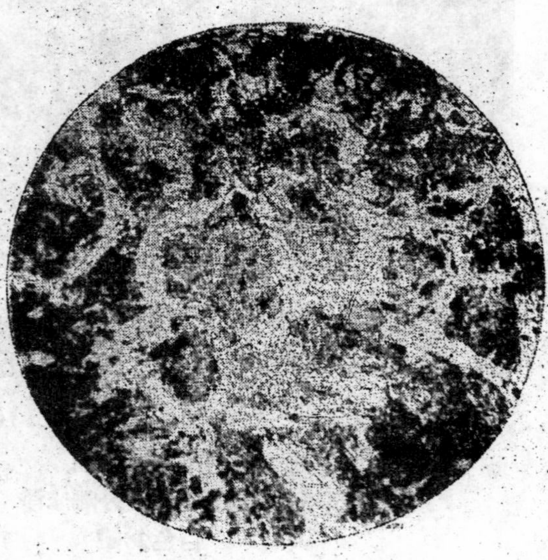

圖九 毛 鐵 100 倍
網狀組織
4% 硝酸浸蝕
純鐵成網內爲培立特，
灰色渣數個顯然可見

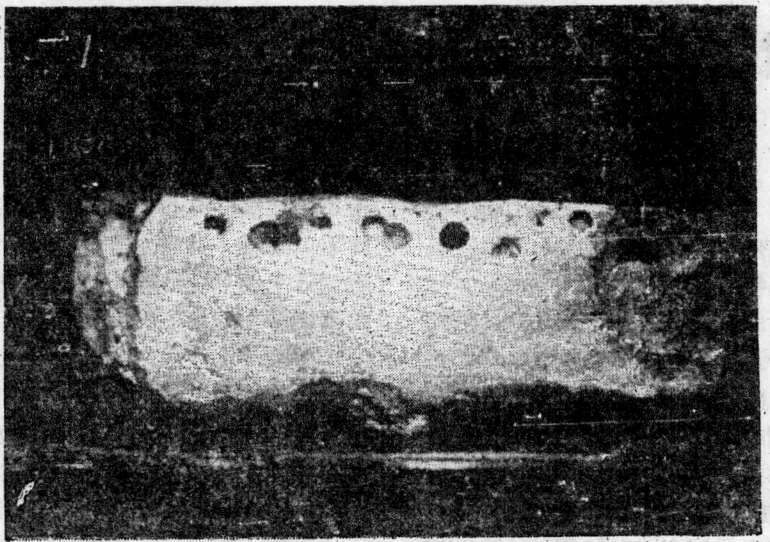

圖十　毛　鐵　100倍
4% 硝酸浸蝕
純鐵及鑄鋼組織
鑄鋼組織亦即韋德門斯泰登(Widmanstatten)
組織，白色爲鐵其中黑色爲培立特，
大塊黑色部份爲空隙。

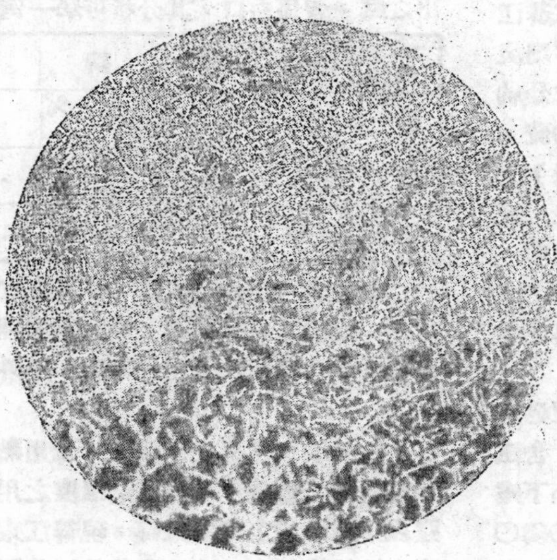

圖十一　毛　鐵　30倍
4% 硝酸浸蝕
網狀組織與近似韋德門斯泰登組織
白色爲鐵
黑色爲培立特

抗戰時期小規模製鍊生鐵問題

胡 博 淵

鋼鐵事業，與抗戰關係之重要，自不待言，除東三省外，我國之鋼鐵廠，漢冶萍公司；民國十四年停鍊，平西之龍烟鐵廠，建築完成，未曾開爐，山西西北鍊鋼廠，於前年秋季落成，正籌備開爐，因抗戰事起而未果，中央鋼鐵廠，籌備六七年，尚未實現，前年春間鐵價開始飛漲時，作者有恢復漢陽鋼鐵廠之建議，以備如果中日開戰，敵人封鎖我海岸，供給鋼鐵之用，惟未邀當局之重視，僅六河溝揚子鐵廠，始終開鍊，直到武漢失陷前拆遷時為止，故我國之鋼鐵廠，或淪於敵人之手，或因戰事而不克進行，正在籌設之新廠，亦因種種關係，須經相當時期，始能實現，故至今無一較大之鋼鐵廠可以供應需要，實為抗戰期中最為嚴重之問題。

四川全省原有之鋼鐵業除重慶鍊鋼廠，華興鍊鋼廠外，其餘皆屬土法，以威遠綦江為最重要，威遠礦區，面積遼寬，惟多屬炭酸鐵，含鐵成分約百分之三六左右，成分約如下列鐵三五・四二矽氧：一七・二〇硫，一七磷・〇七（以上皆百分數以下亦同）土法化鐵爐約有二十餘座，燃料多用柴炭，鍊鐵一噸，需炭四噸，每年產量，約五千噸，前二十四軍，在該縣紅土地建有十五噸之鐵爐，並有鋼廠計劃，未克完成，而戰事已起，現僅有一部份之機器與爐座耳，

綦江所產為赤鐵鑛，生於侏羅紀硬砂岩與頁岩內，其厚度約二三尺至五六尺，含鐵百分之五十餘，綦江土坮赤鐵鑛分析如下鐵五七・七五矽氧二四・五七硫〇・六〇磷〇・八三燃料為青杠炭有化鐵爐約三十餘座每年產量約七千噸，其他沿長江，與嘉陵江，南川，巴縣，江北，涪陵，長壽，忠縣，萬縣等十餘縣，共計亦有鐵爐二十座左右，出鐵約五千噸，總計四川全省產鐵噸數，約在二萬噸以下，皆係白鐵，即鏗板鐵，此項土鐵，平時皆由冶坊用為製造農具及鍋具等，以上乃川省鐵業情形，至鍊鋼方面，除各處土法外，現有重慶鍊鋼廠，華興鍊鋼廠，大鑫鍊鋼廠，均沒有電爐，平時皆購用生鐵。

此次因抗戰由外省遷入四川之機器廠，大小有數十家之多，幾皆仰賴市上所售生鐵，僅重慶市一處每月需用生鐵七〇〇噸，而軍用者尚不在內，際茲鐵價高漲至七八百元一噸，自非利用土法及小規模鍊鐵，以救燃眉之急不可，但原有土法化鐵爐，數千年來，全憑經驗，毫無技術智識，故一仍舊貫，極少進步，其鐵爐皆用冷風，溫度太低，所出之鐵，皆係白口，其分析可舉一例如下：

符號 / 鐵名	矽	磷	硫
白　銑	.36 %	.37 %	.26 %
夾花鏗板	.95 %	.42 %	.16 %
比較高矽	1.45 %	1.21 %	.19 %

觀上表可見矽低硫高，不甚適宜於翻砂之用，但磷質成分尚高，對於薄層翻砂，尚屬合宜，今欲鍊成有用之鑄鐵，不外以下二途，

(一)改良已有之土法爐，改用熱風，惟原有白砂石爐墻，不合提高溫度之用至少爐膛以下應改用上好耐火磚，現綦江東原公司有土法鍊鐵爐十二座，幾佔綦江全區鐵產量之半數，願留一爐，專備改良試驗之用現正

8318

着手進行，如有成效，所有土法化鐵爐，皆可隨之而改善矣，

（二）第二途徑，卽另行設計新式小化鐵爐其產量不必過大，每口約自五噸至十噸，用生鐵管式之熱風爐，以焦炭爲燃料，並須有原動機，送風機，及耐火磚等，此項工作，業已有數家，正在同時進行之中，約三四個月後，卽可出鐵，在國營及商辦各新式鋼鐵廠，未能開鍊以前，此實爲抗戰期間，急不容緩之舉，但此項事業之規模雖小，而應需之材料，須皆齊備，玆舉其要者如下：

一　火磚　化鐵所用之上好火磚，因運輸關係，外來頗爲不易，川省，威遠，巴縣，江津，及西康之天全各縣，皆產耐火粘土材料，已由公私各關關試製耐火磚，惟現市上所售火磚，尙未臻上乘，負有研究之責，如鑛冶研究所，中央工業試驗所等，應請從速完成研究工作，以稗實用，

二　煉冶金焦之烟煤　川省產煤區雖廣，約可分爲二叠紀與侏羅紀兩種，前者煤層較厚，自一公尺至三公尺以上，如白廟子天府公司及南川等處，但含硫過高，不適宜於煉焦，後者煤層太薄，由六七寸至一二尺，惟煤質較佳，如犍爲威遠龍王洞永川等處之煤鑛，但因運輸關係，及產量較少，不易運到鐵廠地點，惟有將優劣兩種煤質，勻和煉焦，以收事半倍功之效，如鍊鐵地點有大量木炭，則亦不妨利用爲燃料，玆舉例以明川省煤之分析如下，

產地	種類	水份	揮發分	灰分	固定炭分	硫分	備註
白廟子	大連子	1.01%	16.58%	15.68%	66.73%	1.92	西部科學院
	小獨連	1.00	16.72	23.30	58.98	4.40	,,
龍王洞	烟煤	1.51	28.10	5.67	64.72	0.40	中工所
	焦	0.80	.43	13.72	85.05	0.56	中工所
犍爲鳳來場	三合層統	1.57	28.66	29.18	40.59	0.78	建委會
南川萬盛場	小連炭	0.09	18.97	11.71	67.97	1.22	西部科學院
	大連炭	0.70	19.64	6.46	74.48	3.25	,,
永川西山		1.59	26.72	14.53	57.16	1.29	中工所

其他如錳鑛，鋼管，原動機，打風機，風管，及其他機件，川省亦均缺乏，但錳鑛所用之量尙少，可由湘省運川，且如龍王洞鐵鑛內含錳甚高，可資救濟，龍王洞鐵鑛分析：矽氧：九·六〇，鐵三五·三九，錳四·三八，磷〇·〇八，硫〇·二，六鈣氧一一·一九（鑛冶研究所分析）原動機可利用各處舊存之貨，鋼管如生鐵管，不能替代，可以重價由外購入，打風機可在重慶機器廠內翻製。

總之，際茲抗戰時期，破除困難，就地取材，適應環境，以獲取最後勝利亦工程師應盡之天職也

四川煉鐵問題之檢討

余名鈺

鐵礦散佈之面積，土法冶煉生熟鐵之技術，以及鐵之每年生產量，四川省可爲全國各行省之冠。此次抗戰需用鐵量加增，賴有此數百年前沿習之古法，設備雖屬簡陋，所幸尚在經營生產，使鋼鐵自給方面仍有一部份辦法，因之得不深爲欽佩，而更覺實際工作之重要，實數十倍於單純之理論矣。惟儻就現有生產不加以改進，則不獨產量不敷，品質亦多不合，應就其現狀分析而檢討之。

川省多山，運輸困難，非投巨資於交通上之建設，則以大爐集中冶煉勢必成本增高且又有原料中途不濟之虞。故建造新爐，宜採產量最少者爲標準，而地點則以接近原料而稍離市較遠爲原則。至改良原有高爐，不外加增風量，以增進產額，改用熱風以節省燃料，而提高品質。惟因加增風量同時必須增加風壓，利用熱風，同時熔礦帶之熱度增高，致原先所採用之耐火材料不勝堪任，而風嘴之消損更甚。故在熔化帶之耐火材料因之必須改善，而新式之風嘴應同採用。否則生產未見增加，而百病叢生，欲求土法高爐之成績而不可得矣。此外即改良燃料問題是焉。就川省所產之煤而言，二疊紀產煤較豐，焦性極佳，但含硫太高。侏羅紀煤層極薄，焦性不堅而含硫頗低。以如此各有欠缺之煤質，若木炭足以供給，則小型熔爐實無庸改用焦煤。但煉鐵各區習俗與環境各異，蓋木炭有青岡與松炭之別。青岡栽植五年後可伐薪煉炭，而松木須十年始能應用。故於栽植青岡區域設爐煉鐵，可就地訂定林地五區，每區之柴炭產量若能足敷一年之用，則五年挨序採用即可週轉不息，故數十百年以至今日未嘗有燃料不濟之虞。至植松之區則柴炭產地離礦日遠，不獨成本日高，採集亦成問題矣。故於植松之區應即改用焦煤，而在產植青岡之處，不妨仍可習用木炭，而僅改風量風熱與風嘴可矣。況木炭煉成之鐵有其成分上之優點，可供特種之用途，理應在可能範圍內使其繼續生產也。

生鐵除用普通鑄件外，可以鑄成韌性之馬鐵，硬性之凍鐵，以及煉鋼之用。但於應用上其所含之炭錳錫硫磷應各有所不同。即普通鑄鐵亦應以其厚薄用途而使生鐵含適當之炭錳錫硫磷。蓋此五種雜質含之過多，固受其特性之害，但在應用方面炭錳錫不論焉。即硫磷亦各有爲優美之也。據各方調查川省尚未發現正式錳礦，亦未見真正磷礦，除炭矽硫可以熔煉方法操縱之，但欲求高磷鐵以鑄細薄應另籌補救方法。如川省赤鐵礦含錳之低若無錳礦加入以補救之，則產鐵之之強性實亦堪虞耳。生鐵爲煉鋼原料，如含錳太低則不獨鋼質不甚堅實，強性亦復大減。深盼在最近將來，在川省境內能發現優良錳礦，則礦質成分上之缺點可以無慮矣。

廠礦內遷經過

林繼庸

(一)上海及附近工廠的內遷

我國工業向來大都在沿海一帶發展，尤以在上海一帶為最繁盛，眼光遠大的人士認為這是畸形的現象，於國家前途危險極大，曾經設法想糾正這種錯誤　可是積重難返，任你解釋利害至舌敝唇焦，甚至以國家存亡關係痛哭陳詞，當時也不能絲毫打動企業家的信念。與時日推進，上海的工業竟一年一年的繁茂起來。

我常說上海是我國政治及社會現象的氣壓表——每逢那年上海一帶的旅館住滿了客人，後來者想租一間亭子間亦無辦法，各商店股東到年底時喜氣揚揚的分巨量的花紅，那年不是我國內地鬧水旱饑荒，就是兵災變亂。所以聞得上海的商人們嘆時年不好，生意不景氣時，我檢閱那一年來的社會經濟狀況每覺得內地一般痛苦的同胞們已踏上了較佳的幸運。是我個人的直覺。每到興趣蕭索時，不由我不消極的希望大上海沉淪！

我不能否認在上海辦工廠有許多優點如，金融，電力，交通，原料，銷場政治，稅捐人才等等，但是人們多忽略了國防兩字的意義。忽略了這點，一到國難當頭便把上述是種種優點都烟消雲滅。

二十餘年來帝國主義者侵略的呼聲和事實，祇在人們睡夢中微微地印了些兒感覺；當作做了一場惡夢人們又酣呼鼾睡了。九一八事變，算是打了我們一記耳光。一　二八的火光和炮聲，照灼着我們的眼簾震動着我們的耳膜，驚醒了我們的好夢。政府機關如資源委員會兵工署等感覺到非跑到內地設廠不可了，粵漢鉄路加緊進行了，民生公司增加力量了，內地電力廠擴充了，內地水泥廠也立了。到現　我們能夠呼着抗戰必勝的聲響，抱着建國必成的信念，上述各機關的當局在工業上已有不可磨滅的成就。同時一般的人們仍舊是埋頭再睡，如……恕我不詳述了！我們工程人員絞腦汁，嘔心血，結果只是促成上海的繁華超程邁進！這樣一來，真是叫誰遷入內地都不願意，讓我再述件事蹟來代表一般人的意見吧！當我苦勸一位大廠家內遷　經用過一小時的時光反覆陳說利害之後，他的回答是：『林先生，不要太興奮啊！一•二八大戰那時，我們的工廠共總停工還不足十天呢。』

民間企業界有了成見，有了苟安的心理，不能放棄個人物質的享受，不能用法則制度來管理他們的事業，除了幾個煤鑛及紗廠不得不就原料地開辦之外　只有四川之民生實業公司，華西興業公司，太原之西北實業公司，及昆明之富滇新銀行等等機關在內地掙扎，其餘仍舊是像「燕處危巢」一樣，火星一日不爆發，他們也樂得多嬉遊一日。若是同他們講道理，判利害，他們便會口若懸河的發出更多的道理，辨別更深刻的利害來給你聽。有了錢及有了年紀的大都缺乏了革命奮鬥的精神，年輕的技術人員又感着赤手空拳一籌莫展。因為積習難返，所以我們在七七抗戰以前，籌劃工廠內遷的嘗試　不得不算作失敗。

嘗試後得了一個結論——推動廠礦內遷，集合國中企業界及技術人才跑入內地來埋頭苦幹，這是我國實業界劃時代的革命事業

8321

，非有急劇的環境變遷及巨大的勢力推動，斷斷辦不成！這個機會一直等到七七抗戰發生後幾露出來。

民國廿六年七月廿八日我有一次參加動員設計的重要會議，在機械化學組小組會議中即緊扣住這個機會，建議遷移上海工廠入內地建設。即日下午，資源委員會　昌照先生派我及莊前鼎張季照兩君往上海與各工廠商量。其時上海的情形已經相當緊張了。廿九日約得上海公用局長徐君陶先生及工業界領袖胡厥文項康原薛福基支秉淵顏耀秋諸先生籌商遷廠辦法。諸先生均曾參加一二八抗戰工作，與我爲患難同志，此次聚首一堂，重談往事，激昂慷慨，氣憤塡膺，我們的計劃甚得贊助。三日胡厥文先生召集上海機器五金同業公會會議，自動討論遷廠事宜。三十一日上海機器五金同業公會執委會議邀我等出席討論，大大的辯論了一場。大鑫鋼鐵廠余名鈺上海機器廠顏耀秋，新民機器廠胡厥文，新中工程公司支秉淵，中華鐵工廠王佐才諸先生當時均表示願以身作則將自辦的工廠隨政府一起走。即日商得遷廠原則，我於當晚返京復命，過了數日，康元製罐廠項康原先生中國工業煤氣公司氧氣廠李久成先生及上海化學實業大家某君均先後來函表示願意遷移，大中華橡膠廠薛福基先生并親自入京來與我計劃一切。八月九日擬具遷廠方案由資源委員會請政府津貼遷移費用及技術工人川資伍拾陸萬元，工廠種類包含五金、機械，化學、冶煤、橡膠，煉氣等此案經行政院於八月十日第三百二十四次會議議決，由資源委員會財政部實業部軍政部會同組織上海工廠遷移監督委員會，以資源委員會爲主持機關，餘通過，至關于文化事業遷移事宜屆時由教育部派員參加。當即由資源委員會派專門委員林繼庸，財政部派會計長龐松舟，實業部派代理工業司司長歐陽崙，軍政部派警備科上校科長王鈽等爲委員，以林繼庸爲主任委員，駐滬主持一切遷移事宜。各委員於十日下午三時得知消息即於當日下午聚集趁車往上海。但是財政部應撥的款尙未領到，資源委員會乃借撥五十六萬元交我帶去支用。

八月十一日上海工廠遷移監督委員會成立，并立即召集上海五金機械，化學，冶煤，橡膠、煉氣等業廠方代表開會討論辦法，責令剋日組織上海工廠聯合遷移委員會，在上海工廠監督委員會指導及監督之下進行工作。八月十二日廠方代表公舉顏耀秋，胡厥文、支秉淵、葉友才、嚴裕堂、余名鈺、呂時新、王佐才，趙孝林，項康原，錢祥標等十一人爲委員，經監督委員會認可，并指定顏耀秋爲主席委員、胡厥文支秉淵，爲副主席委員。工廠機件遷移以武昌徐家棚附近爲集中地點，再分配西上宜昌，重慶，北上西安　咸陽，南下岳陽，長沙。上海附近工廠機件集中閔行，南市，其在楊樹浦，虹口，閘北一帶的，則集中租界待運。即日分頭開始折遷。至於遷移至廣西雲南方面的工廠則擬將來由廣東設法較爲便利。

當時上海的風聲極度緊張，敵人面目猙獰，戰機一觸即發。住在租界以外的人士都趕着搬家逃命，在租界內住的亦趕着把家眷遷到香港或鄉間原籍安居，簡直是沒有人再得閒暇去提遷廠的事。八•一三的炮聲響了，八•一五敵機來襲，我機奮勇追擊，在空中大戰起來。在炮火連天的時候，地方秩序相當混亂。十日來我們于辦事上感到有下列各項困難：

一、虹口及楊樹浦一帶的工廠因爲多在炮火綫上，不易拆遷；

二、輪船，划子找不着；

三、貨車的主人，其熱心愛國的已把車送到前方應用，其不願營業的，恐怕軍隊拉

差，儘可把車輪或零件拆去，閒放在祠堂裏，其肯出租的一定要狠高的價錢及狠穩當的担保，所以貨車也不容易找，

四、工人不容易雇；

五，各廠的董事先生們或已離開上海，董事會多不足法定人數，關于遷廠事件重大，廠經理及廠長多不敢作主；

六、各廠物資多抵押於中外銀行未得銀行同意不能移動產業；

七、長江下游江陰被封鎖了，只有蘇州河倘可通行，大的輪船不能行走，火車多供軍用且危險性太大；

八、各銀行暫時停止兌現，且宣布限制提款；

九、駐防各軍隊均對於所轄地區具有無上權威，通行護照各區間不生效力，商民出入皆難；

十、漢奸混跡，不易防範；

十一、人心不良，想借着混亂的時機發國難財者大有人在；

十二、各廠辦事處及各政府機關均多改遷他處，聯絡至感困難。

除了上述十二點困難之外，尚有數點，已如熱心努力的薛福基先生於八月十六日受炸彈傷，不久因傷身故；監委會有兩位委員因要公奉調返京，我因各處奔走，左脚受傷成毒，當右成志醫生診視數次之後堅囑我休息，否則恐成殘廢或須鋸去左足。各廠家相顧無言：我亦只得一隻脚跳來跳去。

在萬難中，鼓勵着各工廠當事人的勇氣不要灰心，把緊張的情緒捺住，冷靜着腦筋，各人分頭盡力去幹。得資源委員會在上指導，監委會首先把工廠遷移聯合會的內部組織加強；再與京滬警備司令部辦事處邢主任震南取得密切聯絡，發給通行證，以便廠方職工入戒嚴區域搬運物資，由各廠高級職員及工廠聯合遷移委員會職員嚴密監視，并負完全責任，以防漢奸，邢主任極明白情理，極有肩膀，經我將情勢解說，便立即交給我許多空白的通行證，及蓋印的白布章，木船、貨車的旗幟等，各廠憑着這個護符便可入得戒嚴區，以後再一軍一師的法辦交涉；財政部徐次長可亭允許我所帶來的五十六萬元隨時可向中國銀行支取現款；海關允許各廠遷移物資待到漢口再檢查，并免除關稅；各廠的債權銀行亦允憑監督委員會的公函證明，准許廠家遷移物資，如此解決了許多困難，我便下令給各廠的負責人必須服從政府命令將廠中機件拆遷，自有監督委員會代彼等向董事會負責。當時最頑強的要算龍章造紙廠的董事傅筱庵，但他也沒有辦法來抵抗。於是與廠家訂了一種獎勵辦法，在若干日之內遷移離滬者給予機件裝箱費，運輸費，職工旅費，廠地等津貼，并允由監委會商請政府低利貸給建築費，代爲徵收廠地，解決電力，工作，苛細雜捐，購儲原料等等困難，務必使各廠遷到目的地之後迅速復工。過了若干日之後仍觀望不前者，得由監委會酌減其應得之津貼。同時又將遷廠之種類擴大，不僅限於機器，五金電器，化學等業，廠無論大小，業無論何類均准其遷移。由上海市政府社會局普遍通知區內各廠及各同業公會，請其到會接洽登記，又請各廠之努力份子四出勸導。又在蘇州，鎮江等地組織運輸分站，在漢口設辦事處，以便沿途照料。凡工廠聯合會及各站職員有因公受傷或死亡者均由監督委員會担任醫藥撫恤。

雖然是一方面施以壓力，一面給以利益，另一方面動以愛國精感，曉以將來利害，但在混亂的時候遷移工廠究不比平時小小的搬家，其工作確實是有許多困難。其困難仍是以地方人事，軍政機關及運輸方面爲多。有些障礙簡直是想像不及的。這些困難，只好用勇敢和忍耐來克服之。

廠家自已的努力是值得人們欽佩的！他們奮鬥的事實眞是可歌可泣。在炮火連天的時候，各廠職員拚着死命去搶拆他們所寶貴的機器。敵機來了，伏在地下躲一躲，又扒起來，拆，拆完，就馬上扛走。看見前邊那位伴侶被炸死了，大家喊聲噯唷，洒着眼淚，把死屍抬過一邊，咬着牙筋仍舊是向前工作。冷冰冰的機器，每每塗上了熱騰騰的血！白天不能工作了，只好夜間開工。在巨大的廠房裏，暗淡的燈光常常籠罩着許多黑影在那裏攢動，只聞鎚鑿轟轟的聲嚮，打破了死夜的岑寂。

八月廿七日有上海機器廠，順昌鐵工廠，新民機器廠，合作五金廠等四家之機件裝出。大鑫鋼鐵廠物資亦繼續起運。運輸方法，用木船飾以樹枝茅草，每艘相距半里許，循蘇州河划出，途中如遇敵機來襲則泊於邊蘆葦叢中。至蘇州河乃改用小火輪，拖往鎮江，換裝江輪，載往漢口。蘇州、鎮江均設有分站，與當地軍運及政府機關取得密切聯絡，并與上海，時通情報。那時因江陰已被封鎖，鐵路又側重軍運，吾人只得蘇州河一條路可走。

此次運輸方法嘗試成功的消息傳來，各廠物資均依法急亟陸續運出。不料九月八日起駐防蘇州河軍隊將烏鎮路橋至北新涇一段航路封鎖，後來雖是幾經交涉可得通行，但盤察甚嚴，廠家咸感不便。未幾京滬警備司令部辦事處邢主任調任某區總指揮官，以後發給護照又經一度延阻雖經種種延阻，但是仍舊阻不住廠家遷移的决心。同時資源委員會翁秘書長文灝新從歐州返國，給予我們許多指導并定下了廠鑛內遷的擴大計劃更多增內遷廠鑛迅速復工的保證。院議又增加了交通文化等事業遷移費十二萬六千元。

十月廿六日閘北失守，蘇州河一段頓被截斷，各廠物資取道內黃浦運往松江經蘇州，無錫至鎮江。及十一月五日敵兵在松州灣乍浦登岸，平湖告警，松江河道又受威脅，乃改由怡和輪船運至南通州，轉民船經運河至揚州，鎮江。這段運輸比較以前各道更覺艱辛。以後遷移者則惟有取道香港轉往各處一法。上海及附近各工廠沿着長江遷移的運輸，直至十二月十日鎮江運輸站撤退乃告一段落。

在上海工廠遷移監督委員會期間，除去協助有政府機關主管之工廠不計外，計共遷出民間工廠一四六家，其機器及材料重量已安全運抵漢口者一萬四千六百噸，技術工人二千五百餘名，其種類及家數如下；

1.機器五金業	六十六家
2.造船業	四家
3.煉鋼工業	一家
4.電器及無綫電業	十八家
5.陶瓷玻璃業	五家
6.化學工業	十九家
7 煉氣工業	一家
8.飲食品製造業	六家
9.文化印刷業	十四家
10.紡織染業	七家
11.其他工業	五家

在此次遷移過程中，各廠家努力遷移者固多，而仍觀望者亦復不少。監督委員會及工廠聯合會對於勸導遷移，已算是盡其所能，對於來請求遷移的廠家，更是來者不拒。懷疑政府的廠家，口口聲聲說是遷移，可是並無動作，及至十月初旬監委會將原料旅費等津貼減給，并聲明如再觀望不前者，定期再減給津貼，然後急急着手遷移。其本來無心遷移的廠家，故意提出無理的要求條件，使監委會無法接受，他們便可大說其風涼話。這都是延誤時機的原因。

至於紡紗一業，其在戰區者，已經無法遷移，其離戰區稍遠者，則以供給軍需爲

8324

名，大做其生意，不肯遷移。九月中旬資源委員會會派顧毓瑔先生赴武進無錫一帶勸遷，但各紗廠當時每廠利甚厚，大家都抱着寧可現在多賺錢，雖是將工廠被燬，有錢仍可再辦新廠的心理，所以未能推動。後來蘇州無錫的炮火更緊了，我于十一月一日往鎮江召集蘇、常、錫一帶紗廠代表商量，各廠纔肯拆遷，但是時間太遲，祇有大成紗廠得一部份遷出，其餘都趕不及了。

十一月初旬軍事委員會工鑛調整委員會成立，資源委員會翁秘書長兼任主任委員，上海工廠遷移監督委員會改爲廠鑛遷移監督委員會，隸于工鑛調整委員會主管，範圍及地域均加廣了，於是乃有廠鑛擴大的內遷。

（未完）

「工程師是將科學研究得到的結果與發明，應用到實際的問題，以滿足人類的需要。」

「中國許多舊工業方法，有一個時候是站在人家前面的，但因無工程師，所以舊法無法改良，反而方法被人家拿去，改良後居於我們的之上了。」

「工程師不但要準備（Accurate）且而要恰當，（Adepuate）要大處落眼　小處下手，所謂登高必自卑，行遠必自邇。」

「工程師的事業，可以改變世界的政治，可以改造世界的經濟。」

「工程師能力固大，困難亦大，各國的大工程大事，都是多少人，多少奮鬥之結果。」

「中國工程師應不怕困難，不怕吃苦，實事求是奮鬥。這種精神抗戰固然需要建國尤其需要。」

經濟部翁部長文灝在大會開幕時訓詞

8325

消息

(一)本會臨時大會記要

(二十七年十月八日至十月十一日)

十月八日

上午九時半在重慶大學大禮堂，舉行開幕禮，到汪副總裁國民政府代表呂參軍長，孔院長代表行政院政務處蔣處長廷黻，經濟部翁部長文灝，會員蔣志澄，吳承洛，陳體誠，雷寶華，胡博淵，趙祖康，顧毓瑔，高惜冰，孫越崎，程志頤，金開英，林繼庸，羅冕，鄭禮明，陸邦興，梁津，鄭益光，姚文尉，吳琢之，歐陽崙，盧毓駿，曾世英等二百餘人，由蔣志澄主席，行禮如儀後，即報告開會宗旨。繼由籌備主任委員吳承洛報告此次臨時大會之意義，及中國工程師學會組織之經過繼由汪副總裁訓詞，略謂「兩天以前接到學會與中央黨部的來信及致會員書，中央黨部同人及個人閱後均極為感動，以為已往一般學會之召集，大抵均為學會本身求學術進步而開會，此次工程師學會却為貢獻技術於抗戰而召開，此種精神，中央黨部及個人均極欽佩，大家都明了時代之責任與使命，以諸位之學問與經驗來共同擔負此神聖使命，將來對抗戰貢獻一定很大，在抗戰建國中，經濟建設，至為重要，最近一般對於經濟建設之輿論，有兩個傾向，一謂中國太窮，應努力加緊生產，一謂經濟建設雖側重分配，務使勞資平均，就我個人，以國黨立場，三民主義信徒，以為民生主義最為切合，民生主義是生產分配互重的。諸位今後從事經濟建設工作，應同時注意公共衞生，切實改良工人生活」云云，到會之工程師無不異常感奮，繼由國民政府代表呂參軍長訓詞勉各會員注意西南各省之開發，孔院長代表蔣處長致詞，轉達孔院長對於工程師人員之工作，表示十分關心，蔣處長將蘇聯兩次五年計劃之情形及所感缺乏工程人員之困難詳加勗勉，經濟部翁部長致詞，首述工程師之定義及工程師應具之態度——準確及恰當——以及工程師辦事應有之精神——不怕苦，及不畏難——并提出德國法國工程師成就之大，及創業艱鉅，以勗勉各會員參加此次抗戰建國之工作，中央社會部代表郭登敖致詞後，由該會董事前中國工程學會第一屆會長陳體誠致答詞，繼攝影後散會，中午由該會重慶分會招待便餐。

下午二時在重慶大學理學院會議廳接開會務會議，由吳承洛主席，報告兩年來總會會務，及陸邦興報告重慶分會會務後，即討論提案，重要議決案如下：

(一)電蔣委員長致敬　電文如下：

「軍事委員會委員長蔣鈞鑒抗戰以來，賴我委員長領導全國民衆，致力於抗戰建國之大業，本會會員，亦各就所能努力於各項工程事業，玆於十月八日在重慶召開臨時大會，議決更以堅忍刻苦之精神，在我委員長領導策勵之下，奮勉爭取最後勝利，敬此電陳，伏乞垂鑑，中國工程師學會全體會員曾養甫等三千七百六十八人同叩」

(二)電前方將士，並請各會員每人親筆書慰勞函寄軍委會轉遞

(三)電慰抗戰殉職之工程師蔣德彰家屬

，并調查其他殉職工程師議擬紀念辦法。

(四)恢復本會刊物以應抗戰時期之需要——登載會員消息及普通科學常識及後方生產建設等問題，合以前本會出版之工程季刊及工程週刊兩者之性質，兼而有之。

刊物名稱　工程月刊

出版地點　重慶

出版日期　預備在一月內出刊

編輯及發行者　由臨時大會推選顧毓琇，胡博淵，歐陽崙，吳承洛，盧毓駿，陳章，馮君策等七人組織刊物委員會負責籌辦。

(五)獎勵獨立創造之工程師

(六)調查參加偽組織之會員，即開除會籍，公告社會，并提出開除經過會籍

(七)凡本會會員參加違反民族利益之工作者，由本會會員五人以上之提出，請董事會設法調查并勸告至後方服務，如不受勸告即予以警告，如恬不知恥，確有附敵或資敵行為除請董事會予以開除會籍並公告社會。

(八)本會留滬圖書宜設法擇要遷渝。

(九)總會遷渝案決議保留，交大會籌備委員會研究

(十)編印此次臨時大會特刊，由刊物委員會合併辦理。

晚由重慶市政府及重慶大學聯合招待。

十月九日

上午九時假川康銀行會議廳，舉行論文及專題討論會，到會員顧毓琇，胡博淵，吳承洛，鄭華經，孫越崎，高惜冰，羅冕，顧毓瑔，徐名材，金開英，蕭之謙，陸邦興，高步昆，程志頤，嚴冶之，朱玉崙，葉秀峯，張劍明，劉貽燕，劉夢錫，程本臧，張連科等百餘人，由顧毓瑔主席，先報告此次徵求論文之經過，及收到論文之情形，繼由各會員提出論文(論文題目及提要見後)

午餐由遷川工廠聯合會，在永年春招待，由顏耀秋致詞，甘肅建設廳廳長陳體誠演講，會員前安徽建設廳長劉貽燕代表致答詞，下午四時參觀重慶電力廠，自來水廠，華興機器廠等處，

晚由民生實業公司，在留春幄招待，該公司代理總經理宋師度致歡迎詞，繼介紹川省建設廳劉工程師宗濤講述西南鑛業情形，末由會員徐名材代表致答詞。

十月十日

上午九時在川康銀行會議廳，繼續舉行論文專題討論會，先舉行國慶節紀念儀式，由劉夢錫致詞，舉行論文會，由徐名材主席，(論文題目及提要見後)，關於四川工業各問題并有會員提出各項討論意見，最後由主席致詞，希望今年論文中多為有計劃性者，明年年會提出實施報告，旋散會後，由重慶自來水廠招待晚餐，并由該廠石經理體元致歡迎詞，嗣請賴璉演講，由會員羅冕致答詞。

十月十一日

上午九時仍假川康銀行會議廳舉行專題及會務討論會，由胡博淵主席，先討論會務，審查總會會計報告，及通過建築重慶會所，選出蔣志澄，陸邦興，劉杰，關頌聲，程志頤，孫越崎，林繼庸為籌備委員。繼由軍委會技術委員，本會會員劉晉暄演講軍事工程問題，詳述軍事需要工程師之情形及會員提出討論意見議決請會員慷慨徵募防毒面具，并向中央建議請各機關公務人員將已有之防毒面具捐助，並推定顧毓瑔，高惜冰，程志頤三君負責，後由工鑛調整處業務組長本會會員林繼庸演講報告抗戰以來遷移工廠之各項問題，計共遷移工廠三百四十一家機器材料計七萬噸，林君復提出若干項目請各會員注意及討論，繼討論各項提案，通過者計

(一)從速完成鋼鐵工業案。

(二)增加及調劑後方各種燃料案。

(三)動員全體工程人員參加抗戰案。

(四)訓練中級工程技術人才案。

(五)制定及推行後方防空建築設計案。

(六)徵集淪陷區域內技術人員效忠黨國增加抗戰力量案。

(七)其他。

中午重慶市銀行公會招待大會會員，由銀行公會主席康心如致歡迎詞，會員孫越崎答詞，末由中國西南實業協會四川分會總幹事本會會員程志頤報告組織情形及歡迎各會員入會。

下午各會員參加四川水泥廠等晚七時半舉行年會宴，由會員胡博淵主席先討論上午未曾終了之議案，議決各案交由共同審查委員會研究然後送執行部執行。當推吳承洛，張連科孫越崎賴璉陳章高惜冰顧毓琇胡博淵為委員由吳承洛召集，繼即於重慶市各界大規模慶祝南潯線勝利聲中舉行年會宴，由顧毓琇主席報告此次南潯綫勝敗之情形，幷舉杯慶祝，原定請吳稚暉先生演講，嗣以吳先生患病未克蒞臨，由稅西恆講述四川之水力情形及羅詠安講述航空問題，徐宗涑講辦理工廠之經驗，徐先生以輕鬆之口吻講述各項工程問題，最後主席於衆人笑語掌聲中宣佈閉會。

論文提要

(一)開發我國後方各省金鑛之建議　胡博淵

(提要)我國現值抗戰之時，對於生金之產量，急應增加，以鞏固我國外匯信用，俾購買重要軍用品，增強抗戰力量，我國後方川康桂黔甘青新各省，著名金鑛，一二年內欲增加一二百萬兩之生產量，幷非難事，則每年可增加二三萬萬元之外匯信用，不過各金鑛區域，多至荒僻羣山，土匪爲患，到處皆是，須由政府及當地軍警，予以切實保護，如治安無虞，則現在全國注意之金鑛事業，必能於短時期內，如雨後春筍之發展，以達鞏固外匯之目的云云。

(二)抗戰時之水利　鄭肇經

(提要)詳述抗戰時水利工程注意防堤農田水利及內地河道之修濬三大工作。

(三)導淮入江水道三河活動壩模型試驗報告　鄭肇經

(提要)此爲經濟部中央水工試驗所模型試驗報告之一，導淮入江水道三河活動壩之實際建築，即照該項試驗結果，報告中國關於設計試驗應用範圍等，載述極詳，實爲水利工程學術上之重要報告。

(四)中國烟煤之煉焦試驗　蕭之謙

(提要)國內烟煤十一種，曾用小型副產式焦爐作煉焦試驗，其所產焦炭之化學成份及物理性質，均按標準方法，詳加測定，從試驗結果知國內各種烟煤，或以灰份太多，或以含硫特富，或以粘性太弱，不能直接用以煉焦，改良方法，應將煤中雜質用洗選方法除去，或以數煤互相摻合煉焦，俾使某一種煤之優點，可以補助另一種煤之缺點，關於洗煤焦及摻合煤焦與原煤焦優劣之比較，本文內亦有試驗結果，以資證明。

(五)土法煉焦之改良　羅冕

(提要)焦炭爲工業上重要之原料，四川所產者純用土法，其質料不潔，尤以物理性質，多不適合冶金之需要，考其原由，煤質雖屬不良，而製煉方法之不精，更爲重因，據四川一般土法煉焦，先將原煤製成細粒，藉水力由木槽將雜質冲洗，煤與雜質因比重不同，除去雜質洗潔之煤，即可煉焦，惟土人無科學智識，冲洗時恆不注意，故製成之焦炭載灰分重，抑或硫分不輕，本論文研究之要點，此其一也，又煉焦時土人每忽視熱力之增減，本論文對此多有更改，其結果減

8328

少煤灰，所得煉好之焦炭，損失輕輕，此爲研究之要點二也，以上所述爲初步之研究，現正繼續作機械試驗，希得一良好方法，以解決此問題。

(六)川東之煤業　孫越崎

(提要)此文詳述川東嘉陵江區域及綦江區域之煤業，地質之分類，煤價之數目，採礦工程情形，產量之數目，及中福公司對於天府錫鑛增加機械及動力設備之新工程以及煉焦等問題，會員嚴冶之參加煉焦及煤業問題之討論，補充蕭之謙君所提出之焦煤產物理性各項，并就鋼鐵工業所需之條件，詳加說明。

會員朱玉崙提出煉焦問題之四項事實，三類問題，及兩種解決辦法，會員程志頤提出八個月來，辦理川煤購運之經驗，及防止渝市煤荒之意見，說明過去數月中購運之困難情形，及建議若干有效辦法，會員孫越崎復有補充意見反覆討論，到會會員極感興趣并將此問題保留至十一日上午繼續討論。

(七)人造汽油問題　徐名材　金開英

(提要)人造汽油可分兩種，一爲煤之溶化，一爲合成汽油，提出人根據歐洲各國研究之結果，及實施情形，將兩種方之異同，就其產品種類，產品之質，成本技術上之難易及所需資本之多寡，詳加講述，比較，金開英君就中國煤之溶化試驗之情形作一報告，及建廠時各項工程問題，詳加說明，并報告翁部長對於煉焦問題，已指定由資源委員會地質調查所，鑛冶研究所合作辦理，以期解決各項困難問題。

(八)成渝鐵路沱江大橋之設計與施工　陸爾康　高步昆

(提要)本文分緒言，沱江水文，河床，鑽探，設計概要，施工實况，材料與機具，及建築費七節，

一，緒言：略述成渝鐵路測勘及定綫概况。

二，沱江水文：略文沱江源流，水流速度，含沙質量，及高低水位變化情形。

三，河床鑽探：水冲鑽探及實心鑽探工作情形及結果。

四，設計概要：上部建築用華倫氏提式鋼梁，下部建築用混凝土及鋼筋混凝土橋台及橋頭，文中對設計標準及特點敍述綦詳。

五，施工實况：橋台及橋墩建築分別採用(一)露天挖掘。(二)開口沉箱及(三)氣壓沉箱等法。施工情形及進度紀載甚詳。

六，材料與機具：備配各種材料單價及機具價款。

七，建築費：全橋長356.30公尺，全部建築費估算爲1,281,000元，每公尺橋長之建築費爲3,6000元，

(九)多相同步發電機之分析　顧毓琇

(提要)三相同步機之精確分析，至1929年春美國電機工程師學會年會時顧氏及Park氏分別發表論文，方得合理之解決。顧氏所用分析法，乃利用 Stokvis-Fortescne 氏稱坐標法及 Heaviisde 對運算微積術，Park 氏所用分析法，乃利用 Blondel 氏，兩應學說，及 Doherty-Nic.le，同步機理論，近年以來，顧氏曾發表論文多種，不但對於原有分析之應用範圍，更爲擴充，且對於顧氏方法及Park氏方法之溝通，尤多貢獻。1937年9月份美國電機工程師學會會刊，又登載顧氏兩應學說對於多相同步機之推廣一文，頗受國外學者之注意。本文發表用顧氏方法對於多相同步機之分析，讀者如與在美發表之論文暨照，必尤感無窮之興趣也。

(十)單相感應電動機之理論及「張量」分析　章名濤

(提要)單相感應電動機之理論有二，一曰相對旋轉磁場理論，一曰直角交場理論，此二種理論以第一種便於瞭解，但亦有使人

誤解之處，本文中示明兩個串聯之普通多相機不能代表單相機之作用，且必須爲在同一靜止子上之假設多相機。直角磁場理論以旋轉子爲兩個不動之線捲，而其情形與旋轉之鼠籠線捲并非確然相同。兩種理論之磁場均爲橢圓形，此層亦在本文中證明。最近克朗(krun)氏之方法，在本文應用於單相感應電動機，其結果實較普通之公式更爲有用。且鼠籠線捲中每匝之電流，用變化陣列式，立卽可以求得。

(十一)感應電動機串聯運用時之波形實驗 顧毓琇 朱曾賞

(提要)感應電動機串聯運用之分析，曾由顧氏於中國工程師學會廣西年會中發表論文。本文報告感應電動機串聯運用時瞬變電流及電功率波形之實驗結果。本實驗所用機件爲三相感應電動機兩架，九單位示波器一具，直流電動機一架，及電計電閘等。實驗時之轉差率爲10%，40%及53%三種，實驗結果與理論計算互相比較，完完符合。

(十二)眞空管製造之研究 葉楷 范緒筠 沈尙賢

(提要)眞空管製造之研究，資源委員會及國立清華大學於抗戰以前卽已着手研究，國立清華大學眞空管製造研究所原設北平後遷漢口，今春又移重慶附近。研究工作之計劃，分爲技術，學理及原料之研究，原料自給問題包含採礦，冶金，化學及物理等專門問題，希望能與關係各方面合作研究，故於短期間不易進行，現近工作，注重技術及理論之研究，現發報用及收音用眞空管，已製造完成七八種，樣品請各大學及各機關試驗，超短波用小型眞空管，充純氣管等，亦正研究試製中。

(十三)土壓力之估計與擁壁設計 黃文熙

(提要)Terya_gpi在1932—1934年所作的試驗，證明擁壁所受土壓力的大小和分布情形是隨擁壁的平均移動量而異的，但是壓力之大小總是界乎靜止壓力及最小壓力之間。在本文內，作者應用土壤力學實驗所得智識，去求靜止壓力和最小壓力的大小和分布情形，再根據Teryagpi實驗，對於用緊沙和用鬆沙作填土的兩種擁壁設計法，作了兩個不同的建議。同時Coulowb和Rank nc二派理論中所作各種假設的可靠性，也隨時提出討論。

(十四)防毒用活性炭製造研究與試驗(提要) 李爾康 顧毓珍 周行謙

中央工業試驗所研究活性炭之製造，五年於茲，曾迭次改進，關於製造技術上若干基本問題，已得有解決方法。茲摘要述之如下：

(一)活性炭之原料，椰子殼最好，胡桃殼亦可。

(二)初級炭之製造，初級炭在炭化爐時，應注意爐內溫度，不可超過攝氏四百度，而同時應求揮發物量之減低，故時間不防稍長，約需五小時左右。若初級炭中含揮發物量過高，則活化時極易着火，有將完成活化之活性炭，同時燒燬之危險。

(三)炭之活化方法，活化方法，以過熱水蒸氣活化法爲最經濟，故本所卽採用此法。活化爐中之溫度，應不使超過攝氏一千度。活化時間自攝氏八百五十度起計算，須維持在三小時以上。活化時間不足，則質地減低，活化時間過長，則產量減劣故應視活化爐之構造，加熱之情形，與夫初級炭之性質以及水蒸汽加入量之多寡而定。

(四)抗毒效率之試驗本所製成活性炭之抗毒效率試驗，根據軍政部應用化學研究所，之檢驗方法，其抗毒時間(綠化苦毒氣)爲二十七分鐘，原定標準爲三十分鐘，相差無幾若以炭之吸收毒氣重量計，可達百分之六十五以上本所上述由方法製造之活性炭，兩年來已逾一萬磅之數，用製成炭製入防毒面具中之抗毒檢驗，結果反較原定標準佳，是可知裝置方法及程序，實為防毒用活性年中之要點，不可忽視也。

(十五)酒精代替汽油之試驗(提要)　顧毓珍

各級濃度酒精與市售三種汽油（美孚，殼牌，德士古）之相互溶解度，先加以試驗。知市售汽油之種類，對於酒精混合液體，燃料之分離溫度，確有影響，濃度在百分之九十六以下之酒精，如欲代替汽油，而在冬季欲避免分離現象，必須加入混合劑，以乙醇為最有效。

酒精代替汽油之開車試驗，在南京時，曾請江南汽車公司，在冬季用公試汽車，作一個月的實地試驗。試用之混合，燃料有兩種，第一種含有百分之十八酒精（百分之九八·六五容量）與百分之八十二汽油「美孚」第二種含有百分之二二，五酒精「百分之八九，六五容量」與百分之七七，五汽油，每種經一星期以上之試驗，得與同一氣車單用汽油時，燃料消費量之比較，第一種燃料之消費量幾與純粹氣油無異；第二種消費量，僅增加百分之九，其他情形，雖在冬季，與純用汽油時無異，於此可見酒精代汽油之施行，雖在冬季，已可施行無阻矣。

(十六)壓榨植物油之研究—桐油與菜油　顧毓珍

（提要）壓榨桐油與菜油時關於壓力時間，溫度及水份對於產油量之影響，曾詳加試驗。植物種籽中水份之存在，對於產油量，至有關係。若調劑得宜，可以增加產量。如將水份固定，則壓力時間溫度對於產油量之關係，可以一定公式表明之。壓榨桐油或菜油時，所得之公式相似，所差者僅為常數。壓榨桐油公式之常數為〇·一六四，而菜油公式之常數為〇·〇五二三，於此常數之大小，可以確定榨油之易難，常數大，則壓榨易而產量多，反是則壓榨難而產量少。作者意謂是項壓榨公式實為改良土法榨油將之基本科學根據。

(十七)戰時紙料之供應問題　張永惠

（提要)本文論述救濟現時紙荒，須以自給為原則，擬就之辦法有三，(一)改良手工紙，使成本減低，品質增善並合新式印刷及書寫之用，以代替舶來新聞紙道林紙等，關於此項改良之可能性方法中央工業試驗所已有長時間之研究，曾於去歲秋利用國產原料，以手工製出改良紙張，經中央日報等試印，認為滿意，并於最近將改良手工紙設計印成小冊，以供造紙界之參考，(二)協助現有各機器紙廠其開工者使之增加產量，其停工及遷入內地者使之早日復工，(三)即時籌辦大規模造紙紙料廠，製造紙廉之紙料，專供手工紙槽及機器紙廠之用，以求自給。

(十八)中國捲菸紙之製造　賴鳳章

（提要)每年自國外輸入紙張價值國幣四千餘萬元，捲菸紙居第二位，年值五百餘萬元，民國二十五年五月始有嘉興民豐紙廠開始製造，每天平均產紙九百數十圍「每圍製菸一箱計五萬支」，原料完全用國產黃蔴及舊夏布舊漁網等。捲菸紙之特點除潔白外計有四項：一，燃燒速度合宜，二，薄而拉力強，三，薄而不透明，四，燃燒無臭味尤以第一項最為重要云。

(十九)四川皮革工業之技術改進　杜春晏

（提要)本文係根據中央工業試驗所移渝後，研究及改良四川皮革工業之工作，內分為五項：一，從全國皮革製品之消耗及生產值，述及抗戰建國時期，後方生產等皮革問題，二，原料問題，如山羊皮，黃牛皮，及水牛皮等之調查和整理改善之意見及其利用并述及實施具體辦法，三，材料問題，如植物鞣料提取之計劃。四，技術改進之初步工

8331

作，及逐漸改進之實施方案。五，最近工作產品之結果，及今後工作事業之目標。論文題目雖爲地方性，而其中實包含抗戰時期生皮革之整個意義

(二十)防炸建築之研究 盧毓駿

(摘要)本文詳述防炸建築之設計及應用

(廿一)棉籽油代替柴油之動力試驗 顧毓瑔

(摘要)棉籽能代替柴油，在抗戰期中，中國油料缺乏之時，實一急切之要求，本文詳述提士引擎，燃料技術之條件，及中央工業試驗所動力試驗之設備及試驗記錄，并於馬力速度及旋力速度，以及在某種條件下，可能代替柴油及與柴油摻合使用加以說明。

(廿二)機械製造工業之幾個基本問題 顧毓瑔

(摘要)中國機械製造，急求自給，於戰時尤甚，在過去數年中，國內機械工業，進步甚速，但於仿造方面，而於基本問題，如翻砂淬火焊切等問題，未予注意，作者提出若干基本問題，并建議研究之道。

「此次論文中，有許多是研究的結果，也有許多是計劃性質的，希望明年今日，再開論文會，研究時報告他更得的研究結果，計劃的。報告他實施的結果，」

徐名材先生結束論文會致詞

到會會員一覽

梁 津	潘連科	周開基	廖定渠	周煥章
孫國樑	何德顯	陳體誠	曾世英	吳承洛
彭濟美	劉貽燕	歐陽崙	熊天祉	孫輔世
王華棠	高惜冰	姚文尉	尤寅照	陸邦興
吳琢之	鄧益光	楊叔蘅	劉 杰	程本臧
閻樹松	顧毓瑔	胡博淵	金開英	孫越崎
蕭之謙	黃典華	楊公庶	徐紀澤	陳松庭
張大鏞	羅 冕	陳曉嵐	趙國華	積鳳章
趙逢冬	徐建邦	賈元亮	蔡雷叔宣	吳善福
蔡家騄	何永清	陳 霓	郭養剛	孔令瑢
唐之肅	劉夢錫	潘 祖	宋福祺	陳敦熔
伍无畏	高步昆	賴 璉	陸爾康	郭仰汀
李法一	張連科	胡懋康	陳 章	周大鈞
閔啓傑	朱嘉栩	黃文熙	朱仙舫	童 凱
徐名材	慶啓蓉	沈乃菁	鄭肇經	宋熉章
何肇中	林繼庸	孫洪恒	吳道一	沈芷人
顏耀秋	王善爲	傌 範	羅竟中	張劍鳴
陳安國	葉桂馨	魏元先	唐瀚章	龔積成
趙祖康	許行成	張烊福	朱玉崙	李充國
徐崇林	張永惠	葉秀峯	劉晉暄	程志頤
曹理卿	王瑞澤	汪超西	徐芝由	徐紀驥
劉濟華	顧毓琇	林平一	沈嗣芳	胡元民
刑丕緒	張清漣	毛韶青	杜春晏	陳體榮
陳仿陶	梁 強	顧毓珍	鄭禮明	馬 傑
殷恩域	范 維	盧毓駿	羅榮要	沛潔修
閔 湘	王華棠	周志宏	雷寶華	彭濟羣
靳範隅	吳旦平	陸貫一	稅西恆	

(二)本會總會移渝

本會總會原在上海，抗戰以來各董事及執行部各職員，均以職務關係先後離滬，爲求會務策進便捷起見，廿七年十月八日，在漢舉行之臨時大會，曾議決請總會移渝，二十七年十一月二十六日，本會董事徐佩璜，受曾會長養甫，及沈副會長怡之託，與重慶本會各董事交換意見，由吳董事承洛，邀集在渝各董事及重慶分會各職員座談決定，請總會移渝並增強執行部機構，本年一月一日由會通告正式移渝。

(三)本會組織軍事工程委員會

自抗戰開始以來，除各會員分別參加直接間接之抗戰工作外，復參加軍事工程之組織，於二十六年九月間，有軍事工程團之組織，由陳誠氏任總團長，（後由會員陳立夫代理）會員薛次莘任幹事長，顧毓瑔莊與鼎任第一區團正副團長，黃伯樵沈怡任第二區團正副團長，武漢湖南及河南各區，亦分別着手組織，直至首都失陷後工作暫行停頓，此次臨時大會時復由會員顏璉等提議，由本會正式組織軍事工程委員會，協助政府處理抗戰時期軍事工程事項，經大會通過，推定曾養甫爲主任委員，顏璉爲副主任委員吳承洛顧毓瑔孫越崎林繼庸劉晉暄陳章錢昌祚康時振張連科爲委員顧毓琇胡博淵趙祖康錢昌照王鍾杜聿明謝貫一楊繼曾張劍鳴薛次莘爲諮詢委員。玆將軍事工程委員會組織大綱錄後。

中國工程師學會軍事工程委員會組織大綱

第一條　本會依照臨時大會之決議組織之定名爲中國工程師學會軍事工程委員會

第二條　本會以建議及協助政府處理抗戰時期軍事工程事項爲主要目的并隨時供政府之諮詢

第三條　本會設主任委員一人副主任委員二人委員九人至十五人主任委員由本會會長兼任副主任委員由委員互推

第四條　本會設諮詢委員若干人聘請各有關機關團體代表及軍事工程專家充任之

第五條　本會設下列各組每組聘任組長一人幹事若干人

(一)總務組：辦理關於文書事務會計等事宜

(二)服務組：辦理關於組織登記交際運輸等事宜

(三)研究組：辦理編譯審核調查等事宜

(四)訓練組：辦理訓練班及討論會等事宜

第六條　本會每月開常會二次必要時得開臨時會由主任或副主任委員召集之諮詢委員及各組長均得出席

第七條　各組因工作之聯繫由副主任委員隨時召集工作會議

第八條　本會主要工作暫以與軍事有密切關係之土木機械化學電信四項工程爲對象

第九條　會議規則暨辦事細則另定之

第十條　本會因工作之需要得組織戰事服務團各地調查團並舉辦或受託開辦訓練班其計劃另定之

第十一條　本會經常費由中國工程師學會担任各種事業費另案呈請有關機關撥發

第十二條　本大綱由中國工程師學會通過施行並呈請軍事委員會備案

(四)本會重慶分會會務消息

本分會於民國二十五年五月正式成立，公選鄧益光爲會長，陸叔言爲副會長，蕭子材爲書記，羅冠英爲會計。十一月七日假國際聯歡社，開會員大會，商討會務。二十六年一月，以李儀祉先生鴻才碩學，不幸逝世，爰假本市青年會大禮堂，開會追悼。又以抗戰以來，國府遷渝，工程人員先後入川者甚夥，本分會會員人數激增，爰於五月一日復假國際聯歡社，開會員大會，藉以歡迎，并討論會務，當公決等建會所，推定專員，組織會所建築委員會，負責籌劃一切，現正積極進行中。八月奉　總會函，以全國工程師學會將在重慶舉行臨時大會，囑為籌備一切事宜，因於是月十五日假成渝鐵路工程局，開職員會議着手籌備，公推吳承洛，鄧益光，陸邦興，顧毓瑔，稅紹聖，姚文尉，胡博淵，梁津，羅冕九人為籌備委員，并公舉吳承洛為主任籌備委員。籌委會成立後，即積極籌備，於十月六日一切就緒。七日至十二日為大會開會期，會後彙集各種要案函送總會并結束臨時大會會務。

八月十五日開職員會議時，同時推定本分會下屆改選司選委員陳章，稅紹聖，程本臧三人，于大會結束後，舉行改選，結果當選胡博淵為會長，劉蓼錫副會長，歐陽崙書記，羅冕會計，于二十八年一月六日到會視事。現正籌備召開本分會二十八年度第一次會員大會推定胡博淵，吳承洛，顧毓瑔，張劍鳴，盧孝侯，魏學仁，吳道一，劉蓼錫，惲宸，宋師度，關頌嵐，陳邦興，羅冕，林繼庸，龐贊臣，李燭塵，程志頤，顏耀秋，李元成，余名鈺，鄭禮明，孫越琦，朱謙，胡光麃，許行成，姚文尉，陳體榮，歐陽崙等廿八人為籌備委員，組織籌備會，內分會程，佈置，獎品，招待四組分別負責籌備，已於一月十五日舉行首次籌備會，并定於二月二十六日假銀行公會會址舉行大會，除敦請名人演講外，并準備有科學表演魔術歌詠音樂及贈品等節目多種，一切均在繼續進行中，屆時定有一番之盛况也。（歐陽崙）

（五）救濟鐵荒第一聲

協和煉鐵廠之籌備

抗戰以後，我國各重要產鐵區域，既全陷於敵手；而各重工業自奉令西遷以來，其生產量又復突飛猛進；於是生鐵原料之恐慌，乃呈空前之現象，中央工業試驗所所長顧毓瑔先生，上海機器廠顏耀秋先生，大鑫鋼鐵廠余名鈺先生，民生機器廠周茂伯先生，順昌鐵工廠高功懋先生等，有鑒於此，亦以為在此非常時期，無論為國家增強抗戰實力，抑為後方增加生產，對於生鐵原料恐慌，如不急謀救濟，則抗戰前途，必受莫大之影響；即本身企業，亦必因此遭遇異常之打擊，爰於籌備組織機器工業同業公會之際，對於生鐵恐慌，即設法圖謀解決；復經顧所長毓瑔之策進推動，乃迭經開會討論，並請專家胡博淵，歐陽崙，張茲闓，周志宏先生，嚴冶三諸先生等參加指示，即擬定「救濟生鐵原料恐慌計劃書」決定一方面與當地土爐合作，予以技術上之改良；一方面更自行設廠，置爐煉鐵，以謀根本之解決。

此項計劃書及進行方針決定後，旋即以機器工業同業公會籌備委員會名義，於廿七年十二月一日，召集本市同業工廠，開全體大會，廣徵同業各廠之同意，以期此項計劃之早日實現，計是日到會者有經濟部暨中央工業試驗所工鑛調整處等各機關長官及專家十二人；同業工廠四十二家，出席代表四十五人；此外如龍章紙廠龐贊臣先生，中國工業煉氣公司李允成先生，蜀江鐵廠沈執中先生，東原公司吳舉宜及張勿堂先生；暨寶元通百貨商店熊蔭村先生等；或為需用生鐵，或為改良土爐，亦均到會參加，會議結果：當推定民生機器廠，上海機器廠，東原公司，藝華機器廠，順昌公司，大鑫鋼廠，蜀江公司，華興機器廠，中國工業煉氣公司等九

家，組織「救濟生鐵原料恐慌籌備委員會；並以上海機器廠，爲該籌委會之召集人。「

嗣該籌委會於十二月三日，即召集第一次籌備會議，議決議擴充資本爲十五萬元（原計劃爲十萬元），分爲一千五百股，每股一百元，普遍招股，籌組協和煉鐵廠股份有限公司，並推定順昌公司高功懋先生起草該公司章程草案，後該籌委會復經開會兩次，以各同業工廠及個人之踴躍參加，與生鐵原料之需要日增，又擴充資本爲二十五萬元，分爲一千二百五十股，每股二百元；並經各負責籌備廠家，先行認定五萬二千元，不足之數，則由籌備各廠負責向其他各廠或個人招募。

二十七年十二月廿一日，救濟生鐵原料恐慌籌備委員會，乃召集第二次機器工業同業各工廠全體大會，進行認股事宜；當經出席二十一單位，共認定股份十二萬五千元，並決議於十二月廿七日向重慶中國銀行先繳百分之二十；廿八年一月底以前，再繳百分之四十；其餘則限於本年二月底以前繳清。

至是組織協和煉鐵廠股份有限公司之籌備工作，既已初告就緒；所需之各項機器及材料等，亦正在各機器工廠趕造配備之中；而煉鐵廠廠址，亦勘定於揚子嘉陵兩江會合處之江北岸白沙沱地方，於是乃一面呈請經濟部轉令中央工業試驗所及鑛冶研究所，指派專門技術人員協助進行，並令遷建委員會，供給綦江鐵鑛鑛砂；復呈請工鑛調整處協助資金，並轉呈咨請委員長行營令飭江北縣政府，代爲收買廠址，一面更決定於廿七年十二月廿九日，開協和煉鐵廠股份有限公司創立大會，通過公司章程，並即依照章程規定，選舉該公司之董事及監察人，嗣爲使各廠踴躍參加起見，特再廣爲徵求，於一月底舉行大會選出董事鄭璧成，余名鈺，顧耀秋，周茂柏，蕭禹成，龐贊成，高功懋，胡瑞成，曹作民等，並以鄭璧成爲董事長，周茂柏蕭禹成爲常務董事，監察當選者爲許恆宋師度及永利公司代表，經理已推定余名鈺，副經理推定陳維，現正積極進行，購地建廠及製造機器等工作云。

（六）褒揚殉職工程師

抗戰以來工程師因忠於守職，而致殞命者甚多，此次臨時大會議決調查殉職之工程師，擬具紀念辦法，當時由會員馮簡報告，首都無線電台工程師蔣德彰殉職情形，議決向蔣君家族致慰唁之意，又天津電話局主任工程師朱彭壽，自二十六年津地淪陷後，在敵人環伺困難萬狀之下，艱苦撐持，始終不餒，敵人恨之刺骨，於去年春擄架入獄，終以不甘屈服，致遭慘害，其壯烈足風當世，經行政院第三九五次會議議決，轉呈國民政府明令褒揚，茲錄國民政府一月三日原令如次：「天津電話局主任工程師朱彭壽，歷任電話局重要職務，勞績卓著，自敵軍侵入天津，屢欲攫取該局，賴由該工程師艱苦支撐，拒絕接收，敵人計不得逞，恨之刺骨，去年春擄架入獄，備加毒刑，終以不甘屈服，致遭戕害，其矢志之賢貞，死事之慘烈，實足以發揚民族之意識，增強抗戰之精神，應予明令褒揚，並特給卹金五千元，用彰忠烈，而資矜式，此令」。

8335

(七)經濟部核准專利之工業技術獎勵案件

呈請人	物品方法名稱	准予專利部份	准予專利年限	決定書號數	公告日期	呈請人住址
周寅	識字機	全部	五年	廿七合字第一號	廿七年五月廿六日	上海天通庵路五〇七號
鈕叔香	橢圓圓形兩用規	該項兩用規繪製橢圓形部份	五年	廿七合字第二號	同上	上海西門西倉路十六號
陳立夫	陳立夫鉛字架	鉛字滑動豎立裝置部份	五年	廿七合字第三號	同上	
黃史典	坐臥自由車	利用普通自轉車改裝爲救護床之結構	五年	廿七合字第四號	同上	南京國府路梅花巷九號周非君轉
蔡順富	人力車資計數表	全部	五年	廿七合字第五號	同上	上海東有恆路一一四三弄六〇號
史永恩	歷鐘	表示日曆之傳動構造部份	五年	廿七合字第六號	同上	山東烟台法院街永業鐘廠
李幹民	自來錫電烙鐵	熔錫筒節制活門	五年	廿七合字第七號	廿七年七月六日	汕頭新興路三四號無線電台
舒明海	風球	扇葉部份	五年	廿七合字第八號	同上	上海蒲柏路賡餘里三號
華生電氣廠	間吸式電磁控制開關	拉鈎跳片及活動觸頭部份	五年	廿七合字第九號	同上	上海福建路五一三號
西北實業公司	膠輪大車手閘	手閘	五年	廿七合字第十號	廿七年八月一日	西安通濟中坊十五號
薩本駒	薩氏變色電燈泡	以不同色之小燈泡裝於大燈泡內之構造部份	五年	廿七合字第十一號	同上	上海望志路仁壽里十四號
殷魯深	標準眞空吸水器	眞空吸水器裝置	五年	廿七合字第十二號	同上	上海甘世東路五一九號
姚庭楷等	自來水牙刷	牙水自眞空管牙刷柄內注射入牙刷頭部份之構造	五年	廿七合字第十三號	同上	上海梹榔路一〇六一弄二二號
陳揚廊	克式植物油燈	蓄油部份	五年	廿七合字第十四號	廿七年八月十二日	湖南省建設廳轉呈
李己任	活動自來水毛筆	螺旋形引水槽調節墨水活動針及通心雙層管六星筆頭之構造	五年	廿七合字第十五號	廿七年十月八日	郥城中華商會轉
任國常	各種線鈴及圓保險盒及其他類似用途之電料	銅件與磁件連接部份用銅管銜接方法	五年	廿七合字第十六號	廿七年十一月廿二日	重慶永齡巷五號

工程月刊社啓事(一)

本刊第一期，以重慶印刷費時，不能如期出版，謹致歉忱。

工程月刊社啓事(二)

敬啓者，自抗戰以來，工程師忠於職守，因而殉難者爲數必多，現擬廣事徵詢，殉職工程師之姓名照片事蹟，以便刊登本刊，並送請本會董事所執行部，議請褒䘏紀念，凡殉職工程師之親屬友好，備有殉職工程師之照片，生平事蹟及殉難時之事蹟節略，統希檢交重慶陝西街中央工業試驗所轉交本社彙編，無任感荷

「四川物產豐富，應速加開發，許多工程師到四川來，固是四川之幸。實亦是工的師之幸，有此機會，可以各本所學，開發後方。」

呂參軍長超在本屆大會開幕時訓詞

「蘇聯程計劃經濟，我們應可借鏡，而其所遇困難，我們亦應避免，此項困難，(一)重於量而忽於質，(二)工程人員不夠。」

蔣處長廷黻在本屆大會開幕時訓詞

「今後之建設在眼光上，手段上，心理上都應有修改。」

會員陳體誠在本屆大會開幕時演詞

8337

編輯之言

爲要策勵工程界同志負起抗戰期中工程師所應負的責任，爲要引起社會人士對於抗戰期中各種工程問題的注意與興趣，所以在上年十月八日召集的中國工程師學會臨時大會議決編輯出版本刊。本會原有兩種刊物，一是「工程」季刊，一是工程週刊。「工程」的內容偏於專門論文之刊登，工程週刊是偏於會務消息之傳播。這兩種刊物過去對於學術的貢獻與會務的促進，都有很大的成就。抗戰以來以印刷及集稿之困難，「工程」與工程週刊只得暫停刊行，而所負的使命決不能因而間斷。編輯本刊的初旨亦卽在此。吳承洛先生的「工程師動員與本刊的使命」很詳細的說明我們的方針，與抗戰建國有關的工程問題實在太多，我們希望廣徵切合需要的各種論文逐一刊登。每一期擬選定一個或幾個中心問題，使各家論文可以互相參證啓發，使讀者亦可集中注意。

本期的中心問題是煉焦與煉鐵問題。這兩個問題實是密切相關不能分開的。「中國烟煤之煉焦試驗」是經濟部地質調查所蕭之謙賈魁士二先生的研究報告「四川土法煉焦改良之研究」是重慶大學羅冕先生的研究報告，皆是去年臨時大會中提出之論文。經濟部鑛冶研究所所長朱玉崙先生的「四川冶金焦炭供給問題之檢討」是臨時大會論文會時對於上兩篇論文的討論意見。

爲救濟後方鐵荒問題，我們曾邀集許多專家討論辦法。兵工署材料試驗處處長周志宏先生的「抗戰期間救濟鐵荒之商榷」，經濟部簡任技正胡博淵先生之「抗戰時期小規模製鍊生鐵問題」及大鑫鋼鐵廠經理余名鈺先生之「四川鍊鐵問題之檢討」都是爲此問題而寫的。周先生之「毛鐵之檢驗」是研究四川土鐵之結果，更是救濟鐵荒方案的重要參考材料。除此四篇論文以外，還有關於救濟鐵荒的事實表現，就是在消息欄中的協和煉鐵廠的籌辦概況，可以參閱。

遷移廠鑛是抗戰期中政府的一種重要設施。此次主持遷廠工作的林繼庸先生爲本刊寫的「廠鑛內遷經過」是有歷史價值的。本文甚長要三期才能登完。

經濟部核准之專利案件，是與經濟部工業司司長吳承洛先生，約定刊登以後還可源源供給。我們希望能藉此可以引起工程師發明的興趣。

爲提起若干重要問題促工程師的注意起見，從第二期起擬加「短評」一欄。

在本刊第一次刊行之時，希望工程界同志多多賜稿，論文報告固所歡迎，短評消息亦請惠賜。希望社會各界時時賜予指正協助，能藉本刊的傳播使社會對於工程問題工業問題由興趣而生力量，則非特本會之幸，抗戰最後勝利之把握亦卽在此。（璪）

投稿簡章

一、本刊主旨爲檢討戰時各項工程問題策進後方建設事業歡迎本會會員及外界投稿

二、投稿文件不拘文言白話但須加新式標點

三、如係譯稿請附寄原本或將原文題目著者姓名出版書局年月及地址詳細敍明

四、投寄稿件須繕寫清楚如有附圖請用黑墨繪成（藍紅色不能製版）

五、投寄之稿不論揭載與否原稿概不退還惟長篇在一萬千以上者如未揭載得預先聲明寄還原稿

六、稿末請註明姓氏名號及地址以便通訊

七、凡經本刊採登稿件文責概由作者或譯者自負

八、投稿俟揭載後酌酬本刊二本至十本其尤有價值之稿從優酬贈

九、投寄之稿本社得酌量增删之不願者須預先聲明

十、投稿者請將稿件寄「重慶上陝西街十號經濟部中央工業試驗所轉中國工程師學會工程月刊社」

工程月刊 一卷一期

編輯者——中國工程師學會工程月刊社

發行者——中國工程師學會工程月刊社
（重慶上陝西街十號）

代售處——全國各大書局

定價

零售每册三角

預定

册數	國內	香港	國外
全年十二册	三元五角	四元	四元五角

工程月刊

中國工程師學會戰時特刊

第一卷　第二期

(即工程第十二卷第六期)

目　錄

中國工程師學會工程月刊社發行

中華民國二十八年二月出版

本刊工程文摘欄徵稿簡章

(一)抗戰期間，交通修阻，各機關、各學校之圖書雜誌等，不但遲延時日，或竟殘缺不全。本刊爲適應需要，溝通海內外工程界之著述及消息起見，特增闢工程文摘一欄，專以摘譯中外日報及雜誌，有關於工程方面著述、消息爲目的。

(二)先由本社聘定工程文摘指導員若干人，並爲約定編譯員若干人，担任編譯工作。

(三)稿件上應將下列各項完全註明：

(甲)指導員姓名（簽字或蓋章）。

(乙)編譯員姓名。

(丙)原著者姓名。

(丁)原文標題。

(戊)文摘標題。

(巳)摘自何種雜誌或日報。

(庚)該雜誌或日報之出版年月日，及其卷期頁數。

(辛)發表時所用之署名。

(四)來稿每篇以五百字至一千字爲限，但亦酌載二千字以內之長稿。

(五)來稿文句，本刊得酌量增删之，不願者必須預先聲明。

(六)來稿刊出後，略致薄酬：

(甲)原文爲中文者，文摘每千字一元至四元。

(乙)原文爲外國文者，文摘每千字三元至五元。

(丙)不受酬或自願酬取工程月刊者，請於稿末註明。

(七)來稿刊出後，文責由摘譯者自負。

(八)來稿逕寄：「重慶陝西街十號，工程月刊社收」

中國工程師學會職員名單

會長	曾養甫				
副會長	沈怡				
董事兼駐會代表	吳承洛				
董事	惲震	薩福均	侯家源	趙祖康	裘維裕
	周象賢	杜鎮遠	鮑國寶	淩鴻勛	顏德慶
	馬君武	徐佩璜	李儀祉	薛次莘	李書田
	夏光宇	裘燮鈞	王寵佑	陳體誠	梅貽琦
	胡博淵	胡庶華	韋以黻	華南圭	任鴻雋
	陳廣沅				
基金監	王繩善	黃炎			
總幹事	裘燮鈞				
代理總幹事	顧毓瑔				
暫代駐滬辦事處總幹事	朱樹怡				
會計幹事	張孝基				
代理會計幹事	徐名材				
文書幹事	鄒恩泳				
代理文書幹事	歐陽崙				
事務幹事	莫衡				
代理事務幹事	姚文尉				
暫代駐滬辦事處事務幹事	馬德祥				
刊物委員會委員	顧毓瑔	吳承洛	胡博淵	盧毓駿	陳章
	張簡	歐陽崙			
重慶會所建築委員會委員	蔣志澄	陸邦興	劉杰	關頌聲	程志頤
	孫越崎	林繼庸	羅冕	胡博淵	
軍事工程委員會主任委員	曾養甫				
副主任委員	賴璉	吳承洛			
委員	顧毓瑔	孫越崎	林繼庸	劉晉暄	
	陳章	錢昌淦	康時振	張連科	
諮詢委員	顧毓琇	胡博淵	趙祖康	錢昌祚	王鍾
	杜聿明	謝一貫	楊繼曾	張劍鳴	薛次莘
防空建築設計委員會委員	鄧益光	盧毓駿	劉夢錫	關頌聲	許行成
	顧毓瑔	薛次莘	胡博淵	吳華甫	歐陽崙

工　程　月　刊

中國工程師學會戰時特刊

第一卷　第二期

目　錄

翁部長題詞

更生之途在自力會友輔仁思其職
態度準確堅不移治事定教脚踏實
能不怕苦不畏難此種精神甯強飾
以之制敵敵必摧夕掃塵霾朝建國
君不見創業之艱成就之大
海外工程師雙峯竝峙法與德

翁文灝

工程與軍事

陳　誠

（在中國工程師學會重慶分會會員大會演講詞摘要）

依個人的感覺，工程師在目前大時代環境中，地位是非常的重要。總理實業計劃中，曾經詳細載明，沒有一樣事業不是與工程界有密切關係的。至於工程與軍事關係，更不可分開，離開工程，即不能言軍事：如兵工及軍需工業，無一不賴工程事業之協助。在這次抗戰中，軍事上得到工程界幫忙的地方很多，特別是交通運輸方面，因為軍事與交通工程是有重要聯繫的，舉一個例說：此次保守武漢，因為得到工程界的幫助和民衆的合作，臨時趕造一條公路，使軍事上得到莫大的便利，達到比我們預期的計劃延長堅守至兩個月之久，我們得以從容撤退，絲毫不受影響，這一點足以證明軍事與交通工程互相為用的效果，亦足以說明交通運輸在軍事上之重要性。此後亟宜設法使工程師進入軍隊服務，幫助軍隊。中日戰爭，絕非此三年五年可以結束，因此在工程上須準備十年建設；且此後建設，均須依據　總裁所指示之「一切建設須適合軍事要求，為努力之目標」。某一外籍顧問曾謂：中國過去一切建設，均含有誘人的侵略性，因我國交通，均係由外向內，而非由內向外伸展。此外，我國工廠，大部均係消費性，尚未有適合國防之工業；且工廠地位集中，危險殊大，故希望此後工程與軍事能打成一片；一切建設，均以適合國防為中心。

工程師與抗戰建國

陳立夫

（在中國工程師學會重慶分會會員大會講演摘要）

抗戰至於現階段，國家民族已屆最嚴重之生死存亡關頭！在此時期中，吾人須認清有兩點爲國民一致所要求者：第一，要有持久的精神，支持長期抗戰。第二，要在極短的時間內，建立工業的基礎。人類歷史，爲一部找求生存之奮鬥史，世界一切進化，唯有基於生存的要求，方可促其實現。當客觀環境：勿以一民族生存時，若其本身仍能努力爭求生存，即認爲該民族最進化之階段。依照民生史觀，凡人類一遇不能生存之時，亦正是最進化的時期。今我中華民族正處於最危急環境中，亦即處於最進化之時代，在此時期，吾人當加倍努力，造成我國歷史上劃期之進步時代，工程師爲建國之中心人物，應站在時代之最前面，爲國家民族生存而奮鬥。本人希望全國工程師，今後努力的目標，計有兩點：

（一）工程師不必集中於通都大邑，此後應分散到各地去，應以縣爲政治及經濟之單位，亦即是工程師之單位，使每一個縣，在工程師努力與奮鬥之下，得以自給與自足。

（二）完成工業分散化，并須：（甲）以最小之物質，發揮最大之力量；（乙）以最短之時間，控制最大之空間，建立工業之基礎。

全國工程師們，誠能本上述之目標，發揮工程建國的使命，創工程界對於此次抗戰建國之艱鉅工作，所表現之成績，并不稍遜於前線將士們的汗馬功勞。最後願以「不畏難」「不苟安」等語，獻給在座工程師諸君，希望均能身體力行，以參加完成當前「抗戰必勝」「建國必成」偉大而又光榮的工作！

開發我國後方各省金礦之建議

胡博淵

目次

我國現值長期抗戰之時，對於農工礦業生產，如能積極增加，則軍需資源，自能日漸充裕，各種農礦產品，均可輸出以交換軍用機械，若生金之產量同時儘量增加，自可鞏固我國外匯信用，購買重要軍用品而加強抗戰力量。故我國後方各省產金區域，亟宜從事開發，如湘、川、康、桂、陝、甘、青、新各省，不乏著名產金區域，應由中央政府主持，與各省政府合作，設立金礦總局或各省分局，以管理及開採一切事宜，而國內商人及華僑，確有投資之能力與熱忱者，亦可由政府與之合作，或委託經營，或官督商辦，擬訂妥善辦法，所產生金，須由政府收買，惟政府不可以國營名義，保留礦權，不但無力舉辦，又不准商民之有財力者開採，致地利不能開發，影響抗戰前途甚大也。各省金礦，如同時舉辦，則一二年後，每年能增加生金產額至三四萬萬元，並非難事。又開採金礦，其設備較為簡便，易於舉辦，而收效又速。惟金礦區域多在崇山峻嶺，伏莽潛滋，故礦區治安問題，須由政府及當地軍警，予以切實保護，以前官商合辦之金礦，因治安不良喪失生命財產，而遭失敗者，不勝枚舉。茲將各省金礦情形，及開採計劃，略述於下：

(一) 湘東湘西金礦

湖南產金區，可分為山金及砂金二種：山金素以平江、桃源、沅陵、會同四縣為最著，作者於去年春，旅行時所勘及者，為平江之黃金洞，桃源之冷家溪，沅陵之金牛山及柳林汊；至於會同之漠濱庵堂山，以時間及治安問題，未能達到。此外沅陵北之慈利、大庸等縣，亦以產金著聞。今試摘述湘省各金礦情形如下：

地質

湘省各金礦區，其地層皆屬寒武紀前之震旦紀，構造方面，則在湘西桃源及沅陵者，皆在背向層，且背向層之脊部，皆有斷層作用，背向層之走向，皆為東西向，雖或微偏北，或微偏南，而平均則為東西向，將來再作詳細之地質調查，應先將背向層向東北延長之距離，作一決定，同時再順背向層，求石英脈岩之分佈，則山金產區，當可更多。如引申論之，似每個背向層之下，有岩基向上侵入之大塊，惟皆無露頭，僅能由其支出之石英脈論定之。其他關於地質情形，因限於篇幅，恕不詳述。

各金礦母岩及石英脈傾角總記

（甲）平江縣黃金洞山金，產於千枚岩中，岩石有多數小摺綯，青灣及竹灣褁一帶之岩層傾向平均為東北四十五度，傾角為五十度至九十度，含金之石英脈岩之傾向，為西南四十度至五十度，傾角為四十五度。

（乙）平江縣長壽街左近之砂金，七名田金，產於赭紅色之礫岩中，在農地下十二尺至十五尺，即可掘得礫岩，皆成水平，其色為紫灰色，堅。且有傾角之砂礫，應於採掘時注意，紫色及灰色之砂礫岩在下，赭紅色礫岩在上，設不注意，即易混成一層。

（丙）桃源縣冷家溪各金礦之地質，大致相同，母岩皆為千枚岩，曾經褶縐成一背斜層，頂部且有斷層。

冷家溪官鑛局及利華公司所探之含金石英脈與千枚岩傾向北偏東二十度，傾角爲五十五度。長江公司所探之石英脈傾向西南四十五度，傾角爲四十五度至七十度，而母岩之千枚岩傾向北偏東十二度至三十度，傾角爲四十五度至八十度。

（丁）沅陵縣金牛山之含金石英脈產於赭色砂岩中，砂岩之上爲泥頁岩，皆經褶縐成一背斜層，其頂受斷層作用，且石英脈岩，即在斷層左近，與冷家溪之石英脈，距斷層較遠者不同，故採鑛工程，須靠近斷層尋求，更下如有石英脈發現，則產量定極豐富。

隆口母岩爲砂岩，平均傾向爲偏東十五度至三十五度，傾角五十五至七十八度，過斷層後，母岩脈岩皆向西南四十五度傾斜，傾角爲四十五度至六十度。

（戊）沅陵縣柳林汊西南三十里洞沖灣之產金石英脈，順母岩層理上升，母岩爲藍灰色泥頁岩，石英脈岩內含黃鐵鑛與他種鑛石及金外，母岩亦含黃鐵鑛；脈岩含淡紅色之方解石，爲他處所罕見。

母岩在岩簷山山坡之傾向爲北偏西三十五度，傾角爲三十二度。石英脈在利源公司隆中之傾向爲北偏東十度，傾角二十度至三十度。在上源黃貓灣之母岩與石英脈傾向爲西北四十五度，傾角爲五十度，與利源公司之母岩中間，似有斷層。

（己）沅陵縣桐闆面之含金石英脈，亦在藍灰色泥頁岩內，脈岩及母岩平行，傾向北偏西三十度，傾角三十五度。

各鑛之位置、交通、及現在狀況

（甲）黃金洞　　陸路由長江至平江縣城一一〇·九公里，平江縣城至長壽街五二公里，汽車均可直達，頗爲便利，由長壽街至鑛區二十五華里，係山路，有山轎代步，礦區內有溪水通長壽街，約長三十餘里，通汨水上游，在春夏兩季，可行竹筏或小船，由長壽街上水，一天可達礦區，竹筏並可載運輕量機械，惟秋冬水淺，不能行船，故於必要時，由長壽街至礦區，可沿溪岸建築公路，以利運輸。山金區域，廣三十餘里，長二十餘里，前由湖南省政府主辦，不准商人開採，於民國十七年，鑛區爲匪盤踞，迄未開採，現匪患肅清未久，除土人仍在淘洗砂金，或少數工人將以前各礦剩餘之礦脈私行研選，或將以前棄於溪內之金沙私行淘洗外，其他各開採工作，完全停頓。

（乙）冷家溪　　由長沙出發沿長沅公路至鄭家驛車站爲二四四公里，由此乘滑竿至沙坪爲二十華里，過此則山路約三十里，即至冷家溪金鑛局，共須五小時。鑛區以內，山溪甚小，無水運之可能，如築公路，因山道崎嶇，亦有相當困難，其費用必較平常公路爲高。鑛區面積數十方里，大部份由湖南省政府所設金鑛局劃得，其餘由商人領採，現長江、麗華、三才公司，已呈准採鑛權，其他呈請而尚待核准者，尚有三十餘家。冷家溪官鑛局，係民國二十年由湘建廳以五千元開辦，逐漸發展，現共有水碓三十，每盤磨礦石六〇〇斤至六十篩眼，日夜可出兩盤，總計每月可磨五八〇噸，計工人七百餘，職員四十餘工資每月由六元至七元，每盤含金率在一分以下者，即棄於河內。每盤成本連修理費在內，每月約計五十元。查該局上年十二月份出金數量，爲一八〇兩，以每兩售價一三二元計，即合二三，七六〇元，除去每月薪工一〇，〇〇〇元，水碓三十座成本一，八〇〇外，計盈餘一一，九六〇元。

（丙）金牛山　　長沙至馬底驛車站約三三六公里，由馬底驛再乘滑桿經青溪山等處，即至金牛山鑛區，其途程約七十華里，沿途全係山路，由沅陵乘舟下水到大酉溪，其途程爲八十華里，五六小時即達，由大酉溪登岸後，步行山路五華里，亦可達金牛山鑛區。該區由湘省政府設立之冷家溪金鑛局派員試採，不准商人領採，此處現正着手探鑛，僅有一碓，每盤祇能得一分或數釐之金，工人約有百餘名，每月工資由五元至九元，由局供給伙食，此間開支，現由冷家溪官鑛局接濟，約每月二千元云。

（丁）柳林汊　　由金牛山之大酉溪乘舟下水，其途程約八十里，歷七小時，至藤衣狀左近之泥灣裏，再登岸步行山路二十華里，即至柳林汊洞沖灣鑛區，其面積甚大，約有數十方里，分洞沖灣、桐闆面、牯牛背、木魚孔、大里坪等礦區，現除利源公司一家，領有正式採鑛權外，其他皆係私採。利源公司係民國二十一年成立，資本共一萬元，分作一百股，凡採得之砂，在窿口由股東按股攤分，自行礦洗，至採砂工人，除公司供給伙食外，亦不給工資，祇以礦砂分給之。分砂之數量，多少不等，如光好（即成色高）則其量稍少，光次則量多，均以眼光定之，大約每工人在百斤左右，據稱其價值總在一元以上云，全市數百家，皆以淘砂爲業，故可稱爲家庭工業。桐樹冲以外，牯牛背、桐樹面、木魚孔等處，前皆產金甚旺，現雖不如前，但仍有人民開採，又牯牛背左近，前曾獲得一金塊，重有數兩云。該處採礦事業，多爲當地土豪所把持，頗有摒除外來商人之勢，以前外來商人往該處試辦者雖有多起，其結果每以不得當地人同情，而遭失敗；礦區附近，刧案甚多，現由利源公司發起，向當地產金各戶，每月分派礦稅三百元，自募礦警三十餘名，維持地方安全。洞冲溝一帶，有研磐五十具，連四周各處計之，約共百具。

含金率　按各區脈金貧富不齊，多者每担含金二三兩，少者亦二三厘，欲求一平均分析，殊非易事，據湘省建設廳，前在黃金洞開廠時，各窿平均調查，脈石含金率爲十萬分之一，即脈石每三、七噸，含金一兩，再冷家溪官礦局，去年十二月份，產金量爲一八〇兩，礦砂五八〇噸，即每噸脈石產金三錢六分，約九萬分之一，與黃金洞之調查結果，相差不遠。

開採計劃

湖南黃金洞、冷家溪、柳林汊、金牛山、會同五處之金礦區，歷經土人開採，其產量較有把握。金牛山一區，現時正在測探，其產量或可與上列其他四區，並駕齊驅。茲爲平均發展起見，擬就黃金洞、冷家溪、柳林汊、會同四礦從事採鍊，以每天各產金二百兩爲目的，至於金牛山礦區，則俟探測完畢，再行計劃開採。先就黃金洞一區，計劃開採步驟，並預算其所需經費如下，其他各礦，可以類推。

開採步驟，分爲初步整理時期，及正式採選時期，前者係就現時礦場，用土法採選金礦，藉得目前之收入，以一年爲期，在此時期內，並籌備正式採選，購置新式機器設備，就礦場內建築完竣，即於第二年開始時，正式爲大規模之採鍊。

(1) 初步整理時期

湘西各金礦區，有廢棄已久者，亦有開採未盡適宜者，而以黃金洞爲尤甚，故於正式採選以前，須經礦區之整理，同時仍以土法採選，以一年爲限。

整理工程經費：

（甲）整理窿道	四五，〇〇〇元
（乙）設置土法水碾五十座	三〇，〇〇〇元
（丙）採選工具	六，〇〇〇元
（丁）廠屋建築	五，〇〇〇元
（戊）事業費	八，〇〇〇元
（已）薪金	六，〇〇〇元
合計	一〇〇，〇〇〇元

營業估計：

（甲）每年收入　　六〇〇，〇〇〇元

每天產八兩，每年產量約三千兩，以每兩二〇〇元計

（已）每年支出

（子）採選成本　　二〇〇，〇〇〇元

每兩約八十元

（丑）利息　　六，〇〇〇元

資本十萬元，以週息六釐計

共計　　二四六，〇〇〇元

盈餘　　三五四，〇〇〇元

如還去十萬元整理經費外，尚淨餘二五四、〇〇〇元

(2) 正式採選時期

正式開工時，以每天產金二〇〇兩爲目標，又砂石內含金，就穩妥估計，每噸約可得金二錢，即其含金率爲十三萬分之一至十萬分之一，以此推算，每天須處理礦石一千噸。

設備費用：

（甲）隧井工程費	一〇〇，〇〇〇元
（乙）動力及工程設備	八〇〇，〇〇〇元
如碎礦機及各級磨廠、烘燒爐、鍊金爐等 每天一〇〇〇噸之設備	
（丙）改良選礦設備	五〇，〇〇〇
（丁）籌備事務員	五〇，〇〇〇
合計	一，〇〇〇，〇〇〇元

營業估計：

上項建設工程完竣後，即正式開始採選，每月出砂三萬噸，以每噸含金二錢計之，每月得金六千

類。

（甲）每年收入　　一四，四〇〇，〇〇〇元

　　每年產金七二，〇〇〇兩，以每兩二〇〇元計

（乙）每年支出

　　（子）採選成本　五，七六〇，〇〇〇元

　　　　每兩約八十元

　　（丑）利息　　　　六〇，〇〇〇元

　　　　資本一百萬元，以週息六厘計

　　（寅）折舊　　　　八〇，〇〇〇元

　　　　機器設備八十萬元，以十年計

　　共計　　　　五，九〇〇，〇〇〇元

兩抵每年盈餘　　八，五〇〇，〇〇〇元

以上爲黃金洞一區之計劃預算，至其他湘西各金鑛，亦可照此計劃辦理，惟沿家溪金卯，開辦已有規模，無須經過整理時期，即可直接進行建設工程，在第二年開始正式採煉，照此計劃，湘東湘西金鑛五區，於正式用新機器採選提鍊後，每年可產金三六〇，〇〇〇兩，以每兩合銀二〇〇元計之，總值爲七二，〇〇〇，〇〇〇元，除開支外，淨餘銀數爲四二，五〇〇，〇〇〇元，（此係按照現在市價推算，如以後金價低落，則以上淨餘自亦隨之而低減，惟在國內開支，僅用法幣，實際每年增加之外匯現金，仍爲七二，〇〇〇，〇〇〇元也），但照現在開採狀況，並不加添新式機械設備，湘東湘西金鑛五區，每年至少約產金二萬兩。

〔二〕 四川金鑛

（甲）漳臘金廠　　在松潘縣北四十里，地名對河寺濟，民國三四年間，商人開採，廠洞以百數，卯工數千名，據云日產金七八十兩，重利所趨，爭相傾奪，遂由官廳禁止開採。民國六年墾殖軍駐防此地，乃招工開採，百日獲金已百餘兩，八月後未曾稍衰，彼時因兵變撤停，以後時作時輟。二十四年，省府改組，派專家前往，至去年止，每日可產金四五兩至十餘兩不等。

（乙）綏靖金廠　　在綏靖縣屬第十六行政督察區二凱河兩岸，二凱河爲大金川支流，其兩岸長約八百餘里，以產粒金著名，民初裕華公司產金頗盛，以機器不適用賠累，又以夷人阻擾，不易發展。

（丙）窪裏金卯　　廠在鹽源縣之北，爪別土司屬地，距鹽源二百餘里，在雅礱江上游，砂金產於沿河兩岸，聞明朝卯已開採，至清道光時頗盛，光緒二十九年，官商合辦金廠，民國二年，川省財廳收爲官辦，後因與土人衝突停工，嗣由駐軍開採。

（丁）麻達金鑛　　在鹽源縣西木裏土司屬，爲金沙江支流，沿河沙金產地，達三百餘里。民二招商開採，四年土司亂停工，嗣藉武力恢復，又遭土司作亂，員工罹難甚多，二十三年劉文輝率兵鎮壓，始得開採，嗣以戍軍他移而停輟。

（戊）麻哈金卯　　在冕寧縣西南二百餘里，爲山金脈，寬一尺至二尺，含金約十萬分之一，光緒二十九年，官商合辦金廠，用資六十萬元，民國七年夷人出擾，盡被搗毀，十四年又與夷人交涉妥當，從事開採，但迄未恢復舊觀。

（巳）其他金卯　　如平武縣龍洞子、茂縣河西、理番縣下孟、董雄、黔河以及南部青神、樂山、灌縣、南溪、宜賓、安縣、昭化、蒼溪、等處，均可淘採砂金。

開採計劃

川省金卯區域，極爲普遍，而豐富之鑛床，多與淺區夷巒爲鄰，沿江砂金，含量大都有限，故除漳臘金鑛，現今資源委員會已在探勘招工開採外，餘皆廢置，殊爲可惜。近年來川省產金數量，年不過二三萬兩左右，值茲抗戰吃緊之際，需要出產生金，以鞏固外匯，實爲急不容緩之舉；川省金鑛藏量，爲我國各省中最豐富之一，急應由政府設法，解決治安問題，如夷苗、猓玀等，務須恩威並用，施行教育，同時爲其解決生計，俾心悅誠服，永無後患，匪患亦宜肅清，治安始無問題，即可進行採金工程，利用機器，從事開發，一二年以後，在漳臘、靖化、麻哈、麻達、窪裏，亦不難如湘西各卯之每天產金，至少各爲二百兩，五卯產數，共計每天一千兩，每年可達三十六萬兩，以現價二百元計，則川省每年至少可增加七千萬元，以後逐漸擴充，全川境內，其他各金卯亦可同時進行，至第二三年時，當不難增加至一倍，計一萬萬五千萬元也。但此項預算，須有大量機械設備始能實現，否則每年產金，至多不過十萬兩，約合銀二千萬元。

〔三〕 西康金礦

西康之康定、雅江、道孚、鑪霍、瞻化、德格各縣境內皆有金礦，因夷人及匪患，除土人略有產量外，皆無大規模之開採，現西康省政府正式成立，政府及各商業公司，業已分派專家從事測勘，不久當有詳細報告，可資重要計劃進行之材料。

二十六年度產金數量暨價值概數表

縣別	廠別	每年產量	價值
康定	雅粒溝	二〇〇，〇〇〇	40至100元
〃	梭坡	九五，〇〇〇	110至140元
	魚子石	三二〇，〇〇〇	仝上
	泰寧	一〇五，〇〇〇	仝上
雅江	宜馬冲	五〇，〇〇〇	仝上
道孚	將軍橋	一二，〇〇〇	仝上
鑪霍	鑪霍	二三，〇〇〇	仝上
甘孜	浠泥溝	一三〇，〇〇〇	仝上
瞻化	日巴	九〇，〇〇〇	110至140元
德格	柯鹿洞	一七〇，〇〇〇	仝上
合	計	一，二三五，〇〇〇	

開採計劃

與川省略同

〔四〕 廣西金礦

廣西產金區域，有貴縣三分山、邕寧伶俐江、梧州金沙尾及博白等地，均不重要。上林金礦係民國二十三年發見，在南寧之東北約一百二十里，地名黃華山。上林之沙金礦屬冲積層，開採已久，向用土法淘洗，所得無幾，含金砂面積，平均約二方里，據鑽探結果推算，每畝以含金一百兩計之，應有10.0兩×540×200=10,800,000兩脈金，分佈地在黃華山及老虎山一帶，該處地層爲寒武志留紀，龍山系之石英岩及頁岩，在黃華山麓可見之，石英脈凡七條，走向大致東北西南，傾斜角四十至六十度，向東南傾斜，厚度自二十公分至六十公分，露頭長約五百公尺，含金石英脈四條，據工人開採之結果，每噸約含金四錢，如所開斜坑深度，能至五千公尺，石英之比重爲二．七，各含金脈石之平均厚度爲半公尺，則其可能儲量爲4×.5×500×500×2.7×.4=540,000兩，沖積砂金共計10,800,000兩，以上兩款共計11,340,000兩，以現價每兩二〇〇元計算，值銀2,268,000元。茲將二十五年五月至十二月開工時情形如下：

公司	公觔	工人	資本
大鎮	九，〇一二	五一七	二萬元
浩然	八七九	一三一	一萬元

開採計劃

上林金礦，區域甚大，蘊藏豐富，實爲廣西最有希望之富源，應再調查地質情形，及水源與水力，上林大鳴山一帶，間有瀑布，可作一水壩，以資發電。茲如先從開採砂金入手，俟有規模，再開採脈金，此項工作現已由中央與地方政府合作進行，如能購得相當之機器設備，則連桂省境內其他各處金礦計算，每天產金五百兩，即每年產十五萬兩，誠非難事。

〔五〕 貴州金礦

由毗鄰湘省之銅仁至江口境，即爲梵淨山範圍，該處高峯聳矗，其附近岩石，多爲粘板岩，厚約一千公尺以上，自江口經閔家場、德旺、而達大火溜，則見大量火成岩侵入之閃長岩，內有多種石英脈紋，含有各種金屬鑛，經長久水力冲刷而成砂礫，故該處金礦有砂金、山金兩種。在大火溜附近，盤坪、梅溪一帶，數十年來，均有人淘金，在梵淨山北部，地質情形與大火溜附近相同，其分佈之石英脈，皆集中在二小山溝內，在東溝方面有余家槽子、水路上、胡家洞；在西溝者，有猴子洞、金花洞、高坡洞等，大小約有二百洞，該處石英脈甚普遍，當易覓得金礦集中地點。

開採計劃

貴州玉屏山一帶金礦，毗連湘省，當與湘西金礦情形，無大差異。似可先從土法探採着手，俟礦量有把握時，再以新式機器大量開採。若如湘省之設計，則玉屏一區，每天可出金二百兩。其他各區，可徐圖探採。

〔六〕 陝西金礦

陝西東南隅之安康、漢陰、紫陽、石泉、洵陽等縣，向產砂金，據魏素峴等調查報告：

（甲）安康區之砂金區域雖廣，但含金量太低，較之世界一般砂金含金量，每噸二三錢者，相去太遠。但以我國人工賤，生活程度低，擇一二較富之區，爲小規模經營，亦有可觀。

（乙）石泉附近之富礦帶，似應作一詳密之勘探，其砂金生成狀態迴異，堪資研究。饒峯河流域，上自饒峯之兩河，以迄張家坡，有多數含金較富之紅色層，此層延向東南，以迄恆口，均有試探之價値。此種紅色層之底部，雖可用礦井、礦洞試探，然爲迅速進行計，仍宜採用鑽探法。

（丙）陝南洋縣、城固、南鄭、沔縣、漢江沿岸，均產砂金。每噸約四五厘，苟能作有系統之勘察，究其來源，不難有發現富礦帶之希望。至略陽及陽平關二區之嘉陵江流域，亦產砂金，其礦狀成因，或與漢江砂金有相當關係，亦宜詳細勘探。其他如華縣、白河、藍田、南鄭、褒城、寧羌、平利、山陽、鎭安各縣，亦以產金聞。

開採計劃

陝省金圳，開採之地不多，其產量之豐富與否，尙無把握，似應先行探勘入手，俟得富集之點，再行大量開採。

〔七〕 青海金礦

青海境內之黃河上游流域，及大通河、湟河流域，柴達木河流域，均有產金地帶。其地質大部爲南山系古生代變岩層，據地質調查所報告，有下列各處：

（甲）貴德　魯溪一番，卽馬沁雪山坡，東西延長甚遠，各河谷內，皆產砂金，距縣城南約二百里，出產砂金最多時，全區工人達千餘人。

（乙）臺源　縣城西北約九十里之大梁（砂金城），採砂金者五六家，工人各十餘至三十人，每三十人每月得金約五兩，溝寬十餘公尺，每年工作四個月。其他如紅沙垻、野牛溝，及湟水流域之民和、樂都、化隆、玉樹各縣，亦多產金。

據上列產地之廣，可見青海金礦，前途頗有希望，近由航空輸入內地者，每年約一萬兩以上。

開採計劃

現資源委員會，已派員前往青海，與該省政府合作，設金礦辦事處，於二十七年一月間，在圳區開始探勘，業已打井四十餘處，探採並施，進行甚速，如情形佳好，約一年後卽可增設機器設備，每年產量或可增至十萬兩，現價二千萬元。

〔八〕 新疆金礦

新疆以山金產地著名，在塔城東南五百餘里之哈圖山，前淸咸道間開採頗盛，嗣因亂停工，淸末曾由中俄兩國合作開採，旋因鉅款，以故久停未採。此外塔城東北，約二百里，有于闐克里雅山、喀喇塔什山、焉耆額布闞嶺、吐魯番喀喇、及巴爾葛遜山，皆以產山金聞。

新疆沙金圳，分佈甚廣，量亦豐富。在承化以西，曾開採數區，與俄屬中亞細亞產金區相連，迪化西北綏來瑪納斯河，長百餘里，附近爲花崗岩，居民淘金甚夥，奇台、迪化東南額西無波溝、焉耆珠勒都斯山、中尉犂大西溝、昌吉羅克倫河、寧遠城北沁水等處，均產沙金。新疆南部，沙金尤著，均在和闐、于闐、且未境內，大抵爲由崑崙山北入戈壁之溝流。

開採計劃

聞近年來蘇俄在新疆省內，與該省政府合作，爲大規模金礦之開採，此或因中央政府，與該省相距太遠，平時接觸不易之故。在長期抗戰之時，中央與地方，尤宜切實與省政府合作，如臂使指，俾完成我抗戰之大功。對於開發金礦之事，中央亦應遴選專員，仿青海辦法，派往該省，主持開發，如有非中央政府財力之所能及者，則利用外資，卽蘇俄方面之資本或機械，均可容納。

〔九〕 現在後方各省開採金礦之情形

現在西南、西北各省金礦之開發，可分爲國營及民營兩種：國營之金圳，由經濟部資源委員會總其成，惟着手不過一年，皆在探勘時期，故出金不多，業已進行者，有四川松潘金圳，及西康康定西部泰寧、道孚等處金圳、青海大通河流域臺源等處金廠，河南淅川金廠，湖南桃源、沅陵、會同金礦，廣西上林金礦等。現係採多恃人工，將來如購置大批機械，分段同時開採，其採量自可擴增。至民營金礦，現後方各省人民呈經准核領照設廠權者，在二十七年內，已增加五十六處，加入從前各該省已設礦權者，可舉列如下：

四川	五十八區
廣西	六區
廣東	十七區
雲南	二區
江西	二區
湖南	十六區
共計	一〇一區

關于最近後方各省每年產金數量，大約可統計如右：

四川西康	三萬兩
甘肅青海	二萬兩
湖南	二萬兩
兩廣	二萬兩
新疆外蒙古	四萬兩
共計	十三萬兩

〔十〕結　論

我國抗戰以來，一載有半，現西南、西北九省，尚完好無恙，而此九省領土，類多無鉄道運輸之便利，敵人機械化步隊進行之困難，當倍徙於前，故有利於我後方生產事業。上述各省，對於金礦開採計劃，如能得政府及全國人民之推動，籌集資本，購置機械，積極近行，則預計最大產金量，在二三年後，當可得下列之數：

省名	產量（兩）	合現價（元）
湖南	三六〇，〇〇〇	七二，〇〇〇，〇〇〇
四川	二六〇，〇〇〇	五二，〇〇〇，〇〇〇
西康	二〇〇，〇〇〇	四〇，〇〇〇，〇〇〇
廣西	一〇〇，〇〇〇	二〇，〇〇〇，〇〇〇
貴州	七〇，〇〇〇	一四，〇〇〇，〇〇〇
陝西	一〇，〇〇〇	二，〇〇〇，〇〇〇
青海	一〇〇，〇〇〇	二〇，〇〇〇，〇〇〇
河南	五〇，〇〇〇	一〇，〇〇〇，〇〇〇
共計	一，一〇〇，〇〇〇	二二〇，〇〇〇，〇〇〇

以上八省產金量，在三年後，可得國幣二萬萬二千萬元、此外如雲南、新疆、甘肅等省，或因情形特殊，或因調查未周，尚未計及。要之開採大量金礦，以購置新式機械為前提，須各省同時積極普遍推動，對於治安與募工兩事，亦須竭力設法，使開採工作，不致因而阻滯。如歐美各國，有願在相當條件下，儘量供給機械，並為技術之援助者，亦可審慎研究，予以容納，除一方面擴增農工礦各項生產外，一方面每年又能得二萬數千萬元價值之生金，不特長期抗戰有恃無恐，最後勝利必屬於我，且西南、西北之繁榮基礎亦可因以樹立，豈非謀國之要圖乎！

8355

西南西北各省之採金事業

李鳴龢

目　次

（一）概　要

我國金礦雖無特殊豐富之產地，惟分佈頗廣，祗以勘查尚未詳盡，其真實價值迄難估計。採金事業，除黑龍江省內規模較大，廣西省內略有新式設備外，餘則多由人民散漫採取，或零星淘洗，作輟無常，既無長久組織，復無新式設備，致歷來產額，每年不過十餘萬兩。我國北部產金重要區域，爲黑龍江省之漠河、黑河、綏芬河、璦琿，吉林省之三岔河、夾皮溝，遼寧省之鐵嶺、白樂溝、興興安區，熱河省之平泉、朝陽，河北省之興隆與灤水、遷化馬蘭塔、與密雲、昌平，山東之招遠、沂水、臨沂等處。至於西南西北各省，其產金重要區域，則有四川省之松潘、綏靖，西康省之鹽源、泰寧、康定、理宇，青海省之疊源、樂都，湖南省之桃源、沅陵、平江，廣西省之上林、武鳴；又在各江河流域沿岸，如四川省之岷江、沱江、嘉陵江、大渡河、金沙江，雲南省之怒江、瀾滄江、金沙江，青海省之大通河、湟河，陝西湖北兩省之漢水，河南省之丹江各流域，其新舊河床，多有沙金礦發現；但富集之礦床，仍待探勘。

我國採金事業可分爲三類：一爲官辦之礦，如黑龍江、吉林、山東、四川、湖南等省，在前清及民國初元時，即已設有官礦局，嗣後大都停頓；近則經濟部資源委員會復在四川、西康、青海、湖南、廣西、河南等處，着手探勘金礦，並分別劃區開採。二爲民營之礦，由人民組織公司，或單獨出資經營，依法劃區設權，從事開採，此則各省皆有之；惟設備簡單，從前金價尚未高漲時，營業並不發達，近因金價頗高，業務亦較有起色。三爲人民自由淘採之金區，皆係上着於河流沿岸或沙金池帶，糾集工人，自由淘洗，由官徵取課金，其工作雖頗零星，但總計每年各省產出之金，大半屬於此項來源，故頗有相當數量。

（二）金礦分佈區域：

茲將西南、西北各省，已知之金礦及其大概情形，列表如下：

（1）四川各縣金礦一覽表：

產金地點			已往及目前情形	備考
省別	縣別	所在地名		
四川	越嶲	達定	沙金礦，在大渡河支流峨邊溪流域。	
	同上	斑爛山	同上	
	同上	忝壩	同上	

8356

四川	同上	劉思灘	同上	
	同上	王家寨	同上	
	同上	大壩嶺	同上	
	同上	木[illegible]	同上	
	懋功	巴郎山日隆關 別思滿 邊圍 新草場 魚兒場 雙柏樹 星子山 楊柳林 金反山 二凱 高碉甲 咱紗爾堤 四大地	沙金礦，在綏靖屯之西，綽斯甲土司屬地之二凱河，爲大金川支流，其兩岸多金廠，而以二凱爲最佳。二凱距綏靖屯陸程五百餘里，民國二年，有商人曾組綽凱公司及裕華公司開採，產出頗旺；開辦二年，因土司阻撓停工。民國七年，駐軍續開年餘，產出亦旺。至十九年，屯殖督辦公署派員開採，而該地土司只劃出上游一帶，其餘拒絕開採，以致中止。	
	同上	廣法寺乾牛	沙金礦，崇化屯土司所屬者。	
	同上	馬窩子 惡河 五里牌 小寨 兩河口 漠牛 中紡等地	砂金礦，撫邊屯土司所屬者。	
	松潘	漳臘城對河寺 溝	沙金礦，在松屯北四十里。民國三四年間，土人私採，廠硐以百數，礦工數千名；日曾產金七八十兩，遂由官廳禁止。民國六年，懋殖駐防此地，招工挖洗，日復產金七八十兩，歷時八月，因兵變停止。此後常由駐軍開採，後改由地方當局委員管理，招商採掘，抽取課金，直至現時，每年產金恒在七千兩左右。	
	理番	孟董梭磨河		
	茂縣	河西乾格墩	沙金礦，在縣西百餘里，由土人不時淘洗。	
	同上	文鎮	沙金礦，在茂縣南六十里，由土人不時淘洗。	
	平武	龍峒子	沙金礦，在縣西六十里，由土人淘洗。	
	安縣	茶坪河及其各支流	沙金礦，由土人淘洗。	
	昭化	白水江及其附近支流	同上	
	蒼溪	嘉陵江及東河各支流	同上	
	峨邊	大渡河流域	同上	
	樂山		同上	
	青神		同上	
	南溪		同上	
	瀘縣		同上	

四川	南部		同上
	眉山	岷江流域	同上
	廣元	嘉陵江上游流域	同上
	犍爲	岷江流域	同上
	宜賓	岷江金沙江會流	同上

備考：四川省內沙金鑛，其散佈之區域甚廣，已在松潘縣漳臘一帶，劃定國營鑛區數處，從事探採。該省金之產量，就最近情形統計，每年約爲二萬兩。

(2) 西康各縣金鑛一覽表：

產金地點			已往及目前情形
省別	縣別	所在地名	
西康	康定	三道橋	沙金鑛，創辦時產量最旺，後漸衰，將來可用機器採河身之顆金，現在收稅甚微。
	同上	偏子岩	脈金鑛，此山產冗金最富，但係石岩，人力不易採取，將來可用機器。現在收稅甚微。
	同上	燈盞窩	脈金鑛，此山與偏子岩相連，鑛幽很大，若用機器，可供五千人採掘，現在收稅甚微。
	同上	曲公山	沙金鑛，此山曾產金一千餘兩，現已挖枯，收稅甚微。
	同上	茂慶	沙金鑛，此山鑛區太大，下脚太深，鑛上資本少，不能深挖，現多停辦，收稅甚微。
	同上	魚子石	沙金鑛，此廠係二小溪夾流，至今二十餘年，漸已枯竭，收稅亦微。
	同上	高耳寺	沙金鑛，此地爲高峯，現有少數鑛工試辦，尚未發達，收稅亦微。
	同上	洛古龍	沙金鑛，此地爲小溪，長約八里，鑛苗隱現不一，產亦不旺，收稅甚微。
	同上	梭坡	沙金鑛，此廠鑛苗已枯，重翻復掘，將此告磬，收稅甚微。
	同上	魚通	沙金鑛，此地金夫均係居民，暇時隨意採掘，並未納稅。
	同上	孔玉	脈金鑛，此地早曾開採，因鑛區太小，不久挖枯，現在只有少數居民採掘，並未納稅。
	同上	門子溝	同上
	同上	長壩谷	沙金鑛，最近覓得。
	同上	牛棚子	沙金鑛，此鑛採法，先用燃料，置於洞中焚之，然後採掘，較易施工，以後可用機器。
	同上	江嘴	同上
	同上	五省廟	脈金鑛，最近覓得。
	同上	楊廠溝	沙金鑛，最近覓得。
	同上	東俄洛	沙金鑛，礦脈尚佳，惟七八拒絕開採，現有少數金夫在河心採掘，收稅甚微。
	同上	八郎村都	沙金鑛，氣候較寒，糧食缺乏，辦理不易。

西康	同上	扎壩	沙金礦，最近覓得。
	同上	饒里科	同上
	理化	娑加孔	沙金礦，理化爲產金最旺之區，多係夷人採掘，納稅甚微，現已派委員前往整理。
	同上	脫魯可	同上
	同上	德窩	同上
	同上	拉溝	同上
	同上	杜溝	同上
	同上	金廠溝	同上
	同上	澤納	同上
	同上	麥科	同上
	九龍	瓦灰工	脈金礦，最近覓得。
	同上	八窩龍	沙金礦，最近覓得。
	同上	三崖龍	同上
	同上	三埡	沙金礦，現尚停辦。
	同上	魚林	沙金礦，曾令人試辦，結果甚佳，後因匪亂，被該地頭人木裏司阻止，現尚停辦。
	同上	熱地	同上
	同上	泥代河	沙金礦，現尚停辦。
	同上	蘇窩龍	同上
	同上	烏拉溪	同上
	同上	洋橋	同上
	同上	紅壩	脈金礦，最近覓得。
	得榮	卡龍橋	沙金礦，開辦時有金洞四十餘個。民國六年，被藏人驅逐，至今停辦。
	雅江	泥馬冲	沙金礦，礦區頗大，惟時有土人拒採，已派委員整理，按月納稅。
	道孚	泰寧	沙金礦，此地區域甚大，尚可採取，惟地近喇嘛寺，頗不易辦，現有四十餘人挖金，已照額收稅。
	同上	柏秧樹	沙金礦，自民初開辦，產金甚旺，日後漸枯，現尚有少數居民採掘，並未納稅。
	同上	八美	同上
	同上	四水塘	同上
	同上	色卡	沙金礦，此地礦區甚大，但交通不便，夷匪甚多。
	同上	木如村	沙金礦，民國二十四年覓得。
	同上	將軍橋	沙金礦，此地已將皮面金採枯，其藏於地中者，下腳甚深，資本小者無力開辦，現正計劃進行。

西康	同上	王光橋	同上
	爐霍	瓦達	沙金礦。
	同上	[illegible]鷄嶺	同上
	同上	色耳巴	沙金礦，在擾司家地方所屬，色達礦苗甚佳，但深入夷地，不易採取。
	同上	卜西	同上
	俄日		同上
	德格	小昌科	沙金礦，最近覓得。
	同上	科鹿洞	沙金礦，現有百餘人挖金，已派員征稅。
	瞻化	麥科	沙金礦，此地產金最旺，金質甚佳，惟係土夷開採，所有課金，均被地頭人吸收，現正擬設法收回。
	同上	甲司[illegible]	同上
	同上	曲衣	同上
	同上	雍母	同上
	同上	廟子溝	同上
	同上	日巴	沙金礦，此地現有五十餘人挖金，已派員征收金課。
	同上	拿科	沙金礦，最近覓得。
	丹巴	二楷	沙金礦，經裕華公司開辦後，被夷人驅逐，至今停辦。
	同上	牦牛	沙金礦，前曾派員查勘，現已派委員試辦。
	同上	絨壩溝	同上
	道孚	啊拉溝	沙金礦，開辦時產量甚旺，因諾那擾亂，停辦。
	康定	然溝龍	沙金礦現在試辦中。
	同上	麻卡	同上
	瀘定	甘草溝	沙金礦，開辦時產量最旺，因釀人命被封，現尚停辦。
	同上	太宗壩	沙金礦，本年派委員籌備實行開採，尚未見效。
	鹽源	窪裏廠	沙金礦，在縣北三里瓜別土司轄地，金沙存於地盤有梁石處及凹處，昔年曾年產金至萬餘兩，現有工人一二百名，月產金約百兩。
	同上	漂房廠	沙金礦，在洋芨對岸，為細粒砂金；數十年間，雖經淘洗，惟因地勢低，嘗為水所困
	同上	田坪廠	沙金礦，與窪裏金礦相鄰，光緒三十年，曾由官商合辦開採，民國二年，由四川財政廳收歸官營，嗣以土司之亂，停辦。
	同上	[illegible]澤廠	沙金礦，產地在縣西七百餘里木里土司屬地，為金沙江支流，沿河砂金產地達三百餘里，民國二十四年，前由鑑軍開採，當出金數千兩，工程收課，二十四年終，因土司亂，停工，現有私行開採者。
	同上	桔[illegible]廠 水[illegible]廠 挖且寨返背廠	本欄所列三廠，及上述之[illegible]金廠，十八[illegible]為木裏四大金廠，桔魯約占地二百華里，水[illegible]及挖且寨二處，各約占地一百餘里，均為女礦，未開放者。

西康	晃寧	麻哈廠	脈金鑛，在晃縣西南二百餘里曾家灣、石梁子、官夫子、乾海子等地，金脈寬一尺至二尺，含金約十萬分之一，光緒二十九年，經官商合辦，購置鍋爐機器，用費六十萬元，因成績不佳，民二改為官督商辦，因地方不靖，停辦，現只三五十人，淘洗殘砂。
	同右	羅古台子及桐子林	沙金鑛，在金沙江之支流瓦郎河西岸，羅古台子縣城西南約三百里，距麻哈四十里，昔時採金，歷桐尚存。

備考：西康省境內金鑛，已在康定、泰寧、道孚、魚科、等地方，勘定國營區數處，擇尤先行開辦。至該省金之產量，就最近兩年情形統計，每年約為二萬兩。

(3) 青海各處金鑛一覽表：

產金地點			已往及目前情形
省別	縣別	所在地名	
青海	亹源	大通河流域內晒爾圖溝	沙金鑛，在縣城西北一百三十里，含金沙層厚半尺至三四尺不等，每人至少日淘金一分，金粒粗者如綠豆，俗稱豆板金。
	同上	大通河流域內永安城西河	沙金鑛，在縣城西北九十里，含金層厚一尺至三四尺，每人至少日淘金一分有餘，金粒粗與晒爾同。
	同上	大通河流域內硫磺河	沙金鑛，在縣城西北一百二十里，係永安城西河東岸支流，有鑛工約二三十人，產金狀況與前同。
	同上	大通河流域內羊腸溝子	沙金鑛，在縣城西一百三十里，即永安城西河上游，產金狀況同前。
	同上	大通河正流班古寺	沙金鑛，在縣東南六七十里，班古寺前，大通河幹流淤沙內，每人淘金每日不到一分，金粒細如麩子，俗稱麩子金。
	同上	黑水河流域天蒙河	沙金鑛，在縣城西北二百五十里，含金層頗不一致，寬約五六十丈，每人日採金一分左右。
	同上	黑水河流域高崖	沙金鑛，在天蒙河上游，產金狀況與天蒙河同。
	同上	黑水河流域占水峯	沙金鑛，在縣城西北，天蒙河口西南岸，距河身尚有一里，每人日採金一分有餘，金粒如黃豆，俗名黃豆板金。
	化隆	科沿河	沙金鑛，在化隆縣東南八十里，係黃河北岸支流，含沙金層厚二三尺，產金顆較大通河為勝，惟時受番民阻撓。
	同上	敘普河	沙金鑛，在城西北七十五里，距扎什巴鎮十五里，柏母溝即其支流，含金沙層厚三五寸及一尺，該處發見不久，金粒較粗，惟質較劣，大約只含赤金八成。
	貴德	黃河兩岸	沙金鑛，在貴德縣城附近，黃河兩岸游砂內，時有七八人二三人為一班，自由淘洗，金粒微細，俗名麩子金。
	亹源	轆風峯	沙金鑛，現亦正在探採中。
	樂都	石坡莊	同上
	民和	硤門	同上
	共和	下口	同上

青海	瑪沁		
	霧山		
	阿哈圖		
	沙隆		
	大通		

備考：青海省境內金鑛，已在亹源縣永安城轉風窰及樂都縣石坡莊一帶，勘定國營鑛區數處，進行探採工作，又在共和縣之下口，化隆縣之化隆科沿溝，民和縣之硤門等地，勘定國營鑛區數處，着手試探。至該省金之產量，每年約爲一萬兩。

（4）新疆各處金鑛一覽表：

產金地點		已往及目前情形
省別	所在地名	
新疆	哈圖山	在塔城東南五百餘里，以產山金著名，前清道咸間開採十餘區，鑛硐深達百餘丈，出產極盛，嗣因亂停工，清末曾經中俄合辦開採，歷費鉅款，無結果而停。後以新鑛不繼，久未開。
	于闐 克里雅山	山金鑛。
	喀喇塔什山	山金鑛。
	蘆里其	沙金鑛。
	承化 西部	沙金鑛，與俄屬中亞細亞產金區相連。
	烏蘇 奎屯河	沙金鑛，在迪化西南七八十里，開採無多。
	綏來 瑪納斯河	沙金鑛，在迪化西北，河長百餘里，附近爲花崗岩，居民淘金者甚夥。
	奇台	沙金鑛，在迪化東南。
	鎮西 無渡河	沙金鑛。
	焉耆 珠勒都斯山	沙金鑛。
	尉犂 大西溝	沙金鑛。
	昌吉 羅克倫河	沙金鑛。
	寧遠 沁水	沙金鑛。
	和闐 卡浪古山	沙金鑛。
	且末 阿哈他克山	沙金鑛，向由官課金管理開採。
	首巴山	沙金鑛，向由官課金管理開採。
	茉兎山	沙金鑛，向由官課金管理開採。

新疆	晢里瓦克	沙金鑛，向由官課金管理開採。
	宰拉克	沙金鑛，向由官課金管理開採。

備考：新疆省境內金鑛，尚未劃有國營區，金之產量並無詳確報告，但每年至少爲二萬二千兩。該省所產之金，有一部份流入俄境。

(5) 甘肅各縣金鑛一覽表：

產金地點			已往及目前情形
省別	縣別	所在地名	
甘肅	高台		沙金鑛，該區賦蘊，頗有希望。
	張掖	梨樹河	沙金鑛。
	永登	鐵光灘	沙金鑛。

備考：甘肅省境內金鑛，重要者皆在祁連山北麓，但遠不及南麓（青海）之盛。該省境內金鑛，尚未劃有國營區，每年金之產量甚微。

(6) 雲南各縣金鑛一覽表：

產金地點			已往及目前情形
省別	縣別	所在地名	
雲南	中甸	天生山	沙金鑛，曾有商人開採。
	維西	江馬廠	沙金鑛，現已停辦。
	墨江	坤勇金廠	沙金鑛，土人於農隙時淘採，時作時輟，產量不多。
	鳳儀	湯田村金廠	同上
	蒙自	稿吾司老金山	同上
	建水	江外哈播地	同上
	騰衝	黃草壩	山金鑛及沙金鑛。
	洱源		沙金鑛。
	文山		山金鑛及沙金鑛。

備考：雲南省境內金鑛，尚未有詳細之調查，但怒江、金沙江、瀾滄江沿岸，各地應有相當之豐富鑛床。該省每年產金量，約爲二千兩。

(7) 貴州各縣金鑛一覽表：

8363

產金地點			已往及目前情形	備考
省別	縣別	所在地名		
貴州	江口	梵淨山 金盞坪	山金鑛及沙金鑛，山脚金盞坪一帶，沿河砂礫中，產沙金，有礦工淘洗，砂中間有小金片，俗名瓜子金；其附近之山麓，有石英脈，聞昔曾產金，此脈延長甚遠，脈厚約二尺，含金量之豐嗇，須行試探並採取樣品化驗，方能斷定。	
	江口	沙帽坡之龍山	山金鑛。	
	沿河	九區鉛廠蓋	沙金鑛，現停辦。	
	天柱	金井	山金鑛，現停辦。	
	錦屏	茅坪	同上	
	黎平	三什江	同上	
	下江		山金鑛，該縣所見之石英脈，縱橫數十里，聞昔曾產金。	
	都江	金廠		

備考：貴州省境內金鑛，尚未有詳細之調查，但江口縣梵淨山、與下江縣之金鑛，其鑛脈延長甚廣，似頗有希望，現省政府已派員從事探勘。

（8）湖南各縣金鑛一覽表：

產金地點			已往及目前情形	備考
省別	縣別	所在地名		
湖南	平江	黃金洞	山金鑛，廣三十餘方里，光緒三十二年，改歸官辦，歷年採金提金，皆用土法，每年產金四五百兩。	
	同上	長壽街	沙金鑛，長二十餘里，農人每於秋收後淘採，每年採金約三百兩。	
	桃源	冷家溪	山金鑛，面積數十方里，有官鑛局及商辦公司開採，每年約產五千兩。	
	同上		沙金鑛。	
	沅陵	金牛山	山金鑛，由省政府設立冷家溪金鑛局，派員試探。	
	同上	柳林汊	山金鑛，面積約數十方里，在該處採鑛工人約一千人，設有水碾百餘架，爲磨研鑛石之用，每年約產金三四千兩。	
	同上	牯牛背	同上	
	同上	木魚孔	同上	
	同上	稀梓山	同上	
	同上	岩鷹山	同上	

湖南	同上	關家山	同上	
	同上	楓樹灣	同上	
	同上	石心田	同上	
	會同	漢溪庵堂山	山金鑛，面積甚廣。	
	慈利		山金鑛。	
	大庸		同上	
	瀏陽		沙金鑛。	
	醴陵		同上	
	漢壽		同上	
	常德		同上	
	安化		同上	
	漵浦		同上	

備考：湖南省內，山金鑛範圍頗大，已有數處開辦甚久，現部省兩方，已就桃源冷家溪、沅陵柳林汊、會同漢溪，勘測鑛區，合作開採；沙金鑛區雖廣，究不若山金之有把握。總計湖南省產金，每年至少一萬二千兩。

（9）廣西各縣金鑛一覽表

產金地點			已往及目前情形	備考
省別	縣別	所在地名		
廣西	上林	黃華山及大明山脈一帶	山金鑛，民國二十四年發見，由省政府撥資，先經營黃華山之一部分，其預算定額為國幣五十萬元。黃華山發現之脈金，其鑛床構造，絕無規則，厚薄無常，含金又多少不均，現在該處所開窿口，計有四十個，鑛脈未發見者居百分之二十五，已發見者居百分之五十，有鑛無鑛者居百分二十五，就中含金最富者僅有兩鑛竇，惟其量亦不一定，有時兩英尺之內，一噸鑛石含金達七八十兩之多，逾過此豐富之鑛袋後，即些微金量亦不復見；現在對於採取方面，未用新式機器，惟選金方面，則用新式磨粉機、威氏分鑛枱、汞引槽、絨布收金槽、汞引機等，現經濟部已與省政府商定合辦從事擴充。	
	武鳴	下江陶村	山金鑛及沙金鑛，前有商辦公司開採。	
	奉議	上隴光及隴康隴軍貧班二隴背隴儀內隴浮隴針上隴內兵邦等處	山金鑛及沙金鑛，有商辦公司多家開採。	

廣西	向都	第二鄉淥橫沖 二十五鄉穿孔 崖叉灣村附近 及甘洞墟附近	沙金礦，現有商辦公司開採。
	邕寧	淥留村旁	沙金礦，現有商辦公司開採。
	蒼梧	金星尾祝洞	沙金礦。
	容縣		同上
	恩隆		
	天保		
	靖西		
	昭平		
	博白		沙金礦。
	藤縣		同上

備考：廣西省境內金礦，以上林縣爲最著，現在派員採勘，擬劃爲國營礦區。該省二十七年產金，約在三萬兩左右。

(10) 廣東各縣金礦一覽表：

產金地點			已往及目前情形
省別	縣別	所在地名	
廣東	始城	黃蘿塘	山金礦及沙金礦，現有商辦公司開採。
	同上	和市區潭洞	
	惠陽	淡水墟	山金礦及沙金礦。
	羅定	黃牌嶺	山金礦及沙金礦，現有商辦公司開採。
	高要	楊梅坑	山金礦及沙金礦。
	信宜	白石堡	同上
	恩平	金雞水	山金礦及沙金礦，現在商辦公司開採。
	清遠	濱江順石洞	山金礦及沙金礦。
	白沙		沙金礦。
	開建		山金礦及沙金礦。
	台山		同上
	建山		同上

備考：廣東省境內金礦，大都貧瘠，每年產金不過二千兩。

此外福建閩江上游及尤溪流域之建甌、建陽、邵武等縣，皆有砂金鑛，尤以建甌一帶，開採較盛，每年可產金二千餘兩。江西修水、萬安、及南康縣、赤土鄉、網形壩等處，多有沙金鑛，由土人撈淘，每年可產金三千餘兩。漢水及丹江流域之湖北鄖縣、陝西安康縣、河南淅川縣、柳林溝、及荊紫關，亦皆有沙金鑛，由土人淘採，每年可產金二千餘兩。此皆西南、西北各省金鑛之大概情形也。但我國金鑛，分佈多在交通不便地方，或蠻夷土司地域，迄尚未能詳盡調查；而各省已知之金鑛中，亦有業經開採殆盡者，不過尚未發現之豐富金鑛，所在當亦多有；即如廣西上林金鑛，在民國二十四年間始行發現，現爲西南、西北各省中產金最多之鑛，可知勘查金鑛，實爲目前最重要之工作。

〔三〕已設權之民營金鑛：

西南、西北各省民營大小金鑛，其業經由部核准設定鑛權，並領有執照者，截至民國二十八年三月底止，計：廣東省十八區，廣西省六區，四川省五十六區，雲南省二區，湖南省十七區，江西省二區，西康省一區，總共一百零二區。其中在二十六年底以前核准設權者，有四十二區；而從二十七年一月起至二十八年三月底止核准設權者，有六十區。綜計最近十五個月以來，設權之民營金鑛，增加率爲百分之一百四十七，是可見人民對於採金事業之頗爲猛進。茲將西南、西北各省設定採鑛權或小鑛權之民營金鑛，截至民國二十八年三月底止，列表如下：：

註：金鑛鑛區面積在二公頃以下或河流長度在一公里以下者均爲小鑛。

（1）廣東省金鑛採鑛權一覽表：

省別	鑛業權者	鑛別	鑛區所在地	面積（公畝）
廣東	天南公司 陳月波	金	白沙縣元門峒地方。	八一九・五七
	陳富	金	台山縣第十五區鄉扶龍塗堡高洞村乜子山。	九，五一四・四七
	恩源公司 李均	金	恩平縣第二區白銀鄉走馬崗響水排。	七，七三四・五七
	源新公司 趙二柏	金	恩平縣第一區東安堡金坑洞地方。	七，一一三・〇五
	民新公司 伍字庭	金	恩平縣第一區茶山洞黃牛反扼菱角山蝓山地方。	六，二一九・一一
	三發公司 駱堯唐	金	恩平縣第二區白銀第二鄉龍灣村等地方。	一七，九二〇・五五
	陳松生	金	連山縣第二區羊和田村大沙坪底沙坪之北地方。	八，六〇七・六七
	辛新公司 馮燊民	砂金	高要縣第五區西約鄉石獅村附近斑魚坑。	總延長二公里八十公丈
	禺東公司 林大光	金	番禺縣第四區滄沙坦埔蛇崗西坑上下龍莊觀音石山北部，覺快頂之東李家山頂杓嶺督之南等處。	二，八八三・〇一
	開建公司 伍公直	金	開建縣第□區□□鄉柏洲渦洲大魚洲沙洲寧洞水地方。	四，〇九一・一〇

廣東	大中公司 梁鍚	金	增城縣第七區謝圍口村白石鳳禾山村婆山排沙背山逕銀町。	三，五四六・九二
	開源公司 朱昌楠	金	增城縣第七區西平鄉大坪尾。	一，〇三五・三二
	廣鑑公司 羅濟民	金	羅定縣第四區連洲鄉六廖洞金鐘坪。	五一一・七一
	孔福	金	羅定縣第三區大冲口石應咀山壽興山寮嫌大娜頂山黃銅嶺劍坑白馬頂等處。	一三，九六〇・二四
	利亞公司 林大雄	金	羅定縣第四區連城鄉竹兜窩佛子洞地方。	八六七・四三
	張季民	金	五華縣第八區龍王湖鄉附近陳坡坑黃金坑增竹洋。	三，九五七・三六
	士生公司 黃義	金	羅定縣第四區連成鄉上佛子村附近含盅頂廟樓頂大石頂上佛子崗等處	五，五三〇・〇〇
	寶來公司 蒙天賜	金	羅定縣第四區連成鄉萬車鄉之挖蛇嶺石往村分水坳頂以北蚊仔山等處	二〇，八三五・五二

(2) 廣西省金鑛採鑛權一覽表：

省別	鑛業權者	鑛別	鑛區所在地	面積（公畝）
廣西	裕華公司 陳汝侯	金	上林縣萬嘉之姚氏祠附近。	一，六三四・二〇
	裕華公司 陳汝侯	金	上林縣萬嘉之馬村垌等處。	五，〇五三・二八
	華林公司 黃伯嘉	金	上林縣鎮鄉鄉砧扳山蝦山。	六，一四五・三六
	溥益公司 梁權	金	上林縣巷賢尙義鄉中顯村旁。	三，五六七・二四
	開基公司 龔祖昌	金	武鳴縣天馬鄉黃老村附近。	三，八九九・六六
	大有公司 葉偉	金	蒼梧縣思委鄉下旁村蛇坪嶺等處。	九，〇九九・五一

(3) 四川省金礦採礦權一覽表：

省別	鑛業權者	鑛別	鑛區所在地	面積（公畝）
四川	石天成	金	宜賓縣白沙鄉桑壩。	九九七・一六

四　川	福華公司 王仲槐	金	松潘縣漳臘三岔河鴨舌溝天鐙寺子一道坪等處。	八，四〇二・〇〇
	福華公司 王仲槐	金	松潘縣漳臘初命赤水壩青草坪地方。	六，五〇八・七二
	福華公司 王仲槐	金	松潘縣洋芋屯洋芋壘地方。	八一四・四〇
	福華公司 王仲槐	金	松潘縣毛兒蓋索花寺索花壩觀音寺。	二，六四九・九〇
	永同和公司 沈炳榮	金	眉山縣張坎鄉附近阿彌陀佛張灣魚嘴走馬逑侯河壩殷河壩陳河壩等處	河道總延長肆公里九百三十二公尺
	普益公司 唐傑	金	懋功縣色取河色耳上村色耳中村色耳下村拉車寺。	七，八六六・九一
	協成公司 陳和中	金	樂山縣老鴉鄉牛郎壩乾溝子東北部。	八二〇・五二
	裕華公司 林振耀	金	懋功縣綏靖村二凱。	二〇，三五三・〇二
	裕華公司 林振耀	金	懋功縣綏靖村二凱。	六，四九四・一五
	裕華公司 林振耀	金	懋功縣綏靖村二凱。	三一，五八二・七四
	楊錫健	金	內江縣龍門鎮梁家嘣沱江河道。	長度二八四・公尺
	張秉鈺	金	樂山縣復興鄉炮通沱打碓窩長腰山西南部。	一七二・〇六
	吳肇徐	金	樂山縣葫蘆鎮長地坪楊槽。	一九二・三六
	吳辛野	金	樂山縣葫蘆鎮灕柳村大沱鴨子池。	一九二・八六
	吳炳堂	金	樂山縣葫蘆鎮桑樹坪南瓜沱東北部。	一九七・五八
	吳宗銓	金	樂山縣葫蘆鎮楊壩四方地窩子石桑樹沱。	一八九・九二
	吳揚武	金	樂山縣葫蘆鎮麻雀山衣脊坡雷打坡土地堂。	一九七・九四
	吳協和	金	樂山縣葫蘆鎮雷打坡壟臆卜鐵蘆壩東部。	一八九・〇二
	吳宗鎬	金	樂山縣葫蘆鎮秋龍祠東南部竹林沱南部。	一八九・四九
	吳薦堂	金	樂山縣葫蘆鎮灣地中華秀水井坪南部。	一九五・六九
	吳陽五	金	樂山縣葫蘆鎮吳山東部老高山西北部瓦房溝等處。	一九六・五三

四川	劉武元	砂金	樂山縣嘉樂鄉通江鎮李王中壩李王村等處。	長度八八八・公尺
	黃義合	金	樂山縣葫蘆鎮烏沙蕩中部班竹坑東南部。	一九八・三五
	王卓堂	金	樂山縣銅街鄉老街子山場東南部。	一五九・二三
	劉燚平	金	樂山縣廟廟鄉八字老劉村劉灣沱江子灘岷江河道。	長度九六六・公尺
	巫朔臣	金	樂山縣復興鄉乾溪埂西北部牛耳洞扁担礄等處。	一九〇・七二
	吳宗銘	金	樂山縣葫蘆鎮荔枝樹南部范灣白坎壩。	一九七・六八
	楊海雲	金	樂山縣雲華鎮楊花渡南部朱家壩北部。	一八八・三六
	吳炯堂	金	樂山縣葫蘆鎮楨楠沱鶏啤槽北部石梯坎等處。	一九五・五九
	三義永號車長庚	金	青神縣高台鄉潘壩龔壩辜壩駱壩北部等處。	長度九八五公尺
	周天順	金	青神縣高台鄉黃壩周壩石膏岩越江河。	長度九〇四公尺
	李誠明	金	青神縣瑞峯鄉新路口謝家壩羅壩子毛棕壩。	長度九〇三公尺
	陳紹興	金	青神縣黑龍鄉祭祀壩王壩岷江河。	長度八四八公尺
	李誠明	金	青神縣瑞峯鄉徐中壩莫中壩陳中壩岷江河道。	長度九七四公尺
	韋蔚昌隆	砂金	青神縣南附城鄉觀音灘東南部水碾灘冲天槽北部。	長度九一九公尺
	黃炳興	金	青神縣東附城鄉高石壩段河壩觀刀沱……（即鷺鷥鄉）。	長度九五二公尺
	李開恒	金	青神縣漢陽場金沙坪廟頸佛下辜家灘北部小河壩。	長度九三三公尺
	李開恒	金	青神縣漢陽鄉鴨婆灘大中壩西礄岷江河道。	長度九五九公尺
	辜少康	金	青神縣高台鄉辜壩毛列巷水竹林岷江河道。	長度九一九公尺
	蔣永年	砂金	南溪縣羅龍鄉龍川廟。	一五四・五六
	袁永明	砂金	南溪縣外南鄉于公廟。	一七〇・四六
	袁永明	金	南溪縣外南鄉登高場水井灣。	一五九・二六

四　川	石天成	金	南溪縣外西鄉敎化坟大溪溝東南部。	一五九・九三
	袁永明	金	南溪縣馬家場花灘子西北部。	一七八・四二
	袁永明	砂金	南溪縣外南鄉總礦場。	一五三・六三
	吳倚村	砂金	犍爲縣牛石溪李子灣西部樂山縣葫蘆鎮王河洞口東部。	一九五・六五
	吳劍泉	砂金	犍爲縣牛石溪娃耳色東北部。	一九一・四三
	吳重義	砂金	犍爲縣牛華谿屬地觀音鎮屬地大坑頭。	長度七三八公尺
	李　道	金	犍爲縣牛石鄉娃耳色附近泡桐林等處。	一九一・七七
	魯崇信	金	犍爲縣牛石鄉沙灣兒場附近。	一六九・七四
	聚興廠 顏克明	金	眉山縣洪廟鄉金渡口下金場等處。	長度九〇六・五公尺
	武劍秋	金	眉山縣太和場張場子雞公灘北部七里壩。	長度九二〇公尺
	苟稅鈞	金	眉山縣通義鄉王渡兒東林橋壩北部等處。	長度七五四公尺
	蔣永年	金	慶符縣小沱鄉延平壩東北部。	一九三・五八
	劉松舟	砂金	峨邊縣砂坪油房溝之東土岩。	一〇〇・四九

（4）雲南省金礦採礦權一覽表：

省　別	礦業權者	礦別	礦區所在地	面積（公畝）
雲　南	沈鼎勳	金	雲南中甸縣天生山坐落天生橋東。	一，四五六・一三
	戴燕村	金	雲南維西縣江馬廠。	三二五・六三

（5）湖南省金礦採礦權一覽表：

省　別	礦業權者	礦別	礦　區　所　在　地	面　積（公畝）
湖　南	聚鑫公司 林德懿	金	平江縣第一區西鄉鄉仁美保三家塘等處。	一〇，一六五·〇〇
	益華公司 吳致用	金	平江縣第四區南陽鄉第十四保梅樹塘等處。	五，六四九·〇〇
	德化公司 王蔭午	金	安化縣六區花岩冲界脚下桃子窩等處。	一，三八四·〇〇
	光明公司 龍播海	金	邵陽、武岡縣西鄉、東鄉徐家壓小港口武邵江和尙灘等處。	四，八四二·〇〇
	利源公司 張伯儀	金	沅陵縣七區柳林鄉洞冲清四方塘高山。	五，三一〇·〇〇
	大華公司 張伯儔	金	芷江縣六區協和區金廠溪拱橋界等處。	二，九七六·〇〇
	利華公司 張人鳳	金	桃源縣冷家溪同興公岡株木坡等處。	六十三·〇〇
	六安公司 唐啓禹	砂金	桃源縣水溪朝陽岡六安橋何家岡等處。	八，六〇九·〇〇
	富華公司 鄧宏立	金	桃源縣冷家溪小白岩灣岩灣腦上岩灣小白岩灣冲。	一，八五九·七八
	新華公司 淩　飛	金	桃源縣冷家溪白岩灣證老九溝證家界。	二，七八五·〇〇
	長江公司 楊培甫	金	桃源縣四區沙坪鄉永和圖冷家溪等處。	六，七五〇·〇〇
	登宗公司 孫采益	金	桃源縣第一區沅南鄉第五保申羊坪等處。	一，〇四七·〇〇
	永安公司 郭松峯	金	桃源縣第四區沙坪鄉上下鍾溪襄車架坪等處。	二三，八六二·〇〇
	洪富公司 楊耀耘	金	桃源縣第四區沙坪鄉板溪大灣腦上等處。	一三，六二二·〇〇
	致用公司 吳致用	金	益陽縣三區四里包獅冲龍形山等處。	五，三六二·〇〇
	常安公司 吳工臘	金	常德縣五區四鄉洞田冲滑水潭等處。	一，七八二·〇〇
	協利公司 李公甓	金	綏縣第三區由一在五兩鄉太平菴白雲山白雲菴等處。	一，九二二·〇〇

（6）江西省金礦採礦權一覽表：

省 別	礦業權者	礦別	礦 區 所 在 地	面 積（公畝）
江 西	張周垣	金	南康縣西區赤土鄉龍鐵磔等處。	六〇二・一一
〃	張周垣	金	南康縣西區赤土鄉蓮塘堡中神甲背坑等處。	三九九・三六

（7）西康省金礦採礦權一覽表：

省 別	礦業權者	礦別	礦 區 所 在 地	面 積（公畝）
西 康	田坪金礦局 周永慶	砂金	鹽源縣瓜別土司地。	一，一〇五・九二

〔四〕 國家營業之金礦

經濟部資源委員會對於後方之西南、西北各省金礦，業已分別組織機關，派員從事探勘，並擇要開採。其在西康省，爲康定、泰寧、道孚、無科等處金礦，由西康金礦局辦理之；在四川者，爲松潘金礦，由四川金礦辦事處辦理之；在青海者，爲亹源、樂都等處金礦，此外並組探勘隊，分採化隆、大通、共和、瑪沁、雪山、阿哈圖沙隆等六處金礦，遇富集地點，即改探爲採，由青海金礦辦事處辦理之；在湖南者，爲桃源、沅陵、會同等處金礦，由湖南金礦探採隊辦理之；在河南者，爲淅川、荊紫關等處金礦，由河南金礦探採隊辦理之；在廣西者，爲上林金礦，由平桂礦務部辦理之；上項機關，有由資源委員會單獨舉辦者，有由資源委員會與省政府合作辦理者。

〔五〕 產金數量

西南、西北各省每年產金數量，頗不易確實統計，因人民淘採之金，有歸私人收藏者，有偸轉運至國外者，就歷年以來各省產金大概數量觀之，可爲約計如下：

省 別	每年產金量
四 川	二萬兩
西 康	二萬兩
青 海	一萬兩
新 疆	二萬二千兩
雲 南	二千兩
湖 南	一萬二千兩
廣 西	三萬兩
廣 東	二千兩
福 建	三千兩
江 西	四千兩
河南、湖北、陝西	三千兩
貴 州、甘 肅	二千兩
共 計	十三萬兩

〔六〕 政府促進採金事業情形：

經濟部爲擴大採金，並集中管理起見，已組織採金局；其組織規程，業於二十八年三月二十四日公布。該局係隸屬於經濟部，辦理各省採金事宜，且得受四行收兌金銀辦事處之委託，於產金區域，辦理收購生金事宜。局設三科：

（一）總務科，掌理文書、出納、庶務、統計及礦區登記事項。

（二）工務科，掌理探採金礦、提鍊純金、及改善民營金礦工程計劃等事項。

（三）業務科，掌理生金收購、運送、及民營金礦貸款等事項。

經濟部爲擴大人民採金事業起見，又制定非常時期採金暫行辦法，於二十八年三月二十四日公佈施行。在非常時期未經領照設定礦權而採金者，概依本辦法之規定；其辦法要點有四：

（甲）凡居民、企業團體、或管理難民機關，擬於當地金礦區域採金時，在未劃定礦區前，得將所擬採金區域之地名、界限、面積、工作人數及代表人、團體或機關之名稱，連同草圖三紙，呈報省主管官署；省主管官署接到前項呈報後，應於五日內查明，如所擬採金區域，確在他人已設權或已呈請之金礦礦區以外，卽予備案，特准先行開採，一面令其依法設權，同時用最速方法，連同草圖二紙，通知採金局；由局以一紙轉報經濟部。前項呈准備案之採金人，視爲已取得呈請開採金礦優先權。

（乙）依本辦法採得之金，應依政府規定辦法，悉數售與政府所設收金機關，不得私售或隱匿。

（丙）地方官署對於依本辦法備案之採金區域，應與其他已設權之礦區同等保護。

（丁）經濟部對於依本辦法備案之採金區域，認爲有擴充或改善之必要，得依非常時期工礦業獎助條例予以獎助。

關於產金及收金區域內治安問題，若不預爲解決，其進行實有莫大障礙；經濟部又於二十八年三月會同財政部開送各省重要產金區域清單，咨請軍政部，就附近駐軍內酌調軍士前往駐紮，以資鎮壓，並分咨四川、青海，河南、西康、湖南、廣西等省政府，請抽派保安隊，駐在各該地，藉資保護。又凡屬規模較大之礦場，本可單獨或集合設置礦業警察，關於金礦場之警衛事項，亦當由採金局積極推進。此外凡可以加强採金工作及效能者，政府亦在逐漸舉辦。

〔七〕結　論

就上述各概況觀之，可知我國西南、西北各省產金區域分佈甚廣，政府亦正在積極促進生產，惟已知之金礦，其儲量並非甚豐，仍須於雲南、西康、青海、新疆及其他各省，爲澈底之探勘，或可still得豐富礦床。至於採用新法開採金礦一層，亦屬切要，將來國家或人民於探得豐富金區後，對於採、、選煉三方面，若能純用新式機械設備處理，則產量當大有增加。

西　康　之　金

葉　秀　峯

目　次

〔一〕引　言

吾礦業者莫不重視煤鐵，研究礦業工程者，亦莫不重視煤鐵，然一國之經濟發展初不僅賴煤鐵兩端。故補偏救弊之感覺，於抗戰期中，乃普遍於經濟工程各界。而最刺激社會，令多數人感覺與趣者，則推金礦。蓋其價值貴重，既為一般人所樂於存積，尤為國家對外貿易之所需也。

考中國之產金區域，現尚少有系統之具體研究。雖曾有『金鐵帶』之立論，似尚不能認為完美。以全國言，總之至少有三分之一之幅員為產金區域。特大多數重要產地，均在邊荒。私人經營既屬困難，國家又早歲無着手經營之計議。金礦乃實際上成為日趨艷羨之材料，及少數冒險者或當地豪强之幸運。其有成為大規模事業形態者，徧查各種紀載，殆亦鮮見，結果遂修成金雖為社會所重視，而採金事業反不為社會所注意！

採金所應用之技術，往往認為簡單，而其成效則頗有難以科學方法加以控制之處。山金固有較多之迹象可尋；而生產最多之沙金，則須視試採技術工作之如何，故似易而實難。至其所需之資本，尤無一定：小者一人備數日之糧，即可從事於此；大而至於數十百萬，亦可投資。資本家往往視此伸縮性極大之狀況反而減其注意力。惟自抗戰軍興，金價日漲，益以東部資本之西移，政府及社會之對金礦，乃今昔改觀。而西康產金問題，亦大為國人所注視。

中國西部產金之事實，最易使吾人感覺者厥爲金沙江之名稱。按三峽上下川江區域，間曾產金。成都附近縣花各江亦有所產。再溯西康，地勢高峻，川河所經，沙石沖積，金源益近，故金沙亦益富。而西康全境多山，山河相間，爲著名之橫斷山脈分佈地帶。故每一河流，莫不有若干沖積之沙地，幾於無一沙地而不產金。特量有豐嗇，體有大小，淘取亦有難易而已！謂西康者，謂爲遍地黃金，誠非過誇之詞。亦惟其分佈廣泛，故經營問題，頗費研究。今輒就西康情形與夫管見所及，提供數點，以備諸同志之觀摩：

〔二〕產金之調查工作

西康產金區域之廣泛，既如上述。其產量及顆粒等，亦因地域而有所不同。故必須先作有計劃之調查，以便日後之開發。惟康省地形複雜，海拔太高，入秋則高處冰雪載途，皆足以阻礙調查之進行。欲於短期內作廣大範圍之調查，或於長期內作繼續不斷之調查，均不可能。前此調查西康地質者，已有數度；惟為時均不長，路綫多沿大道，故所得結果，亦僅限於大道兩側而已。竊以為欲求地質構成之精確明瞭，必同時有『面的調查』。繫面於綫，方使開發工作得有堅强之根據。故廿七年度西康科學調查之第一次，即本此旨辦理：不求區域之廣泛，但求於一定範圍之內，得比較詳盡之了解。然後再於某一確定地點，繼以開發之工程調查。如此果能年復一年，繼續前進，則於西康產金之究竟，必可得一具體概念之日矣。

〔三〕產金之重要地區

在此廣大之產金域區中，自亦有其重要地點。惟至今尚無科學根據，均係考之歷史，徵之傳言。大概北則大小金川流域，綽斯甲區域，二櫓一帶；

西則贍化、理化所屬各地；南則鄉城、稻城、得榮一帶，道路所修，亦不少珍貴材料。此皆康省原有之各縣也。就中贍化一區，並曾見於外交文件。於英人主張康藏宜以金沙江為界一文件中，謂贍化在金沙江東，康有此重要產金區，應以為足云云，則此區固早為英人所垂涎矣！川康劃界以後，已知金湯、天全皆有產金區域，情形尚在調查中，至寧屬產金，則知早膾炙人口，如窪里、[illegible]邊等，皆名區也。

〔四〕 初步中心地帶之確定

於此廣大區域內，以有限之資力人力，經營此富有伸縮性之事業，尤宜有中心地帶之計劃為之維繫。此於設備諸端，亦自有其便利。自現在西康全境言之，重要地區之分佈，甚易察得者，乃雅礱江為一天然之中心地帶。北而贍化、理化，南而木里，均屬此江流域。現在第一步設計，厥為成立泰寧中心點。關於此中心點之設備，在計劃中者，一為自康定西向之康泰公路，上年冬已着手測量。一為泰寧飛機場之開闢與其地測候工作之開辦。再次則為自泰寧向西北、西南、東北各方交通綫之修整；如能於此點作周備之建設，則甘孜、贍化、理化及丹巴一帶，均有可以兼顧之形勢；技術人才及資本之流佈，亦均有假以推進之可能。以後則將更進而規劃南部中心，窪里舊有官礦區域，俟最近各種調查完畢，或可即就其地設計；此係一尚未可定之問題。

〔五〕 經營方法

舊有經營西康金礦者，除農民及土人利用閒暇時間作不規則之採掘外，鮮有科學的大規模之經營。昔日號稱規模較大之二楷金廠，投資亦屬有限。至全康金礦工人數目，向無可靠之統計；或謂最多時達三萬人；二楷一區，將及萬人。但是否全為直接採金之工人，亦不可知。考當地熟練工人對當地地質地形，常有相當經驗。故目前經營，自宜就當地土人之舊有經驗，參以科學方法；大規模經營以外，並宜扶植小資本之擴展，蓋產金區既屬遼廣，又不集中；為普遍經營及大量生產計，自不能專恃單一之組織也。去年（二十七年）資源委員會與西康合作，設立金礦局，作投資五十萬萬之決定。初步有關工程之調查設計，已具端倪。本年三月，泰寧礦區已正式開工。蓋以對當地工人及地質情形，均已有所明瞭，困難逐漸掃除，故不待公路及飛機場之完成而即進行也。此區發展後，除繼續開發四週未開發地點外，即將進而以所有人才資力，供私家礦區之指導協助。或者須有分劃中心點之設置，則視工作前途狀況以為定矣。

〔六〕 困難事件與其解決

西康採金之困難問題，重要者一為工人，二為食糧，三為保護。關於工人者：因西康人口稀少，體格不強，頗多染有嗜好；其有習於舊制度者，更有不良習慣。故當地工人非經選擇而訓練不可，但以合格者為數不多，故必須另從他處招募，對於資本方面，有甚為嚴重之影響。所望於事業發展後，自然能吸引大量工人，減少此種困難於將來耳。關於食糧者：因當地產米甚少。所產之青稞，又不適他處人作為食品。此殆為過去工人所以不能大量增加之重要因素，要亦為西康人口稀少之一大原因。目前固已設法就近增加食糧之生產，但一時尚無法脫離轉運之苦。須待交通問題大部分解決之後，方可得完滿之辦法。關於保護者：要亦視對於環境之如何應付。一則應以信義與土人相處；二則應有計劃的如何予土人以利益之道，醫藥、衛生、教育等，均可利用也。此外關于工具與工人住所及礦區醫藥等問題，困難尚屬有限，不難解決。

〔七〕 結　　論

以上所論，係就已知狀況及設計而言。如將來材料增加，情形日益明瞭，則所計劃者，或有增改之處。至少將來金沙江以西之情況明朗後，金沙江兩岸之工作尚有不少可做也。

金礦開採及其選冶之研究

李　丙　璧

目　次

〔一〕導　　言

我國經濟狀況不振，主要原因由於實藏存儲，多未開發；尤以直接關於金融之金銀實質，未能盡量生產，以裕國庫；遂至經濟狀況日見拮据。近來法幣實行以後，所有實質金銀已控制出口，正期國庫充實，金融穩定；奈以國內金銀礦產，無整個計劃，從事開採，遂使礦量儲藏，未能取用；即或有少數金礦，從事採取者，又多無科學之研究，僅用土法淘洗，所得亦不過百分之三十左右，仍使良材棄地，誠可惜也！璧認為金銀礦直接影響金融，關係國家命脈，值茲世界經濟恐慌之際，正宜極力開發，俾關於貨幣之實質，有充分之準備；即使一旦世界之金融狀況紊亂，紙幣不能通行，仍可以實質之貨幣補救一切也。是以金融之重要，非獨關於金融之穩定；尤能於非常時期，應付需求。茲將金礦開採及其選冶研究，綜合以往實地之觀察，及工作之管見，略為敍述，以資參閱。刻以礦室內對於金銀礦已有整個計劃，進行步驟亦作有系統之規定；茲依照金礦研究之初步工作，作簡略之報告，後此自當依照既定計劃進行也。本報告首述中國金礦之分佈，除親身勘查者外，大部根據中國實業部地質調查所之報告；其次係述脈金之開採及其提金之方式；再次則為砂金概況，及其採淘之特點。一切內容，大部關於實用工作，採金者取為參考，不無小補；惟對學理之研究，以篇幅時間之限制，未能詳盡為歉！尤以倉促完成，簡陋之處，尚祈諒之；如蒙指正，無任感荷！

〔二〕中國金礦之分佈

中國金銀礦產，分佈最廣。茲將全國金銀礦曾經調查者，分別續述如次：

(a) 四川省：　如松潘縣之對河溝，懋功縣綏靖屯大金川支流，鹽源縣北雅礱江上游之黑地譜，及鹽源縣西金砂江支流，冠寧縣西南之曾家灣、石梁子、官尖子、乾海子等處，與平武縣龍洞子，茂縣河西乾格墩，及縣南文鎮，理番縣下孟董棱磨河，以及宜賓、安縣、昭化、蒼溪等處，均有金礦，從事開採。

(b) 西康省：　如瞻化縣東北之麥縣，河縣東之甲司孔，理化之金廠溝，鑪霍縣之雄雞嶺夾即瓦谷道，宇縣之廟子溝、椽科及木菇鄉、賽卡，雅礱縣南之雅礱江岸，丹巴城南之銀窩溝，城北之巴底，及大渡河沿岸，九龍縣之瓦灰山、挑托虎我溝，康定之吉蘇坡、三家寨等處，均屬產金區域。

（c）新疆省：脈金爲塔城南之哈圖山，東北之于闐克里雅山及喀喇塔什山，疏附喀布尚嶺，土番喀頓巴爾噶塔山等處。

砂金如阿爾泰在迪化以西，烏蘇縣暨屯河在迪化西南，綏來瑪納斯河在迪化西北；他若奇台迪化東南鎮西無漠溝，疏附孫勒都斯山，中尉罕大西溝，昌吉羅克岔河，寧遠城北沁水等處，均產金砂；至新疆南部之和闐、于闐、且末鎮，砂金尤著。

（d）貴州省：如黎平縣三什江，錦屏縣清水江，均產砂金。

（e）廣東省：如增城黃龍塘，惠陽淡水墟，羅定黃勝嶺；高要楊梅坑，信宜白石壆，恩平金雞水，鶴遠濱江睡石洞，及陽山白蓮鄉，均有金礦發現，近又在羅定四綸鎮瞬湧口，發現金礦甚豐。

（f）廣西省：如貴縣三岔，邕寧伶俐江，梧州金砂尾隱白恩林等處，亦有金礦發現。

（g）江西省：如臨川縣之雲山嶺，最近亦發現金礦。

（h）湖南省：如源陵、桃源、平江、會同之金礦，亦均有人開採。

（i）福建省：如建甌、建陽、邵武（即閩江上游），及尤溪流域，皆爲產金區域。

（j）安徽省：如績溪大嶺脚，山嶺產砂金。

（k）河南省：如嵩縣之高都里、东峪里、焦溝，洛寧之水源溝，盧氏文峪鎮，淅川金豆溝，均產砂金。

（l）山東省：如招遠、沂水、牟平，蒙陰，均有富饒金礦。

（m）河北省：如遷化縣之茅山、片石峪、關山口，昌平縣之分水嶺，密雲之冶山西陀骨頂，柔縣之琴鶯山，興隆縣之大小倒流水，以及遷安縣、撫寧、昌平縣，均已發現金礦。

（n）山西省：如代縣之金礦，刻已由山西兵工測探局從事開採。

（o）陝西省：如華縣、白河、藍田、南鄭、褒城、洛陽等處，均有金礦發現。

（p）甘肅省：如高台縣之擺浪河，張掖之黑樹河，永登西南之鐵羌灘，均有產砂金之重要區域。

（q）青海省：如貴德、魯倉一帶，即瑪沁雪山坡，湟源西北約九十里之大栗紅砂壩，即大通口附近一帶，大通縣西之野牛溝，湟水流域，民和縣老鴉城，楊家莊子對岸孫氏莊溝，與湟水會合處，樂東縣城東十五里崗子溝，化龍縣下六族科彥溝，與都蘭之大柴旦、小柴旦，貢爾勃達烏佛溝，以及玉樹縣之楞錯、青踏地方，均有產金區域。

（r）東北四省：素以產金著名，値此特殊情形之下，目前無法勘査，暫不敍述。

綜觀以上金礦之儲藏，可謂廣博；其中無大規模開採價値者，固屬不少，然礦量豐富，礦質優良者，亦必有相當之數量；尤以四川、西康、青海、新疆、山東等處，金礦最有價値，若能作詳盡之勘查，精密之計算，而以科學方法從事開採，自不難有相當收獲也。

〔三〕脈　　金

（1）脈金與砂金之關係

金礦有脈金（Vein）砂金（Placer）之別。脈金爲岩漿充滿於岩石之裂縫罅中，以其構成時之環境溫度，與漿內所含成分，及化學作用之關係而構成。其礦脈多與石英及各種硫化物，如黃鐵礦、硫黃鐵礦、方鉛礦、砒黃鐵礦及黃銅礦等混合，有時與各種氧化物及碳酸鹽類等混合，均依構成時情形之不同，故其礦脈之成分亦各異。砂金爲脈金受風化粉碎作用，變爲碎粒，再繼之以冲積作用而構成；其堆積層之厚度，或爲數尺，或爲數寸，均與當時構成之脈金，有相當之關係。

(2) 鑛脈構成及普通之概況

金鑛脈大概分爲線狀（Vein）樹枝狀（Stringers）及包狀（Pocket），尤以線狀爲最常見。鑛之組成，多爲含鐵、含銅，及各種微量之其他金屬之石英石，貴重金屬亦多存在於其罅隙中。金鑛脈既係岩漿構成，其兩旁之岩石多爲花崗岩、片麻岩，間有含砂之石灰石及白雲石者，但多見於接觸部份。兩旁之岩石若爲花崗岩與片麻岩時，則結晶之大小，頗與含金之成分有關：若結晶較大，當係構成時之溫度較高較久，由液體變爲結晶之時間亦較長，大部溶液易於浸入此鑛脈中，而起富厚作用。含金成分亦易於提高；若晶體甚小，則其情況自較遜。

(3) 鑛石之形狀及其概況

金鑛石中既多含鐵及含銅，故其形狀常爲紅綠色及蜂窩狀（Porous）之石英石，間有因硫化鐵較多而具黃白色者，俗所謂臭金（Fool's Gold）者是也。有時潔白之石英中，常含顯著之明金，用人眼頗易窺見，但此種鑛石，殊不易得。

(4) 鑛石鑛脈之選擇

金鑛之開採及設計，視其鑛量及含金成分之關係而爲將來獲利預算之標準；故鑛石之分析及鑛量之估計，爲第一要務。如其冒昧着手，則將來之結果，恐難得預期之希望！

（甲）鑛石之分析：

（a）濕試法　用化學原理及步驟，證明其中之結果；此法手續較繁，多爲採金者所不取。

（b）乾試法　用試金原理及步驟，試得其結果，係將鑛脈取得砂樣，用鐵缽研細，再根據對角部份半取法（Cone-Sampling），和勻後取其一試金噸（Assying Ton），加氧化鉛（Litharge）四十克至五十克，灰鹼（Soda Ash）三十克，硼砂二十克左右，石英粉五克至十克，再加還原劑或氧化劑，其分量照砂質計算，以從得約二十克之鉛塊爲目的。將全部藥品與鑛石攪勻，覆以食鹽，置於試金爐中，熱至一千度左右；若用汽油火焰，在四十磅壓力下，燒至半小時，視其熔化，將金銀完全混於其中；再用骨灰缽，將鉛蒸去，則可得金銀之合金。應用試金天秤，即可知每噸之含金量。復以硝酸將銀溶解，則純金部分即可證實無誤。

（乙）鑛量之估計：

先觀察鑛脈露頭（Outcrop）之長度，及其鑛脈之厚度，再根據山形以估計其深度，則可知鑛量之概況。但此種估計，不能十分準確；如欲得較近之估計，須有鑽探工作，以證其深度，方可得詳確之數據。其簡單計算法如次：

$$\frac{\text{露頭長度(英尺)} \times \text{深度(英尺)} \times \text{寬度(英尺)}}{12} = \text{噸數}$$

(5) 選鑛機械之選擇

金類既包含於石英質內，其提金之初步程續：必須先使金質與石英分離，以後再用提金法，方可得其結果。故初步工作即爲碾軋，其細度要以碾至百分之一英寸（100-mesh），有時更細至二百分之一英寸（200-mesh）。碾軋之程續及機械之適用如下：

（甲）第一部：大塊擊碎（Breaking）採用之機械應爲

（a）虎口機（Jaw Crusher），

（b）環動碾石機（Gyrotory Breaker），

此種機械，可由大塊碎至一英寸半至三英寸之大小。

（乙）第二部：將一英寸半至三英寸之鑛石，搗碎至能通過三分之一英寸（3-mesh）至六分之一英寸（6-mesh）之鐵絲篩，其採用之機械應爲

（a）滾碾（Roll）

（b）鋼飯軋石機（Disk Crusher）

（c）鍾擣（Slamp Mill），

（d）滾桶軋石機（Tube Mill）。

（丙）第三部：將第一部及第二部以後之鑛石，碾至百分之十五至二十，能通過二百分之一英寸（200-mesh）之鐵絲篩，

其應用之機械應爲

（a）鋼球磨（Ball Mill），

（b）鐵碾（Chilean mill），

（c）鐵磨（Grinding Pan）。

（丁）第四部：將小於二十分之一英寸（20—mesh）之礦石，碾至百分之五十至百分之九十；要能通過二百分之一英寸之鐵絲篩；其應用之機械應爲

（a）鋼球磨繼之以滾桶軋石機，

（b）鐵碾繼之以滾桶軋石機，

（c）鐵磨繼之以滾桶軋石機；

近來國內金礦，多採用石碾；因購置及裝用較爲簡易，但其工作效率甚爲狹小，所碾之礦砂，不過爲三十分之一英寸（30—mesh）至四十分之一英寸（40—mesh）之大小，不能得滿意之結果。

〔四〕脈金之提金法：

礦石因性質之不同，採用之方法亦各異；主要工作爲汞取法，氰化法，比重選采法，漂流法，氯化法：

（1）汞取法（Amalgamation）：

註：水銀甚毒，切勿浸入皮膚及於汽化時吸入肺內，工作人員須特爲注意！

因金銀易與水銀結合，故提取多用塗以水銀之銅板，以爲攝取貴重金屬之用；凡自由黃金（Free milling Gold）不與石英相連者，均可由水銀攝取團成汞膏。

（甲）金礦石之適於汞取者：

（a）自由金，用水盤冲洗後（Panning）顯黃色者；

（b）大塊之金屑，不易應用於氰化提取者；

（c）金礦之多爲片狀者。

（乙）金銀之外，與汞結合之金屬及其化合物：

（a）氯化銀（Cerargyrite），

（b）銅，

（c）鉛，

（d）錫，

（e）鋁，

（f）鋅，

（g）鉍，

（h）鎘，

（i）鉀，

（j）鈉，

（k）鎂，

（l）其他罕見之金屬（Rare Metals）；

以上各物之結合力，與溫度成正比例；故溫度愈高，則汞膏之雜質亦愈多。

（丙）汞膏之形狀：

（a）液體，濾過後，在華氏六十度含金百分之〇·一；

（b）固體，爲含有一定比量之金爲狀態物，普通含金自百分之二十五至三十五，但亦有因賤金屬（Base Metal）甚多，而成分較低者；

（c）大塊之金屑，外面爲水銀所包裹。

（丁）通用於汞取法之機械：

（a）錘搗，係將礦砂碾碎後，直接冲於汞板上；

（b）鐵磨，係碾碎含金黑砂之利器；

（c）石鐵磨（Arstra），其原理與鐵磨相同，係將礦砂與水銀混合碾軋，爲舊時之用具，工作力甚小，現已不採用矣；

（d）汞板（Amalgamating Plate），爲最普通之汞取提金器具；

（e）水銀槽（Trap），置於汞板下端，以攝取冲去之汞膏；

（f）轉桶（Berrel），係碾碎含金黑砂之利器，與鐵磨之工作相同。

此外尚有各種相類之機械，不便一一枚舉，僅將最普通之用具及其使用法續述如後：

（戊）汞板之製法：

汞板爲八分之一英寸厚，四英尺寬，八英尺長之銅板製成，其製法有三。

（a）塗汞銅板之種類：

（1）銅板面上僅塗汞者：先用細砂將銅板之氧化面磨光，再由濕砂混以氯化錏（NH_4Cl）及水銀繼續磨擦，不久水銀卽附於銅板上，俟其全面成鍍狀，卽將細砂用水冲去，該銅面變爲潔白色，但以銅與水起化學作用而成綠色斑痕（Green Coating），則可用稀氰化鉀（KCN）或氰化鈉溶液少許滌去之。該板若無金質在內，則提金力甚微

8380

；故須經過相當時間，積有若干金質後，始能變爲較佳之提金器也。

（2）銅板面上塗以金汞膏（Gold Amalgam）者：先照法製成塗汞銅板，置於相當之斜度，用水繼續冲洗十二小時；如有綠色斑膜，卽用稀氰化鉀溶去；然後塗以水銀，再將板上之二三英寸地方，用金汞膏塗勻；至少須放置二十四小時以上，再爲使用，此板提金力稍强。

金汞膏之製法：將舊板之細金，用火鍛燒下，混以水銀，用鉄鉢研細，卽可得細金汞膏（Fine Gold Amalgam）。

（3）銅板面上塗以銀汞膏（Silver Amalgam）者：如金汞膏不易得，可將全板照法塗以銀汞膏。

銀汞膏之製法：將銀與硝酸加熱，溶解，蒸乾後，再混以水銀，卽得銀汞膏；提金力較遜於塗金汞膏，但較純銅則爲佳。

（b）汞版使用時，應爲注意之特點：

（1）斜度（Slope）：汞板須置於某種角度，使水流勻整。不可太高，太高則水急，金屑不易附着，不可太平，太平則黑砂易於堆積，使金屑不能接觸板面，減少版之提金力。普通斜度，自每尺起，高由一英寸至二·五英寸。觀察銅板之斜度是否適合，可以根據其水紋及水流速度而定；適合斜度爲水流成連續狀波紋（A Series of Current），速度每秒鐘二十三至四十二英寸。

（2）下降階（Drop）：礦石面置於板上，以水面張力作用（Surface Tension），常漂浮流下；此種情形，最易使金遺失，因其不能沈下與水銀接觸也；故於板前須置下降階，使砂面與水下降，沈底而不漂浮。此類下降階不可太大，因易使細金冲去，普通爲二英寸左右，但不可超過二英寸半。

（3）面積：汞板面積，根據流砂之多寡而定；要能提得全部砂內之金量爲宜。如金屑較粗，則需要之面積較小，細則反是；普通每一·五平方英尺每日可流水砂一噸。

（c）水銀使用後之障礙，及汞板之調治：

（1）空氣與水分，最易使銅質起化學作用，構成綠色斑膜。間亦有黃斑（Yellow Stains）或綠斑，構成於含有銅汞膏（Copper Amalgam）之汞板上；其原因大概爲氫氧化銅與碳酸鹽之結合。

（2）如水中含有硫酸鹽（Sulfate），則硫酸銅常發現於綠膜上，此種綠膜，可用稀酸類、綠化錴、或稀氰化鉀溶液洗去，亦可用細砂磨去；最普通之用品，則以氰化鉀爲佳。

若用稀硝酸，則易使變爲銅鹽（Copper Salt）而構成綠斑，且易溶去板上之銀汞膏；故除另製新板外，必須加意避免也。

（3）綠斑亦有構成自礦石或水質者：例如礦石或水內含有由黃鐵礦經過氧化燃燒（Oxidizing Roasting）變成之銅鐵硫酸物，或其他有害之物質。此種斑痕，繼續不斷；雖間斷洗刷亦不能得完善結果。最便之方法，可將布袋盛氰化鉀一二小塊，置於板之上端，由水冲過，則因繼續溶解，板面亦得繼續刷洗，則綠斑卽可不見；且因所需爲極稀薄之溶液，故所費亦甚少。若見板上又現綠斑，則爲氰化鉀溶液完盡之證，此時應再繼續添加藥品於布袋中，其效甚宏。

（4）水銀之粉碎（Sickening and Flouring）：水銀用稍久，則因含有油質、氧化物、硫化物、或賤金屬之砷化物甚多，水銀面上卽有薄膜包圍，不能連合，變爲極細粉狀；此時卽失去提金功效，金質易於遺失。最有害之物質爲砷質與銻質，因其由於硫化物分解後，卽變爲包圍水銀之薄膜也。易於氧化之金屬或礦石內，含有滑石、蛇紋石（Surpentine）石墨、或黏土，均能使水銀粉碎，爲提金之重大障礙。

（A）減少油質之困難：採礦之燈油及機械部分之滑油（Lubricates）均宜注意，不令使其混於砂內；一方用鹼性物或石灰加入於礦石內，以減絕油性。

8381

（B）石墨所構成之灰綠斑：可於每小時加食鹽一錢於砂內，以滅絕之。

（C）水銀用之甚久，則有大部賤金屬氧化物混合其中，故一方利用鈉汞膏（Sodium Amalgam）之還原作用，一方用蒸鍋蒸溜，去其雜質，則提金力稍強。

鈉汞膏之製法： 將鈉質切成極小方塊，用木箸壓沈水銀中，任其發生輕微之爆炸聲；鈉塊不可太大，因有爆炸之危險也！繼續添加鈉塊於水銀中，俟其形狀稠黏，傾置鐵板上，即成塊狀之鈉汞膏。

取此鈉汞膏少許，置於含有賤金屬氧化物之水銀內，則賤金屬氧化物起還元作用而與水銀分離。

鈉汞膏不易存儲，須浸沒於煤油或汽油中，否則易變為流體。

鈉汞膏應用之分量，可以鐵釘置於加膏之水銀內試之，若鐵釘上有水銀珠附着，則其中之鈉汞太多，須再加水銀，以得適合之狀態為宜。

（5）刷板（Dressing the Plate）：汞板上之汞膏，須成適合之黏度（Consistency），方能有良善之結果。黏度不可太硬（即太乾），太硬則提金力弱；不可太軟（即水銀太多），太軟則水銀易於冲去，金亦隨之遺失。金屑小者宜於稍硬，金屑大者宜於稍軟；但普通使用則以稍軟為較善。

刷板時間，各廠不同，最普通為每十二小時至二十四小時刷板一次，尤以取汞（見下文）後工作者為最多。

刷板之法：先以橡皮將汞膏取下，如太近刷板，則易發生綠斑，用稀氰化鉀溶液將綠斑洗去，使板面光亮，再洒以少量之水銀，自板之下端起，用鬃刷或棉布用力磨擦，則水銀即附於板上，漸及於板之上端，俟全部附着水銀，變為潔白色時，此部之工作即告完成。

刷板時最忌者：為使水流繼續流行，因汞膏之塊屑易於冲去而遺失，是以舉行此項工作時，須先將水停流，方可再為着手。

（6）取汞（Cleaning, or the Removal of Accumulated Amalgam）：汞膏之刮取時間，由一日至三十日不等，但以一日者為普通，所得之汞，亦以刮取次數愈多者其得量亦愈多，不過計算其所得者能否抵補時間之損失為要義耳。

刮取之法：係用半英寸厚，四英寸闊，七英寸長之橡皮平面，自板之下端，用力向上刮取；刮至上端之中部，再用鐵鏟將膏取下，仍用刷板法將其製好，以備作用。但該板若用之日久，則板上有極硬汞膏堆積甚厚，可先以大量水銀浸洗，使其軟化，再為刮取；若仍不能刮下，則可用鋼刀刮下，取得其中所積存之金質；否則存之太多，一方竊取金質，一方積壓資本太重，故不宜積存太厚也！間有用熱沙、沸水、或酸類使之軟化，然後再為刮取者。

（7）擠濾（Sgueezing）蒸溜及溶化：取出汞膏，用鹿皮羚羊皮或極細之帆布，用力擠濾，則流動水銀由皮孔或布孔擠出，而固體汞膏即存留皮內或布內；此種擠濾，小規模者可用手工作，大規模之金廠，則多應用擠濾機。擠濾後，將固體汞膏置於鐵製曲頸甑（Retort）中，用乾餾法將水銀蒸出，其溫度熱至攝氏表三百六十度以上，使水銀氣化，經過冷却器，則得流瀉之水銀。甑中殘餘之渣滓，即為金銀與賤金屬之混合物，再加以硼砂、灰碱、石英，置於溶金爐中，即可溶成金銀之合金錠。

（8）標足法（Refining）：金銀易成合金，故欲得十足之金錠，除將賤金屬驅逐外，仍須使金銀分離；其主要方法約分三種：

（A）乾法（Dry Method）：使銀質於烘燒時，變為氯化物或硫化物，其裡積係將溶化之金屬通過氯氣，使銀質與賤金屬變為氯化物，成煙狀而飛出，或在溶體之表面上成為漂浮物，可以隨時刮去之；所餘者即為純金。

（B）電解法（Electrolytic methed）：根據電解化學原理，使金銀分別沉澱；所採之方式為Moetius法、Balbach法、及Wohlwill法等。

（C）濕法（Wet Method）：根據金銀對於硝酸或濃硫酸溶解性之不同；此等酸類可將銀質溶去，用以得其純金部份，尤以使用硝酸最爲普通。茲將使用硝酸之程序，詳列於次：法將所得金銀之合金錠，加二倍至三倍之白銀，再爲溶化，俟其全部溶成液體狀，立即傾入冷水內，則因其驟然冷凝而變爲多孔之白色合金塊；最易於侵酸溶蝕。使與硝酸共置加熱，將銀質溶解，俟其變爲黃黑色之粉狀物，不再起變化時，取出用熱水冲洗，將金塊上之硝酸銀洗淨，蒸乾後，再加硼砂、灰碱、石英等少許，共置爐中溶化，即得十足之金錠。若於所得之硝酸銀溶液中，浸以銅板，則白銀沈澱而出，俾無重大損失，且可繼續使用。

（已）汞板外最普通之汞取機械：

（a）水銀槽（Mercury Trap）：置於汞板之下端，以攝取遺失之汞膏。

（b）鐵磨或石臼磨：先將經過比重選礦法（見下文）所得之富厚之黑砂數百斤，混以水銀五十磅或一百磅，置於磨內，使經長時間之碾軋，俟全部碾成粉狀時，即可得含金之汞膏；此種汞膏，因汞取時間較長，故雜質亦較多，須經硝酸浸蝕後，方可得有相當比例之混合物。其餘一切調治法，與前相同。

（c）轉桶：其原理與鐵磨相同。法於鋼球磨內裝以富厚黑砂，經過七八小時之碾軋，再加水銀數十磅，攪轉兩小時，亦可得相同之汞膏。調治法如前。

（庚）汞提法之效率：

普通水銀之提金效率，自百分之四十至百分之六十。遇有適宜之礦石，亦有增至百分之八十左右。但該種礦石，殊爲罕見。若爲含有黃鐵礦甚多之礦石，則僅用水銀提取時，所得效率甚微；因大部金質與鐵相連，不易攝取也。此種礦石，須先行烘焙（Roasting），使其變爲氧化物或硫酸物，然後再用水銀提取，則手續較易。烘焙時之變化如次：

$$FeS_2+O_2 \xrightarrow{加熱} FeS+SO_2$$

$$FeS+3O \longrightarrow FeO+SO_2$$

$$3FeS+11O \longrightarrow 2SO_2+Fe_2O_3+FeSO_4$$

$$FeS+10\,Fe_2O_3 \longrightarrow 7Fe_3O_4+SO_2$$

（辛）汞之提清法（Purification）：

水銀經過提金後，其中尚有少量之金銀，頗有利於提金；但使用過久，或因礦石之性質，含有賤金屬甚多，即應先行提清，再爲使用；因其爲害甚大也。不潔之水銀頗易察看，其形狀爲不圓之球形（PearShape），且不易連合（清淨之水銀則爲光亮之半圓體，且易連合）；此不潔之水銀，可用濾紙或吸墨紙穿一針孔，將其濾清，即可將殘餘渣滓分離。若能加以少量之鈉或酸或氰化鉀，亦頗爲有益。

（壬）汞質易於損失之特點：

（a）水銀經粉碎後，最易丟失。救濟之法，可用水銀槽，且輾板須較勤。

（b）水銀易於附着金屬屑上，而隨水流去。

（c）水銀易與銅、鉛構成汞膏，因比重較輕，易於遺失。

（d）水銀亦多由不注意之取法而損失。

（e）經過蒸餾後，常有百分之 0.1以上，存留於鍋內，俾會時蒸發而損失。

（f）水銀在平常溫度下，有微量之揮發性。

（g）硫酸銅常分解水銀而成硫酸汞及銅汞膏，亦爲損失水銀之最大原因。

（癸）金質易於遺失之特點：

（a）細微金屑，漂流水上，不與水銀接觸，因而遺失，可以多數之下降槽救濟之。

（b）金質之包於石英內者，易於遺失。碾軋之極細，使其分離而救濟之。

（c）金質之爲薄膜包圍，亦不能爲水銀接觸。救濟法與（b）同。

（d）金質之化合物，如碲化物等，頗易漂流而去。但可取於比重選礦床（見下文）內。

（e）粉碎水銀之遺失，亦爲遺失金質之重要點。應於使用前，先將水銀調治完善。

(2) 氰化法（Cyanidation）

將含金礦石磨碎後，通入空氣於稀化鉀或稀氰化鈉溶液內，使達飽和狀態，然後加以石灰，再將磨碎之含金礦石加入浸漬至相當時間，使金質溶化，濾去其雜質，再用沈澱劑將金質沈澱而出。

氰化法爲最經濟最有效之工作，凡不能以水銀提取之礦石，或用溶化法需費太大者，均可以氰化法提取之。

（甲）礦石之性質及其與氰化法之關係：

（a）黏土性之礦石，最易產生細粉，淋濾最爲困難，不能有完善結果。

（b）易於分離之石英礦石，可先將粗金用汞提法提取，其細金則適於氰化法；因粗塊之金屑，若用氰化法提取，則需時甚久，需藥亦多，頗不經濟也。

（c）硫化鐵礦石，因汞提法甚爲困難，故以氰化法爲宜。

（d）碲化物礦石，普通氰化鉀溶液不易浸蝕，其提取法宜先用比重選取後，再用溴氰化鉀（Bromocyanide，見下文）溶液浸透，或先將其烘焙後，再用普通氰化法亦可。

（e）銻礦石中之銻質，頗爲提金之障礙，宜先行烘焙，再用強鹼性氰化鉀溶液，則較爲便當。

（f）石墨礦石，最易使金質沈澱，故於氰化法最爲障礙，宜先用漂流法（見下文）將其漂浮後，再爲着手，俾易工作。

（g）銅礦石最易分解氰化鉀，而沈澱於鋅絲（見下文）之沈澱劑上，防害金質之沈澱；故宜先加醋酸鉛（Lead Acetate）於沈澱前之溶液內，以救濟之。但銅質過多時，對於溶解沈澱均有困難，須採用電解沈澱法。

（h）砷礦石宜先烘焙後，再爲工作；否則殊不易得完善之結果。

礦石中若含砷黃鐵礦（Arsenopyrite），雖用極細之礦石，與充分之氧氣及攪動，用溴氰化鉀溶液浸透，終無良完之結果。其主要原因，爲金質之存於礦石中者，大部爲其他物質之化學或物理作用所限制，使其不能由氰化鉀溶液溶解，故須經烘焙後方可得良善之結果。若於烘焙時無相當注意，則金質卽有大部之損失；此種情況，當時頗爲一般冶金者所驚異；後經多次試驗，因其烘焙溫度之不同，而知金質之損失量亦各異：其烘焙溫度大概在攝氏表四百度以上，則金質量之損失與溫度成正比例；在四百度時，則其損失甚微；故知此種烘焙，須用適宜之溫度，以防其損失，方爲有益：否則冒昧行之，必致欲益而反損。試驗之結果，大概如次（表一，表二）：

礦質	百分率
鐵	二六・八五
砷	一五・五二
硫	一九・三二
銅	〇・二〇
銻	〇・一六
不溶解物質	一〇・一三
砂質	七・八

（表一）選出含金黑砂之分析

烘焙溫度（攝氏表）	重量減少之百分率	質量損失之百分率
四一二	三〇・七	〇・七
四九一	三〇・六	四・五
六一五	三〇・六	一八・八
七〇〇	三〇・八	二八・一
八〇二	三二・〇	三三・七

（表二）含金黑砂烘焙後之結果

由上綜論，初步烘焙頗利於氰化法，但其烘焙須爲不完全氧化之烘焙（Deed Roasting）：否則氧化金屬之鹽類爲害甚鉅。烘焙可分解銻礦石砷礦石及碲化物礦石，但不能分解硫酸鎂（$MgSO_4$）與硫酸銅（$CuSO_4$），故含銅甚多之礦石，對於氰化法提取最感困難。

（乙）氰化法之反應：

金質遇飽含氧氣之氰化鉀溶液卽可溶解

$$2Au+4KCN+H_2O+O=$$
$$2AuK(CN)_2+2KOH$$

再由強氰化鉀溶液內，遇沈澱劑之鋅，則復爲金質之沈澱：

$$2AuK(CN)_2+2Zn+4KCN+2H_2O=$$
$$2Au+2K_2Zn(CN)_4+2KOH+H_2$$

硫酸第一及第二鐵（$FeSO_4$及$Fe_2(SO_4)_3$）頗能沈澱金質，硫酸則易分解氰化鉀，故爲害甚大；但遇石灰則變爲無害物質之氫氧化鐵而使溶液之酸性中和；故加石灰於鑛石內爲最重要之工作。

$FeSO_4+Ca(OH)_2=Fe(OH)_2+CaSO_4$

$Fe_2(SO_4)_3+3Ca(OH)_2=$
$3CaSO_4+2Fe(OH)_3$

$H_2SO_4+Ca(OH)_2=2H_2O+CaSO_4$

沈澱劑鋅經過溶液浸洗後，則有大量鋅質溶解於其內；

$Zn+4KCN+2H_2O=K_2Zn(CN)_4+$
$2KOH+H_2$

此含鋅溶液極無功效可言，較新溶液之提金力相差甚遠；但加石灰或硫化鈉（Na_2S）於中性溶液中，仍可使其溶解力增加；

$K_2Zn(CN)_4+Na_2S=K_2Na_2(CN)_4+$
ZnS

若沈澱劑爲鋁，則其反應爲

$2KAu(CN)_2+4KOH+2Al=4KCN+$
$K_2Al_2O_4+2Au+2H_2$

（丙）氰化法與温度之關係：

金質之溶解，以攝氏表八十五度爲最高點；但温度愈高，其溶解之雜質愈繁，需藥亦愈多；在冬季或寒冷氣候地方，須用人工保持温度在攝氏表一五．五度至二一度之間，否則其溶解力甚微。

（丁）損害氰化鉀之鑛石及其他物質：

（a）硫酸銅與碳酸銅。

（b）不純之含水氧化錳（Hydrous Oxide of manganese）。

（c）鋅，例如菱鋅礦。

（d）新鐵片（Fresh Abroaded Iron）。

（e）石鹽及鹼質之存於石灰內者。

（f）樹根、樹葉及其他有機物。

（戊）金質溶解與藥力之關係：

溶液愈強者，溶解力愈速，雜質之困難亦愈少；但溶解之雜質及藥品之消耗，亦因之而繁多（圖一）。强溶液不適於傾瀉（Decantation）之工作，因其損失甚大也。

（己）藥力及應用之藥品：

普通工作時，每噸之鑛石，需氰化鉀溶

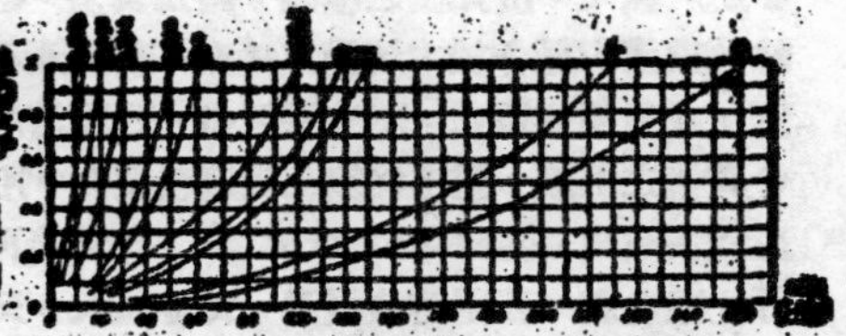

圖一：鑛石與氰化鉀溶液之關係圖。

液一噸半，此種溶液之製成，則由每噸水內置兩磅至五磅之氰化鉀（氰化鈉亦可用，但與氰化鉀之溶解力之關係，爲其原子量之反比例）。其次則約爲每噸鑛石需半磅醋酸鉛，及四磅以上之石灰，或用少許之氫氧化鈉（NaOH），但普通以加較多之石灰爲佳，因其需費甚廉而收效甚大。

氧化劑亦有用氯酸鉀（$KClO_3$）、過錳酸鉀（$KMnO_4$）過氧化鉛（PbO_2）、過氧化錳（MnO_2）、過氧化鈉（Na_2O_2）、及過氧化鋇（BaO_2）等物質，使其發生氧氣以代空氣者；但以爲費甚鉅，不宜採用。

（庚）氰化法之工作，可分爲粗砂與細砂二部：

（a）粗砂提製法（Sand Treatment）：用木桶或鐵桶或洋灰池，裝成濾水之二層底（False Bottom），覆以剌包蔴蓆，再用濾布置於其上，將鑛砂混以石灰，傾於其中，普通三尺厚時，濾取不生困難；先將溶液引入浸透，至三日或四日（視其鑛石之性質而定），然後濾過，再以濾出之溶液導入鋅絲箱（Zinc Box）或鋅屑沈澱器內，即可獲得砂內之金質。在此設置，以無攪混機（Agitator）及壓氣機（Compressor），故空氣供應不足，另法可用兩端開空之木筒數個，立置於濾布上以通空氣；另法經過相當時間，用鏟將砂移至第二池內，灌以溶液，照法繼續，再及第三池，以便新鮮空氣易於灌入。

（b）細砂提製法（Slime Treatment）：鑛石爲極細之粉狀者，若用簡單之淋濾法（Percolating Leading）則因砂面甚細，濾取甚難，空氣亦不易竄入：故不能得良善之結果。宜用攪拌機，俾溶液易於浸蝕金質，而空氣亦易於竄入。攪拌機之種類，甚爲繁多，但此種設備須適合於大規模之礦廠，若出產不豐，或設備簡單者，不宜採用也。此種溶解金質後之溶液，濾出後須使經過粗眼布，用以除去泥質（名曰Clarification），然後再行沈澱金質，否則溶液混濁，爲害甚大。又以砂面甚細，其淋濾甚難，宜混入鋸末或粗砂，用以增其速率，可得滿意之結果。普通較爲適宜之機械，則爲旋轉淋濾機，然有時結成數寸厚之細泥層（Cake），甚爲堅固，頗爲淋濾之障礙。宜將濾布上覆以活動細網一層，則泥質不易凝結而堅附濾布上。

（辛）沈澱劑（Preciptatantes）之應用及其使用法：

金質溶解後，可用鋅絲(ZineShavings)鋅屑（Zinc Dust)鋅片(Zinc Wafers)鋁屑（Aluminum Dust）及木炭(Chatcoal)以沈澱之；但普通用者爲鋅絲及鋅屑。含金溶液沈澱時，其氰化鉀之溶解量不得少於百分之〇・〇三，故在沈澱以前，須加足氰化鉀，以促其感應。

（壬）用鋅絲沈澱：

法以十二英寸高，十五英寸闊，二十英寸長之木箱或鐵箱數個，或於長箱中間分爲數格（圖二），以鐵絲底之小箱若干個，裝滿鋅絲，置於其中，導入含金溶液，繼續流通而過，俾與鋅絲接觸；但溶液內若含銅質甚多，則沈澱於鋅絲上而變白色，防害金質沈澱，此時宜繼續加醋酸鉛少許於箱之前端，或使浸入百分之十之醋酸鉛溶液內，再加較強之氰化鉀溶液，以阻止銅質之沈澱，俟其沈澱金質經過相當時日，再爲清取。

清取之法：係先停止溶液之通過，改用清水，照樣流通，將第一箱之鋅絲用帶有橡皮手套之兩手，輕微震動，則有黑色沈澱物及碎鋅落下，但震動不可過猛，過猛則水變黑色，因此損失沈澱之金質。俟沈澱物下落箱底，即由旁孔將沈澱物取出；同時取下第一箱之鋅絲，即爲所得之金沈澱物。再將第二、第三等箱，遞次移至前箱，並加新鋅於最末箱中，以備下次之工作。

（圖二）　鋅絲沈澱箱：普通沈澱箱多具二層篩底以裝鋅絲，但爲工作便易起見，篩底可以免去。

（癸）用鋅屑沈澱：

係將含金溶液內之空氣，用抽氣機抽出，減少其中之氧氣，名爲(Deaeration)，再用自動填砂器(Automatic Feeden)及勻拌器（Mixer）將鋅屑加入，與含金溶液接觸，則金質立即沈澱；再將黏狀之溶液，抽至淋濾袋內，將鋅屑濾出，再經相當提製，即可得金。普通每一噸礦石須耗費鋅屑半磅，在第一次須將鋅屑加足，否則以不完善之沈澱，不能博得良善之結果。濾去鋅屑之淋濾袋以數層棉布製成，將鋅屑裝入後，用力擠濾，則水分大部擠出，再將第一層布取出，用火焚燒，將其灰燼加入鋅屑內，以備提製。同時補加一層棉布於外面，如是每次移去一層棉布，同時亦另加一層。

（子）沈澱金質後之鋅絲及鋅屑之調冶法：

沈澱金質之鋅絲或鋅屑，加以硫酸，則因化學作用而起氣泡，少時漸止，用器攪動，再止則再加以硫酸及同量之熱水，並隨時攪動，繼續調冶，直至加酸不起變化時，即令放置一二小時，取出一部，用硫酸試驗，證其分解是否完全；

此項工作，普通需時自四小時至六小時，再將此含有硫酸鋅之黑色混合物加以沸水，注於飾以鉛裹之濾壓器內以濾之，復將此混合物置鐵鍋內，烤乾，俟其冷却，混以百分之五十之硼砂及少許之石英與灰礆，因其質量甚輕，成灰狀易於吹起，宜小心放於化金罐中，將其熔化，傾出熔化體俟其冷却後，將再玻璃去淨，復爲熔化一次，即可得所需之金錠。

（丑）溴氰（Bromocyanogen）提金法：

礦石爲硫碲化物，或爲可以氧化之硫化物，溶解金質時，必使極爲迅速，以防其混合之礦石，經過較長時間，損害提金之溶液。溴氰溶液之溶解金質力極爲迅速，故適合之礦石皆可設法採用。

（a）溴氰化物（Bromocyanide）溶液之調治：

（1）備容量二百加侖之密封木桶，中間置有攪動器，導入清水，再使百分之六十三之硫酸五十磅繼續加入；

（2）硫酸完全流盡時，即加已經溶解於水之氰化物二十三磅，繼續添加溴化鈉（$NaBr$）二十三磅，與溴化鉀（KBr）二十四磅之混合物；

（3）以上物質完全加入後，則將木桶用水充滿，再爲攪動六小時，即得所需之溶液。

（b）溴氰提金之應用：普通用溴氰提金時，先於木桶中加滿砂泥及氰化鉀，三小時以後，則加氰化溴（$BrCN$）溶液，攪搗二十小時，再加石灰，而後淋濾；則大部金質即已溶解，可以施用沈澱法而提得之。

（寅）氰化物之毒質：

氰化物爲極毒之物質，若遇酸質，則生氰化氫（HCN）氣體，吸入易於中毒；調治之法，應特別注意！

（a）若吸入氰化氫之氣體，其中毒情形不甚劇烈時，則可深吸氧氣，或在新鮮空氣處，經過較長時間之呼吸以救濟之。

（b）若中毒甚劇，則宜打入百分之二三之過氧化氫（H_2O_2）溶液，甚至百分之十之溶液，或更兼用（1）人工呼吸法，（2）氧氣呼吸，（3）飲以新製之氫氧化鐵（$Fe[OH]_3$）溶液。

氫氧化鐵溶液之製法：以百分之二十五之硫酸鐵（$FeSO_4$）溶液與百分之五之氫氧化鈉（$NaOH$）或氫氧化鉀（KOH）溶液及氧化鎂（MgO），分別貯置於密塞之玻瓶中；當急用時，可將以上二種溶液各取三十克（Gram），混以兩克之氧化鎂，再加少量之清水，使其變爲稀薄，灌入中毒人之胃中，少時再嘔出之。

若無以上之藥劑，則可改用百分之〇·三之硝酸鉀（KNO_3）溶液或稀硝酸鈷（$Co[NO_3]_2$）溶液，以洗其胃部。

（卯）氰毒之預防法：

（a）應備以多量之清水於工作處，或有極暢之通風。

（b）工作人不可與含氰之烟霧接觸。

（c）毒性多由於氰化氫，（或因含有砷質與氫氣結成之砷化氫[AsH_3]），故工作人在有氰化物溶液時，不可俯瓦於淋桶內，以防吸入氰質分解之氣體。

（d）皮膚破裂處，浸入氰化物溶液亦有微毒，可用橡皮手套以避免之。

(3) 比重選聚法（Gravity Concentration）：

礦砂經過汞取法後，其中尚有一部分之金質，仍混於黑砂中；可施比重法以採取之，則其含金部分，即以比重較大之關係而滙聚。此種含金富厚之黑砂，再用鉛鑄或石盤磨成陳桶，用汞取法或用氰化法提煉，均能使遺棄之殘金，重爲得出。凡產量較多之金礦，經過選聚後，再爲提製，則較爲經濟。

（甲）比重選聚法所採取之機械：

（a）比重選礦床：爲一用以選砂之木台，利用機械前後不同之動力，及水流之沖洗，促輕重礦石發生一種分類作用，再由床面上之凸槽（Riffles）或凹溝（Grooves）之排列，富厚黑砂與殘砂即各沿不同之方向而分別滙聚。最普通之機械爲 Wilfley 選礦床、Ouerstrom 選礦床、Spetry 選礦床及 Deist

8387

or Plate等。

(b) 氈台或帆布台：氈台係用絨氈或粗紋布，平舖於木板上，使其布紋橫置，砂漿冲流時，較重之黑砂及逃失之汞膏即存於布紋內，每四小時將其清取一次，所得之黑砂量可達百分之十以上。此種工作，不需機力，且裝置亦易，故小規模之金礦頗宜採用。

(c) 簸淘器（Mineral Jigs）：為一種木箱形之比重選礦機，分為兩室，一室具有篩底，一室具有活塞，利用該活塞之動作，使水流發生跳動作用，由篩底向上激起，與水混合之砂粒，其粗重者則因吸而繼續下降，隨即沈澱於篩底，至相當高度，則經過旁門而逐集一處，此即所得富厚部份也。近年來世界各金礦，多採用 Denver 簸淘器，置於鋼球磨與分砂器之間，以攝取粗粒之金屑，甚為有效；且其與需之處置，亦無需變更，故採用時甚為便利。

(4) 漂流法（Flotation）：

金礦石有時半為自由金，半為化合金（Mineralized Gold），若單用氰化法提取，其浸蝕部份每不能完全；此種礦石，最宜於漂流法，將其富厚部份取得，繼以冶化，即可得滿意之結果。漂流係加油質及泡沫藥品（Frothers 或 Foamers）混合於礦石中，使含金部份漂流水面，而攝取之。

（甲）關於提金漂流之特徵：

漂流法對於自然金效力甚大，較硫化鉛為尤强；其漂流量之大小，當以漂流體之大小及表面之性質為定衡。金質比重甚大，故漂流之體積須有相當限度，太重則不能為氣泡所舉起。至於體積之限度，不能大於二百分之一英寸。

凡礦石中有自由金者，均能適用漂流法，但金質表面若為氧化鐵包圍，則其工作效力甚微；故該種礦石，在選礦時，若無其他調治，難有較好之結果。實以漂流法宜於硫化物而不宜於氧化物，因其易於為水浸入而沈沒。

若自由金沿為粗塊時，則宜先用汞取法提取，然後再施以漂流法；如果僅用漂流法，則其損失亦太大。

（乙）關於提金漂流法之應用藥品：

(1) 泡沫油（Froth Oils）；
水汽蒸餾之松油（Flotol 或即 Steam Distillated Pine Oil）。

(2) 聚集劑（Collectors）；
氣浮藥（Aerofloat或即Phosphor-Cresylic Acid），
磷克利酸（Phosokresol亦即Phosphor-Cresylic Acid）。

(3) 化學試劑（Reagents）：
Sodium or Potassium Ethyl Xanthate，
Sodium or Potassium Aryl Xanthate，
硫酸，
氫氧化鈉，
水玻璃（Water Glass），
硫酸銅，
硫酸鈉，
鹼石灰（Lime Soda）。

若須增加氣泡作用，則宜加松油，松油最宜於漂流法，故初步烘焙若用木柴時，松木最易發生松油而混於其中，金質亦常隨之漂流而去，使為重大之損失，故宜設法避免。近來國內金礦，用土法開採者，多以松木為烘焙之燃料，惜其未諳斯情，使金質逃棄，殊可惜也！

（丙）漂流法宜用於鹼性流體（Basic Pulp）中。

（丁）關於漂流法之機械及其使用法：

(a) 金質以比重甚大，而其組合之礦石，尤以石英居其大部；故對於漂流機械之選擇，亦須詳加考慮。按之各國金礦之試驗，攪動漂流機（Agitating Flotation Machine）甚為適宜，因其漂浮力甚大，故粗粒之金化合物，均能提取。最善之攪動漂流機為分礦槽（Minerals-Separation Cell），此機包括多數相連之漏槽，其數目之多寡，視工作產量為定衡。係將水砂之混合流動體，参以藥品，由水泵（Water Pump）自下部抽至槽中，並加以有壓力之空氣，使其全部變為漿汁狀時，使其經過中間篩篦（Grate），灌入池之上部，即有氣泡狀之黑色物質（名曰 Concentrates）漂浮水面，卽爲含金之富厚礦石。

至其不漂浮之漿液，則可導入第二池，如法提取；如是繼續爲之，至最末池爲止；照此則第一池之出品含金最多，第二池次之，第三池又次之，至末池之出品，則可與新砂混合，以備下次之提取。

（b）若金礦石內，含有高嶺土（Kaolin）、黏土、及易成乳膠狀之雜質甚多時，宜用加氣浮流機（Pneumatic Flotation Machine），最有效而易於設置者爲 Callow-Maclutosh Cell，此機係將砂漿由一藉以濾布或具孔之橡皮布之旋轉軸（Rotor）轉動，以增加匀整之空氣，該旋轉軸由三角鐵（Angle Iron）製成，使其一邊向外如螺旋形，以爲旋動時將砂漿攪騰，而利於空氣之竄入；因空氣之竄入甚爲匀整，故擊舉力甚大。該機對於具有壓力空氣之消耗甚低，在旋轉軸長度之計算，每公尺僅消耗〇．二氣壓之空氣三十立方英尺。

（戊）提金漂流法與汞取法、氰化法相互之關係，及其應行採用之方式：

金礦石以性質之不同，在世界各金礦之經驗，有時祗用一種提金法，每不能收滿意之效果；故多用漂流法以補救遺失貴重金屬之缺點，每能得到較高之結果，故此法極爲重要。

（a）汞取法繼之以漂流法：此種方式，多用於礦石之含有自由金及多量之硫化物者，因第一部使其經過汞取法，則較粗之金屑盡爲攝取，細金屑及與硫化物混合者，則仍存於礦砂中，繼之以漂流法，則其未能以汞取法攝取之貴重金屬部份，即可完全漂浮水面。此漂浮出品即可直接冶化，或再經過其他溶液鍊（名曰 Lixivation），再爲冶化亦可。此種提取可至百分之九十五，故爲效甚宏。

（b）漂流法繼之以氰化法：此法先將礦石內之金質，用漂流法取出，再以氰化法提取。礦石內若含黏土性太大，或含有害之硫酸鹽甚多，若直接施以氰化法，則不能得滿意之結果，宜先用漂流法將其富厚部份取出，再施以氰化法，則可減少一切困難。此種方式，初步之碾軋須至極細程度，以便利於漂流法之攝取，較之直接施以氰化法則爲經濟。該方式最宜用於含有化合金之礦石，坎拿大、系列礦之金礦多屬之。

（c）先以不同之漂流法，繼之以氰化法：礦石中含有損壞氰化鉀之物質者：第一部宜先用漂流法，將有害之物質取出，其出品大概含大部之銅、鉛及自由金；繼之以第二次漂流法，加以適合之藥品，將硫化物內之金質及其他化合金由砂內取出，再施以氰化法，則可得較善之結果。此種方式，最宜於金礦石之不能直接施以氰化法者。

(5) 氯化法（Chlorination）：

此法係將烘焙後之礦石通過氯氣，使變爲可以溶解之氯化金（$AuCl_3$），而後以水溶解，再用電解法以沈澱之。

（甲）礦石之適用於氯化法者：

（a）凡金質之含於礦石內，成爲極細之狀態，在此礦石內不含易與氯素結合之賤金屬，且所含銀質，遇氯素雖亦變爲氯化銀，但可不包圍金質者，均可適用。

（b）凡難熔化而含金額高之礦石（Refractory High Grade Ores），若用氯化法，亦可得甚佳之結果。

（c）礦石之有含水（Hydrated）氧化鐵者，最不宜於汞取法；因其礦石易成細粉狀，汞取時每有稠黏之紅色雜質，將水銀汞面遮蔽，以致金質不能與汞面接觸而遺失。此種礦石，若用轉桶氯化法（Berrel-Chlorination），仍可得滿意之結果。

（d）銀質之存於礦石者，每因氯化法而不能提出；因其變爲氯化銀而不能溶解也。但含銀數多之礦石，則宜加食鹽焙燒，使其全部變爲氯化銀，再用次亞硫酸鈉（Sodium Hyposulfite）或氰化法以提取其銀質。焙燒之反應如下：

$8FeS+11O=2SO_2+Fe_2O_3+FeSO_4$

。二 $FeSO_4+2NaCl=Na_2SO_4+FeCl_2$

8389

$4FeCl_3+6O=2Fe_2O_3+4Cl_2$

$Ag_2S+Cl_2+2O=2AgCl+SO_2$

(c) 適用於氯化法之物質，必變爲游離之單體而後相宜，故其對於硫礦石必先經過不動之焙燒，使與硫質分離，驅除其硫質後，方能着手。

(d) 氯化法以需費較鉅，故宜先用於富礦石及選集後之富集部份。普通選集後，多含硫化物，故先宜烘焙，將硫質驅除，否則硫化物易與氯素化合，而消耗甚鉅。初步烘焙時，先用低溫度將其全部烘焙，漸及攝氏表八百五十度，用以分解硫酸銅，然後加以食鹽，促進其反應；俟其全部分離，乃降低其溫度，以防金質之揮發。至其所加之食鹽量與烘焙之時間，及遺失最少金質之溫度，均須於礦石之性質作詳細之考察，而後始能規定。近自氰化法發明以後，以爲費甚省，收效亦大，此法多不採用矣。

（乙）氯化法之應用：

(a) 裝桶氯化法（Vat-Chlorination：現今採用者爲 The Goldfield Chlorine mill Co.，第一部先將礦石碾篩至十分之一英寸（10—Mesh）至三十分之一英寸（30—Mesh）之細度，置於焙燒爐內，經過氧化烘焙後，俟其冷却，用水浸濕，導於存砂室內，以備工作。

第二部將浸濕之烘焙礦石，裝滿於淋濾木桶內，用木蓋封蔽，再導入每磅水含八磅氯之強溶液以浸透之；經過相當之時間，將其溶液濾出，導於溶液箱內，再行引至沈澱箱，施以電解沈澱法，將其金質沈澱，此沈澱箱內裝有碳質之陽極片，及含百分之一鋅質之陰極片，以爲導電。其沈澱之粉質爲含有金、鉛及銀之混合物，取出後，趁其濕潤時，即加以灰鹼、碳酸鈉、石英等熔化劑，置於反射爐內熔化之，即可得其含鉛較多之金銀錠。再施以灰吹法，即可得出其純金。

(b) 轉桶氯化法（Berrel Chlorination）：轉桶之構造，與汞取法者大致相同；將礦石碾篩及焙燒後，裝於轉桶內，再導以氯溶液，將其金質溶化，濾出後，再行沈澱之。一切[illegible]質溶液（Cl）相觸[illegible]，[illegible]金屬[illegible]，故用於氯化法內之水泵管或其他接觸導管，均宜改用橡皮管，以[illegible]其浸蝕。

［五］砂　金

(1) 砂金之成因：

原生成之金礦脈，經過氣候變遷，及風化剝蝕作用，變爲細碎之塊狀，再由水流之沖積分類，遂沈積於低窪之處，構成砂層。埋積物之重量，與水流之大小有密切關係，故砂層內貴重金屬，多因重量關係而匯集一處。

凡不同之圓形物質沈於水中，其速率與重量成正比，與阻力成反比；而阻力又與面積成正比。故石英以比重較輕，沈積最爲遲緩；金質則因比重較高，故沈積甚速。是以貴重金屬，多因此而構成砂礦層。

砂礦中物質比重之關係：

石英（2.64），

長石（2.55—2.75），

鐵鎂矽酸物（2.9—3.4）

石榴子石（3.14—4.18）

金剛石（3.54）

鋼玉（4.0）

單生礦（5.0）

磁鐵礦（5.0）

錫石（6.4—7.1）

黃金（15.6—19.3）

鉑（14.0—19.0，純質時21—22）

金質沈積，以比重之關係，多與錫石、磁鐵礦、單生礦、金剛石、及其他貴重礦石同時堆積，是以金礦層之檢定，亦當根據其混合之物質，方可作爲探礦之導線。砂金亦爲產金之主要來源，世界之黃金，多半出自砂金礦床。

(2) 砂金構成之種類：

（甲）殘留礦床（Fluvial or Residual Deposits）：

砂金層每因硬岩石經過急速離烈之冲刷作用而構成，其構成部份（圖三）多直接在原生礦床露頭之下，或積於露頭下之斜坡上；該種砂層含金多不豐富，且亦不易豐富。故此種礦床不甚重要。

（圖三）　殘留礦藏與河成沙礦床圖

（乙）砂金之富厚作用（Concentration）：
原生含金之礦床經風化作用，變爲粉碎後，再經風力、水力或海潮關係，使其移動而聚積一處，遂卽構成富厚之礦床。

（丙）風成砂礦床（Eolian Deposits）：
在乾燥地區，砂礦床多因風吹作用而構成。原生金礦床因風化粉碎變爲細砂粒，再由風力之吹動，則體輕之砂石易於吹出，含金較重之物質卽行匯聚一處，構爲風成礦床：此種礦床，爲經 H.C. Hoover與T.A. Richard在澳洲之西部金礦脈附近發現。

（丁）河成砂礦床（Stream Depostis）：
河中之水流，具有相當運轉力；金質以比重甚高，約爲其他石質，如石英、長石等之六七倍；故金質易於沈積，不易爲河水冲去。積之日久，則河底砂層卽變爲有價値之礦床。緣其構成時爲含金礦脈，經過長時間之風化作用，則粉碎砂石之厚度常堆積至數百尺，經過水流之冲刷，砂石向前移動，金質之大塊者，因下降力甚速，漸漸下降，此種作用，繼續進行，大塊之金質繼續下降，直至沈於砂底爲止。此種金塊以經砂石之磨擦，多爲片狀成圓粒形；小塊之金屑，則多混以砂石，仍向前進，俟其流速漸緩時，亦因運轉力與比重之關係，絕向沈積。此後山洪爆發，其運轉力至爲偉大，則全部砂石與其中金質仍不免向前移動，但隨河水爆發量之界限，則又不爲前進矣。金質之大小塊，亦因多次之震動而堆積於河底，成爲礦床（圖三）。

（戊）海成砂礦床（Marine Placers）：
因海水之風浪及潮汐作用，將海岸之砂石漸漸冲刷，金質因比重較大而留積於海邊，積之日久，變爲海成砂礦床。

（己）埋沒砂礦床（Buried Placers）：
含金礦脈因風化堆積於較平之山坡上或存於較深之低窪處；該種金質，因水流之運轉力不能使其再爲移動，隨爲砂石掩埋，富厚作用亦卽停止。積之日久，其掩埋之砂層有超至數尺至數十尺者，該種礦牀，非用鑽探工作，不能得其詳確之概況。

(3) 砂金應具之特點

（甲）砂礦牀內金塊之大小及其混合之礦石：
金質之存於砂礦牀內者，常因構成於較富之石英脈中，而發現大塊之金屑：如California之金塊，重二千八百一十四兩；Hill Eng.New South Wales之金塊重達三千兩，遼寧省鐵嶺東南柴河堡附近之平式門溝，所產金塊重一百八十四兩，金廠溝者重五十三兩，均爲其犖犖大者。砂金礦床之構成，以有重量之關係，故其混合之礦物亦多爲磁鐵礦（黑色砂粒）鈦鐵礦（Ilmentite 黃色砂粒）石榴子石及鋯英石（Zircon白色砂粒）燐鈰鑭礦（Monazite 黃色砂粒）與原生礦床內之一切較重物質。

（乙）砂金之成色及與脈金之關係：
砂金之成色，自千分之五百至九百九十九，其混合體多爲銀質，但有時亦存少量之銅質；脈金之成色則大概自千分之八百至八百五十，其達於九百九十九者則甚鮮。其成色之高度，與運轉之距離，及其體量之大小，有密切之關係。是以轉運之距離愈遠，或其體量愈小者，則其成分愈高，蓋其外面之銀質多因磨擦而遺失，所存者僅為大部之金質，故成分較脈金為高。

（丙）砂金與底板岩石之關係：

金質以因重量而下沉，其大塊者多存於底板（Bed Rock）上，是以含金之成分愈在上部，則其價值愈小，但其富厚作用則又常存於假底板（False Be Rock，在岩石上層之黏土層）上，故其金塊之體積，較其上部之金質為大；然與岩底板上之金質相較，則仍以為遜也。

砂金礦床若為石灰石，則每因其被溶解之部分甚多，金質常墜於其中，深至數尺至數十尺；故掘取甚難，非用炸藥轟炸，不能採取。其最善之地板，當以密質黏土層之地板（Compact Clay）為佳。

（丁）構成砂金礦床之坡度：

坡度較大之河床，常有每里高至數百英尺者，但其含金量甚微；普通最佳之坡度，當以每里約高三十英尺者為最適宜，因金質在此種情形，其沈積之機會甚大。

（戊）砂金富線（Ray Streak）：

富厚金礦脈，存於河底者，多不規則；常為狹窄之河道，或偏於一邊，或兩邊交互串插，均以構成時之適宜坡度地帶為准繩。若僅由表面河道觀察，則不能識得其相當地帶。

（己）砂金之開採價值：

砂金之價值，除以每噸礦砂含金量計算外，多以其每立方碼之含金量為計算開採價值之標準，普通砂金礦在中國情形，每立方碼含金在十元以其者，即有相當之價值。在（Seward Penisula）之砂礦，每立方碼含金自二元至六元，整齊礦脈在南柴河與一帶砂礦，則含金自百萬分之一至百萬分之六。

(4) 開採砂金礦之用具：

（甲）淘金盤（Pan）：淘金盤為一圓形之淺盤，其周圍具有相當坡度之盤邊。普通其上部之直徑為十英寸，十二又四分之一英寸，及十六又四分之一英寸；深度自二英寸至二·七五英寸；圓周之坡度則自三十五度至四十度；重約量一磅半至二磅。

淘金盤應由體輕之物質構成，使用時便於攜取，但須具有相當之堅固性，以防不慎之損壞。其內部須光滑而為油質，故將製盤之材料及特點詳列如次：

（a）鋼板：價低而堅固。

（b）鋁：體輕而不易生鏽，但其堅固程度則較遜。

（c）瓷器：不易生鏽，而易破壞。

（d）銅：普通盤底由銅質構成，周圍則用鋼質製造，其底塗以水銀，以為攝取細金之用。

淘金盤之用法：盤中儲以砂石，須浸於水中，俟其全部浸透時，用手攪動，將黏土塊分解，并將大塊砂石取出，再浸於水中，作旋轉之護動，則輕體物質漂浮水面而沖去；繼續護盪，俟金質與殘餘之黑砂存於盤底，以火烘乾，用磁石吸取其鐵砂，使其與金質分離，或再加水銀，以攝取其金質。

若為有經驗之工人，金質頗難遺失，且每十小時可工作一百盤以上。

盤之工作量，大約每六·五盤可以工作一立方英尺，或即一七六盤可以工作一立方碼。

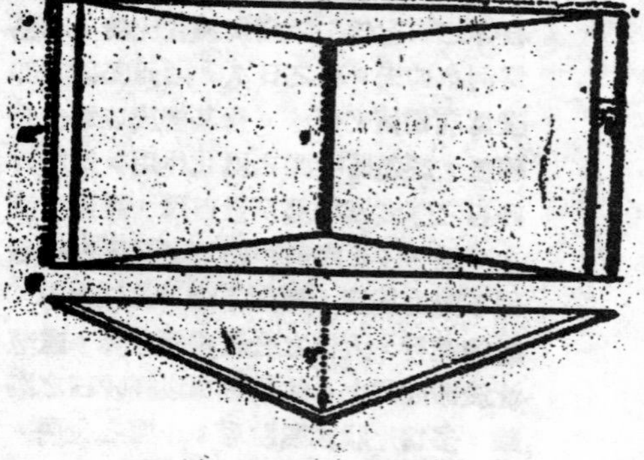

（圖四）　淘金盤具

（乙）淘金雞籠：

爲一長方形之淺木槽（圖四），約長二十英寸，寬十英寸。

用法與淘金盤相同，但其用力則稍異，我國淘金者多採用之，與淘金盤均爲採礦時之鑑驗器具。

（丙）錐形盤（Ratea）：

爲一平錐形之淘金盤，用木質或鐵質製成，其直徑自十六英寸至三十英寸，墨西哥與美洲多採用之。

（丁）搖盤（Rocker）：

上部爲鐵篩，下部爲帆布台或氈台；其用法係將砂石置鐵篩上，用水冲洗，同時用力搖動，則水與細砂即冲於帆布台或氈台上，漸及於槽底，以達於廢砂板上；俟篩底上之砂石用水冲潔後，即可移去；如是照法工作，則大部金質即存於帆布台或氈台上，槽底則因置有橫木檔，亦能攝取其冲下之金質。

（戊）長木槽（Long-Tom）：

下端置一$\frac{1}{2}$英寸孔之鐵板篩，以相當之坡度通過細砂粒，再下爲具有橫木檔之寬水槽，斜度稍平，以利於金質之存儲（圖五）。

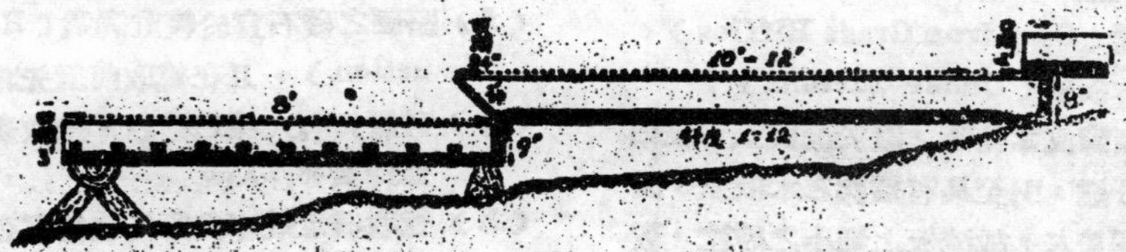

（圖五）　長　木　槽

使用時，係將砂石置於木槽中，用水冲流，大塊之砂石存於槽內，隨即移去，細粒之砂石則經板篩而至於寬木槽上，以其木檔及較小之坡度關係，大部之金質乃存於檔後。此種工作，加以水銀或不加水銀，皆不無可。

（己）槳板（Sluice）：

爲長條形之木槽，中間橫置木檔或鐵檔，放於適當之坡度，以利水流之冲洗。使用時，係將砂石置於槽端，用水冲洗，砂中所含泥塊漸分離，金質則以水之分類作用，與砂石脫離而存於檔中。槳板之稍度，與砂石之性質有密切之關係：如砂中含黏土較少而易於分離，則槳板可稍短；若黏土較多，則其黏着力甚大，槳板之長度必須增加，否則不能有滿意之結果。長度又以地形爲根據，若地上面積較豐，則取板宜稍長，蓋極短之槳板，不能使金質有較大之沈積機會也。普通稍粗之金塊槳板，自三十六英尺至七十二英尺，若爲極堅實之砂石，則二百英尺至三百英尺爲較宜。

槳板之頂端置一木箱，箱內置鐵篩，以分離較大之石塊，如一英寸距離之鐵條篩，或鐵板之穿以$\frac{1}{4}$英寸，$\frac{1}{8}$英寸，$\frac{1}{4}$英寸網孔者，均爲適宜之器具。槳板之寬度，普通自十英寸至六英尺，深度則自一英尺至三四英尺。若有細微金粒存於細砂內，則宜用較淺較寬之槳板，而置於較大之坡度。若爲粗砂，則以較深較狹之槳板爲宜。坡度則自百分之二至百分之十二·五；最小之坡度常用極細之砂粒，普通之坡度則爲五百分之四·一六，或即每十二英尺超高六英寸也。

槳板之檔（Riffles）置於槳板內，橫置或竪置均可。普通材料，當以圓木棍或方木棍，飾以鐵邊之大木棍、圓石枕、鋼條、或其他金屬，最爲普遍。

（a）檔之功用：

（1）阻止砂石之轉動，以利其沈積。

（2）構成槽形（Rocket），以利金質之存儲。

（3）發生迴流（Eddies），俾使砂石分類，迴流之發生，與檔形及距離有關，但以迴流之迴轉力，必能攪動砂石爲有效。

8393

(b) 檔之設計，應加注意之要點：

(1) 與水之最低阻力相抵，以得水力最大之功效。

(2) 須有相當之堅固性，及較大之儲金力。

(3) 須具有相當數目，以攝取所有金質。

(c) 檔之種類：

(1) 木棍檔(Pole Riffles)，

(2) 石枕檔(Cobble or Rock Riffles)，

(3) 方木檔(Blick Riffles)，

(4) 豎置鐵條檔 (Longitudinal Rail Riffles)，

(5) 橫置鐵條檔(Transversal Rail Riffles)

(6) 三角鐵板檔(Angle Iron Riffles)，

(7) 生鐵篦檔(Cast Iron Grade Riffles)。

(庚)底流木板槽(Under Current)：

係將條篩或穿孔篩，置於流板上，使細砂粒分離，引至具有橫枕之木板上；因其坡度較大，故流板上細小之砂粒，發生勻整之水流，其金質即存於檔內。又以利於細金之攝取，多以毯台或粗蓆置於篩底。普通底流板之寬度，自二十英寸至五十英寸，長度則自四十英尺至五十英尺。坡度自每十二英尺超高十四英寸、十六英寸，或十二英寸者最爲普通。

(辛)水銀：

普通金質之攝取，多利用木檔之排列；但細微之金質，每不能完全取得；故須時加水銀於底流板上，則細金卽沈積於水銀中，而變爲汞膏。

(壬)鐵鍬(Shoval)：

凡小規模之砂金礦，掘取砂石，多用鐵鍬，以爲工作之工具；然以工作量甚少，費用甚鉅，規模稍大之砂礦廠，則多不採用。

(癸)水泵 (Pump)：

普通砂礦床大都構成於低窪處，故常有多量之水，因此攝取金砂之初步工作，必須先將水量汲盡，然後從事掘取，否則大部爲水量充滿，殊難爲力。故水泵之吸水器具，頗關重要。水泵之種類甚多，或爲離心水泵 (Centrifugal Pump)，或爲活塞水泵 (Plunger Pump)，均以視當時工作之利便而選擇之。

(子)挖砂機 (Dredge)：

爲最有效之挖砂器具，且有大量之工作能力。此機適用於砂礦之情形，及其特點，有下列數項：

(a) 深河槽堆積層。

(b) 廣大無坡度之堆積層。

(c) 不適於極深之砂積層。

(d) 在水平面下最大深度，可達八十五英尺，但普通深度則自三十至四十英尺。

(e) 工作量以砂石之疏鬆程度及其性質爲標準。

(f) 堅硬之砂石宜於較重構造(Heavy Consaruction)，且在挖取前須先將砂石轟炸。

(g) 砂層具有大塊之砂石，挖取費甚爲浩大，其修理費亦極高。

(h) 挖取機之效率與底板之性質有關；因金質儲存之地帶不同，或聚於地板上，或墜入其中間故也。

(i) 軟底板易於挖取，硬底板則反是。

(j) 挖砂機在普通情形下，其使用之時間，約在十年左右。

(k) 挖砂機之形式：

(1) Continuous Bucket Dredge, Equiped With Close-Connected Bucket Run (適用於勻整較小之砂石)。

(2) Open Connected Bucket Run (適用於含大塊砂石較多之砂層)。

(丑)刮削機 (Scraker)：

亦爲刮取砂石之工效器具，且能將刮取之砂石運於較遠較高之距離，凡廣大之砂層均可採用，惟以所需之動力較大，故小規模之礦廠不能採用。

(寅)敦氏淘金機械盤(Denver Mechanical Gold Pan)：

爲最輕便最經濟最有效，新發明之砂金器。其構造爲平行擺動，具有篩底、汞板、及橡皮毯盤 (Rubber Matting) 之淘砂提金機器盤。此盤之普通概況及其工作之特點，有下列數項：

8394

(a) 以離心軸之轉動，使其搖動，以分別較重之砂石。
(b) 每分鐘之週轉率爲二百四十轉。
(c) 可以攝取粗金及細金；蓋之收金部分，先使金砂經過汞板，再使經橡皮氈台，故其提取粗屑及金粉之效力，甚爲宏大。
(d) 其離心軸之構造，係用滾珠軸架 (Self-Aligning Ball Bearing) 減少其摩擦力；蓋以生鐵套，以防砂石之侵入；故其使用時頗能延久。動力係用立式之汽油引擎，每十二小時需油不過一磅半左右。
(e) 便於運轉及裝置；該盤以重量輕而體積小，故可以馬車、汽車裝載運輸，至爲便易。
(f) 提金效力甚大，故舊礦中含金極少之廢石，均能用以工作。
(g) 需水量甚小；在普通情形，每噸砂需水兩噸；因其附有離心水泵，以爲吸水工作，故工作地點甚易選擇。
(h) 工作量：每小時工作之砂石量，自一·五立方碼至二立方碼。
(i) 動力：自三馬力至五馬力。
(j) 盤上可加裝滾篩 (Trommel Screen)，以分離較大之砂石。

(5) 砂金開採之方法：

(甲) 掘砂：

第一部先用人工挖掘，或機械剷取，將表面之廢砂移去，再將含金砂石從事採掘，以備提取金質。若堆積層甚爲堅固，宜先用炸藥使其疏鬆；若爲堅冰凝結，則可用蒸汽軟化 (Thawing) 後，再爲剷取，轉爲簡易。其最有效之剷取機械爲 Sauerman 之 Power Scraper 及 Slackline Cable Way Excavator等。

軟化之工作：砂礦在較寒之地帶，如 Alaska及North Western Canada之砂層，多爲寒冰凝結，堅硬異常；若直接施以掘取工作，則難於進行；故須先用炸藥轟炸，方能採取；但需費較鉅，各礦亦多不採用。最有效最經濟之方法，則爲引用蒸汽，將其溶化，而後再爲掘掘；所需熱量，以砂內所含冰塊之多寡爲定衡；凡堅密之石質，含冰質少者，需熱甚微；但疏鬆砂石，含冰甚多者，則需熱頗鉅。

熱量損失之要點有三：

(a) 固體之吸收，
(b) 汽管之輻射，
(c) 漏孔處汽體之損失。

(乙) 拉流 (Sluicing)：

(a) 拉木流：將人力或機械力所攝取之含金砂石，置於木槽內，用水冲洗；則廢石隨即冲去，金質之比重較大，因此存留於槽內。
(b) 地流 (Ground Sluicing)：引河水流於含金之砂石上，將砂石疏鬆，使大部之廢砂冲去，其含金部份則聚於一處，而構成富厚部份 (Enriched Product)，取出置於水流內，照 (a) 法處置，即可取得其中之金質。

(丙) 清流 (Clean-Up)：

在流板內工作，至相當時間，須將流板內之金質清取。清取之法，係先以清水冲洗，就砂石冲去，再將第一層之槽取下，則金質汞膏及重砂部份聚於一處，用鐵鏟取出，其餘各槽，依次照法清取，俟全板工竣時，用淘金盤或搖籃，使之清淨，其中之黑色鐵砂用磁石移去，其流體水銀則用麂皮或帆布擠去。若金質爲金粉時，則可用火烤乾，若爲汞膏，則用蒸鍋蒸取，再繼之以冶化，即完成此部之工作。

(6) 漂積層採礦法 (Drift Mining)

此法爲對於砂礦堆積層所施用之地下採礦法。該法最適用於含金部份之沈積於狹窄河道中，或居於底板上之一定平面內者；普通需費較地面採取爲高，但須將移去廢砂 (Overburden) 與採取金砂之合計費用，以爲兩項之比較而選擇之。採取時，係向含金之砂層內穿一平洞，或先穿一立井，再儘含金砂層採掘。該種砂層爲疏鬆質，不能與堅實岩石相比，故洞內之支柱宜特別注意，以防危險。

金典雜釋

高行健

〔一〕引言

Gold is for the mistress,
Silver for the maid;
Copper for the Craftsman,
Cunning at the trade;
"Good," said the Baron,
Sitting in his hall;
"But iron, cold iron, is
Master of them all."
——Old Tale.

「有力出力，有錢出錢」，這是我們抗戰的口號！力，當然是鋼鐵；錢，當然是金子；Master出力，Mistress出錢，這是大家知道的事實。鋼鐵已經奮鬥一年半，金幣也已捐獻幾千萬；雖則我們的鋼槍鐵砲，外國來的，本國造的，連續不斷補充到前線上去，決不會發生缺乏的恐慌；難道我們的金飾法幣，也是始終獻不完的麼？

無論抗戰或建國，一切都要借重於黃金！這是顯而易見的，否則什麼都無法進行。尤以這次的抗戰，我們的敵人，總算是世界上產金國團體裏說得着的一分子；比英、美、俄、墨等國的產量相差尚遠，比我國的產金額卻要常年超出了兩三倍（表一）。抗戰着重鬥力，戰事決不會無限期延長下去，最後勝利就在眼前了；建國着重鬥富，我們爲將來百年大計打算，趁此開發西南的時候，對於西南的種種國寶，尤其是黃金，應該趕快挖掘，多多用以富國，多多用以發展一切未來新事業！

〔二〕五金之長

(1) 金誕溯源：

金子的發現，遠在石器時代，決不會逃過當時各野蠻民族的手眼。因爲天然出產的自然金，不會在通常環境裏發生化學變化，永久是黃澄澄亮晶晶的東西；所以各國的金字，考其語源，大都有燦爛輝煌的解釋。

單位	國別／年份	中國	日本	美國	俄國	墨西哥	加拿大	(Transvaal)	全世界總產額
以美金千元為單位	1924	4,389	7,827	52,277	20,860	16,480	31,532	197,984	395,669
	1925	4,669	8,354	49,860	20,865	16,310	35,881	198,400	394,898
	1926	4,628	10,340	46,276	20,510	15,972	36,263	205,788	398,557
	1927	3,474	10,295	45,419	21,982	14,991	38,300	209,250	402,158
	1928	3,300	10,150	45,360	23,500	14,452	39,091		408,545
以英兩(ounce)為單位	1930	96,750	388,740	2,100,395	1,433,664	670,488	2,107,073		20,836,318
	1931	96,750	434,037	2,218,741	1,700,960	623,003	2,695,219		22,329,525
	1932	96,751	434,087	2,219,304	1,990,085	584,487	3,050,581		24,150,761
	1933	150,000	279,535	2,276,711	2,667,100	637,727	2,949,309		25,367,395
	1934	150,000	340,316	2,741,706	4,262,770	661,405	2,969,680	10,479,857	27,930,463

（表一） 世界歷年產金額。

註(1)：上表數據，錄自 Mining Yearbook, 1937, 及 Ullmann Enzyklopaedie dertechnischen Chemie, 2 Auf.

註(2)：中國1924—1928的數據，包括安南、緬甸等在內。

註(3)：美國1924—1928的數據，包括菲列濱在內。

註(4)：俄國的數據，包括西伯利亞在內。

先民知道金子以後，銀、銅、鐵、錫、鉛等相繼發現；只是對於這些互相類似的東西，實在分不出一個確切的界限，因此混而統之，叫它是金；分別起來，就叫它們是黃金、白金、赤金、黑金和青金，彷彿我們現在把鉑叫白金，理由是一樣的。

說文上說：「金，五色金也，黃金為之長」；天工開物上說：「黃金為五金之長」：由此可知，五金的原意，本是說的五色金；換句現代的話說，便是五顏六色的金屬。漢書食貨志上說：「金有三等：黃金為上，白金為中，赤金為下。註，師古曰：金者五色，黃金、白銀、赤銅、青鉛、黑鐵」；考工記上說：「銀與錫通稱白金」；爾雅上說：「白金謂之銀」；日知上錄說：「古金三品：黑金是鐵，赤金是銅，黃金是金」；本草綱目上說：「鉛，青金、黑錫」；這不是五色金的明證麼？

黃金是最早發現的金屬元素，可以確信不疑；其次是銀，再次是銅。顏氏家訓上說：「新論以銀為金昆」；那就是因為蒼頡先生（？）早知道銀的發現較後於金，所以假定金兄而銀弟，金旁加昆，成為銀字。

銅的發現較金為後，也有古籍可查！春秋左傳上說：「鄭伯始朝於楚，楚子賜之金，既而悔之，與之盟曰：毋以鑄兵！故以鑄三鐘」；考工記上說：「六分其金而錫居一為鐘鼎之齊，五分其金而錫居一為斧斤之齊，四分其金而錫居一為戈戟之齊，三分其金而錫居一為大刃之齊，五分其金而錫居二為削殺之齊，金錫各半為鑑燧之齊」。這許多的金字一定都是銅字的代表，既能鑄樂器又能鑄兵器的金屬，當然是赤金而非黃金；所以本草綱目上說：「銅與金同，故字從金同」。

古人稱汞為水銀，意即液態的白金。古人又稱鋅為倭鉛，意為性猛的青金；性猛是為了鋅沸點950°C低於鉛沸點1525°C，加熱易於揮發，類於倭寇的飄忽。日本稱鋅為亞鉛，想是諱言倭字，我國又從而亞之，實在大可不必！由此一望而知汞的發現必定較後於銀，鋅的發現必定較後於鉛；我們所以敢決定黃金為五金之長，相信它較早於任何金屬元素的發現，理由也是如此！

自然界裏的鐵、錫、鉛等，單體存在是很少的，大都要從礦石裏冶煉出來；所以這許多金屬的發現，顯然較金為後。可是黃金的發現究竟是什麼年代，典籍上實在無法追考，只可借重於銀、銅的記載而略知其大概。

通考上說：「太昊高陽氏謂之金，有熊高辛氏謂之貨，陶唐氏謂之泉，夏、商、周謂之布，齊人、莒人謂之刀」；由此說來，太昊時已經有金或銅了。

書經上禹貢一篇裏說：「厥貢，維金三品」；不管它有人以為是金、銀、銅，有人以為是三種的銅或是三種的銅齊；夏禹時一定有銅，那是無可疑慮的。金既遠早於銅，則知我國的發現黃金，至少四五千年。

若以埃及古塚內取出的銅絲、銅珠、銅鈕等物作依據，則知埃及的發現黃金，至少六千四百餘年；且知五千五百年前，埃及的黃金，法律上早有明文規定為銀價的兩倍半了。

(2) 金幣臆始：

黃金的重要用途為飾品與貨幣；最初找得的黃金顯然只用於裝飾，後來鑄為金幣，最後又鑄為金錢或金圓。

竹書紀年上說：「成湯二十一年，大旱，鑄金幣」；通鑑上也說：「成湯二十有一祀，大旱，發莊山之金，鑄幣，賑民」；這是我國史籍上關於金幣問題最早的記載。隋書孟子疏上說：「西施，越之美女，每入市，願見者輸金錢一文」；舊唐書上說：「明皇宴王公百寮於承天門，令左右於樓下撒金錢，許五品以下者爭拾之」；王建宮詞云：「寒食內人長白打，庫中先散與金錢」；似乎隋唐之時，我國已有金質刀錢了；只是自古以來的註釋者，都說是泛指五金而言，並不是真金鑄鈔；獨有王莽的金錯刀，把黃金在刀錢上錯了五個金字，說是「一刀值五千」，勉強可以算牠是金錢罷了！所以我國的金幣，鑄用雖極早；金錢的攷據，却又渺茫難尋，甚至無法決定牠究竟有沒有這種東西！續漢書上說：「大秦國以金銀為錢，十銀錢值一金錢」；由此可知西域諸國早已有了真金鑄鈔，說不定楊貴妃的「鑄得金錢洗祿兒」，却是鑄的真金錢，用以仿照當時胡俗的洗兒禮的。

這種的紀念金錢，後世也頗多鑄造，即以民國以來的大總統而論，已有袁世凱、徐世昌、曹錕襲位；甚至安徽督軍倪嗣冲，也曾鑄造過哩！只是以前的金錢是刀錢形的，後世的金錢却是銀圓的變相，所以習慣上把牠叫做金圓。

我國開始鑄造金圓的時代，可以說是太平天國；民國以來，則有雲南、西藏、新疆等省，有的爲了督軍想發財，有的爲了宗教的背景，大都發行的數量有限，流通的地域不廣，使用的時期不久。

攷諸西籍所載，二千六百年前，黎堤（Lydie）使用金圓，這是世界各國關於金圓問題最早的記載；不過史記上說：「安息國以銀爲錢，如其王面，王死輒更錢效王面焉」；明明是銀圓的樣子，却因我國當時並無銀圓，只好勉强說牠是銀錢；究不知續漢書上大秦國的金錢、銀錢，是否就是金圓、銀圓？若是金圓、銀圓的話，那末大秦國也並不較後於黎堤啊！

〔三〕 金礦概要

(1)海水：

陶弘景說：「金之所生，處處皆有」；這句話雖已說過了三百餘年，若把現代科學家的眼光來看，依然一些也不差！不但大陸上有許多金礦，值得我們去開採；就是海水裏也有不少的膠金（Colloidal Gold），值得我們去想法。

德國的哈柏氏（Haber）眞是無中生有的名角，你看他發明空氣製硝酸，原料不值一文錢，無論什麼地方都有空氣，最經濟又最方便，已經滿足便宜了；可是他老是不滿意，現在又醉心於海水取金的問題上，好幾年飄洋航海，到處把海水做分析，先要知道那一處的海水含金率最高，以便設法提取，這倒是第二樁的便宜生意，原料也是不值一文錢的！

海水含金，報告極多，摘其數據，略窺一斑：

大西洋的海底水	百萬分之0.015－0.267，
新西蘭岸側海水	百萬分之0.005－0.006，
新南威爾斯附近	百萬分之0.032－0.065，
北冰洋海水約爲	百萬分之0.3－0.8

（表二）海水含金率

數據比值，似嫌過小；但若假定海水平均金含率爲百萬分之0.01，海水平均比重爲1.03則在1立方公里（Km^3）海水裏，所含黃金的重量應爲：

$$100000^3 \times 1.03 \times \frac{0.01}{1000000} \times \frac{1}{1000000} = 10.3\text{公噸}$$

這數値不能說牠小了；若能設法取用，則其有利於國計民生，比諸空氣製硝酸或許還要過分些。

(2)礦　石：

含金的礦石可以分爲自然金和金化合物兩類：

(a) 自然金：

自然金（NativeGold）通常又分爲山金（Mountain Gold）與沙金（Alluv-ial or Placer Gold）：

（甲）山金：　山金又叫做脈金（Reef or Vein Gold），大都夾含於石英或黃鐵礦等石縫內，因此我國又有葉子金的俗名；另有成爲綫狀的，則稱爲蘚金（Moss Gold）絲金（Filiform Gold）鉎金（Wire Gold）髮金（Hair Gold）。天工開物上說：「山石中所生，大者名馬蹄金，中者名橄欖金、帶胯金，小者名瓜子金」；實貨辨疑上說：「馬蹄金像馬蹄，難得；橄欖金出荆、湘、嶺南；胯子金像帶胯，出湖南、北；瓜子金大如瓜子，麩金如麩片，出湖南及高麗；葉子金出雲南」；異物志上說：「蔡州瓜子金，雲南顆塊金，在山石間采之」。各書所說的某處出某種樣子的金粒或金塊，當係泛指其大槪而言，並不是某處所產的黃金，一定是礁礁都這樣的。

（乙）沙金：　山石風化成沙，金亦隨沙流入江河，逐漸沉積，成爲沙金；如果日後江河乾涸，則稱爲田金。美國加州（加利福尼，Califonia）的沙金塊，最大重達一百九十磅，維多利亞（Victoria）的重達一百八十三磅，可以說是全世界最高記錄；我國史乘所載，則有宋朝慶曆四年五月乙亥，撫州獻生金山，重三百二十四兩，已經算空前絕後了。山海經上說：水出金，如糠在沙中」；又說：「成山，䦆水出焉，南流注虖勺，其中多黃金」；天工開物上說：「水沙中所出，大者名狗頭金，小者名麩麥金，平地掘井得者名麵沙金，大者名豆粒金」；所以稱之爲狗頭金的緣故，想因通常的沙金都是略帶平扁而精光圓滑的；麵沙金、豆粒金都是田金一類，田金爲特種的沙金，因此平扁光滑，大小與豆粒相同的，就稱爲豆粒金了。天工開物上又說：「水金多者出雲南金沙江，古名麗水，此水源出吐蕃，遶流麗江府」；華陽國志上說：「麗水多金麩，獨鄉江亦出麩金」；天工開物上又說：

書說：「雲有金田，金雜砂土之中，不必深求而得」；癸辛雜識上說：「廣西諸洞產生金，洞丁皆能淘取，大者如甜瓜子，世名瓜子金，碎者如麥片，則名麩皮金」；桂海金石志上說：「生金出西南州峒，生山谷田野沙土中，不由礦出也；峒民以淘沙為生，大者如麥粒，小者如麩片」；異物志上說：「金生麗水，黔南遂府、吉州，水中俱產麩金」。其他典錄尚多，不遑一一摘錄；不但古籍散漫，毫無系統，例如瓜子金、麩金等既說是山金，又說是沙金；甚且信筆耳食，頗多乖異難信的地方；嶺表異錄上說：「河皆產金，居人多養鵝鴨，取屎以淘金，日得一兩或半兩，有終日不獲一星者，其金夜明」；鑿壁虛造，一望而知！

（b）金化合物：

天然出產的金化合物礦石，以碲化物爲多；例如針碲礦（Sylvanite, $AuAgTe_4$），碲金銀礦（Petzite, $AuAg_3Te_3$或$Au_2Ag_2Te_3$）等。天然出產的自然金大都含有銀質，含銀10％以下的已爲優良金礦；其他亦有含鉍、含汞、含銠、含鉑、含鉛的，這些的金齊，頗多爲化合物狀態的合金，不易把金質游離分出。天然出產的金銀齊，含銀在20％左右的，色澤類於琥珀，故稱琥珀石（Electrum）；現在的人造金銀齊，不管牠銀質多少，只要色澤介於黃白之間，都把牠叫做琥珀石了。

（c）愚人金：

愚人金（Foll s Gold）爲天然出產的黃鐵礦等，色澤與黃金相類，我國舊名僞金或假金。本草綱目上說：「水銀金、丹砂金、雄黃金、雌黃金、硫黃金、曾青金、綠金、石膽金、母砂金、白錫金、黑鉛金，並藥製成者；銅金、生鐵金、熟鐵金、鍮石金，並藥點成者；此十五種，皆假金也」；可見我國對於這一方面，早有相當的認識了。

〔四〕生金採練

採金是從金沙或礦石裏提取金子的方法，這種金子叫做生金；生金含有銀齊及砷化合物等，精練後方成眞金。古書上說：「生金有大毒殺人」，都是專指含砷生金而言的。

(1) 採金方法：

十九世紀以前的舊式採金，大都利用人力來採取自然金，尤以淘洗金沙爲主要；設備簡，費用省，產量也少。近年來新式採金，大都改用機械來操作，特別着眼於山金的採煉，設備繁，費用大，產量却特多。1875年時，舊式採金法所產的金子，還佔全世界總產量90％，1880年降爲60％，1890年45％，1906年17％，1912年10％；由此可知採金方法的趨勢，幾將完全利用機械來代替人力，也可以說：幾將完全挖掘山金，放棄沙金了；關於未來的情況，如果海水取金法一旦發明完成，那末無論如何，採挖山金或沙金的方法，一定大受打擊，或許都要淘汰的！

採金的方法，可以大別爲：淘汰、混汞、氰化、氯化、電、蛻變等，分述如次：

（a）淘汰法（Concentration Process）：

淘汰是最簡單最經濟最適宜於小規模的採金方法，但須含金率極高的金礦，方能採用；又可分爲：手拾、盆淘、板淘、槽淘、噴淘、乾吹、浮沈等。

（甲）手拾法：手拾（Hand Picking）不過在富有金質的沙礫裏，用目力看出金粒或金塊，隨即用手揀出；方法極其簡單，根本不需設備，眞是最便當沒有了；可是適用這種方法的金礦實在不多，不過歷史上發現金礦的消息，倒是大都由於手拾法的。柳宗元的披沙揀金賦上說：

「沙之爲物兮，視汙若浮，
金之爲物兮，恥居下流；
沈其質兮，五材或闕，
耀其德兮，六府孔修；
然則抱成器之珍，必將有待，
當慎擇之日，則又何求？
配糠粃而取貴，豈泥滓而有儔！
披而擇之，斯焉見寶；
當沒涅而顯盼，指炫露而探討；
動而愈出，將去昧以即明，
混而不撓，乃既堅而且好。
潛既伏矣，獲則取之；
翻深渾之濁穢，見精耀之殊姿；
久晦未彰，亦寘將君是望，
先迷後得，孰謂棄余如遺？
其隱也，則雜昏昏，渝浩浩；
晦英精兮自實；

和光同塵兮會於至道；

其遇也，則散弃弃，融融泄；

煥乎質乎其中；

明道若昧兮契彼元同。

倘成術而不棄？諒致美於無窮！

欲發而彰，故炯爾而見素，

不衆何獲，遂昭然而發蒙。

觀其振彼汙塗，積以錙銖，

研清輝而就出，耀眞質而將殊；

錐處囊而纖光乍比，

劍拭土而異彩相符。

用之則行，斯爲美兮，

求而必得，不亦悅乎」！

柳宗元是親眼看到手拾法淘，也難怪他把手拾法寫得形容盡致了。我國習慣上所說的沙裏淘金，實際上大都是專說沙金手拾法。

（乙）盆淘法：　盆淘（Panning）和手拾的分別，不過在手拾以前，先用一個淘金盆（Washing Pan）做一番淘汰手續。簡單的淘金盆就可借用通常洗臉盆，最好要做成特別樣子，盆口直徑約爲 50 厘米（cm），底有凹陷部分。淘金時先置金沙於盆內水中，極力搖蕩，使金屑因比重較大而聚於盆底凹陷部分內；傾去上層沙水後，再用手拾法揀取金屑或金塊。

（丙）板淘法：　板淘（Pulsating）是把淘金盆改用淘金板（Pulsator Table）的方法。淘金板亦稱淘金床，通常是一塊長約五六尺，闊約一二尺的木板，兩側沿邊稍高，斜擱在地上，把雜有金屑的沙泥，隨水由板的上端沿板流下；板上刻有橫溝，金屑就嵌在溝內。也有不刻橫溝而用大小木條釘成橫桁的；也有無溝無桁，在板上鋪以毛皮或布、革、氈的；也有舖以塗汞銅板的；也有就在平滑板上塗以柏油或林諾油（Linoleum）的。據說古人在盆淘法尚未採用以前，板淘法早已正式使用；不過並非木板，只在江邊平滑石塊上鋪以毛皮，胡亂淘洗罷了。說文上說；「百陶不輕，從革不違；段注：從革見鴻範，謂順人之意以變更成器，雖屢改易而無傷上；未免想入非非，倒不如說牠在皮革上淘洗而稱，稍與事實相符！

（丁）槽淘法：　槽淘（Placer Mining）是板淘的變相，淘金槽（Sluice）的樣子亦與淘金板大同小異；不過規模較大，槽身極長，槽腹較深，有時隨地勢而彎曲，並無一定的形式。

（戊）噴淘法：　噴淘（Hydraulic Mining）是用高壓水管，噴射激急水頭於含金的岩石或沙土，使土石崩解，流入淘金槽內，照槽淘取的；噴射管的出水口徑粗達十一英寸，水頭高達五百英尺。

（己）乾吹法：　乾吹（Dry Blowing）是先把含金的沙石碾碎，用篩子篩成差不多同樣大小的粉粒，置於簸箕內，隨風而吹揚；金屑比重大，當然吹得近，沙石比重小，當然吹得遠了；這種的稱爲簸揚法（Winnowing or Sifting）。如果不用簸箕，則可置礦石粉粒於風車漏斗內，由上漏下，經過風車的風道，也可使金屑和沙石分離。

註：新疆于闐的普里瓦克人金礦，因爲金礦附近沒有水的緣故，至今藉風揚沙以取金。

（庚）浮沈法：　金的比重爲19.3，沙石的比重還在10以下；若有某種液體，其比重在10以上，則將金屑及沙石粉末混置液內，金屑當然下沈，沙石自會浮上，工作簡單非凡。只是通常的液體，只有水銀的比重是13.6，但以一則汞價太貴，二則金、汞易於成齊，沙石雖可浮去，金卻混溶汞內，不成其爲浮沈法了。

註：浮沈法僅爲筆者個人的理想，並無典籍可查，將來亦未必成爲事實，困難在找不到適當的液體。

（b）混汞法（Amalgamation Process）：

混汞即爲利用汞、金的極易成爲金汞齊。舊式混汞，先把金沙等物盛於大鐵匣內，注入水銀，攪拌不絕，待成金汞齊後，即將浮於水銀面上的沙石棄去，再把匣內的金汞齊用乾餾法分離金、汞。新式混汞，則以塗汞銅板置於淘金槽底部，使粉碎的金屑沙泥等，在槽內隨水流過，金即與汞成齊；事後把銅板上的金汞齊刮下乾餾，亦可分離金、汞。雖則汞汽冷卻後仍可應用，可是汞價奇昂，非含金率極高的礦石不能採用；又因汞與鉍、銻、銅、鋅、鉛、鉍等皆可互相結合，如果金礦裏含有那些雜質，那就完全不能應用這方法。

註：關於金汞相混成齊，若金汞比率約爲1：3時，則得金汞齊粘稠如泥狀；後漢書上說：「光武求元封時封禪故事

8401

之有司奏用玉碟、玉檢，以水銀和金爲泥」。由此看來，古代的封禪大典，不過像實驗室裏做些金汞齊玩玩罷了。

(c)氰化法(Cyanide Process):

氰化是利用金能溶解於氰化鉀(KCN)溶液內的特性。氰化鉀價值不貴，比混汞法省事而經濟；所以新式的金礦工程，現在大都應用此法。先把磨碎的金礦石沙泥等物，置於氰化鉀溶液內，極力攪拌，利用空氣的氧化作用，把金質溶爲亞金氰化鉀($KAuC_2N_2$)；濾去沙泥等沈澱後，加入鋅粉於亞金氰化鉀溶液內，金即游離代出。也有用鐵做陽極，鉛做陰極，電解亞金氰化鉀溶液；陽極發生亞鐵氰化鉀($K_4FeC_6N_6$)，隨時溶入液內；純金在陰極上逐漸附着的。

(d)氯化法(Chlorination Process):

氯化是利用金能溶於氯水的性質。先把磨碎的金礦石沙泥等物，置於氯水或漂白粉溶液內，極力攪拌，使生氯化金；濾去沙泥等沈澱後，加入硫酸鐵($FeSO_4$)溶液，金即游離代出。也有閉置金礦石沙泥等物於氯氣室內，三數日後，用水浸取，然後濾去沙泥等沈澱，製成氯化金的。

註：金能溶解的液體，除上述的汞及氯水、氰化鉀溶液外，尚有溴水、矽酸鉀、硫化鉀、碲化鉀、氯化鐵等溶液，現在已有利用溴水以代氯水的，不過其他各種溶液，究竟能否適用於採金工業，至今尚無詳細報告。再有上文所說的氯水、溴水，不過舉其主要的基本物質而言，凡是可以發生氯或溴的，都可包括在內；例如：鹽酸與硝酸混合而成的王水(參閱下文鍍金一節)，鹽酸與重鉻酸鉀($K_2Cr_2O_7$)的混合物，漂白粉溶液等，都可視爲氯水一類。至於氰化鈉、矽酸鈉、硫化鈉、碲化鈉的溶液，當然也有溶解金的性質，不再一一提及。

(e)靜電法(Electrostatic Process):

研究海水取金，理想方法極多；較有希望的，則爲靜電法。因爲海水裏的金質，亦由山金沖刷而來；山石風化後，石中所含的金，受急雨暴洪的自然作用，隨沙沈滴入江河；金塊愈大的停留在離山最近的地方，較小的沖流稍遠，最小的注入海洋；海水隨時蒸發，江河注金不息，海洋含金率以此日益增高。不過金粒漂流入海的，實已至微至小，不但爲目力所不易窺，甚至有普通顯微鏡所不能察的，實際上成爲膠金。膠金爲帶有負電的微粒；若以帶有正電的陽極沈於海內，膠金自會在這陽極附近，密聚相集；含金率大爲增高，由此設法取金，他日或可達到目的。

註：海水取金，若非採用靜電法，則因海水含金率既爲極小的數值，比海水中的鈉、氯、鎂、鉀等相差甚遠；欲將大量的氯化鈉、氯化鎂、氯化鉀等一一摒除，只提微量的金，事實上實在困難；倒不如不管一切，採用靜電法簡便可靠！

(f)蛻變法(Disintegration Process):

馬丁氏(Martin)說：「中國煉丹術是化學的根源」，這句話雖有人加以不信任的批評，可是點石成金的理想，到了1922年以後，居然在科學雜誌上連篇累牘的登載出來了。獨斷新書上說，「汞石二百年成丹砂，三百年成鉛，又二百年成銀，又二百年化而爲金」；不過是水銀變金的玄想罷了；實則汞、金的原子構造，只差最外一圈上的一個電子；所以德人米特氏(Miethe)日人長岡半太郎等，曾有設法利用么一質點，擊去汞原子上的一個電子，立即變爲金原子的報告。只是這種實驗，至今尚無絕對可靠的成績，還須繼續研究。

(2) 精煉方法：

寇宗奭曰：「顆塊金、麩金皆是生金，得之當鑄煉」；陳藏器曰：「生金與黃金全別也」；這都是我國以前早知道生金並不是純金的例證。金礦含銀，極爲普遍；混汞法所得的金，常含銅、汞、鉛、錫、鋅等，必須設法除去。

精煉生金的方法，可以大別爲吹灰、氧化、硫化、氯化、電解等，分述如次：

(甲)吹灰法(Cupellation)：使生金與鉛或他種易於氧化的金屬，鎔成金齊；置於敞口骨炭罐內，繼續加熱，吹送空氣於齊液面上，使鉛、鋅等雜質，受空氣的氧化作用，產生氧化物，浮於

8402

液面，成爲灰渣，隨時爲空氣所吹散；一部分的氧化物則爲骨灰所吸收。最後所得的金，其中倘含有銀，可用硫化法或氯化法除去。

（乙）氧化法（Oxidation）：置生金於坩堝內，加熱熔成金液，另用吹管吹射火焰於液面上，使金液中所含的賤金屬，例如鉛、錫、鋅等，因受空氣的氧化作用，產生氧化物，浮於液面，成爲灰渣而除去。有時另氧化劑於金液，例如二氧化錳或硝石，用以完成氧化。

（丙）硫化法（Sulfurization）：撒佈硫粉於金液面上，亦可使賤金屬等變爲硫化物而除去，尤以對於銀、鐵，較氧化法更爲有效。鐵質完全變成硫化鐵灰渣後，銀亦隨即成爲硫化銀而浮出。此法雖較氧化法爲優，但亦有其所短：一爲對於硫的存在，除去銀、鐵後，必須再以鐵棒在金液內攪拌數分鐘，使硫、鐵化合，成爲浮渣；二爲加以硫黃的緣故，坩堝不能用金屬，通常只能用石墨。

（丁）氯化法（Chlorination）：金在赤熱溫度以上，不但不與氯化合，就是已經化合的氯化金，也要立即分解；其他各種金屬的氯化物，例如氯化銀、氯化銅等，那却並不如此，故可利用這種性質精煉生金。通常使用的方法，把泥管通氯氣於生金液內，使氯化銀等完全成爲灰渣而浮出。此法所得的金，純度可達99.5%。舊式氯化法，也有在金液內加入昇汞（$HgCl_2$），或硝石與硇砂（KNO_3+NH_4Cl）混合物，代替氯氣的。

（戊）電解法（Electrolysic Process）：如果生金裏銀的含量較少於金，則以氯化金與鹽酸混合物爲電解液（Electrolyte），置生金於陽極，以純金作陰極，依法電解；生金裏的銀質成爲氯化銀而沉積於陽極附近，可以設法取煉，收回純銀；金質逐漸趨附於陰極，也可隨時取出，熔模成塊。如果生金裏銀的含量較多於金，則可改用精煉銀質的電解法，以硝酸銀爲電解液，置生金於陽極，以純銀爲陰極，依法電解；生金裏的銀質趨附於陰極，金質沉積於陽極附近，可以分別取出，照樣熔模，成爲金磚與銀磚。

〔五〕純金用途

金的用途，主要的是飾品和貨幣；其他雖亦用於照相及玻璃、醫藥，事實上並不重要，可以略而不論；可是無論用於飾品或貨幣，無論用於照相或玻璃、醫藥，無非是用牠的單體；所以我們儘不妨說：「金的用途，不過是純金的用途罷了！

(1) 黃金的演變：

關於黃金的用於裝飾方面：野蠻民族拾到了金子，早已把牠應用。蘇浮白氏（Sowerby）的普通礦物學（Popular Mineralogy, 1850）上說：「上至帝皇加冕的王冠，下至村婦結婚的指戒，莫非都是黃金的藝術」；莎士比亞氏（Shakeskeare）的威尼斯商人劇本裏說：

"All that glistens is not gold,
Often have you heard that told;
Many a man his life hath sold,
But my outside to behold."

雖則見仁見智，見解不同；實際上還是一個看牠是飾品，一個看牠是貨幣的關係！

純金硬度，介於莫司標（Mohs' Scale）鋅、錫之間，也就是介於2.5—3之間，可以說是柔軟的東西；所以應用時一定要加入其他金屬，用以增加其硬度。通常對於金齊的成分，我國以「成」字代表，有時叫做「成色」；例如十成金便是100%的純金，九成金是90%的金齊；本草綱目上說：「其高下色分，七青、八黃、九紫、十赤」，便是說明七成金、八成金、九成和十足純金的色澤。歐美各國對於金齊的成分，另以「開」（Carat，簡書作K或ca.）音作標記；純金作爲24開，含金23／24的稱爲23開，含金22／24的稱爲22開。茲將英國的標準金齊，列表（表三）於次：

開數	金%	銀%	其他%
22	91.6	2.0	6.4
18	75.0	12.5	12.5
15	62.5	10.0	27.5
12	50.0	10.0	40.0
9	37.5	10.0	52.5

（表三）英國標準金齊的成分；表中其他一項，以銅爲主。

22開的主要用途爲鑄作婚戒，18開、15開用於高貴飾品，9開用於賤價飾品，也有不合法定而低於9開的。

如果金子做的飾品只不過王冠婚戒之類，那末自古至今，輪流使用，金子的數量，當然因繼續開採而一年多似一年；可是事實上到處有金荒的現象，這原因爲的是什麼？日知錄上說：「漢時黃金上下通行，故文帝賜周勃至五千斤，宣帝賜霍光至七千斤，武帝以公主妻欒大，至賚金萬斤；衛青出塞斬捕首虜之士，受賜黃金二十餘萬斤；梁孝王薨，藏府餘黃金四十餘萬斤；王莽將敗，省中黃金，萬金者爲一匱，尚有六十匱。梁書武陵王紀傳，黃金一斤爲餅，百餅爲簉，至有百簉。自此以後，則罕見於史。宋太宗問學士杜鎬曰：兩漢賜予，多用黃金，而後代遂爲難得之貨，何也？對曰：當時佛事未興，故金價甚賤。…………吳志，笮融大起浮圖祠，以銅爲人，黃金塗身；孫皓使尚方以金作華燧、步搖、假髻以千數，令宮人着以相撲，朝成夕敗，輒出更作。魏書，天安中，造釋迦立像，高四十三尺，用黃金六百斤。唐書，敬宗紀，詔度支進金箔十萬翻，修清思院新殿及昇陽殿圖障。五代史，主昶以黃金數千斤鑄寶皇及元始天尊、太上老君像。宋眞宗，玉清昭應宮，所費鉅億萬，用金之數不能全計。金史，海陵本紀，宮殿之飾，徧傅黃金，而後間以五采金屑，飛空如落雪。元史，世祖本紀，建大聖壽萬安寺，凡費金五百四十兩有奇；繕寫金字藏經，凡糜金三千二百四十四兩。此皆耗金之由也。杜鎬之言，顏爲不妄」。日知錄雖僅舉例至元代而止，若以明、清兩朝及民國以來的史籍報章等作參考，則耗金記載，有過無不及；即以青海的塔爾寺而論，屋上蓋的是金瓦，宗喀巴的造像完全以純金鑄造，高達八尺餘；全寺的財產，據說和庚子賠款相等。不但佛寺皇宮，耗金不勝枚舉，甚至私人第宅，也照樣的金碧輝煌哩！

原來純金的展性、延性，金屬中無出其右。最薄的金箔，厚度不過0.000,000,002,3毫米（mm）；通常使用的大都在0.000,01毫米以上。最細的金絲，直徑不過0.006毫米，通常使用的大都在0.1毫米以上。以前雖有吹管鍍金的方法，或是現在雖知電鍍黃金，而原料爲碩大無朋不易傳電，易於焚毀的物質，例如竹木泥磚之類，那就只有使用金箔，粘貼表面的辦法。佛像貼耗金箔，日知錄上已慨乎言之！容齋續筆上說：「唐進士登科有金花帖子，以素綾爲軸，貼以金花」；太眞外傳上說：「帝與妃賞牡丹，命李龜年持金花箋賜李白」；崇禎宮詞註：「宮中燈槅金匼匝以護之」；金花箋就是現在的描金箋或泥金箋，這種的金花、金匼匝等，當然都是白白浪費的！我們試再回想近十年來的南京：一幢幢的宮殿式大廈，都是描金、飛金的棟梁；千萬張的金箔，貼牢在竹木泥磚上，雖京西遷時，一張也揭不下來，這筆賬如何算法？如果在現在的獻金臺前，居然有人把這些的金箔彙集起來，整個的獻給國家，那又是怎地驚人的消息！

關於金箔的鑄造，我國早已很有研究了。天工開物上說：「凡造金箔，先成薄片後，包入烏金紙內，竭力揮椎打成。烏金紙由蘇杭造成，其紙用東海巨竹膜爲質，用豆油點燈，閉塞周圍，止留針孔，通氣熏染烟光而成；此紙每張打金箔五十度後棄去，爲藥鋪包朱用，尚未破損，蓋人巧造成異物也」。又云：「凡金箔粘物，他日敝棄之時，刮削火化，其金仍藏灰內，滴清油數點，伴聚落底，淘洗入爐，毫釐無恙」；這方法看似容易，實際刮削時，不但極費手脚，且有相當損失。

黃金的反射黃光是大家知道的事實，確切些說：應該是反射黃與透紅的特種黃光；若使日光在平滑的金子面上一再反射，由這一塊金子面上反射到那一塊子金子面上，最後就看到金面是紅色。若以厚度爲0.00009毫米的金箔夾在兩塊玻璃板內，對日而看，則見透過的日光是綠色或綠裏帶藍；如果金箔極薄，那末透過的日光也就換成紅光了。

意大利在吞滅阿比西尼亞的時候，提倡獻金運動，把鐵指戒掉換金指戒，黃金變成了黑金，究不知掉換的人，心中有何感想　我們在這抗戰時期裏，似乎也有照抄意國老文章的必要；如果我們的政府眞有鑄造鐵指戒的一天，我敢預先在此提議：我們的鐵，應該用到前綫上去：我們要積極提倡鍍金或仿金的東西，代替我們的金飾！

(a) 鍍金：

鍍金（Goldplating）是在銅、鐵、竹、木、橡皮等物外表上，鍍了一層極薄的金子，看上去當然和眞金一般無二，只是比重不同罷了。通常所用的鍍金方法爲電鍍法（Electroplating）；鍍金液可依下述方法製造：溶解2.34克（g.）的純金於王水（Agua Regis；比重1.1946的鹽酸200立方厘米（c.c.）與比重1.4的硝酸45立方厘米，加水245立方厘米的，最為合與；純金1份，溶於這種的王水 4.8份）內，置於蒸發皿中，以水浴（Water Bath）蒸乾，繼續蒸去多餘的酸質，然後加入氰化鉀溶液，使沈澱完全發生爲度，切忌加入過多！用傾瀉法（Decantation）洗淨後，再加氰化鉀溶液，使沈澱逐漸溶去，加水成爲500立方厘米，即可以電鍍黃金。

此外尚有吹管鍍金（Gilding）的方法，那是利用吹管把金箔吹貼在銅、鐵等物外表上而成，唐六典上說：「金十四種：銷金、拍金、鍍金、織金、研金、披金、泥金、縷金、撚金、口金、圈金、貼金、嵌金、裹金」；這裏的鍍金，當然是說的吹管鍍金，我國的銀樓、金飾店裏，至今還沿用此法。至於其他各種的金飾名目，那都無非是金箔、金絲一類的東西，不再詳爲說明了。

(b) 仿金：

仿金（Imitation Gold）的種類甚多，大都爲銅齊，看上去也是黃澄澄亮晶晶的，不但可以鑄造仿金措成，有的還可以代替金箔；略舉數例如次：

（甲）仿金箔（Imitation Gold Leaf）亦稱德意志仿金（Dutch Gold）或箔黃銅（Leaf Brass）；最薄可達$\frac{1}{52900}$英寸，其成分及色澤如次（表四）：

銅%	鋅%	色澤
91	9	稍紅
86	14	深黃
84.5	15.5	深金黃
83	17	亮黃
78	22	純金黃
76	24	淺金黃

（表四）仿金箔的成分與色澤。

（乙）西彌仿金（Similor）亦稱孟海仿金（Mannheim Gold）；通常用製紐扣等物，其成分如次（表五）：

銅%	鋅%	錫%
89.8	9.9	0.6
88.9	10.3	0.8
93.7	9.3	7.0
75	25	——

（表五）西彌仿金的成分。

（丙）法蘭西仿金（French Gold）亦稱烏利特（Oreide or Oroide）仿金；製造時先把銅86.21分熔融成液，即加鎂氧（Magnesia）6分，硇砂3.6分，生石灰1.8分，粗製吐酒石（Crude Tartar）.9分；然後再加鋅31.52分，錫0.48分，銻0.24分等，熔融35分鐘而成。

（丁）膺仿金（Mock Gold）的製法和法蘭西仿金相類，不過銅的成分爲100，鋅的成分爲17，並不加錫，這是祂們最大的區別。

（戊）鑲嵌仿金（Mosaic Gold），亦稱漢密爾頓仿金（Hamiltons Metal），色澤極其鮮艷，成分爲銅100，鋅50—55。

（已）摩羅（Moulu）仿金亦稱烏摩羅仿金（Ormolu），成分爲銅58.3，鋅24.3，錫16.7。

（庚）品貝（Pinchbeck）仿金的成分爲銅9，鋅1；或銅5，鋅1。

（辛）鉑哪（Platinor）仿金是含有鉑質的仿金；成分爲銅 45，黃銅18，鉑18，銀10，鎳9；具有不溶於普通酸類的特性。

（壬）王孫仿金（Princes metal）的成分爲銅60—75，鋅40—25。

（癸）銅巴仿金（Tombac）的成分爲銅 16，鋅1，錫1。

（子）銅奈仿金（Tournays metal）的成分爲銅82.54，鋅17.46。

（丑）碘化鉛仿金的製法，先加碘化鉀溶液於醋酸鉛或硝酸鉛溶液內，使生黃色的碘化鉛沉澱；滴入硝酸數滴後；加熱溶去碘化鉛，靜置任其自冷，則得明亮金黃色片狀的碘化鉛結晶；濾過、洗淨、晒乾後，即可用於泥金箋等。但此物有鉛，易爲空氣裏的硫化氫所作用，而變爲黑色。

（貳）天工開物上說：「假借金色者，杭扇以白銀爲箔，紅花子油刷蓋，向火熏成；廣南貨物以蟬蛻殼調水描畫，向火一微炙而就」；這雖是最經濟最簡單的辦法，只是並不堅牢，金色亦稍差！

(3) 重量的標準：

現代科學上的基本單位，一克（g.）是$4^{0}C$的純水，體積爲1立方厘米（c.c.）的重量。通考上說：「太公立九府圜法，黃金方寸而重一斤」；漢書上說：「秦幣方寸而重一斤，以鎰爲名」；淮南子上說：「秦以一鎰爲一金而重一斤，漢以一金爲一斤」；由此可知，我國古時的重量標準，便是一立方寸的黃金，所以一金一斤，音亦相似！若以現在的市寸、市斤計算，則知一立方市寸的黃金，相當 $\left(\frac{100}{30}\right)^3\times19.3\div500=1$市斤，7市兩。

我們所以選定純水作爲重量的標準，並無科學上絕對的根據，無非是取其便利罷了；我國秦漢時所以選定黃金作爲重量的標準，那倒爲了牠是當時已知各物質比重最大的緣故。原來黃金的比重，在通常溫度是19.3，卽以現代的眼光來看，比牠更重的只有鉉、銥等幾種稀有元素；所以秦漢時選定黃金作爲重量的標準，不能說沒有相當的理由。只是當時的定義，未免定得太不科學化，僅僅說明黃金方寸重一斤，並不把確切的溫度指定，這是絕對不妥的！不過在實用方面，究亦並無關礙；黃金的綫膨脹係數是0.000014，卽以炎暑嚴冬，氣溫相差；$45^{0}C$計算，重量的相差每立方寸僅約

$0.000014\times3\times45=0.0030$斤$=0.048$兩，

或卽4分8厘，通常實用上儘可略而不計的！

(4) 金齊的脆性：

純金的硬度在2.5－3之間，可以說牠是柔軟的純金的展性、延性也是極大的；可是大都數的金齊却是很脆的：含鉍百分之0.025的鉍金齊，含鉛百分之21.5的鉛金齊，含鋅百分之25的鋅金齊，都是脆的；蘇軾的物類相感志上說：「金遇鉛卽碎」，換句話說，就是鉛金齊也是極脆的罷了！

〔六〕尾　聲

我國出產金子的地方，大體言之，只有西部及東北部兩大區域；東四省現尚淪陷敵手，我們的惟一希望，只有暫時採取西部的金礦了。西部的金礦，本是我們老祖先所特別注意的，後漢書上說：「益州金銀之所出」；說文上說：「金，西方之行也」；五行的西方庚辛金，正是專指西部的金礦而言；這是我們老祖先的發祥所在，也正是我們民族復興的所在啊！

關於黃金的逸聞逸典是推敲不完的，我且抽出拙著「微乎其微詞」裏的一闋「玉女搖仙珮」，作爲結束：

淘沙人去，氣化魂銷，鎭日望洋興歎！
羽客洪爐，專家姹女，消息古今一貫；
蓮步珊珊遠；映明窗隱隱，斜陽紅䞓。
更那堪凝箋花赤，網縷蛙青，明鱗魚茜；
爭如這風流，循一暨三，沉淪悽惋！
夙昔常緘其口，簡牒封禪，御手汞泥親焊；
命薄由天，樓空寶玉，悽切迴腸九轉；
二十四開算！奈無名指上，終身仙眷。
問到底爲誰憔悴，留伊倩影，還償心願？
惺忪眼，偷將篭子微開看！

註：姹女是道家所稱水銀的別名。斜陽紅䞓句，指紫紅玻璃的製造，有時加以金質而言。其次各句爲金綫蛙、金魚、王水、金汞齊，吞金自盡，純金婚戒，以及氯化金的用於照相等。最後則爲較佳驗電器中，非用金箔不可！

跋：本文倉卒脫稿，失檢難免；妄自推斷處；更怯吾心；倘祈方彥，隨時賜教，以便勘誤，並誌銘謝！

工　程　文　摘

(一)　四川鹽源縣金礦概況

(錄自地質論評三卷六期，二十七年七月十二日)

常隆慶　李春昱

(甲)木里龍達沙金：　龍達僅係一小村，位於龍達河右岸；在鹽源之西北約六百里，木里之西南約三百里，永寧之西北約一百五十里。在木里境內，凡龍達、岔子、董利、冲天四河，以至金沙江沿河一帶，均產沙金，統謂之爲龍達礦區；其範圍縱横有三里之廣。沙金廣多產生於水流較緩之地，及河流灣曲處之突出部份爲最多。以龍達全區而論：產金之地雖多，或以範圍不大，或以開採垂竭，多無營業價值，惟龍達河自竹林坪以上，董利河自毛牛窩子以上，殘留之沖積層較多，當堪經營。

龍達礦開採於清道光年間，至光緒二十年以後，產金旺盛，始爲世人注目。民國五年，張午嵐駐防西昌，派員往採，一年之間，產金鉅萬；爲土司所忌，即聯合番匪，屠殺礦工千餘人，並禁人採金。二十二年冬，乃由川康邊防總指揮部商洽木里，派團長高潯源爲金廠總監，入龍達招商辦理，然以每月繳之行政費開支過大，半年間成効不著。二十三年九月，川康礦務視察員李章甫至桔普，與土司交涉，因發生爭執，被番人擊斃。二十四年十一月，商團全部撤走，龍達金廠遂從此停辦，木里土司亦禁人再採。二十二年開辦金廠時，係將產地劃爲商區，以便管理。開辦之初，由金廠收礦區稅，每畝洋五分。當時有工人六百餘，二十四年，在董利河之毛牛窩子、下塞口、紅椿台子、董利村，及在龍達河之樹達，竹林坪等地，均產旺金，終以駐軍撤走而停採。自經民國五年至二十三年事變後，龍達之名愈著，木里土司之諱言龍達亦愈甚。龍達在理論上並非一優良礦區；然若將其開放，招商自採，則燬荒之地，不難化爲繁庶之區，亦經營邊地之良法也。

(乙)木里郎氏沙金：　郎氏在木里之北約三日程。民國十九年春，始有人採辦，主辦者爲倉耳札巴，閱二月而停。其後亦有繼之者，亦無成績而罷。二十六年春，鄧秀廷、王旭東、李家鈺又合股經營，僱寬寧金夫六十人採掘，但以山高地寒，金夫多不能支，又皆不服水土，未幾即人散事息。現時楊樹凡及唐碧高二人，各僱金夫十數人來此，各開一洞，均因未近底層，尚無金粒發現。在溪溝之旁，每見長裙婦女，或既老幼，振動竹箕，是即格米人淘取沙金之情形也，彼等現有四個金洞，每洞五人或六人不等，每日每洞至多可獲金二分。

(丙)木里麥地龍沙金：　麥地龍沿溝長達數里，包括上村、中村、下村三地，金粒產於第四紀泥土層及礫石層中。下村較爲著名，現有廣商劉保之及王大春合夥營業，二十四年四月開辦，資本七百元，初有金夫三十餘人，今僅存十餘人。中村有一礦洞，礦主劉淵然，初有礦工八十人，今僅有數人。上村有一礦洞，礦主呂石清，初有礦工四十人，今僅十三人，且尚未產金。各廠金夫之逐漸減少，多由於給養困難，及氣候不適，但若將設備改良，亦可以補救也。

(丁)瓜別窪里沙金：　窪里在鹽源之北約四百里，木里之東約三百二十里，位於雅礱江之左岸。窪里原屬木里，因係與瓜別聯婚，作爲妝奩，故屬瓜別者。窪里所產之金，多爲碎塊狀及薄片狀，往往產巨大金塊，據聞光緒年間，所產一斤以上者在十塊以上；宣統元年，更有桑燒文採的重達三十一斤之大金塊云。鹽源各地所產沙金，其稜角往往存在，足見其冲流未遠。光緒二十五年，始由哈麻金廠派員來窪里開辦金廠，當時係招工開採，由金局驗金徵課，產十抽三，產金頗旺。光緒二十六年，設立窪里金礦局。光緒三十一年，課金達一七五五、五兩之多，爲窪里廠極盛時代。旋於光緒三十三年，開辦新溝、白碉、拖溝、博窪等區。又於三十四年六月劃出田坪子附近一百八十畝爲官礦區，民國二年始產金。計全區之產金量，在光緒三十一年以後，即逐年衰減，每年課金均在五百五十兩以下；民國六年，木里土司在白碉據廠，殘殺礦工以後，本區礦產更一蹶不振。

窪里現有礦商一百一十一家，礦工八百一十餘人；其中礦工人數在十人以上者，祇二十三家。窪里礦區範圍之廣及礦床之厚，在寧屬境內，可稱第一；雖開採已久，浮槽殘洞逐處皆是，但爲潛水所掩部份多未開採；尤以蘿泥脚及草坪子一帶，保存更多，設從此施用有系統之採冶方法，并以機器排水，此項天賦之財源，不難盡量利用也。（健）

〔二〕西康歸來話沙金

（摘自科學世界八卷二期，二十八年二月號）

宣見齊

金之分佈，非常廣被，這些散佈着的金，經某種地質作用後，集中在若干地域，可以從事於有利的開採時，就叫做金礦；含金百萬分之一以上的砂金，常是可以開採的；含金量在十萬分之一左右的砂金，即用極簡陋的土法開採，也可以獲利。

依金礦的產狀，可以分爲山金和砂金兩種。山金也叫做金礦脈，是岩漿中分泌出來的礦液，滲入岩石的裂縫中間沉澱而成的。大致成狹長的條狀。和金相伴而生的礦物，以石英爲主，有時還有些方解石和白雲石，金就散佈於其間，常和黃鐵礦、黃銅礦或者其他金屬硫化物相共生；這種硫化物顏色鮮黃，很像金粒，沒有經驗的人，往往受他矇混，所以叫做「愚人金」。

金礦脈裏的金，大多數是成小粒狀的自然金，也有碲化物或氯化物，或是混在黃鐵礦裏面。所以祇憑肉眼觀察，竟有許多著名金礦脈，連一點金影子都找不到哩！山金都產生在堅硬的岩石中間，開採很費工夫，如若礦脈狹小，就難採取，所以現在所採的金，多數是從砂金裏淘出來的。

砂金的金粒，大都成鱗片狀，角上磨得圓圓的，顏色很鮮明，質地比較純淨，顆粒很小，有時因爲流水的沉澱作用，也可以成爲很大的金塊；但在西康，最大的只有五六兩，這也是地質環境使然。

砂金在那裏呢？大致有下列的幾個據點：

（1）山金是砂金的老家，憑着白色石英脈和雜色圍岩的顏色差別，就是沒有地質知識的人，也很容易認識金礦脈；。不過脈裏含金很少，我們只好參考附近地域已知的事實，加以推斷：例如西康的金脈都都在變質砂頁岩裏，尤其是黑色頁岩；湖南西部的金脈都在變質岩裏；這種事實都是各該區域裏的特點。（2）金粒隨着河水往下游運動，粗大的金粒都不會走得太遠，所以最豐富的砂金還是在離山金不遠的地方；就拿長江來說：著名的砂金礦都在宜賓以上，像重慶附近的砂金，質量上都比上游的砂金差得多！（3）在河底下，尤其是在河床坡度突然和緩的中間，礫石受了水力的冲激，不免有些振動，金粒漸漸地墜下去，一直到河底的巖石爲止，這樣就成了豐富的砂金；大都在淹水底下，只有冬天可以淘金，春夏都要停工；否則祇有造起大金船，用機械去從事工作。（4）河水漲的時候所堆積下來的砂礫，當河水枯落的時候就露出在水面上來，這裏頭也可以有金；這種河壩的金，也叫做田金；不過含金的砂，並不一定在表面上，開採的時候，或須先掘一個井，工作就要麻煩得多。（5）支流的河身坡度常比幹流大；因此支流的水流得格外快些；如支流所經過的地方有金礦脈存在，水裏帶有金粒，當支流流入幹流的地方，因爲水流變慢，其中所挾帶的泥和金粒，都得沉積下來；這種富砂的堆積，都在支流砂入幹流地點的下游。

中國砂金產地，以東北爲最豐，其次就要算西南了；西南的砂金，以西康爲最多，四川、雲南兩省和西康接壤的各縣也都有；四川省的寧雅兩屬劃歸西康以後，西康的砂金益發多了。

大規模的開採，需要很多的設備，我們暫時不必管牠。小模規的人工採砂工作，就和土工挖泥一樣，所用的工具不過是鐵鍬和鐵鏟；河邊上的砂，都是露天採掘的，如若表面有一層相當厚的荒砂（

沒有金的砂土）蓋着，就要開鑿豎井來或平巷；好在砂金本在地面上堆積的，面上縱有掩蓋，也不會很厚，工程上沒有多大困難。開出來的砂，要運到水邊去淘洗，通用的淘金器具爲金床，最簡單的金床爲一塊五六尺長的木板，兩邊都釘上一條二三寸高的邊，板的下半段起了幾條橫槽；淘金的時候，將金床斜擱着成五度到十度的傾角，金床的上端接着一個蓄水的小壩，小壩開放後，水流從板上奔瀉下去，淘金人隨時把摻了水的砂金放在板的上端，砂和金都隨着流水向下流動，金粒比較沉重些，就向下沉積而聚在金床下部的橫槽裏面。除金床外，金盆也是常用的器具：用金床淘金的時候，都要用金盆來做最後淘洗的工作，此外也有專用金盆淘金的。金盆多半木製，大的長二三尺，寬一尺者，兩平後，淘的時候，兩個人把盆抬着，將金砂放在裏邊，在水裏盪動，盆裏的砂土，漸漸隨水漂去，較大的石礫都在上面，可以用手揀出來，到後來剩在盆裏的雜砂已經很少，就連金和砂一起刮出來，積了若干次淘剩的砂，合併起來再淘一次，就可得到黃金。這種方法，比較費力，所以不常用，小的金盆都和金床聯合使用，盆的直徑不過七八寸，人家家裏用的舀水木勺，就很合用。

大規模的金床，應該有一百尺以上的長度，才可以避免細粒金的逃逸。現在各地所用的金床，只有五六尺長，細的金粒當然留不住，就是粗的金粒，也往往被泥砂所夾，不能留在金床裏，這種逃逸的金粒，以後很不容易收到，真是極大的損失。以後不妨把金床改做兩節，每節六七尺長，用的時候把兩個床連接起來，同時在第二節金床下半段加鋪呢或氈單子（西康羊毛織的布）。這方法輕而易舉，不妨試一下。

現在各地的淘金工作，都是亂挖亂淘，碰碰運氣；我們看到衣衫襤褸的金夫子，簡直不敢相信他是淘金人。若要在目前增加金的產量，下面所說的兩點，就是很容易辦到的基本原則：（1）在範圍較大的沙金礦區裏，應當由政府或者私人企業組織去開發；開採的規模不妨大些。（2）在範圍較小的礦區裏，可以在政府管理之下，由人民自由採淘；政府的管理，要偏重於技術方面，減低稅率，以鼓勵內地民衆去開發。

拿破崙說：決定戰爭勝負的因素：「第一是錢，第二是錢，第三還是錢！」淘取黃金是用力最少成功多的找錢方法！在這抗戰期間，金子不嫌多，並且要多挖，要快挖，還要有計劃的挖！（錄新

〔三〕黃金世界的青海

（摘自到青海去，商務二十四年再版）

顧執中　陸　詒

青海原是黃金世界，大通、貴德、都蘭、玉樹、同仁等縣，湟水流域、黃河支流之大通河各地，每年產金約七千兩左右。湟水流域金礦，以前農民於農隙時淘取，現因徵收淘金稅而消聲匿迹。楊家莊子對岸孫氏莊灣與湟水會合處沙金頗富，農民曾以二十人工淘得沙金二十兩，後有被官所阻而罷。大通河之金礦昔時多由有權者強徵民夫淘洗，工頭層層剝削，鄉民所得無幾，甚有負債不得脫者，反視淘金爲畏途。其他則玉樹縣之榜錯、青錯，都蘭縣之大柴旦、小柴旦，以及貴德樹、達島佛溝、馬沁山、雪山等，或爲各會所把持，或爲寺院所封禁，大都未能開闢也。（錄）

〔四〕青海之八寶山

（摘自到青海去，商務二十四年再版）

顧執中　陸　詒

青海化隆縣之八寶山試行開採金銀等礦後，番民以迷信山神，力事反對，引起一度劇烈械鬥。科彥溝有金礦一處，清末開採五六年之久，金苗極旺，大如黃豆，惜當時無法組織，最盛時期不下萬人，終以番民反對，以爲有傷山脈元氣而中止。（錄）

〔五〕甘肅之金

（摘自新經濟一卷十期，二十八年四月）

翟　世　誠

在祁連山一帶的花岡岩附近，黃黑褐色的石英脈裏，往往含金；這是脈金。被水浸蝕後沖積於河流兩岸；這是沙金。在現金缺乏的我國，產金額的增加，不啻爲一個病人輸入血液，解決這個問題，可從三方面着手：

（甲）獎勵民衆，擴大採金　淘金的結果被

費用，往往辛苦數日，一無所獲，河北省有句諺語說「十日淘金九日空，一日做了十日工」。形容得維妙維肖；因此一般山民寧肯耕種墾殖瘠苦的薄田，不願冒險淘金；政府須獎勵他們工作，特別是農閑的時候，必要的話，並可津貼或借與食糧。

（乙）擇定地點，利用機器　沙礫含金的多少，與地形及距離金脈的遠近有關；政府可選擇幾個好的地點，利用機器採取，或可於短期內即能獲得大量的金質。

（丙）收買　淘金工人多很貧苦，不得不將辛苦採來的寶貝，賤價賣於商人；假如政府在礦區內設立機關，定價公平收買；定可吸收民間大量的存金。

（寶）

〔六〕陝西安康區之砂金

（摘自地質評論；三卷二期，二十七年四月）

白士俊

安康區產金之處，多在漢江北岸各小支流之河床中（即由秦嶺南流之各河流）。砂金來源原屬山金，蓋山金產於火成岩、變質岩、或片麻岩中之石英岩脈內，因受天然風雨及其他動力作用所破碎，形為砂礫，繼後又為流水河流所沖滌，砂礫與金粒遂相混而沉積河床之內，成為砂金層。就此砂金成因而論，則安康區砂金之來源，當屬秦嶺山脈。蓋以發源於巴山山脈之支流中，少有產砂金者，故知巴山山脈非產金之所也。安康區砂金礦略分為洵河流域區、越河流域區、鐵峯河流域區、漢江沿岸區等四區。

總上四區，含金砂礫面積共達五百平方里。區域內各處含量，頗不平均：（1）河床灣曲之處，以及灣內長州；（2）支流旁入之處；（3）舊河床之下；（4）峽外深潭。

洵河、越河、鐵峯河所產之砂金，色黄亮，大如普通米粒，亦有大如豆者，概無棱角，俗名豆瓣金。重二三錢以上者則鮮有發現。漢江沿岸所產之砂金，色澤稍暗，粒亦較小，俗稱麩金。

洵河流域之草平鋪，有洵陽人王明德，以金床兩架，從事掏採，每床一次，可淘砂十二擔，平均可得金一錢三分，約為每擔含金一分。越河流域之張家垻，含金砂礫層厚約三公尺至五公尺不等，每擔約含金八厘。鐵峯河流域之官斛，每人每日可有毛八角之收入，每擔砂礫之含金量幾近四分。漢江沿岸，每人每日淘砂金約七擔，可得價值六角之金砂。

（健）

〔七〕河南淅川縣之金礦

（摘自地質評論；三卷五期，二十七年十月）

張人鑑

淅川、南召兩縣礦產，頗稱富饒，如鉛、銀、煤、鐵、螢石、砂金、石棉、石膏均產之。淅川縣金礦位於縣城之西北約一百二十華里，紫金關附近之金豆溝及柳林溝內；以當地人民掏金之經驗，每立方公尺砂層內，約可產金一錢。金之總儲量約為四十三萬二千兩之譜。

〔八〕湘西沙金之調查

（摘自時事新報；二十八年一月五日）

去年八月中旬，毛慶祥氏主持之中國戰時生產促進會，派遣會員羅濬叔、唐桐蔭二君赴湘西一帶觀察金礦，以作開發之準備；歷時一月，以戰事迫近三湘，未能繼續工作。頃已繞道抵渝，記者昨晤二君，承告湘西一帶砂金概況甚詳。爰亟紀之：湘西之金礦，通分「脈金」與「砂金」二種。脈金產於山中，又稱「山金」；砂金每掘自田間，故又名「田金」。就產區分佈論，砂金較為遼闊，凡沅水所經，無不有其蹤跡。由開發方面言之，淘砂金遠不如開採脈金，洗河砂則又遠不如掘挖田金；但開採脈金需要採冶技術及各種機械設備；淘洗河中砂金僅為少數貧民日謀升斗之計，故此次所勘者，均限於田金一類。至於砂金之富集情形，言之極為單純：根據河床之自然狀態，如（1）水流之速度（2）河床之斜度及曲度，（3）沙灘之形成原因，（4）河床之岩層（河床為岩層橫切，則停滯力強），（5）河身變化（古老河道沉積之時期最久）等，皆可藉以說明其富集條件。

金質比重較大，先行下沉；故依地理變遷，即可知其富集區域：（甲）靠近金礦區之溪口處，（乙）沅水中湧出之沙灘及沖積而成之洲地，（丙）沅水河床曲度最大地點，（丁）沿沅水之山谷與盆地。據一般老淘金者之經驗，奉格守二語，即「小河淘灘，大河淘灘及潭口」。據云：小河中較水流溢急，所謂陡水者，則淘「湯水」及「步水」，在陡水側之草皮草根上，亦可洗得細粒金屑；此次在澄溪口曾親見之，聞當地人民每人每日可淘得三厘至五厘者；但在水漲沒淺時，金粒即散佈滿河，隨處可淘。在大河中，凡沙灘冲積之處，富集最高；其次爲河身灣曲處所，惟兩側不能同時富集，祇可淘河身之一側。此種砂金，土名「腰黃金」，因其集於河腰也。通常謂田金曰「崙金」，其來源稱「崙脈」；崙脈之岩石爲灰綠色之頁岩，掘及灰綠色之岩層即可取以淘洗，而得金砂。

沅水清浪灘以下，沅、桃、常三縣之砂金產區，向爲土人淘金處；較爲有望者：計有（一）沅陵縣屬之大別溪口及泥灣里口（流逕洞冲溝金鑛區）、麻衣洑、熊公冲（牯牛背脈之衍支）柳林、沙灘；（二）桃源縣屬之□洑溪口（流經麥葉溪金鑛區）、羅家灣、陳家灘、夷望溪口（匯入金牛山金鑛區）、柳家灣（河身曲度最大）、鄭家河、澄溪（匯入冷家溪）、水溪（盆地）；（三）常德縣屬之白羊河，杜家河、德山口、逆江坪等處（常德、漢壽等處，均屬沅水之冲積層，故沙金產區，亦至廣闊）。

據水溪淘金者談：每人每日所獲通常在五角左右，多者可得二三元；即詢之洗尾砂之幼童，亦云：一日可得一二角之譜。至該處砂金儲量，據余等估計，在水溪方面，自印家舖起迄常德之逆江坪止，其間長凡十五公里，兩側寬約二公里之田隴內，現有儲量，當不下一萬兩云。　（健）

〔九〕　湘川黔新西青外蒙之金鑛概況

（摘自中國經濟年鑑，二十五年第三編）

（甲）湖南省：　桃源縣冷家溪之金鑛，相傳始於明初，民元間曾鼎盛一時，後爲盜匪所毀，民十六七年間先後成立利華、新華、富華等公司，後以糾紛，新華讓與建廳開採，採鑛純係土法，選鑛分研磨及淘洗兩步：研磨先用人工將鑛石鎚碎，約鷄蛋大小，移置水磨內研之；研磨手續完畢後，即可取出淘洗，淘洗器具用金床，金床爲木製，長六英尺半，寬二英尺半，內有小格四五十，格木厚約半英寸；金床斜度十五度，首端鋪粗布一塊，利用其阻力以延滯金沙之下滑；金床木格內之金沙，最後另用金盆淘洗之，所得者稱爲毛金。毛金先置銅瓢內烤熱，再置瓷鉢內加硝酸處理之；毛金每兩needs硝酸〇．二六兩，經硝溶解後，傾去廢液，洗淨、烤乾，置於塗敷硼砂之坩堝內，酌加牙硝（即硝酸鉀）爲氧化劑，傾入塗敷茶油之鐵模內，冷後取出，再用濃硝酸處理之，即得純金。

本鑛自民國二十二年舊五月起始開採，每月出五兩上下，十一月間驟增至四十七兩，二十二年度平均每月十二兩，二十三年度平均每月三十六兩，二十四年度一月至七月平均每月三十八兩；其中永興隆占74%，木欄隴17%，此外亦有淘自水轉廠砂，及收買私人零淘所得者等。

（乙）四川省：　安縣水災後，人民生計維艱，縣府特許挖金，金廠不下百餘家，每日出金百餘兩，尤以麻柳灣一帶，爲旺盛。

（丙）廣西省：　最近（二十四年二月）上林縣萬嘉墟附近，鎮鄰鄉勁治水台等鑛區，工作者不下四千餘人，產量每日約五百元；惟農民用土法開採，祇掘表面，埋藏餘量尚多。

（丁）西康省：　西康蘊藏甚富，尤以黃金爲最；清末川邊大臣趙爾豐聘美籍礦師往西康實地調查，自光緒三十四年至宣統元年止，勘查結果，謂祇宜土法開採，不宜機器採挖。因此趙遂提倡採金，多係土法而已！民十以前，鑛金甚旺，後以盜匪出沒，逐漸停歇。

茲將二十四年度各金廠工作人數略列如次：

（一）康定縣：樓波九十餘人。魚子石六十餘人，三道橋、燈盞窩、偏岩、魚通各二十餘人，孔玉四十餘人。

（二）九龍縣：三埡、半擠皆在開辦中。

（三）理化縣：昌會十六人，各母三十六人，曲科十九人，沙馬三人，獨科、卡謹各五人。

（四）瞻化縣：麥科一百餘人，曲衣三十餘人，甲司空二十餘人，雍母十餘人。

（五）德格縣：柯鹿洞三十餘人。

（六）爐霍縣：爐霍六十餘人。

（七）道孚縣：將軍橋四百餘人。河壩四十餘人。柏楊樹、麥宿各三十餘人。泅水塘、蒙自古各二十餘人。

（八）得榮縣：得榮在開辦中。

（九）雅江縣：祟西不詳；谿西溝，挖馬冲各十餘人。

（戊）新疆省：　新疆產金區域，計有阿山、和闐、且米、塔城等縣；以阿山爲最著。民國七年開始採掘，挖金者約計五萬人；二十二年遭匪亂而停頓，二十四年該省農礦廳又有重設金礦局之議。阿山最旺之區爲東義河、西義河、哈熊溝、三道橋、前溝、東山等處，金質以哈熊溝者最佳。開採方法，分水窩及乾窩兩種：乾窩即挖掘山金，水窩爲淘洗沙金；但以水窩較乾窩獲金爲多。開採時，每年三月至七月查探礦苗，七八月至十月正式淘洗；十月後河水冰凍，工作即告停頓。

于闐金礦爲新疆唯一官金礦，共有五廠：

（一）阿哈他克大金廠：　金砂頗厚，然遼遠多雪，一年中惟四月至八月可以工作，故出產不多；有金夫千餘名。

（二）曹甲瓦克大金廠：　附近無水，故僅藉風揚沙以取金；金夫一千五百餘名。

（三）卡巴山小金廠：　所以終年工作，惟頗缺水；金夫三百餘名。

（四）某羌小金廠：　爲卡巴之支廠。

（五）哉立克小金廠：　金夫僅數十人。

（己）寧夏省：　中衛沙壩頭鳴沙有金礦，尙未開採。

（庚）青海：　青海金礦，分布甚廣。就縣區言之，則西寧、大通、貴德、民和、樂都、亹源、化隆、都蘭、玉樹、同仁等縣年產一萬二千餘兩，運至甘肅蘭州銷售。以河流言之，則黃河流域、大通河流域、通天河流域、柴達木河流域及湟水流域各地皆產之。全省產金區約計十四萬平方英里，約佔全省之半，估計當可產生金五百八九十萬兩，以八成計之，可得純金四百六十八萬兩。惜土法採掘，所得甚微，迷信風水，動輒阻撓，金苗雖旺，未見有利：若能大肆開採，其利必可建設新青海而有餘也。

（一）瑪沁雪山：　產金甚旺，採工二百餘人；若用機器開採，其貯藏量不亞於世界聞名之新舊金山云。

（二）八寶：　產金甚旺，採已多年，採工當地稱沙哇。

（三）俄博：　產金甚旺，沙哇約一百二十餘人。

（四）大峽口及

（五）南川工門廟：　以上兩處，產金區皆不大，近年始從事採掘，採工自給，無勞資之分。

（六）二古隆寺灘：　產金甚旺，以前寺僧阻止採取，近已開放。

（七）西川俄博山：　產金甚旺，番人輒以無金沙爲辭，大雨後樵牧間有拾得者。

（八）中紅溝河灘：　產金區不大，沙哇四十餘人。

（九）享堂：　產金區不大，附近居民於農暇時淘採。

（十）貴德黃河沿：　產金區大，採淘費力，回民約伴淘採，若遇番人聚衆驅逐即逃避。

（十一）柴旦：　產金甚旺，番人阻止採淘，加以路遠，往者亦少。

（辛）外蒙古：　蒙科爾沙金公司自一九〇二至一九二九年採得一〇五〇盧布。（閱）

8412

消　息

目　次

〔一〕 採金局最近之工作

（甲）經濟部採金局，已於五月一日正式成立：　自抗戰以來，政府對於西北與西南之建設，進行不遺餘力；尤於關係外匯之黃金生產，倍極注意！前由資委會所主持之各金鑛，現均改歸新設之採金局辦理，以專責成。聞該局內分總務、工務、業務三科，並設技術一室，計有技正四人至六人，技士八人至十人。局長劉蔭茀氏及各科人員，已於五月一日在重慶棗子嵐埡開始辦公。

（乙）採金局奉令接收資委會所辦各金鑛：　採金局自奉令組織成立，隨奉到經濟部訓令，將資源委員會所轄之西康金鑛、四川金鑛辦事處、青海金鑛辦事處、及其他金鑛，一律劃歸該局接管；並將重工業事業費項下，所列之西康金鑛局等三機關經費，預算內未領各款，悉數劃歸該局具領應用，聞會局兩方，正在辦理移交接收云。

（丙）平桂鑛務局所經營之金鑛，仍由資委會管理：　平桂鑛務局所經營之廣西上林金鑛，因係平局整個業務範圍之一部，未便分割，故該鑛現仍由平桂鑛務局主持，歸資委會管理云。

（丁）採金局派員赴貴陽及湘西一帶實地調查：　湘西金鑛蘊藏豐富，採金局日前特派技士向道與工務員李子英前往實地調查，並指導人民開採金鑛工作；同時在貴陽附近，詳加查勘，一俟該員等返局報告後，再行斟酌情形辦理。

（戊）採金局加組機械探勘隊，從事探勘：　採金局自成立後，工作異常緊張，聞除青海，西康、四川、湖南、河南、廣西、已有之各金鑛，仍繼續資源委員會辦法進行外；更積極籌組多數之探勘隊，擬採用機械，在各地從事大規模之探勘；一俟有所發見，便即着手興工。並聞對於向用土法淘採之沙金鑛，亦正編印淺說小冊，設法予以指導與改良，以期產量日增云。

（巳）採金局函請各建設廳塡送表格：　採金局爲明瞭各省金鑛之實在情形起見，特製備表格一種，函請各省建設廳，將其境內所有立案之各金鑛，開採狀況及其他有關係之各點，按表逐項塡寄，以供參攷云。

〔二〕 久大自貢鹽廠籌備及開工情形

鐵　秋

暴日侵華，海疆皆被佔據，中國沿海三大鹽場之長蘆、山東、兩淮，遂爲敵人所劫奪。久大鹽業公司之製鹽工廠在塘沽、青島、大浦者，先後搶炸，損失之巨，在民間實業業史中，無與倫比！

鹽爲民食之需，同時亦爲國稅主要收入；武漢尚未淪陷以前，政府擬將內地產鹽較富之四川，設法增加其產額，以裕國課而足民生；不過內地製鹽技術古拙，欲求大量生產，亦勢所難能。

二十七年春，久大鹽業公司經理范旭東先生入川考查實業，四川鹽務當局邀赴自流井參觀，先時該地原有自貢模範鹽廠之設備，戰事猝起，在外訂購之機件無法運入，遂停止進行。鹽務當局因增產勢在必行，乃商得范先生同意，請其接辦該廠；同時范先生對於當地同業表示兩點意見：(一)將來久大工廠設立後，技術儘量公開，聽憑同業倣傚。(二)設同業中有以興辦鹽廠之設計工程相委託者，久大在雙方合意之下，允爲負責代辦。當時各方對於久大改良川鹽之誠意，均表示歡迎。范先生旋即回漢，其時我軍猶扼守徐州，一方面設法搶出大沽工廠一部分機器材料運漢，一方面在漢口購買大批鋼板及五金材料，由漢運宜轉川；同時派定人員，接收模範鹽廠，準備一切；並在渝、蓉兩地設立辦事處以資聯絡。計自二十七年四月初開始工作，九月初大致完成，遂於九一八紀念日正式開工出貨。

工廠製鹽，因戰時大宗機器不易入口，並因急於生產，故採用鋼板製成之平鍋熬鹽法。預定建置鍋灶十套，如鹵煤得充分供濟，每日可產一千二百市担；其動力有柴油發電機兩部，其他電焊機及抽水機等，莫不應有盡有。規模雖不大，實已具有近代工廠之雛形。

讀者或以爲久大以不滿半年之時間，即能完成較大規模之設置；一若獲得各方之同情，故能進行迅速圓滿者；不知鹽爲中國特殊事業，既有新舊之爭，加以地方觀念，情形複雜，阻礙重重。故自開建日起，緊忌謠諑，環攻無已，各方推波助瀾，更有山雨欲來之勢，甚且有勞地方最高當局及行營之關懷；惟久大公司認爲事實上非增產無以解西南民食之憂，非埋頭苦幹不足以排外力阻撓之厄；即使政府對於久大公司加以無理之限制，亦決不因之而氣餒。在現階段辦實業似應較平時順手；而鹽業獨不然；好在吃鹽飯人大家嘗過這樣滋味，故亦安之若素。

所可惜者，內地工業落後，一切工業用之器材無從採取，影響生產，早在意中。鹵煤既經統制，理應供給裕如，無如根本之產量不夠，巧婦不能爲無米之炊，而運輸之難，整個西南固如此，自流井當難逃例外。筆者於民九曾往自流井考查，當時曾對鹽務當局建議速修由井至鄧井關一段鐵路，使鹽煤出入暢通；乃事隔二十年，現時始有輕便鐵路數設之舉，久大公司且不無微勞；內地建設之難，不禁人感慨係之！

〔三〕大鑫鋼鐵廠

最近出品情況

抗戰以來，我國之重要工業區域，大半淪陷敵手；所幸政府當局，於上海未陷前，即着手遷移各工廠，大鑫亦其一也。惟以戰端既開，交通時阻，歷八閱月之久，方始入川；購地建廠，費時五月，始陸續復工，加緊生產，一方添製本廠機件，同時供給政府及社會各方之需要；茲再就該廠最近之出品情況，略述梗概如次：

該廠自去年七月間開始復工以來，因積極趕造自用機器，如車鑽床、軋鋼機、汽錘、拉絲車、抽水機等；同時應外界之要求，代製壓瓦、拌泥、鼓風、造紙等機，並供給遷建會熱風爐，民生公司抽油管與鋼錨、鋼葉架等件！

重慶已爲戰時新都，因人口激增，而於交通建設實屬急不容緩；徒以山城狹窄，三面環水，擴展實非易易；西南公路局有鑒及此，爲謀重慶與南岸間之聯絡，以利交通計，故投資數十萬元，籌設活動碼頭，使兩岸車輛，不論水平漲落，皆由渡輪直駛達岸，較之現時經過園船挑扳，何可同日而語！業已着手在海棠溪儲奇門兩岸動工建築，裝設斜軌，上置平車抬，隨水勢漲落，可以升降合度；惟因鋼軌缺乏，無法趕造，致懸擱多時。現已由該廠承製特種鋼軌四十餘噸，車輛輪架等齊全，限兩個月內交貨；其有利於交通實非淺鮮也。

抗戰期間，加增生產，實爲後方要務。惟生產有賴於器具，故原料於器械之供給，尤屬重要。查近來市上缺乏之純潔硫酸，聞中央工業試驗所擬利用東陽鎮硫酸廠出品，加以再提純潔；惟煎鍋須用耐酸鐵製成，現亦由該廠配成高矽耐酸鐵煎鍋十具，以供應用。

目前鐵荒問題之嚴重，自不待言。但各鐵工廠之對於車鑽、刨床等機下之鐵屑，往往視同垃圾，棄於無用；物雖微細，然集腋成裘，如能蒐儲有數，亦屬可觀！該廠爲提倡鋼鐵節約運動起見，特爲登報收購該項鐵屑，以十噸掉換生鐵一噸。廢物利用，實亦抗戰建國聲中所值得注意者。

〔四〕上海機器廠

之經過及其近況

顏　耀　秋

農業國家若不輔以新穎工具，決難與他國抗衡；故上海機器廠先從灌溉、碾米着手，專造柴油發動機與農用器具；經之營之，略有成就，雷江南大旱，影響至鉅！未幾復繼以一二八之役，滬上工業幾全體一蹶不振。幸賴兵工方面，租用國貨機器，工業得以稍事振興。不圖敵人侵我滬濱，幸事前略有準備，運出一部份母機，同時政府爲保全生產命脈，免資敵用起見，令各工廠從事內遷，乃遵命遷移武昌，復工未久，敵人進迫，我政府再令遷渝，途經三月，始克抵達。今日之能繼續生產，亦政府扶助之力也。抵渝之後，覓屋建廠，匝月方始復工。初感母機之不敷應用，特加以補充，半年以還，約略俱備；工人已達二百，分日夜二班工作。製品大宗皆係兵工器材；現爲發展後方農工計可利，特添造工作母機與瓦斯引擎。復以川中水源，多用，更擬試造水力透平，以資節省物力。茲將感於後方之工廠目下最感難者，依本人年來服務經驗，分述如下：

（甲）原料：　生鐵價格，每噸原在百元左右，現已漲至八百元，猶感缺貨。深盼公私機關所建之冶鍊爐，早日出品，以資接濟。至於鋼鐵，較戰前已張十倍有奇，尤盼政府大量輸入，俾平其價。

（乙）工人：　入川工友，爲數有限，工廠驟增，勞力不敷支配，廠家如不提高工資，即無法招致工人。思及當年歐戰之時，英法有遠至我國招雇華工者；深盼政府設法將遊擊區中之難工救出，既可增加後方生產，復可免爲敵人利用，誠一舉數得也。

（丙）經濟：　渝市物價，日益高漲，工廠一經接受定單，即須將所有材料購齊，欲謀穩妥計，更須稍有蓄藏；於是資金昭滯，難於周轉。在滬時銀錢業可以放款，五金業可以欠賒，此間則大小月底，結清帳項，因之時有掣肘之虞；今且下令疏散，並須自備動力。處茲艱難困苦之際，深盼有以調整，並盼金融界多多協助，俾後方工業不致崩潰，抗戰前途實利賴之。

〔五〕第一區機器工業同業公會籌備經過

顧耀秋

各工廠自奉命西遷以來，陸續到渝之後，即本過去團結精神，組織遷川工廠聯合會，以整個力量，籌劃各遷川工廠之建廠開工等事宜。努力進行，略有成效；嗣以各工廠之性質既有不同，所需之貸穠自難一致。以原料一端而論，當時機器業需用鐵較鉅，機器工廠尚遭嚴重之打擊，於是乃有先就機器業另行組織團體之議。

二十七年十月二十二日，以遷川工廠聯合會名義，召集遷川工廠鋼鐵機器業同業座談會，討論進行。當時出席者：新昌實業公司、永利化學工業公司、中國實業工廠、大鑫鋼鐵廠、周恒順廠、華生廠、啓文機器廠、老振興機器廠、四方企業公司、上海五金翻砂廠、新民廠、鼎豐廠、精一廠、張瑞生鉄工廠、啓新電焊廠、中華無線電社、美藝鋼鉄廠、渝興廠、通惠廠、合作五金公司、大公鉄工廠、德興鉄工廠、順昌公司、陸大鉄工廠、暨上海機器廠等二十五家。經濟部中央工業試驗所顧一泉所長及經濟部胡博淵技正、歐陽崙科長等，亦出席指導，多方贊助。在加强本市同業工廠之團結，以增厚抗戰實力之同一目標下，一致主張籌組重慶市機器工業同業公會。當經決議：此次座談會即爲公會發起人會議，以出席之二十五廠，連同決議公請之民生、華興兩廠爲本會之發起工廠；並推定民生、華興、大鑫、周恒順、順昌、大公、合作五金、華生及上海機器廠等九家爲發起工廠代表，除負責籌備組織公會外，兼負研究促進：（a）技術合作，（b）工人訓練，（c）原料來源，（d）分工合作等任務。

嗣迭經開會討論，當決定以下各重要事項。

（甲）決定以重慶市、巴縣、江北縣之行政區域爲本會之區域。

（乙）決定將本會事務所設於重慶市。

（丙）本會之任務，最低限度，應做到下列各點：（a）使同業間工作性質相同之工廠，彼此澈底合作；（b）對於同業間範圍狹小之工廠，竭力輔助其發展；（c）以團體之力量，維護同業之利益；（d）以互助之精神，解決同業之困難；（e）以誠意之態度，矯正同業之弊害；（f）施實工業同業公會法第五條各款規定之任務。

以上三點既經決定以後，復先後將：（a）本會區域範圍；（b）本區域內同業工廠總數及分佈情形；（c）本區域內交通情形；（d）本區域內金融情形，（e）過去及現在同業間，製造上、技術上及營業上之關係；（f）過去及現在同業工廠對

8415

設其他工業之關係等調查清楚。

茲即依照法定手續，於二十七年十二月二十日，呈請經濟部核准區域，同年十二月二十九日奉經濟部核准，並指定名稱爲第一區機器工業同業公會。復於本年一月十九日備具理由書，呈請中央社會部許可設立；旋經社會部於本年二月一日發給許可證。乃召集原發起工廠推選籌備委員，計當選者：順昌、華興、大公、日昶、華生、合作五金、蜀興、蔚華、民生、恆順、大鑫、天成、及上海等十三家；並決定以上海機器廠爲主任籌備委員。

籌備會成立以後，當即擬定章程草案，於本年三月一日第一次籌備會議時通過，分別呈請社會部、經濟部鑒核；現已將印製之會員工廠詳細狀況表，分發各會員工廠填報；並將會費單位額、表決權、選舉權、及應派代表人數等計算表，印發各會員參考。復將代表履歷表檢送各會員工廠，請其依照法定人數選派合格代表。當可於最近期間，召集成立大會矣。

〔六〕經濟部核准工廠登記一覽表

廠名	廠址	廠長或經理姓名	主任技師姓名	出品種類	登記號數	登記年月
華豐機器碾米廠	浙江鄞縣西鄉張家𡎺	陳涵詠	王調三	米	四一九一	二十八年二月
義泰興號電機碾米廠	浙江鄞縣塘河街	林渭珊	黃河華	米	四一九二	同上
乾泰木行分廠	浙江鄞縣江東後塘路一三二號	李令藻	舒武才	米	四一九三	同上
華興機器造紙廠	浙江鄞縣江東東郊路田羊巷	茅耀庭	應炳南	黃紙版	四一九四	同上
徐萬興米廠	浙江鄞縣江東敬擺橋十七號	徐孝行	章肖玉	米	四一九五	同上
芷江縣民生工廠	湖南芷江南街	張延桂	彭光鐸	布疋巾襯衫竹器	四一九六	同上
上海機器餅乾廠	四川成都西丁字街七十八號	胡兆英	蔡文昭	餅乾麵包點心糖菓	四一九七	二十八年二月

〔七〕非常時期專門人員服務條例

（廿七年十二月十日國民政府公佈）

第一條　本條例稱專門人員者，謂下列之人員：

（一）曾在國內外專科以上學校之理工醫農法商或其他學科畢業者。

（二）對於科學有專門著作或發明者。

（三）曾受機械電氣土木化學等工程醫業救護駕駛或其他特殊技術之訓練者。

（四）曾任前款技術工作一年以上者。

（五）修習第三款技術有豐富之經驗者。

第二條　專門人員應向行政院指定之機關爲下列各款之登記：

（一）姓名年齡性別籍貫及居住所。

（二）學歷及經驗。

（三）現有職務者之職務。

（四）願担任有關抗戰之工作。

第三條　非常時期專門人員之總調查，由行政院令地方政府限期辦理；關於僑居國外人員之調查，令使領館負責辦理。

第四條　行政院或軍事最高機關，按抗戰工作之需要，命令專門人員分別担任工作。

第五條　專門人員有團體之組織者，政府得命令各該團體，協助辦理指定之事項。

第六條　專門人員担任指定工作，著有功績者，應分別予以獎勵。

第七條 奉命担任指定工作之專門人員，應給予旅費及生活費用前項人員原有職務者，應保留其原職，得支原薪。

第八條 經指定担任工作之專門人員，非具有正當理由呈請原指定機關核准，不得免除工作。

第九條 本條例施行細則，由行政院定之。

第十條 本條例由公佈日施行。

〔八〕非常時期專門人員服務條例施行細則

（二十八年二月二十日行政院公布）

第一條 本細則依非常時期專門人員服務條例，第九條之規定訂定之。

第二條 專門人員之登記，由左列機關辦理之：

（一）中央 中央建教合作委員會。

（二）各省及各直轄市 建教合作委員會（省市建教會未成立者由該省市政府於建設教育兩廳或社會局各機關中指定辦理之）

（三）各市縣： 市政府、縣政府。

（四）國外： 使領館。

第三條 專門人員之登記，除照依非常時期專門人員服務條例，第十二條規定各款，填具表格（附表一）三份外，並須粘貼本人二寸半身相片，暨呈驗學歷及經歷各項證明文件。前項證明文件，經核驗後，即行發還。

第四條 專門人員登記後，登記機關須造具名册，連同登記表二份，逕呈行政院。前項名册，各登記機關須於登記表收到後一個月呈送。

第五條 非常時期專門人員之總調查，由第二條所列登記機關辦理之（附表二）。總調查完畢後，應造具名册（附册式），逕呈行政院。各調查機關自奉令之日起，至遲須於三個月內辦理完畢。

第六條 行政院或軍事最高機關，命令各專門人員担任工作時；應於接到命令後，於限期內前往指定地點工作。

第七條 專門人員有團體組織者，於奉到政府命令，協助辦理指定之事項後，應即遵辦；其所需經費，得呈請政府給予補助。

第八條 專門人員或團體，担任工作，著有功績者，分別予以左列之獎勵：

（一）明令嘉獎，

（二）頒給奬狀，

（三）給予奬章。

第九條 奉命担任指定工作之專門人員，由令派機關給予旅費，並按其資歷及工作性質，給予相當生活費；其原有職務者，並保留其原職，得支原薪，不另給生活費。

第十條 經指定担任工作之專門人員，非具有左列情形之一，呈經原指定機關核准者，不得免除工作：

（一）身罹疾病或體力衰弱，不堪工作，經指定之醫生檢驗證明屬實者。

（二）指定之工作非其專長者。

第十一條 凡服務於公務機關，及有關國防生產事業之專門人員，經原機關或其主管機關認爲不能離其原職者，得免予調任指定之工作。

第十二條 本細則自公布日施行。

編 輯 之 言

瑔

照原定計劃，本刊第二期的中心問題是「金」與「煤」。黃金與黑煤並列，表示兩者在抗戰建國的過程中，有同樣的重要。黃金的有價值，盡人皆知；黑煤在產業上的價值，實亦不亞於黃金。在外國，煤有「黑金剛石」之稱，實是一個絕好的比擬。關於這兩個問題的論文，收到的很多，原擬併爲一期的，因爲印刷關係，結果還是分成兩期了。

關於「金」的論文中：胡博淵先生的「關於我國後方各省金鑛之建議」，是胡先生在抗戰以後，實際調查之結果；李鳴龢先生是經濟部鑛業司司長，他的「西南、西北各省之採金事業」一文給讀者一個鳥瞰的論述；關於金鑛採冶技術問題，有經濟部鑛冶研究所李丙璧先生的「金鑛開採及選冶之研究」一文，惜以篇幅關係，圖文略有刪減；西康是後方重要產金區域，我們有西康建設廳廳長葉秀峯先生的「西康之金」一文，概括的說明西康採金事業的方向；高行健先生以前主編過「科學世界」，他的科學文字散見各處刊物，現在協助本刊編輯，特撰「金與鍊釋」一文，以生動筆調，論述一個專門的問題，使讀者格外增加對於「金」的興趣。

從這期起，我們添了「工程文摘」一欄。我們感覺到抗戰期中，國外的雜誌書籍固難讀到，即國內的專門雜誌書籍，也不易得隨意閱覽的機會。得不到新的文化食糧，我們很難跟着飛速進步的工程前進。因此想利用各機關及各大學的圖書，特別希望地區優越的各大學，有教授指導三四級的工程學員，就新到雜誌書籍中，擇要摘譯，刊登本刊。在各校工程學員，既可以增進專門學識，練習譯述作品；在工程界的讀者，亦以可藉此而得些新的文化滋補品。我們登出這辦法後，頗得各方贊同，所以就從這期起開始（詳見「工程文摘」欄徵稿辦法）！

這次文摘內，大半還是關於金的文字。銀樓出賣的金飾，後面常有「十足赤金」的字樣，本期的稿件，也可比照加上這符號。

抗戰需要「金」，建國也需要「金」，我們希望本期金的文字，打動了社會上採金、淘金的熱忱。

我們感謝經濟部部長翁文灝先生，爲本刊題詞，勗勉我們工程師。

軍事委員會政治部部長陳誠先生，教育部部長陳立夫先生，皆曾出席本會工業分會之會員大會，並各有講演。「工程師與軍事」及「工程師與抗戰建國」兩文，是兩位陳先生演詞的摘要。照原定計劃，本刊擬加短評一欄，刊登策勵工程師的文字，這期就以兩位陳先生的演詞摘要代短評。

本會原刊行「工程」季刊，後改爲雙月刊，此次出版之工程月刊，方式雖不同，而仍繼續負担以前刊物之使命，爲維持刊物的聯續性，所以從本期起，卷數及期數均有更改。

因爲重慶印刷的不方便，加以數次轟炸，本期出版一再延緩，編輯仝人深覺抱歉。而目下情勢，一時無法改善。以後的本刊，是否能准期出版，實在很難斷言，這一點要請讀者原諒的！

工程月刊

編輯者：中國工程師學會工程月刊社
發行處：中國工程師學會工程月刊社
重慶上陝西街十號
零售：本期特售四角
預定：全年十二冊　國內三元五角
香港四元
國外四元五角

工程

第十三卷　第一期

目錄

中國工程師學會工程雜誌社發行
中華民國二十八年六月出版

渝鑫鋼鐵廠

熔煉

合金鋼　鉻鋼　鉻鎳鋼　炭素鋼　高錳鋼　錳鋼

鑄製

合金鐵　韌性鐵　耐火鐵　強性鐵　耐酸鐵　鋼性鐵

設備

炒鐵部　冶鐵部　燃料部　電焊部　電力部　冷作部　紅爐部　機器部　模型部　翻鑄部　合金部　製釘部　拉絲部　軋鋼部　鍊鋼部

出品

鉚釘　螺絲釘　元釘　洋元　扁鋼　竹節鋼　圓鋼　方鋼

承造

礦材料　機器路　廠各種　實業工　起重機　抽水機　磚瓦機　捲烟機　麵粉機　製革機　橋樑　鍋爐　輪船

工　　　程

編輯委員會

顧毓琇　（主編）

胡博淵　盧毓駿　歐陽崙

陳章　吳承洛　馮簡

第十三卷　第一期

目錄

重要啓事

查本會發行之『工程』，原爲雙月刊，二十六年秋，業已出至第十二卷第四期，抗戰發生，爲適應當時需要，始以戰時特刊名義，改出月刊。茲爲顧及本會出版物系統計，自即期（第十三卷第一期）起，仍恢復雙月刊，前出之月刊第一卷第一、二兩期，分別改合工程第十二卷五、六期，謹此公告，至希注意爲荷

中國工程師學會工程雜誌社啓二十八年六月

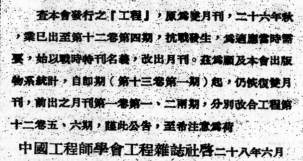

本刊第十三卷第二三期合刊要目預告

現已付印不日出版

1 土壓力之估計與擁壁設計 黃文熙

2 發展川省小電廠芻議 胡叔潛 蔡家鯉

3 整個構造鐵橋之設計及其用途 朱志龢

4 改革我國公路路面建築法之建議 陳本端

5 德國最新式無舵淺水急流狹道船原理及圖說 沈宜甲

6 工程文摘五篇

7 消息彙誌七篇

川產鉎鐵之檢討

謝家騆

目次

(一) 川產砂岩之成分與特性

川省土法煉鐵，其煉爐與作業情形，各地大同小異，其煉爐尤與歐美十八世紀初葉相似，1802 年 James 與 Daniel Heaton二氏在美 Ohio 附近所建造之煉鐵爐，亦以砂岩砌成，（與目下川省煉爐同）。耐火磚雖已於1685年輸入美國，因價格太昂，當時並未採用，而砂岩又甚易檢取，故煉鉄爐仍用之。自 1820 年至 1865 年，耐火磚工業進展甚速，而煉鉄爐之採用耐火磚，仍在 1840 年左右。目下川地各土爐擬以國產火磚代替砂岩，究在各種情形之下是否適宜，作者不敢加以肯定之判斷。現將川產砂岩之成分性質等簡述於後：

砂岩含有 (1) Albite-$NaAlSiO_8$; (2) Chalcedony-SiO_2; (3) Quartz-SiO_2; (4) Orthoclase-$KAlSi_3O_8$; (5) Pyrites-FeS; (6) Limonite-$2Fe_2O_3.3H_2O$; (7) Ankerite-含有 $CaCO_3$, $MgCO_3$ 與 $FeCO_3$; (8) Chlorite-$H_8(MgFe)_5Al_2(SiO_6)_3$; (9) Epidote-$Ca_2(AlOH)(AlFe_2)(CiO_4)_3$; (10) Kaolinite-$H_4Al_2Si_2O_9$; (11) Microcline-$KAlSi_3O_8$; (12) Muscorite-$H_2KAl_3(SiO_4)_3$; 等。其化學成分如下：

氧化矽	85.30%
三氧化二鐵	0.1%
氧化鋁	11.74%
一氧化鐵	0.7%
氧化鈣	0.4%
氧化鎂	0.27%
氧化鉀	0.54%
氧化鈉	0.31%
炭與有機物	0.01%
水	0.2%
二氧化鈦	0.49%
硫	0.01%

氧化矽在冶金上言爲一酸，其與氧化鋁組成之 Eutèctic 於含百分之五氧化鋁時（見圖一）加熱至高温度，首先 Alpha 石英轉變爲 Beta 石英，然後再變爲 Crystobalite。再變爲Tridymite, 或仍爲 Crystobalite, 視温度情

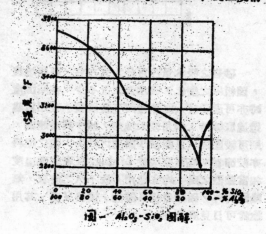

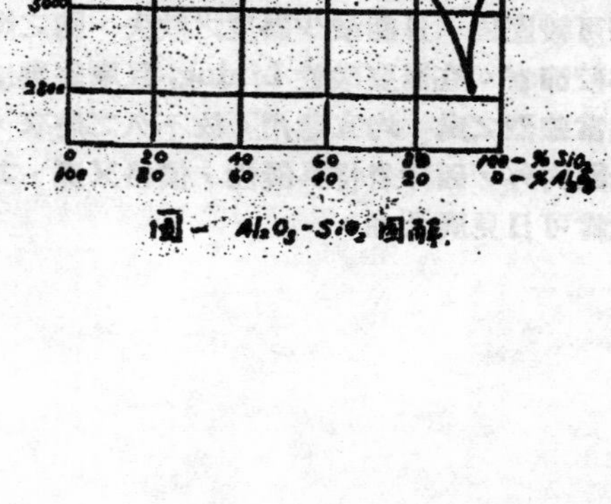

圖一 Al_2O_3-SiO_2 圖解.

形而異，因 Tridymite 之穩定期在華氏1598至2678度， Crystobarite 之穩定期在華氏2678度至熔點（3142度）。

矽岩有其特性，倘加熱及冷却與一般耐火磚相同，則其壽命極短，反之，倘冷熱得宜，則壽命極長，且不 Spalling; 其加熱後伸張情形如圖二。

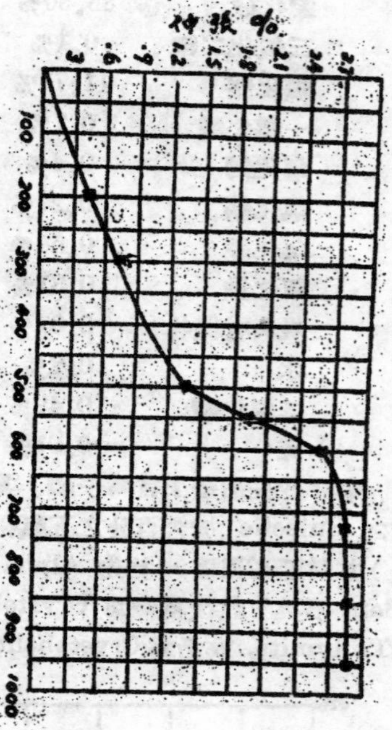

圖二 矽岩加熱後伸張情形

砂岩之吸水量在百分之九左右，經烘燒後，因組織之變化，吸水量減低不少。在高溫度時亦可忍受較大之壓力而不致破裂，在用以建造爐底等時，倘用較大塊形，減少其接連處，則可較堅固，且能減少熱度之散失，隨之燃料亦較節省。在需要酸性 Lining, 且摩擦與溫度相當強烈之處，均宜應用。故不久之將來，無論國內外，因矽岩特具優性，價格又廉，其用途當可日見廣泛也。

（二）鍊鐵之物理及化學條件

關於土法煉鐵，國外頗多歷史記述。（註一）內中多項問題，目下觀之，殊極怪誕，如認爲採用含鐵較富之礦砂，較普通採用之劣礦所產之鐵爲次，但倘若加以相當量與成分之 Flux, 再重行設計方形煉爐，採用高狹之 Shaft, 則鐵質又可精煉轉佳。此種高狹之Shaft, 使鐵砂在到達爐底 (Hearth) 以前，在 Reduction-zone 已完全將礦還原也，即現代煉鐵爐之設計，亦根據此理。

遠在 1800 年，對於煉鐵爐鼓風中之水氣影響鐵質之情形已有所研討（註二），皆認爲夏季所產之鐵質較次。至於大氣情形，如風之方向等等，亦能影響鐵之量質（註三），雖無確切記錄，但其認爲含水氣之風影響鐵質，確係事實，現今仍認爲然也。風中之水氣進入爐內需熱量以 Dissociation, 同時乾燥之冷氣較熱濕空氣之比重爲大，故進入爐內養氣量較多；皆指示在暑熱天氣且含有多量水氣鼓入爐內，使煉爐急冷。（註四，五）空氣中之水氣量，時刻不同，其爲害更大。空氣中含氮甚多，故鼓入爐內與炭接觸生成 CN。雖炭與氮在高熱時，CN 之生成極微，但有接觸劑時則其作用極強，未還原之氧化鐵卽爲一極佳之接觸劑。（註六，七）是故倘未還原之氧化鐵在 Tuyere zone時，則鐵中之氮量增加極多。CN, 之生成需要多量之熱，故又減低煉爐之溫度。未還原之氧化鐵及其他氧化物對於鐵中矽量之影響，雖無一定之規律，但氧化物愈多，矽量則愈少。鼓風之速度及風量，不能使未還原之氧化鐵到達 Tuyere zone, 否則使鐵中之氧化增加（註八，九）與 CN 之生成。其速度風量倘較燃料之燃燒爲速，則爐溫勢將降低。停積之鼓風爲害更大，爐內礦料等之移動，往常極慢，但不正常之移動，極易致成 Scaffolding或Slipping, 因此又將未還原之礦砂帶入爐底，增加鐵中之

8426

氧化物。鼓風不平均之分佈，亦有同樣現象發生。

至於鑄鐵溫度（煉鐵爐溫度）與鑄鐵（高錳鹼性鐵）化學成分之關係如圖三，四與五。由此可見溫度愈高，硫質愈低，矽質愈高，化合炭愈少。

他如硫與矽成分之關係如圖六。化合炭與硫之關係如圖七。化合炭與矽之關係如圖八。由此可見矽量增加，硫量與化合炭量皆減少。硫量增加則化合炭量亦增加(註八，十)。

礦料等在爐內之物理情形，深爲重要，賴於礦料等之大小及分佈，且礦砂，燃料與石灰

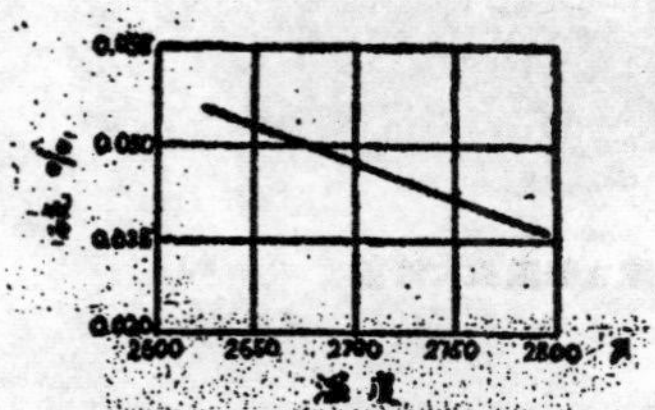

圖三. 鑄鐵溫度与硫量之關係

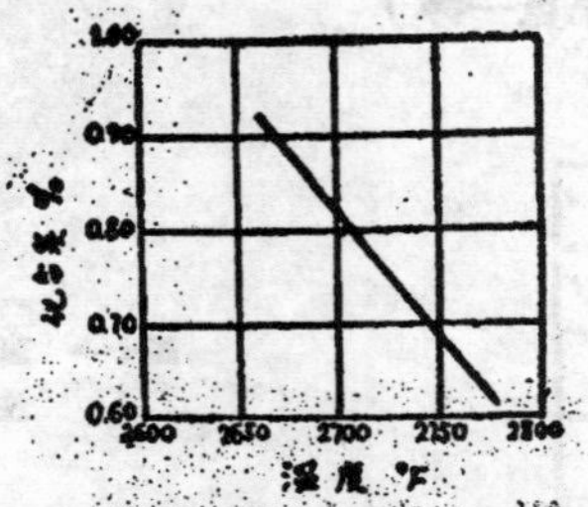

圖四. 鑄鐵溫度与化合炭量之關係

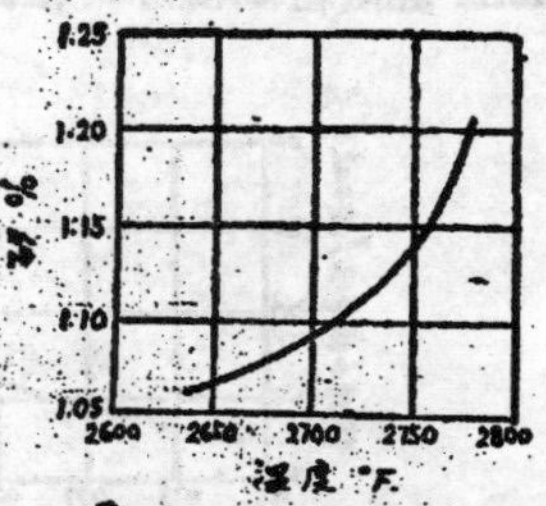

圖五. 鑄鐵溫度与矽量之關係

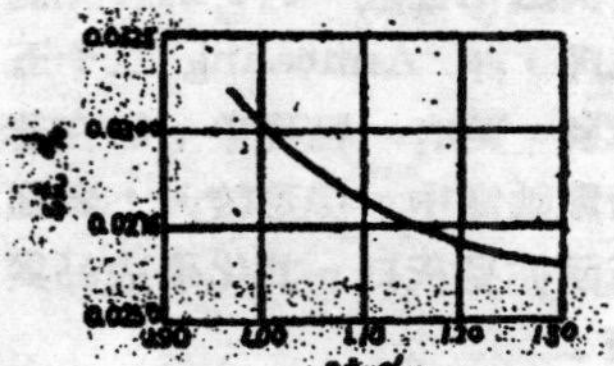
圖六 鑄鐵中硫与矽成分之關係

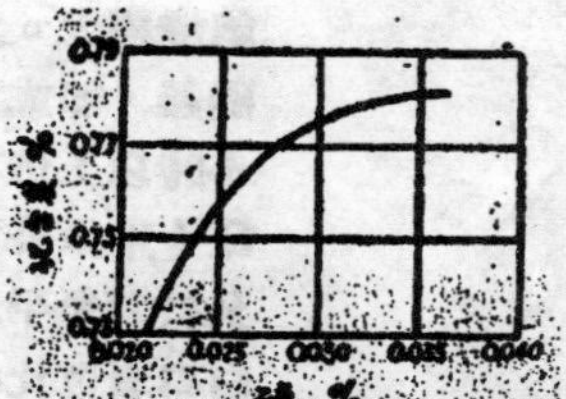
圖七 鑄鐵中化合炭与硫成分之關係

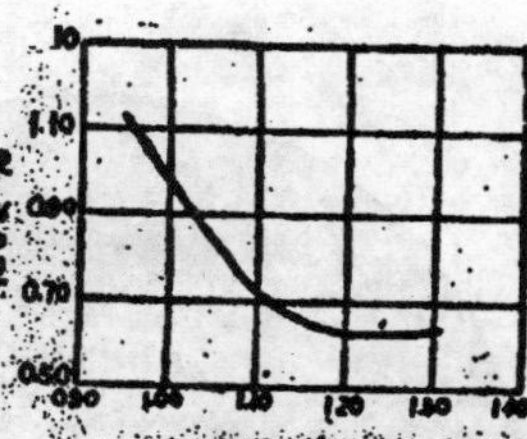
圖八 鑄鐵中化合炭与矽成分之關係

石等之物理性質，亦有莫大之關係，現不贅述。惟對於石灰石問題，因川省土爐煉鐵大都不加，故略述於下：石灰石之加入，其主要目的在去硫。大部硫質來自燃料，其作用以方程式表之如下：

$$S+O_2=SO_2$$
$$3Fe+SO_2=FeS+2FeO$$
$$10FeO+SO_2=FeS+3FeO4$$
$$FeS+CaO+CaS+FeO$$

但此作用係 Reversible, 去硫之程度如何，賴於鐵渣之 Basicity。如圖九，但未還原之鐵礦，石灰與鐵液接觸，能去鐵中之矽，其作用如下：

$$2Fe_2O_3+Si+CaO \rightarrow SiO_2\cdot 4FeO\cdot CaO$$

去硫之礦渣，對於爐牆之損壞力甚強，且若昌江等之高錳鑄鐵，在再度熔化時，大部硫質(MnS)浮於表面，極易去除。倘在必要時，再行去硫，亦無不可。

8427

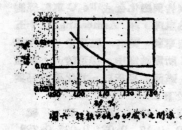

（三）川產鉎鐵之種類及其問題

目下川省各地所產鉎鐵，大概可分爲二類：其一如蜀江，成賢等地所產者。其另一如威遠綦江等地所產者。兩者之化學成分，在各種刊物中已屢見不鮮，其顯微組織前者如圖十，後者如圖十一。前者之組織與近代所謂 High tensile 鉎鐵組織相同。惟因出品未見一律，

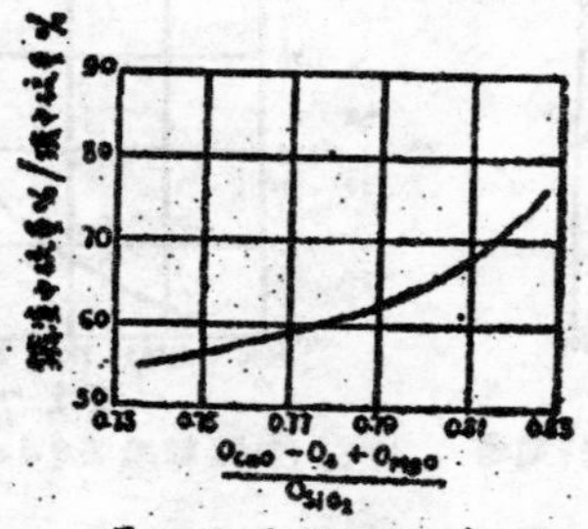

圖九　去硫程度與鐵渣之關係

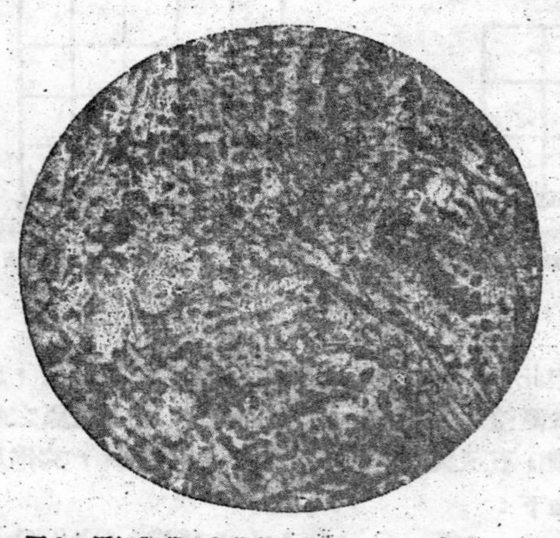

圖十　蜀江鉎鐵之組織放大倍數　100
浸蝕劑　4%Nital

有時鐵質較硬，此並不與普通白口鐵相同，其組織爲 Martensitic, 車製殊難，但若加以處理

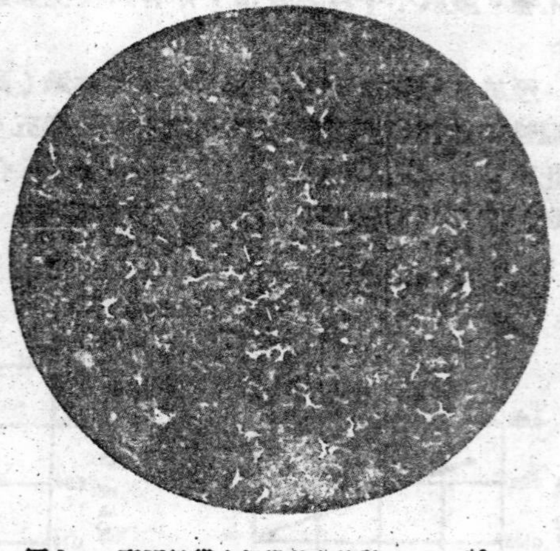

圖十一　東原鉎鐵之組織放大倍數　20
浸蝕劑　2%Nital

則亦毫無問題。其所以生成此種組織，其原因甚多。(一)含錳過高，(二)冷却過速，(三)矽炭硫等之影響。反觀綦江威遠等地所產者，其組織極大。炭素皆與鐵化合成 Fe_3C 車製絕對困難，即或加熱處理，非 Annealing 二十五小時以上仍不能車製。更有一種現象，即在綦江（東原公司）所產鉎鐵中，塊形較大，表面又較爲光平者，斷面亦呈灰口。其化學成品與白口者可比較於下：

斷面情形	炭	矽	錳	硫	磷
灰口	3.50	0.17	0.034	0.037	0.723
白口	2.97	0.64	0.064	0.11	0.80

由此可知，鉎鐵之所以灰口白口，煉爐作業情形，至爲重要！

以普通鉎鐵而論，車製之難易，全視其組織而定，其組織又隨化學成分（包括氣體，非金屬 Inclusions ）等，冷却之快慢，熱處理等等，而有不同。理論上，鉎鐵在平常室內溫度，最安定之組織爲 Ferritè 與石墨炭，但普通鉎鐵皆爲不安定狀態(註十一)。在Hypereutectic 鉎鐵中，最先排出之 Cementite 最不安定，

在開始凝固至 Eutectic 温度即分解而生成石墨炭（Graphite 或 Kish）。此種石墨炭有 Seeding 作用，能加速 Ledeburite 之分解。石墨化之速度賴於 Nucleus 之多少與炭素Migratory之速度(註十二)。Nucleus之多少操制於銑鐵在石墨化温度時之Interface. Interface之多少，則賴於銑鐵組織之大小（冷却之快慢），含有氣體量之多寡，他種組織之存在否與精煉時之情形(註十三)過冷之白口銑鐵，含有較多之 Interface, 石墨化之進行甚速，炭素Migratorg 之速度賴於化學成分。如錳硫之類，減低其速度，矽等則增加速度。銑鐵中含有氮氣在百分之〇·〇〇二以上，其阻止石墨化之程度，亦甚明顯(註十四)矽，炭，鑄件大小冷却快慢，對於銑鐵白口灰口之關係，可見 Maurer 與 Maurer-Holtzhausen 圖表。(註十五)同樣之矽量，炭素愈高，愈近灰口。同樣大小之鑄件，矽量愈高，大者愈近灰口。同樣之矽炭量，鑄件愈大，冷却較慢，愈近灰口。若將川產白口銑鐵熔化，在凝固温度至Eutectic 温度保持一小時二十分鐘，然後每小時冷却十度，亦可得灰口。反之，將六河溝頭號銑鐵冷却甚速，亦呈白口。石墨炭之大小與分佈情形，皆可由不同之冷却程度而得，同時，由熱處理之不同，可得 Martensitic, Troostitic, Troosto-Sorbitic, Sorbitic, Pearlitic等組織，且亦能表面硬化。(註十六)

綜觀上述，製煉作業影響於鐵質之情形至為複雜。川產二類銑鐵，無論灰口白口，其所以不能車製，並不全由於化學成分。且若加以熱處理，灰口可變為白口。惟白口變為灰口，在熔化後澆鑄時設法，事實上諸多困難，若加以熱處理，費時過多，極不經濟。

(四) 採用土產銑鐵之需要及其方法

改良土爐，建造小型煉鐵爐，此種口號已高唱逾年，迄今各方（達十餘處）雖積極進行中，皆尚未出鐵，有以用火磚代替砂岩者，有以擬用熱風者。但事實上是否適合（國產耐火材料之性質，土爐構造，設備添置之設計與製造等等）尚不敢下斷語，如綦江改良式煉爐（熱風）之出品，亦未見勝於蜀江所產者。

故目下鐵荒之救濟，除盼望積極趕速建造新式鍊鐵爐，與增設土法煉爐並設法改進，（求量之增加外）并須對於各廠用鐵，予以統制，力求採用土產銑鐵。其一，以適用（鑄件所需之物理性質等等）與鑄件為灰口，即能車製為原則（遇必要時，為車製較易計，徐徐燒至華氏1400——1500度使之軟化），在可能範圍內鑲入白口銑鐵，同時對於翻鑄工作更宜設法改進。其二，鑲入白口銑鐵，鑄件為白口，不能車製，需經過熱處理者。對於此項問題，經數次試驗，略將結果簡述於下：

材料：(1)六河溝頭號銑鐵　40%
綦江東原公司銑鐵　60%
(2)蜀江灰口銑鐵　80%
蜀江東原公司銑鐵　20%

在熔鐵爐中熔化後之化學成分如下：

	炭 %	矽 %	錳 %	硫 %	磷 %
(1)	2·81	1·37	0·1	0·02	0·12
(2)	6·67	1·1	0·7	0·02	0·1

第二項之硫因量過高，曾加 Soda ash 以去硫，關於去硫試驗報告，在後當再行發表。其熱處理之步驟如下：將鑄件圍以河沙，以免養化，放入電爐徐燒至華氏 1300 度（±20度），在此温度保持二小時，然後每小時冷却100度，到華氏 1370 度取出。其物理性質如下：

	破斷界 磅/平方寸	勃氏硬度
(1)	69820	181
(2)	74250	190

其顯微組織，無極硬之 Cementite,而為圓

形之石墨灰（如韌鐵 Malleable iron 中之石墨炭同），其 Matvix 爲 Pearlitic 組織。其三，在不得已時，加入 Fesi，對於加入之方法，損失等試驗，現正積極試驗中，無論損失多寡，因 Fesi 國內尚不能製造，力求避免採用爲是。作者才疏學淺，略抒淺見而已，深盼國內外冶金人士予以指正！再關於金圖方面試驗甚多，因印刷困難，僅列入二幅，倘對於此項問題深感興趣者，更盼指教。

註一 Papers on Iron Steel; David Mushet. 1840

註二 Joseph Dowson, on the effect of Air and Moisture on Blast furnaces, June 11, 1800

註三 The Iron Manufacture of Great Britain; W,Truran, 1865.

註四 Economy iu Fuel, Prideaux, 1853.

註五 James Gayley, The application of Dry Air Blast to the manufacture of Iron, Jourual of Iron & Steel Institute, 66, 274-322, 1904.

註六 H. Braune, The formation of cyanides in the Blast Furnace Process, Stahl u. Eisen, 45,581-582, 1925.

註七 R. Frouchot, the Theory of the Blast Furnace, Year Book, Amer. Iron g Steel Inst. 1927,pp. 135-164.

註八 C. H. Herty g J. M. Goines, Unreduced Oxides in Pig iron & Their Elimination in the Basic Open Hearth Furnace, Trans. A. I. M. E. 84, 179-196. 1929.

註九 T. L. Joseph, Oxides in Basic Pig Iron & in Basic Open Hearth Steel, Trans. A. I. M. E., 125, 204-205, 1937,

註十 Karl Daeves, Frequency investigation as applied to the Analysis of Pig Iron, Stahl u. Eisen, 51, 202-204, 1931.

註十一 Graphitization & inclusions in Gray iron. J. W. Bolton, Trans. Amer. Foundrymen's Assoc. 8, No.6. (1937)

註十二 The Conversion of Solid Cementite into Iron and Graphite. H. A. Schwartz. J. Iron Steel Inst. Advance copy No 14. (1938)

註十三 The Primary Structure of Cast Iron and its Relation to the Action of Foreign Particles as Crystal Nucle. E. Diepschalg Giesserei, vol. 24, Aug. 27. 1937

註十四 The Formation of Flaky Graphite in Cast Irons. Kakunosuke Miyashito. Tetsu-to-Hogane 23 (1937)

註十五 Symposium on Cast Iron. A, S. T. M. & A. F. A., 1933.

註十六 Hardening gray pig Iron. F. E. Elge, Swed. 90963. Dec. 7, 1937.

四川之煤礦業

二十七年本會臨時大會論文之一

孫越崎

目　次

(一)引言

四川省煤田生成時期有二：一為中生代侏羅紀之香溪煤系，二為古生代二疊紀之樂平煤系。

二疊紀煤田，所含煤層較厚，通常約在一公尺以上，有時且達五公尺。本紀煤層，分佈在南者：如古藺、長甯、桐梓、南川、彭水、涪陵一帶，均有露頭；在北者：如安縣，廣元亦有露頭。惟西則僅有侏羅紀之岩層露出，二疊紀尙未發現也。二疊紀煤系之在東部者：如嘉陵江之江北，璧山間，華鎣山脈一帶，均有露頭。嘉陵江二疊紀煤層之厚度及儲量，均較其他各地為優！

侏羅紀煤系，在灌縣、彭縣、雅安、犍為、屏山、宜賓、綦江、涪陵、雲陽、廣元以及嘉陵，三峽、永川、隆昌、榮昌、威遠、榮縣等地，皆有露頭。侏羅紀煤田之分佈，較二疊紀為廣，幾遍全省；惜其煤層較薄，難施以大量開採之計劃！

四川煤田，分佈雖廣，但大多數因交通不便，運輸困難，所產煤斤，僅限當地居民爨炊之用；銷場既微，產量雖多，殊不足道！查煤礦本為一種重工業，必須與其他工業互相聯繫，以應需要；否則僻在邊遠，礦藏雖美，亦無價值。玆就交通便利，距離工業市場較近之煤礦，分為川東、川中、川西三區，敍述如後：

(1)川東區煤礦業，以重慶市場為中心；凡嘉陵江流域，綦江流域及永川縣境各煤田皆屬之。

(2)川中區煤礦業，以自流井、貢井、及內江糖業等市場為中心；凡隆昌、榮昌、威遠及榮縣等處之煤田皆屬之。

(3)川西區煤礦業，以樂山、宜賓、瀘州及敍昆鐵路等市場為中心；凡犍為、屏山一帶煤田皆屬之。

(二)川西區

川西區煤田，位於岷江大渡河間，犍、屏縣境之石磷，黃丹一帶，縱橫約百里，含煤層，分為上下兩部，中間隔以厚約二三百公尺之砂岩。兩部各含煤五層，可採者上下各二層：

在上部者：(a)三層炭，(b)雙層炭，皆可煉焦；

在下部者：(a)上皮炭，(b)異雙層炭，不能煉焦。

最厚者為異雙層，俗亦稱黃丹層，厚者約〇，五〇至〇，七五公尺，在四川各地侏羅紀煤層中，以此層為較有大規模開採之價值；煤田構造呈不完全之穹窿形，愈近穹窿形之中央，煤層距地表亦愈近；故現有小窰，均集中於中部；其側翼則尙少開採，煤層完整。現全區各礦，年產約二十萬噸；運輸路線：南經馬邊河，北經沫溪河，以達岷江，分運各地。目前市場，雖限於五通橋，宜賓及瀘州等處，但將來敍昆鐵路通車，嘉定、宜賓新工業區成立後，所需燃料，決非現有各小礦所能供給！

經濟部在馬邊河北岸之馬廟溪，黃丹一帶，及沫溪河南岸之石磷一帶，本劃有國營礦區各一區；該部爲謀嘉定、宜賓新興工業區燃料供給起見，於本年一月間，令資源委員會積極籌開上述國營礦區，並由中福煤礦公司，民生公司及美豐銀行等參加，合資一百二十萬元，組織嘉陽礦公司，負責辦理；利用中福煤礦公司由河南遷川之機器及技術人員，在馬廟溪附近，作有計劃的開採：擬開直井數口，其在芭蕉溝之直井兩口，已鑿深至二十餘公尺，預計四月間可達巽雙層煤層，六月間正式採煤，排水絞煤均用機器，並建築輕便鐵路十餘里：自礦井達馬邊河岸之馬廟溪，以爲運煤之用；大約六七月間，可以完成；預定第一期每日產量五百噸，第二期每日產量一千噸，將來當爲川西區唯一之大煤礦。

（三）川中區

川中區煤田，以自流井市場爲中心，可分爲東西兩部：東部以隆昌、榮昌爲一區，其中以隆昌石燕公司設備較爲完備，每日產量約八十至九十噸；西部以威遠，榮縣爲一區，其中以威遠天保公司，設備較佳。兩部煤田，距自貢鹽場及內江糖場均尙不遠，惜無適當水道可資利用；故運費不免稍昂，以致煤礦業不能發展。本區各處煤田，均屬侏羅紀，煤質尙佳，惟煤層不厚，更因開採年久，煤層多已殘破；惟本區東部煤田，將來成渝鐵路通車後，運輸便利，尙有相當發展之機會。

（四）川東區

川東區煤礦業，無論在儲量、交通、市場現在產量及將來希望各方面而論，均較川中、川西爲優。蓋重慶本爲川省工業中心，居水陸交通要道，平時每年銷煤已達四十餘萬噸；抗戰以來，國都遷此，不惟人口增加，即滬漢工廠內移者亦甚多，故用煤當遠超此數之上，此爲本區市場之概況。至運輸方面，則北有嘉陵江，南有綦江及長江，木船終年均可通航，而嘉陵江及綦江流域，煤田分佈甚廣，煤質亦厚，煤質亦佳，皆在川中川西兩區之上。

嘉陵江白江北縣獅子口起，至合川縣止，約一百里間，沿江煤礦，不下二十處；然每日產量在一百噸以上者，不過兩處：一爲江北縣之白廟子，又一爲璧山縣之夏溪口。白廟子有天府煤礦之專用鐵路，自白廟子至大田坎，長十七公里；沿該鐵路有天府煤礦，三才生煤礦及新華煤礦等，每日平均產量共約五百五十噸。夏溪口有寶源煤礦之運河，長約五公里，寶源及燧川兩礦之煤，均經該運河運出，每日平均產量共約三百噸以上。兩處計佔嘉陵江全部產量百分之六十以上。因其關係重大，故稱白廟子一帶煤礦爲鐵路系統之煤礦，均屬二疊紀煤；稱夏溪口一帶煤礦爲運河系統之煤礦，均屬侏羅紀煤。

天府煤礦於民國二十七年五月，由舊天府煤礦公司與北川鐵路公司合併，再加入焦作中福煤礦機器材料，作股合併而成，共計資本一百五十萬元。后峯岩礦廠新工程，自二十七年五六月間，中福煤礦機器運到後，積極布置，先後裝置就緒者，計有發電機兩座，共電力一千一百啓羅瓦特；所有井內絞煤、排水、通風、鑿石，均用電力，並用以篩煤、洗煤，以便煉焦，供給化煉鋼鐵之用。天府煤礦在川東區各煤礦中，無論設備交通及產量，均首屈一指。

綦江流域有南桐、東林等煤礦，均為二疊紀煤田。南桐煤礦係係資源委員會與兵工署合辦經營南川、桐梓一帶之國營礦區。亦用機器開採，正在積極設備中；並由經濟部導淮委員會疏濬綦江水道，以利煤運。

永川煤礦距重慶雖不甚遠，惟因不通水路，故難運銷重慶。該處煤田，目下尚無經營之價值；將來成渝鐵路通車後，永川之煤，必到重慶，與嘉陵江、綦江之煤，在重慶市上鼎足而三，可預卜也！

(五) 結論

綜上所述，四川煤礦業以川東區為最盛，前途亦最有希望；次之則為川西區；最末為川中區，以礦藏與交通，皆難為大量之發展也。在川東區中，以嘉陵江流域為最盛，而以天府煤礦為巨擘。茲將川東、川中、川西三區，民國二十七年之產量，開列於後，以共參考：

(1)川西區：	
年產共計	一八〇，〇〇〇噸
(2)川中區：	
年產共計	一七五，〇〇〇噸
(甲)隆昌榮昌區	九〇，〇〇〇噸
(乙)威遠榮縣區	八五，〇〇〇噸
(3)川東區：	
年產共計	五二五，〇〇〇噸
(甲)嘉陵江流域	四六〇，〇〇〇噸
(乙)綦江流域	一五，〇〇〇噸
	(以運出為準)
(丙)永川各礦	五〇，〇〇〇噸
以上三區，年產煤共約	八八〇，〇〇〇噸

四川煤焦供給問題

朱玉崙

目 次

(一) 煤田分佈及儲量

據經濟部地質調查所之估計，四川，雲南、貴州、廣西四省煤之儲藏量共計一三、三五〇、〇〇〇、〇〇〇噸，四川一省儲量爲九、八七四、〇〇〇、〇〇〇噸，實佔西南總儲量百分之七十以上。以全國每年銷量三千萬噸計，足供四百年之用；故卽全數工廠內遷，燃料之供給，最近期間，當可不成問題。但川煤地質構造及性質有其天然之缺點，影響於生產及用途者甚大。就地質時代論，川煤可分二疊及侏羅二紀：

二疊紀煤層較厚，通常在一公尺以上，儲量約計四．五五兆噸，沿四川盆地之周圍，除西部外，均有露頭可尋；惟煤層較厚，施工簡易，且交通便利者當推嘉陵江及綦江二區，在嘉陵江者，尤以北川鐵路一帶爲最佳。煤田北起吊耳崖，南亙白廟子江岸，長約二十二公里。煤層分內七連及外七連，北部較薄，南部較厚，計自二三公尺至四五公尺不等。儲量估計約在一萬八千萬噸以上。其餘如合川下游之鹽井溪，及重慶東北之白市驛，均有二疊紀燧石石灰岩之存在，衡以北川鐵路石灰岩與煤系之關係，可知其下必有二疊紀煤層，儲量亦極豐富。位在綦江流域之煤田，跨南川、桐梓二縣，可分爲萬盛場、桃子蕩、南川、金佛山、老鷹岩、及羊碰六區，而以萬盛場及桃子蕩爲最有價值。萬盛場煤田長約七公里，煤層有二，總厚約二公尺，儲量約一千萬噸。桃子蕩煤田長約十公里，可採之煤層有三，總厚爲二、六公尺，儲量約二千萬噸。兩區之煤均可藉蒲河，綦江以通長江各埠，交通尚稱便利。

侏羅紀煤層分佈極廣，儲量與二疊紀相當，地位自亦重要。惟煤層太薄，厚不過五六分、施工困難，成本過高、以言大量生產，殊非易易，但以川省各地均有其綜跡，小規模開採，以供當地之需要，可省運輸之費。就地理分佈言、主要二疊紀煤田可分上、中、下、江左、江右五區。在長江上游者、爲彭灌煤田；在長江中游者、包括犍、屏、宜、威、富、榮、各縣煤田；在江之下游者、爲涪陵、萬縣煤田；在江之左者，爲嘉陵江煤田；在江之右者，爲綦江煤田。五區之中：以煤層厚度論，中區之黃丹煤田及威遠煤田爲第一；以位置及交通情形言，嘉陵江煤田較佳。茲根據譚錫疇李春昱兩君之調查將各區煤田儲量表列於後：

8434

區域	縣別	礦田	侏羅紀		二疊紀	
			儲量(兆噸)	煤層厚度(公尺)	儲量(兆噸)	煤層厚度(公尺)
上區	彭縣	綿竹至横水河	123	1.0		
	灌彭	——	45	.5		
	成都	——	94	.5		
		合計	262			
中區	犍為	黃丹犍西	176	1.0		
	威遠榮縣	——	521	.5—1.0		
	富順	自流井	41	.5		
	宜賓	——	24	.5		
	富順	背斜層	9	.5		
	高川	青山嶺	76	.5		
	瀘縣		75	.5		
		合計	922			
下區	涪陵		199	.5	885	1.5
	忠州		624	.5		
		合計	823		885	
左區	合川永川		178	.5		
	合川	璧井淡			184	4.5
	合川	溫泉峽	144	.5		
	永川	馬坊橫				
	巴縣	米風嶺 走馬岡	41			
	江北	觀音峽	96	.5	911	4.0
	巴縣	白市驛				
	巴縣	唐家沱	573	.5	1,561	2.0
	江北	龍王洞	223	.5		
	江北	木洞子	255	.5	407	2.0
	鄰水至合川	三匯場	29	.5	146	2.5
		合計	1,539		3,159	
右區	南川	鄭都山			666	1.0
		金佛山			36	1.4
		合計			702	

（二）煤礦生產及運銷

四川、雲南、貴州、廣西四省，每年煤炭產量，雖尚無確實數字可稽，但據最近各方調查，約略估計，當不下二百六七十萬噸；產於四川者，年以百五十萬噸計，約當全數百分之六十。川省在過去工業落後，煤炭尚可自給，近因工廠內遷，人口密集，及川鹽需要增加之故，煤炭市場已供不應求，將來成渝，敍昆兩路完成，附帶事業，勢必大量繼續發展，煤炭需要亦必與日俱增，故增加產量，實爲目前首要之圖。關於增產方法，經濟部礦冶研究所出版之礦冶半月刊上曾有數文發表，惟多側重於技術；最近各方增加煤產之論文甚多，就中尤以四川地質調查所李春昱先生之「四川煤礦問題」一文敍述最詳，但又側重於區域之分配。茲根據最近各方調查，參照各家意見，仍就上、中、下、及江左、江右五區，分別說明各礦產銷運輸情形於下：

(1)上游彭灌區　本區產係羅紀煤，每年產額約六萬噸；除供當地需用外，大部運銷成都。此區銷量，以現情估計，當不至大量增加，市廠需求專賴土窰，或可不成問題。

(2)中游犍屏宜威富榮區　本區夾於泯江、沱江之間，產係羅紀煤，每年產額約四十五萬噸；主要銷路為犍樂富榮三鹽場。近因鹽產增加，燃料頓感恐慌；又況宜賓、瀘州及自貢一帶，交通便利，物產豐富，最宜輕重工業之建設，將來敍昆路完成，沿線各地燃料之供給，亦必仰賴於此；故此區產量，勢須大量增加。最近鹽務當局與威遠縣政府在威遠之黃荊溝建立煤廠，並成立鹽業燃料統制處，在犍為及川東一帶，購運煤炭，以供富榮鹽場之用，其供不應求之情形，亦可窺見一般。據查由三峽至自貢市每噸運費為十五元，價值奇昂，影響於工業前途者至大；經濟部有鑒及此，現正在與中福公司合作積極開發黃丹煤田，並整理隆昌煤鑛以資救濟，惟煤層太薄，每日增加一千五百噸之產量，實非一二礦廠短期間內所易辦到；故一面仍須獎勵土窰生產也。復查本區交通便利之煤田，煤層上部，多已採掘一空，以言增加生產，排水鑿煤，勢須藉重機器一也。煤層太薄，施工困難，每一出煤坑口，其最經濟之產量，最多每日當不過百噸；倘多開坑口，則區域延長，運費過高；故產量之增加，更有待於運輸方法之改進二也。凡此種種，一方有賴政府之指導，一方尤待各煤礦自身之合作，於煤礦繁盛之區，集資購機築路，以利運輸，庶產量得以逐漸增加也。

(3)下游涪陵萬縣區　本區產銷尚可自給，自涪陵至巫山，沿江一帶，年產約四十萬噸，大部供煑鹽熬糖及輪船之用。

(4)江左嘉陵江區　嘉陵江兩岸，為四川產煤最盛區域；以重慶為主要銷場。嘉陵江中水運便利，朝發夕至，故各廠鮮有多量存煤；日常產量，亦隨銷場之暢滯而有增減。自抗戰以來，渝市人口逐增，工廠遷渝者亦日多，而川西及長江下游各地煤產之供給，亦多仰賴於此；於是沿江各礦，均設法增產，數月之內，每日產量自一千噸增至一千五百噸；其中半數以上產自侏羅紀。主要煤礦，自上而下，計有裕蜀、寶源、燧川、二岩、全記、及江合等公司。就中以寶源設備稍佳，增產較易；江合煤質較優，宜於煉焦。最近各礦仍繼續努力擴展，一年之後，每日增量當可增加四五百噸。近因市價增漲，沿江一帶，新開土窰甚多；然多係投機性質，資力有限，於煤業前途，無關重要。二疊紀煤產於北川鐵路沿線，現由天府、三才生、新華、及中興、四礦從事開採，抗戰以[illegible]日產量已由四五百噸增至六七百噸。天府公司自經與中福合作，機器動力設備漸臻完善，預計本年內日產可增至千噸。三才生、新華及中興各廠亦均在積極擴展工程，且煤層完好，施工較易，如經營得法，本年內三廠總產量不難增至五六百噸。全區各礦統計，在最近兩三年內，年產增至百萬噸，當無困難，如需要仍行增加，則白市驛煤田亦可及早開發，每日千噸之產量亦非難事。故本區

8436

煤產誠屬抗戰期間，四川燃料供給之淵源。

(5)江右綦江區　此區包括綦江、南川及貴州之桐梓，大部份二疊紀煤，現由東林公司各小礦開採，年產約六七萬噸；多煉成焦炭，運銷重慶。近爲增加產量，以供重工業之需要，已由政府設鑛經營，預計一二年內，每日產量亦可增至七八百噸；而東林公司等亦正在設法擴充工程，故本區內每日一千噸之產量，可無問題。惟灘多洸激，運輸問題須及早設法耳。

（三）增加產量之我見

關於四川煤田分佈及煤業情形，已於前節述其梗概，根據此種情形，計劃增加川煤產量，不能不注意下列各種條件。

(1)關於產銷區域者　依交通情形及工業狀況，現時及將來川煤之銷場重心，當在重慶及犍、樂、富、榮、宜、瀘二區。重慶周圍百里之內，合川、涪陵、江津之間，爲工廠密集之區，三五年內煤估需要有增至百五十萬噸之可能，即每日銷量約爲四千噸，爲供給此項需要，根據上述情形，則嘉陵江區每日產量須增至二千五百噸，而綦江區須增至一千五百噸。犍、樂、富、榮爲西南鹽產之源淵，抗戰期中，後方鹽食仰賴於此，煎鹽用煤勢必大量增加；且本區交通便利，物產豐富，輕重工業，形見發達；敍昆路完成後，沿路燃料亦將仰賴於此，三五年內本區煤炭須要有增至百萬噸之可能，即每日三千噸；依據上述情形，則本區產量應增至三千噸。故計劃生產者，應特別注意開發此二區之煤礦；其他各區在目前倘可自給，將來如有特種需要，再謀隨時解決之道可耳。

(2)關於煤層及煤質者　侏羅紀煤分佈雖廣，但煤層太薄，施工困難，短期內不易大量生產，故爲救濟目前需要，應集中力量，開發二疊紀煤田：在江左者爲觀音峽及白市驛煤田，在江右者爲南桐煤田。惟二疊紀煤灰硫太高，多不合煉冶金焦之選，是焦炭之供給，尚有賴侏羅紀之補充雖爲之黃丹，石磧，磨子場，嘉陵江之龍王洞，及永川之西山煤田，其尤著者也。

(3)關於採礦工程者　沿江一帶及山嶺高處，煤藏採掘漸罄，此後採煤，賴在山嶺內部及地平面以下者，一言增加生產，抽水，繫煤勢須藉重機器一也。侏羅紀煤層生成淺薄，傾斜雖各不同，而開採方式類皆就露頭近處，於山坡中鑿平巷以採取之，如按煤之生成情形作充量之採取，則平巷位置，似宜就地勢情形，位於山脚之最下部；巷內運輸，則利用煤之自重，佐以煤斗滑車等，於平巷中敷設路軌，以人力推送；平巷位置既低，巷洞之數目因以加多，工作面增長，產量自可增加。如欲大量生產，則惟有延山麓中多穿山洞，其間隔以人力搬運經濟距離爲度。平巷外部各廠，間則以其他運輸設備以連繫之。現時各礦平巷位置去露頭過近，採掘面無由增長，且巷道皆設單軌，坡度既不一致，而木軌之阻力復強，拖車者滯留於道路上之時間過久，產量即能增加，而運輸亦成問題二也。二疊紀煤爲西南燃料供給之淵源，儲量有限而需要無窮，北川鐵路一帶，煤層陡立，傾角五十餘度，而大連炭又復過厚，支撑維艱，故開採時多將頂底二層遺棄地下，實屬可惜。且遺煤塌陷後，粉化生熱，時行自燃，影響於礦產生命者甚大，此尤應設法改進者三也。

(4)關於運輸者　徒講生產而不講運輸，則生產等於無用，北川鐵路機車缺乏，而白廟子一隅，因地形限制，堆存裝卸，極感困難，現時最高運輸量八百噸，已不易應付，將來沿線各礦增產若至千五六百噸，必受運輸限制，此應及早設法改良者一。南桐產煤有賴蒲河，綦江以通長江，惟灘流激，急得疏濬者二。犍、榮、威遠、隆昌及嘉陵兩岸之侏羅紀煤田，礦廠星聚，惟多疆地自限，利益偶有衝突，礦界稍有交錯，則累年涉訟，爭執不休，因而停頓，巷道塌陷，遂行倒閉者有之，又以運輸困難，人力担挑，費用很昂，爲量亦微，欲增加產額，又待協力合作，集資築路，以利運輸，並求成本之減低者三。

（5）關於礦工者　四川各地到處礦工缺乏，效率亦低，其影響於產量者至鉅，揆其原因約有數端。年來礦業蕭條，各廠皆事縮減，工人之失業者遂相率他去，另求出路者一也。抗戰以後，川省各項建設事業積極進展，工人之需要增加二也。川省鴉片流毒甚深，而礦工生活又極艱苦，人皆視爲畏途，裹足不前三也。川省煤礦十九皆係土窰，排水通風鮮有注意改善者，兼以工資低廉，環境惡劣，工作效率自難求其太高四也。

以上諸端，有須政府之指導統制者，有待各礦本身之合作者，亦有賴工程人員之努力改進者，果能通力合作，兼籌並顧，使產運銷得以平衡發展，不至有過剩與不及之虞，則不獨川省煤礦事業能於抗戰期間奠定基礎，即西南各項輕重工業之建設亦夙賴之！

我國測繪事業的檢討

二十七年臨時大會論文之一

曾世英

目次

(一) 引言

抗戰必勝，建國必成，這兩句標語，我們應該坦白的承認。在抗戰開始時期，不能引起國際的注意。但經我們　最高領袖苦心孤詣的引導，到了今日愈打愈強，我們已可很驕傲的使國際友人至少對於第一句標語，自然而然的由懷疑而信服。以同樣的理由，我們可以推測國際友人對於第二句標語的信服，一定也是當然的結果。不過建國工作如要求事半功倍，筆者以爲我人都應在此抗戰時期，緊作建國準備，先就以往工作，坦白的自已檢討一下，有過則改，無過加勉。筆者對於測繪工作，雖曾有過二十年的接觸，畢竟所知無多，并且像這樣一個題目，很有引起誤會的可能；但想到天下興亡匹夫有責的古訓，也就大膽的試作此種檢討。

(二) 以前的差誤

地圖的功用不僅是各種建設設計的張本，亦是軍事策劃的根據，無容再來引經據典的說明。

測繪地圖事業在國內雖已有四十餘年的歷史，數百千人的工作，及數千萬元的金錢，所得的成積，好的固然不少，不滿人意的亦很多，因此社會上對於這樣重要的事業，無不束手無策，不僅從事經濟建設的人員，每逢談到地圖緐眉蹙額，即以從事軍事計劃的將校，亦莫不對了地圖無所適從，至於像我們常常在野外走路的人，多少受過地圖的誑騙，每有圖上兩地間的距離，明明祗有數十里的，但由天明走到天黑，還是前不接村，後不接巷，亦有查得百餘里的路程，祇走半天，就在目前。其中因果，工作者的不盡忠實，固然是重大原因，但社會對於測繪科學，未曾透徹了解，籌劃設施的時候，也不能不說沒有相當的影響。

(三) 現在的疵弊

近年來很多人把測量看作淺易的科學，同時各方面都想迅速完成地圖，所以以六個月或一年的時間，訓練速成學生來供應，筆者以爲成積不能美滿的責任，實在不應單由這樣訓練出來的學生担負，而應由策劃者分任的：因爲我們知道測量學生應習的各種測量學科，不僅是儀器的應用，還應包括儀器的原理；不僅是填表格式的加減乘除，還應深知數學公式推演原諉，所以除各種測量學科以外，其他如數學，物理、地形、地質、水文、氣象等科，論理是無有不在必修的範圍以內，比較其他專科學生所習的並不輕易。數學無人會說牠淺易的，測量學生所習的數學，地圖投影所應用的數學，當然也不見得淺易；光學無人會說牠淺易的，測量學生應習的光學，攝影測量儀器應用的光學，當然也不見得淺易：地形學無人會說牠

8439

淺易的，測量學應讀的地形學，野外測量時應具識別地形的智識，當然也不見得淺易。所以測量學生應有的智識，並不較淺或較易於其他專科學生應有的智識，其他專科學生要在學校裏讀書四年，測量學生祇讀書六個月或一年，對於上述的各種科學，恐怕大門都未曾走到，更不用說登堂入室。西諺說一知半解，危險甚大(Little knowledge is dangerous)，工作的結果，難免失之毫厘差以千里了。

譬如說地圖與軍事的關係，新式大炮的射程，超過目力的範圍，所以射擊時祇有依地圖作根據。但國內通行的五萬分一地形圖，迄今仍舊沿用平面坐標（Plane Coordinates），由下表知道區域稍大，這種坐標，就不適用。

平面坐標差誤表	
由測量起點的距離（以公里計）	差誤率
30	1:100,000
40	50,000
64	20,000
90	10,000
128	5,000
300	500
400	250

現在以中等面積的省分湖南來說，假如測量的起點，在省區的中央邵陽附近，則由起點到邊界的地方，相距在三百公里以上，就是該地的差誤約當五百分之一。如測量的起點在長沙，則相距在四百公里以上，就是差誤，約當二百五十分之一。這種差誤固然不能算小，但因差誤的發展有一定的規則，所以如有精密測讀的需要，祇要知道測量起點所在，及測線分佈形勢還可由一定公式換算。

我們知道平面坐標地圖上的縱坐標，除經過起點的外，並不是到處代表地上的眞南北方向，因地上的眞南北方向與地球的徑線相符合，徑線因輻合的關係，愈近兩極距離愈小，並不平行。但現在通行的五萬分一圖上的東西線，一般讀者俱認爲是南北線，而圖幅是長方的，規定東西四十六公分南北三十六公分（如東西的邊線並不是南北線，這節討論就完全是廢話，但圖上却從未見過說明），這樣一來，問題就發生了。現在仍舊以湖南省來說：假定以北緯二十六度到三十度，及東經一百零九度半到一百十四度爲範圍，則東西應分作二十行，南北應分作二十四列，即共應有圖四百八十幅；如果把這四百八十幅地圖無論原大或縮小的拼合起來，則由幾何學上最簡單的原理，仍舊是一個東西以四十六公分，南北以三十六公分爲倍數的長方形。換句話說：東西及南北的邊線是平行的。再換句話說：圖上的南北線是平行的。但我們都道地圖上的南北線即是地球上的徑線，徑線是並不平行的。現在北緯二十六度及三十度緯線上的徑距各爲四度半，四度半的徑距在緯度二十六度上爲四五〇、五公里，在三十度上爲四三四、二公里，兩者相差一六、三公里。故如圖邊眞是南北線，則圖上的東西距離，如以最南的界限爲標準，最北的界限上就有這樣大的差誤。或者可以說：在最北的界限上的比例尺度，已不是五萬分之一，而成爲四萬八千一百分之一。如以南北的中心爲標準，則在南北界限上，還有一半大的差誤，而其代數符號却相反，即一正一負。也就是在最北的果限上的比例尺度，爲四萬九千分之一，在最南的界限上的比例尺度爲五萬一千分之一。這樣的工作還不是失之毫厘差以千里麽？

以六個月或一年的短促時間來作測量的教學，就是僅教儀器的應用及填表格式的加減乘除，恐怕也不易把應有的科目樣樣學到，因此有的學校不得不分門別類。分三角爲一班，地形爲一班，製圖爲一班，航測爲一班等。筆者以爲這是一個很不妥當的方法，現在且舉一個例子來說明：醫科的學生照近年的習慣，要在學校讀書六年，到醫院實習一年，纔能行醫，但也並不是沒有僅僅讀過兩年的函授，就懸壺應診的；至於舊式的接生婆，根本不知什麼叫病理，什麼叫生理，如要給她們辯護，真可說四千年來我們的祖宗，那一個不是由她們接生的，也不見得人種絕滅，然而以科學的目光看來總是不合理，總是使人不能放心的。從事測繪者如果於測繪學科以外的基本科學智識，沒有相當的了解，正如醫科學生的未習心理、化學、物理等科者，診斷處方時，總不易得心應手。因此有的地圖上，我們常常看到一個很明顯的缺點，就是地形的狀態，不能活躍的表現出來；這不能不令人想到工作者學力的不足。如 Escarpment 的崚峋，及 Back Slope 的平易的差別，在有的圖上是看不出來的。如果拿一張翻印俄國人測繪的黑龍江圖，同一張我國自己測繪的地圖（附圖因不便縮小製版，不克刊出。——編者註）對照一看，就可以看到在一張圖上等高線的距離，應稀的地方稀，應密的地方密，在另一張圖上則等高線的內隔，幾乎到處相同。又等高線的形狀，也是一則由地形的變化，有緩曲急折的分別，峭壁與土坡完全不同；一則石林區域（Karst Region）的壁立山峯，與風化區域的層疊梯田，同樣以圓圓疏疏的等高線，畫得像饅頭一樣。記得某測量家說過：舊式人工的地形測量，祇有儀器所在的測站，同標尺所在的測點是實測的，其餘地形都是自由的繪畫；因此圖上地形的準確程度，倚賴兩個條件：一是實測的點多，一是得心而應手，這是由於熟悉地形構成的原理，並且多看他人所測精確的地圖，一見某種地形，卽知屬於某種構造，應當怎樣繪法。正如美術家的寫生畫一隻撲食的餓虎，必知其筋骨的連絡，纔能把健美的肌肉表示出來；所以傑出的美術家，於考究運用丹青以外，還應研究動物的生理。測繪地圖者如不知地形構成的原理，難免吃力不討好，卽圖上地形狀態的不能活躍表現，有時固由工作者工作時未盡忠實，但工作者僅知測繪，未習地形，亦是一個重要原因。至於以六個月或一年測量教學，測量學科倘且學習不完，那有工夫再教其他學科呢？若對於測量學科，還是祇學這樣，不學那樣；則我們有時在圖上所見到螺旋形的等高線，上坡的河流，或曲折不合規則的徑緯線，又怎能望其絕跡呢？

把測量科學看淺易，不期然而然的存心害政，固是以往測繪成績未能盡滿人意的一個原因。但把牠認爲科學萬能，像鄉間的老農，「看到望遠鏡總是認爲千里眼，卽使不能照千里，至少也可以穿山越嶺照好幾百里」這樣的心理，也足自誤誤人。一般人對於攝影測量（在此附帶聲明：攝影測量這個名詞是否應用得妥當，還待討論，但所指的包括現在國內通稱爲航空測量的一部工作。這項工作固然要用飛機，但主要部份還在攝影，正如我們在沙漠內測量時，前進固然需要駱駝，工作還賴徑緯儀、平板儀、或其他儀器。我們祇能稱所做的工作爲徑緯儀平板儀測量，而不能稱牠爲駱駝測量），就有這種誤解，聽到洋行的推銷員一篇天花亂墜的宣傳，就把人家最優美的結果，當作我們常規的成績，等到錢花了，圖繪了，纔發現差誤超過規定條文，已經木已成舟無法挽回。現在且將民國十六年春全國經濟委員會特請的航測特約顧問荷蘭施慕豪（Prof. w. Schermorhorn）對於中國採用航空測量報告中，關於土地測量的一節抄錄於後：

「此項地圖係由一萬分一航測照片放大至一千分一而成。按原規定，面積差誤不得超過4％實則遠逾此限，以著者所知，荷蘭測量局曾用最昂貴精密之儀器，繪製大比尺航測照片，其界線之平均差誤爲 0.06 mm（照片上直接量數）；今假定應用陸地測量總局所用方法所得之差誤爲 0.07mm，據著者估計、約超過兩倍。則實地照長差誤已達一公尺，今卽以此值計算各項正方形之最大差誤，列表於左：

面	積	最大差誤
方公尺	畝	(%)
400	0,15	42
400	0,60	21
900	1,35	14
1,600	2,40	11
2,500	3,75	8
3,600	5,40	7
4,900	7,35	6
6,400	9,60	5
8,100	12,15	5
10,000	15,00	4
40,000	60,00	2
160,000	244,00	1
360,000	540,00	1
640,000	960,00	½
1,000,000	1,500,00	½

如爲矩形而非正方形，則最大差誤尙應增大。據著者經驗，則雖以最精密之陸地測量，其最大差誤終不能少於右表所列數值之四分之一。

「如地籍測量圖，以地面之天然形勢爲其界限，則雖有優美之照片，其所得結果尙不能與正方形者媲美。又任何技術人員，苟目覩製圖時之草率情形，恐無不認爲上述一公尺差誤之假定，猶嫌其過小。至邱陵起伏之地，以地面距離飛機之高度各處不合，致比尺各異，因此發生之另一種重大差誤，亦須計入。如地面之高程差爲二百公尺，則以現用方法所得之面積，其差誤應增加22%。故此項土地測量圖，需費雖廉至不可靠，苟將方法改良，則以同等費用，尙可得較爲精密之圖。是以現用之製圖方法應即放棄，其他各省勿再襲用」。

不論田畝邱段的大小，攏統的以百分之四的精度來作土地測量的規範，固然是不科學化的。不問當地的一般情形，遽以人家的宣傳成績，認爲所得的通常結果，已有百分之二十以上的差誤可能，而尙自以爲差誤不及百分之四，豈是科學本身的過失？但以往有好幾處不加思索的採用了，或者今後仍有有惑於不忠實的宣傳照舊盲從呢！

（四）今後的改革

以具有四十餘年歷史的事業，尙不能引起社會異切的注意，從事測繪者自身，當然亦有自我檢討之點。今姑舉數例，以概其餘：

測繪事業是一種學術工作，學理與方法都需公開的討論研究，像國內學術落後的情形，尤需向歐美先進，虛心討教，纔能發展進步。不幸以往國人的見解，以爲地圖的最大效用僅在軍事，對於測繪的地圖保守祕密，不僅老百姓不能利用，就是軍事以外的政府機關，要想參考時，亦受種種限制，不能儘量利用。更說不到把牠們來公開發表，討論學理，研究方法。因此其他各種的新興事業雖有學會成立，論文發表，測繪方面反默默無聞了。

要塞區域的地圖，當然有保守祕密的必要，就是把所有關於地形的圖件保守祕密，亦不能說絕對無理由。但對於三角測量的成績，水準測量的成績，以及地形測量的方法，天文測量的方法，攝影測量的方法等等，筆者以爲絕無保守祕密的必要，却有公開發表的價值。因爲這個山上多一個三角點，那個山上少一個三角點，發表了並不洩漏軍事祕密；一個三角點的地位，告訴人家在北緯三十九度四十二分，東徑一百十五度三十分，或是告訴人家在北緯三十九度四十二分五十秒又小數若干，東徑一百十五度三十分四十五秒又小數若干，試問兩者對於軍事祕密，有何洩漏與否的分別。一個水準標點(Bench Mark)的標高，告訴人家是八〇公尺或八四、三五七公尺，同樣的不會有一則不致洩漏軍情，一則足以曝露機密的分別。像上面所說的約數，不發表人家也可很容易的測量或推算出來，則精確的數值有何保守秘密的必要呢？反之，如果把最精確的數值發表了，把測讀、計算、校正等一貫的手續和結果發表了，不僅可以請人家來討論，求學理方法的發展進步，不致像上面所說的五萬分一地形圖，由開始到現在，經過了四十餘年，還是沿用平面坐標而尚未設法改良，並且還可以供人家應用。有一次筆者同某學術機關的人員談到地磁測量，他們感覺於地磁測量以外，還需測量經緯度及方向，這種額外工作的費時費事，如果已知三角測量的成績，就可免除。我們還記得若干年前，沿了京奉（今北寧）京漢（今平漢）等路線測過所謂一等（？）水準線，現在恐怕已不易稽考，有人要想應用時，也祇有重測一途，如果當時將成績印刷發表，則最少有庋藏於圖書館或流落在民間的孤本可以查閱。這樣的埋沒成績，其中原因固多，亦不能不歸咎於工作者對於本身所做工作的不知珍視，所以不知珍視的原因則不能不想到工作者對於測量以外的學科缺乏相當常識。他們當初或者想不到此種成績除製圖以外，尚有許多科學工作者在熱烈的盼望利用，也想不到就是測繪方面以後也有利用的機會。有一次聽說某機關的測繪程序，照例是先測導線，再測水準，再作地形剖面等工作，其中有一水準測量員於測線前進時，當然是照例的設立水準標點，備地形及剖面測量之用，但聞此外尚有一「特務」工作，即標點的剷除，因為自認所測水準的精確程度，不合規定標準，保存標點不足藏拙，不如於地形及剖面測量完畢後，早日剷除，比較得「六根清淨」。這種藏拙的心理，或者也是對於所得成績，自身並不珍視的原因。

至於方法方面的討論發表，自有必要而更無秘密。因為今日的測繪科學也像其他的科學一樣：在時間方面日新月異，在國別方面互有長短；墨守舊規和固執成法，俱不能收最大的效用。即以地形測繪而言昔日視平板測量為利器，今則以攝影測量為捷徑。攝影測量在歐美各國，因發展所取的途徑不同，雖目的俱在製圖，方法迥然各異。歐陸的注意主體觀察(Stereoscopic Examination)，美洲的先導平面製圖（Planimetric map），仍無絕對利弊之可言，因一則成績雖精，設備費昂，一則工作迅速儀器簡單。在人固以樂於採用本國所製儀器，所以對於價值昂貴的設備仍採用，對於手續複雜的方法亦不輕棄；在我則所用儀器，既需購自外洋，又何必固守一國的成法，專購一廠的出品，而不將各種方法融會貫通。以求更合國內情形，更適國內經濟。所以公開討論，取長舍短，有其必要。至今日取用的測繪方法，根本取法於「進口」學術，我們所知道的，人家早已知道，更無秘密之可言；若是定要效法江湖醫士，偶得良方，兀自傳子不傳壻的牽作生活飯碗，則學術永無進步的之日。

記得周恩來先生說過：中國人對於各種事業，都抱一種心理「祇許我做，不許你做，結果大家不做」；近年以來，測繪事業似亦有這種現象。聽說民國十幾年某省訂購某種測量儀器，道經某海關，就以軍事為辭，中途被扣留起來；在抗戰發生以前無人不在叫喊需要地圖，亦無人不在感覺缺乏好圖，不僅軍事方面如此，建設方面尤甚。並有機關因亟需地圖，亟需精確可靠的地圖，故對於價值昂貴的儀器，如蔡司的攝影測量儀器，亦願不惜重價採購應用。但周恩來先生的觀察，真是透輸，聽說就被人從中阻止。學術事業要像關卡式的爭奪壟斷，實在是科學事業不應當有的態度。

以中國土地的廣大，人才的缺乏，筆者以為周先生所說的那種哲學應當改為「你做也好，我做也好，但要做就要依照標準方法做」；省得有的區域一再重測，有的區域，迄無一圖。像江蘇的五萬分一地圖，在長江以北至少測過兩次，一是江北運河工程局測的，一是陸軍測量局測的（徐淮八屬另有一份五萬分一地圖，記得似乎又是另一機關測的），抗戰以前聽說又要測繪一份二萬五千分一（？）的，但福建全省直到今天尚無一份相當於其他各省所謂十萬分一的調查圖（參閱地質論評第三卷第一期。曾世英：陸地測量局製圖工作的檢討）。至於像西康、川北等邊遠區域，就是像福建現有由二十五萬分一地圖放大的十萬分一地圖工作，都未做過。所以筆者希望測繪方面的賢明人士，在此抗戰期間，議定一份法規，規定各種地圖應取的精度及應具的地形，等到建國時候，就可邁進的工作，不再蹈以往詳此略彼的覆轍。如規定五萬分一地圖上應有二十公尺的等高線，道路應分作幾種，怎樣的必需繪畫，怎樣的可以省略，獨立標誌如大墳小廟、叢林獨樹、河灘急流等等，怎樣取舍，怎樣表示；屆時再由政府明令規定，所有測繪，不測則已，要測就需遵照法規，祇可更詳，不許較略，不致像現在的測繪地籍圖者，等高線不繪，山地留出空白，測繪水利圖者，不注意道路；測繪地質圖者，根本無需表示樹木的分佈，等到需要比較完備的地形圖時，已有的地籍圖就難利用。就是已有較好的水利圖或地質圖的區域，亦需補測道路森林等地形，所費人力財力俱較初測時同時測繪所增者為多；同時主張：「祇許我做，不許你做」者，亦可不致再有藉口，對國家事業，對學術前途，應有莫大的供獻吧！

三角測量，水準測量的精度，可由數字考核，雖分途工作，不難集中審查。地形測量的精度考核，國內尚無一定規則，即在歐美，偶遇一地數圖，或此圖與彼圖需要判別優劣的，亦多辯論紛紜，各是其是。近自美國測繪事業商業化以後，政府對於承測者不得不規定細則，以憑去取，其中斷面考核規則，似乎值得我們的取法。他們於地圖測繪完成以後，另作測線，測定該線所經的地勢高下，村落河流道路的位置等，繪一斷面圖；再由圖上相同地位測度等高線的高下，村落河流道路的所在，另繪一斷面圖，兩相比較以定去取。例如二萬四千分一地圖上規定明顯標誌的平面位置，差誤大於五十分一英寸者，不得超過全數百分之五；四十英尺的等高線，差誤大於等高距之半者，不得超過全數百分之十，超過限度，即被摒棄。此種考核方法，比較人工的審查，即於地圖完成後派一審查員持圖到野外實地比較，固可免除人情作用，即較之以前某省土地測量的審查，聽說每幅圖上僅擇田畝四邱在野外校核，如幸而符合，就認為全圖合格，如不幸差異，僅就此四邱地形改正了事；兩者間的科學精神，真有不可同日而語之感。希望測繪方面的賢明人士，對於類此問題，一併加以考慮。

工作要有興趣，不應當作義務。但筆者以為在野外測量，或在室內計算，室內繪圖，因為十年或二十年的繼續工作，而使人感覺厭倦，這不能怪人沒有恆心。尤其是天賦特厚的人才，硬要他把工作看作義務，而不許他自己有點興趣，怎能使人不發生厭棄塞責的心理。筆者有幾次同地質方面的朋友閒談，他們大都關心地形測量的朋友，恐他們常年的做同樣工作會感覺乏味；但這不是無法補救的。就從地質方面來做一個比喻：許多學習古生物的朋友，終年拿了幾塊化石，幾塊骨頭，同古生物參考書籍埋頭對照，用以鑑定屬種，他們對於古生物是否感覺乏味？我們都知道他們不但不乏味，而且感覺興味。但假如他們的責任僅是替各個地質調查者鑑定帶回來的化石，而自身不對某種化石作一個有統系的，或是有特趣的研究，情形就要不同了。因為前者容易使人對於工作當作義務，前者却能使人對於工作發生興趣。從事測繪者如果定要叫他們機械式的測繪地圖，日長月久，自然會使人把工作當做義務，但如於機械式的工作以外，出幾個研究的題目，就各人的性情所近，使他們隨時注意，筆者

8444

以爲也會興緻勃發的。美國地質調查所從他們多年測量的地圖中，曾經挑出二十五張及一百張作一套，並附加說明，表示各種標準的地形，供給學生的參考；丁文江先生在北大教書時，曾想利用本國的材料，作同樣的工作以教學生，不幸國內的材料不夠，終於擱置起來。所以我們測量地形時，附近如遇到代表的地形，不妨加工畫得考究一點，在橫的方面與他人集合，在縱的方面以時間繼續，彙成圖集，發表出來，則不僅可以教地理或地質的學生，使他們知道各種地形的分別，還可使測量的學生知道各種地形的畫法，這種工作如果做得好，準可公私受益，値得使學過測量的人，不辭辛苦去幹。免得像一般地圖上的山形，總是像饅頭，或是像廣西的地圖上，遇到石山，總以樹葉形狀的記號表示，既不知山的高低，復難辨山的形狀。蔡司公司所製的簡易立體製圖儀(Mutiplex Projector)，據說是別人做不了的就是當初義國人去倣造，還是買了蔡司的普通照相透鏡裝上對付，但去年春天請中央研究院物理研究所的儀器工場仿造時，經過他們的努力，三四個月以後，就將號稱別人做不了的透鏡及聚光鏡做好。立體製圖儀既可仿造，他種儀器豈不能同樣仿造。但物理研究所的人員是物理專家，不一定是測量好手，測量方面的人才如能同他們聯絡，互相交換意見，安知不能由仿造而改良，由改良而發明。所以如有對於這種工作性情相近的，正可拿實地的經驗，來補學理的不足，如蔡司的折光經緯儀是輕巧精確，首屈一指；但在嚴寒地帶，轉動易感不靈。又見某雜誌發表（憶是英國皇家地理學會會誌），當其由較溫篷帳移放寒冷野外時，鏡內濕氣驟然凝聚，無法揩除，二三日後始可應用。儀器的改良製造如果成功，於國家得自給，於私人增聲譽，則機械式的測繪工作，也不會完全興趣索然了。至於當今攝影測量的權威 Von Gruebor 到了現在有了空閒，還去坐在立體製圖儀上畫地圖，從畫圖中想出儀器改良的方法，尤足指示從機械式的工作中還可得到進步。大地測量的計算，照印就的格式，一項一項的填寫死算，當然是工作的一種方法，但專講一定不易的原理的算學教科書，各個作者尙有各樣寫法，何况變化無窮的測量計算，當然儘有改良餘地，如能把所得的方法寫出來，同大家討論給大家閱讀，也是增加興趣的方法。以上所舉僅示概例，祇要有科學方面的興趣，測繪工作不難由死的變作活的，由義務式的被動工作轉到有興趣的自動工作。

近年英庚款考送留學生時，加設測量名額，及同濟的添設測量專科，都表示社會目光對於測繪科學已漸重視，希望測繪者自身也拿點真的法寶給人看。

（五）結　論

在軍佔萊因區域以前，德國的練軍受凡爾賽條約限制，但他們以體育訓練爲名叫國人背上沙包每天爬山。等到機會來到，沙包換軍裝，爬山變行軍。以國內現在的情形，大規模的測繪事業，當然無法進行，但抗戰勝利後，從事建國時，測繪是必不可少的工作，事先不努力，就要臨時抱佛脚，筆者希望測繪方面的賢明人士，對於此篇自我的檢討，加以善意的考慮。

視察銅梁土法煉鐵事業報告

黨 剛

目 次

(一) 鐵鑛

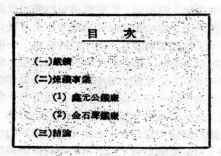

銅梁縣境東西兩山，煤鐵分佈甚廣，鐵鑛位於煤層之上，同屬侏羅紀，產煤處殆均產鐵；惟均成層太薄，煤層鮮有逾三十公分(Cm.)者（舊縣場之裕蜀公司除外）。鐵鑛係菱鉄鑛，通常厚度不逾十餘公分；縣屬之寶觀堂、柏材溝、水溝、大瓜市等地（均屬東山），出產較旺，鑛石呈青灰色，氧化後變黃；據四川地質調查所分析結果如下：

鑛名	鉄（%）	矽氧	磷	硫
菱鉄鑛	二九，八八	八，七〇	〇，一三六	痕跡

(二) 煉鐵事業

銅梁縣境以內，計有煉鉄廠四家，分設於虎峯鎮之湯峽口，復興場之栗子溝，安溪場之鳴鶴溝，及顯梁場之大壩口（據稱大壩口廠現已停鍊），悉以土法冶鐵；但以冶鉄均用木炭，常感林柴不足，致時作時休，鐵業未能發達。此次因時間關係，參觀僅兩廠，但各廠冶鐵方法及產出質量均同，僅此似可以窺銅梁鐵業之全豹矣！玆分陳二廠概況如下：

(1) 鑫元公鐵廠：

（甲）位置及交通　鑫元公冶鉄爐，設於虎峯鎮之湯峽口左近，湯峽口北距銅梁縣城五十里，東距重慶百五十里，扼遂璧（遂寧、璧山）公路之孔道，距小安溪河，不過里許，水運可達合川，交通運輸，相當方便。

（乙）組織系統　該廠創辦於民二十五年十月，係地方士紳王介愚等集資經營，當時廠名大昌祥，資本四千元，旋以營業不振，於二十六年轉讓與陳淵閣等。陳等經營以來，漸有起色，增資二千元，改名鑫元公。廠方組織簡單，設內外管事各一人，辦理內外業務。

內管事之下設脚眼一人，彙眼及出納各二人，管理財務事宜。高爐（即冶鐵爐）設老客一人，比於大鐵廠之工程師，舉凡煉爐之建築，溫度之控制，煤炭之裝入，內層之襯法，鼓風之管制，金池之深淺，皆歸老客負責；下設助理及爐師各一人，負責檢查內部，修理風管、風嘴及襄助一切工作。爐師以下又設：掏鈎匠二人，管理出鐵及除渣等工作；爐頂工三人，管理鑛炭之裝入；打風工十五人，專司鼓風之責，分四班輪流工作。焙爐設烘頭一人，打烘匠共二人，專司生鑛之焙燒（Roasting）。炒爐設火師一人，柴頭二人，鉗手一人，錘工四人。

外管事之下除設管眼一人總理其成外，並設小管眼三人，辦理定煤、定柴、燒炭等工作。小管眼下僱用掌鑿師，砍山匠多名。僱夫擔運柴炭，共約四百餘人。

玆製組織系統表如下：

8446

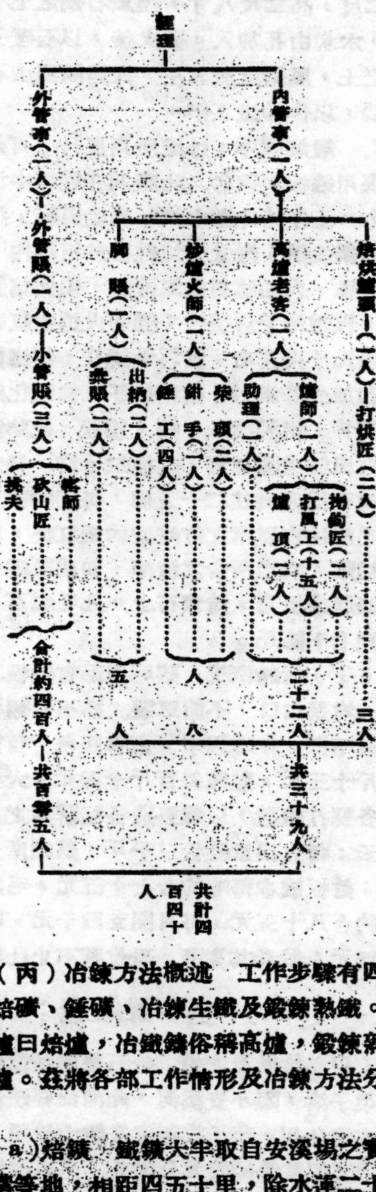

（丙）冶鍊方法概述　工作步驟有四：依次爲焙礦、錘礦、冶鍊生鐵及鍛鍊熟鐵。焙燒生鐵爐曰焙爐，冶鐵鑄俗稱高爐，鍛鍊熟鐵爐曰炒爐。玆將各部工作情形及冶鍊方法分述於後：

（a）焙鑛　鐵鑛大半取自安溪場之寶觀堂，水溝等地，相距四五十里，除水運二十餘里外，均賴人工挑運。焙燒目的在於除去水份及減少雜質；焙爐係以黃土及炒石造成高十尺，直徑八尺；爐頂無蓋，爐底如鍋形，中間設一圓孔，口徑尺許，下通灶門，爲引火通風之用。焙燒時先鋪木柴於爐底，厚約尺許，再擇大小適宜之礦塊鋪於其上，亦厚約尺許，如此繼續往上鋪柴與鋪礦，直至爐頂爲止，每爐可裝礦塊萬餘斤。裝鋪完畢後，即於底部發火，火焰上升，將各層木柴依次引燃，以焙烘各層之鐵礦。自發火二十四小時後，焙燒完畢；焙過之鐵鑛曰熱礦，由灶門掏出，錘碎後送入高爐冶鍊。

（b）錘礦　焙烘後之鐵鑛置於地面，冷却一二日後，自外而內，分別錘成大小各約二寸見方之小塊，檢取其貧礦及矸石，存儲備用。

（c）冶鍊生鐵　詳述其高爐構造與冶鍊程序如次：

1. 高爐概述：鍊鐵高爐係以砂石砌成，內圓外方，爐外底邊十四尺，頂邊六尺二寸，高二十四尺，爐腹內直徑六尺，爐底內直徑一尺二寸，爐頂內直徑二尺六寸。爐頂覆蓋石板，石板中心留有烟口，口徑六寸，礦石及木柴即由此裝入。爐裏下部（指爐腹以迄爐底）襯敷八寸厚之鹽泥一層。風嘴（Nozzle）以耐火砂石砌成。鼓風以木製風箱爲之，賴人力抽動鼓風入爐。出鐵口亦以耐火砂石砌成，高寬均爲五寸，口外有沙坪，長寬均約五尺，用備接受熔鐵之外流。

2. 冶煉程序：高爐每年工作時間，至多八個月，普通爲六個月；蓋以爐腔非由耐火磚砌成不能經久，最大壽命不過八個月，且常有開爐後未及五個月，因木柴及礦石供給之限制而被迫停煉者。玆將各種冶鍊程序分述於下：

開爐時須經若干過程，方能入於正常冶爐工作。第一爲修理爐灶工作：此係對舊爐而言，蓋冶鍊爐均係使用半年，曝露半年，爐腔內外不免損壞，尤以金盆(指爐底盛鐵處)最易損懐，須加修理，方克應用。修理方法，係將已壞鹽泥挖去，另敷鹽泥，此種鹽泥係砂粒粘土（80%）及食鹽（20%）以水調和而成。

第二爲烘乾工作：係於爐底鋪以稻草乾柴，柴草上置木炭，以火引燃後，即將出鐵孔封閉，徐徐抽動風箱，不時加添木柴微火烘燒二三日，使爐身完全烘乾，然後開放出鐵孔，掐去灰爐，工作告畢。 第三爲裝爐工作：爐灶烘乾，并經檢視爐內完好後，乃運木炭及熟礦至爐頂，先傾木炭二竹筐（約二百斤），繼傾熟礦四小筐（約二百三十斤），如此輪流投傾，直至盛滿爲止。所用木炭爲略受煨燒之半木炭，大都係松柏雜木。每爐可裝熟鑛約八千斤，木炭約七千四百斤，預備工作於此告畢。

木炭熟鑛裝爐已畢，底部開始發火，同時鼓風以進，先緩後急，以助木炭燃燒，并助還原之作用。二十四小時後，鐵礦熔化，聚於爐底，工人預將沙坪以木耙做成長二尺半，寬一尺半，深二寸半之砂槽，再經木耙鏟平後，即可開始出鐵，以鐵棒導熔鐵及熔渣共同流出，入於砂增內；渣較鐵輕，浮於表面，隨時以木耙徐徐檢除之，留存於砂爐內者爲純鐵，冷却後即成銑板，每板約長二尺四寸、寬一尺四寸、厚二寸、重八十四斤。出鐵之時，風箱抽動必須變緩，以防熔鐵衝出太猛，出鐵工作完畢後，出鐵口以鐵渣塡塞，繼續加添木炭熟礦，每次熟礦百斤，木炭二百斤，約每五十分鐘加添一次；風箱抽動如前，工作恢復常態，如此每三小時出鐵一次，每日可出銑板三十五六片，約重三千斤左右；共需原料熟礦約九千斤柴炭約一萬二千二百斤。此正常冶煉生鐵工作之大概也。

(d)鍛鍊熟鐵 詳述其炒爐構造與鍛鍊程序如次：

1. 炒爐概述：此項鍛鍊工作，又名「炒鐵」；鍛爐又名炒鐵爐，或簡稱炒爐。炒炭之構造，可分爲二部：下部盛鐵處，俗稱石鍋，內圓外方，以耐火砂石砌成，缺口處爲門，寬九寸、高十寸爲銑板進出之處。上部盛木炭處，作圓甑形，係以二節石圈砌成，俗稱石甑，直徑二尺，高二尺八寸，覆於石鍋之上；甑頂有孔，木炭由孔加入。發火後，以石磴子覆蓋石鍋之上，風箱置於其左，火焰隨風由石甑吹至石鍋，以作炒鐵工作。

2. 鍛鍊程序：炒鐵所用原料，可全用銑板或混用銑板與礦砂。此廠則在銑板中混加少許礦砂，工作時先燃木炭，開動風箱，迫火焰，將石鍋燒熱，繼置碎塊銑板於石鍋內，此時加力鼓風，火焰猛射銑鐵透燒，俟火焰呈綠豆色時，以鐵棒予以攪拌；繼而火焰由紅轉白，約至攝氏千度左右，當再予攪拌，俟鐵散成粒狀，即加少許鑛砂（俗稱紅子，即氧化鐵），鼓風攪拌，鐵漸柔軟，轉入膠狀，此時減少風力，取出製成圓柱形，直徑二寸許，是爲毛鐵。每爐可出毛鐵柱二十五個，每個約重八斤，此種毛鐵柱在通常之打鐵爐內燒紅後，取出以人力鎚擊，擠出所含之渣滓，即成熟鐵。熟鐵打成條狀或板形，銷售市上。凡毛鐵百斤，可得熟鐵七十餘斤。

（丁）產銷概況 該廠出品有銑板，毛鐵二種，均系白口，不能車製，亦不能翻砂。往昔營業不振，今春以來，方有起色，目前銑板每百斤十三元，熟鐵每百斤十四元，大半銷於附近各縣打鐵廠，以爲製造各種器具之用。據廠方云：每日出產銑板三千斤，熟鐵產量約略相等；銑板成本每噸約合七十五元，毛鐵成本每噸約合八十五元，每月開支四千元，收入四千三百元；然考其實際，恐盈利不止此數！

（2） 金石聲鐵廠：

（甲）位置及交通 金石聲鐵廠位於復興場之菜子溝，臨小安溪河，此河如經疏濬，船運可直達合川。菜子溝距虎峯鎮十餘里；距鐵礦產地實觀堂等較鑫元公較近，是其優點。

（乙）沿革資本及組織 菜子溝設廠最早清光緒年間卽已開始冶鍊，惟時作時輟，銷路不佳，營業不振。現任經理劉少春，係民國二十五年八月間接辦者，二十六年又以木炭人工兩感缺乏，加以經濟困難而停煉，今春廠方鑒於銷場轉佳，乃從事整理，籌備開工，目前資本約為一萬一千元，分為五十五股，每股二百元，余往視察時，開爐未及二月，但營業已見起色矣。

組織與鑫元公同，惟人數略有增減：高爐、炒爐及焙爐共三十人，柴山方面一百八十餘人，分為三十棚，每棚六人，負砍伐木柴、燒炭及挑運之責。採礦工二百五十人，分為五廠，每廠五十人，負採煤及挑運之責。

（丙）鐵礦之供給　此廠之鐵煤供給，較鑫元公為方便；分五處採礦，挑運至廠，除西山轉龍鄉一廠較遠外，餘均不出二十里。茲分列五廠地址如下：

廠名	所在地	備註
謝家門洞廠	大廟九倒場	礦質較佳
竝竹溝廠	復興對岸山腳	
寶觀堂廠	安溪鄉黃荆溝山上	礦質較佳
溝洞廠	尹嘉鄉吊綠溝	
西山廠	轉龍鄉對岸山上	礦質較佳距鐵廠太遠

（丁）冶鍊方法　工作步驟及方法，與鑫元公完全相同。僅高爐、炒爐、焙爐之大小及位置稍相異。高爐爐腹直徑六尺二寸較鑫元公稍大；爐高一丈九尺較鑫元公為低；炒爐二座，其出鐵處寬八寸、高九寸，較鑫元公為窄；焙爐恰位於高爐之上，正對爐口，炭礦堆棧在其左右側，裝料較為靈便；日出鉎板三十餘擔，每擔八十四斤，約合三千斤。炒爐每具日鍛毛鐵十餘擔，二爐共鍛二十餘担。約合二千斤，炭礦、消耗量大致亦與鑫元公同。據計算：煉鉎板一噸，需木炭四噸餘，熟鐵約三噸。

（戊）產銷概況　該廠毛鐵產量，佔鉎板三分之二；鉎板日產約千斤，產品什九銷大足縣之魚口坳、龍山鎮，以及璧山、永川、合川各地之打鐵廠。本年鉎板更有一部銷重慶兵工廠，躉批售價：熟鐵每担十一元，合作每百斤十三元，（廠地售價）鉎板價目與熟鐵同，二十五年鉎板熟鐵每担售價僅為五元，足徵該廠營業情形之轉佳。

（三）結論

銅梁縣境，煤鐵分佈頗廣；同產於侏羅紀香溪煤系地層中，成層均薄，宜於土法開採。礦山產量，視各鐵廠之需要而定：民國二十六年前，生鐵無穩暢銷場，兼以冶鐵用木炭時感缺乏，故鐵業未能發展，礦山亦受其限制。本年以來，鐵業突轉，鐵價高漲，銅梁鐵廠有復興之勢；然尚有若干問題，亟待先決者：

（a）改木炭以焦炭鍊鐵　焙礦、鎔礦、炒礦均用木炭，其中大部且為松杉，每噸生鐵需木炭四噸餘，所費不貲致成本過高。且松杉生長極慢，來源易缺，未經開爐時須先行籌購，鐵廠附近之山林往往砍伐一空，求之遠地則所費過鉅；查銅梁產鐵處，大率產煤，目前小煤窰甚多，如能從事整理，並設法煉為焦炭，即以焦炭煉鐵，非獨木材缺乏問題，可以解決，即生鐵成本亦大可減低！

（b）技術低劣，亟宜設法改良　純以舊法冶鐵，耗礦多而得鐵少，木炭之靡費亦鉅。產鐵一噸，需鑛石三噸，木炭四噸，較之西法，產鐵一噸，需鑛石一、五噸至二噸（視煤別及成分而定），焦炭一至一、二噸何啻天壤。且以舊法產出者，均係白口；不能車製及翻砂；查銅梁縣菱鐵鑛品質原非過優（見前化驗結果），煤層又感過薄，際茲抗戰之時，動力機件等來源缺乏，銅梁雖不足設立大規模新式炭鐵廠之條件，然為救濟目前鐵荒，似宜就已有土爐加以改良，例如增加熱風機，蓄熱器以及改以火磚製造爐腹金池諸端，皆為當務之急。此中尤以火磚問題為最重要；蓋加強風力，增高溫度，乃變白口為灰口之因素，即以土爐而論：溫度不過攝氏千度左右，未經半載即須停爐修理，影響工作，莫此爲甚；將來增添熱風機後，溫度更高，爲使持久工作，增加生產，惟有改用火磚建爐爲是！目前耐火磚事業未臻發展，縱熱風機以及動力等項不成問題，火磚供給如無辦法，亦不能立見成效也！

(c)運輸困難 各煤山鐵廠，多半沿小安溪流域；小安溪與嘉陵江匯於合川，惜以中途灘峽過多不能利用，似宜加以疏濬，以利運輸，俾炭鑛，生鐵之運費減低，更無工人缺乏之虞！

消極防空

傑

工程師對於消極防空之設計，係一新發現之重大問題，上項設計與經驗，無論何項出版物，均爲閱者所注意。英國構造工程師學會(British Institution of Structural Engineers)根據戰地經驗，彙集防空報告數項，茲述之如下：

(一)保護新舊屋宇及居民之防空設計

凡欲將屋宇之下層樓增強構造力量，以備抵抗及支撐上層樓建築物被毀陷落之磚礫等增加重量者，如係兩層樓之屋宇，則下層樓之地面載重力量，應照原定載重設計，每平方英尺，加強二百磅。如屋宇係四層樓高，或高度在四層以上，則下層樓地面之載重力量，應照原定載重設計，每平方英尺，加強三百磅至四百磅。關於此項設計，瑞士國建築規程，較爲嚴密。如屋宇係四層樓高，其地板係木料構造者，則樓下地面之載重力量，爲每平方英尺八百五十磅。倘地板係鋼筋混凝土構造者，則樓下地面之載重力量，爲每平方英尺九百五十磅。在四層樓高之鋼筋混凝土屋宇，其樓下地面，倘係四邊有柱支撐，其兩端之架徑(Skan)，均係拾三英尺長者，則地板應爲九英寸厚。倘架徑係十六英尺長者，則地板厚度，應爲十三英寸至十七英寸半厚。此等厚度，雖超過平常屋宇之樓下地面厚度預備爲負荷車輛者之設計，惟著者以爲並非過分，因顧慮上層樓建築物被毀後之磚礫等物，由高度陷落於樓下地面上，其重量甚大也。平常屋宇，其樓下地板(Floor above the basement)用木料構造者，係完全不足以負荷此等重量，應在屋宇外掘防空壕及避彈室，以備空襲時躲避，較爲安全。居民在不能不用屋宇地下室(Basement)作爲避彈室時，方宜將地下室頂之地板，增強構造力量，其設計應按照瑞士國建築規程辦理。

爲保護屋宇抵抗燃燒彈射落在一座四英寸或五英寸厚之鋼筋混凝土屋頂上起見，該屋頂應蓋以六英寸至八英寸厚之沙，再蓋上鋪砌扁石，則可充分抵抗較大之燃燒彈。

(二)避彈室構造之防空設計

避彈室構造之設計，分爲兩種。(甲)種係爲抵抗炸彈直接射落於避彈室頂者。(乙)種係爲抵抗炸彈碎片及因炸彈所生強力壓風之用者。(乙)種避彈室不能勝任充分保護之責任，但其保護人民之安全程度，係因各處情形需要而異。(甲)種避彈室頂之厚度按照瑞士國建築規程，如爲抵抗炸彈之重量，係一百一十二磅，二百二十四磅或六百七十二磅者。倘用每平方英寸能受五千六百九十磅力量之特種鋼筋混凝土，其厚度應爲二英尺四寸，三英尺八寸及四英尺七寸。倘用每平方英寸能受三千一百四十磅力量之平常鋼筋混凝土，則其厚度應爲四英尺三寸，五英尺七寸，及六英尺十一寸。如炸彈之重量爲一噸，則應用六英尺七寸厚度之特種鋼筋混凝土，或九英尺十寸之平常鋼筋混凝土抵抗之。

按照英國用混凝土以抵抗劇烈炸藥之試驗，在同樣情形之下，其抵抗力量之品質，以用花崗石(Granite)混凝土之集合，遠勝於用沙礫(Grucel)混凝土之集合，因用花崗石所製之混凝土，遇碰撞時損壞較少也。此點應行注意，因在歐戰時，其抵抗力量較小之砲臺，例如在尼晉(Liegl)南茂(Namur)及安邑(Antwerp)者，係因混凝土力量薄弱之故。但在凡爾登(Verdun)之砲臺，則因混凝土力量堅強，故能抵抗劇烈轟擊在一百二十萬顆砲彈以上，其中有二千顆彈之直徑，超過十一英寸者，擊在當奴民(Donaumou)砲臺之上。

倘利用混成構造性質之覆蓋物，例如鋼筋混凝土上蓋沙泥，以抵禦空襲，則應按照抵抗炸彈重量之大小，而定沙土層之厚度，計抵禦一百一十二磅重之炸彈者，沙土層厚度，應爲十一英尺，抵禦二百二十四磅重之炸彈者，沙土層厚度，應爲十五英尺，抵禦六百七十二磅重之炸彈者，沙土層厚度，應爲二十一英尺。倘沙土層厚度，少過上列厚度，則鋼筋混凝土之原有設計厚度，不宜減少。沙土上應覆以一層能受震盪之脊板，使避彈室不致受炸彈轟擊而震盪。

避彈室如取法上項構造，甚爲安全，並可築在地面以上或地面以下。

工 程 文 摘

目　次

(一) 西南煤田之分佈

(摘自新經濟半月刊第一卷第七期)

黃 汲 清

為方便計，我們把西南煤田分為大西南前衛和小西南兩區，小西南就是川滇黔康，大西南前衛包括廣西湖南湖北和漢中。

(甲)大西南前衛的重要煤田

煤田名稱	省份縣份	地質時代	儲量(兆公噸)	能煉焦否	交通情形
歸州煤田	湖北秭歸，興山	侏羅紀	二三		靠近揚子江
漳水煤田	湖北南漳，當陽	同 上	五六		交通不便
炭山灣煤田	湖北陽新	二疊紀	四		船運尚便
湘東煤田	湖南東部		九四		
安源高坑	江西萍鄉	侏羅紀	一五	煉焦甚好	靠近湘黔鐵路
石門口	湖南醴陵	同 上	四		同 上
譚家山	湖南湘潭	二疊紀	二四	煉焦甚好	離湘江及粵漢鐵路不遠
萬家大山	同 上	同 上	二四		靠近漣水下游
清溪冲	湖南寧鄉	同 上	二七		離鐵路約百里
湘中煤田	湖南中部		二四六		
洪山殿	湖南湘鄉	同 上	五〇		離湘黔鐵路不遠
湖坪	同 上	同 上	八		同 上
鳳冠山	同 上	同 上	四	能	同 上
壺天恩口	同 上	同 上	二八	能	
觀山	同 上	同 上	六	能	離湘黔路甚近
實和堂	湖南邵陽	同 上	一二六		交通不便
牛馬司	同 上	同 上	八		交通不便
吳家鋪	湖南新化	同 上	六		交通不便
橋頭河	湖南安化	同 上	一〇		離湘黔鐵路不遠

湘南煤田(一)	湖南南部		九六		
資興	湖南資興	侏羅紀	七八	能	離粵漢鐵路約五十里
楊梅山	湖南宜章	同 上	五	能	離粵漢鐵路數十里
狗牙洞	同 上	同 上	一三	能	離粵漢鐵路街遠
湘南煤田(二)	湘江上游		六		
觀音灘	湖南祁陽	侏羅紀	二		靠近湘江
易家橋	湖南零陵	同 上	二		靠近湘桂鐵路
同樂堂	同 上	同 上	二		同 上

(乙)小西南的重要煤田：

煤田名稱	省份縣份	地質時代	儲量(兆公噸)	能煉焦否	交通情形
江東煤田	四川東部		四九		
江北	四川萬縣，開縣等	侏羅紀	一九		大部交通不便
江南	四川酆都，忠縣，雲陽等	同 上	三〇		同 上
嘉陵江煤田	嘉陵江流域	同 上	四九一		
瀝鼻峽	四川巴縣	同 上	三四	能	靠近嘉陵江
溫塘峽	四川江北，江津	同 上	三一	能	同 上
觀音峽	四川長壽，合川	二疊紀	三九二	能	同 上
觀音峽	四川璧山等縣	侏羅紀	一四	能	同 上
龍王洞	四川江北	同 上	六	能	離嘉陵江不遠
鍋鏟峽	同 上	同 上	四		靠近揚子江
明月峽	四川江北，鄰水	同 上	一〇		同 上
永川隆昌煤田	四川永川，榮昌，隆昌等縣	同 上	二〇〇	能	交通不便
南川煤田(萬盛場之煤)	四川南川	二疊紀	三三	能	同 上
威遠煤田(威遠之煤)	四川威遠，榮縣	侏羅紀	二七	能	同 上
岷江下游			一七六(?)		
黃丹	四川屏山	侏羅紀	三一		靠近馬邊河
石磷	四川犍為	同 上	?	能	離岷江不遠
岷江上游			一九		
大邑	四川大邑	侏羅紀	一四	能	交通不便
彭縣	四川彭縣	同 上	四	能	同 上
灌縣	四川灌縣	同 上	一	能	同 上
宣威煤田	雲南宣威	二疊紀	三六		

觀音堂	同　上		二八		交通不便
打鎖坡	同　上		一八	能	同　上
宜良煤田(可保村)	雲南宜良	二疊紀	一七		
石灰窰萬壽山			一四	能	靠近滇越鐵路
老鴉洞海把坑			三	能	離滇越鉄路不遠
鳥格煤田	雲南開遠	二疊紀	七		一部靠近滇越路
圭山煤田	雲南瀘西，路南	同　上	三五	能	離滇越鐵路尚遠
賓川祥雲	雲南賓川，祥雲	同　上	六二		交通不便。
貴陽煤田			三九		
常杵煤田	貴州貴陽	二疊紀	二二		交通不便
札佐煤田	貴州修文	同　上	一七		同　上
帽子山煤田	貴州安順	同　上	一〇		同　上

由上面兩個表看來，大西南前衞的烟煤田都集中在湖南，尤其以湘東煤田和湘中煤田爲最重要：湘東烟煤田儲量爲九四兆公噸，大半都能煉焦，大部份交通甚便，實在是大西南前衞裏最重要的煤田；湘中煤田儲量更大，約爲二四六兆公噸，一部份能煉焦，可惜交通不大便利，并且邵陽一帶的煤田尙未經詳細查勘，儲量的估計不能就算得很可靠；不過湘黔鐵路通車後，湘中煤田的重要性無疑的要大大加增。小西南的主要烟煤田都在四川和雲南兩省，貴州雖然也有不少的烟煤田，因爲交通太不方便，無法利用。四川的烟煤田自以嘉陵江、岷江下游和南川三個區域爲最重要，四個區域的煤一部份都能煉焦，就交通的便利來說：嘉陵江煤田算是第一，岷江下游煤田次之。雲南的烟煤田就目前情形看來，以宜良煤田爲最重要，川滇鐵路築成後，宣威煤田的重要性或者還要超過宜良煤田，圭山煤田若能由滇越鐵路築一支線加以開發，前途也是很有希望的。

（二）湖南煤礦之分佈及其儲量

（摘自地質論評；三卷二期，二十七年四月）

劉基磐

（甲）分佈　湖南煤礦豐富，分佈甚廣，約可分爲三種的地質時代：石炭紀，多爲無烟煤；二疊紀，多爲烟煤；侏羅紀，亦屬烟煤。更就地理上之分佈論之，又可分爲三大區域：

（a）湘中區　湘贛交界之醴陵石門口煤田，爲本區之東部；中經湘潭境內湘東東西兩岸而入湘鄉；再以漣水及其支流爲中線，分佈於其南北兩岸附近一帶。湘潭譚家山，湘鄉洪山殿爲其著名之煤田；由此再西延至安化、新化之東境。論地質則石炭紀、二疊紀、侏羅紀皆有之，以二疊紀爲主。

（b）湘南區　本區煤田，分爲二支：（1）第一支爲耒河煤田；自廣東省界之北江，經宜章、臨武、桂陽、彬縣、資興、桂東等縣，而終於永興、耒陽；永、耒之煤因有耒水之便，產量較豐，運至長、岳，稱爲耒陽煤。（2）第二支爲湘河煤田；自零陵縣起。沿湘河上游，經祁陽常寧，止於水口山附近之斗嶺；地質年代缺石炭紀；祁陽之觀音山煤田爲本支之較優者，每日產量約百噸。

（c）湘西區　分佈於沅陵、辰谿，溆浦等縣，辰谿五里墩、溆浦底莊等較爲著名。

（乙）儲量　民國二年，萬國地質學會在加

8453

拿大開會時，前北京大學教授杜米克氏及日本地質調查所井上禧之助氏，分別提出中國煤量之計算，其中對於湖南之估計：杜氏爲九〇〇〇〇兆噸，井上爲一七〇〇〇兆噸。北平地質調查所成立後，曾於民國十年，發表中國之煤礦儲量，據稱湖南煤量，以二千公尺爲可採深度計算，無烟煤爲一〇〇〇兆噸，烟煤爲六〇〇兆噸；民十五第二次估計，則爲烟煤六〇〇兆噸，無烟煤未見列入。民國二十一年第四次中國礦業紀要估計湖南煤礦總儲量爲四〇〇兆噸，但與所列烟煤儲量三三八兆噸，無烟煤二五五兆噸相差甚巨。二十四年第五次中國礦業紀要估計較爲詳確，湖南煤礦總儲量爲一七六四兆噸，與二十一年第二次湖南鑛業紀要發表之一一〇九兆噸相近。二十三年以後，湖南地質調查所陸續調查之煤田爲數甚夥，從新估計湖南煤礦之儲量，其中已調查者，約爲一一二六一兆噸（屬於石炭紀者二五九七兆噸，二疊紀者七六六七兆噸，侏羅紀者九九七兆噸；煙煤占38.4%，無煤煤61.6%），假定未曾調查者約佔三分之一，則湖南煤礦總儲量爲一六八六兆噸。茲將湖南各地著名煤鑛之儲量摘錄於次：

湘鄉洪山殿一四〇兆噸，其中烟煤、無烟煤各半；

邵陽寶和堂一二六兆噸，全屬烟煤；

耒陽新市街、公平圩、夏塘、上堡一帶二三三兆噸，全爲無烟煤。

（三）甘青之煤

（摘自新經濟一卷十期，二十八年四月）

雲世誠

煤的用途有三：供居家燃料；發生蒸汽，造成動力；製造各種副產品。中國煤層沉積的主要時代，有石炭二疊紀和侏羅紀。這兩種地層，在甘肅青海分佈頗廣，煤礦產地自然很多。不過價格太高，一般平民仍難享用。爲供給他們便宜足用的煤起見，應從增加產量，減低運費着手。具體辦法有三：

（甲）獎勵小礦——政府對於土法開採的小窰，應竭力保護，礦稅只用於確定礦權防止爭執，須儘量減收，以資提倡；現行的稅制法律，可酌加變通。

（乙）增設礦廠——城市中除了住家，還有工廠，煤的消費很大；只憑幾個小窰，常感缺乏；政府應於蘭州、天水、平凉、西寧各地附近，創設新式礦廠，利用機械設備，開採煤礦。

（丙）修築路道——甘青煤價，運費特高，阿甘鎮煤田距蘭州僅四十里，價格相差兩倍，其實兩地間並沒有大的阻礙。祇要稍加修築，大車卽可通行，這類的事很多，希望政府利用政府力量，在交通上多多改進。

上述三種辦法在使煤價變低；此外尙可利用各種煤之特性，以製他物，方法有二：

（甲）製煤焦——，可將碎而多煙的煤屑悶燃煉焦，結實耐久，熱量甚高，都是他的優點，除了冶金之外家庭也樂於購用，可惜技術太壞，產量很少。假使稍加改良，不但產量增多，質地也可變得好些；這事改進極易，只要築窰示範，讓他們仿造，短期內就可普遍起來。

（乙）製煤氣及石油——，甘青煤樣，含揮發雜質很多，雜質較少的可製煤氣，發長焰、生高熱的可蒸溜石油。至於氫化工作和煤膏分溜，現雖限於財力，不能立時進行，但也不防多多研究，作爲異日進行的標準。

（四）嘉陵江下游之煤礦

（摘自嘉陵江下流煤礦調察報告，民中廿七年十二月，經濟部工礦調處出版）

常　剛

嘉陵江下游之煤礦，包括（甲）北川鐵路沿線之天府，三方生、新華、中興、泰來、及全記等六礦，（乙）銅梁之裕蜀煤礦（丙）璧山之寶

8454

源燧川兩礦；(丁)西部科學院全記煤礦(戊)北碚左近之金剛碑草街子等礦及(己)龍王洞之江合公司煤礦。

(甲)北川鐵路沿線各礦——北川鐵路全線年產煤炭二千萬噸。礦廠共有六家，以天府規模較大。廿七年一月至六月天府行銷於上下流之煤量共計六萬五千噸，約佔北川全線總產量之半。以全記煤質最佳，大部分專供民生公司之用。泰來中興兩家，僅銷下流。凡銷上流者，概爲泡炭，硬合炭，供熬鹽之用，下流則硬大、泡大、焦炭、硬粒等均有銷售。天府、三才生，新華三礦以及大田坎迤北之泰來中興等煤田，均屬二疊紀，中隔斷層，切爲東西兩部，本地人有東山煤西山煤之稱。西部居上，東部居下，東部煤層，時有起伏，厚薄無定，大規模開採者甚少，天府，三才生以及新華等廠所採者均西山煤，煤層完整，方向大致爲北東三十度，傾斜向西約爲五十五度。

(a)天府煤礦：屬江北縣，南北延長約計七公里，面積二百六十餘公頃，位於嘉陵東岸。該處煤田，土法開採之歷史，已有百餘年，惟天府煤礦有限公司之成立，則在民國二十一年六月。天府每日產量，每日約二三百噸，較之中興井陘等礦相距遙遠，以煤質言，亦難與其他各地相衡。二十七年春，中福公司與之合併。礦區所穿平巷凡九，有開採價值者僅雙連大獨連及大連泡炭等三層。雙連與大連統稱外連，厚度相等，大連泡炭，亦稱內連，又分底連，二連，油綠炭，直連，天平炭等五層。綜計五層採煤深度約爲一千公尺，寬度約爲一千二百餘公尺，約計當有三千萬噸之藏量，爲川省不可多得之煤田。天府煤廠凡六：(一)峯廠(二)樑廠(三)廬廠(四)筍廠(五)鷹廠(六)柳廠，以前每日產量約爲三五〇至三八〇噸，末煤每日約一五〇噸。將來天府電廠設備完成，產量有增至每日千噸之希望。

(b)三才生煤礦：位于北川鐵路戴家溝車站東北二三里；礦區介於天府新華之間，地質構造及煤層與天府同一系統。民十二開始經營所產煤亦爲硬煤泡炭兩種，每種復有大炭，粒子，末子之分。三才生有礦洞二，福源及福安是也，以福源爲主要產地，福安規模較小，二十七年十月間曾因火患而停採。二十七年之總產量爲統煤二萬五千噸，焦炭二萬一千六百噸。

(c)新華煤礦：新華礦區南北延長約四公里，面積約二十公頃。係二十四年新創。煤田地質構造與天府三才生同一系統，現僅開採外連，內連正在試採中。目前每日產量爲一百噸，因係新礦，煤層完整，爲北川沿線之最有希望者(除天府)。

(d)泰來及中興兩礦：泰來中興係一人經營，煤田地質構造與天府三才生新華同一系統。兩礦每日產量共約一百噸。因運輸異常不便，除品質較優之大塊及一部份粒子外，餘炭悉以煉焦。

(e)全記煤礦：係中國西部科學院所創辦，煤田地質屬侏羅紀，煤層甚薄，礦區亦小，煤質雖佳，含硫較少，而灰份過高，有棄之不採之意。

(乙)裕蜀煤礦——位于銅梁縣屬之舊縣場，東北距合川僅三十里。分爲兩區，互相連接，延長十餘里。總儲量爲三百二十萬噸。煤田地質屬侏羅紀，煤層多達十四層，僅外連中連內連三層堪以開採，外連平均總厚爲三公尺，爲嘉陵江流域侏羅紀煤層之最厚者。煤質較北川沿線二疊紀煤爲優，煤質含量不高，中連最優，內連次之，外連最劣。裕蜀公司每日約可產煤五十噸。公司爲嘉陵江流域新興礦廠中之規模較大者。

(丙)寶源燧川兩礦

(a)寶源煤礦——位于嘉陵江南岸璧山縣屬之澄江鎮。煤礦成立於民國十七年。煤田地質爲侏羅紀，礦區長約三公里，面積三百七十四公頃。煤層可採者有正連雙連三連等。儲量約為二百五十四噸。現有五廠，以第四第五兩廠為主要，每日各產八十噸以上，其他各廠無有超出四十噸者。

(d)燧川煤礦：燧川與寶源比鄰，地質，煤層，煤質，採煤方法，運輸路線等完全相同。十六年開始鑿洞，十二年冬正式出煤，僅採正連三連兩層，每日產量二三十噸。

(丁)全記煤礦——三廠分設於合川太和場屬之香餅場及饒家灣左近。該礦係民之時創辦，廿六年由西部科學院接辦。煤田地質屬侏羅紀，共計十四層，但有開採價值者，僅有二連，三連，假三連，小獨連等四層。礦區延長約五公里，面積約二百公頃，總儲量約二百萬噸。目下每日產量約為三四十噸。煤質僅次於龍王洞(見下文)，在嘉陵江居第二位。

(戊)金剛碑附近協和全盛德濟、集生、預泰、益泰、華益、德泰各煤廠：金剛碑與二礦隔江相對，內有煤廠八家之多，各廠相隔不遠，未有逾三里者。各廠資本除預泰為一萬元外，餘均三五千元不等。煤田地質均侏羅紀，煤層有十四層，堪採者僅捧連，三連子，雙連子假獨連，光獨連，背連，正連等七層，厚薄不一。各廠產量無定，平均各在五噸至八噸之間。

(己)龍王洞煤礦及江合公司——龍王洞煤田分佈甚廣，小窰林立，以江合公司為最大。全區每日產量一百六十餘噸，江合公司佔其五分之三。煤田屬侏羅紀，煤層已發現者，計有大連(大二連)座背連，沙連，雙連，正連等五層。煤質在川東一帶為最佳，硫質灰份均低，有黏結性尚可煉焦。據估計龍王洞背斜上煤層儲量共為六百四十八萬餘噸。

江合公司之成立，已有相當歷史，現有礦區為自龍王洞玉風門埡一洞，計長六千公尺，有正連及外連可採，現時僅採正連，兩連之總儲量共計二百八十七萬餘噸。

以上已將嘉陵江下流煤礦之大要述之。按四川煤藏總量，佔全國總儲量百分之四．五，僅次於山西陝西而居於第三位。此一區域自重慶以迄合川，又佔全川煤藏量之半，可見其重要矣！

(五) 嘉陵江沱江下游間煤田

(摘自礦產專報第一號嘉陵江沱江下游間煤田，四川省地質調查所，二十七年)李春昱常隆慶李陶任績吳景禎李建青等

(甲)地形：所謂嘉陵江沱江下游者，包括東至重慶西至沱江北至華鎣山，以長江為界，區內山嶺均為背斜層所組成，作東北西南向，以華鎣山為背脊。山嶺起處恆有煤礦，惟二疊紀煤層以埋藏較深，只見諸較大山脈中。主要河流為長江嘉陵江沱江三者，惟長江沱江沿岸煤田甚少，嘉陵江沿岸之煤田距重慶甚近，故煤業獨盛。

(乙)地層：大部分為白堊紀之紅色粘土與黃色砂岩，在背斜層之山嶺中，露出侏羅紀之香溪煤系或二疊紀之飛仙關層及嘉陵石灰岩層；在嘉陵江附近至華鎣山一帶，更露出較古之二疊紀棲霞石灰岩，志留紀新灘頁岩，與陶紀艾家山系等。此外尚有第四紀之舊礫石礦。

(丙)煤礦

(a)瀝鼻峽斜背層帶之煤礦：各煤礦多採侏羅紀煤層，雖于斜谷中露出少許之樂平系上部灰石，此系之煤礦尚深藏地下。藏量估計約三千四百萬噸。

(b)溫塘峽背斜層帶之煤礦：北自合川太和場南至江津油溪場長達一百公里，皆有侏羅紀露頭，惟煤層厚薄不同，故煤業興替，亦隨地而異，藏量估計共約三千萬噸。

(c)觀音峽背斜層帶之煤礦：二疊紀侏羅紀煤系均有露頭。二疊紀煤系之露頭只限於嘉陵江以北，北川鐵路一帶為全川之冠，越江而南，埋藏或不甚深。侏羅紀煤系鄰近嘉陵江兩

岸地段，以前採煤甚盛，地面以上開採殆盡，往北則以煤質欠佳，且有二疊紀煤層，未能大爲發達，估計二疊紀煤田之儲量約爲三萬九千餘萬噸，侏羅紀煤田約爲一千四百餘萬噸。

(d)龍王洞背斜層帶之煤礦：此帶均爲烟煤，產於侏羅紀下部。在本背斜層上，有大連（即大二連）廣背連，沙連，雙連，正連等煤層，可採者僅有大連，正連二層，正連爲重慶附近第一等良煤，現今在此背斜層上之重要煤廠均採此層，尤以龍王洞附近爲最厚。藏量估計約共六百萬噸。

(e)銅鑼峽背斜層帶之煤礦：在此背斜層中，侏羅紀岩層完全暴露。沿此而北，無論東翼西翼，均隨處有煤廠，但經四川整理礦區以後，此諸劣礦均自行拋棄，自願繪圖註册者甚少。

(f)明月峽背斜層帶之煤礦：背斜層之兩翼，香溪煤系，全體露出；底部及中部均有煤層，底部者較佳。東翼幾無可採之煤，煤廠多在西翼部分。藏量約共一千萬噸。

(g)永川西山背斜層帶之煤礦：以魚口坳爲中心，故有魚口坳背斜層之名。曩昔鐵業全盛時附近煤廠甚多，今則大衰。藏量估計約一千八百萬噸。

(h)永川東山背斜層帶之煤礦：東山在永川縣城之北，因煤層過薄，故煤業不盛，但以附近有打鐵造紙與石灰窰之故，小煤廠仍可繼續維持。藏量估計五百五十萬噸。

(i)新店子背斜層帶之煤礦：煤田在永川縣城之西，以前亦有永川西山背斜層之名，今既以永川銅梁間之山稱爲西山，故以新店子背斜層名之，面積雖不廣，但香溪煤系完全露出，煤層亦較厚，故開採頗盛，惟煤洞尙不甚深，將來成渝鐵路通車後，稍事購置排水設備經營地下煤層，大有可圖也。藏量估計計二千萬噸。

(j)黃瓜山背斜層帶之煤礦：最古地層只露出侏羅紀岩層之上部，且缺深峻河谷，故煤層深藏地下，煤業亦不盛；惟北段之永川縣城爲成渝鐵路所經過，將來或有發達希望。藏量估計一千八百五十萬噸。

(k)永川花果山背斜層帶之煤礦：煤田全體暴露，煤層多而甚薄，幸有數層相距甚近，可作一次開採。藏量估計一千二百六十萬噸。

(l)古佛寺背斜層帶之煤礦：香溪煤系大部暴露，煤層頗多而厚，較易開採。且交通便利故煤業尙稱繁盛。藏量估計八千三百萬噸。

(m)石燕橋螺觀山背斜層帶之煤礦：侏羅紀煤系成一長帶形露頭，沿山煤礦隨處多有。煤層常有兩層可以同時開採者。交通比較方便，煤業相當繁盛。地面上煤層已將採完，將來成渝鐵路完成，採挖地下煤層，大有發展希望。藏量估計四千四百七十萬噸。

(n)李子溝背斜層帶之煤礦：香溪煤系雖有露頭，未能見及其底部，加以交通不便，恐難能大爲發展。藏量估計八十萬噸。

(o)青山嶺背斜層帶之煤礦：交通雖便，惜煤層太薄，不宜大規模經營，藏量亦不過六十六萬噸。

(丁)將來發展之希望：以觀音峽背斜層之二疊紀煤田爲第一，旣有最厚之煤層，又有嘉陵江北川鐵路運輸之便也。其次爲嘉陵江岸之侏羅紀煤田，第三爲永川隆昌間之新店子，石燕橋，螺觀山諸煤田，第四爲古佛山背斜層之煤田。

(六) 萬縣巫山間長江北岸之煤

(摘自地質叢刊；第一號，四川省地質調查所，二十七年)

李陶，任續

產煤區域分佈甚廣；除巫山東之龍材煤田屬於二疊紀外，大部爲侏羅紀香溪煤系。其分佈東起巫山以北，西至萬縣境內，長約二百公里，南北以大江北岸數十公里爲限。煤質則種煤、半煙煤、無烟煤均有之。煤層不厚，達一公尺者甚少。茲將本區中產煤各地，就其要者併作若干區，分述如次：

(甲)開縣平頭岩區煤田：平頭岩在開縣之北約六十公里，連其西南十公里許之蓮花落一帶在內，附近煤窰甚多。土龍洞爲其最近之水口，有木船可直達開縣，並可運出長江。平頭岩一帶之煤約有三層：上爲煙煤，當地呼油煤，尙未開採．中爲二煤，下爲高煤，俱爲無烟煤，當地呼糠煤。煤田長約五公里，寬約三公里，儲量當有油煤約四百萬噸，二煤五百萬噸，高煤一千萬噸。蓮花落煤田長約二公里，全爲油煤；上煤稱爲正煤，儲量一百萬噸；下層爲夾石煤，又分爲蓬炭、腰荒、底炭三種，總儲量爲二百萬噸。開峒取煤，當地謂之籠子；平頭岩一帶，有籠子四五十座，俱是平峒，所採遠近不一，其中天寶籠約五百公尺；每年三、四、五、九、十、十一諸月爲閉亮時期，峒中置火自熄，不能入內工作。蓮花落有煤廠兩處，亦爲平峒，其中復興廠深至五百公尺以上。平頭岩全區每日產煤共約二百噸，除供家用外，爲煑鹽及熬糖之需。

(乙)開縣温塘井區煤田：温塘井在開縣之東北約三十五公里，產煤地點爲興隆灣及吳家沱，俱在溪邊，約居温塘井與津關溪之間。煤田長約三公里；興隆灣儲量約計七十萬噸，吳家沱儲量約三十萬噸。兩地之煤窰皆高居山腰，就露頭開掘，多爲煙煤，或有一部爲半煙煤；末煤運至温井塘煑鹽，塊煤運至開縣供家用。

(丙)雲陽萬縣間大興廠區煤田：大興廠在萬縣之東北約五十公里，距長江邊之小周溪約十七公里，且全係下坡。廠南爲一背斜層，其中心有巴東系出露，南北兩翼俱有侏羅紀煤層，南翼較不整齊，煤有上中下三層：上層質劣，不能開採，中層儲量尙有四十萬噸，下層儲量約與中煤相等。煤廠共計二十家，俱沿北翼開採，每日產煤共約三至四千斤。

(丁)雲陽縣留玩沱煤田：留玩沱在雲陽之西北約四十公里，高陽鎮南約五公里，沿河俱係大道，水運頗便。自關靈廟至留玩沱，煤窰不下十家，每日產量共約二十噸左右。煤層有火煉、窄煤、正煤之別：火煤中含石能出火，窄煤可供輪船之用，正煤尙未開採。在高陽鎮南之橋上一帶，當地開採者係正、窄之煤，火煤未開。除火煤爲無煙煤(?)外，大都爲煙煤；留玩沱附近之儲量，約計正煤三十萬噸，火煤、窄煤各約二十萬噸；高陽鎮附近之儲量，約計火煤四十五萬噸，窄煤、正煤各計三十萬噸。

(戊)雲陽縣魚泉區煤田：魚泉在雲陽縣北約八十餘公里，有小船可通，供煑煤之用。煤層共有四五層，最上一層太薄，開採多不獲利；第二層稱爲上層或獨連；第三層稱爲中層或二連，又分爲蓬炭、腰荒、底層三種；第四層稱爲下層。儲量約計上層、下層各爲四百萬噸，中層八百萬噸。魚泉約有四十籠，澗柴溝一帶且有若干籠子高居山頂者，每日產煤共約二百餘噸，塊、末各半，惟塊不甚固，搬動時極易散成細屑，因質爲煙煤，可與他處之半煙煤混合使用，又因細煤屑與他處之小煤塊混用時，可以減少結爐、溜煤之弊，故煤廠多樂用之．煤廠殆因鹽廠而發達也。

(己)雲陽洞村區煤田：洞村在雲陽縣北微西約九公里，除觀音灘爲火煤外大都爲煙煤，供煑鹽之需。觀音灘之儲量約爲十四萬噸，其他各處之儲量則爲一百四十萬噸。洞村一帶之煤業較次於魚泉，全區每日產煤共約二百噸。

(庚)奉節龍灘沱煤田：龍灘沱、香草溪、觀音灘等俱爲產煤區，在奉節縣城西北七公里許，有木船可通。煤中含硫率極高，燃燒時生臭味，謂之臭味；惟觀音灘有香煤層，其中並不含硫；涼亭子一帶之煤亦無臭味，皆爲無烟煤。龍灘沱煤田長約三公里，儲量當有八十萬噸，涼亭子煤田儲量尙有六十五萬噸。涼亭子煤質較佳，日產十噸許，龍灘沱日產數噸而已。

(辛)巫山縣橋頭溪煤田：橋頭區在巫山縣之東北約七十公里，北有水口，相距約十二公里，可通大寧河直出長江。煤質俱爲無烟煤，煤田長四公里，儲量尙有二百五十萬噸。煤窰所在地爲立槽子，有煤廠約十家。

(壬)零星各煤礦：本區東部川鄂交界之龍村，有樂平煤系之薄層出露，煤質爲無烟煤，正在計劃開採中。自巫山西北長溪河至奉節道中，侏羅紀地層分佈甚廣，大部含無烟煤，或已停採，或僅採而無生氣，日產噸許，僅供家用。奉節與巫溪、古路溝之間，除上述之龍灘沱外，侏羅紀岩層時時出露，道旁每見廢窰，煤層甚薄，殊不足稱，祇供當地居民之採挖而已！奉節竹園坪至雲陽桑坪場之間，亦有煤層出露，較上述零星礦區爲厚，但僻處荒野，銷路不大，將來之希望則較佳。雲陽魚泉南約十公里之三方石亦產煤，係當背斜層之南翼，其北翼卽魚泉也；三方石之北，兩岸俱有岩層出露，開峒於溪邊，交通可謂便利；煤層現開者有二層，亦爲油層，將來希望，要不在留玩沱，龍灘等之下。

空襲房屋保護法

各項建築物遇空襲時，如炸彈直射落於屋頂上，實無安全保護辦法，祇可設法使炸彈於未進屋時炸裂，或使炸彈斜落於屋之一邊藉以減少彈力毀壞程度。其法係用十五英寸徑或十八英寸徑三合土製成之球，放置屋頂上，排成尖塔形狀，使炸彈落於屋頂時，與三合土球接觸，卽行炸裂，或斜落於屋之一邊。英國岩布奴 Omlrose 及馬斐 Mathew 兩工程師曾在三合土有限公司之臨時勞廠，於政府派專員監視之下，用二百四十磅至二千六百磅之各種魚雷式彈，由一百英呎高擲射於鋼筋三合土建築屋頂，及平常建築物屋頂上高度雖低，其毀壞力頗大。繼則擲射於屋頂放置三合土球排成之尖塔形上，其彈力毀壞程度，因消耗於驅散尖塔形之三合土球而減少。經數次試驗後，此魚雷式彈，由高擲下與三合土球接觸，卽斜落於屋之一邊，而失去其所欲擊之目標、有時魚雷彈間有落於三合土球上卽炸裂，致炸彈毀壞力亦因而減少。

澳洲飛機淘金

澳洲新幾尼地方，產金沙甚多，但山嶺崎嶇，溪構縱橫，土質鬆軟，極難建築道路。常有地震及火山爆發，騾馬不通，步行維艱，故內地蘊藏極富之金礦，無法開採。數年前。有澳人在Bulolo Valleg 採得極大之金礦，乃設法聯絡新幾尼之航空公司，訂購巨型飛機，可以運載三噸以上之重件，將全部淘金機器，用飛機逐部從海邊運至礦區。飛機航程來回不到兩小時，若步行需數星期，故飛機每天能航行五次。不久全數機器均已運到，開始工作，獲利不貲。我國川滇各省，金砂亦甚豐富，交通倘不致十分困難，此類機器，若能設法運入，可增加國富不少也。

贈書誌謝

刊物名稱	卷期	出版處
統計月報	第三十五、六、七期	國民政府主計處統計局
工業標準與度量衡	第三卷第十一十二期合刊 第四卷第一至第六期合刊	經濟部全國度量衡局
西北工合	第二卷第四五六七期	中國工業合作協會西北區辦事處
圖書季刊	新第一卷第一、二期	國立北平圖書館
新世界	第十四卷一期至十期	民生實業公司
抗戰中的民生公司		民生實業公司

本會消息

目　次

(一)總會遷渝後第一次董事會執行部聯席會議記錄

(1)報告事項

(甲)二十七年十月八日，本會臨時大會開會情形，及重要議決案(詳見工程月刊第一期36—42頁消息欄)。

(乙)十一月二十六日，第一次臨時董事會議決各案：

(a)本會自即日起移渝辦公，已於本年一月一日登報公告。

(b)本會在遷移期間，另刻腰圓圖章應用，文曰「中國工程師學會移渝用章」。

(c)本會暫借重慶新街口川鹽銀行三樓，成渝路鐵路局內，重慶分會所爲會所。

(d)本會會務：在會長曾養甫先生在渝期間，由曾會長親自主持；在曾會長因公離渝期間，由會長托由董事與承洛先生代行。

(e)本會總幹事，暫請顧毓瑔先生代理。

(f)本會會計幹事，暫請徐名材先生代理。

文書幹事，暫請歐陽崙先生代理。

事務幹事，暫請姚文尉先生代理。

(丙)臨時大會議決：建議政府各案，執行情形報告：

(a)請政府從速完成鋼鐵建設事業。

(b)請政府增加及調劑後方各種燃料。

(c)請政府實施訓練中級技術人才。

(d)請政府規定資助辦法，徵集淪陷區域內技術人員。

以上四案，送請國防最高會議核施行。

(丁)臨時大會議：決請政府統籌後方防空建築設計案。

此案已送國防最高會議，並已轉發軍事委員會辦公廳。

(來函：請繪製各種防空建築設計圖案，並就各種地質地形及交通狀況，應採用何種材料及應用何種圖案，希詳細註明，以供採用)。

(戊)臨時大會議決：組織軍事工程委員會案，(詳見工程月刊第一期43頁)。

(己)臨時大會議決：組織刊物委員會案，及工程月刊編輯發行報告。

(庚)臨時大會議決：組織防毒面具徵募委員會案，及徵募情形報告。

(辛)總會遷渝案，已奉中央社會部令，於遷渝手續辦妥後，再行呈報備查。

(壬)總會會計報告。

(癸)各地分會情形報告(重慶、昆明、香港其他)。

(子)其他報告

(2) 討論事項

(甲)臨時大會議決案中，尙未執行之各案：

(a)獎勵獨立創造之工程師。

(b)調查參加僞組織之會員，即開除會籍，公告社會。並提出開除繆斌會籍。

(c)凡本會會員，參加違反民族利益之工作者，由本會會員五人以上之提出，請董事會設法調查并勸告至後方服務；如不受勸告，即予以警告；如恬不知恥，確有附敵或資敵行爲者，除請董事會予以開除會籍外，並公告社會。

(d)本會留滬圖書，宜設法擇要遷滬。

(e)會所應如何，着手建築案。

(乙)軍事工程委員會如何推進工作案。

(丙)擴大徵求會員案。

(丁)如何促進各地分會之組織案。

(戊)後方防空問題之建議，如何推進案。

(巳)會費可否以公債抵繳案。

(庚)國際反侵略運動大會中國分會，函徵本會爲團體會員，應如何決定，以便函覆該會案。

(二) 徵募防毒面具委員會報告

顧毓瑔　程志頤　高惜冰

收到下列經募人員送來之面具及面具購置費一覽：

劉　杰先生經募款一千二百十元。

范　維先生經募款七十六元。

張延科先生經募款五十元，面具一只，口罩一只。

羅榮安先生經募款一百三十二元。

高惜冰彭志雲二位先生經募款一百元。

吳承洛先生經募款五十元。面具三具（高紹周一具劉盛渠二具）

陸貫一先生經募款十元，面具十具。（即航委會十具）

邢丕緒先生經募款十元。

伍无畏先生經募款十元。

孫越崎先生經募款十元。

顧毓瑔先生經募面具三具。（即顧一泉二具張宗澤一具）

程覺民先生經募面具一具。

胡博淵先生經募面具一具。

顏　毓先生經募口罩四只。

以上共募得面具購置費一千六百六十三元，面具十九具，口罩五只，均於二月二十日送交時事新報館代收，轉送軍事機關。

捐款名單及捐募面具口罩人員名單登載三月一日時事新報茲轉錄於次：

經濟部中央工業試驗所經手中國工程師學會徵募防毒面具購置款：義豐二百元。天和公、無名氏、高志敏、劉開非、劉鋭成各一百元。程備事、美趣時、毛春蒲、張延科、劉潔之各五十元。蔣笙伯、仁和各三十元。李鼎文、梁芷湘、劉錫和、益和榮、吉成永、協源、成濟、宏泰、嘉隆、王蓮生各二十元。李謀成、張堯軒，李如柏、樊獨超、何位中、劉光漢、無名氏、權品方、仇秀夫、王傳道、范鴻疇、唐漢三、鍾履堅、李錫塵、何熙曾、繆衡之、穆修記、湯擁華、伍无畏、李充國、彭志雲、徐　芙、王華棠、傅冰芝、高惜冰、羅榮安、錢昌祚、朱　霖、張祖述、羅家倫、陸貫一、孫越綺、邢丕緒各十元。李樹楠、韋懷西、張炳駒、劉爾谷各一元。趙如晏、張雲青各二元。吳欣欣、侯啓宜、郭晛賓、聶光瑚、殷公武侯榮林、卓宣謀、張可治、壽毅成、單東欽、劉樹勳、全幼荃、盧考侯、史　宜、宋槇章、陳　章、楊家瑜、杜長明、李壽同、楊叔藝、劉耀泰，陳大燮、倪則塤各五元。——以上共一千六百六十三元。面具：顧一泉二具，周紹高一具、劉盛渠二具、張延科一具、航空委員會十具：程覺民一具、胡博淵一具、張宗澤一

8461

具。——以上共十九具。口罩：顏鏈四只，張連科一只。——以上共五只。

（三）重慶分會消息

（二十八年度第一次會員大會記要）

歐陽崙

(甲)籌備經過：

本分會自本年一月起着手籌備本年度第一次會員大會，並組織籌備委員會，負責進行一切。籌備會計分會程、招待、奬品、佈置四組，以胡博淵為總召集人。會員組委員吳承洛、顧毓瑔、張劍鳴，盧孝侯、魏學仁、吳道一、劉夢錫、惲震等，以吳承洛為召集人、招待組委員胡光熙、陸邦興、姚文蔚、許行成、陳體榮、歐陽崙等，以陸邦興為召集人。奬品組委員為林繼榮、顧毓瑔、孫越崎、朱謙、龐贊臣、李燭塵、程志頤、李元成、余名鈺、鄭禮明等，以林繼庸為召集人。佈置組委員宋師度，關頌聲、陸邦興、羅冕等，以宋師度為召集人。會程組辦理敦請名人講演，接洽各種遊藝，排列秩序單等事宜；招待組辦理坐次排列，晚餐準備，印售餐劵，及開會時之招待等事宜；奬品組辦理奬品之徵集、保管、分配，及抽彩發奬等事宜；佈置組辦理會場之接洽，佈置、裝飾等事宜。計自一月十八至二月二十六先後召開籌備會全體會議五次，分組會議多次，進行頗為積極。決定於二月二十六日舉行大會，借用銀行公會會所為會場。準備大會節目有名人演講、弦樂合奏、大鼓、提琴獨奏、歌詠、鋼琴獨奏、魔術、崑曲、晚餐贈彩等。贈品價值不下兩三千元。晚餐由永年春西餐部承辦，先期出售餐劵，購者極形踴躍，超出預算席次，幾將無法應付；足徵社會各方人士，對於本分會贊助之熱忱，亦可見籌備會諸委員努力之成績。

(乙)會場佈置：

大會地點適中，交通便利。會場門首，紮有松柏牌坊，由大門至會場甬道之兩旁為簽到處、售劵處、收費處、衣帽室及盥洗室等，佈置整齊有序。會場形式為正方形，演講台上以松枝紮成特別設計之圖案，大圓圈內綴一大「工」字，顏色鮮明，具有重大義意。台左化裝室，為魔術表演之用。台右陳列贈品，琳琅滿目，美不勝收。臺前來賓坐次，棹上一律覆以白布，全場佈置整潔嚴肅，有昭示我工程學會在此抗戰期中負有無上責任之感想！

(丙)大會盛況：

大會日期為二月二十六日下午三時。是日恰為星期日，且為廢歷之人日，上午九時起，籌備會各委員絡續到場，下午二時半左右，各事俱已準備就緒。會員來賓亦相繼而集，但以人數過多，不得已乃於走道兩旁，加添坐位，甚有僅能竚立人叢者，可見我工程界同人之熱心參加，深知此會之意義甚為重大也。總計此次到會之人數，計有會員一百六十餘人，來賓一百五十餘人，是宜所備之二百五十個坐位不敷應用矣。

除總會會長及大會主席外，所有籌備會各委員及分會職員等一律担任招待；對於引導出席人員之簽到、購劵、放置衣帽及尋覓坐次等，頗為殷勤週到。三時四十分宣告開會，公推分會會長胡博淵主席，領導行禮後，即席報告此次大會之意義及籌備經過。次由總會會長曾養甫先生，政治部部長陳辭修先生，敎育部部長陳立夫先生，會員胡庶華先生等相繼演說，名言讜論，啓發極多。

講演畢，繼之以音樂，計有陳健、黃源泮、王人藝、范繼森之絃樂合奏，胡元民之抗戰大鼓，戴粹倫先生之提琴獨奏，應尙能先生之歌詠，鄧美普女士之鋼琴獨奏，阮振南先生之魔術，渝社劉季陶夫人，薛天漢夫人，穆家瑞小姐，袁業裕先生之崑曲。場場皆有熱烈之掌聲，尤以崑曲一項為甚。餘興畢，舉行聚餐，

8462

同時舉行獻金義賣，成績極佳。贈彩一節，排列雖後，最爲大衆所注意。所有贈品爲熱心贊助之機關、團體、個人、及公司、工廠所捐贈，共分七百獎。特獎之獎品爲五眞空管無線電收音機一座，金別針一只，羊皮衣一件，頭獎爲西瑪標準掛表一只，二獎爲吳稚暉先生篆書一幅，大號電扇一只，三獎爲自來水筆一枝，畫一幅，其餘各獎皆係名貴物品，抽彩自七時半起，至九時半始告結束。依照預定節目尚有工程電影一項，限於時間，不及放映，遂即宣告散會。

(丁)講詞大意：

(a)主席報告詞：「際此第二期抗戰開始，精神動員更屬重要。關於本會進行方針，已由上次臨時大會議定：製煉鋼鐵，調查並登記技術人員，擴充煤產，開發鑛業及發展工業等要案，送呈最高國防會議採擇。本屆大會之目的，在於團結精神，動員工程師與軍事合作。至如何始可適合軍事上需要，特請陳辭修部長，蒞會指導」。

(b)曾會長講詞：「在抗戰時期，工程與軍事之重要，誠如主席所言，本人更以爲國家基本工業建立以後，才能把握最後之勝利。因此，我輩工程界同志，應認清自己責任之重大，務必供獻其智能，以協助國家的抗戰。在這種時期，我們工程界同志，要把握這個時候與機會，奠定我們工業的基礎。這樣不但我們的抗戰會獲得最後勝利，就是於將來建國大業，也有莫大的邦力」。

(c)陳部長辭修講詞：　見工程月刊第一卷第二期。

(戊)會後回憶：

此次大會，由下午三時四十分至九時三十分，歷續六小時之久，列席會員及來賓三百餘人，大會中雖未討論重要提案，然在各人之演詞中，已明白點示出：工程與軍事之關係，工程師在抗戰期間所負之重大使命，以及工程師在今後應循之途徑。到會諸人，自始至終皆有熱烈緊張之情緒。會後渝市各報，如中央、大公、時事、新蜀、新民、新華、西南諸報，皆有詳實之記載與好評，社會人士亦無不表示欣慰與希望之忱。在籌備期間，固賴各籌備委員之悉心規劃；而民生公司、華西公司、成渝鐵路局、工礦調整處、中央工業試驗所、龍章造紙廠、上海機廠等熱忱贊助，多方予以便利，尤足感焉。

(已)會場花絮：

此次大會除會務上已有滿意收獲外，尚有不少小新聞足資記述者，分述如後：

(1)以身作則：總會會長曾養甫先生到會甚早，九時許始行離去，大會之所以能繼續六小時之久，而全場熱烈情緒，始終不懈者，曾會長精神維繫之功也。

(2)美髯超羣：贈彩時，主席忽稱：「場內全體人士，應推胡庶華先生之鬚爲最長，備有特別獎品一份，以資獎勵」。胡先生起立手捋其鬚大聲曰，「諸君亦曾見吾之髯否」，精神口吻，儼然美髯公關雲長也。

(3)招待有方：吳承洛先生本日亦担任招待，站在會場入口處之最前線，招待到會人士，態度謙和，彬彬有禮，而於指點簽到，及安置衣帽諸事，尤無微不至，可謂善於招待，招待必週矣！

(4)堅持到底：是日散會後猶留會場內整理一切者，計有胡博淵、龐贊臣、吳藴初、顧毓瑔、歐陽崙諸人，離場時早已燈火闌珊，夜深人寂矣！

(5)力疾從公：顧毓瑔先生新病初癒，尚未完全康復，本日在場辦理唱名、給獎諸事，任務至爲繁重，雖力竭聲嘶，猶不稍懈，甚至置其夫人之勸其暫息於不顧，是眞力疾從公矣！

(6)獻金救國：龐贊臣先生之贈品，爲金別針一枚，白銀五斤，製成大小銀條數十枚，

8463

上刻「拿異金銀供獻國家」等字，意謂獻金要獻異金異銀，凡抽得此項獎品者，不但不能收爲己有，且須轉獻國家，更要把自己的金銀飾物，一齊拿出來供獻國家，其用意至爲深遠，殆亦贈品中之別開生面者。

（7）賣柑集款：晚餐時，胡贊臣先生出資購買廣柑一簍，顏耀秋先生幫同辦理，義賣獻金，由林繼庸先生提筐，顧毓瑔夫人收款，逼場兜售，每柑定價至少一元，多多益善，頃刻售罄，實得一百七十二元云。

（8）慷慨捐輸：吳蘊初先生到會較遲，其時義賣獻金已過，乘請捐款，吳立書支票一紙，亦爲一百七十二元。

（9）一團和氣：本日到會者：有會員，有各界來賓，有會員之眷屬，端的是衣香鬢影，濟濟一堂，極一時之盛也。尤以每一節目完畢時，無不掌聲如雷，更覺生色。

（10）皆大歡喜：此次贈品特多，每人至少可得一份，故於散場時，無不人手一包，含笑而歸。

（庚）贈品一覽：

曾養甫　Cyma 標準表一只。

胡贊臣　金針一枚（價值百元），銀五斤（大銀餅十五枚，小銀餅十五枚），警鐘一座。

許行成　酒精五十瓶，許繩武先生人物畫三幀。

李組賢　被面四件。

吳蘊初　委員長磁像二個，味精(粉狀)四聽，味精(晶狀)二瓶，Sheaffers hifetime 自來水筆一枝。

胡博淵　吳稚暉先生篆書對聯。

陳文鋒　代柴油十聽（取油證10號）

吳承洛　蘭州出土古錢七百文。

張劍鳴　軍事工程學八本。

陸之順　美麗患珠聖書一本。

胡西園　亞浦耳電燈泡一打。

林繼庸　蔣委員長水印一張。

天盧我生　無敵牌牙膏二打。

朱伯濤　煤一百四十挑

全國度量衡局　一合銅量四個，三稜式公尺比例尺四支，三稜式鑲磁公尺比例尺二支，菱式鑲磁公尺比例尺二支，20公分梯形鑲磁繪圖尺二支，20公分斜邊鑲磁繪圖尺二支，中外度量衡換算表200份，標準紙張尺度表(附二十八年日曆(200份，度量衡換算表30份。

中央工業試驗所　羊皮衣一件，橫酒十瓶，工業中心七卷一期、十一本。

瑞華玻璃廠　玻璃量筒一只，玻璃量杯一只，大口玻塞瓶一只，細口玻塞瓶兩只，試驗管二支，新生活杯四只，螺絲杯四只，二號摩登杯四只，三號刻杯四只。

生生公司　陳皮梅三十匣。

天府煤礦公司　泡粒煤拾噸計一百四十担（煤劵一百四十張）。

慶新紗廠　自紡廿支紗兩包(每包十磅)。

華華公司　異絲國產綢袍料兩件。

合作五金公司　400 彈簧鎖二把，克羅米抽手廿四枚。

中國工業煉氣廠　黑人牌牙膏二打。

中國國貨公司　毛巾五打。

民生公司　書籍四十二册。

成渝鐵路局　中國工程師學會雜誌十九本。

華西牙刷公司　牙刷二百支

資源委員會電工器材第四廠　日月牌三節電池三打。

中國化學工業社　牙膏一打。

同心釀造公司　醬油五十瓶。

中國茶葉公司　紅茶二百份。

五洲藥房　固本肥皂樣品半箱，固本牙膏廿支。

重慶牛奶公司　優待劵二十本(每本十磅)。

中國無線電公司　Fordon model 6188號五管，無線電收音機一座。

華生電氣廠　16" 交流電風扇一架。

8464

龍章造紙廠　日曆十份。

冠生園　糖果三十份。

中國標準國貨鉛筆公司　108號鉛筆六打，100號高等鉛筆十八打，102號高等鉛筆廿四打，紅藍鉛筆二打。

久大精鹽公司　久大精鹽二百五十包。

大鑫鋼鐵廠　白泥古鼎火爐一座。

顏耀秋　飛機紙鎮二十座。

(辛)到會會員：

吳承洛　陸邦興　歐陽崙　顧毓瑔　張大鏞
顏耀秋　胡博淵　李允成　朱民聲　錢鴻威
陸寶愈　羅　冕　趙國華　宋墳章　朱　謙
程宗陽　程志頤　龐贊臣　張劍鳴　章錫綬
黃典華　吳慶源　鄭禮明　劉昌齡　蘇　蕎
李毓琪　陳松庭　李純一　江超西　章儀根
曾養甫　朱師度　陸爾康　朱一成　錢鳳章
范武正　吳鍾秀　李嗇田　沈乃菁　朱玉崙
王葆和　王子祐　孫越崎　林業建　林繼庸
傅錫康　楊本源　陳　東　王仁福　唐瀚章
馬燮芳　任鴻雋　楊振古　高步崐　盧毓駿
劉文藻　張永杰　郁國城　彭中立　唐季友
楊家瑜　黃步高　陳國康　李祖賢　秦名興
魏元光　劉貽燕　陳仿陶　石志仁　劉晉暄
孫輔世　黃家驊　蕭　寬　尤巽照　范　維
李公達　梁　強　許行成　姚文尉　王懷琛
胡庶華　周鐵鳴　李松泉　張可治　顧毓琇
楊公庶　唐永健　陳立夫　胡　嗣　楊繼曾
龔積成　關頌聲　黃鶴如　曾　璋　李世瓊
周玉虹　王啓賢　周庚森　陳　章　楊叔藝
陳澤鳳　葉桂馨　吳大榕　劉興亞　田　澂
馬德建　張家祉　曹理仰　沈覲宜　曹煥文
程亞青　竺肇偉　楊僑初　殷一士　陳亥錚
戈福祥　單基乾　王建瑨　余名鈺　黃錫恩
葉世強　徐覺民　廖家鳳　盛崇通　張紹石
金開英　尤寶照　蕭之謙　顏　璉　徐宗涑
王端驤　張克忠　徐名材　盛紹鈞　薛威麟
郭仰汀　鮑國寶　王平洋　朱譜然　錢崇澍
陳體榮　李崇典　何顯華　何永驥　謝樹英
張鴻圖　施文福　劉　杰　宋福祺　吳蘊初
金耀銓　郭養剛　魏學仁　周大鈞　吳國柄
孔令瑢　張文潛　徐恩曾　徐崇林　趙秉良
武維周　楊繩武　楊瓊玖　楊立惠　聶光墀
唐孩宗

(四) 昆明分會成立經過詳情及最近工作概況　莊前鼎

(甲)籌備之經過：

中國工程師學會分會，前在昆明尚無是項組織，去歲十二月初，鄙人等鑒於中國工程師學會同人，由各地來昆明服務者，日益增加，為聯絡感情，交換意見，相互協助及策勵起見，認為有組織昆明分會之必要。爰由鄙人通函本地各工程機關，代為調查本會在各機關服務人員，並代為邀請，聯名發起組織本分會，嗣後共收覆函二十餘件，贊成列名發起者約七十人左右。鄙人接讀覆函以後，當即積極進行，先定於本年一月廿九日，在北門街七十一號舉行第一次籌備會，由各機關服務同人邀請一二位出席，交換對於籌備事項之意見，並請劉仙洲先生擬定「分會章程草案」為研究討論藍本，是日到會者共十五人，議決事件如下：

(a)逐條討論本分會章程草案，如有不妥之處，加以增刪及修正，以便成立大會開會討論時，節省時間。

(b)推定沈昌、金龍章、龔學遂、莊前鼎、徐佩璜、汪瀏、朱健飛，薩福均、楊克嶸、鄒恩泳、方剛等十一人為籌備委員，由莊前鼎負責召集，惟因時間匆促，開會需時，故即以該會議為籌備會議，並當場推定楊克嶸、鄒恩泳、莊前鼎三人為籌備成立大會負責人。

(c)規定二月十二日下午三時，假雲南大

學大禮堂開成立大會。

(d)繼續調查在昆明或昆明附近服務之會員，以便約請參加成立大會。

(e)會員莊前鼎願供獻清華研究所所址(北門街七十一號)，爲本會會址。

(乙)成立大會之情形及各委員會之委員題名錄：

二月十二日下午三時，假雲南大學大禮堂舉行成立大會，共到會員三十八左右，當推楊克嶸先生爲臨時主席，行禮如儀後，首由莊前鼎報告籌備經過情形，次卽討論及修正章程草案，旣請省黨部代表致詞，隨卽選舉職員，繼之以攝影，迨會長致詞後，卽行散會。選舉結果如下：

會　長　徐佩璜
副會長　楊克嶸
書　記　莊前鼎
會　計　金龍章

分會成立以後，當卽進行成立各種委員會，玆將各委員會及其委員之姓名列后：

(a)學術演講及工程報告委員會：金龍章(主任委員)　施家煬　方剛

(b)職業介紹委員會：龔學遂(主任委員)　莊前鼎　孫肇璽

(c)研究國防工程委員會：楊克嶸(主任委員)　汪瀏　邢契辛

(d)集會委員會：莊前鼎(主任委員)　吳琢之　蕭揚勛　趙述完　夏鄭勛　鄒恩泳

(丙)本分會成立後進行之工作概況：

本年二月十五日，本分會舉行叙餐，到場者：徐佩璜、楊克嶸、莊前鼎、金龍章、龔學遂、孫肇璽、方剛、鄒恩泳等，商決各項事件如下：

(a)擬定各委員會名單由分會正式函聘。

(b)會址暫設北門街七十一號，請莊前鼎指撥空房一間，供分會辦公之用；指定職員一人，兼辦分會事務，由會略與津貼，並置分會名牌一塊，懸掛門外。

(c)速備呈文，呈請省黨部將本會備案。

(d)擬就啓事，徵求團體會員。

(e)擬就會員調查表，分發各會員繕填寄會。

(f)會員調查完竣後，卽按各會員專技，組織各專門組，於各組中請定一人，召集成立，以便推定負責組長，關於協助解答工程問題，卽由各組分別担任。

(g)向重慶分會吳承洛先生或徐名材先生索取新會員入會申請書，以便徵求新會員。

(h)速將本會組織成立情形及章程呈報總會。

(i)會員調查完竣後，卽編印會員錄。

(j)速備分會圖章，定印信紙信封，及會費臨時收據。

(k)分會成立大會照片，在下次常會時，由會員認購。

(l)在下月初旬，先開常會一次，爲聯歡會性質，準備茶點餘興，歡迎眷屬參加，由集會委員會籌備(順便招待各機關代表)。

(m)舉行常會後，卽由學術演講，及工程報告委員着手籌備，舉行學術演講會。

(n)關於解答工程問題，先用新聞宣傳，徵求問題，以便作答。

(o)以後分會職員及各委員會主任，每月至少集會一次。

(丁)首次聯歡會誌略：

據上次叙餐時之決定，爰定於本年三月十九日，假北門街七十一號，舉行聯歡大會，社員及眷屬蒞會百餘人，各機關代表及外僑之被邀蒞臨者，亦有百餘人。會序首爲遊園，藉此得瞻唐公繼堯之墓，遊畢攝影，繼以茶點，餘興，茶點既豐，遊藝更精，頗極一時之盛。最後會員納費，卽行宣告散會。

(附)最近擬於四月中旬舉行公開學術演講會，進行會員調查，以便編印會員錄，並擴大徵求新會員等工作。

（五）香港分會消息

香港分會由沈君怡　黃伯樵、夏光宇等發起組織，三月一日開成立大會，到會員三十七人，通過章程，選定職員如次：

會　長　吳蘊初

副會長　翟寶樹

書　記　張延祥

會　計　吳達模

通信處爲香港必打街必打行七樓四號張延祥君轉，已登記會員達七十四人。

（六）桂林分會消息

(甲)中國工程師學會桂林分會暫行章程

宗旨　本分會以總會之宗旨，卽『聯絡工程界同志，協力發展中國工程事業，並研究促進各項工程學術』爲宗旨。

會員　本分會以總會通過之會員，現居桂林及其附近各地者，爲本會會員。

職員　本分會設會長一人，副會長一人，書記一人，會計一人，由全體會員票選之，任期一年，連舉得連任一次。

會務　本分會爲便利會務之推進起見，得設立各種委員會。

會費　本分會得代總會照章徵收會費。

開會　本分會每兩月舉行會員常會一次，由會長召集之。於必要時，得由會長召集臨時會。

本章程其他未盡事宜，悉依總會章程爲準

(乙)中國工程師學會桂林分會辦理會務事項

設計委員會　關於戰時軍事工程之協助，及戰後復興工程之計劃及準備，推選會員九人，組織委員會，專司其事。

編輯委員會　關於本會各種編輯及發行事項，推選會員三人，組織委員會，專司其事。

社會服務委員會　關於登記會員資歷，介紹工程職業，及答覆各界工程問題之諮詢，推選會員五人組織委員會，專司其事。

(丙)職員名單

會　長　惲　震

副會長　李運華

書　記　馮家錚

會　計　譚頌獻

計劃委員會主任委員　梁伯高

編輯委員會主任委員　徐均立

社會服務委員會主任委員　莊智煥

(丁)中國工程師學會桂林分會會員調查表

汪祖志	朱一成	鄧玉成	汪德官	沈樹仁
劉建功	俞顯昌	蔣葆增	朱規鬫	吳祖愷
陳　熙	徐均立	汪廷鏞	周維翰	莊智煥
封祝宗	譚頌獻	潘翰輝	惲　震	陳良輔
顧穀同	余耀南	柴崇炳	覃余肅	劉章鈞
馮家錚	陳俊雷	夏憲講	王祖烈	馮　介
梁伯高	蒙新機	盧翰光	唐嘉堯	凌兆輝
胡福良	楊乃俊	羅孝鑑	茅以新	唐江濤
潘福瑩	陶壽康	張還榮	梁　荃	朱譜康
尹　政				

（七）貴陽分會消息

正由薛次莘茅唐臣等發起籌備中，

（八）蘭州分會消息

正由陳體誠等發起籌備中。

8467

編輯後記

中國工程師學會原刊行之『工程』，本爲季刊，後改爲雙月刊，直至抗戰發生之前夕，已出至十二卷第四期。去年本會臨時大會議決出版戰時特刊『工程月刊』，本來仍承『工程』所負之使命，而改出月刊是希望增加與讀者接觸的機會。但因爲印刷的困難，原定計劃不得不有所變更。所以一方面將『工程月刊』第一卷第一期及第二期分別作爲『工程』第十二卷第五期及第六期，使第十二卷完成全卷。第十三卷起，仍恢復雙月刊，封面亦用『工程』兩字以維持刊物之連續性。

前一期原定登載關於『金』及『煤』之文稿，因篇幅關係，只登了關於『金』的文稿，而煤的文稿，改在本期刊登。孫越崎先生是中福、天府、及嘉陽等煤礦公司總經理，他在去年本會臨時大會中曾演講關於四川之煤礦問題，本期『四川之煤礦業』一文，就是孫先生的講稿。『四川煤焦供給問題』一文，是經濟部礦冶研究所朱玉崙所長研究所得的結果。土鐵問題在『工程月刊』第一期中，曾有周志宏先生的一篇研究論文，本期有謝家闓先生的『川產鉎鐵之檢討』一文，可以與周先生的論文互相參攷。謝先生是在兵工署材料試驗處担任研究工作。葉剛先生的視察銅梁土法煉鐵事業報告，有許多材料可供研究鋼鐵問題的作參攷。測繪工程在中國是一種比較新的科學，這期有測繪工程界的權威曾世英先生的『我國測繪事業的檢討』一文，提出許多重要的問題及指出今後的途徑。

因爲印刷的困難，特別在五月三日五月四日重慶大轟炸之後，本刊出版延期，使厚望本刊的各方讀者，時作關心的詢問，本刊同人應表感謝及抱歉。

工　程

第十三卷　第一期

編輯兼發行者：　中國工程師學會工程雜誌社

重慶郵政信箱二六八號轉

定　　價：　全年六期，國內三元五角，香港四元。

國外五元，半年減半。

本期另售每册六角。

出版日期：　民國二十八年六月

歡迎惠寄稿件，刊登廣告，并代理銷售

8469

本期經渝市圖書雜誌審查委員會發給審查證雜字第一三二一號

工程

第十三卷　第二三期

目錄

中國工程師學會工程雜誌社發行

渝鑫鋼鐵廠

熔煉

合金鋼　鉻鋼　鉻鎳鋼　炭素鋼　高錳鋼　錳鋼

鑄製

合金鐵　韌性鐵　耐火鐵　強性鐵　耐酸鐵　鋼性鐵

設備

炒鐵部　冶鐵部　燃料部　電焊部　電力部　冷作部　紅爐部　機器部　模型部　翻鑄部　合金部　製釘部　拉絲部　軋鋼部　鍊鋼部

出品

鉚釘　螺絲釘　元釘　洋元　扁鋼　竹節鋼　圓鋼　方鋼

承造

礦材料　機器路　廠各種　實業工　起重機　抽水機　磚瓦機　捲烟機　麵粉機　製革機　橋樑　鍋爐　輪船

工程

第十三卷　第二三期

目錄

抗戰期中發展四川小電廠芻議

胡叔潛 蔡家鯉

目 次

(一)緒 言

電氣事業，創始於公歷十九世紀末葉。紐約電廠，成立於一八八二年，可稱世界電廠之鼻祖。近五十年來，各國電氣事業，俱已突飛猛進。吾國電氣事業，比較落後；近十年來，始稍有長足之進步。據建設委員會二十五年度統計：全國電氣事業，在民國十五年，發電度數總共為 751,000,000 度，在民國廿四年，已達 1,568,737,000 度。在十年以內，業已增加兩倍以上（參看附圖一）。平均每年約增加至90,000度。但與各國 1935 年（民國廿四年）發電度數比較：俄國 25,909,0^0,000 度，英國15,587,000,000 度，日本 22,346.000,000 度，相較之下，吾國電氣事業，尚在萌芽時期。惟在過去十年中，國事蜩螗，金融困難，尚能有如此之進步，實已難能可貴。不幸倭寇侵華，省外電廠，或被毀於炮火，或淪於敵寇之手，致正在發展之電氣事業，銷滅殆盡。後方建設，正待興辦，電氣事業為一切工業動力之母，尤有盡量發展之必要。惟當此抗戰期中，交通阻塞，運輸困難，籌設大規模之電廠，機器材料，難以運入。且地域廣闊，雖有三五大電廠，亦難望其立即用高壓輸電遍及各地。是以各地小電廠，實有設法盡量發展擴充之必要。庶幾適應抗敵需要，可以擔負後方建設工作。作者因鑒於吾川電氣事業責任之重大，參照最近吾川電氣事業之概況，分析目前設立小規模電廠之利弊，盡量提倡電氣製造事業，且為挽回國家漏卮起見；謹此貢獻改進現有電氣事業之意見，草擬發展四川小電廠芻議。願與海內熱心電氣事業人士，共商榷焉。

(二)四川電氣事業之概況

吾川地域袤廣，人口衆多，物產豐富，素稱天府之國。在中國行省中居第一位。礦產蘊藏極大，農作物產量尤多。其餘資源，幾乎應有盡有，實為資源寶庫。過去曾有人估計謂：四川物產，可供給全國工廠最多之原料，決非過譽之談。只以交通未便，災禍頻仍，迄今尚未從事開發。輕重工業，俱少興辦。電氣事業，方始發軔。據民國二十四年建委會調查：全川共有電廠34家。其中九家，皆已停閉，或歸併。至廿五年，在建委會註册領照者，只有22家，不能概括全川所有電廠。惟據廿六年度四川建設廳人員調查：全川共有電廠54家。其中有三家正在籌備中，尚未開燈營業。茲將各縣電氣事業，列表如次：（參照四川建設廳二十五年統計表及建設週訊四卷十二期秦開節先生所著「四川省之電氣事業」）

第一表：二十六年四川電氣事業一覽表

縣名	廠名	投資數目(元)	發電容量(瓩)	備考
重慶	重慶市電力公司	4,000,000	12,000	
成都	啓明電燈公司	800,000	3,302	
合川	民生公司電燈廠	100,000	80	尚有100匹馬力柴油機一部
瀘縣	濟和水力發電廠	216,000	140	廿七年又添175瓩水力機一部
宜賓	宜華電氣公司	119,000	85	
資中	裕豐電燈廠	15,000	20	
金堂	金堂公營水力發電廠	75,000	40	擬增40瓩發電量
內江	朔明電廠	60,000	48	廿七年增設32瓩發電機一部
綿竹	光明電氣公司	34,650	30	
涪陵	興濟電燈公司	20,000	52	
樂山	嘉裕電氣公司	35,600	252	
新都	新[illegible]縣政電燈管理處	17,600	20	擬增20瓩
南充	南充電燈公司	15,500	20	
自流井	泰豐電燈廠	10,000	10	廿六年曾增7瓩左右
崇慶	復興電燈公司	4,000	7	
江津	大明電燈公司	30,000	56	尚有37KW已售出
北碚	三峽染織廠電燈部	10,000	50	廿六年增加48瓩
璧山	興記電力廠	6,000	12.6	
廣漢	廣漢電燈公司	34,000	42	擬增42瓩
溫江	翊明電燈公司	5,000	12	
開縣	明星電燈公司	12,000	255	
合江	通明電燈公司	25,000	30	
銅梁	光明電廠	2,500	10	
貢井	明星電燈公司	6,400	5	
岳池	明光電燈公司	7,000	4.8	
渠縣	明明電燈公司	80,000	20	
華陽	中和場電燈公司	25,000	12	
奉節	奉節電燈公司	3,500	5	
奉節	明明電燈公司	30,000	92	
遂甯	遂甯電燈公司	5,500	18	

射洪	太和鎭電燈公司	28,740	20	
安縣	安縣水力電廠	3,000	2	
江安	江華電燈公司	5,000	6.6	
筠連	筠光電燈公司	2,500	4.8	
鄰水	鄰水電氣公司	22,000	12	
南川	明明電業公司	10,000	17	
綦江	啓明電力公司	5,000	11	
眉山	眉山電燈公司		17.5	
萬縣	萬縣電力公司	370,000	172	最近擬增至520瓩
彭縣	彭縣發電公司	12,000	10	
榮昌	光明電燈公司	8,500	8	
綿陽	綿陽電燈公司	2,000	6	
樂至	樂至電燈公司	3,000	6	
榮縣	容光電燈公司			未詳
墊江	墊江電氣公司			未詳
青木關				未詳
永川				未詳
富順				未詳
石橋				未詳
長壽	恆新電化公司			未詳
洪雅				未詳
新津		5,000		未詳
雅安				未詳
資陽	資陽電燈公司			未詳

此外正擬興辦者，尙有××電廠，×××之×××業電力廠，及××水力發電廠。至於工業發電廠，已知者有下列各處。遷川各廠亦有自行發電者，未列入下表。

第二表：　四川工業發電廠

地名	廠名	發電容量(瓩)	備考
巴縣	××××××	1500	汽輪發電機
隆昌	石燕煤礦	100	汽機最近并擬擴充
成都	興業水力發電廠	107	供給兆豐麵粉廠動力
廣漢	第一平民工廠		未詳

三　峽	資源電池廠		未詳
巴　縣	自來水廠	500	已停而未用，聞已將機件售與永利，運自流井安裝中

由第一表觀之：廿六年度四川電氣事業，電總容量僅16,80瓩左右。以與江蘇一省國人經營之電廠125,740瓩容量相較，尚不及八分之一。連同工業發電及最近擴充機量，亦在19,000瓩以下。各省電化程度，據建設委員會廿五年度統計，有如下表：

第三表：　各省電化程度

省　別	銷電度數（千度）	全省人口（千人）	電化程度（平均每千人之銷電度數）
江　蘇	1,178,500	39,173	30,084
安　徽	9,533	22,696	420
浙　江	50,566	21,231	2,381
廣　東	134,120	32,290	4,152
廣　西	5,423	13,385	405
四　川	10,381	52,963	196
雲	5,166	11,995	431
貴　州	376	9,043	46
湖　南	18,108	30,075	603
西　康	40	968	41
陝　西	888	8,863	100
河　北	114,663	31,197	3,679
綏　遠	2,179	2,084	1,042
西　藏	158	3,722	42

吾川電氣事業之未臻發達，可由表中概見之，目前沿海各省大都淪陷。四川號稱民族復興根據地，具有得天獨厚之富源。加以全國人材金融，俱已薈萃川中。政府當局，亦正力謀開發蘊藏，振興實業，實爲川中電氣事業發達之良好機會。倘能盡量發展，進而加強抗戰力量，增進後防工作，亦正吾川經營電氣事業者報國之絕大機會也。

（三）設立小規模電廠之利弊

就電氣工程原則而論，集中發電，最合於經濟原則。以其成本低廉，管理省事之故。是以政府當軸，近年來，對於設立小規模電廠，頗有限制。同時竭力籌設大規模電力廠，以求一勞永逸。工程界人士，亦莫不希望集中發電之能早日實現。然而處此非常時期，興辦大規模電力廠，頗多困難。如機器之購置，材料之運輸，經濟之窘困，集資之不易等等，俱有相當之礙難。此種事例，過去甚多，不待繁言。如於此時始向省外購置機械，不知何年何月，方可運入省內，同時需要迫切，，未遑久待，遷川工廠，不下五十餘家，陸續尚有由漢遷來者，如動力問題有完滿解決，則以可早日開工矣。故就此種特殊局勢及吾川地勢而論，在目前設法發展川中各小電廠，未始非爲補救辦法。玆將目前設立小規模電廠之利弊，分析如次，藉供參考。

設立小規模電廠之優點有六：

（一）興辦容易，創立小規模之電廠，資本有限，籌集較易；不如大電廠之開辦費，動輒需款百萬以上。在此金融困難之際，一般企業家，投資未必能如戰前之踴躍。投資者人數勢必加多，方可興辦。然而人數既多，關係增繁，意見難齊，糾紛又多。許多大規模工廠，籌備已久，迄今未能實現，多半由於此故。小電廠所需機件較小，材料較少，購置配備，俱較便利。即使某項材料，十分缺乏時，亦可設法用其他材料代替。原動機電機亦較易覓得。內江電廠，在滬戰發生以後，方始着手擴充事宜，未及九月，即已擴充32瓩之發電量。且於三月內成立茂市鎮分廠。增加之發電容量雖然有限，亦可證明興辦小規模電廠確較創設大電廠爲易。

(二)適合環境需要。在此電氣事業尙未發達之際，普通縣鎭市場，亦未見十分繁榮，新興工業尙少，手工業勢力尙盛。川中除成渝萬瀘等繁盛城市以外，其餘一百餘縣，最近尙無大量用電之需要。遷川工廠雖然衆多，倘分佈於各縣，所需動力亦不爲鉅。若只於成渝萬瀘等地盡量擴充大電廠，集中發電，然後用高壓輸電送至各縣；因各縣目前需用電力有限，高壓輸電，是否經濟，亦屬疑問。何況輸電材料及工程方面，尙有許多困難，仍不如在各縣鎭分設電廠，徐謀發展。旣較普遍，對於目前環境及需要，亦比較適合。

(三)利益穩定。過去川中各縣小電廠，大都因缺乏專門人才，管理組織，亦未見健全，虧損者多而盈利者少。但若管理得法，未必不能獲利。即以某電廠而論，過去每年虧損，逵萬元左右。昨年稍加整理，十一月中即已有盈餘六千七百餘元。當此非常時期，經濟維艱，百業俱受影響，而各處電廠收入，俱未見短少。較之其他事業，不易遭受社會經濟影響，故穩定性較大。據建委會統計，廿五年份本國經營電氣事業293家盈虧類數有如下表：

從上表可見：三等電氣事業，虧損者僅12家，盈利者58家。最普遍之盈餘爲2.8%。四等電氣事業虧損者66家，獲利者111家，最普

第四表：　二十五年份293家電廠盈虧情形

盈虧百分率 %		一等電氣事業 頻數	%	二等電氣事業 頻數	%	三等電氣事業 頻數	%	四等電氣事業 頻數	%	各等合計 頻數	%
虧損	−40至−35.1										
	−35至−30.1					1	1.4	1	0.6	2	0.7
	−30至−25.1							1	0.6	1	0.3
	−25至−20.1			1	2.9			2	1.1	3	1.0
	−20至−15.1							5	2.8	5	1.7
	−15至−10.1							2	1.1	2	0.7
	−10至− 5.1			1	2.9	1	1.4	14	7.9	16	5.4
	− 5至− 0.1	1	9.0	1	2.9	10	14.3	41	23.2	53	18.1
盈餘	+ 0至+ 4.9			5	14.3	15	21.4	63	35.6	83	28.3
	+ 5至+ 9.9	2	18.2	4	11.4	13	18.6	19	10.7	38	13.0
	+10至+14.9	1	9.1	9	25.6	14	20.0	19	10.7	43	14.7
	+15至+19.9	2	18.2	5	14.3	9	12.9	4	2.3	20	6.8
	+20至+24.9	2	18.2	2	5.7	1	1.4	2	1.1	7	2.4
	+25至+29.9	2	18.2	5	14.3	4	5.7	3	1.7	14	4.8
	+30至+34.9			2	5.7	2	2.9			4	1.4
	+35至+39.9	1	9.1					1	0.6	2	0.7
共計		11	100	35	100	70	100	177	100	293	100
衆數					+12.8%		+2.8%		+1.6%		+2.1%

遍之盈餘百分率為1.6%。故以平均而論，獲利者多而虧損者少。三四等電廠，雖不如一二等電廠獲利之豐，然而多辦小廠，積少成多，仍與大廠相差無幾。

(四)富於活動性。小規模電廠，機件有限，易於搬遷。營業方面，亦較易於操持。逐漸擴充，殊非難事。擴充之後，舊機即使不能再用，亦可移往較小縣鎮使用，不致置原有設備於不用。且多設小廠，未必全體俱遭虧損。倘大電廠管理者失當，虧必數十萬，反不如多設小電廠之能伸縮自如，互相補濟，金融方面，亦較活動也。

(五)被毀機會較少。當此抗戰期間，敵機到處肆虐。保護雖極嚴密，終不免有毀於敵彈之危險。故在此積極抗戰期中，工廠集中，甚為危險。創立大規模電廠，使動力集中，危險性更大。至於意外事件如機器故障等，發生於大電廠時，其所受損失及對於社會之影響，尤較小電廠為甚。故不如分設電廠於各地之較為安全也。

(六)提倡國貨。試觀大電廠中，一切設備，大都均是外國廠家製造。目前不但不易購入，縱能運入，亦不過為外國廠家推銷成品，漏卮之大，不言而喻。同時中國電氣製造事業，反感銷路困難。故不如多設小廠，盡量採用國產機件。既可減少漏卮，復可與國營電氣製造事業以相當鼓勵。可由此而逐漸發達，實一舉而兩得也。

凡事有利則有弊，電廠亦不能例外。茲將小規模電廠之缺點列舉如次：

(一)成本較高。小電廠銷電力量有限，機械效率不高，燃料耗費較大。同時營業收入不多，即使費用盡量縮減，亦有相當限度。發電成本，自不能如集中發電之經濟合算。雖然，發電成本除燃料外，管理及事務營業費用，仍佔大部份。若管理得法，機械使用至最大效率，一切損失減至最低限度，以減少靡費之燃料，并盡量開源節流，推廣營業，盡量發電，裁減一切不必需之開支，發電成本，亦不至於過高。至少可較洋油燈經濟，用電者可望逐漸普遍。

(二)管理較繁。三四等電廠，規模雖小，組織不能不完備。事務，營業，工務各項工作，亦頗冗繁；人員不能過少。單以工務方面而言，欲求工程方面能有良好之結果，勢必延用高級工程人員，負責管理，始能有優良之效率。目前川中各小電廠，乃有不用高級工程人員，而只用工人學徒者。不但一切設施，多不合理，工作亦難合意。故障既多，隨時停電，用戶多感不便。機器尤易受損，壽命短促，反而不為經濟。電廠之需要高等會計人員，亦復如是。不過每一小廠設一高級工程及會計人員，負担似乎太大，此實為辦理小電廠之最大困難。此項困難，可由下章所述設立小電廠羣辦法解決之。

(三)預備機件簡略。通常小電廠，皆因資力不裕，少有預備機械，備件亦不充足。大多俱是一部機械發電，萬一不幸遇有故障，缺乏代替機件，只有被迫停電，否則機械應加修理時，亦以維持繼續發電之故，不能徹底修理，於是機械之疾病愈拖愈深，壽命自然大為減短。欲解決此項困難，亦只有設立小電廠羣可以收效。

(四)不能大量供給工業用電。一般小電廠，皆因發電力量有限，除供給燈用電流外，少有注意在可能範圍內吸收工業用電。於是晝間多停機不用，既不經濟，發展亦較困難。倘各項工廠，能散居各縣，每一小電廠單獨供給一二小工廠之動力，對於整個實業建設，不無裨益；并可促進各地小電廠，使其漸趨於發展途徑也。

(四)發展四川小電廠之管見

吾川目前電氣事業之概況，既已述明如上

8480

；設立小規模電廠之利弊，亦經分析縷述，茲就管見所及，草擬發展吾川小規模電廠之辦法計分(1)電廠羣之設立(2)電氣製造業之提倡，(3)小規模工業用電之獲取，(4)已辦電廠之改善，(5)創辦此項小電廠之集資方法。逐一分述如次。惟限於篇幅，只能作概括之敍述，不能作爲詳細之計劃。作者只願因此拋磚引玉，能使各方注意。尤望電業界同人，羣起共同研討，努力求其實現。吾川電氣事業如能早臻發達，對於國家社會裨益，當非淺鮮也。

1.電廠羣之設立　小規模電廠單獨存在，所受之最大困厄，厥惟高級工程會計人員之延聘，預備機件之缺乏等等。若成立電廠羣，以一電廠爲核心，鄰近諸電廠成皆受其管轄，由一高級工程人員管理各廠，當無困難；會計方面，亦可將總帳設於核心電廠。於是核心電廠成爲總廠，其餘均爲分廠，不設總帳，完全受節制於總廠。管理既便，用費亦省。廠數既多，預備機件，亦較容易設置。一切事務，俱可收集中通籌之利。譬如修理設備，較驗設備，均可備齊一套。材料物件，彙購彙運，既省事而又便利。工人雇員，視各廠工作之需要，隨時調動，營業方針，全歸劃一，以免紛歧。互相協助，互相鼓勵。較之單獨經營一廠，利便多矣。茲就地域關係爲交通便利計，爰將吾川未設電廠各縣，在第一期劃爲八區，每區設一總廠，管轄鄰近三五分廠。除由附圖3繪明外，再列表如次，以便參考：

上表係最初第一期擬設之發電容量。共計總廠8，分廠43處。總共發電容量1850瓩。將來如能次第完成，逐漸擴充，發電容量當不止此。至於原動機之選擇，視地域之產煤與否，採

第五表：　第一期擬設之電廠及其發電容量

區別	總廠 廠址	總廠 原動機	總廠 電機容量	所轄分廠 廠址	所轄分廠 原動機	所轄分廠 電機容量	備考
1	忠縣	蒸汽機	100瓩	巫山	蒸汽機	30瓩	
				達縣	瓦斯機	40瓩	
				開江	瓦斯機	10瓩	
				酆都	蒸汽機	50瓩	
				石柱	蒸汽機	20瓩	
				梁山	瓦斯機	30瓩	
2	遂甯	蒸汽機	100瓩	廣安	蒸汽機	50瓩	
				蓬溪	瓦斯機	30瓩	
				南	蒸汽機	50瓩	
				大足	蒸汽機	20瓩	
				安岳	瓦斯機	50瓩	
				銅梁	蒸汽機	30瓩	
				隆昌	蒸汽機	50瓩	
				安富鎮	蒸汽機	20瓩	
				梓木鎮	蒸汽機	10瓩	

8481

3	內江	汽輪	500瓩	白馬廟	柴油機	10瓩	已設立
				威遠	蒸汽機	30瓩	
				資陽	蒸汽機	30瓩	
				簡陽	蒸汽機	50瓩	
4	綿陽	蒸汽機	100瓩	梓橦	瓦斯機	20瓩	
				中壩	瓦斯機	20瓩	
				德陽	瓦斯機	20瓩	
				中江	瓦斯機	30瓩	
5	灌縣	蒸汽機	50瓩	新繁	蒸汽機	20瓩	
				崇甯	蒸汽機	20瓩	
				郫縣	蒸汽機	30瓩	
				雙流	蒸汽機	20瓩	
				大邑	蒸汽機	20瓩	
6	雅安	蒸汽機	50瓩	邛崍	蒸汽機	30瓩	
				名山	瓦斯機	20瓩	
				榮經	蒸汽機	10瓩	
				天全	瓦斯機	10瓩	
7	五通橋	蒸汽機	200瓩	仁壽	蒸汽機	50瓩	
				青神	蒸汽機	20瓩	
				井研	蒸汽機	20瓩	
				夾江	蒸汽機	30瓩	
				峨眉	蒸汽機	20瓩	
				犍爲	蒸汽機	50瓩	
8	南溪	蒸汽機	30瓩	高縣	蒸汽機	20瓩	
				珙縣	蒸汽機	10瓩	
				長甯	蒸汽機	20瓩	
				慶符	蒸汽機	20瓩	
				敘永	瓦斯機	20瓩	

用汽機或瓦斯機。中川小瀑布到處皆是，可擇其適宜者利用小規模水力機。因缺乏相當調查資料，故未列入本表。表中所列電廠，有已興辦者，有已註册而正擬興辦者，有已開辦而又陷於停頓者。作者不過舉例表示，至於實施方面，步驟或有不同。或先或後，或增或減，進行方式雖可變更；設立電廠羣之主旨不失，則無礙矣。

2.國營電器製造業之提倡　國內電器製造業近年逐漸發達。資源委員會電工器材廠籌備委員會，廿六年曾編印「中國電器製造事業一覽表」一種，極爲詳盡。茲就製造品分類列表如次。爲避免冗繁起見，未列製造廠家名稱，僅於備考欄內註明各廠地址，以資參考。至於不屬電廠用品如電筒。乾電池，及電信器材等亦未列入。

第六表：國內電氣製造業概況

製造品名稱	廠家數目	備考
發電機	6	全在上海
電動機	4	一在太原三在上海
變壓器	5	全在上海
油開關	3	全在上海
電表	2	全在上海
配電盤	2	全在上海
電表試驗台	2	全在上海
電線	1	全在上海
電瓷材料	12	山東一，天津二，唐山一，××二，上海六
電木材料	13	全在上海
電燈泡	38	天津一，餘在上海，有十九家，只製電筒泡
製燈材料	16	廣州兩家，餘均在上海
霓虹燈	4	全在上海
電扇	8	太原一家，上海七家
電熱器具	7	山東一家，上海六家
電焊桿	1	在上海
電氣冰箱	2	在上海
蓄電池	11	廣　二家，浦口一家，上海九家

由上表可見：國內電器製造廠家，雖屬不少；目前俱因戰局關係，太多停頓。遷至內地者，實佔少數，遷入川中者僅有五家。其未受直接影響者，僅××××電瓷廠，××玻璃瓷器總工廠兩家；及廣州永光，恆利兩家；香港華美等數家而已。當此交通困難之際，運輸發生問題，何況外匯高漲，舶來品價格飛騰。仰給於外貨之供給，漏卮旣大；能否源源輸入，盡量供給，亦屬疑問。故欲在目前發達四川電氣事業，電器製造業，實有盡量提倡之必要。好在遷川之電器製造廠家，近已漸次開工。原料供給，亦無絕大困難。倘能與全川電廠通力合作，互相勵策，使電器材料之供給與需要，全相符合。同時實業家，金融家，與以盡量協助。至少供給全川之電器材料，綽有餘裕。所有新建各小電廠，供電方式完全劃一。原動機，發電機，亦採取標準程式，以便於製造修配。茲爲便利計，爰將電廠需用各項器材，分別種類，簡述其製造方式，及配件原料來源如次：

（1）原動機　電廠所用原動機，在大電廠多係採用汽輪，目前尙難於製造，大半多自外國廠家購來。小電廠之原動機，則爲蒸汽機，柴油機瓦斯機，水力機等；亦有採用火油機者。據建廳統計全川電廠有透平機5部，水力機6部，蒸汽機18部，瓦斯機16部，柴油機15部，火油機3部。目前油類燃料來源斷絕，即使能設法購得，亦不經濟，故只有採用蒸汽機，瓦斯機，及水力機三種。距產煤區域近者，以採用蒸汽機較爲合宜。能利用水力者，盡量採用水力機。否則可裝置瓦斯機，以省燃料。此三種機械，川內俱可設法製造。××××機廠，已出有4馬力及15馬力之鍋爐蒸汽機全套。試用於南渝中學及川東某縣，成績斐然。旣省煤而効率亦不爲低，與舶來品相差無幾。價格則較廉。至於小規模之水力機，亦易製造。金堂安縣之水力機，皆係川中製造。雖然効率稍差，暫時亦甚合用。瓦斯機更不困難。目前各小電廠所用者多係由汽車頭改製，暫時應用。亦頗合宜。總之機量相同者採取同一式樣，以便製造。譬如蒸汽機在40馬力者，採取臥式單缸閥汽瓣。鍋爐則用臥式迴焰管鍋爐。汽壓，轉數，汽缸直徑行程，以及各項零件完全相同。可以多量製造，成本較輕；修配零件及設從備件，均較方便。水力機瓦斯機亦復如是。

（2）發電機及電動機　目前川中所用發電機式樣程式，全用交流，50週波，220伏電壓。至於大小，可分10瓩，20瓩，30瓩，50瓩，100瓩數種。電動機亦全用交流可分1.1,2,3.5,5,7.5,15馬力數種，樣式全採一律。目前中國無線電公司正擬製造，遷川工廠，亦有可製造者。原料工具雖不甚多，亦可設法覓得。不久想必可有成品出現。

（3）變壓器及配電盤電表等　30瓩以下之小電廠，若有特殊情形，可不採用變壓器，較爲省事。配電盤亦不難製造。電表等即使不能製造，亦可由飛機運入。油開關在小電廠內可用自動保險開關代替。電阻器可用電阻線製造。較困難者，爲電度表。但小電廠之表燈用戶甚少，全係包燈，暫時營業，亦無多大妨礙也。

（4）電線材料　小電廠內所用銅線，較爲有限。平均每100瓩發電容量以80磅估計，設立48小電廠共計約需銅線69噸。其餘裝燈皮線花線約計21噸據建廳估計，全川銅礦儲量14,612,000公噸，僅××一縣即有10,000,000公噸之儲量。倘能設法開採精鍊，當可敷用。且××已有銅線廠設立，電線問題更易解決。

（5）電瓷材料　小規模電廠用高壓輸電者較少，磁瓶之供給，較易解決。××電瓷廠最近猶有大批出貨，彭縣亦有磁瓶瓷珠等出品，稍加改良，即可應用。至於磁夾板，磁先令保險盒等裝燈磁料質量稍差，亦無大礙。川內製造，可無問題。

（6）電木材料　川中製造電木器具之機械，尙可覓得，只原料較難運入。不過燈頭開關等項，所需電木粉，數量有限。一次輸入原料數噸，即可供給三五電廠之用。遷川工廠中，至少亦尙存有相當數目，最近市面上對於此項材料，並不如燈泡皮線等之十分缺乏。故電木材料問題，尙不嚴重也。

（7）燈泡　設立此53家電廠，至少須有一百二十萬只燈泡。最近重慶方面，除遷川工廠擬於最近興工外，並另有人擬設燈泡廠。××××燈泡廠尙在出貨，可以大批購買。燈泡原料爲玻璃，鎢絲等，玻璃原料，吾川隨地皆是。鎢絲重量有限較易輸入。是以在川製造，亦無多大困難。若能於最近開工。不但一百二十萬燈泡指日可得。全川已辦電廠之營業，亦賴以維持。但願其能早日實現耳。

（8）其他　電器材料除上述各項外，尙有電扇，電熱器具，霓虹燈，電氣冰箱等。但均非必需，可有可無。如能製造自屬更好。不能製造，對於電廠營業，影響亦不甚重。至於電焊及蓄電池等，電廠需用之時不多，且可設法覓得，彼此交換使用也。

3.小規模工業用電之合作　遷川各工廠，若能分佈於各地，使各縣小電廠能有固定之電力用戶，如××電廠之長期供給紗廠電力，自屬最好。否則亦可設法攫取小規模工業用電，如金堂電廠之經營灌溉，中和鎭電廠之兼營碾米磨粉，收入俱佳。其餘如兼營電影事業，或供給電鍍電池製造等等，俱是辦法。經營者倘能設法羅致，對於電廠收入，及整個實業建設問題，俱有裨益。是亦電氣事業之主要目的也。

4.已辦電廠之改善　川中業已興辦之小電廠，亦須在此後防緊要之際，盡量改善，務使服務成績圓滿，合於時代需要。否則在此優勝劣敗時代，欲如過去之敷延服務，坐收盈利，恐難取得政府相當保障。關於延聘技術人員及修配機械等困難，亦可依照小電廠羣之辦法，互相聯絡，互相鼓勵，互相扶助。近聞××，××，×××等電廠，擬聯合設立修理廠，其法至善。甚願其早日實現，以爲各電廠聯合之倡導。

5.集資方法　此項設立小電廠羣之擬議，規模並不爲大，然而所需資本，亦復不少。平均每廠以一千元計算，共需資本1,060,000元，若全能由政府興辦，藉收統一管理之效，自爲最好。否則由企業家，金融界投資，委託較有經驗之實業公司承辦。技術，管理，及購機購料，均較便利。然而電氣事業，究屬地方建設。事關地方人士福利，故地方人士，亦宜酌量投資，較爲合宜。最好地方人士，能籌 相當資本，與經驗丰富之實業公司合作。技術及管理全由實業公司負責；地方人士處於監察地位；並在營業方面担任相當工作。通力合作。共謀發展，業務當可蒸蒸日上，倘仍如目前之某某縣鎮，地方人士既不積極興辦，復利用地方上之封建勢力，不使外界人士染指。於是電廠蘊釀數載，仍未成立，不但當地工商界，受其影響。即地方一切建設，亦受箝制，不能與時俱進，而難臻繁榮也。

(五)結論

近代物質文明進步，電氣事業之通要，盡人皆知。然則應如何提倡，如何發展，如何使其普遍，實爲當務之急。吾川若干城鎮，至今尚無電廠當此後防緊急，建設行政竭力推行之際，實有興辦各縣電廠之需要。爲欲解決目前設立小規模電廠之困難，故有設立電廠羣及提倡國營電器製造廠之建議，甚望企業家工程界，及社會人士，注意及此，羣起組織，共同研究；羣策羣力，努力邁進；使電氣事業早日普遍全川。不特吾川同胞可獲福利；整個國家之後防建設，實利賴焉。

民國二十七年六月於重慶。

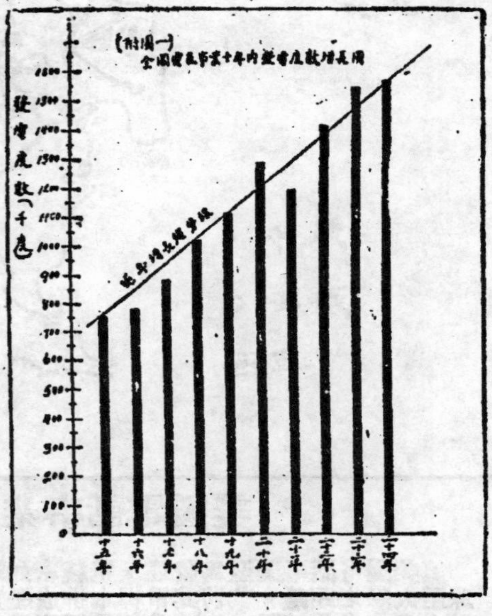

曾前會長膺榮科學博士學位

本會前任曾會長養甫，對於吾國建設事業及本會工作，多所致力，卓著勞績，其母校美國畢珠堡大學(University of Pittsburg)特授予名譽科學博學學位，誠爲吾國科學工程界生色不少。

8485

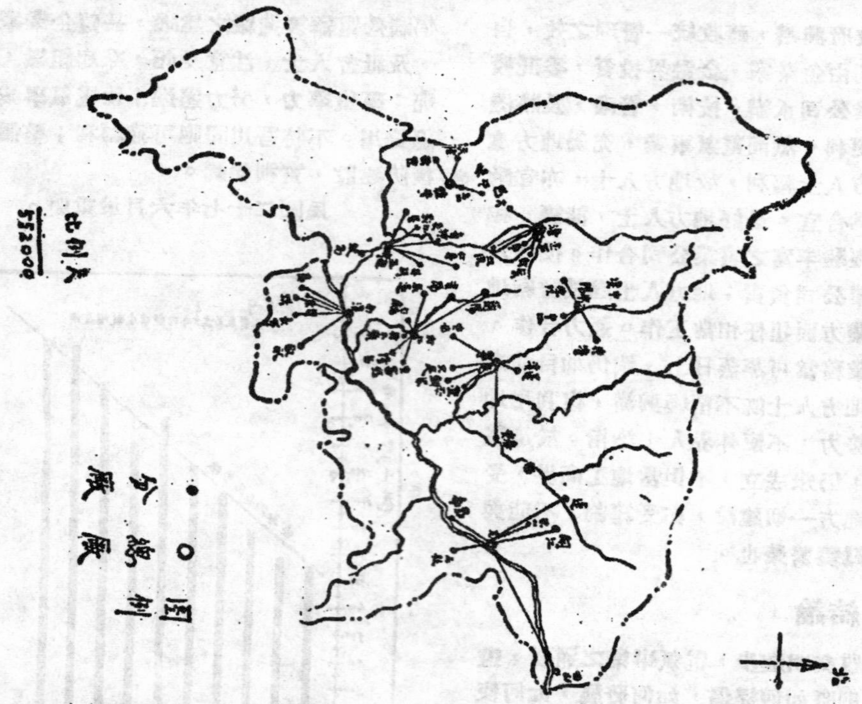

(附圖三)第一期擬設之小電廠分布圖

美國電話事業之近況

馥

美國電話事業至爲發達，電綫密如蛛網，引長之可有九千三百萬英里，幾等於自地球至太陽之距離。若將其電桿木排成堅實無縫之籬笆，其長可自舊金山至紐約。話機數目之多佔世界總數之半。公營電話事業與民營電話事業之競爭至爲劇烈。美國電話電報公司簡稱 A.T.ST. 爲民營公司之最大者，聯邦交通委員會曾以四年之時間一百五十萬美元之代價考查該公司之狀況，據報告所稱，該公司管理完善，通訊制度效率亦高，實屬無瑕可擊，唯價率高昂以及取巧規避政府監督法規，則足資詬病，又該公司出高貴之價格向其附屬製造廠——西方電氣公司——購進機件，以及廢置有價值之專利品，不用以爲改良服務之需，均足影響其成本，故建議聯邦交通委員會對該公司之財政及價率有嚴格之統制。

至公司方面則謂交通委員會不予以公允之機會，使得提供證據，此項報告實多錯誤。唯主要之爭執乃在理論方面而不在實事方面，公司之意以爲苟能服務週到，大衆對之無惡感，則應聽其自然發展，復興運動自由主義者，則以爲此等大規模獨佔事業，應受政府嚴格之管理。

A.T.ST. 爲世界上最大的私人公司。目下資產總額已達五十萬萬美元，員工總數達二十九萬二千人。在該公司管理下者，計有二十一家美國主要的電話公司，此二十一家公司擁有全國話機二千萬具中之一千六百萬具。該公司股東計有六十五萬人，內中並無一人持有公司發行股票總額百分之一以上，可知其雖爲偉大之獨佔事業，因股權之分散並無少數人操縱公司之弊。去年因美國景氣之恢復，各界裝用電話者增多，該公司所獲淨利竟達一萬萬五千二百萬美元之鉅。

目下美國二千萬具電話機中，半數係自動機，紐約電話用戶最多，該城有話機一百六十五萬具，較之法國全國話機數目更多。以使用電話普遍而論，則當推華盛頓及舊金山兩處，平均每二人即有話機一具云。

「整個構造」鐵橋之設計及其用途

英國 C.O,Boyse 著　　朱志龢譯

目　次

(一)引言

在未敍述「整個構造」(Unit Construction)鐵橋以前，先宜將建造普通鐵橋之各項步驟稍爲說明，以資比較，茲舉其要點如次

一、如橋之跨度及闊度暨載重已有規定，設計者自可從而計劃並製圖，但橋之相同者甚少，故每 橋 建造，須重新設一次之工作。

二、建橋者依照前項繪備之圖式，將鉄料製成樑陣等件，但此項工作用模甚多，故見遲緩。

三、在工廠時須將橋之各部份集合，查核無誤，始得離廠。

由此觀之，建造普通鉄橋，從測量之日起至鉄料抵達橋址之日止，爲時甚久。但「整個構造」方法則較爲迅速。且普通鉄橋在建築中如欲變更橋之跨度闊度或載重甚爲困難，但用「整個構造」方法則變更極易。

再者，臨時橋樑之類，拆卸後材料多成廢鐵，不能再用，惟本方法可免此弊。

綜觀以上各節，可見「整個構造」方法爲用甚大，本文之目的係說明其原理。

(二)基本原理及其說明

下列各節爲建橋要素，惟整個構造方法能應其需求：

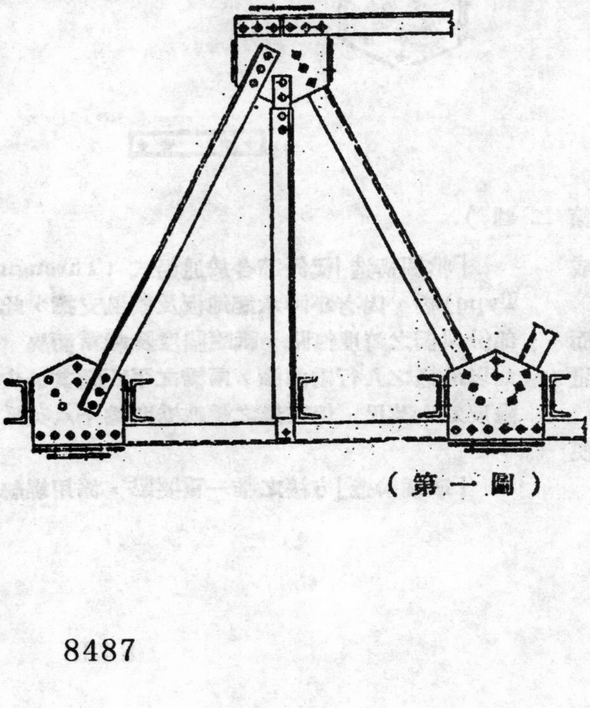

（第一圖）

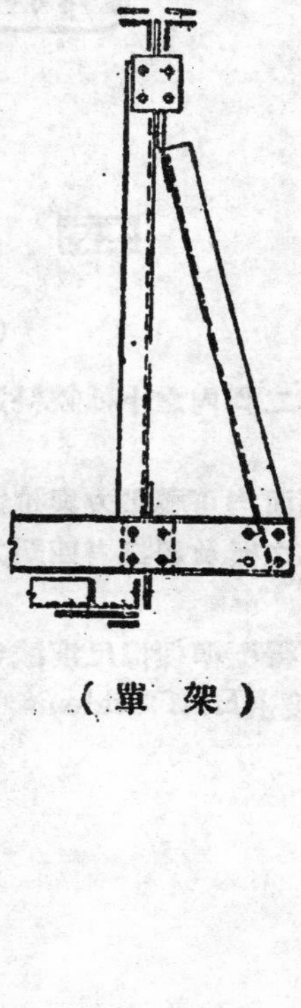

（單　架）

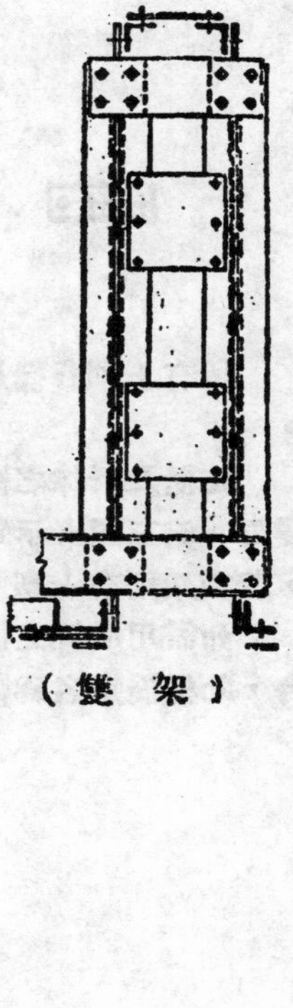

（雙　架）

8487

1. 凡建橋樑，其各部份之材料務求一律以利製造，換言之，卽各部份尺度以少有不同爲佳。
2. 任何跨度，闊度載重之橋均可集合份材料而建成之。
3. 橋之各部份均應用平常通用之鐵料製成，且須準確而取價低廉
4. 橋之各部份應以最輕之料製造，以期運輸利便。
5. 建橋應就地取材並以能不須用高等精巧工匠及偉大工廠爲佳，
6. 橋上應有能負荷各種地板之準備。
7. 全橋應可隨時迅速拆落並不損及任何一部份。
8. 凡建橋應考察所受之壓力，從而用簡單方法使各部份之構造體裁易於合配。

以上八節均與「整個構造」之設計有關，現擬由橋架起從詳討論，橋架係用華倫式（War-ren Truss），其弦樑（Chord Membe s）係集合角鐵而成，上項樑及對角支撐（Diagonal Bracing）之尺度係完全相同，第一圖載一模範橋架，其深度爲十英尺，兩支柱相距十英尺。

爲確定標準樑之尺寸起見，擬取四十英尺至二百英尺之跨度爲最適合於一般之普通橋樑，其載重假定以一十二B.S.爲單位。

橋之較短及載重較輕者，其樑係單架式，加以傍斜撐，以保弦樑之安全，跨度及載重若有增加，則須用雙架式（看第一圖），在此情形之下，如跨度增至一百四十英尺時，則前定之深度十英尺並不經濟，須集合二十英尺樑以應跨度一百四十英尺至二百英尺橋之需求。

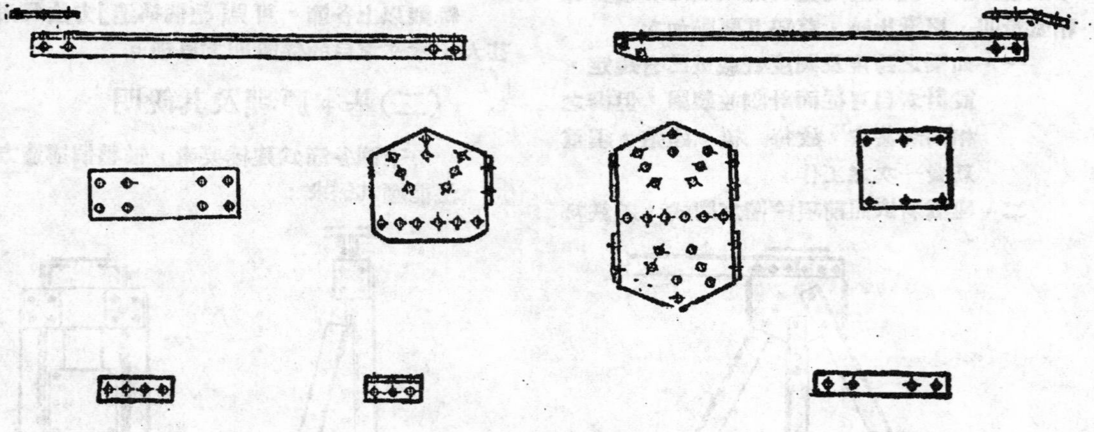

（第二圖）

所有上列各樑用第二圖內之十種鐵料造成。

弦樑及斜撐之橫剖面均可視壓力與拉力而變更。第三圖表示單架之樑及斜撐有四級力量，若雙架則有七級。

如需用最輕之橋可得標準樑撐尺度減半便合，此種橋定名爲「半度」(Half Scale)。

「整個構造」樑係適合於通過式（Through Type）橋，因有小陣承起地板及禦風支撐，此部份與橋之跨度無關，祇隨闊度及載重而異，如以最輕之人行橋而論，兩橋之平距離其最少限度爲六英尺，但重量之雙軌橋則爲十八英尺。

「整個構造」方法之唯一重要點，係用螺絲

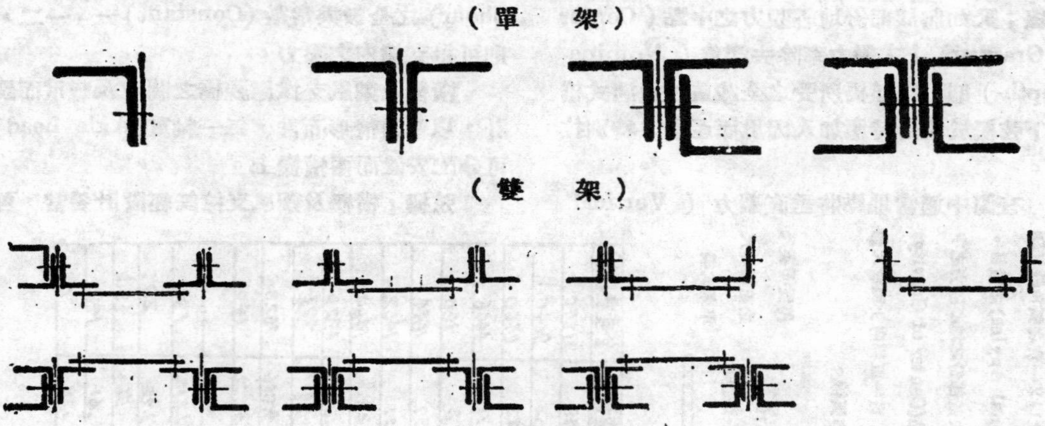

（第三圖）

釘以資聯絡，載重較大之橋，其重要部份均用$1\frac{1}{2}$英寸徑螺絲釘，其受壓力無多之部份或可用一英寸徑螺絲釘，平常鍋釘既完全不用，故各部份均可電鍍白鉛，此後在建築中自無損及外皮白鉛之弊。

螺絲釘車妥螺絲牙後，全釘亦電鍍之，各鉄料既完全鍍鉛，以後橋雖拆落仍可從容送回工廠，無須特別保護慮其生銹，如火鍍工作妥當雖經多年使用亦不生銹，且無須塗油。「整個構造」鉄橋可以裝設任何地板如木及鋼筋三合土等。

(三)設計及製造

「準個構造」橋之設計甚爲容易，且極迅速，先以橋架而論：弦樑及支撑均用角鉄，第四圖內載明其最大安全載重（Maximum Safe Working Load）並三種角鉄：

6"×6"×$\frac{3}{8}$"　　適用於載重較大之橋，
3"×3"×$\frac{3}{16}$"　　適用於「半度」橋，
3"×3"×$\frac{1}{4}$"　　如前項角鉄難覓則可用此度。

凡設計一橋應先從規定之活載重，死載重暨撞力求得最大彎力率弧線及剪力弧線，茲在第五圖上開列一標本，以資研究，先從圖中最大彎力率弧線說起：如欲決定弦樑之組織可用

	水托重載 (HeayyDuty)	「半度」 (Half Scale)	
角鉄尺寸(Size of Angle)	"×6"×$\frac{3}{8}$"	3"×3"×$\frac{3}{16}$"	3"×3"×$\frac{1}{4}$"
弦樑(Chord Members)：	(Tons)	噸 (Tons)	噸 (Tons)
一角鉄內拉力之最大安全載重(Max. Safe Load in Tension per Angle)	25.0	6.25	8.0
一角鉄(合成的部份)內壓力之最大安全載重	25.0	6.25	8.0
一角鉄(單橋架內之單角鉄)內壓力最大安全載重	18.0	4.50	6.0
對角支撑：			
一角鉄內之最大安全載重(拉力或壓力)	18.0	4.50	6.0
一橋架(對角部份)內之最大安全載重全數	50.0	12.5	12.5

第四圖

8489

此線；又如將該部份地心吸力之中點（Center of Gravity）上之彎力率除去深度（Nomina Depth）則可得該橋所受之全載重，通過式橋之下弦樑於設計時應加入因風而產生之特別拉力。

在圖中適當地點將垂直翦力（Vertical Shear）之全數乘常數（Constant）一、一二，則可得支撐內之壓力。

橫樑及禦風支撐應視橋之闊度及載重而設計，以普通情形而言，每一軸重(Axle Load)可分配安置而兩橫樑上。

弦樑，橫樑及禦風支撐既經設計妥當，可

如欲得某一倉之弦角鉄（Chord Angles）之數目，可由該部份之地心吸力之中心點（Center of Gravity）起，畫一直線向上至最大彎力率弧線。

如欲得某一倉之弧角鉄（Diagonal Angles）之數目，可由該部份之地心吸力之中心點(Center of Gravity)起，畫一直線向上至最大翦力率弧線。

跨度90英尺

路面10英尺

單架式橋

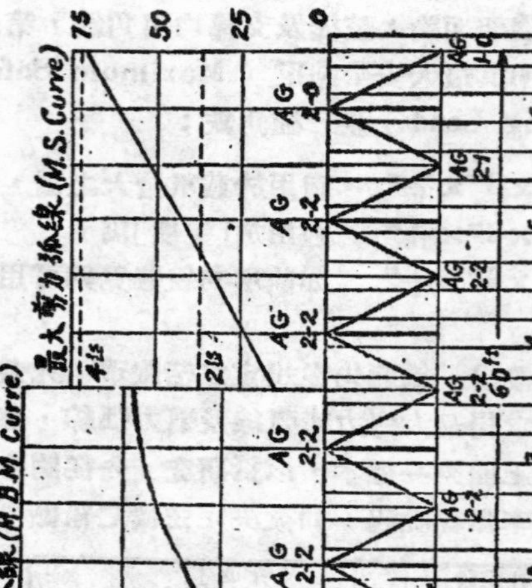

部份(Part)	尺寸(Size)																											數目	單位重量(磅)	全重量(磅)
倉號 (Bay No)				1				2				3				4				5				6						
Standard Angles A	6"×6"×3/8"		4	2	4	4	4	4	4	2	4	2	4	2	4	2	4	4	4	4	4	4	2	4		A	80	148	11840
Cross-Bearer Ba	12"×3'-2" L	2		1		2		1		2		1		2		1		2		1		2		1		2	Ba	20	452	9040
" Bc	5×3'-2"×3/8 L	2		1		2		1		2		1		2		1		2		1		2		1		2	Bc	20	123	2460
Gusset Plate G		2		2		2		2		2		2		2		2		2		2		2		2		2	G	26	171	4446
Leg Plate L						2		4		4		4		4		4		4		4		2					L	32	5	160
Side Stiffener S	6"×6"×3/8" L			2				2				2				2				2				2			S	12	137	1644
Vertical V	5"×5"×3/8" L			2				2				2				2				2				2			V	12	121	1452
Wind Bracing W	6"×6×3/8" L			1				1				1				1				1				1			W	6	249	1494
1½" Dia. Bolts No5	3¾" Long	14		22		18		28		18		16		12		16		18		28		18		22		14		244	5.447	1329
1½" " " No3 Half Head	3" 3" Long "	2		4 4		8		4 4		8		16 4		14		16 4		8		4 4		8		4 4		2		98 24	5.071 3.9	497 94
1½" " " No. 2	2¾" Long	28		8		32		16		36		16		36		16		36		16		32		8		28		308	4.946	1523
1½" " " No. 7	4'-2" Long			4				4				4				4				4				4				24	5.822	140
1" Dia. Bolts No4	2¾" Long		6	2	6	6	6	6	6	6		6		6		6		6	6	6	6	6	6	2	6			106	1.812	192
¾" Washer For 1½" Bolts				4				4				4				4				4				4				24	1.22	29.3
¾" Washers For 1" Bolt			6		6	6	6	4	6	6		4				4		6	6	4	6	6	6		6			88	.56	49.2
3/8" " " 1½" "		14		22		18		28		18		16		12		16		18		28		18		22		14		244	.61	149
3/8" " " 1" "				2																				2				4	.28	1.

第五圖　「準個構造」鐵橋

將校正材料數目登記於圖內各該項下；至其餘部份卽可查閱該圖而決定也。

2. 製造及運輸。

橋之各部份均甚簡單，用輕便小機器(Jigs)便可製造，其同樣部份於製成後可以互相換用。

在製造中工人常用測驗器校正各料之尺寸，故尺度精確，無須於輸送前在廠內集合。

「整個構造」橋料易於搬運，橋架最重之部份，例如角鉄重不過一百七十磅，其横樑則較重，但亦不過四百五十磅；如係「半度」橋料，其重量可用一比八之比率減得之。

安設「整個構造」橋，可用臨時棚架，或可在岸上集合，然後移正，此種橋既用螺絲釘聯絡，故無須用鍋橋或電銲工作，在荒野之地建造，此節甚為適宜。

(四)「整個構造」之用途

(四)整個構造之優點

此種構造不特可用以建「通過」式橋，且可以建輕便人行樑或用以承托汽喉水管電線之類，如遇原有橋樑忽然毀壞，可暫用「整個構造」橋以利交通，俟原有橋樑建復後，然後拆去，又一臨時用途則係以承托重大之鋼筋三合土橋之木模，蓋「整個構造」橋易於集合，更易於拆下，且可再用，上述優點實最適用於軍橋建築，英國軍當局亦甚贊許云。

防空汽球網之改良與進步

涵

最近在巴黎舉行防空演習之時，法京郊外所裝之防空汽球網，復被狂風吹斷，於是發生防空上之重大破綻，因而使人致疑於防空汽球網之効能問題。開此次肇事之經過，蓋由於風力壓球，球乃被抑而下垂；旣而風勢一過，該球又突然恢復其上昇力，以其昂然直昇，而其所繫於地面之綱線，驟被意外之牽引力所拖，因以斷折。以此之故，遂發生有防空汽球綱線之抵抗力問題矣！按今日之防空汽球，其高度輒以愈高愈佳；平均計之，約在於五千，六千，甚至七千公尺之間。是以在高空之汽球，其昇騰力量，易於拉斷其繫於地面之鋼線也。惟查汽球之容積，以便大批出品之故，常有一定之規制，故其昇騰之力量，亦有所規定，無法可以改善之，是以對於此項問題，似宜於防空鋼線方面，致力研究，如何可使此線之抵抗力，不為汽球之昇騰力所超過，斯得之矣。然而高達七千公尺之金屬線，其重量當為如何乎？此誠有待於吾人之深長思也！現聞法國防空工業家，已發明一種細小輕柔而極富有抵抗力之鋼線，以為繫着防空汽球之用。此種鋼線足以避免拉斷之弊。此等鋼線之組織，則為其全綫之直徑，並不一律，其在地面之部份，較為細小，離地愈高則愈粗，以與汽球之高度，成正比例。所以然者，蓋以汽球愈昇高，鋼線亦愈長，而球對線之牽引力亦愈大；是以線之粗度必與球之高度成正比，而因以獲得汽球上昇力與鋼線抵抗力之均衡也。按鋼線係繫於汽球，其昇騰固由於汽球所牽帶，故其在愈近地面之處，其所需之抵抗力亦愈少，而其直徑，自可以極為細小；反之，昇高之後，則抵抗力之需要乃愈增，其直徑自當較粗也。夫防空汽球網之作用，在心理上尤甚於實際上；故其效能，必須毫無遺憾，方可以使來襲之敵機，發生有恐怖之心理，而令其不敢冒昧從事，方為計之得者，今若此等防空汽球網，不能必使敵機觸之而墮，乃反有被其拉斷之虞，則貽誤甚矣。職是之故，法國政府當局，卽將在本年內，再行試驗此項新發明之防空汽球網線，以期萬無一失克保安全云。

改革我國公路路面建築法之建議

陳本端

目次

(一)路面問題之檢討：

路面種類，在目前公路工程中，大約可分爲兩大類：一曰堅性路面(Rigid-Surface)，一曰柔性路面(Flexible surface)。所謂堅性路面者，洋灰路面屬之；所謂柔性路面者，柏油，馬克當及沙土路面屬之。前者之設計法，現已有所準則(歐勒得氏法)；後者之設計法，現在尚無一定之準繩。惟美之毫塞氏及毫祿氏均有論文發表，頗有採用之價值。我國公路路面，大多爲柔性路面，設計之時，亦均秉過去之經驗，以定路面之厚度；實際究需若干，并無詳細檢討，此其一也。至若路面種類之採用，更有研究之價值；在我國目前狀況之下，自以柔性路面爲最宜；惟柔性路面種類之中，因經濟關係，現在各省似多採用泥結馬克當石子路面，實屬大謬！良以近代車輛載重漸大，速度日快，馬克當式路面原係根據載重輕，速度慢之車輛所設計，現在二十世紀，情形已非昔日可比，自所不宜！故此種路面，修築不久，即易破爛；不但養路費用浩大，其他如汽油消耗及折舊之增加，亦足驚人。自抗戰以來，公路運輸，日趨重要；車輛加多，加重、加快，自所難免。關於目前路面問題，不可不加以嚴重注意；若仍盲目增修馬克當式路面，則將來路政必感困難，汽油必多消耗，車輛必多損失；挽救之方，端在研究與提倡。但須勇於進行而愼於研究，方足成功，此其二也。

(二)泥結馬克當路面不適宜之原因：

各省公路路面之築造，普通均爲馬克當式。其法係以大石子鋪於下層，較小石子鋪於中層，最小石子及石粉鋪於上層；然後澆以黃泥漿而輾壓之，此種路面，經車輛之行駛，其上層之石粉，經磨擦後漸成塵土，飛揚而去，石塊乃曝露於外，此時如車輛路重，速度稍快，則輪後發生眞空，其力可將石塊吸起，漂浮於路面之上車輛愈重，速度愈快，則此種現像愈爲嚴重；其結果足使面層以下之石子，均翻露於路面之上。故普通碎石馬克當路面，經行車後，其損壞破舊之速，殊足驚人！視此情形，養路費用勢必浩大，車輛折舊勢必增加，不僅行旅不舒而已也。

(三)密合材料路面之原理及其建築法：

密合材料路面(Graded aggregate Type)建築法，乃利用礫石、卵石、粗沙及泥土，混

8492

壓製而成，并根據四種原理而設計之：

(1)使所有材　混合體之密度增強，至其最大之限度。

(2)使混合體有充份之內磨擦能力(Internal Friction)。

(3)使混合體有充份之黏着能力(Cohesion)。

(4)使混合　之透水性減至最低之限度。

關於第一項，可利用富勒氏理想曲線，以定各種材料之分配數量，同時利用葡拉克特氏試驗法，俾可夯打堅實，以至其最大之密度。關於第二項，可利用石子及沙粒，以增強其內磨擦力。關於第三項，可利用富於黏性之泥土，以增強其黏着力。關於第四項，可利用黏性指數(Plasticity Index)試驗，以定混合體之物理性。凡此諸端，均為密合材料路面內部應具之性質，而於行車狀況及天氣之變化，皆能適合；不僅路平如鏡，抑且減少車行震動；不僅行旅舒適，抑且減少養路及折舊之消费也。

此種路面之建築法，應以當地沙石材料情形而規定。惟卵石、礫石之性質，須堅牢耐擦；其直徑，最大者不得過半英寸或一英寸；尤須大小均具，不可大小一律。沙粒則須有粗細之分。其餘如內有塵土(Silt)亦佳。泥土則須富於黏性者為宜。凡此材料，不必一定分採而混合，遇有沿路土壤之混有各種不同之材料者，即可取其少數，攜回分析，視其含有石子若干，沙粒若干，泥土若干，按照富勒氏曲線之分配，視其缺少何種材料，或何種材料之數量不足，摻加而配置合宜，亦能應用。往往沿路某處之土壤，其中沙質較多，另一處土壤，其中泥土較多，互相摻合，即成適合路面之材料，毋須分採石子，沙粒及泥土而再混合之也。材料既經配合，即可挖槽於路基之上，深為六英寸(十五公分)，將混合之材料置於其中，乾拌均勻，取出少許作葡氏試驗，以定其堅密水量(Optimum Moisture Content)。既知此種水量，乃按照其水量，澆水於混合材料之中，俟其混合均勻，乃用羊脚路滚以滚壓之，至相當程度為止。滚壓時隨時以壓土針試驗之，例如每時須有六百磅之承重力，則經羊脚路滚滚壓之後，不夠此數，仍須繼續滚壓，以至達到目的而止。羊脚路滚滚壓之後，面層并不平齊，此時可用人工耙平路面，再摻合沙土(一比二)混合物一薄層，約厚半英寸，然後澆以少許之水量，再用普通七噸半路滚滚壓之　俟平坦齊整而止。路面乃暫告完成，可使車輛行駛。

所成之路面，在潮濕區域，必少灰土吹揚。若在乾燥區域，則難免塵沙亂飛。挽救之策可以利用桐油澆面；其法乃在路面滚壓平整之後，並不開放車輛，應使日光晒乾路面中水份，再用生桐油澆灑於路面之上，俟其乾結，形狀一如鋪以柏油者。惟用日光曝晒須時一二日，桐油乾結快則五日，慢則十日，始可開放交通；若在多雨區域，亦應利用生桐油澆面，以防水浸，而免泥濘之苦。惟在澆油之前，如何能使路中水份蒸發而去，乃不得不利用機械，如烤土車以為之助也。

(四)密合材料配製設計法：

凡適宜之密合材料，其成份　有粗土壤(即礫石子或卵石子)45%至70%，細土壤(即粗沙及細沙、塵土等)35%至20%，及黏土20%至10%。為欲適合此種成份，必　利用兩種或多種之當地土壤材料而加以配合。配合後之混合體，又須視當地天氣情形而定其黏性指數，乾燥區域可自九至十五，少雨區域可自三至九，多雨區域可自零至三；是以設計之時，須先將路上可以利用之土壤，採取若干種，以便配合。第一步須設計各種土壤之混合比率　第二步須設計混合體之黏性指數。茲舉一例於後，以資明瞭：

茲假設有土壤三種，可資配合。第一種含

8493

粗粒較多，第二種含細粒較多，第三種含泥土較多，每種之分析如下表一：

表 一

透過篩孔百分率 （以重量計）								
土壤材料	1"	3/4"	1/2"	4號	10號	40號	200號	黏性指數
第一種土壤	100	90	64	30	12	5	0	0
第二種土壤	100	100	100	100	95	90	11	0
第三種土壤	100	100	100	100	95	90	86	24

由上表所列各種土壤之分析，得其各自之曲線如圖(一)所示之I II III。

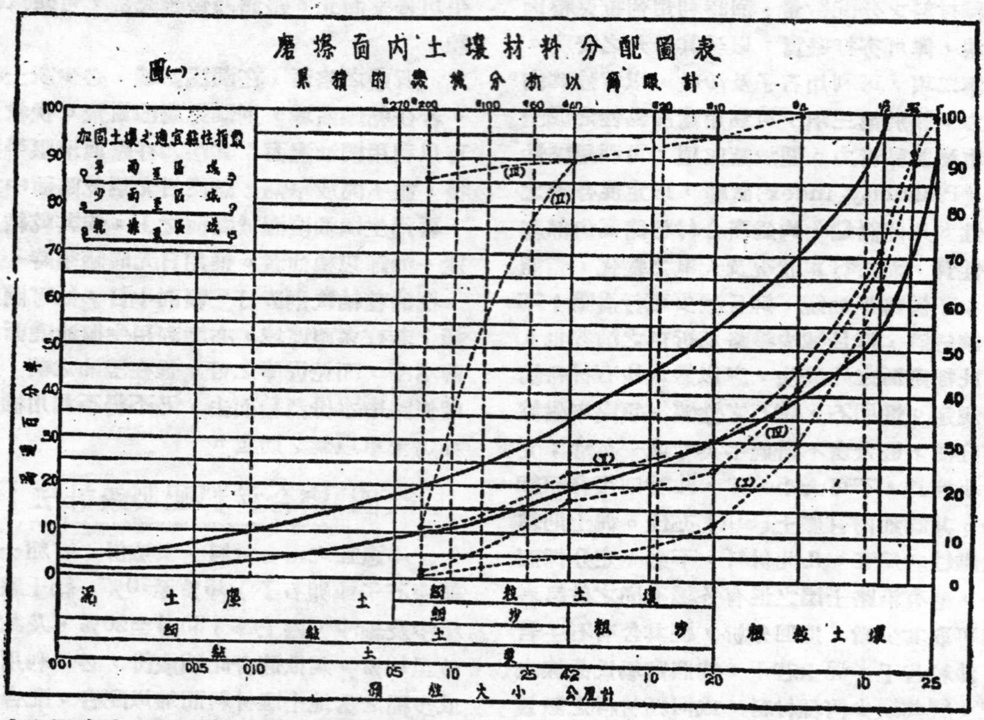

在上圖之中，兩白色曲線代表富勒氏理想曲線之略限。凡土壤分析曲線，落在此兩曲線所包括之區域中，則該種土壤即屬合宜，而可用以建造密合材料之路面。試觀第一第二及第三各種土壤分析曲線，均未在該區域之內，故單獨的均不合用。是以第一步工作，乃須將第一及第二兩種土壤混合，使其混合物之分析曲線，落在理想曲線之內。茲試取第一種土壤85%及第二種土壤15%混合之，則其混體之分析如表二：

表 二

透過篩孔百分率 （以重量計）							
土壤材料	1"	3/4"	1/2"	4號	10號	40號	200號
25%第一種	85	77	54	26	10	4	0
15%第二種	15	15	15	15	14	13	2
混合物體	100	92	69	41	24	17	2

上表所列之第一及第二種土壤混合物，其分析曲線亦在圖(一)中，以曲線VI示之。曲線 VI 之上部落於理想區域之內，但下部則在其外，由此可知細粒土壤如細沙及黏土之類，尙屬缺少。故第二步工作須再將第三種土壤摻併其中；但摻合第三種土壤之時，須注意兩事：一爲密度之加強，即係曲線 VI 下部之提高；二爲黏性指數之配合，例如黏性指數須自四至十二之時，則第三種土壤應摻合若干，只能試驗爲之。茲假設第三種土壤35克（Grams），第一二兩種混合土壤中之細料65克混合，以此種混合物作黏性指數試驗，其結果爲7，恰在四與十二之間，結果可用。至第三種土壤摻合之百分率，可照下法以計算之：

假設P爲第三種土壤理應摻合之百分率。

A爲第三種土壤，於試驗黏性指數時，所用之數量，以克爲單位。

B爲第一二兩種混合物，於試驗黏性指數時，所用之數量，以克爲單位。

C爲第一二兩種混合物，透過40號篩孔之百分率。

D爲第三種土壤，透過40號篩孔之百分率

$$於是：P=\frac{A}{B}\times\frac{C}{D}=\frac{35}{65}\times\frac{17}{90}=10\%$$

如決定第三種土壤之混合率爲10%，則第一第二及第三種土壤整個混合物之分析，可計算如表三：

表 三

透過篩孔百分率 （以重量計）							
土壤材料	1"	$\frac{3}{4}$"	$\frac{1}{8}$"	4號	10號	40號	200號
85%第一種	85	77	54	26	10	4	0
15%第二種	15	15	15	15	14	13	2
10%第三種	10	10	10	10	10	9	9
110%	110	102	79	51	34	26	11
最後混合物體	100	92	71	46	30	25	10

圖(二)

細粒土壤加固分配圖表

累積的機械分析以重量計

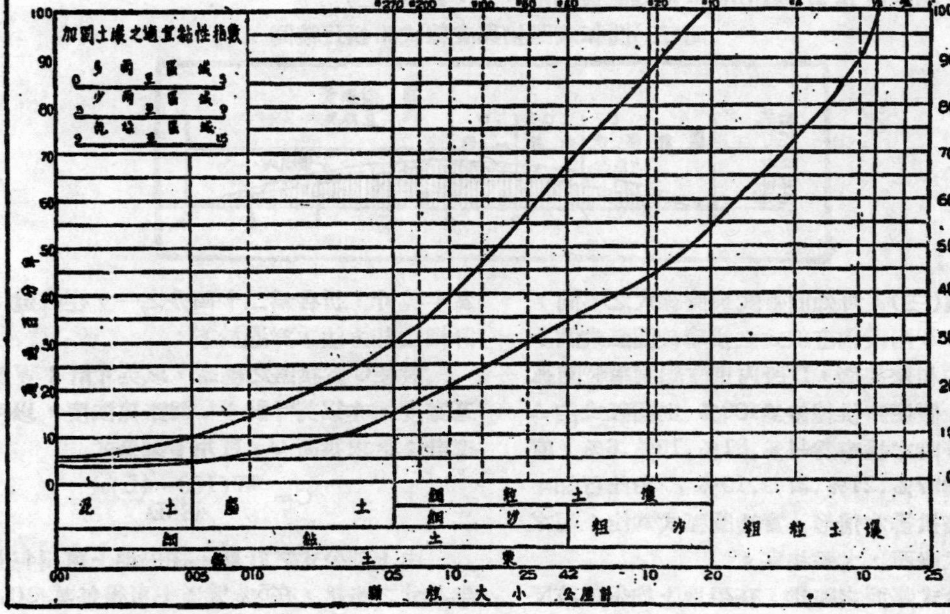

第三表所列三種土壤混合物之分析曲線，在圖(一)中以曲線V表示之，完全在理想區域之內，故所得結果：應取第一種土壤77%，第二種14%，第三種9%，三種混合料之黏性指數爲七；如此則設計工作已告完畢。

倘沿路材料中之石子，最大不過半英寸，則可照上述方法，另用圖(二)以設計之，茲不另贅。惟覺此種路面石子，不宜過大，仍以最大半英寸者爲宜。所有土壤之各種顆粒，若自半英寸逐漸減，小至細塗塵土而止，則結果更爲適宜也。

(五)黏性指數與葡氏試驗略述

土壤浸水，漸行鬆軟，俟其毫無剪力抵抗之時，則成爲流體狀態，所謂流限(Liquid Limit)者，乃使土壤變成此種流體時應含最少之水量百分率也。由各種土壤之流限，可知各種土壤流動時應含之水量，更可知土壤顆粒之粗細與土壤內部空隙之大小，而定土質之成份。若逐漸蒸發其水份，俟其起始有黏性之時，則謂之黏限(Pla sLiclimit)。流限減去黏限，名之曰黏性指數(Plasticity Index)。至其試驗方法，當另文詳述，茲不復贅。

葡垃克特氏試驗法(Proctor's Compaction Test)乃利用水份加入土壤之中，使其顆粒互相滑潤，然後將其粒實，必能得到最大之密度；但水量若干，必須試驗以求之。蓋各種土壤，只有一種水量可使夯打至最大之密度也。此種水量，名之曰堅密水量(Optimum Moisture Content)。

(六)密合材料路拱之設計：

路拱設計，向係採用拋物線或圓弧線式樣，其靠近邊溝之路肩部份，坡度較大，水流易於彙集而注入溝內；故洋灰及其他之高級路面，採用最宜。但此種路拱，在行車過多及低級路面之上，因路肩坡度太大之故，遂感不適；且路之中心部份而平坦，不易洩水，尤爲不當。本篇建議之密合材料路面之建築，不應再用此種路拱之式樣；改善之道，須用直線，由路心向兩旁坡下，而路心部份使之稍具圓弧形狀，如圖(三)。

圖(三)圓弧式路拱與直線式路拱比較圖

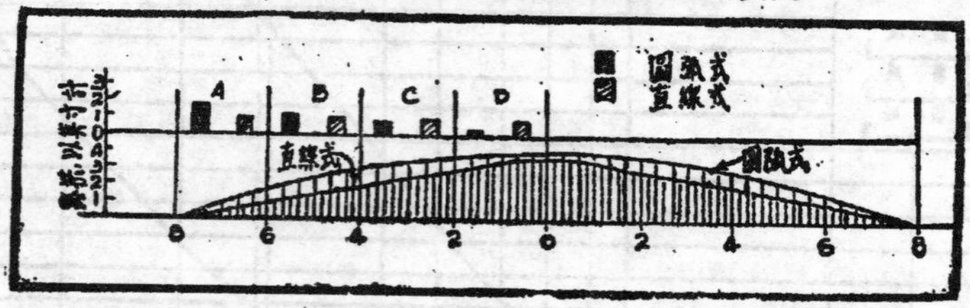

由圖(三)，可知圓弧式與直線式之不同，如外邊A B兩段內直線式之拱率較圓弧式爲小，C段內相差甚微，D段內則直線拱率較圓弧式爲大；假使路拱總值爲100%，則圓弧式內A B C D各段之拱率爲44%，31%，19%，6%，直線式內爲27%，27%，27%，19%；由此可知，直線式路拱排水情形，實較圓弧式爲佳；用之於密合式路面，尤爲相宜。

密合式路面之路拱，在平地上約須每英尺爲半英寸，折合爲二十四分之一。在坡道上之詳細設計方法，詳述於下：

設使C爲拱路之總高，以英寸計；W爲路基寬度，亦以英寸計；L爲路線坡度，以百分率計；欲求拱高C，可用下列公式

$$C=\frac{W(100-4L)}{480D}$$

由上列公式之計算，在平地上可得每英尺半英寸之路拱，在5%坡道上可得每英尺0.4英

寸之路拱；但工程師應按實地情形，如以設計。至建築之時，務須用模板比擬而築之，俾符合理之形狀，而利工程也。

(七)路基：

路基在切石地方並無問題。若在切土地方，則須視土質如何而規定之；例如土質鬆軟，毛管作用過大之地，則須摻合沙礫土壤於路基面層土質之中，然後加以滾壓，使其堅實，其厚度以四英寸爲度。倘在塡土地方，則所塡路基，根本不可浮鬆。自須分層塡築，其面層之六英寸厚之土質，須先照蒲氏法，將土質用羊脚路滾滾壓堅實平整後，再修路面，以求穩妥。

(八)養路工作：

各種路面，一經車輛行駛與磨耗，均有隨時修養之必要，用以保持良好之狀態。此使路面齊整光平，路拱道厚薄不變，如此非僅便利車駛之行駛，且足減少養路之費用。密結路面較其他路面固屬堅實，但至相當期間，亦必加以修養。茲將修養方法，約述於下：

(甲)無油路面：　路面經發現小孔或縐紋之時，須於下雨後剷平而輾壓之，因路面雨後潮濕易於工作，並易將鬆散之材料壓復原狀也。如久雨後，路面上之黏土被冲刷淨盡，則剷平時可稍加黏土，再施輾壓爲宜。黏土取之於路肩或他處，均無不可。在乾燥之時，不宜將新採碎石加鋪於小孔上而施以輾壓，否則適足將小孔擴大，反使路面愈形損壞，故須另配新料以塡補之。但新料配合時，所用碎石之大小，最大不得過四分之一英寸至二分之一英寸，並以同一重量之沙泥摻拌均勻，加以 6%至10%之水量可也。

(乙)澆油路面：　澆油之密合路面，其養路法與無油路面相同，不過於塡補壓平，水份乾燥之後，應再用生桐油澆於路面之上；且將整個路面，每隔一年，必須另行澆油一次，俾資保養而利行車。

英國水力電廠訓練人材之方法　　芳

據最近考察英國水力發電事業之王君良初談，該國水力電廠訓練人材之方法計分三種：

(一)技術員之訓練——此項人員又分三種，工科大學或專門學校畢業者訓練時期一年至二年，普通中學畢業者六年，小學畢業者八年。科目有一定之標準，初則基本後則專門，使訓練完成之學員能應付一部份之技術工作或負責事項。

(二)半技術人員之訓練——此項人員多屬普通中學或小學之畢業生，亦有大學畢業者，修業期限如前。凡材料工具之管理員，採購繪圖及估計人員，甚至一部份會計業務人員皆屬之，所授科目爲各該工作需要上之必需智識及技能。

(三)非技術人員——卽事務人員亦須受相當訓練，此項人員多屬初畢業之大學生，中學生，或小學生，期限較短，凡非技術的各項事務人員皆屬之。

上述訓練之人員有一定之名額及津貼，復分級教授，由電廠指定一訓練主任及若干負責人管理之，宛如學校，每年有造就之人材，亦有新進之學生，各專其習，各安其業，遂致精幹之專才輩出，技術程度因以提高，處處爲人材之淵藪，事業成績日益猛進，我國談工程教育者宜效法也。

德國最新式無舵淺水急流狹道船原理及圖說

沈　宜　甲

目　次

(一)引言：

在1926年底，J. M. Voith 工廠在奧國 St. Paelten之分廠，購得奧國工程師 E. Schneider 所發明之翼輪推進機之專利權，因以實地施用而推行之。

在此新翼輪未出現之前，所有船舶，只能以螺旋推進機及尾舵三者爲動作及轉向之用，打水明輪亦僅爲推進機之一種，現已成爲過去矣。故名之以 Voith Schneidler 式翼輪。同時可以代替推進機及尾舵之理想，且又可節省船上各種機構。初曾引起各方極大之驚異與懷疑！在前數年，關於 Voith Schneidler 式翼輪推進機，雖未作宣傳，然種種模型之試驗，及第一次試驗船之製造及航行，皆在不斷工作中；凡造船界及航業界之眼光遠大者，皆極端重視此事。當時雖有若干問題，未克完全解決；然皆深知此新機之可能性，必能果如所期！在1931年，第一隻實用船舶即行告成，且由此證明此機不僅可有高度之推進效率，且所裝備之船舶，可以極敏捷之速度轉變方面；此敏捷程度爲吾人一向所不知者。此船可在航行速度最高時，轉變方面，亦可在極短之距離中停船，又可僅依自身之長度而旋轉；不必前進後退，即在原地於一二分鐘內旋轉三百六十度。若船上裝有此機兩副，則此船靠岸時可左右橫行，不必前進、後退、左轉，右轉。

此機初用於江流及內河舵線，繼用於海洋，發展極爲迅速。雖在1931至1934年間，世界造船業空前不景氣中，購備此機者仍極多。直至1937年底，世界各國如德、法、英、義、比、荷、日本、羅馬利亞、保加利亞等處，皆紛紛採用此機；日本且包攬遠東專利權，現在中日已入戰爭，中國自可儘量採用及仿造，決無再向日本轉購之必要也。

此機之原理及基本構造雖未更變：但其樣式及機件皆本實際經驗逐漸改進，並極力使之簡單。就各方面言，可斷定此機爲適用於船舶上最簡單，最堅固之機件，此文所述並非其一向之沿革，乃專爲說明經過長期試驗後所得之現在標準之機樣。

(二)原理及性質：

翼輪推進機機乃一圓輪，在其底面周圍裝有若干直立翼片，各片之切面皆係流線型，用以減少水中之阻力，且皆同時依圓輪之直軸而旋轉。僅此各翼片浸立水中，其他各部如承載此翼片之圓輪等等，皆裝在船殼之內。當此機全部旋轉時，各個翼片一面隨輪身繞輪軸而旋轉，一面又依其本身上端之圓軸而左右擺轉；此擺動之發生，係在圓輪中另有特別之機構，機構之動作常依兩個分力(Components)而指揮校正之：一爲轉移船身之方向，一爲變更推進之力量。

此翼輪機有三大特點如次：

(a)此機可同時推進及轉移船身之方向；但此兩動作係各自獨立，並不互相牽連者；推進之方向可隨時校正，使之指向平面上之任何點。

(b)船身之推動情形，可以隨時改變；因此推進力不僅可任意更變方向，且可任意更變大小，但翼輪本身旋轉之速度及方向，則永遠不變。

(c)在同樣大小及同樣之載重，船殼之阻力可減至最低限度，因在殼上並無尾舵，舵柱，橫軸，承座等附帶設備，而殼身可用流線型以減少水中阻力也。

此機可以解決下列之問題：如何以最少之力量運用一旋轉體之翼輪，使能產生一種效力，船身在水面上乃可依對任何方向而行動；或前，或後，或左，或右，而指揮自如。各翼片在水中之動作，係以厚邊向前，薄邊向後，隨輪身之直軸而旋轉。

註：此翼片如刀形，厚邊即爲刀背，薄邊即爲刀口，故亦可云翼背及翼口。

在此機不着力(No Load)或不拖重時，即不用以推動船舶時，各翼片應有之動作，即在輪週之任何點，須使此翼片之方向與水流之相應方向(Reletive Flow)相合；此即等於此機本身在水中前進，其前進之速度等於其本身之旋進率(Pitch)；但因不發生推動工作(Thrust)，故僅銷耗些許馬力，其銷耗量之多少，與翼片之正面抵抗力成正比。

在着力時(Under Load)之動作，與不着力時之分別，爲在同一旋轉速度之下，此機前進之速度，因船身之滑退度(Slip)而減少。設吾人能將此翼片之動作覓出一種定律，使在不着力時或不拖重時，可以滿足水流之種種必要條件(見後節)，則依此製成之推進機，在着力時或拖重時，其滑退量(Amount of Slip)必各處相同。此種優點，對於推進機之效率，關係極大。

此翼片除依其本身上端之軸頭而左右擺轉外，更具有兩種主要動作(圖一)：一方依推進機之中心點D，以u之速率而旋轉，一方又同時以v之速率而前進。此v速率之大小，須視船身之速率而定；由此v與u兩分力所合成之合力w，即爲水流相應之方向。當推進機在不着力時而旋轉，此翼片之側面方向(Profile)須與此方向相合。此翼片動作之定律，可由下列之幾何闡明之：由P點引直線與W成垂直方向，與此圓之直徑相遇，此直徑須與V垂直；則所得之OPN新三角形，與原有之uvw三角形相似；此種作圖法，在圓週上之任何點皆可同樣照行。但以V爲船行速度，對於圓週之任何點皆能保持其原有大小，並無更變，同時此V之大小與ON之距離成正比；由此推定：所有之各三角形，皆以ON爲共同之一邊；因有此種事實，故可引起下端所述之翼輪推進機定律：

第一圖

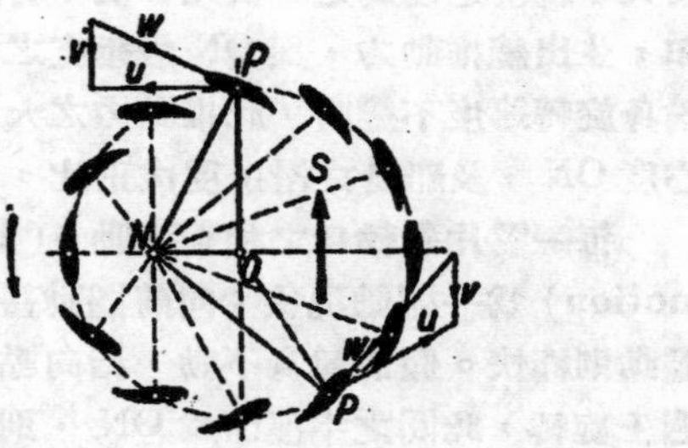

每一翼片之動作，必須適合某種條件；即在圓週上之任何點，引一正線(Normal)，與此片之側面垂直，此點須與翼片之中心點相合，如是則各正線必皆經過同一固定點，此點名曰指向點，(Steering Center)爲各翼片所共用者。當船身前進時，此點應移居輪心之左邊，其偏心度ON與輪身半徑OP，旋轉速度u，及船身速度V，共有下列之關係：

$\frac{ON}{OP}=\frac{v}{u}=$推進機之漩進率。

當此機由「不着力」時變更至「着力」時，船身之速度因被滑退度所減少，同時在翼片上發生一種「上舉力 (Up Lift)」，此上舉力有一分力與水面之推動力平行，且同一方向，其大小視滑退度爲定。由此各個平行分力之總和，生出總推動力，與ON 成垂直之方向；在輪身旋轉速度不變時，此推動力之大小，與偏心度 ON ，及船身之滑退度成正比。

每一翼片對輪身之相對運動 (Relative motion) 爲一擺動現象；向前擺動甚慢，向後擺動則極快。假設輪身不動，指向點N 在一圓週上旋轉，此圓之半徑卽爲 ON ，則解釋自易明瞭：此種相對動作，與常見之曲柄機械，(Slide Crank Gear) 之往復動作，完全相同。

偏心度 ON 卽可用以決定各翼片之擺轉角度，若以 2 π 乘之，則其乘積，卽爲每一旋轉時，此機之前進率。故其意義，與一螺旋機之漩進率相同。

此機與其他各式之推進機比較，其特具之優點：在能將指向點向兩個方向移動；故所得漩進率之大小及方向，皆可任意校正。將此指向點N 繞輪心O 而擺動，則推動力之方向，可任意指定在平面上之任何點(圖二、三、四)，

第二圖

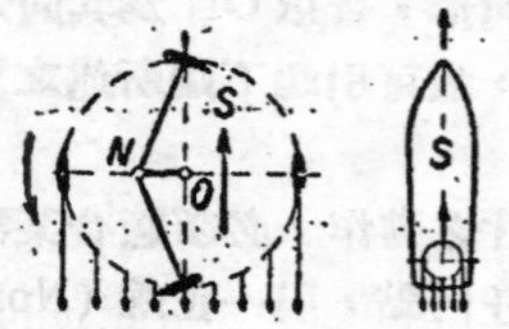

第三圖

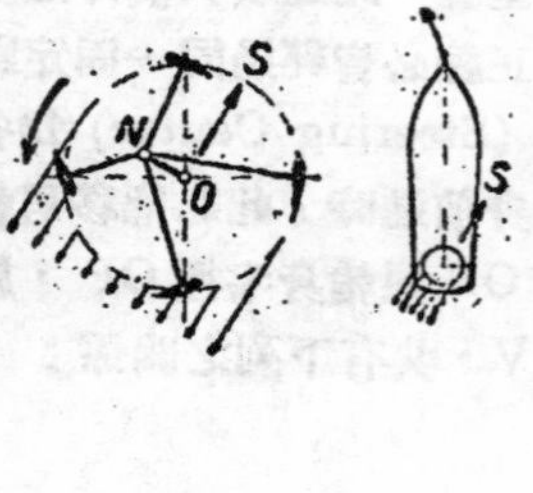

第四圖

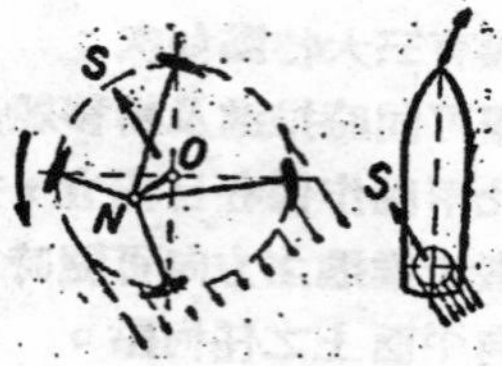

裝配此機於船之一端，船頭，船尾皆可，但以船尾爲較宜，則此推進機同時亦可作尾舵之用，且效力更大。因吾人設將推進機之全部推動力量改爲橫推力量，則此力卽可用作轉動船身之力量；而船身之轉向，可與其速度無關；故實際上船身於必要時，可繞一固定點而旋轉(圖五)。設將船上發動機之全部馬力，使此機旋轉；則在極短之時間內卽可竣事。如德國鐵路局所有之 Kempten 號船，載重 230 噸，載客四百八，長四十七公尺，寬九公尺，於一分四十五秒鐘內，卽可繞一固定點旋轉三百六十度。推進與轉向兩者旣能同時工作，故可合組成種種直行前進及轉向動作，如大轉灣及繞一固定點打圈，在船行最速時忽而轉灣等。亦可設置兩個翼輪推進機使船能橫行：設此兩輪分裝於船身之前後，如渡船起重船之類，則同時可使兩者之推進方向與船身旁向垂直，則此船可以橫行；若將此兩翼輪同裝於船尾，亦可得同樣結果(圖六)。

第五圖

第六圖

翼片擺動度之大小，卽由此而決定此機之漩進率者，可隨時校正改變之，卽船身係以最大速率向前進，亦可使之以最大速率向後退，只須將指向點N 在「橫向」直徑，卽與船長成垂

第七圖

第八圖

第九圖

直之直徑上，以O點爲標準，左右移動之，使忽遠忽近卽可。且無論何時，此船之發動機永以同一速度，同一方向旋動。船身之前進、後退、停泊，及其速率之大小，與發動機之旋轉速度及方向，根本無關。(圖七、八、九)。在發動機上只須有一自動節制器，用以校正由推進機漩進率更變時，所發生拖重 (Load) 大小之變化。

因船舶之前進後退，只須更變翼輪上之翼片動作；故無需使用特種之船用發動機；此種發動機之特點，係以順逆兩個方向旋轉，以便船身之前進或後退者，構造極爲複雜，使用亦難。且發動機以固定速度繼續旋轉，並無忽快忽慢；則由前進改爲後退，手續極快。在河身極狹之處，用固定速度之發動機，如柴油機之類，轉動船身，更覺便利。同時更有一要點，卽船身一切指揮動作，皆在一人之手；駕駛者不必兼顧機房中之事宜，僅用一變速槓桿及指向輪盤，卽能改變船身之速度及方向，與平常之汽車無異，變速槓桿及指向輪盤裝配於船樓中之脚板上，關於指揮及動作，此推進機與電力推進機相似。最大優點之一，卽可由船樓直接管理船身之速度，更可在任何時之特別情形下，校正此機使其得有適當之漩進率，以推進船身。

(三)效率：

翼輪機在最高速及各種載重不同時之效率，皆曾以有系統之方法，用小模型作研究試驗。在平常速度之下，此模型推進機在水池中自由行走所得之結果，皆與實際相合，可以應用；若在高速時，則因水中有空隙現象而使效率減低，此點必須計及；故廠家特築一大池，使其中水流，循環不斷，當試驗時，此水流亦可發生一部份眞空現象，或卽上端所云之空隙現象，應用此種設備，則可以小模型產生與眞正推進機在高速前進時相同之現象，一切試驗圖表，皆逐日詳記，而機件之改良亦以此圖表爲標準，冀得最大之效率。由此模型之推進情形扭轉情形，前進之速度，與每分鐘之轉數，可推定其水力學上之效率，卽等於只有翼片，並無其他連帶各物一之理想翼輪推進機之效率。一眞正推進機之效率，卽係將此理想之效率，加以若干修改，如眞機較理想之模型爲大，則當將原來所得之理想效率，增加若干；又如翼輪本身在水中之磨擦，及輪身，翼片之機械磨擦損失等等，則當在所得理想效率中減去；此外如翼片之數目，、形狀，切面等等對於推進機之效率，自然亦有巨大之影響；最重要之因素，則爲翼片之大小與馬力之關係。通常無論應用任何推進機，在一定馬力之下，其效率之大小，隨其撥水之面積而增加，翼輪推進機之撥水面積，係以一長方形代表，此長方形之一邊爲翼片之長度，他一邊爲兩個相對翼片之距離，卽爲翼輪之直徑；在實用上翼輪直徑與翼片長短之選擇，係根據各種條件，例如船價，載重，吃水等等而定。

凡在各種速度下，各項推進機（實在尺寸，並非模型者）在水中自由行動（卽無特別阻礙之時）之效率，皆有曲線代表之。視每一平方英尺撥水面積所具馬力之多少，各有一特別曲線，上端較細之曲線代表推進機之純粹水力學上之效率，下端較粗之曲線代表推進機之全部效率，包含齒輪之軸端，以至翼片等皆在內，此兩種曲線之差數，卽代表翼輪下部在水中之磨擦力，及因各部機械磨擦力所受之損失。至於翼輪大小之關係，及因高速度而發生者，水中空隙現象之影響，亦可由圖表中見之。此各曲線之畫成，係以一中等尺寸之推進機爲準，且假定其船道系數（Wake Facfor）卽船行時在船後留有之水花痕跡，此水花痕跡視船殼水下部份之形狀及船行之速度而異，故應每船

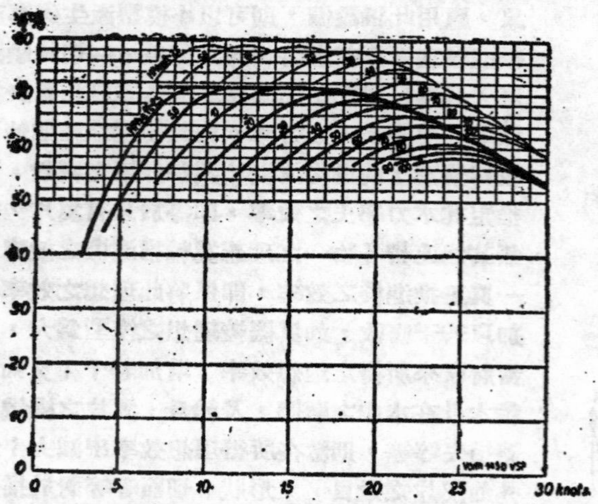

第十圖

所用發動機馬力之大小，須視船殼阻力，船道系數，及推進力系數而定。在原製造廠中，有特設試驗水池，可由實驗上以極迅速及比較簡單之方法，決定此各項系數之大小，若以此翼輪推進機與平常之螺旋推進機比較，則翼輪機所需之推進馬力較少，因其船身可作流線型，又無舵柱，尾舵，推進機外軸，及承座等等之附帶物，故馬力可以大省。

在吃水甚淺之船，螺旋推進機因受其本身直徑之大小及發動機速度之限制，極難應用，翼輪機則不然，因可利用船身正中之切面面積而得甚大之攪水面積，不必如通常之明輪推進機，須增加船身之寬度，或須下降至船底以下，亦不必如螺旋機需要種種複雜之軸套構造；因所有馬力旣分配於闊大之攪水面積上，則此力可以大為節省。此翼輪機之攪水面積，可較尋常推進機者為更大，對於行駛淺水中之拖船，特為有用。

因此機之推進率可隨意更變，卽其翼片開張度，皆可隨意更變，不若螺旋機之各翼片係固定者；故其效率之曲線亦隨推進率而異。在

有一特別系數；）故並非任何情形，皆為絕對精確，但在初步或比較計算上可以作信也（圖十），

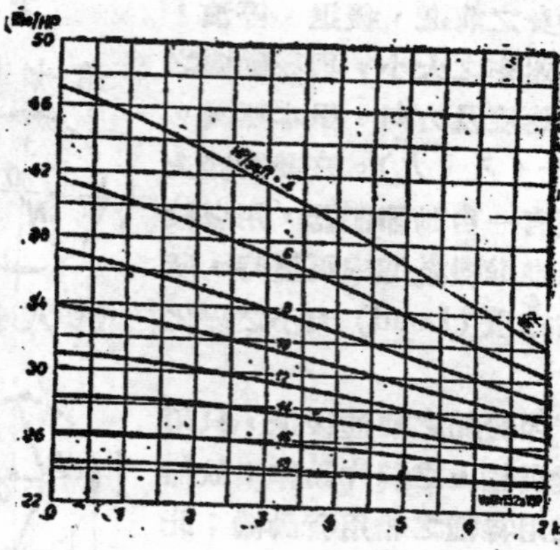

第十一圖

每個推進率之下，有一特別之效率曲線，故翼輪推進機可設法校正之，使其適合於任何情形：如係拖駁，則可拖曳極重之船，或自由航行不拖他船亦可，如係貨船，則載重任何變更，亦可隨時校正。不僅在任何時可以使用發動機之全部速度或卽全部馬力，且同時在每一特別情形之下，可利用最合宜之推進率及效率。

圖十一乃表示此機用於拖駁上所發生之推進力，此力係以在翼輪上端之齒輪軸槓上，每匹馬力所發出者為準，在此處凡高速度時所發生之空隙現象，影響亦極大。此圖亦如第圖十，已儘量計入此空隙現象之影響。當吾人以此機與通常螺旋機之圖表比較時，應切記此點！因用螺旋機時，通常多不十分注意此空隙現象，以致所得結論，與事實多不相符，此圖上所示之推進力，乃指拖駁本身與山拖之拖船兩者合共所需之推進力；設吾人已知拖船所需之實在推進力若干，則由圖表上之總推進力，減去此項推進力，卽為拖駁本身單獨所需之推進力。關於拖駁之阻力及所需之推進力，大部視每一船之特別情形而異，故不能以普遍性之形

式用圖表表出。此外吾人尙須注意，若欲得一定之推進力，則翼輪之大小，對於所用之馬力，有極重要之關係。

時或有人以一小號之翼輪推進機與大號之螺旋機相較。尤以在小號拖駁上，因重量及價格關係，宜選用一較小之翼輪推進機。然在同等情形之下，特別係吃水深淺並無限制之時，較大之螺旋推進機亦可使用，則兩種推進機攪水面積之比較，卽推進力之比較，螺旋機自佔優勢。然就使用靈便及轉向之容易，則翼輪推進機又佔絕對優勢。在中號及大號船，則翼輪機較螺旋機處處佔優勢，除使用靈便外，更因其攪水面積較大，而推進效率由之增加。卽在小號船上，若用翼輪推進機，則其攪水面積較用螺旋機爲小；若在中號及大號船上，以得同樣速度爲標準，則其攪水面積較大。換言之：卽小號船就馬力言，不若用螺旋機之合算；若在中號及大號船，則適相反，用翼輪機處處合算。

(四)設計及製造：

因航行上之條件，推進機須簡單，牢固，且活動部份愈少愈好，並須將各機件儘量保護，以免消損。凡傳達推進力至船身之各個機件，須輕便且夠結實，以避免船身後部之灣曲變形；因設各機件過重，則其重量可使船尾承座之處灣曲變形，設不夠結實，則易破損。

目前所出之M式翼輪推進機，可適合以上之理想。且曾應用於多種船舶上，皆已證明無訛。各號推進機皆已做成標準尺寸，各有四個或八個翼片不等，此各片係用不銹鋼打成，或生鋼鑄成，或鉾銅混合金屬製成亦可，後文另有附表載明各號推進機之尺寸及重量。或用柴油機發動，或用電動機發動，皆無不可，除此各種準號碼外，其他中間號碼，或更大之號碼亦可製造。凡推進機之大小及其翼片形式之決定，乃依水力學及材料強弱學之條件，加以分析後所得之結果爲標準，各翼片上端之軸柄，須能抵抗水力及離心力之灣曲作用，同時其尺寸大小，因水力學上之種種原因、不宜超過相當限度。根據以上情形，又可更變翼片之數目，側面形狀，寬度，長短等等；特別對於側面之形狀，可由多種不同之樣式中選擇之。每樣式之性質，皆相差甚多，由理論上之推想及實驗上之證明，廠家乃做成若干種標準翼片，以應用於各種船舶上；另有特別製造方法，可自動精確做成任何形式之翼片，以完成由初步用熟鋼打成之粗糙形狀者，(圖十二)。

圖十三爲一用齒輪轉動之翼輪推進機之直剖形。輪身1係空心星形者，在其周圍裝有軸

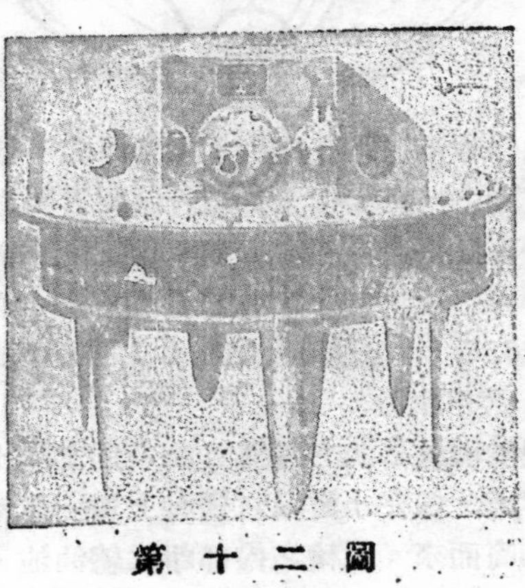

第十二圖

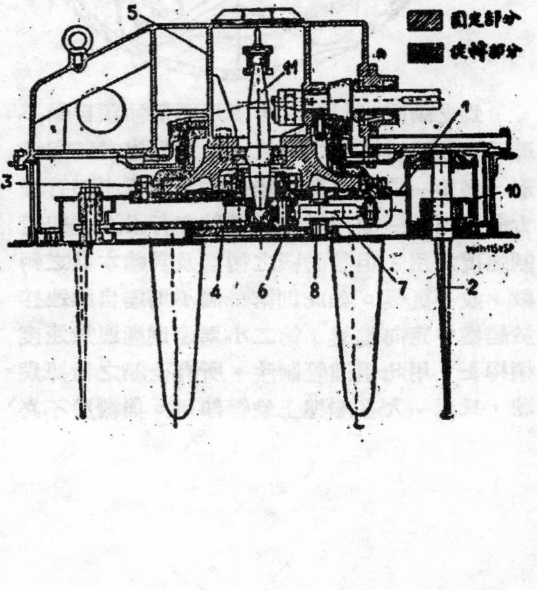

第十三圖

片2。各片係插入固定之圓領承軸中。各圓領承軸係針形而非通常之鋼珠承盤，極宜於擺轉動作。翼片之上端短軸柄係用皮套圍緊，以免透水。輪之本身，並無主軸，但只在固定之圓盤3，及圓領承軸4上旋轉。此圓領承軸乃傳遞推進機之推進力，經過支架5而達於船身。圓盤3則承載各旋轉部份之重量及一切傾斜之力量，設各項機件之樣式及尺寸適當，則磨擦力可減至最低度，輪身1及支架5皆以鋼板電銲裝成，故同時輕便結實。此種製造法應用於齒輪上亦極為利便。因齒輪之齒盤可製成一極堅固之平鋼板形狀，釘於輪身之上面，此面上之齒即接收發動之馬力者。用以轉動此大齒輪之小齒輪，係以兩個大號承軸夾嵌之，故轉動時極合於無聲音之條件，且壽命亦可加長；小桿完全浸於油中，故無須特別加油設備。

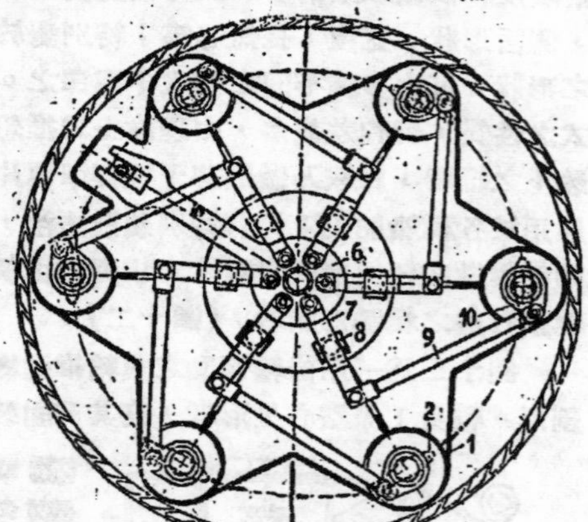

第十四圖

為支動直軸11計，可使用兩個油類自動小馬達，互成於90度之地位。此兩馬達之裝配情形，必須一個用以支使船舶左右横行，即管理方向之用；一個用以支使船舶直行前進，即管制速度之用；但發動機之轉數及翼輪本身之轉數，並不更變。如此則第一個小馬達自應連接於船樓中定向輪盤，第二小馬達則應連於速度槓桿上，用此兩種管制法，所有全船之指揮您[?]地，只用一人在船樓上兼管即可。與機房不必發生關係。此兩小馬達在翼輪上部，係用進油號之推進機，則用螺形齒；大號則用斜齒，各齒盤所用之鋼，須極端堅硬或用硝浸鋼(Nitratee Steel)亦可。

圖十四及十五表示如何支動各翼片之方法，在翼輪之中心，有一管制盤6，上有連桿7，係嵌入於可以滑轉之支桿8上。此管制盤6係隨同輪身而旋轉者，橫桿9連接連桿7於槓桿10者，槓桿10係釘定於翼片之旋軸上，當管制盤6係在圖十四之位置，即其中心點與輪身之中心點相合，則連桿7對於輪身保持安靜不動之地位，設管制盤6如圖十五，忽而中心偏斜，則連桿7及各翼片，發生擺動作用，產生推進力，此力之大小及方向，視指向點之地位而定。指向點即管制盤6之中心點，此點在此盤上之地位，係用活動直軸11以校正之；直軸

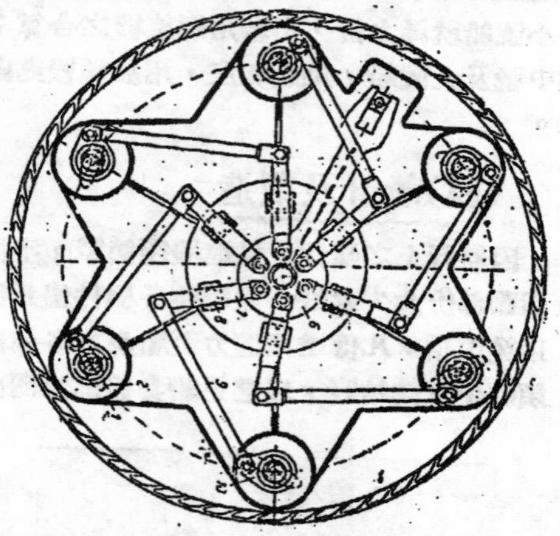

第十五圖

之兩端係球形，且有球形承軸支撐之，活動栝舌門支動之，在船樓上只須管制此舌門之動作。在一百四馬力以下之小船，則支使方向之小馬達，可以取消。此定向輪盤，係用一輕便軸桿及螺釘等　等直接連於直軸11之上。速度之管理，常用水力。

關於機械滑油之流通方法，則支動小馬達之油壓力，係在小齒輪之橫軸上加一齒輪式之打油唧筒而來。翼輪之內部即為總油池，油面

値達於支架5(圖十三)之高度；故當翼輪機開動之時，此處卽被油浸潤矣。因離心力之作用，可發生若干壓力，使油上升至輪齒，繼由此處流至外邊之另一小油池內，再經齒輪之打油喞筒，復及於翼輪本身中。打油喞筒與油池之大小須計算合式，以便在任何情勢之下，卽可迅速支動此小馬達，小馬達上附有安全設備，以便油壓力低降，或當發動機停頓時，卽可引動各翼片復返原位之零點。

齒輪箱係用特別圓形套塞嚴封之，以免漏油。再用與此同樣，但多一雙層之套塞，加塗油脂，嚴封此翼輪之頸部。則當停止動作時，外面之水，可不致進入船中。因此翼輪機對於水線之位置關係，故裝備此機之套筒及機室，與翼輪之外部，皆可充滿水量，直至翼輪上部，套塞之高度爲止。由此套塞所漏出之水，可引入船底。在輪身之圓邊上，裝有葉片，其作用如離心喞筒；可將套筒中之水，在翼輪機開始轉動時，全部驅出。故套塞祇在機停時有作用；當機動時，此套塞毫不受任何水量壓力。

若用電力發動，則可混合電動機與推進機爲一體，電動機含有一內部靜盤(Stator)裝於翼輪機支架之上，該架且帶有圓邊及大號承軸。另有一動盤(Rotor)係一圓環形，釘死於翼輪本身之上邊。此種構造，在馬力過大，不宜應用齒輪時，至有價值；因現時用齒輪傳力，

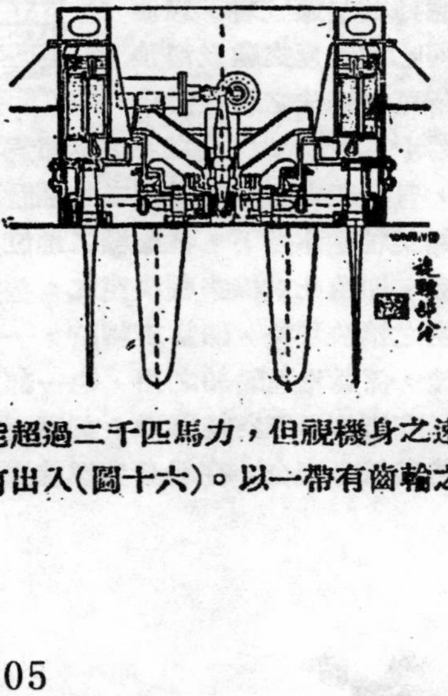

第十六圖

至大不能超過二千四馬力，但視機身之速率如何，稍有出入(圖十六)。以一帶有齒輪之標準式推進機，配合於普通電動機之橫軸，卽可應用。亦有配合於電動機之直軸上者。有時以船身構造之關係，卽在小船之小推進機上，採用電動機，則可取消傳力軸，節省許多地位也。發電機儘可任意裝於船上適宜之處，只須用電線傳電於推進機上之電動機卽可。

翼輪推進機之速度既永遠不變，故可使用三極交流電機，則動作管制較爲簡單。用電力推動兩個翼輪機時，可另加一種設備，使兩機能以等速同極共同轉動，則各個翼輪之翼片，皆精確保持對稱平衡地位，故可使所有施於船尾之橫行力量平衡，船身行動，不至偏斜。直流電當然亦可使用。

翼輪推進機在製造時，皆全部試驗妥畢，裝配齊全後，方行運出，以便放下船底，卽成整個機件，僅用螺釘釘入船身之空圓孔中卽可。有時在高速度之小船上，尙須特別設計，盡力減輕重量；各部之配置與上端所論略同，但須儘量應用輕金屬合金及高度彈韌性之材料。

在特殊情形下，此機之翼片裝配，可使移動上升，而船身仍浮於水面。此乃專爲便於修理翼片，及省去入塢或上坡之手續。但通常之標準設計，所有翼片皆固定，只能移動，不能上升。

下表所列之尺寸及重量，係指M式標準翼輪推進機在通常載重情形而言，此外則視船身之速率，與每平方英尺之撥水面積，以及所費之馬力等等，決定其應較標準式者或輕或重。如快船之翼輪推進機務須體小而馬力大；拖駁

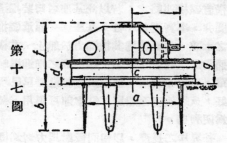

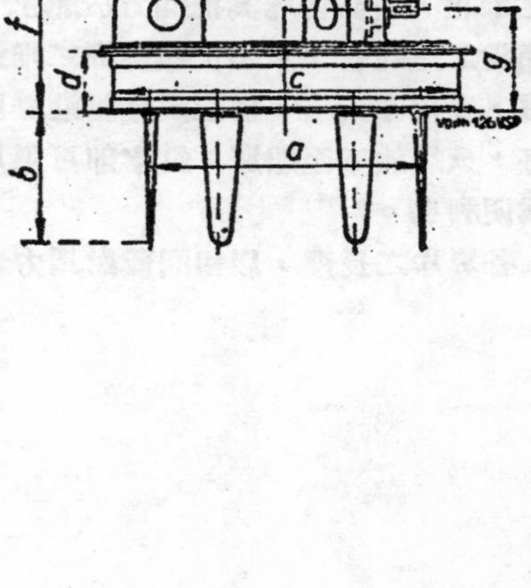

第十七圖

8505

者，則須體大而馬力亦有一定限度，性質不同，設計亦異。通常翼片之長度，約等於翼輪直徑之0.5至0.8倍；此直徑係以兩個對立翼片在圓周上之距離爲準：

各式標準翼輪推進機重量及尺寸表

機身大小及號碼	尺寸（英寸）							重量（英磅）
	a	b	c	d	e	f	g	
8	32		42	9	16	22	14	1000
10	40		50	10	20	25	16	2500
12	48		58	12	24	32	20	4200
14	56		68	14	28	36	24	6700
16	64		78	16	34	40	28	9000
18	72		88	18	38	46	32	11000
21	84		102	20	44	52	38	15500
25	100		122	24	52	64	44	22000
30	120		140	28	64	76	52	33000

註：　(b)之尺寸，並不固定，視吃水之深淺而異。

(五)應用之成績：

此機雖有其本身之種種特點，然裝配常在船尾，則與螺旋機相似。攪水面積甚大，且係長方形，則與舊式明輪機相似。凡裝翼輪機之船殼，底部須有平坦面，對於水面稍作傾斜，通常以翼輪推進機與船殼比較，自然所佔面積甚小，是以特設平坦面以容推進機，乃極易之事。與翼輪推進機大小相若之圓孔，須在船底預爲鑽好；孔邊裝有推進機之基座，乃一鋼板圓孔，嚴密釘牢或焊於船皮上，并與船上骨架用橫直鐵樑連絡之；若以此基座名曰裝推進機之圓井，事實更爲相合。基座係一面承裝推進機之本體，一面傳遞其推進力於船上，其構造較通常之尾舵管，承座，螺旋機之推進機較爲簡單，費用亦大省。加以翼輪推進機早已現成裝好，只須放下至船底，釘牢即可應用，裝置甚爲便利也。

各翼片之長度，以相同發動馬力者爲標準，平常皆較螺旋機之直徑爲短，故與螺旋機所裝配之地位相較，則翼輪機在船尾底部之地位較高於螺旋機，在水面之地位又較低；故其露出水面之部份，較螺旋機之翼片頭部爲少。由多年之經驗，證明凡在水平面旋轉之機件，皆能驅走浮於水面之雜物；故翼輪機在水平面旋轉時，若遇有繩索鐵絲圍繞時，不致被其絞纏。即使果有繩索將翼輪上各翼片絞住，只須將各翼片立即收縮，不使放開，繩索自可解脫下墜矣。在冰塊中行駛時，已經事實證明，翼輪機所遇之損傷及危險機會，較螺旋機爲更少。設在極淺水之中行駛，則此機可用若干保護桿以保護其周圍，使不與河底相碰；各保護桿係由船尾部穿出，經過翼輪之下而再入於船底。此種設備，亦宜用於工程船，例如建築河岸堤壩之船上，但在通常情形，則無需此保護桿也。

裝用翼輪機者，即可取消尾舵，承軸，及一切附帶設備，故船尾亦可做成平滑式，且較通常螺旋機之船尾爲簡單，因此抵抗力大減。凡用翼輪機之船樣，係以其重要尺寸，特別視其吃水之深淺及裝配翼輪之地位如何而定：如行於淺水，則宜用方形船尾，而翼輪機之主軸則係垂直形或近乎垂直形，行於吃水較深之處，則船尾形狀，頗與平常巡洋艦之尾部相似，關於船殼形式與翼輪推進機之地位，自應擇其最適宜者，以便在任何吃水深度之處及海浪中，皆可得極佳之航行效率。如圖十八所示：斜立之小方形即爲推進機之地位，有虛線處即爲推進機之各種歷程或軌跡，欲知某種吃水度下，推進機之地位應以何處爲最宜，即由此虛線路程決定之。普通螺旋機所產生之惰流現象，即當旋轉時，一部份之水流向後，係爲推進船舶之用，他一部水流撞擊船身，毫無作用而空耗馬力；其原因即以螺旋機不能與船身密合，在船身與螺旋機間有空隙

第十八圖

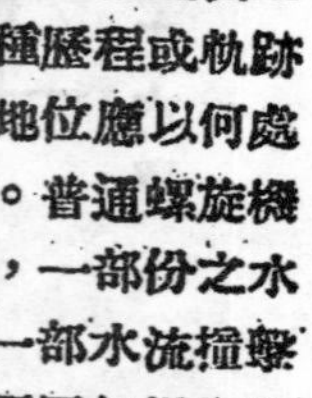

，故能產生此惰流現象也；若用翼輪機時，可以全體取消；則因翼輪機與船身之配合，儘可隨此虛線之歷程，視吃水之深淺，到處恰能密合之故。

關於船壳之形式，絕非紙上空談所可竣事，最佳方法須以模型試驗，方可得適當之解決。故德國廠家，各設試驗池，形如斜式露天溝渠，中有均勻之水流，此水流之速度可以變更亦可保持平靜。模型小船浮懸於水流之上，且可一切佈置齊全在預備開行之位置。異船駛行時所生波浪之形狀，在此模型小船亦可假造，以便觀察。量得光淨船壳之抵抗力與此模型自身之推進力後，由此兩項試驗，即可求得推進系數。(Thrust Deduction Coefficient)，至於船道系數則用皮道式 (Pitot) 管子，在翼輪推進機切面上各點一一測定之，此種試驗設備，可以解決一切船舶之推進問題，同時亦可用為根據，求得船舶應有之樣式。

試驗池中所流過之巨大水量，消耗馬力過多，故其寬度及深度皆有相當限制；因此試驗所得之結果，並非絕對精確；不能與大水池中，用模型大船行於靜水中所得之結果相比擬。實際上此種試驗池並非用以代替正式大試驗池，不過用以作有系統及比較性之試驗，在極短之時間，以極簡單之方法，即可覓出初步研究之結果；然後另以模型大船在大試驗池中作最後之船舶推行試驗，此種試驗池之特別價值，在能覓得任何裝具翼輪推進機之船舶尾部之適當形式。在較大之船舶上，翼輪機本身與其連絡橫軸，及所用發動機之總重量，較螺旋機者減輕極多。有時各重要機件之重量，須在船上特別設計，使分配合宜。如行極淺水之船舶，因須船身保持平衡，以翼輪機本體有相當重量，故發動機與翼輪兩者之距離，較平時皆應加遠；若用高速度之小發動機，更應特別注意。適例：凡用翼輪機之船，其機器房較用螺旋機者為小，此種優點，可增加貨艙或客房之地位。茲因所用之柴油發動機並不需要反向而轉，則所用開動機器之空氣量可以大減；故空氣罐及其附件皆可較小，若用電力推動翼輪，則可用高速度之發動機以發電；設為極大船舶，更可用蒸汽鍋輪作發動機也。

有時偶須將翼輪裝於船尾較高部份，其橫軸自亦較為抬高，則可更動傳力齒輪之交义角度，此角度並不限定為直角，用以求得更合式之裝配。或在橫軸上用兩個活動接頭，亦極方便。萬不得已時，加用一中間齒設於橫軸上，亦能使此橫軸之地位，較翼輪上之橫軸大為降低。然迄今造船界之經驗證明，若在船尾部有適宜之裝配，並選擇適當之傳力齒輪交叉角度，則可使用直形橫軸，不必加用活動接頭。若用電力轉動，自可無需齒輪及橫軸等項，發動機裝於船上之任何最適當地點，所有橫軸及其承座之原有地位，皆可改作別用；姑不論其價格稍昂，此電力轉動之方法，即在較小船舶上，亦極為便利。

因此船可取消船尾橫軸套管，塞水箱，船尾機房及全部尾舵設備，故船身構造大為簡單，駕駛室與翼輪上端制動機舌門之連絡，通常皆用槓桿；若在大船，因兩者距離過大，則須用電力及水力連絡之。

下列各例為代表現時通用各項船舶之成績：

(甲)海港拖駁：　應用翼輪機特為有利，因其駕駛極為靈便，轉灣極快，可向任何方向拖帶或推進他船。當其停泊時，可依其本身之長度就地旋轉，此點最有價值。以上之各種優點，一面可增加船舶之效率，一面可在行動時得有極大之安全。

(乙)江河大拖駁：　在淺水中航行，凡通常船舶，需要兩個或四個螺旋機，以及同數小尾舵，裝於各個螺旋機之後部。若用翼輪機，直徑加大，兩個已足。故船壳之構造及機房之設備，大為簡單。在同一馬力之下，可在更淺之水中行駛；因推進率可以更變，則在任何項工作之下，無論船身、速度、及載重如何，皆可保持最高效率。柴油機之壽命亦可因之加長，因其速率永遠不變，維持費亦可減少。

（丙）內地貨船： 在內地河道航行之貨船，必須以經濟爲第一原則。翼輪機在無論何時，皆可以最經濟之速度旋轉，同時其推進率亦可視載重及所須船身速度而任意更改；故有極大之價值。又因翼輪機之反轉力量甚大，故卽在順流而下時，亦易將此貨船遏止制定，且手續極快。至於轉灣及靠岸，更爲敏捷簡單。

（丁）客船： 特別在站數甚多，時停時開之客船，必須將靠岸開船之時間，減至最低度，以便維持行船時刻表。若用翼輪機，此種開停之時間可以大爲減少。因是可以減低船舶駛行各站間之速度；故燃料可以節省，發動機亦不易傷耗。此外因駕駛樓可直接指揮推進機，無須經過發動機房，則一切動作皆有極大之安全。此種事實已經多次證明其無訛。

（戊）大號客船： 此項船舶可用機械，或用電力轉動，汽鍋輪發動機亦可使用；但須採用輕便及高壓水管之鍋爐。因取消橫軸之故，造船者儘可自由擇定船之後半部樣式，因此翼輪機之速度永遠不變，可用電力使之轉動，管理至爲簡便。

（巳）極淺水中之船： 航行極淺水中之船，在中國極爲需要，可稱爲中國內地河道交通之唯一救星，故特鄭重表出之。用翼輪機可代替通常裝在船尾之明輪推進機，駕駛方面自可大行改良；因翼輪機可全部浸入水中，故其效率自較明輪之一小部浸入水中者爲高。同時因其旋轉速度可保持不變，始終以最大速度旋轉，則無需加置減速齒輪如明輪上所用者。在極端淺水河中，可增加翼之直徑及翼片之數目，以加大其攪水面積；則推進力亦加大，在淺水中不但易於航行，且有相當速度。中國河道多半失修，在冬季更水淺塞淤不堪，平常輪船以吃水過深，無法通行，民船過慢，載重、載客皆極少，河道等於廢物，交通不便，影響國計民生極鉅；若用此種翼輪機之淺水輪，則在一尺深之水中仍可航行，且駕駛便利，機構簡單，實應儘量推行全國，先購若干艘試用，以後再行添置，以期一舉而根本永遠解決。圖十九卽爲特別淺翼輪，見其後部推進機之位置及形狀，卽可知其能在淺水中航行。

（庚）巡邏船： 凡海關及類似機關所用之巡邏船，須快捷靈便，且同時可在任何地點停泊，不受潮水或河流之搖動。此翼輪機曾經證明，爲最適合以上各條件者；尤以應用柴油機時，更爲便利。

（辛）起重船： 凡通常用螺旋機之起重船，及其他類似之低速度笨重船舶，平常皆以尾舵指揮，進行極爲滯鈍。若用翼輪機，則因其轉向之力量極大，可以發動機之全力轉向，故駕駛極易；且可完成任何船身動作。停泊時，又可依固定一點打轉。若用兩個翼輪，同裝於船後，或分置於船前、船後，此兩翼輪或則可左右橫行。若爲建築工程之起重船，且在傾斜水底工作者，則宜將兩翼輪同裝於船後爲宜。

（壬）渡船： 若在船前，船後各裝一翼輪，則不僅駕駛容易，且雖有颶風吹襲船身上部，船之舵線仍可維持不變；因其前後皆有動力，維持船身之平衡也。設將兩翼輪之推進力使之橫動，則船身可左右橫行，卽遇橫流潮水或大風，船身仍可穩定；此爲任何舊式船所不能

第十九圖

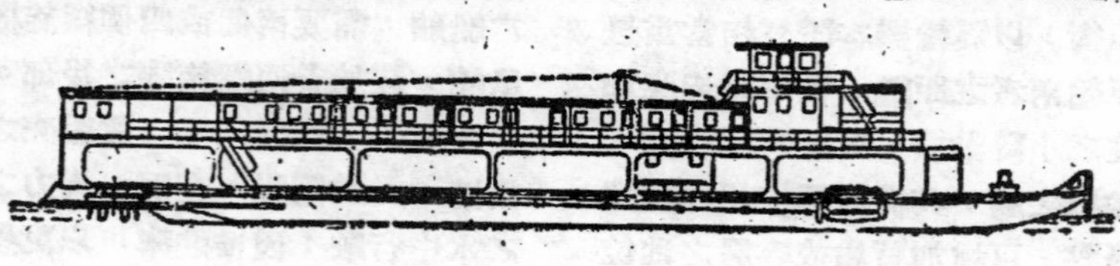

辦到者。在強烈潮水中或在急流中，此船靠岸極易且快，亦爲其最大之優點。

(癸)救火船： 若用翼輪機，則此種船舶之機構即可大爲簡單。救火水龍及翼輪機皆可共同連接於同一發動機上，則通常只有應用電力轉動可得之種種便利，今則純用簡單之機械轉動，亦可得之。

以上所舉，皆爲航行內河之船；然事實上即在海中亦可應用翼輪機，現時已有多數海船裝配此機矣。總而言之，翼輪機在任何情形之下皆爲有利；因其駕駛便利，推進率可任意更變，轉動靈敏，機構簡單，種種特點，皆爲航行上所必需者。凡關至今猶在期望之中，尚未能應用他項推進機以達到目的者，翼輪機一一能之。且對中國國情更爲適合，以後凡民船可到之處，此船皆可到達；不僅駕駛便利，製造亦易也。

工程文摘

目 次

(一)三河活動壩

(摘自導淮入江水道三河活動壩模型試驗報告書，經濟部中央水工試驗所，二十七年八月。)

導淮事業，關係蘇、魯、皖、豫四省之民生至鉅。其計劃以防洪爲主，灌溉航運次之，概以洪澤湖爲樞紐。旣須節制淮水以分洩江海，又須蓄水以利航運灌溉；旣須排洪入江而勿使病江，又須分洪入海而勿使氾濫成災。

(甲)入海水道之路線： 係由洪澤湖循張福河，經淮陰之楊莊及漣水等縣依廢黃河至套子口而入海，最大洩量爲每秒一千五百立方公尺，建有楊莊活動壩一座，業已建築完成矣。

(乙)入江水道之路線： 係由洪澤湖經蔣壩，循三河及寶應湖、高郵湖，經邵伯、江都等縣至三江營而注於江。入江之水量，以不使江水超過民十最高水位爲原則，最大洩量爲每秒九千立本公尺。若逼江淮並漲，則限制洩量爲每秒六千立方公尺。

(丙)三河壩之位置。 在淮陰蔣壩之三河口，用以操縱由洪入江之水量者。此項模型，自二十五年九月開始試驗，二十六年三月告竣，當時三河活動壩且已正式着手興工矣。該壩共有六十孔，用史東尼(Stoney)式之活動鋼質壩門，每孔淨高五公尺半，淨寬十公尺；活動壩全長七百四十七公尺半，若連壩座寬合計在內，共長約八百公尺。——銜接三河活動壩之引河，僱用人工挖掘，爲節省土方計，引河內留有土埂五條，擬於開壩後利用水力冲刷之。——模型比率之選擇，依照傅魯德(Frude)模型律，採用局部模型，比率定爲1:50。根據原型土壤之臨界冲刷河速及砂礫移動之相似性，採用河南白煤屑爲模型砂礫，煤屑之直徑，以不大於二公厘(mm.)爲適合於實際情形。

(丁)試驗之目的： (a)研究各種不同之水位及流量，保護壩下河床之方法；(b)研究壩下殘留之土埂，有無冲刷而去之可能；(c)尋求壩內水頭之損失及流量係數之值；(d)決定洪澤湖水位入江流量及壩門開放尺寸之關係。

(戊)試驗之結果： (a)閘門完全開啓時，壩座後發生迴溜，護坦邊緣之河床，被冲成深潭時，垂直而下，達三公尺半；經試驗研究，將壩座形狀改良後，迴溜已經消滅、河床之冲刷亦可完全避免。至於洪澤湖水漲時，因須限制入江流量，應將壩門局部關閉；惟水流自閘門外射，冲刷河床甚劇，亦經試驗研究，分設大小消力檻於護坦邊緣及壩墩之間，約可減少冲刷深度百分之五十，不致危及壩身。再若下游河床乾涸，開閘放水時，自應鋪砌石塊於河牀，抵制水流之冲刷。(b)引河內之土埂極有冲刷之可能。

摘者註：(丙)(丁)兩項，亦已試驗結束，給有相關之曲綫，因製版不便，故未列入。又本文係中國工程師學會二十七年臨時大會宣讀論文之一。

(二)中國公路地質概述

(摘自地質論評；三卷五期，二十七年十月)

林文英

(甲)朔漠區域：　自帕米爾沿崐崙山、阿爾泰山、祈連山、賀蘭山、陰山、燕山至大興安嶺之西北，包括外蒙古、新疆、甘肅、寧夏、綏遠、察哈爾，熱河、以及黃河大彎曲以南之鄂爾多斯沙漠；吾稱此爲朔漠區域。

在公路地形上觀之，大部地面，均極平緩，或爲廣大之盆地，或爲起伏波動之丘陵，或爲廣漠遼闊之完整高原；極少巨川深水，足爲公路之障；故本區公路路線，逕直而少彎曲，起伏而不盤旋。

所謂公路土壤，係指路基性質而言，偏重於土壤之物理的及機械的性質；本區路基土壤，大別可分下列數種：

第一爲戈壁礫質路基。此種路基，大部爲礫石所成，大小不一，或角或圓；一部爲粗砂，具塡充作用，表層部份細砂甚少，幾無細土，因風力匀夷，地面極爲平坦。此種礫質所構成之路基，爲國內所見最優良之一種，不僅在路基上列爲首級，且可無需再鋪路面。

第二爲細砂路基。細砂常成砂丘，亦有散布於戈壁礫石之上，成一細砂層者，砂丘地帶，絕不宜於路基之用，因車輛入此，甚於陷入泥濘之中。細砂路基上欲鋪路面，實極困難，因其缺乏黏性與自固之力，更不能保持水份也。

第三爲粉砂壤土路基。此種土壤造成本區宜於耕種最肥沃之土地；零星散佈於四周。路基比較柔輭，若在江南，非鋪路面，雨天不能行車；惟本區雨量稀少，尙可勉強使用也。

第四爲砂礫質粘土路基。爲波動式之草原地形，所謂起伏而不盤旋之路線，卽於此地見之。

所謂材料，係指建築上需用之粗砂、碎石、礫石、石板、石灰岩、粘土等而言；粗砂碎石用以和洋灰或石灰成爲三合土，粗砂亦常用以鋪蓋路面，碎石、礫石爲建築路面之材料，粘土用於路面之灌漿膠結，石板建築橋涵，石灰岩爲燒石灰之原料。本區之粗砂、礫石、碎石等材料，隨地皆有，極易取得；石板材料有時距離稍遠，但溪流甚少，需材無多，不感困難；黏土材料，大部甚缺，石灰岩有時尙易取得。

本區地形、路基及材料，均極優良；益以雨量稀少，破壞之力較微，實爲全國最佳之公路地質區域；甘新、綏新、張庫等公路之完成，僅將舊日之大車道路加修整而已，惟本區公路，軍政之作用大，經濟之價値小。

(乙)河淮平原：　燕山之南，大行山、伏牛山、嵩山、桐柏山之東，大別山、霍山、淮陽諸山以北，除魯東丘陵地外，爲廣大之河淮平原，或稱華北平原，最宜於公路之建築；路線多平直而少彎曲；惟湖沼低窪之地，河道易改，橋梁建築，殊爲不便；山邊地帶，每有丘陵，路線不免有起伏曲折之處。

本區路基，以黃土及砂土爲主，紅土次之：黃土土壤以粉砂爲主，黏土爲次，砂礫成份極少；性質柔輭，雨時泥濘不堪，晴時塵土飛揚，爲低級之路基。砂土中含有適量之礫石及土壤成份者，往往成較優良之路基；大部由砂質所成者，則性質較柔，成次等之路基。紅土性質較爲黏韌，有時富於砂質，爲中級之路基。

本區材料，最感困難。粗砂之供求，在河流中下游部份，極感缺乏。碎石、礫石、石板、石灰岩等，均不可得；欲鋪築高級路面，大部份極感困難，在經濟上幾有不可能之勢。

(丙)魯東丘陵地：　插入於河淮平原，位於黃河與淮河下游之間，伸出於黃渤二海之內者，爲魯東丘陵地；惟本區地形，實較複雜：或爲叢山所聚，其高度有達海拔千五百餘公

8511

尺者，公路之盤旋曲折，勢所難免；或爲山地丘陵及河谷錯綜之地，惟各山自成峯巒，對於公路路線，障礙亦少；其他低丘平原，路線經行，莫不暢達。河流以寬廣水淺者居多，橋樑大都甚長而不高，洪水可越橋面而過；水量較缺之河，常作過水路面，或長距離連續涵洞式之過水橋。

本區路基可分數種：

一爲礫質土壤。礫石以花崗岩片麻岩爲主，爲本區最堅實優良之路基。

二爲砂質土壤。有時含多量之圓形礫石；亦優良路基之一。

三爲紅土。含黏土成份較重者，黏性甚大，含砂質成份較重者，則成優良之砂質黏土；堪爲中級之路基。

四爲普通土壤。有相當黏性，惟質頗柔軟，爲本區較次級之路基。

本區砂石材料，可稱富足；粗石、碎石、礫石等材料，得之甚易，石板材料，亦易獲得，尤以花崗岩、片麻岩及石灰岩分佈之地爲易。

(丁)黃土高原： 秦嶺山脈以北，太行山脈以西，陰山賀蘭山之南，青海高原之東，更有一廣大之公路地質單位，即晉、陝、甘、甯、豫西、與察，綏南部之黃土高原也；地形亦極複雜。山西實爲一多山之省，對於公路路線，實有重大之障礙，尤其對於通達省外之路線爲甚；陝北隴東幾全爲黃土所覆蓋，陝，甘爲連續性之階級高原，由東而西，地勢逆漸上升。黃土高原之內，僅有一部份狹長形之河谷，其地形較利於公路之建築：如渭河、涇河、洛河、洮河、湟水及歸綏、河套、寧夏等平原是也；惟以本區之廣，較有利之平地，僅此而已！

除此少數之平川外，餘均爲浩博廣大，深受割切之黃土高原；公路經此，匪特升降無定且深溝峭谷，出現於驟然之間，故常盤登於嶺路之上；嶺路即在已受剝蝕之高原上面，求其一線相通之山嶺，盤旋曲折以聯貫之者；惟此嶺路所經，多爲荒涼區域，由嶺路而入平川，升降盤旋之間，常達數百公尺；谷中常有台地台地每受強烈之割切，成峭壁懸崖之深溝，跨越不易，架橋亦難，且易崩毀，故隴坂區域，(即陝北、隴東之黃土高原)爲西北最不利於公路建築之地形。惟本區河流寬廣，雨季雖泛溢無定，乾季則可涉水而過；西北乾季居多，故常建過水路面，以利交通。

山西因山嶺重疊，堅岩暴露，故不乏堅硬之礫質路基；沿河地帶，亦多冲積之砂礫質土壤；其紅色岩層分佈之地，黏性充足；惟黃土仍爲構成晉省路基之通要部份。黃土非無黏性，不過缺乏水份而已！陝北，隴東幾全爲黃土所覆蓋，爲我國公路路基問題中，最困難之區域。

本區各種砂石材料，亦以山西較爲富足；陝北、隴東兩地，大部非常困難，行經百數十里未見堅岩者，實爲常事；同時溝谷之中，雖有砂礫，提升鋪築，極不經濟；且供求迴異，需給懸絕，益以交通運輸之不便，材料之供給可謂難矣。

(戊)長江中下游區： 秦嶺山脈之南，南嶺山脈之北，武當山，大巴山及貴州高原之東，爲長江中下游區，亦一錯綜複雜之區也。

(a)湖泊： 沿江大小湖泊，無慮數百；公路對於湖泊，只可環繞，無法橫越；如洞庭湖區域，周圍千餘公里之內，目前尚無公路，在全國中心區域，而有如此情形，足見湖泊地形，對於公路限制之亚要矣。

鄱陽湖、太湖均築環湖公路；環湖公路所經地形，幾不出兩種：一爲平原，一爲二三十公尺以下之低丘陵地；地形實稱便利。路基以壤土及黏土爲主，砂礫土次之，中級者居多。材料之供給，並不困難，或由於出產之豐富，或由於水運之便利，不僅環湖有山，即湖中亦有山，凡此山嶺，均能供給築路材料也。

(b)平原：　湖泊之外爲平原，水區平原可分四種；

最大者爲長江下游之冲積平原，此平原可分兩段：一段在南京以東，包括錢塘江冲積平原與淮河冲積平原；一段以巢湖爲中心，是爲皖中冲積平原

其次則爲漢水中下游之平原，亦可分爲兩段：一段爲南陽盆地；一段爲江漢會合之區，包括在洞庭湖區域在內。

第三爲各大小支流之中下游沿江冲積平原，如贛江、湘江等及其他大小河流所經之地。

第四種平原爲山間盆地，或稱盤谷；盤谷範圍較小，且必與丘陵或山地相接壤。

前述第一二種平原，水道縱横，密如蛛網，所需橋樑涵管，遠較他區爲多；且地勢大都低窪，河流每常冲溢，路基之填土必高；在此平原上之路基，粉砂壤土、極細壤土及黏土與普通壤土等爲主，性較柔軟，爲中級及中級以下之路基。材料之供給，因離山地較遠，惟有水道及鐵道運輸之便，常能取遠材以致用；橋涵材料，常用鋼筋混凝土或硬磚，以代替石板。此因平原區域，富庶發達。雖偶有缺乏，而代替之方法亦多。

第三種平原，除最下游部份外，類皆縱長横狹，河流水道，皆較固定，系統亦較清晰；路線大抵均與主流平行，與其支流相交截；近河流者，常可得砂礫質之路基，稍遠者得砂質及細砂質壤土，再遠爲壤土、黏土等，爲中級及中級以上之路基。材料供給，較前者略便。因主流或支流，離山地不遠，河床中多有砂礫之堆積；其他缺乏材料，亦能賴水道運輸之便，順流而下，取給於遠方。

第四種平原，有時甚爲平坦，惟大抵均成甚小之角度，向盆地中心或河流傾斜，吾嘗稱之爲坡原。坡原之地下水位較低，排水較易，常遇角形礫石與石屑壤土等所雜湊而成之路基；其次則爲壤土、粘土及砂礫土等路基，皆有相當黏性。材料方面，因其接近丘陵山地之關係，大部甚易獲得。

(c)丘陵：　湖泊平原之外，佔本區面積最廣者，當爲距地面百公尺以下山坡斜緩之丘陵地；丘陵地之最大部份，爲紅色粘土，砂岩及砂礫層等所成；故可稱爲紅色丘陵。丘陵在公路上之特性，爲路線起伏而不盤旋；偶有較高之丘陵，亦僅一二盤折，即可越過；有時爲避免盤繞，不惜開挖峻陡之坡度以逾越之。路面大抵均有坡度，有時甚陡，水平者不多；排水較平原爲佳，受地下水之損害亦較小。路基以紅色粘土爲最重要，其次爲礫質及砂質之紅色粘土，再次爲谷中之灰色礫質壤土或粘質壤土；故本區所遇，乃中級及中級以上之路基。材料方面，丘陵地中，常能得極良好之粗砂，最合於工程之用，惟粗砂與礫石相間者，須加篩分耳。礫石之取給，亦甚便利；惟石灰岩及石板常較困難。

湘贛兩省間之丘陵地，有一部係成於向斜層之中，頗有利於兩省間公路之聯絡；在此兩省間之梯形公路網，其南端仍受地質構造之影響，而不能完備，由於其間有南北向之萬洋山及諸廣山之阻礙也。

(d)山地：　湖泊、平原、丘陵之外，離地面百公尺以上，山坡急峻者，吾嘗稱之爲山地。山地之路線，不惜迂循河谷而行；必需過分水嶺及横斷山脊者，迴旋至五六次而至一二十次，山路崎嶇處常須建築護欄，山坡較陡處常用巨量之石方，此皆丘陵地公路之所無者。山地常爲公路之障，使路線網不易發展，惟孤立不羣之山綿延不遠者，或山脈之方向與主要之交通線相平行者，其障礙作用較小。本區山地大部分佈於全區之邊緣與他區之接觸帶上。

山地之路基，大部比較優良；山間亦有紅色低丘，爲粘質之路基。山地之材料，一般言之，大都無問題；惟有山未必有石，有石未必

均能切合需要而已！山地公路尚有一較重要之問題，卽山坡及路基之崩陷是也。

(巳)閩浙山區；　　閩浙雖當沿海，適爲南嶺山脈之北端，羣山陡起，衆嶺齊赴；在閩浙山區之內，有無數之河流，產生無數之谿谷，亦有無數之分水嶺；故河谷、丘陵、山地，錯雜相間，每一公路，必過各種地形，鮮有在一種地形，連續至數十公里者，此爲閩浙山區地形之特點。其越分水嶺者，盤旋曲折，工程更其偉大；故閩浙兩省之公路工程，爲江南各省中之比較重大者。

山區內之路基，亦有數種：一爲礫質壤土，二爲砂礫質壤土，三爲風化殘積之砂質粘土，四爲岡丘上之紅色粘土及砂質粘土，五爲經過稻田內之灰色粘土及粘土；前三者路基較佳，後二者較次。閩浙山地之砂石材料，大部均能就地取材，甚爲易得。

(庚)兩粵山地：　兩粵高山較少而丘陵較多，尤以廣西多分離獨立之石灰岩孤峯，對於公路路線，甚少障礙作用，反爲公路沿途增色。路基種類，亦與閩浙山區之情形相似；惟紅色丘陵之路基，比較更多；珠江流域之平原亦較廣。材料方面，有時或感困難，大部均甚易得；廣東沿海多花崗岩，廣西全省幾爲石灰岩之領域。

(辛)四川盆地：　　四川盆地中之地形，亦可別爲三種：一爲岷江冲積平原，一爲渝蓉間之紅色丘陵，一爲川東之褶曲區域：

(a)岷江平原。　　包括岷江及其支流，以成都一帶爲最廣；灌縣新津之間，橋涵建築頗繁。路基有砂礫質壤土、稻田土(黏壤土)等；經過丘陵者，則遇紅色壤土及砂質壤土。材料方面，以粗砂、礫石之取給較爲近便，其他材料比較困難。

(b)渝蓉部分。　　東北以嘉陵江爲界，西南以岷江、揚子江爲界；起伏之丘陵與冲積之平地錯雜相間。路基以紅色黏土及砂質土爲主，次爲稻田之壤土、黏土，再次爲河流冲積之砂礫土。石灰岩之供給比較困難；石板材料常以較堅硬之砂岩建築橋樑，粗砂、礫石不難獲得。

(c)川東部份。　　成一褶曲區域，有連續數個之平行山脈，皆作東北、西南之走向，背斜層與向斜層互相間列：背斜層均成高山，兩翼以侏羅紀之硬砂岩居多，故常成峻嶺急坡；脊有爲三　紀之石灰岩所成者，較大者亦有村落農莊，一如普通之山谷。向斜層之中部，亦常保留一部份原形，成爲平頂小山，不相連續；兩側冲成爲平緩之低谷，爲人烟聚集之地。公路在此區域，若與構造軸相逆，卽路線爲西北、東南向者，則升降盤旋，工程頗感困難。四川之主要交通線，均與地質構造之軸向相違反，尤以川東爲最甚；故蜀道之難，不僅對省外交通爲然也。褶曲區之路基，以紅色黏土及砂質粘土爲主，在谷地中有稻田之粘土及壤土。材料方面，亦比較易得。

今且陳述鄰接四川之兩個小盆地如次：

(a)隴南之徽成盆地：　處秦嶺山脈之中，東起鳳縣，西經兩當、徽縣、成縣而至武都境內，爲狹長形之盆地，以徽成兩縣爲中心。盆地四圍均係紅砂岩及礫岩，形成較高而平緩之山丘；盆地中心爲紅色黏土之起伏丘陵。路基以紅色粘土及紅色砂礫土爲主，材料取給甚便。

(b)漢中之冲積盆地：　處秦嶺與大巴山脈之間，亦爲狹長形；東起洋縣，經城固，南鄭，褒城而至沔縣以西，居陝，甘，川，鄂，豫邊區之中，其地位遠較徽成爲重要；因四周山嶺，均甚高大，雖有漢水及其支流之河谷，對外交通，仍不免翻山越嶺耳！

路基以冲積砂礫土，壤土爲主，粘土次之。材料取給，亦甚便利，粗砂、礫石，隨地可採也。

(壬)雲貴高原：　　雲貴高原，爲西南之

8514

另一單位，惟雲南並不包括全省，西僅止於大理；大理以西及西南、西北之地，吾已劃入橫斷山區之中。地形初極齊整，經長時期之剝蝕，割切極甚；凡現在河流所經之地，均深溝峽谷，高原與低谷，相差常至五六百公尺以上而至千公尺，故極少冲積平原；貴州地無三里平之諺，乃寫實之詞，其故卽由於此。高原初頗完整，剝蝕割向四方，公路建築，遂缺乏便利之地形可用；貴州路線之盤旋曲折，艱危險阻之象，爲全國他區所未見，安南以西半關之二十四盤，最爲著名；貴州公路幹線之完成，實爲中國近年來艱苦奮鬥之結果！雲南方面，稍見和緩，谷地之利用較廣。

路基方面，在貴州幾可謂並無冲積平原，在雲南有冲積扇，造成所謂壩子之狹長形谷地，卽吾所稱之坡原；惟大部面積不廣。山嶺、山坡、山麓等之角礫質土壤路基，佔最重要部份；雲貴之最西部，有紅色粘土及砂質粘土，雖高及山頂，仍能遇之。材料方面，大部均極豐富，石灰岩遍佈全區，尤無缺乏之虞；惟高山由頁岩軟砂岩等所成者，其石料須來自山下，轉運稍感困難耳！粗砂則大半欠佳。

(癸)橫斷山區：　在岷江平原之西，岷嶺山、巴顏喀喇山之南，野人山之東，南與緬越分界，紅河之東北與雲貴高原相接，在此範圍以內，吾稱爲橫斷山區。山水均自北而南，惟地質構造並非與河道完全相同，亦多橫穿地層而出者；大致情形，仍以南北之方向爲主。本區山河走向與主要交通路線，成絕對相反之勢，爲全國公路路線受阻最甚之區；苟非國難所迫，最近完成滇緬公路，則本區幾無公路可言。本區稍可利用之地形，卽順沿山谷，隨扇形冲積而行，惟常爲峽谷懸崖所阻；其次爲大[illegible]，有較低之紅色山嶺，此外別無便利之[illegible]用矣！

本區之路基，大部以含石礫之土壤爲主，壤土、粘土等次之極少冲積平原。但以氣候惡劣，雨季甚長，冬季高山積雪亦厚，故天然破壞之力甚大；同時路線所經，山崖險峻，崩塌最易，防禦必堅。築路材料，大部無甚問題。

(子)青藏高原：　阿爾泰山、祁連山之南，橫斷山區之西，喜馬拉雅山之北，西會崑崙，止於帕米爾，在此範圍內爲青藏高原，乃世界之屋頂，平均高度在四千公尺以上，最高者達六七千公尺；其中有柴達木盆地，爲比較平坦之地，亦爲中國地勢最高之盆地。本區內現尙無公路可言，將來亦極困難；基本原因在地勢過高，不僅盤越曲折，工程艱巨，且任何路線，均不免冰雪之掩埋；其次爲人烟稀少，不僅無此需要，且無人力爲之修築，更無人力爲之護養也。

(丑)東北區：　東北地勢，頗似一同字式之構造；三面均由高山所構成，中間爲冲積之平原，高山平原之間爲丘陵所分佈。西北有大興安嶺，東北有小興安嶺，東南有長白山、老爺嶺、張廣才嶺，中間則有渾河、遼河、松花江、嫩江等之冲積平原；平原與山地之間，爲紅色丘陵地。路基較他處爲優；材料取給，亦較他區平原爲便。

(三)土壤施熱築路法　袁澳元

摘自British Engineer's Export Joul. 二十一卷第三期，一九三九年六月出版。

澳洲現發明一種新築路法，應用結果，頗著成效。此種新築路法，可以簡名爲「土壤施熱築路法」(Roading making by Soil Heat Treatment)。據研究，所有各種土壤倘施以高度熱力，幾乎都能變成一種似磚物體，凝固之後，旣具磚之堅實，亦不受水濕之影響。土壤施熱築路法所根據者，卽此一新穎之原理。

築路機係有輪之機車，其上有一特別之火爐，能直接施展其熱力於地面。機車經發明者五年試驗後，亦已有五年實際應用之歷史。其初係發明者用其自備之機車爲昆斯蘭公路局（Queensland main Roads Commission）包工築路，自經該路局自行應用改良機車以來，所築之路，亦已甚多。機車一次所能修築之路面，寬六英尺，厚約二至四英寸。按常情，路面有三英寸厚，即足供行車之用。用本法修築，於必要時，尙可厚築一層或數層，且同樣厚度之路面，亦以此之負載力爲大，因路面凝結力特強，而當築路時路面熱力下滲時，路床亦同時發生堅凝之作用故也。機車每天可工作二十四小時，用三個工人由一個工頭指導，輪値工作，效率甚高。據估計，每星期每一機車倘工作一二〇小時，每小時挺進路面四十英尺，則每星期可成路面達三千二百方碼。每星期築路費就澳洲經驗論，爲澳金八十五鎊，或英金六十八磅。每方碼路面築路費（施熱一次）約合澳金七又三五辨士，或英金五又八八辨士。

機車經過之路面，土壤成鬆弛狀態。此時須加少量沃壤用鐵耙長齒（Vertical Prongs of Harrow）與之攪合，又須來回攪拌，務使兩者混合無間，然後用輥輾使之凝結。輥輾以輕者爲尙，亦可以輪車代替。如能灑水，結果當尤佳。少量沃土之加入，係爲黏着物之用，大概十二英尺寬的路面一英里，約需加入泥土二百立方碼。按以熱力施於土壤，先是土壤中黏性因素消失，土壤穩定；熱力遞增，土壤中某種因素全行分化，遂發生硬化的許多集合物（Aggregates）。前所述機車所經地面之鬆弛狀土壤即爲穩定土壤與此集合體之混合物。加入少量土壤，此路面遂即趨於凝固。又機車應有之熱力，須達土壤能行分解之程度，但以完全分解，亦不利於路面鞏固之故，適當熱力之獲得，須藉機車行車速度爲之調節，以使土壤受到局部分解之溫度爲標的。機車究應發生幾許熱度，現時惟恃經驗解決之。

由本法築成之道路，計其優點有三：(一)普通最不便於行車的是泥路，而本法最易見效的，正亦爲泥路。缺乏石子砂礫之地，採用此法，便利經濟，兼而有之。(二)此種路面，不易縐裂（Corrugation），一部分原因由於加熱後發生之集合體，其結構非常粗糙，易與黏着物之泥土密切貼合，另一部分原因，則由於黏着物之泥土，得以控制自如也。如在砂礫路中，黏着物之量與質，均係自然狀態所決定，或優或次，或多或少，其間差異殊大，致生不能均衡之弊病。在施熱築路法下，所選者爲最好之黏着物，黏着物之分量亦殊分配有定，故能減免上述之弊。(三)路面倘用平路機（Graders）碾平，持久性當更增加，而依本法所築成之路面，破損之後，又有依法重築一過之便利，但以澳洲經驗論，此層尙無需要，此其利三也。

機車上所發生之熱力，係依氣體半發生體原則(Semi-Producer Gas Principle)經兩期燃燒(Combustion in two Stages)之產物。第一期燃燒將木類燃料變爲氣體及焦炭，第二期乃將熾熱氣體繼續燃燒。機車前端有一自助的翻土裝置，第二期燃燒產生之熱力，即經壓迫而滲入土壤中。第二期燃燒進行時所需之空氣，因與原有之熾熱氣體，在火爐下面接觸，吸收其熱力，亦已變成熱空氣。因此，原有熱力得被利用，而不致完全消耗，且使第二期燃燒溫度繼續遞增(Stepping Up)。

機車長三十三英尺，高八英尺又七英寸，寬九尺，無火磚約重二十噸。大部分機軸包括發動機軸在內，均爲鎳路鋼鑄成，所有高速度機軸，均放置在鋼珠軸之上。機車每小時速度最快可達一又二分之一的英里。機車除有路輪曳引外，其前端又有曳引滾筒及鏈之裝置，藉之可以通過泥窪及沙堆。至於高低不平之地及峻峭斜坡，機車亦能前進無阻。機車行駛時將火爐提高十八英寸，路面即可不留灰層。運輸此種機車，亦至方便，只須若干突出部分折除，火車卽可裝載，而輪船運輸，尤可省此麻煩云。

(四)濾水路堤　　何文墀譯

畢魯儷(Birulja,A.K.)教授係蘇聯哈利果夫道路工程學院著名教授，畢氏於土木工程科之著述甚多。是篇節譯自一九三八出版之『道路之勘測與計劃』。(原書一七五頁至一七九頁)

1.定義　濾水路堤者，乃用塊石填成之路堤也。其功用，在使水能濾過路堤，而流通無阻。

2.類別　濾水路堤可分爲次列兩種：

(a)濾水層——利用壓頭(head)，使水在同一速度，經過此項堤層全橫截面，而濾過之，(如圖一)。

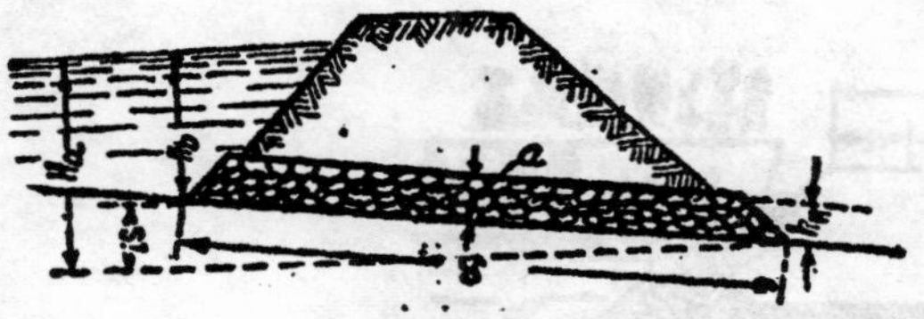

圖一 濾水層

(b)濾水壩——不利用壓頭，水依降落曲面，而濾過之，(如圖二)。

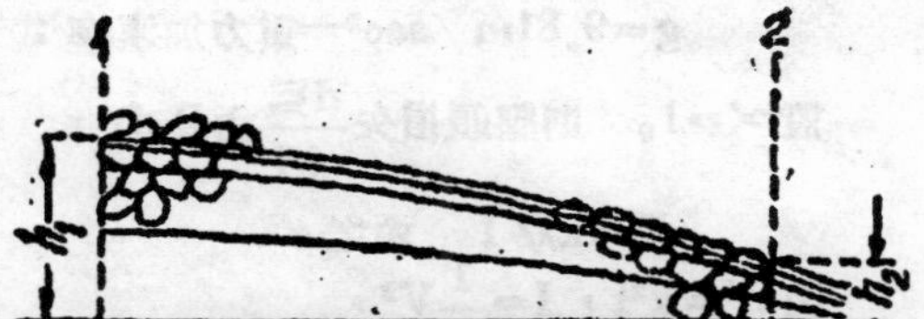

圖二 經過濾水壩之水流

3.優點　許多地形，設置濾水路堤，較建築橋涵爲適宜。在石場鄰近之區，石價低廉，構築濾水路堤，工程價値旣低，而將來養路之費用尤少。

濾水路堤，在次列各種情形之下，尤爲優越：

(a)土質不良之區，建設橋梁涵管，則橋基管礎之價値特高；

(b)寒冷地帶，多季結冰期間，建築橋涵殊非易事；

(c)地震區域，濾水堤不受地震影響；

(d)如載重增加，或其他原因，道路須改時，濾水堤較橋涵易於改修。

4.功用　依過去之經驗，濾水路堤之構築，在蘇聯國內各地，都有善良效果，無論多夏，均能濾水無阻，完成其通水功用。

總言之，石價低廉之處，流量(Dircharge)或流量率(Rate of discharge)在$10m^3$／sec內者，建築濾水堤常較橋涵爲優越。

5.計算　濾水路堤，依據用大塊材料濾水之公式計算之，其公式如次：

$$V=k\sqrt{I}\text{ ………(1)。}$$

依伊伯思氏(Izbash,S.V.)公式

$$V=S_0P_0\sqrt{DI}\text{ ………(2)，}$$

布斯列夫斯基教授(Prof. Puzirevshij, N. P.)曾作多次試驗，證明(1)式正確，而名之曰佘子公式(Shezi)。

式內：S_0 ——普通佘子係數，按伊伯思氏$S_0=14-\frac{14}{D}$；

D——cm　將石假化爲圓形之平均直徑；

P_0——堤之孔隙率；

I——坡度(水之減低率)；

k——濾過係數；

V——濾水速度cm／sec，

(A)濾水層之計算

$$W=\frac{Q}{V}=\frac{Q}{k\sqrt{I}}\text{ ………(3)}$$

依圖一　水之坡度等於

$$I=\frac{H_a-h_H}{S}\quad 或\; I=\frac{H_b+iS-h_H}{S}\cdots(4)$$

當下流之水，在水平線時，h_H之高等於濾水層之厚a，如水流於空氣中時，則h_H等於自底至重心之距離，即橫截面爲矩形時，$h_H=\frac{a}{2}$；

橫截面爲拋物形時，$h_H=\frac{7}{12}\cdot a$；

横截面爲三角形時，$h_H=\frac{2}{3}\cdot a$。

由上式得　$$W=k\sqrt{\frac{Q}{\frac{I}{n}+i\frac{h_H}{S}}}\cdots\cdots(5)$$

式內：$n=\frac{S}{H_b}$；　i —濾水層底之坡度；

W—橫截面積；

Q—流量率——m／sec；

其他依圖一。

——濾水層之孔徑，即其沿路線之長度『ℓ』，依河床之形狀，及勘測之結果，與所擬用濾水層之厚度 a 而定：

矩形橫截面　$\ell=\frac{W}{a}$；

拋物橫截面　$\ell=1.5\frac{W}{a}$；

三角橫截面　$\ell=2\frac{W}{a}$。

（b）濾水層之計算

濾水層根據經過大塊材料，速度不同之濾水定理，計算之。

圖三　濾水層橫截面

（a）平底河床（i=o），矩形水流橫截面時，是項計算，按布斯列夫斯基與思利波內（Sribnij,m.f.）二氏之研究得下列公式：

自水力學得　$$i=\frac{dh}{dS}=\frac{d\xi}{dS}+\frac{d\left(\alpha\frac{V^2}{2g}\right)}{dS}$$

式內：$\frac{d\xi}{dS}$——在微小長度dS（elementary length）之壓頭損失（loss of head）；

α——高利歐禮氏（Coriolis's）係數；

$g=9.81m/sec^2$—重力加速率；

設$\alpha=1$。則壓頭損失$\frac{d\xi}{dS}$由公式

$V=k\sqrt{I}$　求之。

因$V^2=k^2I$，$I=\frac{1}{k^2}V^2$，

於是　$$i=\frac{dh}{dS}=\frac{1}{k^2}V^2+\frac{VdV}{gdS}。$$

而　$V=\frac{q}{h}$，　$dV=-\frac{qdh}{h^2}$，

式內　$q=\frac{Q}{l}$，

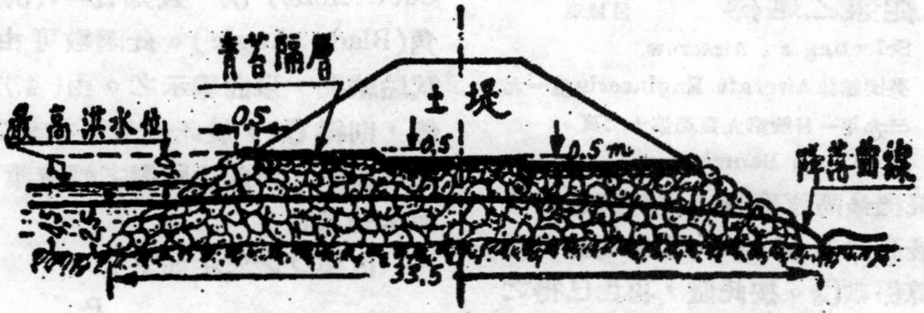

圖四　最高洪水經過濾水堤之橫截面

則 $\frac{dh}{dS}=\frac{1}{k^2}\cdot\frac{q^2}{h^2}-\frac{q^2dh}{g\cdot h^3dS}$，

移項 $\frac{dh}{dS}\left(1+\frac{q^2}{gh^3}\right)=\frac{I}{k^2}\cdot\frac{q^2}{h^2}$；

$$dS=k^2\left(\frac{h^2}{q^2}+\frac{I}{gh}\right)dh$$

$$S=\int_{h_2}^{h_1}k^2\left(\frac{h^2}{q^2}+\frac{I}{gh}\right)dh$$

$$=k^2\left(\frac{h_1^3-h_2^3}{3q^2}+\frac{I}{g}\cdot\ln\frac{h_1}{h_2}\right)$$

式中第二項與第一項比較，乃極微之數，

捨棄之則得 $S=k^2\frac{h_1^3-h_{22}^3}{3q^2}$。

捨略 h_2^3，得 $S=k^2\frac{h^3}{3q^2}$……….

將 $q=\frac{Q}{\ell}$ 代入式中

$$S=\frac{k^2h^3\cdot\ell^2}{3Q^2}=\frac{k^2w^2h}{3Q^2}$$

$$W=\frac{Q}{k}\sqrt{\frac{3S}{h}},$$

$$\ell=\frac{W}{h}=\frac{Q}{k}\sqrt{\frac{3S}{h^3}}。$$

(b)同上，水流橫截面爲拋物形時，

$$W=\frac{2Q}{k}\sqrt{\frac{S}{h}}；\ell=\frac{3W}{2h}。$$

(c)同上，水流橫截面爲三角形時，

$$W=\frac{Q}{k}\sqrt{\frac{5S}{h}}，\ell=\frac{2W}{h}。$$

如必須計算河床坡度，則計算式較爲複雜，在蘇聯有專用計算表，可供參考，而減運算之繁。

(c)孔隙率及平均直徑。

塊石之孔隙率 P_0 及其平均直徑D，可按次列方法求之：

取容積1立方公尺之方箱一枚，滿盛塊石並數得石之塊數爲N，再滿注以水，而測知水量爲 P_0。則每塊石之體積爲 $W=\frac{1-P_0}{N}$，

石之平均直徑爲 $D=\sqrt{\frac{6W}{\pi}}$，

(假設將石化爲圓形。π—圓周率。)

註：式內k—爲濾過係數，可用次列公式求之

$$k=0,01\left(20-\frac{14}{D}\right)P_0\sqrt{D}。$$

譯者按：當此抗戰建國期間，經費是一問題，工程期限，更關重要。濾水路堤，在山地多石之區，工程費旣少，修築亦復容易。我國新舊鉄路公路，是項省工省費路堤、殊屬尠見。謹將畢氏著述、介紹於國人。望工程界名達加以指導！

二十八年七月二十日重慶

(五)螺旋槳之選擇

呂鳳章

原 文： Selecting an Airscrew
原 載： 英國雜誌Aircraft Engineering,一九三九年一月號第九頁至第十二頁。
原作者： A. G. von Baumhauer

普通皆於飛機最高速度時，設計其螺旋槳。方法為先由最高速度 Vmax，引擎馬力P及迴轉數 n，計算係數C_s。按此值，再由已得之試驗結果中，選擇一最適宜的螺旋槳。但Vm-ax正比例於螺旋槳效率的立方根（$\sqrt[3]{\eta}$），故求此速度前，必先假定一η之值。此項假設之值，未必與所選螺旋槳完全相等，此法遂亦因此而失其準確性。

飛機於飛行時，其阻力必與螺旋槳之牽力平衡，故

$$C_d \cdot \frac{1}{2}\rho V^2 A = K_T \cdot \rho n^2 D^5 \cdots\cdots(1)$$

同時飛機之引擎馬力必等於螺旋槳所吸收之能力，

$$P_{engine} = P$$

$$P_{PROP} = C_p n^3 \rho D^5 = 2\pi K_Q \rho n^3 D^5$$

則 $$P = 2\pi \rho K_Q n^3 D^5 \cdots\cdots\cdots(2)$$

進度係數為 $$J = \frac{V}{nD} \cdots\cdots\cdots\cdots\cdots\cdots(3)$$

由(1)(2)及(3)，消去V及D，則得

$$\frac{\sqrt[5]{\dfrac{P}{\rho n^5}}}{\sqrt{\dfrac{1}{2}C_d A}} = J\frac{\sqrt[5]{C_P}}{\sqrt{K_T}} \cdots\cdots(4)$$

此式之左方，視飛機性能 C_d及 A，引擎性能 P及n，大氣情形ρ之值等而變。右方為螺旋槳本身之性能，可令為飛行係數（Flight Coefficient) C_v，且知$\eta = f(C_v, i)$，i為葉面角(Blade Angle)。此函數可由C_v之定義及試驗結果，以曲線示之。由(4)之左方代入諸值，則得 C_v，於此值最高効率之i，即為所求之葉面角。以此法所選之螺旋槳，並不含有任何未知之數。

直徑D之求法如下：

$$C_P = \frac{P}{\rho n^3 D^5}$$

故 $$D = \sqrt{\frac{P}{\rho n^3}} \cdot C_P^{-\frac{1}{5}} \cdots\cdots\cdots\cdots(5)$$

令 $$D_c = \text{直徑係數} = C_P^{-\frac{1}{5}} \cdots\cdots\cdots\cdots(6)$$

則可知 $$i = F(D_c, C_v) \cdots\cdots\cdots\cdots\cdots(5)$$

故i及C_v皆知時，由此函數可得D_c之值，再代入(5)，即求得直徑D。

由 N. A. C. A. 306 及 R. and M 1673 試驗結果所得之$\eta = f(C_v, i)$及$i = F(D_c, C_v)$，於本文中皆以曲線表明，以供設計之用。於$i = F(D_c, C_v)$曲線上，並示以當最高速度及比最高速度小１％之η曲綫，蓋由此可求得一較大及一較小之直徑故。其較大之直徑，較宜於起飛情形，較小者，則可不致與地面相觸，此皆為實用中常取者。

此方法蓋亦有其劣點，即C_d實則為ρ及速度V之函數，其準確C_d之值乃因未知之速度而變。此文作者曾指出此點，或將因C_d之值，於最高速度附近變化甚小，而可減小誤差於不計

此方法正如其他方法相似，未計壓縮性，賴氏係數，槳之彈形變形及滑流諸影響。

消息彙誌

目次

(一)民生實業公司事業開展之一般

民生實業股份有限公司為國內最進步企業機關之一，其現有事業，不僅插入交通生產各部門，且以苦幹實幹講求工作效率注重社會服務，為國人所稱道。該公司現有資產一千八百萬元，職工六千餘人。航業方面除有大小輪船一百二十五艘(共重三萬噸)，佔川江上游全部汽船百分之七十五外；又有民生機器廠及輪船修造廠，民生機器廠現有資產約一百二十萬元，因修理船舶之需要激增，其規模已日益擴大。該公司除航業外，於機械及礦冶業方面，亦復投資甚多：如在大鑫鋼鐵廠(現已改名為渝鑫鋼鐵廠)投資五十萬元，在順和機器廠投資廿五萬元，在天府煤礦公司投資四十餘萬元，對于嘉陽石燕等礦公司，亦均有投資。該公司現正自行籌組一生鐵廠，預備一方面改鑄廢鐵，一方面生產生鐵。

民生公司全部事業之中，自以航業為最基本，平時對于川江航運，已多所便利，抗戰以來，對于國家社會，貢獻亦大。就其犖犖大者而言，南京[redacted]在鎮江南京一帶，搶運重工業器材達萬噸以上；國軍將自武漢撤退時，該公司又為政府運出四五萬噸之軍工器材，他如搶運傷兵，運送公物，亦已多所努力。據本年七月該公司消息，抗戰中的貨運客運情形如下表所示：

貨運(除四川境內埠際互運及差運)	一五四,三四七.〇五公噸
由川運往下游(大部分為花鹽)	五四,七三三.四〇公噸
由下游運川(大部分為生產建設工具)	九九,六一三.六五公噸
客運(無精確統計)	約四七〇,〇〇〇人
由川運往下游(軍隊)	三〇九,一四四人
由下游運川(可查者數)	一五四,六四〇人

(二)渝鑫鋼鐵廠出品近訊

大鑫鋼鐵廠為西遷大工廠之一，自去年七月復工以來，其積極生產力謀發展之情形，曾載于本刊戰時特刊第一卷第二期消息欄內。該廠于本年九月間奉經濟部令，以命名與上海大鑫鋼廠有重複之處，應加酌改以符法規，故于九月廿四日起改稱為渝鑫鋼鐵廠股份有限公司。茲探得其最近工作情形，略記梗概如次：

一，現日出鑄鐵×噸，鑄鋼×噸，必要時鑄鐵可出××噸，鑄鋼可出×噸。

二、添設矽鐵爐一具專熔矽鐵與土鐵，兩者配合之出品，可與灰口鐵無異。聞該廠標準此[redacted]後，不但可以利用土鐵板，而[redacted]之灰口鐵問題亦同告解決云。

三 現與其他廠商合作，備有煉鐵爐兩所，業已着手開採之鐵礦，計有兩區，煤礦一區。

四、建設分廠于江北某地，先行安置小型軋鋼機，約十一月中可以完工，預定每日出一吋以下之各種鐵條×噸。至大軋鋼機不久亦將裝置應用。

五、拉絲機十三具洋釘機二十架，已在積極趕製中，一月內約可完成半數，屆時每日可出各式洋釘三十至五十桶。

六、該廠鑒于警報頻繁，[illegible]臨時無措起見，備有蒸汽鍋爐四具，蒸汽引擎四具藉為預防之計云。

(三)都江堰舉行開水禮

——二十八年四月十五日為四川灌縣都江堰開水期，參加民衆不下十萬人。關于該堰歷史及工程，傅襄模氏曾撰一文登重慶國民公報四月二十三日，饒有趣味，茲為摘錄如後，以為消息。

都江堰為世界大水利工程之一。一八七二年德國地質學家李希霍芬(Baron Richhofen)來川游歷，極稱都江堰人工灌溉之設施及水利工程之完美，推為世上無出其右者。荷人顧桑蒲德利，曾奉經濟委員會命，來灌縣視察，亦謂古法行之二千餘年，以數萬之歲修經費，享五十餘萬畝農田灌溉之福利，實為經濟上最理想最難得之工程。

按都江堰工程創自李冰，而大成于其子。川人追念李氏父子功德，各地設祠祭典，「川主廟」即紀念李冰，「二郎廟」即紀念李冰之子，現在灌縣之伏龍觀，傳為李冰用道法降服岷江逆龍處，特在「離碓」之上築廟奉祀。故伏龍觀又呼大王廟，廟內塑有李冰象。李冰之子世呼李二王，其功績最大，「二王廟」即在都江堰魚嘴之對岸，依山而建，巍峨宏壯。川人之所以如此崇視李氏父子功德者，實以都江堰得治成都附近十七縣之農田便得保障之故。

都江堰工程之艱難，在于冬季水位甚低，而夏季洪水力量又特別兇猛。

據已故水利專家李儀祉先生的說法，新法水閘恐不能應用「都江堰規模宜仍舊，只于建築方法革新，即如魚嘴改用石砌，已破古人成例而較為優越，其他工事倣此，至于木楣槎之是否可用活動堰以代之，當視防止礫石之效力如何以決之。」迄今為止，中外專家尚不能提出一改革之新方案。

都江堰之工程可分「都江魚嘴」「金鋼堤」「飛沙堰」等分別述之。都江魚嘴在針對岷江中流，分大江成內外二江，因李冰創設時，係塊石砌成之分水石堰，其狀如魚嘴，故名都江魚嘴，元朝改鑄鐵龜，明朝改鑄鐵牛，其功用皆相同，而水勢兇猛，竟冲沒無存。清朝改築石魚嘴，未一年而毀，三年前四川水利局乃改用水泥砌成塊石以代李冰所製之石埂。都江魚嘴之後，為「金鋼堤」，又分內外兩堤，均為卵石砌成之堤硬，其作用在引導水流，以資分隔，在金鋼堤下，又有以竹籠裝卵石堆成之埂，是為飛沙堰，其作用有二：洪水時期，內江過剩之水，可以向堤頂導入外江，以防內江之水患，苦水時期，水量較低時，即保持一定水量于內江，使內江不至乾旱，在「金鋼堤」與「飛沙堰」之間，李冰父子又鑿有平水槽，作用與飛沙堰相同，蓋準備于每年夏季洪水過猛時調節水江之水，使向平水槽以入注外江。此外又有百丈堤，亦為卵石砌成之高堤，位于內外兩江河口上游之東岸，目的在使江水順流直奔都江魚嘴，平分岷江為內外兩江。

都江堰歷代工程之變遷，此處不遑細述。但可得一近似之結論，即李冰父子古法修堰仍為最當之方法。就最近一次之修堰觀之，亦確而有證。民國二十四年，四川水利局大修都江堰，用石條水泥建築，將魚嘴向西移出升長，但至民國廿六年，魚嘴近內江之一側，基礎線被水淘空，幾乎冲毀，幸其時洪水期已過，俾免危險，現時該局仍用竹籠古法，將深坑填平，得以保護至今。

據估計都江堰可發動力六萬五千至十二萬七千匹的馬力，如在上游建設電廠，則可得馬力五十至六十萬馬力，不過因地處偏僻，尚無積極利用之必要耳，據部江堰治本工程計劃概要一書之估計，利用里沙兩河水量，在漏沙堰設發電廠，可得原動力一萬三千四馬力，并能兼顧灌溉云。

(四)外籍水利專家蒲德利榮哀

二十八年三月間，經濟部派國聯水利專家荷蘭人蒲德利及該部技士張炯等前往金沙江查勘水利。蒲氏等于四月二十二日偕同西南運輸處職員胡運洲由昆明出發，先由陸路赴金沙江上游之金江街，再由金江街乘船東下，作沿江試航之計，不幸于五月十一日試航達巧家縣屬老君洞地方時，溜灘過于兇險，該員等均因船覆失蹤，經濟部于得訊後，立卽分電各方搜尋，并懸賞每具千元尋屍，六月初蒲屍尋獲，九日運抵昆明，經省立醫院檢驗，證明確係蒲德利氏之屍身，六月十三日重慶各報聯合版短評，略謂：「蒲氏遇難在上月十一日金沙江試航，蒲氏在試航途中，曾經函致渝方友人說，「已經數險，幾遭不測」而蒲氏卒不避艱險，繼續進行其所負担的工作，這就是烈士成仁取義的精神，是人類最崇高的表現。蒲氏以外籍人士，服務異國，這種精神，尤其足以矜式。我政府主管機關，于蒲氏飾終之典，巳經呈請褒恤，我全國人民，對於蒲氏的欽佩與哀悼，更不是語言所能表現的。」國府于十九日命令云：國際聯合會水利專家蒲德利，自來我國服務，巳歷八載，于各項水利工程，贊襄擘劃，卓著辛勤，此次與經濟部技士張炯，西南運輸處委員胡運洲，前作金沙江查勘水利，試航途中屢經險阻，不稍退縮，卒以覆舟失事致罹于難，追維往績，悼惜殊深，張炯胡運洲兩員勇於任事，同以身殉，亦屬忠勤可嘉，應卽併予明令褒揚并着給蒲德利撫䘏費一萬元，張炯胡運洲各五千元，以昭激勸此令。」

(五)本會香港分會會務積極推進

香港分會自成立以來，對于會務之進行，頗爲積極。該會於四月二十三日上午假九龍天廚味精廠開四月分常會，并請經濟部翁部長演講。到會者會員卅六人，會畢并參觀天廚味精廠及九龍中華電力公司發電廠。該會對于舊會員之登記與聯絡，新會員之介紹與入會，除設有一定會所(畢打行七樓四號)設備圖書室，以資聚談切磋外，又特設一徵求委員會，藉以引進新人才，玆錄該會通告，以見一般：

「本會兩年來，對于徵求新會員一節，因戰時停頓，以致新進人才缺少聯絡，對于本港當地工程人士更少接觸。今當急起直追，希望各會員分頭接洽，網羅工程同志，介紹入會，如需入會志願書，請通知本會，當卽送上。又如尊處有各機關或各工廠工程人員名單可先寄交本會登記，更所歡迎。諸希各會員協助爲荷」截至本年七月止，調查在港會員得八十三人，新會員由該分會通過介紹者，亦已有十七人。又該會鑒于各地機關每以不得人才爲苦，而有充分學識經驗之士，又以未得其所爲難，特爲設立職業介紹委員會，分別函達資源委員會各大廠礦，經濟部工礦調整處，西南西北滇緬公路及社會其他各大工廠，述明此項志願，并通知該會會員有願尋覓適當工作者，請先函登記，俾可紹介，以期人盡其才，並以增進國家建設力量云。

此外該會又成立計劃編輯及圖書三種委員會。圖書委員會已徵集中西書籍三五五種，雜誌四十八種。編輯委員會負責編輯星島日報副刊「工程」一種，該刊每隔兩星期出版一次，現已出至第五期。至計劃委員會之設立，旨在推動戰後復興工程之計劃及準備。現巳推出吳蘊初黄伯樵沈君怡夏光宇等發起組織經濟建設協會，以期聯絡其他學術團體之會員，共同研討準備及促成我國戰後經濟建設計劃，該會于四月一日成立舉出吳蘊初等五人爲理事，黄伯樵爲總幹事云。

(六)國府公布都市計劃法

六月八日國府公布

第一條、都市計劃除法律別有規定外，依本法之規定定之。

第二條、都市計劃由地方政府依據地方實際情況及其需要擬定之。

第三條、左列各地方應儘先擬定都市計劃：(一)市、(二)已闢之商埠、(三)省會、(四)聚居人口在十萬以上者、(五)其他經國民政府認為應依本法擬定都市計劃之地方。

第四條、前條規定之地方，如因軍事地震火災水災或其他重大事變，致受損毀時，地方政府認為有改定都市計劃之必要者，應於事變後六個月內重為都市計劃之擬定。

第五條、就舊城市地方為都市計劃，應依該地情形，另闢新市區。並應就原有市區逐步改造。

第六條、都市計劃擬定後，應由內政部會同關係機關核定，轉呈行政院備案，交由地方政府公佈執行，都市計劃經核定公佈後，如有變更，仍應按前擬之規定辦理。

第七條、都市計劃公佈後，其事業分期進行狀況，應由地方政府於每年度終編具報告，送內政部查核備案。

第八條、地方政府為擬具都市計劃，得遴聘專門人員，並指派主管人員，組織都市計劃委員會議訂之。

第九條、都市計劃委員會之組織通則，由內政部定之。

第十條、都市計劃應表明左列事項：(一)市區現況、(二)計劃區域、(三)分區使用、(四)公用土地、(五)道路系統及水道交通、(六)公用事業及上下水道、(七)實施程序、(八)經費、(九)其他。前項各款應儘量以圖表表明之，其第一款應包括地勢、人口、氣候、交通、經濟等狀況，並應附具實測地形圖，明示山河地勢，原有道路村鎮市街，及各種建築等之位置與地名，其比例尺不得小於二萬五千分之一。

第十一條、都市計劃區域，應依據現在及既往情況，並預期至少三十年內發展情形決定之。

第十二條、都市計劃應劃定住宅商業工業等限制使用區，必要時並得劃定行政區及文化區。

第十三條、住宅區土地及建築物之使用，不得有礙居住之安寧。

第十四條、商業區內土地及建築物之使用，不得有礙商業之便利。

第十五條、具有特殊性質之工廠，應就工業區內特別指定地點建築之。

第十六條、行政區應儘就市中心地段劃定之。

第十七條、文化區應就幽靜地段劃定之。

第十八條、土地分區使用規定後，其土地上原有建築物，不合使用規定者，除須修繕外，不得增築，但主管地方政府認為必要時，得斟酌地方情形，限期令其變更使用，其因變更使用所受之損害，應補償之。

第十九條、市區道路系統，應按區及交通情形與預期之發展佈置之，道路佔用土地面積，不得少於全市總面積百分之二十。

第二十條、市區道路之縱橫距離，應依使用地區分別定之。

第二十一條、市區主要道路交叉處，車馬行人集中地點，及紀念物建築地段，均應設置廣場，並應於適當地點設置停車場。

第二十二條、市區公園依天然地勢及人口疏密，分別劃定適當地段建設之，其佔用土地總面積，不得少於全市面積百分之十。

第二十三條、市區飲用水以自來水為原則，其未能設備自來水者，其飲用水源應由衛生管理之規定。

第二十四條、市區飲用水源地域，不得有排水溝渠之灌注，及妨害水源清潔之設置。

第二十五條、市區內中小學校及體育衛生防空消防設備等公用之設置地點，應依市民居住分佈情形，適當設置之。

第二十六條、市區垃圾糞便利用水道運出者，其碼頭應設於距市區一公里以外之地位。

第二十七條、市區公墓應於適當地點設置之。

第二十八條、都市計劃得分區實施。

第二十九條、新設市區應先完成主要道路及下水溝渠等工程建設。

第三十條、新設市區建築地段，應先完成土地重劃。

第三十一條、本法施行細則得由各省政府依當地情形訂定，送內政部核准備案。

第三十二條、本法自公佈日施行。

(七)獎勵工業技術暫行條例修正公布(二十八年四月六日)

第一條、凡中華民國人民研究工業技術合於左列規定之一者，得依本條例呈請獎勵。

一、關於物品或方法首先發明者。

二、關於物品之形狀構造或裝置配合而創造合於實用之新型者。

三、關於物品之形狀色彩或其結合而創作適於美感之新式樣者。

第二條、獎勵之方法如左：

一、合於前條第一款者給予專利權五年或十年。

二、合於前條第二款者給予專利權三年或五年。

三、合於前條第三款者給予專利權三年。

前項專利權以全國為區域。

第三條、有左列情形之一者不予獎勵。

一、妨害公共秩序善良風俗或衛生者。

二、有同一之發明或新型或新式樣核准在先者。

三、以國旗黨旗國父遺像國徽軍旗公印勛章為新型或新式樣構造之全部或一部者。

第四條、關於左列各款之物品不得依本條例呈請獎勵：

一、飲食品。

二、醫藥用品。

第五條、合於第一條之發明新型或式樣，於軍事上有祕密之必要者，不予專利權，但政府應給以相當之報酬。

第六條、因發明或新型或新式樣受獎勵者，在其專利權期內，對於原物品或方法，再有新發明或新型或新式樣時，得呈請追加獎勵，但其期限至原專利權期限屆滿時為止。

第七條、凡利用他人之發明新型或新式樣，在其專利權期內，再有發明或新型或新式樣時，得呈請獎勵，但再發明人，新型創作人或式樣創作人，應給原發明人，新型創作人，或新式樣創作人以相當之補償金，或協議合製，原發明人，新型創作人或新式樣創作人，如無正當理由不得拒絕。

第八條、發明新型或新式樣獎勵後，原發明人新型創作人或新式樣創作人與他人為同一之再發明再創作新型或再創作新式樣而同時呈請時，僅獎勵原發明人，新型創作人或新式樣創作人。

第九條、凡二人以上為同一之發明或創作新式樣各別呈請時，應就最先呈請者獎勵之，如同時呈請，則依呈請者之協議定之，協議不諧時均不給予獎勵。

第十條、凡依本條例呈請獎勵，而其發明或新型或新式樣之一部份與其他呈請相同者，其相同之部份應就最先呈請者獎勵之。

第十一條、以公司名義或二人以上聯名呈請時，應載明發明人新型創作人或新式樣創作人之姓名，並應附證明有呈請權之文件。

第十二條、獎勵呈請權及專利權均得讓與或繼承。

第十三條、發明或創作新型或創作新式樣，因經營上之經驗，由多數人之共助行為而成者，其專利權應屬於僱用人，以他人之委託或僱用人之費用而發明或創作新型或創作新式樣者，其專利權應為雙方所共有。

第十四條，專利權為共有時，非得各共有人之同意，不得行使其專利權，但訂有契約者從其契約。

第十五條、第十三條第二項委託人或僱用人為官署時，發明人或新型創作人或新式樣創作人，應與委託人或僱用人協議決定後，方得呈請。

前項發明或新型或新式樣受獎勵後，非依協議決定，不得行使其專利權。

第十六條、呈請獎勵應向經濟部為之，經審查確定後，發給證書，其專利權之期限自發給證書之日起算。

第十七條、呈請經審查認為應予獎勵時，應即公告之，自公告之日起，六個月內利害關係人提起異議。

前項公告期滿無人提起異議時，即為審查確定。

第十八條、呈請經核駁而不服者，得於審定書送達之次日起三十日內呈請再審查。

對於再審查之審定，有不服時。得於六十日內依法提起訴願。

第十九條、專利權有左列情事之一者，應撤銷之，並追繳其證書。

一、違背本條例第一條或第三條之規定者。

二、得獎勵後滿二年未實行製造並未呈經經濟部核准者。

三、專利權期內無故休業二年以上並未呈經經濟部核准者。

四、以詐偽方法朦請核准者。

第二十條、專利權期滿或依前條之規定撤銷時，經濟部應公告之。

第二十一條、專利權撤銷而其追加獎勵未撤銷者，視為獨立之專利權，另給證書，仍至原專利權期滿時為止。

第二十二條，第二條第一項第一款之專利權期限得呈請經濟部延展之，並加給證書，但以一次為限，並不得逾五年。

第二十三條、專利權為讓與或繼承時，應呈由經濟部換給證書。

第二十四條、偽造發明品損害他人之專利權者，處三年以下有期徒刑，得併科五千元以下罰金。

第二十五條、仿造發明品或竊用其方法損害他人之專利權者。處二年以下有期徒刑，得併科二千元以下罰金。

第二十六條、偽造他人新型之物品損害其專利權者，處二年以下有期徒刑得併科三千元以下罰金。

第二十七條、仿造他人新型之物品損害其專利權者，處一年以下有期徒刑，得併科一千元以下罰金。

第二十八條、偽造他人新式樣之物品損害其專利權者，處一年以下有期徒刑，得併科一千元以下罰金。

第二十九條、仿造他人新式樣之物品損害其專利權者處六個月以下有期徒刑拘役，得併科五百元以下罰金。

第三十條、明知為偽造或仿造之物品而販賣或意圖販賣而陳列者，處六個月以下有期徒刑拘役，或一千元以下罰金。

第三十一條、前七條之罪須被害人告訴乃論。

第三十二條、專利權證書費不得逾一百元其延展期限，加給證書者，亦同均得分年交納，但不得另收其他費用。

第三十三條、本條例施行細則，由經濟部定之。

第三十四條、本條例自公佈日施行。

工　程

第十三卷　第二三期

編輯者：　中國工程師學會工程雜誌社

發行者：　中國工程師學會工程雜誌社

重慶郵箱二六八號

定　價：全年六期　國內三元五角

香港四元

國外十元

另　售：　本期另售每册六角

出版日期：　民國二十九年一月

歡迎惠寄稿件，刊登廣告，並代理銷售

8527

本刊經重慶市警察局登記證書京警渝字第一四〇一號

工程

第十三卷第四號　民國二十九年八月一日

第八屆年會論文專號

中國工程師學會發行

商務印書館香港分館總經售

HUNT ENGINEERING CORPORATION

SUBSIDIARY OF
WILLIAM HUNT & COMPANY
HEAD OFFICES, SHANGHAI

Branch Offices

Canton
Chengtu
Chungking
Foochow
Hankow
Kunming
Peiping
Tientsin
Tsingtao

Affiliates

Hunt Steamship Corp.
China Foreign Trade
William Hunt & Company Wharf & Godown Adm.

GENERAL AGENTS FOR:

FAIRBANKS, MORSE & COMPANY
GILBERT GILKES & GORDON LTD.
REPUBLIC STEEL CORPORATION
STROMBERG CARLSON TELEPHONE MANUFACTURING COMPANY
WESTINGHOUSE ELECTRIC INTERNATIONAL COMPANY
WHITE MOTOR COMPANY

AND OTHERS

HONG KONG OFFICE — 211—214 GLOUCESTER BUILDING, HONGKONG

美國通用汽車製造總廠以數十萬萬元美金資本督造雪佛蘭客貨車別克客車卡笛拉克客車奧斯摩別爾客貨車寶塔克客車拉薩爾客車通用牌貨車佛克斯浩爾客車辟得福貨車奧普爾客車及必立時貨車等故在世界汽車製造業中允稱巨擘凡屬通用出品之汽車均用最新式之機械最佳之原料以及最精之人工且每車必先經通用研究院之嚴厲考驗及通用試車場之實地行駛認爲完美方可出廠通用總廠在中國上海天津香港昆明設有分行併在香港特設零件總棧一所存貨值價逾美金數十萬元以備通用車主隨時購置配換之需

美國通用汽車製造總廠駐華分行謹啓

EXPORT TRADE *COMES* ***FIRST***

The active sustained conduct of export trade is a vital necessity to the British war effort. The General Electric Co., Ltd., of England, with its large interests in the world's markets, will play a large part in that effort.

The firm policy of the Company is, after having satisfied Government requirements, to give primary consideration to those of its overseas customers. With its vast manufacturing resources the G.E.C. has entire confidence in its ability fully to meet those requirements with no more delay than existing circumstances impose.

The G.E.C. Organization, in contribution to Britain's war effort, is determined not only to maintain but considerably to increase its export business.

THE G.E.C.

The General Electric Co Ltd., of England, is a 100% British firm, entirely under British control. With 36 overseas branches and with agencies in all principal towns throughout the world, the G.E.C. is organized to provide a world-wide service for everything electrical.

G.E.C.

THE GENERAL ELECTRIC CO. LTD. OF ENGLAND

THE LARGEST BRITISH ELECTRICAL MANUFACTURING ORGANIZATION IN THE EMPIRE

Representatives in Hongkong,

The General Eletric Co. of China Ltd., Queen's Bldg., Chater Rd., Tel. 30247.

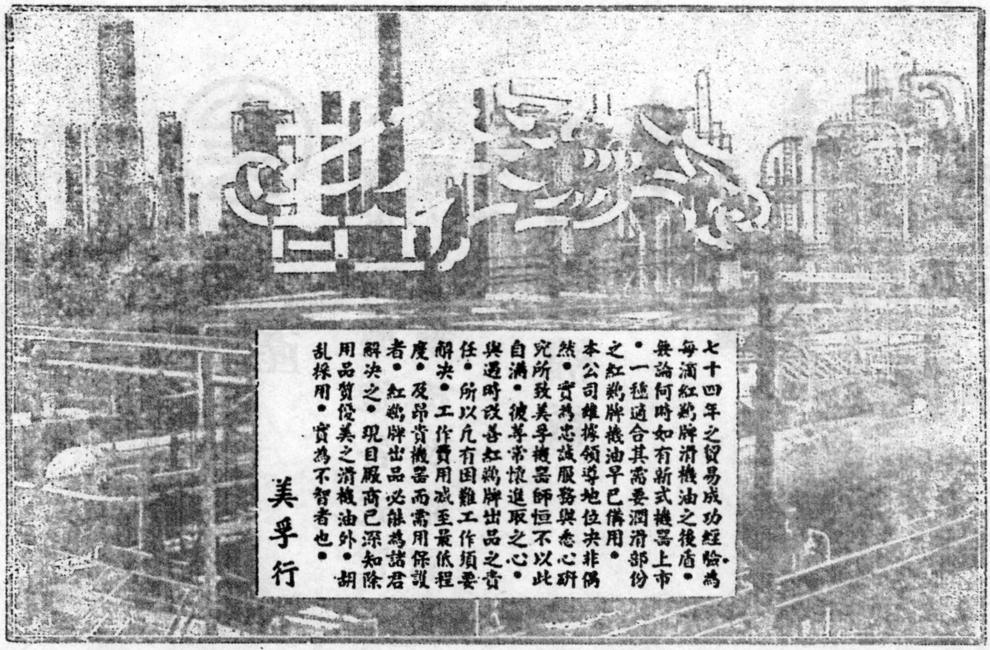
七十四年之貿易成功經驗・為每滴紅鷄牌滑機油之後盾・無論何時如有新式機器上市・一種適合其需要潤滑部份之紅鷄牌機油早已備用・本公司雖據領導地位決非偶然・實為忠誠服務與悉心研究所致美孚機器師恒不以此自滿・彼等常懷進取之心・與遇時改善紅鷄牌出品之責任・所以凡有困難工作須要解決・工作費用減至最低程度・及昂貴機器而需用保護者・紅鷄牌出品必能為諸君解決之・現目廠商已深知除用品質優美之滑機油外・胡乱採用・實為不智者也・
美孚行

H.14
利凡命
採用牛肝
複煉濃縮
補血强身
耑治貧血
本品採用牛肝複煉濃縮質料濃厚功效靈驗專治各種貧血面黃肌瘦精力疲倦婦女生育過多以及病後衰弱最宜服用
新亞藥廠製造
皇后大道中十六號
電話三一六七八號
本港各大葯房均售

保持經濟自給
請君倡用國貨

—商標—

國產電話機

本廠專門製造各式電話機，交換機及附屬另件等

◉中天電機廠

▲總廠

天津英租界福發路

▲各埠辦事處

香港：高士打道一四五號
上海：福煦路四二三街十六號
昆明：北門街廿五號對門
重慶：遛水溝一〇一號

中國旅行社

中國唯一之旅行機關

分支社招待所食堂
遍設國內及南洋各地

總社：上海四川路

香港分社：皇后大道中六號

電話：三一壹一六號
轉接各線

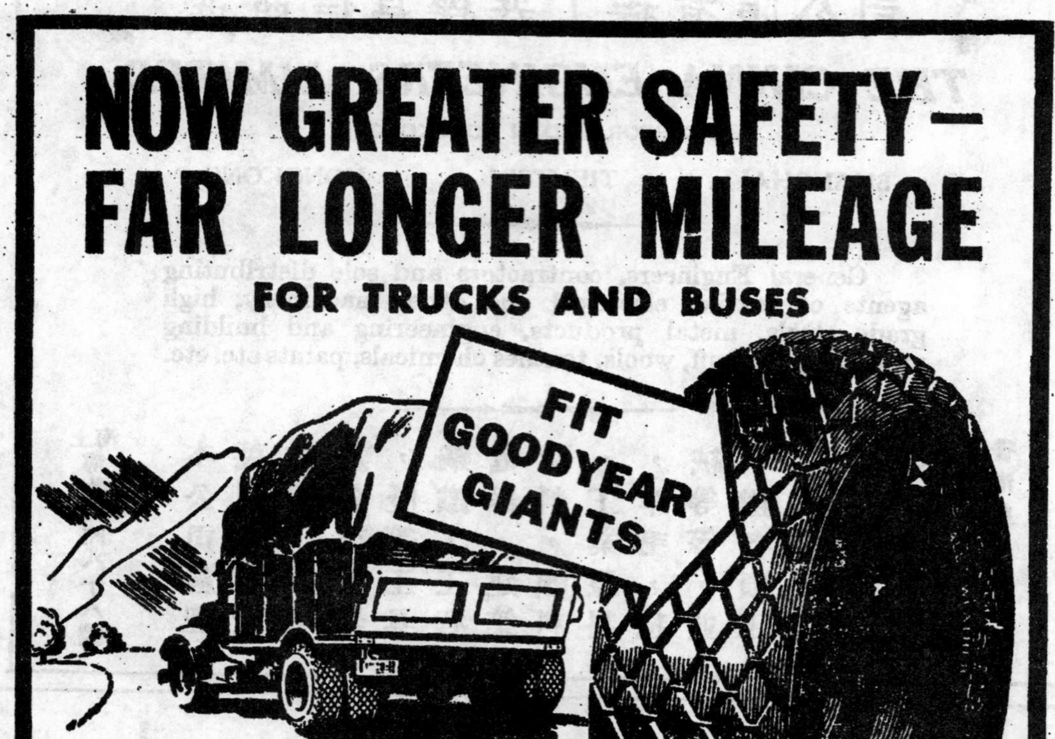

6-30-8

SOLE DISTRIBUTOR
For China & Hongkong

UNIVERSAL SALES (CHINA) INC

Shanghai Office
51 Canton Road

Hongkong Office
36 French Bank Building

中國工程師學會會刊

工程

總編輯　沈怡

副總編輯　張延祥

第十三卷第四號目錄

第八屆昆明年會論文專號

中國工程師學會發行

鳴謝啟事

敬啓者：本會前在昆明舉行第八屆年會，承雲南龍主席志舟先生，繆委員雲台先生，張廳長西林先生，惠允擔任正副名譽會長；又蒙雲南省政府議決補助年會經費國幣伍仟元，並承當地各機關、學校、團體，熱忱贊助，盛大招待，隆情厚意，銘感同深。謹表謝忱，諸維　公鑒。

中國工程師學會第八屆年會籌備委員會敬啓

中國工程師學會年會訓詞

昆明中國工程師學會年會諸君均鑒：貴會集會滇垣，萃全國專家於一堂，檢討抗戰以來我工程學界進步之事實，研究解決戰時服務所親自經驗之實際問題，必多可貴之收獲，以慰全國之企望。我國以工業落後之國家，從事全面持久之抗戰，欲求戰勝强敵，胥賴我全國技術人才之一致動員，以克盡其最善之努力。就戰後建國而言，則我國能否躍進爲近代之國家，實由工程學界負其大半之責任。　總理昔日以迎頭趕上科學，與恢復固有知能，勖吾國民以奮起，而更創制實業計劃之宏規，以爲實現三民主義之基本。今當戰時舉國振奮，正吾工程學界急起直追，戮力自效之機會。深望　貴會倡導技術報國之新風氣，鼓舞我全國工程學者之熱情，集中我全國工程學者之力量，對人對事物，均以快幹實幹之精神，從事於創造與培護。　貴會會員或掌教於庠序，或服務於事業，致力雖異，責任惟均。宜知近世新興諸國之奮起，均由技術人才，從極端艱苦中，披荆斬棘所造成。凡專精之技術，與熱烈之愛國情緒相配合，則任何困難皆可突破，革命事業必能有成。

（一）如何克服戰時物力財力之艱難，以覓取最經濟有效的建設方法。

（二）如何訓練大量之中級技術幹部，以導青年於實際報國之路。

（三）如何改良事業之管理，以節約消耗，而增進效率。

（四）如何溝通技術與行政方面，而使能敏活運用。

（五）如何於所任事業中，獎進技工，愛護職工，與體郵應徵服役之勞動同胞。

（六）更如何導引全國工程人員，確立同一的建國信仰，俾能踴躍自效於三民主義國家之建設。

此皆　貴會於討論學術，宣讀論文之餘，所宜深切致意者也。朂勉同心，以共赴千載一時之偉績，余於　貴會，有厚望焉。

中華民國二十八年十二月十八日　　　　　　蔣中正

編輯者言

工程雜誌創刊於民國十四年，幾經艱難締造，蔚成今日工程界歷史最久信譽最著之刊物，苟非歷任總編輯及編輯諸君子之苦心維持，曁無數讀者與會員之熱誠擁護，曷克臻此。試回溯此一頁歷史，彌覺其有無窮之價值，本會同人諒均有同感。

『七七』變作之後，於八月一日，本刊尚有第十二卷第四號之發行，『八一三』隨之，全面抗戰於以展開，本刊遂因種種關係，不得不忍痛暫行停刊。

由於二十七年十月重慶臨時大會之議決，本刊復於二十八年一月繼續發行，現已出至第十三卷第三期。在此內地印刷困難之今日，主持者之熱忱，毅力，良堪欽佩。頃者，本刊經董事會之同意，並承商務印書館之合作，居然能於此時此地，以嶄新之姿態，與讀者相見，足以象徵抗戰前途之日益有望。

編者曾自二十一年三月至二十四年二月，又自二十五年十月至二十六年八月，連任本刊總編輯，前後凡逾五年之久。今者重荷董事會謬推，益感責任之重大。猶憶初任本刊總編輯時，嘗懸若干方針以自矢，如：

(1)提高文字水準，其目的在使本刊成爲本國工程界權威刊物。

(2)印刷力求美善，出版力求準期，毋負讀者及在本刊刊登廣告行號之贊助，其目的在造成本刊經濟上之自給自足。

以上所述，除如何使本刊成爲本國工程界權威刊物一點，雖猶待同人之繼續努力，但論本刊文字水準，確已有相當之提高，投稿者均以能在本刊發表其文字爲榮，毋需編輯者之東掇西求。此點編者於感謝投稿諸君贊助之餘，固無時不引以爲無上之愉快者也。此外，本刊自二十二年二月起，由季刊改爲二月刊之後，迄至「八一三」事變前止，每逢雙月朔日準期出版，從無貽誤。因此不特廣告收入大增，即銷數亦達平日未有之最高紀錄。至於印刷方面，本刊自第七卷第一號起，係由中國科學公司承印，頗能符合本刊所期望，而爲讀者所讚許。凡此過去事實，有目共見，毋待詞費。今當在港繼續發行之始，其時又適當抗戰勝利之前夕，願重致其希望如次：——

(1)本會爲唯一有全國性之工程師組織，戰後復興建設，工程師之職責綦重。今後本刊宜對復興建設方案，多作具體之貢獻，以助成建國之大業。

(2)介紹本國實際建設，使人人手此一編，即可了然於我國工程事業進步之概況，同時將寶貴經驗介紹於工程界同人，尤其青年工程師。(沈　怡)

中國工程教育問題

陳立夫

諸位先生，諸位會員：今天立夫應中國工程師學會之約，講中國工程教育問題。中國在始創新教育制度的時候，首先注重工程教育，同治十年，路政大臣便已奏遣學生到法國去實習路政，光緒二十一年，北洋大學堂首先成立，即已設有路礦等工程學部，次年，南洋公學成立，也已注重理工各科了，可見工程教育在我國推行很早。但是到現在還覺得幼稚，原因在於當時提倡的只有少數人，只有這少數人知道工程教育為國家命脈所寄，大多數人還抱着輕視工程的心理，在習慣和觀念上，都看不起動手做工的人，因此工程教育便難發展。直到最近若干年來，社會上才從　總理的「生存為進化的中心」的遺教，漸漸認識了工程為生存的要件，而漸知注重建國方略中之實業建設。其實過去的忽視工程，和我國古代遺訓並不相合，在漢唐以前，我們並不是不注重工程，偉大的工程建設，歷歷可數，只是宋元明以降，士大夫倡導理學，只在明心見性的精神生活上用功夫，才忽略了物質建設的重要，才造成國家衰弱到這地步。中庸裏說：「凡為天下國家有九經，……來百工則財用足」，這明明說，發展工業為建設國家九大要務之一，亦惟有工業建設才可使財源富足，實是重工的明證。又說：「日省日視，既稟稱事，所以勸百工也」。其時工程之考核督導，又無所不至。又說：「惟天下至誠為能盡其性，能盡其性則能盡人之性，能盡人之性則能盡物之性，能盡物之性則可以贊天地之化育，可以贊天地之化育則可以與天地參矣！」盡人之性與盡物之性並舉，實無忽視物質科學之意，古代的許多偉大建設，即就萬里長城而論，當時其對於弓矢車馬的防禦效能，較之今日馬奇諾防線對於飛機大礮的防禦，實有過之無不及；只因宋儒空談心性，才偏重了正心誠意的功夫，而把「格物」「致知」的功夫忘記了，這實在是一件大疏忽而又大錯誤的事，近千年的文化脫節，需要我們以最短期間補救，將來迎頭趕上，始能挽狂瀾於既倒。有大勇氣，才能救此大危局，現在實刻不容緩了。

再就中國最古的著作易經這一部書而論，易經是講生命哲學的，牠把精神、物質、時間、空間四者並重，以精神物質為體，時間空間為用，心物並重，毫無唯心的意思，孔子之道，即從此而出。所以就中國古代思想探源而論，物質建設並未忽視，只因中國有一個時代忽略了遺訓，才造成輕視工程的心理，直到今日，才覺得工程的重要，對於外國的創製，不得不求迎頭趕上，說來真是慚愧。從檢討過去，可見今後要發展工程，還須從工程教育入手。這工程教育應從兒童時代實施起，父母應鼓勵兒童從事手工的練習，要安排刀、斧、鋸、鎚等等工具，聽其製作。童子軍教育，也應當使兒童習於機關槍等等武器的裝置；稍長的青年，應該教他們熟習機械。美國人連老太婆都會開汽車，中國人只知坐汽車，汽車發生了障礙，即束手無策。在人為常識，在我為專家，都由於工程常識訓練不足。今後教育，應補足此缺陷。在社會教育方面，尤其希望新聞記者多予工程師以聲譽方面揄揚，以轉移一般社會對於工程師的觀念。自從抗戰以來，因事實的教訓，工程教育的重要性，已為一般人所認識，在兵工、交通、及日用品的供給等等方面，均感工程製作的需要。如放開目光，想到抗戰以後，戰爭勝利結束之日，便是大規模建設開始之時，工程人才的需要更大。據專家的估計，每造一千公里鐵路，即需要土木工程系畢業生五百人，機械系畢業生一百五十人，電機系畢業生五十人，管理人才三千人，可見 總理在建國方略中所預定建築鐵路、公路、開濬水道湖泊、發展工業實業等計劃，預料需要三十萬技術人才之訓示，並不爲過多，此等人才如何供給，實爲今後工程教育一大問題。

以上巳將工程教育的重要性，約略說明，現在再簡單報告最近兩年來關於工程教育之設施。過去工程教育多偏重在沿江沿海一帶，內地甚少設施，抗戰以後，學校多遷移邊省，爲奠定西北工程教育基礎起見，教育部將遷移西北之平大、北洋工學院等四個工學院，合併改組爲國立西北工學院，將所有各院殘缺不全之設備，集中於一個完整的西北工學院，內容比較充實完備。現共有學生八百餘人，爲全國最大工學院之一，永久設於陝西，實爲將來發展西北工業的中心。在西南各省對於原有各工學院，也加以擴充，雲南大學已改爲國立，工學院鑛冶系特別予以擴充。四川省立重慶大學工學院的電機系，也由部加撥經費助其發展。其他暫遷川滇各省之大學，如中央大學、西南聯大、同濟大學、中山大學等校的工學院，也都已分別加以擴充或調整，使西南工程教育也能奠定基礎，並協助戰時的經濟開發。對於造就中級工程人才的機關，教育部也創設一種新制度，便是技藝專科學校的設立，兩年內一共設了三所技藝專科學校，中央技專設在嘉定，西康技專設在西昌，西北技專設在蘭州。對於初級技術人才的訓練，又在西南、西北各省添設了三所實用職業學校。此外對於各種技工，並有短期訓練，畢業的已有二三千人。對於省私立學校的設科，又限制只准先增設理工各科，如浙江新設之英士大學，只准先設理工農醫等科；廣西大學改爲國立以後，也只設有理工農等等實科；江西、福建等省亦復如是，部定的一貫政策在提倡工程教育，以應國防與工業建設之急需，於此可見。

對於交通工程教育，也有一整個計劃，將來戰事平定以後，交通大學將遷移於全國水陸交通適中的地點，院系方面，對於水陸空三種交通的訓練將兼籌并顧，在其他交通次要地點，並將分別設置分校。水利工程教育的計劃，現在也加以統籌，將來依全國水道分佈的情形籌設水利學校，即如於黃河流域適中地點，將設立水利專科學校，其他揚子江及珠江流域，也將分別設置水利工程學校，將來並擬於全國適當地點，設立水利工程學院，造成水利設計之高等人才。

以上係就本人對於工程教育設施及計劃，大概向各位報告。現在更要報告的，是一方面政府竭力提倡工程教育，一方面學生的志趣也傾向於工程方面了。從前的學生以志願文法科的爲最多，現在的志趣剛剛相反，以傾向於工程方面爲最多了。以下的數字可見此種重要趨向的一斑。

（一）大學工科學生在校人數的歷年統計：

十七年度	2,777 人
十八年度	3,144 人
十九年度	3,734 人
二十年度	4,084 人
廿一年度	4,439 人
廿二年度	5,263 人
廿四年度	5,514 人
廿五年度	6,987 人
廿六年度	5,430 人
廿七年度	6,101 人

工科學生在校人數的逐年增加，（廿六年、廿七年因抗戰影響，全體學生數略減）可見學生志趣的傾向工程方面，非出於偶然。

（二）大學工科學生畢業人數的歷年統計：

二十年度	842人
廿一年度	875人
廿二年度	1,008人
廿三年度	1,163人
廿四年度	1,015人
廿五年度	1,030人
廿六年度	1,048人

隨着工科學生在校人數的逐年增加，畢業人數也有逐年增加的趨勢，我們如再將最近兩年教育部統一招考的數字加以研究，更可見全國高中畢業生傾向工科的狂熱。二十七年度應考生以工科爲第一，志願者3,773名，佔總數34%弱，錄取者1,394名，佔總數25.53%，二十八年度以工科爲第一，志願者仍約佔總數三分之一以上，錄取者1,792名，佔總數32.84%；工學院在大學各學院中僅居八分之一之地位，而錄取的學生，在總數三分之一以上，其數量在各學院中居第一位。

因爲工科學生數目激增，各大學工學院原有的班數乃不得不加以擴充，二十八年度機械、土木……等系共計增加十四班，每班平均收學生四十人，一共增收學生660名，方可將錄取的工科學生全數容納。

因爲社會對於工程的需要，以及學生志趣的轉變，兩年來教育部對於原有各工程學院科系亦屢有增加，比較戰前計增加工學院二所，工科學系十二系，研究所工科學部八學部，工科特別研究班一班，技藝專校三校，商船專校一校，專修科十四班。

增加之結果，全國現共有工程院校二十五所，其中十九所爲工學院，餘爲專科學校，各工學院的學系，土木系共有廿二系，機械系有十一系，電機系有十二系，化工系有十系，建築系有三系，水利系有三系，航空系有三系，礦冶系有七系，測量系有一系，紡織系有二系，機械電機系有一系，農業水利系有一系，計共有七十六系。

從以上的數字，可見抗戰兩年來工程教育非但沒有退步，還有長足的進展，這是可以告慰於全國工程界同仁的。除了工程教育本身的擴展而外，我們還注意推進建教的合作，教育部附設有中央建教合作委員會，關於工程教育與工程建議的聯繫，由該會主持，已有的成績爲畢業生的介紹，使最近兩屆畢業生均有出路。其次爲廠校合作辦法的訂定，現在軍政部、經濟部所管轄的各工廠，均與所在地的工學院訂有合作辦法，軍政部關於兵工方面的問題，也隨時分交各工學院加以研究。

最後提出幾個工程教育的困難問題，以供工程界的商榷：第一，工程教師的缺乏，爲最大困難問題，缺乏的原因有兩種，一是因爲學生的激增，教師供不應求；二是因爲工程事業發展，工程教師多被工業界羅致而去。第二困難問題爲設備的簡陋，學校因遷移或被敵人摧毀，設備往往殘缺不全，教學發生困難，影響教育的素質，因爲國庫支絀以及外匯缺乏的原故，欲求補充設備，也很爲困難。第三困難問題爲人才訓練的不足，因爲工科學生供不應求，所以畢業生一出學校，就任重要位置，不能從最低職務做起，以致技能與管理能力，訓練的不充分。

以上種種困難的打破，一方面希望工程界的協助，一方面希望從事工程教育者本身努力。打破困難，乃是工程師的本色，只要大家不斷努力，使工程教育與工程事業打成一片，工程前途是很偉大而光明的。

雲南經濟建設問題

繆雲台

雲南是個邊區的省份，在過去交通旣極阻塞，人力財力均感缺乏，經濟建設的基本條件大部份不齊全，推動事業實在困難。但在種種不利的環境之下，過去我們就許多應做事業之中，挑選吾人能力可以做的儘量做去。今天想把雲南在抗戰以前，已經做到的經濟建設事業，和抗戰以來發動的各種事業，報告一下。

雲南經濟現狀

在報告建設事業之前，我先講雲南的經濟環境與現狀：

（一）天時：雲南的氣候大略包含寒温熱三帶。西北部較爲寒冷，中部（卽昆明一帶）是温和的，西南部是熱的；近乎半熱帶的氣候。各地雨量平均約二十五英寸（63.3公分），但四季分配不勻，一年大約可分雨季和晴季，從十月至三月謂之晴季，四月至九月謂之雨季。

（二）地理：很明顯地，雲南多山，故有山國之稱，山地約佔全省面積三分之二以上，平地不及三分之一。河流頗多，有金沙江，紅河，怒江，瀾滄江，盤江等，各流域範圍亦相當廣大。湖則有昆明湖，洱海，撫仙湖，大屯湖等。

（三）農產品：主要的是稻，麥，包穀（玉蜀黍），豆類，馬鈴薯，棉，茶，絲，麻，紫膠，漆，桐，樟腦等，因本省氣候分寒温熱三帶，所以農產品的種類很多。

（四）礦產品：雲南礦產繁多，已發現的金屬礦產，如金，銀，銅，鐵，錫，鉛，鋅，銻，鉍，錳，鈷，汞等。非金屬的如煤，岩鹽，砒，硫磺，石膏，硝石，石棉，瓷土，磷，大理石等。礦區的分配極廣，差不多各縣都有多種礦物的開採。

（五）人口：大體說來，雲南人口稀少，平均每方公里 29.6 人。以各區分別而言，人口較密的有昆明及箇蒙（箇舊與蒙自兩縣）兩區，昆明區是雲南工商業和政治中心，箇蒙區是礦業中心。其次是沿交通線一帶，人口最稀的是交通不便和瘧疾盛行的地方。

（六）交通：鐵道有滇越和箇碧臨屏兩線，連繫礦區和國際交通。公路方面，幹線有滇緬，滇黔，和川滇三線，連絡國際和省際的交通。省內支線有昆富，昆路，開箇，昆宜，昆會等，多以昆明爲中心。此外便是舊式通路，須賴人力馬馱牛車等工具。水運方面，雲南河流雖多，而除昆明湖和紅河上流自沅江至蠻耗一段外，都不能通航。

從衣食住行四項來分析，雲南的經濟現狀是如此：食，以總產量比較總消費量，雲南的糧食可以自足自給，但因交通困難，分配不能均勻，且若人口增加，便有不足之虞。衣的情形則大不同，本省所產的棉花，只足供給棉衣棉絮之用，所需的棉紗和棉織品，完全仰給於外，每年進口的棉紗在四萬包以上，紗布兩項在二千萬元以上。住，大都因陋就簡，卽與目前的經濟水準，亦不能配合，如將來生活水準提高，更差的遠了。行的方面，已在上述交通項下說過。

總括以上所述，雲南的經濟現狀是天時好，資源豐富，交通不便，人口稀少，技術缺乏，資本不足。就天時地理來看，可做的事很多，但困難是在交通不便，人口稀少，技術與資本缺乏。

戰前與抗戰以來的經濟事業

抗戰以前巳完成的經濟事業，可分下列幾種，(1)動力：有耀龍公司和開遠兩水電廠，昆明火電廠，箇，蒙，河口，昭通等火電廠，規模大小不一。(2)鐵路：箇碧臨屏鐵路完全係滇省資本所築。(3)礦業：箇舊的錫和鎢，芷村的銻，可保村小龍潭等的煤，墨江等處的金，保山騰衝等處的鉛、銀，易門、昆陽等處的鐵。(4)工業：戰前巳經開辦而有出品的有一平浪製鹽廠，雲南紡織廠，製革，火柴，五金，煉鋼，針織，玻璃，捲煙，肥皂等廠。(5)農業：開蒙墾殖局修灌溉渠兩道，一長三十五公里，一長十五公里，一部分可通航，所開墾的土地達八萬畝（ 49 方公里）。馬料河水利引昆明湖水，灌溉農田二萬畝（ 12.2 方公里），明家地水利改良灌田一萬畝（ 6.14 方公里）。輸出的農產品有茶，桐油，猪鬃，牛羊皮，紫膠，藥材等。(6)商業：戰前本省巳有一個國際貿易機構，這種機構因爲箇舊錬錫公司的成立而完成。雲南錫的出口雖有悠久的歷史，但土產的錫品質不齊，必須由香港再度化錬才能運銷倫敦，但自錬錫公司成立後，將產品品質提高，確立標準，直接運輸倫敦，出品得到國際的信譽，我們自巳有了國際貿易機構，消除了香港中間商人的操縱和利益。由富滇新銀行的管理貨幣，我們造成了對外匯兌的機構，免除依賴外人的銀行。農貸方面，由富滇新銀行設立農村業務部，農貸範圍包括二十五縣，借款的百分之九十五都到期淸償。總括來說，抗戰以前所做的事業，都是對於當時的急切需要謀求解決或補救方法，例如錬錫公司的組織，箇碧鐵路的建設，紡織廠的成立，水利工程處的設立，富滇新銀行的成立，以往經濟建設限制的因數，是在本省資本和技術的不足。抗戰以來雲南的經濟建設，按資本來源的不同，可分列如下：由中央政府主辦者有滇緬和敍昆二鐵路的興建，資委會、航委會、中央研究院、各工廠的設立，由中央與滇省合辦的有滇北，宣明，明良等礦務公司，煤業公司，鐵業公司，桐油廠，滇緬公路，滇川公路，農田水利貸款處，等。本省經濟委員會自辦及與銀行界及私人合資辦理的，有裕滇紗廠，蠶絲公司，茶業公司，昆明營業公司，富滇保險公司，公路各站招待所，富滇倉庫，等等。由財政廳主辦的有雲南礦業公司，鎢銻公司，開遠區墾殖局。由私人經辦的有各金融機關，保險公司，運輸機關，貿易公司，建築公司，磚瓦廠，機器廠，等等。以上各種抗戰以來發動的事業，有巳經完成的，有就要完成的，有一二三年後方能完成的。抗戰以來，雲南的經濟地位突然加重，沿海的人們向內地遷移，不但資本大量輸入，而且帶了工業經驗和工業技術一同進來。各種事業在以前認爲不能辦的，現在卻因資本和技術的源源而來，都認爲可能的了，而且除了中央和地方政府主辦的事業之外，由本省經濟委員會和銀行，與外來各金融機關和實業團體合辦的佔十分之九。

將來發展的方向

雲南資源豐富，亟待充分開展的很多。今後應當一面繼續目前的建設，一面擴大範圍，增進效能，使雲南經濟建設更要生產化，合理化，機械化，而完成眞正工業化的基礎。應該利用最短時期，以最少代價達到最大效果。要善用一般資源，在事先必須認淸進行的方向，才可以切實幹去。根據雲南的經濟現狀，以及目前中國經濟的需要，今後雲南經濟建設，依個人的見解，似乎應從下列各方向入手。

(1)發展特長資源：因地理的關係，各地資源的分配都不相同，就特長資源加以發展，旣合乎區域分工的原理，又可促進全國經濟發展均衡，使本省經濟與全國經濟發生密切聯繫，矯正畸形發展的現象。發展本省特長資源，最明顯的是礦產和水力的利用，礦產是重工業的基本，有的可以大量出口，如煤一項，以前因需求不大，故開發數量有限，現在鐵路興建，工廠新立，煤的需要已增加了一二十倍。雲南藏煤很富，數量足用，小龍潭褐煤的藏量為全國第一，確有迅速開採的價值。

(2)利用本省山地與森林：雲南山地很多，森林畜牧方面發展的可能性亦是很大。如人造絲廠、造紙廠可在森林區開辦，桐油、樟腦、漆樹亦很重要。畜牧方面，可以增加牛羊騾馬的數量，猪鬃、牛皮骨角等副產品，都有經濟上的價值。

(3)糧食產量的增加：本省糧食在過去雖可稱自給自足，但自經濟發展，將來人口必會集中都市，農民趨於工礦，農產品產量不足，則不適宜，所以應注意農產品產量增加，要保持自足自給的程度。

(4)絲、茶、棉、蔴、毛的改良和發展：土地利用的範圍很廣，糧食之外，與農村有直接關係的產品，如茶、絲、棉、蔴、毛，都應儘量促進其生產，近來茶量日有增加，並且發現佛海順寧一帶所產的紅茶，其品質在祁門與錫蘭茶之間，而在印度茶之上，不但可以在倫敦市場上取得地位，而且在北美的市場極有發展的希望。蠶絲業亦在推進中，所得結果極好，我國各省養蠶的成績平均每四擔的繭只得絲一擔，現在本省試驗結果，每 2.75 擔的繭便可繅絲一擔，比日本養蠶的成績還要好。

(5)遊覽事業的發展：雲南風景美麗，氣候溫和，很可開闢成為一個遊歷避暑的勝地。鄰地如緬甸、安南、暹羅、香港、廣東，氣候都不如雲南，假如我們改進交通，增加各種設備，每年很可吸引許多遊客，對於國際收支極有益處。

必須滿足的客觀條件

發展雲南經濟有許多客觀條件必須滿足。

(1)交通：最主要的是交通的改進，鐵路公路之外，水運亦應力求發達；幹線之外支線亦應完成，如此，各種交通線才可發生聯繫，造成完整的交通網。

(2)移民墾殖：過去大部份遷滇人民是從四川來，這是因為川東人口稠密，謀生不易的原故，今後四川方面移民固然重要，而因為雲南西南部氣候言語習慣接近緬甸、暹羅，我們更應鼓勵該處僑胞返國，移殖於雲南東西南部。

(3)衛生：抗戰以後，本省已有五年計劃以籌本省衛生設施，美國派有專家協助進行，除瘧委員會已着手研究消滅瘧疾的方法。

(4)資本：抗戰以來，省內資金的供給比從前靈活，各種事業的樹立，都需資本，如新村建設二千五百萬元，小鋼廠一百萬元，大鋼廠三千萬元，故應鼓勵國內外投資。投資的保障及方式，應詳細研究規定，應該看事業的性質和所需資本的數量而定，普通辦法以合資為最妥當，合資的比例可依事業的性質而不同，政府經營的事業，經過政府的許可，亦應當讓私人參加投資，這樣，投資的範圍和機會便可增加不少，例如正在組織中的雲南企業公司，已定資本五千萬元，本省方面預備認一部份，其他便希望外省與僑胞的投資，外來投資踴躍，可認至百分之九十，該公司將分為交通，礦業，農業，貿易各部。

(5)技術人才的分配與建設材料的標準化：中國技術人材本來有限，而建設需要又為急切，如何分配技術人才的問題，目前已感困難，戰後將更趨嚴重，目下至少要做二步工作：(一)技術人才的登記，(二)一般建設機關應免爭奪技術人才，應使技術人才與建設事業打成一片。建設材料標準化可以省掉許多的不經濟，而加強生產效能，如鐵路路軌的劃一就便於聯運，電氣材料的劃一就便於電力和距離的分佈。

結 論

個人過去服務的感想，早已覺到中國的眞正的力量在內地，而不在沿海，同時看到內地與沿海發展相差很遠，在內地服務其困難固然數倍於沿海各地，但服務的收獲亦數倍重於沿海一帶。個人過去服務的範圍，農工商鑛都有，其中困難固多，但覺只要勇往邁進去做，倒覺得愈困難愈興奮。在中國辦事已不及國外方便，而在內地尤其困難。諸凡材料的供給，勞工的管理，市場的經營，決不能如理想的容易，我們從事經濟開發的工作，必須認淸本國特殊的情形，埋頭苦幹，任勞任怨，才不會失望，才能達到成功。

對於雲南經濟建設將來的展望，本人認爲：

（1）本省已成爲戰時國家重要門戶，在將來必能保持這個重要門戶地位，雲南是過去阻塞不便的後門，現在和將來是國際交通要道。

（2）抗戰中資本技術源源而來，使雲南成爲戰時經濟中心之一，必然地也將成爲戰後經濟中心之一。以我國面積之大，將來必須有幾個經濟中心同時存在，因雲南的天然資源有豐富的礦藏和水力，加以交通發展，將來必成爲一個鑛業和重工業的中心。

（3）在抗戰建國過程中，爲戰後調整的準備，有兩點可注意的。一是停戰之後，不免有一個經濟循環的風波，爲我們建國程序上的一個重要關鍵，我們怎樣來渡過這個難關，使戰時的建設可以繼續，可以更加發展。第二點是：在今日的準備時期，我們必須記住雲南是中國的一個單位，所以雲南的經濟建設問題祇一部份。更推廣一步，中國是世界的一個單位，所以談中國的經濟問題，必須顧到世界的經濟趨勢。換言之，雲南的經濟建設必須與全國的經濟情況相調和。

工程師學會是全國技術人才的大集團，有會員四千人，但要應付戰時以及戰後經濟建設的工作，四千人絕對不夠的，所以本人希望各位會員不但要做，同時更希望各位會員要教，把技術知識，技術經驗，多多傳授推廣，那末，今後可以由四千人增至四萬人，四十萬人，來共同負起大時代的建設。

中國各專門工程團體地址表

中國鑛冶工程學會	四川北碚郵箱7號孫越崎先生轉
中國化學工程學會	四川峨嵋四川大學張洪沅先生轉
中國水利工程學會	重慶南岸放牛坪頤廬徐世大先生轉
中國電機工程學會	上海靜安寺路 411 弄 8 號張惠康先生轉
中國自動機工程學會	上海愛麥虞限路 45 號胡嵩嵒先生轉
中國機械工程學會	昆明北門街 71 號莊前鼎先生轉
中國土木工程師學會	香港郵箱 184 號夏光宇先生轉
中國紡織學會	重慶豫豐紗廠轉朱仙舫先生轉
中華化學工業會	上海環龍路 315 號曹惠群先生轉

8552

雲南之水力開發問題

施嘉煬

一 引用水力沿革及其需要條件

(甲)沿革：

水力之引用以我國爲最古，埃及次之。古代水力機械或以竹製，或以木製，皆直接放置河中，其用途僅爲戽水灌田及碾米等。此種原始水力機械，我國西北及西南各省刻下仍能見及，因其力量薄，效率微，故爲用甚小。

十九世紀中葉，歐洲採用重力式水輪機，能利用水面落差至十五公尺，且能以之發生電力，使水力之引用頓生異彩。至十九世紀末葉，電力輸送至遠方之方法成功，水力之爲用愈廣，同時水輪機之構造亦有極大之進步，能利用落差至四十公尺。

二十世紀以後，水力發電工程更有長足之進展，能與汽力發電相抗衡。在產煤缺乏而水力豐裕之國家，如瑞士，意大利及加拿大等，其電力之供給幾全部產自水力。截至目前止，因製造方法之進步，水輪機能利用水面落差至八百公尺，水輪機容量最大者每部可發生十二萬馬力。水力發電廠之經濟輸電範圍亦可遠達五百公里。至發電廠則以下列三處爲最大：

(1)美國波德谷 Boulder Canyon 水力發電廠 1,840,000 馬力 (1936 年落成)

(2)俄國尼褒 Dnieper 水力發電廠 810,000 馬力(1932 年落成)

(3)美國大籠利 Grand Coulee 水力發電廠 450,000 馬力 (在建築中)

(乙)需要條件：

河流產生水力之要素有二，一爲水面落差，一爲河水流量。落差與流量相乘卽得馬力。蘊蓄力源宏富之條件，或爲河道水面坡降陡峻致落差甚大，或爲流域內雨量豐沛致流量充足。前者屬於地形結構，後者屬於氣象狀況。河道具有以上之良好情形，而同時岸谷深狹，岩石堅純，易於築壩引水者，其水力之引用方能經濟。以上地形、氣象、地質三者，可合稱之爲流域特性。

適於引用水力發電之處，除流域特性情形須適宜外，又必須離用電市場不遠。能符合以上二條件，然後始足以言開發水力。否則水力廠之建築過於昂貴，不如在用電地方建立火力發電廠爲宜。惟火力電廠須消耗燃料如煤或柴油等，而水力電廠則可以源源不竭之水流代替燃料，故在煤價昂貴之區域，仍以發展水力爲較經濟。

二 我國各地水力資源概況

我國水力資源雖尙未經全部調查，但其分布約如下述。在東南以浙閩沿海山地爲較富裕，閩江上游各溪及浙江之飛雲江小溪等，其水力均足供鋸木造紙製糖及煉鉛工業之用。在中部則江西南部之章水，桃花江，上猶江，湖南東部之洣水耒水等，均經調查可以引用，所發電力堪供提煉鎢鐵及其他製造工業之用。華北之黃淮平原情形較差，無適宜之地點足資引用。東北沿海一帶雨量充足，蘊蓄力源甚富。吉林之鏡泊湖卽爲巳經開發之處。西北以黃河之壺口爲優，渭水洛水上游亦均有可以發展之地段，惟尙未經勘測。至西南各省則爲全國水力精華所在，川康滇三省尤有特優之河段，巳經調查而力源較富之處，爲以下各河：

（1）廣西柳州柳江，約一萬餘馬力。

（2）四川長壽龍溪河，約一萬五千馬力，可輸電至重慶供各種工業用。

（3）四川樂山附近岷江上游之大渡河及馬邊河，可發展八十餘萬馬力，足供樂山附近工業區之需要。如充分開發，且足與俄國之尼褒水電廠媲美。

（4）雲南大理附近之洱河約十萬馬力。

（5）昆明盆地區域如螳螂川普渡河及南盤江上游，共約一百萬馬力，其發展計劃詳本文第三及第四節內。

以上所列僅爲西南各省已經勘測之處，且並非主要河流。估測全國水力資源之蘊蓄，當在一萬萬馬力以上，其中約過半數集中於川，康，滇三省，對於西南工業發展之前途，其裨益誠不可限量。所可惜者，如斯宏偉之天賦力源，至今猶在蘊蓄時期。抗戰以後，沿海工業均向西南移植，而煤價奇昂，動力之供給舍開發水力外，似無其他經濟方法。以下所列爲各國截至目前止已開發之水力數量簡表，閱之當能有所警惕。

（1）美國	14,000,000	馬力
（2）加拿大	12,000,000	馬力
（3）意大利	4,000,000	馬力
（4）法國	3,500,000	馬力
（5）日本	3,000,000	馬力
（6）德國	2,600,000	馬力
（7）挪威	2,000,000	馬力
（8）瑞典	2,000,000	馬力
（9）瑞士	2,000,000	馬力
（10）中國	10,000	馬力

三　雲南水力資源及其市場

（甲）雲南各河之流域特性：

雲南水力之蘊蓄，如歐洲之瑞士，如美國之加利福尼亞。全省地處高原，拔海在一千公尺至三千公尺之間。夏季受海洋氣流之浸潤及揚子江流域溫濕氣流之流注，雨量充足，每年平均約一千二百公釐。全省各河多屬河之上游部分盤旋於山嶺之間，坡陡溜急，水面落差甚大。如螳螂川，全河平均每隔一千公尺水面降落 2.6 公尺。如普渡河，平均每千公尺降落 3.6 公尺。又如洱河，平均每千公尺水面落差竟達 23 公尺。各河坡降最陡之部分，除瀑布不計外，每千公尺落差可達 40 公尺。滇境河流既有充足之流量，復有險峻之落差，此所以力源之蘊藏特厚。

不獨此也，各河河床類多窄狹，岸高谷曲，築壩之適宜地點所在皆有。沿河岩石多爲石灰岩及堅實之紅色砂岩，用作壩基至爲穩固。就地質之構造論，較四川之富於鬆質砂岩與易於風化之頁岩，致築壩費用甚昂者，滇省水力發電之環境，可謂得天獨厚。

尤有進者，滇省湖泊甚多，如滇池，如洱海，皆爲不可多得之天然蓄水庫。普通河流濕季最高流量與乾季最低流量相差可由數十倍至一二千倍。倘有蓄水庫以停儲濕季之洪水，俟至乾季再行排出以增加枯水時期流量，則水力之引用能更澈底，無夏季水多任其流棄，春季水枯無法補充之病。滇省之富有天然湖泊，益使其流域特性適宜於開發水力，爲其他省份所不能及。

（乙）已經勘測各河之力源概況及其適宜引用水力發電地點：

河流之宜於發展水力之處，大抵在荒山窮谷之中，離用電市場甚遠。惟發電量大之電廠，仍能使其在合於經濟原則之情形下輸電至極遠之距離。美國大水力發電廠輸送電力於三百公里至五百公里之間者，爲例甚多。以雲南而論，倘昆明有極大而可靠之用電市場，則將大理附近洱河之全部十萬馬力予以開發用高壓電流輸至昆明，並非不經濟之事。又如開遠附近如有極大之用電市場，則將祿勸縣鐵索橋及鉛廠附近之普渡河十五萬馬力，全部予以開發輸至開遠應用，亦甚合理。茲將昆明及大理附近各河之蘊蓄力源列

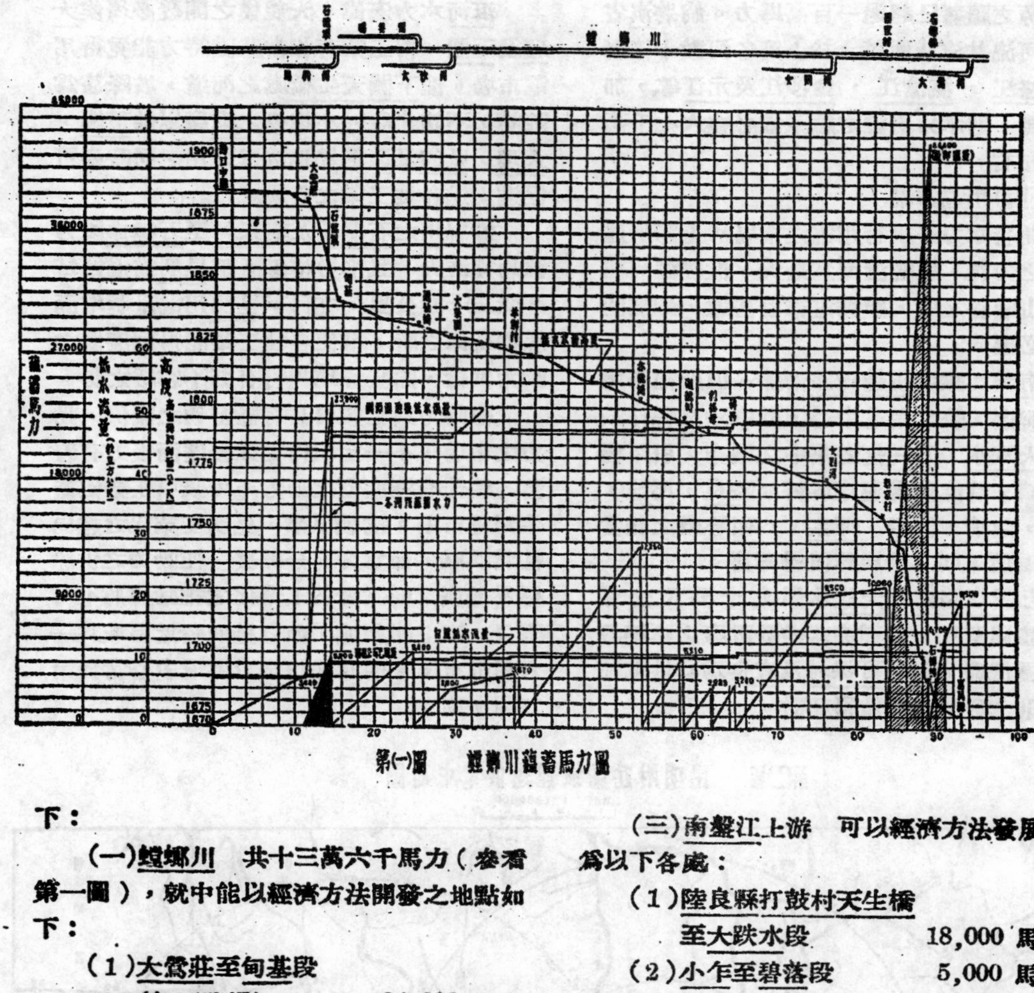

第(一)圖　螳螂川蘊蓄馬力圖

下：

(一)螳螂川　共十三萬六千馬力（參看第一圖），就中能以經濟方法開發之地點如下：

(1)大鶯莊至甸基段（即石龍壩）　24,000 馬力
(2)蔡家村至石樓梯段　44,500 馬力
(3)石樓梯至富民縣城段　9,500 馬力
以上共　78,000 馬力

(二)普渡河　共七十三萬馬力，能以經濟方法開發之地段如下：

(1)大六庫至小六庫段　20,000 馬力
(2)祿勸縣鐵索橋段　50,000 馬力
(3)鉛廠附近　40,000 馬力
(4)普渡河支流掌鳩河大緝馬至冷水塘段　60,000 馬力
以上共　170,000 馬力

(三)南盤江上游　可以經濟方法發展者為以下各處：

(1)陸良縣打鼓村天生橋至大跌水段　18,000 馬力
(2)小乍至碧落段　5,000 馬力
(3)糯租段　19,000 馬力
(4)南盤江支流巴盤江大跌水段　6,000 馬力
以上共　48,000 馬力

(四)洱河　共十萬馬力，適宜開發之地點如下：

(1)平日橋至瘋瘋院段　7,000 馬力
(2)瘋瘋院至鐵索橋段　53,000 馬力
(3)鐵索橋至漾濞江口　32,000 馬力
以上共　92,000 馬力

以上四河均係滇省不甚聞名之小河，但

其力源之蘊蓄已超過一百萬馬力。倘將滇省主要河流其流域面積大於上列各河數十倍者，如怒江，瀾滄江，金沙江及元江等，加以勘測，則水力資源之蘊藏當必在六七千萬馬力左右。

(丙)用電市場：

開發水力必須有用電之市場。上節所述各河之力源，以普渡河爲最大，惟普渡河經流荒山窮谷之中，距需電市場甚遠，殊無開發之必要。

南盤江雖近滇越鐵路沿線，但所經亦屬窮鄉僻壤，缺乏用電中心，其中陸良縣打鼓村之大跌水，乃一落差集中之瀑布，引用極爲經濟，倘能獲得滇東各縣如陸良，馬龍，霑益，曲靖，羅平，師宗，瀘西等處之相當用電處所，則其發展殊值得考慮。

巴盤江路南縣大跌水係九十公尺之瀑布，甚屬罕見，此種高落差發電廠之建築費用本極低廉，如以可保村及宜良爲其供電區域，則其發展亦甚值得研討。

洱河水力宏偉，大規模之開發必須俟大理及下關一帶工業有相當基礎時方能覓得用電市場。惟下關天生橋處之河道，坡降甚爲陡峭，不妨先設一小規模之電廠以供下關，大理，鳳儀及漾濞等地電燈之用，同時亦可促進上述各地工業之發展。

螳螂川之石龍壩及蔡家村至石樓梯段力源均極浩大，且形勢特優，距昆明需電區域亦祇三十餘公里。在目下昆明用電量亟增而煤價奇昂之時，欲使各種工業能得到廉價之動力供給，開發螳螂川實有刻不容緩之勢。

查動力與工業向具有極密切之關係。動力之市場，不一定須待工業發達而後方有着落，倘先有極廉價之動力亦可吸引工業使產生用電市場。抗戰以來，昆明工業化之趨向甚爲濃厚，如水力充分開發，使動力之供給極爲低廉，則其對於工業化之推動力將不可限量。依上節所述，如以昆明附近區域爲一大用電市場，則其理想水力供電中心當如第二圖所列。

第(二)圖 昆明附近區域理想供電中心圖

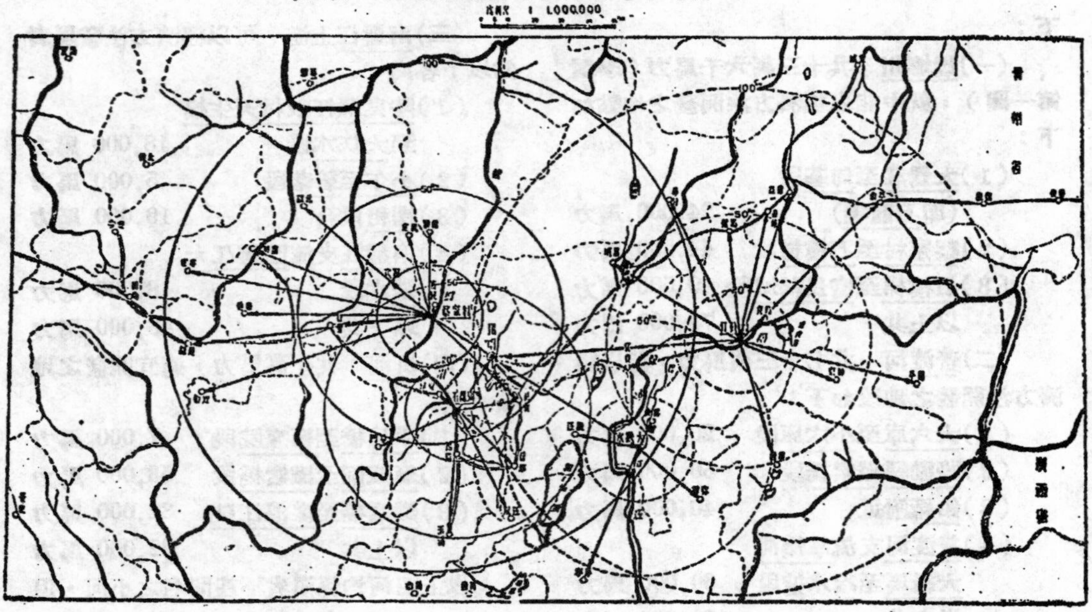

四 開發螳螂川計劃

螳螂川爲自滇池出口至富民縣城段之河道。其水力精華所在爲石龍壩及蔡家村至石樓梯段。我國最早之水力發電廠卽螳螂川之耀龍電力公司石龍壩電廠。該廠完成於民國元年，發電量五千馬力。但因以往用電不多，故二十餘年來迄未有所擴充。玆將螳螂川開發計劃摘要簡述於下：

(甲)螳螂川流域概況：

螳螂川流域包括昆明、呈貢、晉寧、昆陽、安寧、富民六縣（參閱第三圖）。其河流系統可分爲三段，一爲滇池以上各河，二爲滇池本身，三爲螳螂川。滇池以上之流域面積凡 2,900 平方公里，與螳螂川流域合計共 5,400 平方公里。雨量集中於七、八、九三月，全年總量約 1170 公釐。因有滇池吐納之故，全年河水流量比較均勻，最低約每秒 10 立方公尺，最高洪水峯達 950 立方公尺。

第(三)圖 螳螂川流域圖

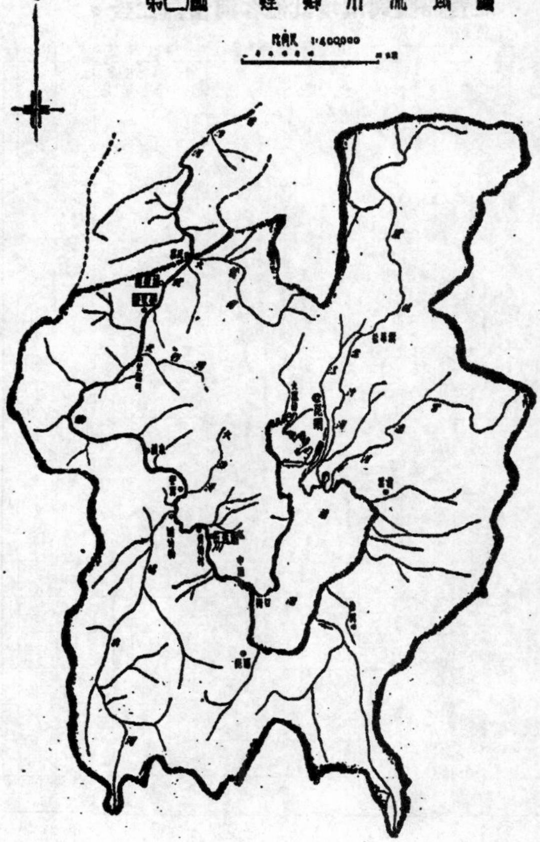

石龍壩段在三公里半之距離內，水面落差凡四十公尺，平均坡降爲千分之 11.3。蔡家村至石樓梯段共長約九公里，水面落差八十公尺，平均坡降爲千分之 13.0。石龍壩以往設計，引水渠之容量爲每秒 24 立方公尺，如渠道不加擴展，尙可增 6,000 馬力，超過此數，以開發蔡家村至石樓梯段爲較經濟。

(乙)滇池用作蓄水庫之效用：

滇池面積廣闊，容量浩宏。在尋常洪水位時面積凡 324 平方公里，容積爲 1,700 $(10)^6$ 立方公尺。螳螂川本一小河，其上游有如此鉅大之天然蓄水庫，此種配合，世界各河實罕有其匹。倘能將滇池予以充分利用，則螳螂川之開發可極經濟。惟昆明、晉寧、呈貢、昆陽四縣均濱滇池，池之四周除西岸依山外，大部均屬冲積平原，皆爲膏腴沃壤。四縣之農田灌溉及水道運輸皆惟滇池之水是賴，故滇池之可能應用蓄水範圍，在高水位時應以不淹沒四境之農田，低水位時應以不妨礙滇池各地通昆明之航運爲度。依此原則，滇池之可能應用蓄水量共約 780 $(10)^6$ 立方公尺。倘在滇池出口之屢豐閘處加以有計劃之流量調節，則螳螂川蔡家村處之枯水時期最低流量可自每秒 10 立方公尺增至 50 立方公尺。卽螳螂川之可能發電量較無滇池蓄水時，可增加五倍之值，其效用實屬宏大。此項有計劃之流量調節方法與設備，對於昆明水患之消弭亦有極大之補益。

(丙)蔡家村至石樓梯段發展方法：

此段河道可依其天然形勢逐步發展。卽將全段依需電情形分三廠或四廠開發（參閱第四圖）。第一廠在蔡家村，可利用之落差爲 16 公尺，發電量 8,000 馬力。第二廠在石樓梯，可用 50 公尺高之攔水壩抬高水位，得落差 54 公尺，發電量 27,000 馬力。第三廠在石樓梯下游約一公里處，可得落差 10 公尺，發電量 5,000 馬力。全段發電總量共 40,000 馬力。

至各廠之建築經費，依目下之工料價及外匯情形估算，每馬力平均約須國幣七百五十元，如全部開發共須國幣約三千萬元。

五　雲南省鐵路網之電氣化可能性

我國西南各省既有豐富之水力資源，則將來利用廉價電力以發動電氣機關車使鐵路之運輸成本低減，自屬合理之事。玆略述雲南省各鐵路電氣化之可能性如下：

查滇緬鐵路所經途徑如安寧、祿豐、楚雄等縣，距第四節所述之石龍壩蔡家村與供電中心，均在十公里至一百公里之間，在經濟輸電距離以內，可即由上列二處供送電力。楚雄至彌渡及彌渡至雲縣段，其電力來源，均可取給於洱河。西段自雲縣至貢緬邊界，路線均沿怒江支流之南丁河，由怒江供電甚為方便。

川滇鐵路係自昆明經嵩明、馬龍、曲靖、霑益、宣威、威寧等地以達四川之敍州。自嵩明至宣威一段，恰在陸良榮村鼓村供電中心五十公里至一百公里範圍以內，其電力之供給可不成問題。宣威以北路線係與牛欄江平行，可利用該江之水力。

滇黔鐵路如興工時，按計劃係在曲靖與川滇路聯接。曲靖以東至貴陽，路線在北盤江上游之花江及烏江上游之三岔河流域內。該二江亦具雲貴高原河流之特性，其水力之足資開發與滇境其他各河當無二致。

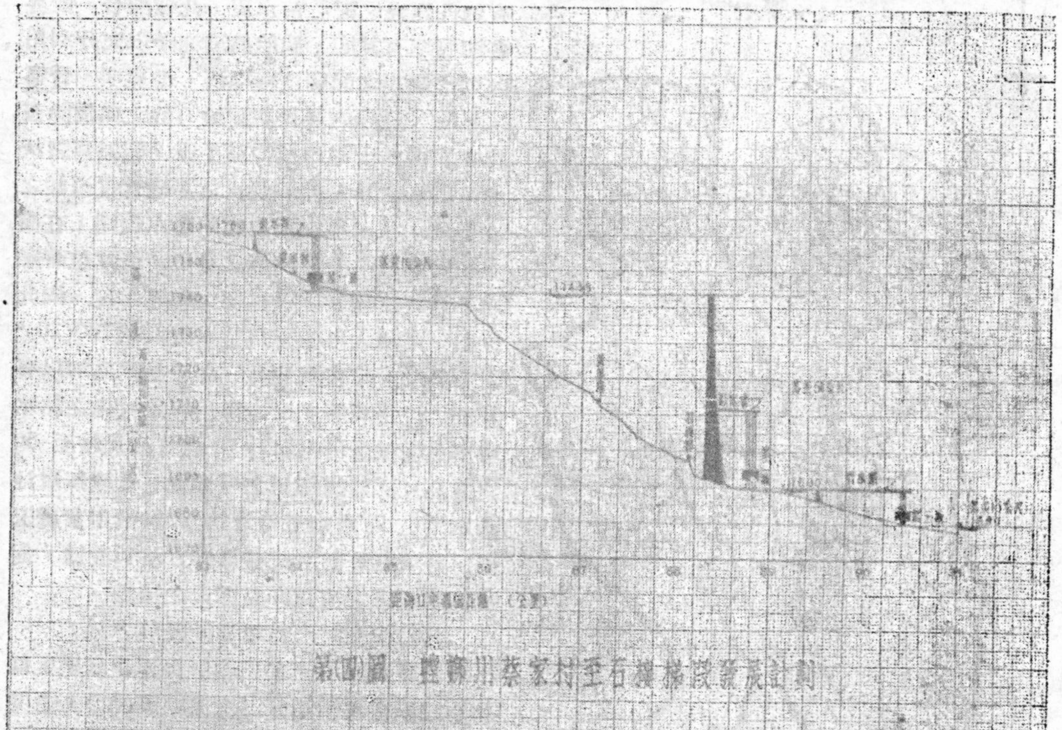

第(四)圖　螳螂川蔡家村至石樓梯段發展計劃

至已經完成之滇越鐵路，滇境路線在開遠以北均沿南盤江，芷村以南則沿元江支流之南溪河。南盤江上游自陸良至婆兮一段，河道幾皆坡陡溜急，谷狹岸高，可以經濟方法引水發電供鐵路需用之處隨在皆是。

照以上所述，滇境已成及未成各路沿線均可覓得供電中心。滇省各河予西南鐵路網以電氣化之機會，實較其他省份為優厚。將來滇緬，滇越，川滇，滇黔各路倘因利用水力發電因而減輕其運輸之成本，則其對於滇省工業發展之前途，誠有莫大之裨益。

六　結論

目下西南各省皆向工業化之途徑邁進，以期完成抗戰建國之偉業。但工業化區域必須有豐富之原料，廉價之動力，利便之交通與推銷之市場。四者之中，廉價動力除能使製造成本減輕外，倘用以電氣化現有各鐵路，且足以降低運輸成本，因之原料之取給與製成品之運銷間接均蒙其利。欲獲取廉價動力以為發展工業之基礎，端在引用水力。故滇省水力資源之開發，實具有特殊之重要性。

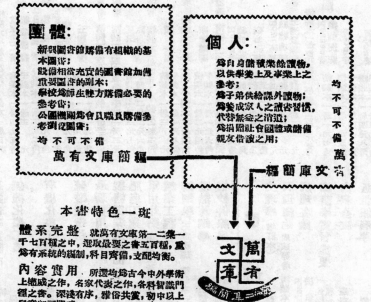

商務印書館編印

大學叢書 已出版書

工學院用

應用力學 石志清著 精裝本一冊三元五角 平裝本一冊三元二角
工程力學 陸志鴻編 精裝本一冊三元五角 平裝本二冊四元五角
勢力線學 Lansberg著 王濟寶譯 平裝本一冊一元二角
水力學 張含英著 精裝本一冊四元五角 平裝本一冊三元
水力學 歐原定二著 劉榮龍譯 精裝本一冊四元五角 平裝本一冊三元
熱力學原理 Birturstlei著 徐豫生譯 精裝本一冊二元二角 平裝本一冊一元七角
工業管理 Lansburgh著 陳通民譯 精裝本一冊四元 平裝本一冊二元八角
工業組織與管理 王撫洲著 精裝本一冊二元三角 平裝本一冊一元五角
平面測量學 劉友惠著 精裝一冊六元六角 平裝一冊三元五角
高等測量學 陳本端著 精裝一冊四元五角 平裝一冊三元
養路工程學 夏堅白 陳永齡 著 精裝本一冊三元七角 平裝本二冊二元六角
給水工程學 陶葆楷著 精裝本一冊四元 平裝本一冊三元
溝渠工程學 顧康樂編 精裝本一冊三元 平裝本一冊一元八角
河工學 鄭肇經著 精裝本一冊五元 平裝本二冊四元
淨水工程學 顧康樂著 精裝本一冊二元四角 平裝本一冊一元六角
鐵路管理學 趙傳雲著 精裝本一冊三元八角 平裝本一冊三元
經驗計劃 Hayes著 劉仙洲譯 精裝本一冊二元四角 平裝本一冊一元六角
機械原理 劉仙洲著 精裝本一冊五元 平裝本二冊三元五角
電工原理 Bush等著 顧毓琇譯 精裝本一冊七元 平裝本一冊五元
工具機學 Hülle著 王澤隆編譯 平裝本一冊二元
熱機學 劉仙洲著 精裝本一冊六元五角 平裝本二冊四元五角
蒸汽表與莫利耳圖 Keenan著 劉仙洲譯 精裝本一冊一元七角
高等汽車學 何乃民著 精裝本一冊六元五角 平裝本二冊四元
自動車工程 黃叔培著 精裝本一冊四元八角 平裝本一冊三元二角
航空學理論與實際 施兆貴著 精裝本一冊四元五角 平裝本一冊三元
圖解法 Mackey著 鄒尚熊譯 精裝本一冊一元七角
立體圖學 王石安著 平裝本一冊三元

直流電機原理 Langsdorf著 顧毓琇譯 精裝本一冊六元五角 平裝本一冊四元五角
無線電實驗 周銘阿著 精裝本一冊二元四角 平裝本一冊一元六角
工業化學實驗法 Rogers著 韓組康譯 精裝本一冊三元 平裝本一冊二元二角
無機化學工業 程瀛章 李續祖 著 精裝本一冊四元 平裝本二冊二元八角
有機化學工業 李喬苹著 上卷 精裝本一冊二元二角 平裝本一冊一元七角 下卷 精裝本一冊四元八角 平裝本二冊三元七角
硫酸製造法 李敦化著 精裝本一冊四元 平裝本一冊三元
最新實用製革學 李仙舟著 精裝本一冊三元六角 平裝本一冊二元四角
製糖工業及糖品分析法 陳騊聲著 平裝本二冊六元
肥皂工業 Hurst著 萬德固譯 精裝本一冊三元 平裝本一冊二元二角
軍用炸藥 胡寧生著 精裝本一冊三元八角 平裝本一冊二元八角
鑛業工程學 朱靜毅著 精裝本一冊五元五角 平裝本三冊四元
鍊鋼學 王懷琛編 精裝本一冊四元五角 平裝本一冊三元
電熱鍊鋼學 王懷琛編譯 精裝本一冊四元 平裝本一冊二元七角
棉紗併線學 Wakefield著 唐仁杰譯 平裝本二冊四元

醫學院用

生理學（增訂本） 蔡翹著 精裝本一冊八元五角 平裝本二冊六元
病理總論 周威等著 精裝本三冊六元八角 平裝本一冊四元八角
病理各論 Kaufmann著 洪伯容譯 精裝本二冊三元 平裝本二冊二元二角
細菌學實習提要 佐藤秀三著 祖照基譯 精裝本一冊三元
內科全書 盛在珩等著 精裝本二冊七元二角 平裝本二冊四元五角
近世眼科學 劉以祥著 精裝本一冊六元五角 平裝本一冊四元五角
局部解剖學 李定著 精裝本一冊六元 平裝本一冊四元
局部麻醉學 高鏡朗編譯 精裝本一冊三元 平裝本一冊二元二角
實用繃帶學 劉兆霖 葛乘仁 著 精裝本一冊三元 平裝本一冊二元四角

*[H]B54-29:7

模子工具焠火時最易發生的病象

計 晉 仁

摘要 模子工具在製造工業中無疑的是佔很重要地位的。製造工業欲圖發展，非先能自製工具不可，而自製工具往往因焠火發生病象不能精良。故工具焠火實爲製造業工程師所亟欲解決之一個問題。本篇先將工具焠火後發生變形及裂縫的原因加以敍述，次論設計工具時對於其形狀及所用材料須注意之點。再次論加熱時冷卻時應注意之事項。連帶將調整硬度的方法簡單的加以敍述。然後將焠火時最易發生的『硬度不足』『硬度不勻』二種病象及其補救辦法，加以說明。並將在某種情形下須故意使工具硬度不勻時之特別處理辦法，舉例說明。實爲對於本問題一個有統系的敍述。

衝壓製造法應用於工業上，歷史並不很久，可是因其運用的簡便和快捷，到目前已成爲工業上主要的製造法之一了。製就一套工具以後，成千成萬的工件，就可以用最簡單的方法製造出來，其形狀和尺寸一律而且相當準確，所以最能適合近代生產大量化的趨勢。尤其在輕工業方面，如電器製造業等，衝壓製法，更屬重要。所以如果我們說，衝壓模子工具的製造，是電器製造業的基礎，實在也不能說過份。

在工具的製造中，除打磨外，焠火差不多是最後的一道手續。因此，在工具製造工場中，焠火也特別被人所重視。如果焠火不好，重則工具不能應用，因之使材料，尤其是已加的工作（在工具的製造成本中，工資部份一般都較材料部份高得多），都歸無用，輕則工具準確性和耐久性減低，間接也就影響到製造品的品質和成本。所以焠火一步手續，常常成爲工具製造上的一個大問題。

以下數節，想把模子工具焠火時最常發生的病象，及其預防或補救辦法，略述一二。當然，要得良好的結果，先決條件，是要有適宜的焠火設備，如焠火爐、測溫儀器等等，尤其是焠火者豐富的經驗更爲重要，本文所述祇能供一個大概的參考而已。

一 分子漲力，變形，裂縫

工具焠火後，鋼料內部，總有或大或小的分子漲力 (innere spannung, internal stresses) 發生，不易完全避免。這種漲力甚低時，對於工具尚無大影響，但若達一定高度，則當工具使用受力時，尤其如衝壓模子受衝擊時，就難免有裂縫和折斷的危險。倘若分子漲力再高，則工具在焠火以後，就會因漲力的牽制而發生變形或甚至裂縫，以致使將近完成的工具，完全歸於無用。

材料內分子漲力的發生，有兩個主要的原因，第一：因爲工具在焠冷劑中，所受的冷卻作用不能完全平均（譬如工件內部所受的作用必定較緩，細小的凸出物比斷面較大的部份容易冷卻等），所以各部份收縮的先後，也不相同，已凝固的部份，對於尚未凝固部份的收縮，發生阻礙的作用，因此分子間彼此就生出漲力來了。現在試拿各種形狀中間最簡單的球形材料來說明（圖１），假定鋼球的內外都已受高熱至同一溫度然後再將其突然焠冷，則鋼球的表殼，當然最先冷卻，而其內部所受的冷卻作用則較緩（冷卻

作用的傳達如圖中的箭頭所示），當表殼凝

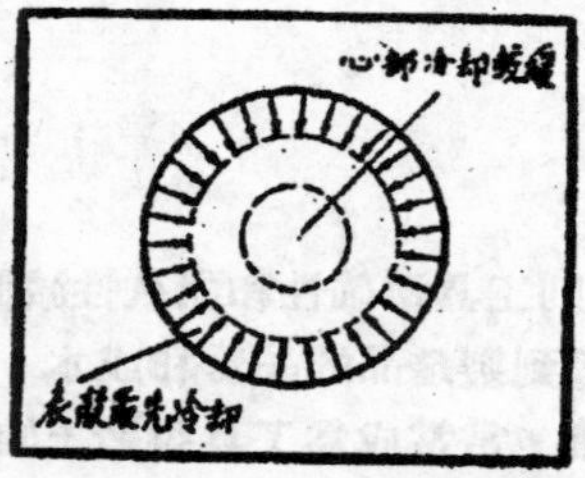

圖 1　鋼球冷却的情形

固時，內部溫度尙高，不以同一程度收縮，表殼受阻，祗能以較原來略大的直徑凝固。待鋼球內部也漸漸冷卻收縮時，巳凝固的表殼就發生阻礙的作用。所以等鋼球全部冷卻凝固後，其心部的分子，就受到拉力，表殼的分子就受到壓力。球形材料內分子漲力和冷卻收縮的關係，比較得簡單，至於其他形狀的材料，因冷卻收縮而生分子漲力的理由，與此相類似，不過其情形比較複雜罷了。

材料內發生分子漲力的第二個原因（而且在焠火時是比較更重要的一個原因），也是因爲鋼料受冷卻作用的不平均，因之焠火後材料各部份的結晶組織 (gefüge, constitution) 也不相同，譬如受焠冷作用最劇的部份，結晶組織是 martensit (martensite), 較緩的部份是 Troostit (Troosite), Sorbit (Sorbite) 或 Perlit (Pearlite)。此等由同一材料產生的不同的結晶組織，其比重均略有出入（譬如含碳素 0.9% 的鋼料其 Martensit 與 Perlit 的比重相差至 1%)，其中以 Martensit 爲最小，而 Perlit 爲最大，所以工件焠火後，因各部份結晶組織的不同，其體積擴大的程度，亦各不相同 (Martensit 部份最大)，因此各部份間，也就會發生漲力。例如圖 2 所示的鋼板，如果 a 處所受的冷卻作用遠較 b 處爲劇，則冷卻後 a 處一定略長，鋼板就會被因此而生的分子漲力所牽制而變成 B 圖所示的彎曲形狀了。

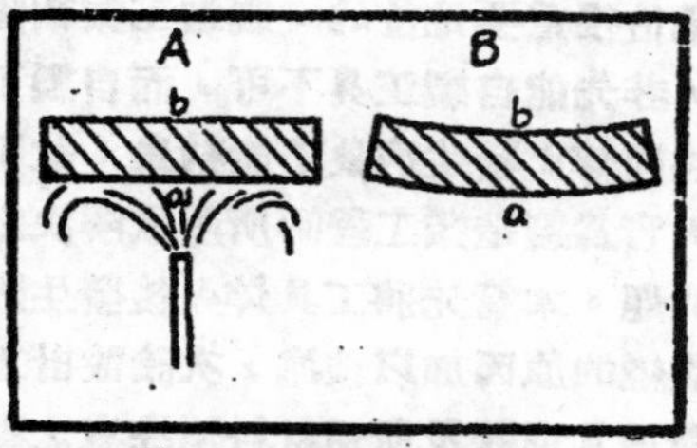

圖 2　鋼板因冷却不平均而变形

因上述兩個原因，工具在焠火時，常會發生變形或裂縫等情形。要避免這種病象，應該極力減低材料內分子因焠火而生的漲力。因此我們在未焠火以前，對於工具的形狀，材料的選擇，以及焠火時對於溫度，焠冷劑，焠冷的方法等，都應特加注意。玆特分述如下：

（1）工具的形狀　形狀複雜而各部份斷面大小相差甚多的工件，如有多數細長尖銳的凹凸物的工件，焠火時最易發生分子漲力。在普通金工工作中，遇此等困難時，常可將工件的設計，略行改動，使其改爲較簡單和較利於焠火的形狀。在工具製造中，則設計的改動，常比較得困難（因爲形狀複雜的工件，必需要形狀複雜的模子工具去製造），但有時亦可設法避免，譬如可將模子的工作分成連續的幾個步驟，或將複雜的模子，分爲較簡單的部份，等焠火以後，再用配合梢和螺釘合成。圖 3 是一片彈簧片，應用衝壓法製成，若照彈簧片原形製成模子，

則陽模和陰模上就不能避免細長的凹凸物

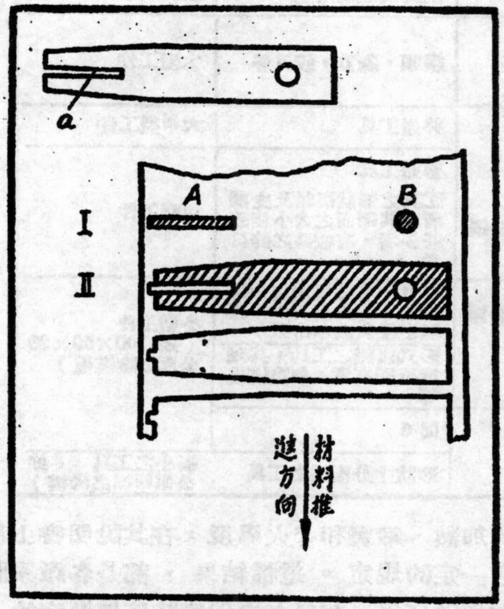

图3　　彈簧片的衝壓製法

a，所以通常製造模子時，就應把陽模分成兩排，分開兩個工作步驟，材料到第一排陽模時(I)，先衝成長孔A和圓孔B，到第二排(II)方纔落料。這樣把A和B分出來，就可以使模子形狀簡單得多了。圖4表示兩

圖4　由數部份合成的陽模

個陽模的斷面，是用較簡單的部份於焠火後合成的。

又較簡單的形狀，焠火後略有變形或尺寸上的差誤，也比較得容易用打磨的方法來校正。

總之，工具的形狀愈簡單，或各部份的大小愈平均，則焠火後，材料內部所生的分子漲力，可以愈小。

又在模子工具上打鋼字形（工具號碼，日期等）時，亦須注意，不可打在工具受力處，或與邊緣相近處，否則工具焠火後，打印處也容易生裂痕。

（2）材料的採用　工件焠火時，冷卻的平均程度，和所用焠冷劑冷卻作用的劇烈與否，有很大的關係。焠冷劑的作用愈劇（即冷卻作用愈快），則工件焠火時各部份所受的冷卻作用愈不平均。所以用冷水焠火的工件，最易發生分子漲力。因此各鋼鐵製造廠家，均有各種特種合金鋼出售，我國市場上常用的模子鋼料如百祿鋼廠的 Böhler special K 及 special KN 等都是。這種合金鋼因為所含合金成份（如 Cr, Ni, Mn 等）的關係，雖用冷卻作用甚緩的焠冷劑（如油，冷氣），也能得到足夠的硬度，而同時卻可大大減低焠冷作用不平均的程度。這種鋼料的價格，當然很高，但是我們說過，模子工具的料價，遠較工資為低，所以精細而且預備製造大量工件的模子工具受力部份（如陰模，陽模等），最好能採用適宜的合金鋼，不宜貪小利而採用廉價鋼料，致增無謂損失。

下面把各種焠冷劑的作用及其用途列成一表，以供參考：

各種焠冷劑的比較

	焠冷劑	焠冷作用	鋼料種類	工具種類及用途	工件大小
1	含酸性之水	最劇烈	純粹碳素鋼	鑽頭，銑刀，鉸刀等	大型工件
2	食鹽水	甚劇烈			
3	淨水(20°C.)	劇烈	純粹碳素鋼	普通工具	大中型工件
4	石灰水	劇烈至溫和		普通工具	中型工件
5	溫[illegible]°—40°C.)		低度及中度合金鋼	工具之形狀複雜及支離者，其斷面之大小相差甚多者，有較長之鋒口者	
6	火油	較溫和			
7	油	溫和	低度及中度合金鋼	同 6，有時可用混合焠冷法（即先浸入水中再取出置入油中冷卻）	小型工件（如 100×50×20 公厘之陰模板）
8	魚油		高度合金鋼	形式複雜之工具，其硬度須極高者，如陰模板等	
9	獸油	更溫和	高度合金鋼	同 6	
10	冷氣	甚溫和		形狀十分複雜之工具	極小之工具（如公厘四徑之陽模）

（3）加熱時應注意事項　各種鋼料，因其成份的不同，其焠火溫度，亦各不相同。假若加熱過高，結晶組織就會變粗。這種變相後的結晶組織，對於分子漲力的抵抗性甚低，使工具日後使用受力時，容易裂縫或折斷。普通鋼鐵製造廠家，對於本廠各種鋼料的加熱、鍛製和焠火溫度，在其說明書上都有一定的規定。這種結果，都是各廠家歷年經驗所得，用料者自然應該確切遵守的。下表是百祿鋼廠對於前面提過的 Böhler special K 和 KN 鋼料的規定。

鋼料牌號	出廠時已受加熱處理		鍛製溫度	加熱處理溫度	焠火溫度	焠冷劑	平均焠硬硬度	耗硬溫度調整後之硬度	最常用之調整硬度
	平均 Brinel 硬度 公斤/方公厘	平均強度 公斤/方公厘	°C.	°C.	°C.		Rockwell* C 刻度	Rockwell* C 刻度	Rockwell* C 刻度
Böhler special K 或 special KN	230	80	1000—850	780—800	大件：900—950 小件：850—900	油或冷氣	64	220—260 ～ 62—60	64—62

*Rockwell 是測量材料硬度儀器的一種（在美國最通用），測量軟性材料時用直徑 $\frac{1}{16}$ 吋（1.6 公厘）的鋼珠，以 100 公斤的壓力壓於材料上，其硬度在 B 刻度(B-Scale) 上指示，測量硬性材料時用鑽石頭，以 150 公斤的壓力壓於材料上，其硬度在 C 刻度 (C-Scale) 上指示，Rockwell C 60°，大約相當於 Brinel 600 公斤/方公厘。

形狀不平均的工具在受熱時，細小的部份最易受熱過度，因而焠冷後，容易裂縫和折斷。所以加熱時不宜太快，且應時時將工具轉動，使各部份受熱可以平均。

受熱過度的工件在多數情形下，均無法補救，而且因過熱而生的裂縫和折斷，通常都在工具使用若干時以後始發生，所以在加熱時要特別留意。

（4）焠冷方式　影響工具變形最劇，因之在焠火時最應注意的，是焠冷時所取的方式。將工具浸入冷卻劑中焠冷時，所採取的方向和地位，應先詳密考慮，不可隨便。圖 5 到圖 9 是幾個實例，把焠冷時正誤兩方並列，以資比較。圖 5 表示長而細的陽模焠冷時的情形，這種陽模的下端（即衝割材料的一端），需要的硬度最高，上端則可較軟焠冷時應垂直向下，浸入液中，在液中仍應保持垂直位置，緩緩繞動，決不可平放或斜

放入液中，否則工件就會彎曲。圖6和圖7的大型陽模，和拉伸模子上的拉伸口圈，也

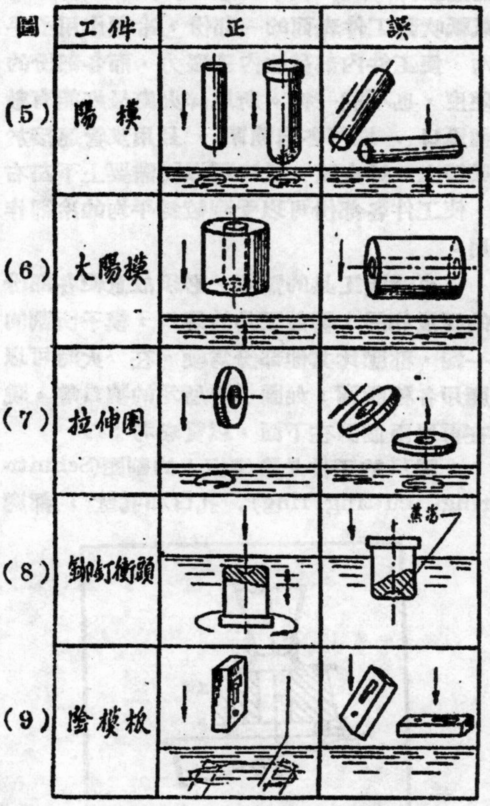

圖5—9　焠冷時的方式

和圖5同理，應垂直浸入液中，不過圖7陽模中間的孔，也需焠硬，所以工件在液中應上下移動。圖8的鉚釘銜頭，焠水時不應向下，否則銜頭凹陷中的水受熱成爲蒸氣，減少其中焠冷的作用。至於陰模板（圖9）焠冷時，應以側面垂直浸入液中，在液中再取略斜的位置，緩緩繞動，不可平放或斜放，否則就容易彎曲。總之，在未焠火以前，應先就工具的形狀，考慮焠火時應採取的方法，不可疏忽從事。

工具焠火後，若略有變形，有時尚可校正，但其準確性當然很低，有時亦可將工具再行小心加熱，至比焠火溫度略低，然後再用準確方法，將其焠冷。

又自工具變形的狀況，可以看出焠冷作用不平均的情形，大概工件凸出的一面，焠冷作用最先而最劇，因爲在這一面的 Martensit 成份較多，因之其體積比另一面爲大。

（5）祛硬，或稱調整硬度（Anlassen, Tempering）焠火後要減低材料內分子的漲力，並預防日後使用時的斷裂，可用祛硬法。卽將已焠硬的工件，再加熱至 200°—300°C.，然後再緩緩冷卻。經過祛硬後，鋼料的硬度雖略減小，但其分子漲力也能減小，同時材料的韌性大爲增加，使工具日後使用時，不易折裂。

二　硬度不足

加熱未達規定的焠火溫度，和焠冷劑冷卻作用不劇，都能使工具的硬度不足。因爲在這種情形下，材料的結晶組織，不能變成較硬的組織如 Martensit 等。所以如果焠火後發覺硬度不足（最簡單的方法，就是用剉刀試剉），就應設法斷定是否溫度不足和焠冷作用不夠，然後再將工具加熱至規定的溫度，並用適當的焠冷劑將其焠硬。

硬度不足的工具，常被人誤會，以爲鋒口用鈍。所以遇到用鈍的工具，應先斷定其是否硬度不足。新工具第一次使用後，應卽觀察其刀口有無損蝕的情形，假若有這種情形，立刻就應重新焠火。如果因硬度不足，因而鋒口變鈍的工具，使用過久，卽難再行焠硬，因爲鋒口附近的分子，受大力的衝擊，已完全損傷，不能再行焠火了。

有時工具焠火後，用剉刀試剉時，發現其表面甚軟，但在這表層下，另有較硬的底質，其原因由於鋼料表層的減炭作用。因爲當鋼料受熱時，表面所含的炭素，和氧氣或氫氣化合，而漸漸自鋼料分出，能使鋼料表面，含碳過少，因而無焠硬的作用。這種情形，尤其在用普通打鐵爐焠火時，更爲顯

著，因爲這時外面的空氣和燃燒氣體，直接接觸到工件，因而加強其減碳作用。要避免這種情形，最好能用『盒爐』(muffelofen, muffle-furnace)焠火，並且爐門不宜常常開啓，而加熱的時候也不宜過久。

這種減碳層假若不厚時，可用打磨的方法，將這一層磨去。如果減碳層太深，那麼祇能將工具退火，重新加工製造，然後再行焠火，有時甚至必須重新鍛製。

三 硬度不勻

工具焠火以後，時常發現硬度不平均的現象，其原因甚多，在多數情形下，大概都是因爲焠冷劑冷卻作用的不夠，因此工件較小的部份，如凸出的角或尖端都已焠硬，而較大的部份則還是很軟。遇到這種情形，可將工件再度加熱，然後再用較劇烈的焠冷劑焠冷。此時對於焠冷時工件應取的方向和地位，自然應該特別注意，否則就容易變形。

硬度不勻，另一個原因，是工具浸入焠冷劑時，有若干部份，焠冷劑不能立刻達到，因之減少焠冷的作用，如圖 8 的鉚釘衝頭，就是一例。遇到這種情形時，應設法採用特種設備，使焠冷劑能迅速達到須焠硬的部份。圖 10 表示用噴射的方法去焠硬一個陰模的凹陷，使該處能迅速冷卻。

圖 10. 用噴射法焠冷

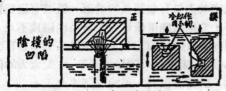

有時焠冷液容器太小，也能使工具焠火硬度不平均。因爲如容器太小，工件浸入後，液體溫度就會因而大增，以致減少焠冷的作用，尤其使用油類焠火時，更應注意，否則甚至會因油溫太高，而有引起火災之慮。普通焠火時，焠冷液的容器決不可小於200 公升。

用壓縮空氣焠火時，應設法使冷氣平均包圍工件，風口更不宜離工件太近，否則冷氣祇吹到工件表面的一部份，冷卻作用不平均，使工件內部發生內子漲力，而各部份的硬度，也不能一律。所以焠火處最好能有數個風口，均可各自開閉，且用皮管連接於風管上，焠火時，風口可以隨需要上下左右，使工件各部份可以受到較爲平均的冷卻作用。

有時因工具的需要，必須故意使各部份的硬度相異，譬如工具的鋒口，模子衝割的一端，都應比其他部份爲硬。在淬火時可以應用各種設備，如圖 10 所示的噴口等。現在再舉兩個例在下面，以資參考：

圖11的工件是陰模板上的割圈(Schnittring, cutting ring)，孔口和孔壁，都應

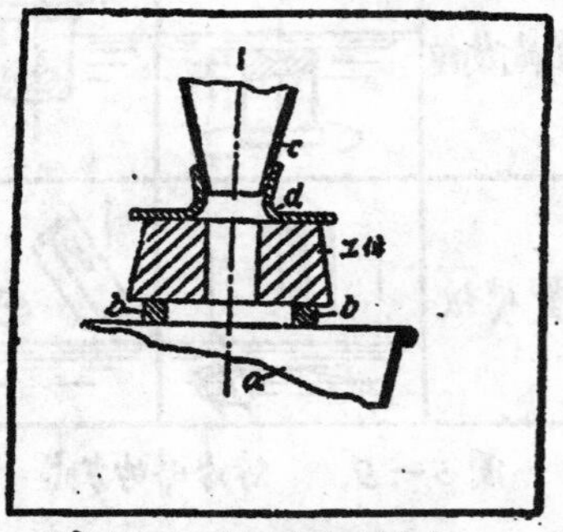

圖 11 衝割圈的焠冷法

焠硬。其設備略如下述：容器 a 上擱兩根架條 b，工件加熱後，就放在 b 上，工件上部

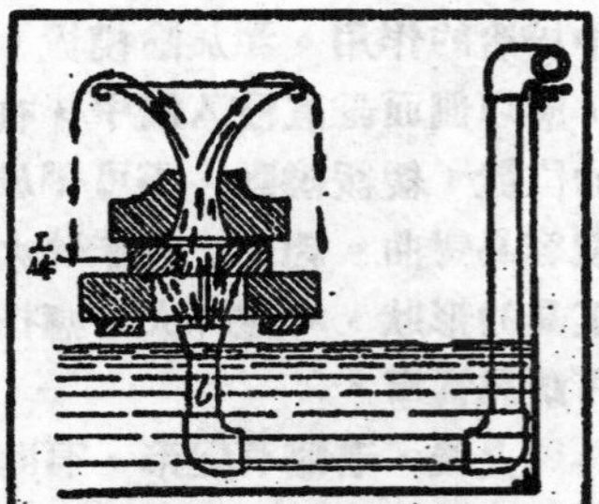

圖 12 衝割圈之焠冷法

8566

置一漏斗 c（漏斗下部套石棉板 d, 以免被工件燒損），焠冷液就從漏斗上倒入，經過工件口部和孔部，使該處淬硬，然後流入容器內。上述工件當然也可以放在噴管上焠硬，但此時，其須焠硬的孔口應向下置，如圖 12 所示。

圖 13 是一個剷拉模子（即陽模壓下時，先將材料剷下，再行拉伸），其衝剷筒 A，

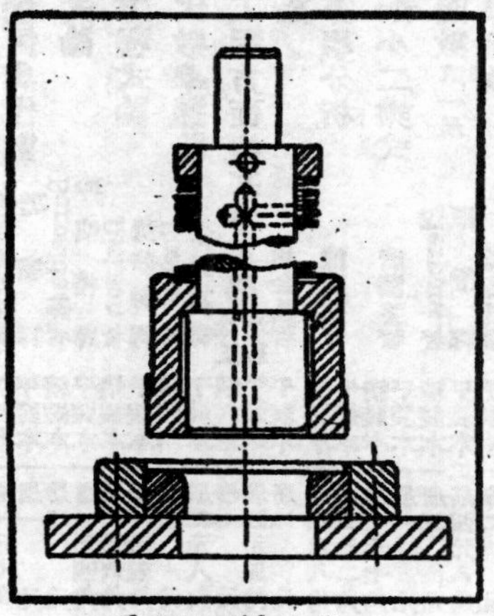

圖 13　剷拉模子

祇需要 s 的周圍焠硬，所以焠火時可應用圖 14 的設備：a 是焠冷劑容器，其一邊的器壁用 b 板加高，b 頂上有斜面，工件套在短軸 c 上（軸上有 e 將其擋住），c 斜擱於高低兩壁上，使工件的一角 s 能浸入液中。

圖 14　衝剷筒的焠火法

然後再用手在軸端來往推移，短軸因之就在容器上滾動，使工件 s 部的周圍，都能浸液焠硬，而其他部份則都緩緩冷卻，不致減少其韌度。用此法時，容器自不可太短，否則 s 的周圍有不能全部浸入液中之虞。

總之，遇有特殊需要的時候，負責焠火的工程師，應預先考慮實際情形，設計焠火的特種設備，以期能得預定的結果。

工具焠火時，最易發生的病象，約如上述。但因工具的形狀，材料的種類，以及焠火的設備，和其他條件，千變萬化，所以在工場中，應各視當時情形，而定最合適的焠火方法，決無一定不易的規則。因此，要求焠火結果的良好，——正如我們在開始時說過——一個焠火者實際的經驗，是萬不可少的。

年會論文頒獎

本會第八屆年會論文，共收到七十篇，經董事會推舉論文審查委員施嘉煬，蔡方蔭，許應期，任之恭，劉仙洲，馮桂連，張大煜，七位，組織審查委員會，結果選取四篇，頒給獎金，以誌嘉勉。名次如下：

第一名　陳廣沅　雙缸機車衡重之研究

第二名　王龍甫　長方薄板摺皺 (Buckling) 之研究及其應用於鋼板梁設計

　　　　章名濤　稅格電動機中之互感電抗

　　　　葉　楷　汞弧整流器

以上第二名共三篇，均係精彩之作，因科目不同，難以評定甲乙，故審查委員會議決均列爲第二名，惟不另頒第三名獎云。

8567

汞弧整流器

葉楷 （國立清華大學無線電學研究所）

摘要 汞弧整流器乃整流器中之構造較爲簡單者。然其優點甚多：如其效率高；超負荷之容量甚大；壽命甚長；運用簡單等。其運用之原理，則殊爲複雜。是篇首就冷極放電之原理，略加說明，然後根據原理，提出關於設計及製造是種整流器所須注意各點，以供參考。最後將製造步驟及試驗方法，詳爲敍述，並附試驗結果，以討論之。

一 引言

整流之方法甚多，其最普通者如電動發電機組 (motor-generator-set)；轉動換流機 (Rotary Convertor)；充氬整流管 (Tungar Rectifier)；金屬整流器 (Metallic Rectifiers) 及汞弧整流器 (Mercury-arc Rectifier) 等。我國工業落後，大部份機械，多取給於外國，整流設備亦不能例外。自抗戰軍興，外匯頓受限制，運輸更爲困難，而直流電源之需要，反因各種工業之勃興而驟增，整流器之製造，似亟宜提倡。

綜觀各種整流器之構造，適乎原料自給，製造簡易者，首推汞弧整流器，而其成本低廉，運用簡單，效率甚高，壽命極長，超負荷容量甚大，均爲其特有之優點。作者利用研究所已有之抽空設備，試製汞弧整流器，並由各種試驗結果，以學理爲根據，討論設計及改良汞弧整流器所須注意各點，以供識者之參考。

是篇所論，將限於玻殼小型弧整流器。

二 運用原理之略述

汞弧整流器乃一真空儀器，其主要部份包括一個陰極 (cathode)，位於玻殼之最下端；數個陽極，分裝於玻殼之四週，以管形之陽極臂 (anode arms)，與中間之凝汽室 (condensation chamber) 相連接。另有始弧極 (starting electrode) 一個，裝置於陰極之旁。陰極及始弧極，皆滿盛水銀，陽極則以石墨或他種金屬板製成之。各電極均有導線引出真空管外，以接電路。（參看第一圖）

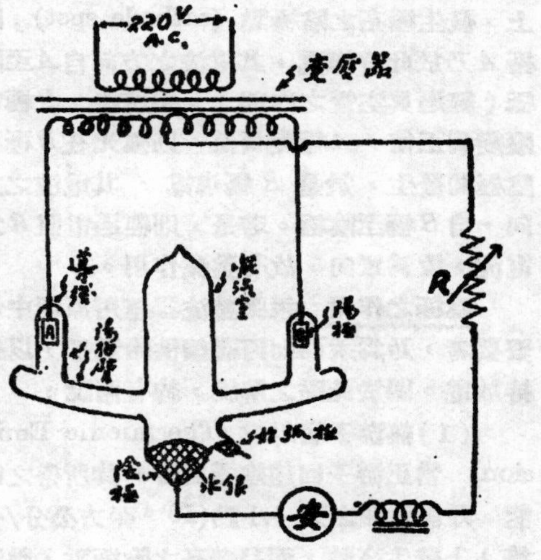

第一圖

汞弧整流器之運用原理，乃應用冷極間弧光放電之特性，即在某種適當放電條件下，電流祇向同一方向流動。此種適當條件，乃其電流之強弱，兩極間之距離，及其材料等是也。設有一雙相汞弧整流器，其電路之接法如第一圖，A，B 爲二陽極，分接於變壓器次級之兩端，其陰極則經過電阻 R 與變壓器次級之中點相連，若是則當陽極 A 上之電壓爲正值時，陰極之電壓爲零，而陽極

B上之電壓爲負值。倘此時陰極與始弧極間已有火花發生，則在陰極附近之電子，隨卽被A極引去。設陽極之電壓，較高於汞份子之游離電位 (Ionization potential)，則電子於捷趨陽極之途中，與汞分子碰擋，發生游離，於是產生較多之電子及正游子 (positive ions)，電子復被引入A極，而正游子則回趨陰極，而在陰極面上釋放，或產生更多之電子（參看陰極之作用），此多量之電子，又被A極引去，而產生更多量之電子及正游子。如是週而復始，使兩極間之電流，無窮增加，至爲電阻R所限制之值爲止。此時A極與陰極之間，發生弧光，而在陰極面上，發生極亮之陰極點 (cathode spot)，陽極A乃於此時導電，其電流之方向自A至陰極（經過眞空管之內部）。半週後，B極電壓變爲正值，A極變負值，則弧光在B極與陰極間發生，於是B極導電，其電流之方向，自B極至陰極。若是，則經過電阻R之電流，恆爲單向，故有整流作用。

陰極之作用　汞弧整流器運用原理中最緊要者，乃爲汞面如何繼續供給電子，以維持放電。關於此點之解說，約有兩說：

（1）熱游子發射說 (Thermionic Emission)　當正游子回趨陰極面時，其所帶之電能，足使汞面之某一小點(10^{-4}平方公分/安培)上發生高熱，而呈發亮之陰極點，熱游子卽由此點發射。

（2）高電場發射說 (High Field Emission)　當正游子趨近陰極面時，與水銀面內之電子間，發生極高之電場，互相吸引，而使自由電子 (free electrons) 向外射出。

總共弧位落 (total arc drop)　汞弧整流器內之總共弧位落，約可分爲三部份：陰極電位落 (Cathode drop)；陽極電位落 (Anode drop) 及陽極區電位落 (Drop in Plasma) 是也。玆略述各部份電位落之成因，及其與汞弧整流器運用情形之關係。

（1）陰極電位落　如上節所述，由陰極間陽極捷進之電子，於途中與汞分子相碰，發生游離，其所產生之正游子，回趨陰極，是以在陰極附近，因正游子之繼續回趨，乃有正游子空間電荷層 (Positive-ion space charge) 之組成，後至之正游子，必須能勝過此空間電荷層之拒力，始克到達陰極，陰極與空間負荷層之他端之電位差，曰陰極電位落。據多數學者實驗所得，各式汞弧整流器之陰極電位落皆相若，其值似與整流器之運用情形無甚關係。

（2）陽極區電位落　在陽極區內，正游子與電子之濃度相等(無空間負荷層之存在)，故祇須極低之電位梯度 (Potential gradient)，卽可吸引大量電子，但陽極區之四週，最易發生復合 (Recombination)，使電子及正游子短少，此項損失，必須以額外電能，使陽極區內發生激發而產生電子及正游子以償補之。此部份電能之損耗，曰陽極區電位落，其值似與陽極臂之長度、截面及電流之密度等有關（參看『如何減少反弧』）。

（3）陽極電位落　當陽極導電時，正游子都被正電壓所拒而遠離，電子在其附近，乃組成負空間電荷層(Negative space charge)，後至之電子，必須勝過此層之拒力，始克進入陽極。陽極與空間電荷層之他端間之電位差，曰陽極電位落，其與運用情形之關係，亦將於下節詳論之。

反弧 (Arc Back)　在汞弧整流器之運用中，其最爲滋擾之現象，莫如『反弧』之發生。在某種情形下，不導電之陽極，特然變爲陰極，電子卽由此陽極發射，則由此陽極與另一陽極間（正電壓者）之電流，因不受電阻之限制，將無窮增加，以致將變壓器短接，或使陽極金屬板發熱，放出雜氣，使眞空度減低。在另一種情形下，當陰極電壓高於某一陽極之電壓時，因輝光放電 (glow discharge) 而變爲弧光放電(arc discharge)之倒流 (inverse current)，使整流器失其整流之作用。凡此種種，皆足以使汞弧整流器之運用，發生障礙，不可不設法減少其發生之可能也。

發生反弧之原因，雖經多數學者之研究，其正確之原因，仍不可知，惟普通皆認爲有下列情形之一種或數種時，反弧之發生，甚爲可能：（1）陽極電流之密度甚高，（2）極間之電位梯度甚大，（3）眞空度較低，（4）陽極面有雜質或汞點時。

三　設計因數之檢討

汞弧整流器之設計，一方面須根據實際之需要，如其直流負荷電流、交變電壓及其相數等，一方面必須以學理爲根據，選擇其各部份之材料及佈置，務求減少『反弧』之發生，使其運用可靠；並減少其弧位落，以增加工作之效率。

（1）如何減少『反弧』之發生　發生『反弧』之原因，既如上述，本節將根據上述原因，檢討減少『反弧』之可能。

a. 汞汽壓(Mercury vapor pressure)：汞弧整流器內之汞汽壓，往往可由其凝汽室四週已凝結水銀之溫度決定之，溫度愈高，則汽壓亦大，是則在同一單位容積內，電子與汞分子間碰撞游離之機會亦多，游子之產生大增。當陽極電壓在其交變週之負値時，因正游子進入陽極所組成之倒流亦大增。倘此時各陽極間之電位梯度甚高，『反弧』之發生甚爲可能，故凝汽室之溫度，尋常皆使之在某種適當溫度以下 (70°C.)。負荷電流增大，其散熱面積亦須增加，俾凝汽室之溫度，不致高漲。

b. 眞空度：汞弧整流器內之眞空度，乃指汞汽以外之剩氣所有之壓力。少量剩氣之存在，雖不直接影響汞弧整流器之運用，（有時少量純氣之充入，反可增進其運用時之便利，如充氬汞汽弧整流器）。然剩氣之壓力過高，當其壓力與極間距之積，超過某數値時，則兩極間可能發生輝光放電之電壓降低，往往可降至尋常運用之電壓以下。輝光放電發生後，又極易變爲弧光放電，則當陽極電壓在其交變週之負値時，其與陰極間因輝光放電而變爲弧光放電之倒流，足使整流器失其整流之效用。故尋常剩氣之壓力，不可在某種適當壓力之上。

c. 陽極及陽極臂之佈置：當某一陽極導電時，其陽極區之範圍，往往擴充至管內之任何部份，而在陽極區與各物體表面間，組成正游子層 (Positive-ion sheath)，另一不導電之陽極，其電壓較低於此陽極區之電壓，則在此陽極附近所組成之正游子層與負壓陽極間之電位梯度極高，其表面極易產生陰極點，而發生『反弧』。此種危險性，將因陽極面上有雜質或水銀點而增加。故陽極及陽極臂之佈置，務以減少此種發生反弧之可能性爲條件。通常陽極之位置，與凝汽室隔離，使凝結水銀點不放玷點其上。各陽極亦相隔甚遠，各以曲折之陽極臂，與其共同之凝汽室及陰極相連接。

（2）如何減低弧位落　弧位落乃代表汞弧整流器內電能之耗損，故其數値，直接影響該器之效率，總弧位落乃陰極電位落、陽極電位落及陽極區電位落之和，欲使總弧位落減少，當分別檢討如何可以減少各個別電位落。

a. 陰極電位落：如上節所述，各種汞弧整流器之陰極電位落皆相若，此部份電能，與電流之大小，汽壓之高低，陰極之形狀等無關，故亦無法使其減少。其數値約在 10 伏左右。

b. 陽極電位落：陽極電位落所代表之電能耗，乃電子於進入陽極時用以勝過陽極附近之空間電荷者。故倘在陽極附近，有碰撞游離或因共鳴激發(Resonance Excitation)而引起游離者，其所產生之正游子，可與空間電荷相中和而減少陽極電位落。今試述陽極電位落與各種因子之關係：

（i）汞汽壓：按 Schattky 氏之假說，在陽極附近，每四百個電子進入陽極，約可產生一個正游子，倘汽壓甚低，則空間電荷區之面積，必須擴充，始能得到此比律。蓋此時每單位容積內之汞分子較少，其碰撞游離或共鳴激發之機會甚少，故陽極電位落較大。若是，則汽壓增高，或電流增加，皆可使激發之強度增高，而使其電位落減低也。

(ii)陽極之形態：陽極電位落之漲落，旣與激發強度有關，則陽極之形態，倘足以影響激發強度者，皆當影響陽極之電位落也。凸形之陽極，最易散逸至激發分子，而凹形陽極則反之。故後者往往可得較低之電位落。

(iii)陽極之材料：激發強度，與物體表面吸收共鳴輻射(Resonance Radiation)之程度有關，是則陽極之材料，亦當影響陽極電位落也。

c. 陽極區電位落：陽極區電位落所代表之電能耗，乃用以產生電子及正游子，以償補在該區內因復合而傷失者，復合之機會，以在陽極區之四週邊界上爲最多。今分述陽極臂之長度、截面及其形態，與陽極區電位落之關係。

(i)長度：陽極臂增長，則邊界亦增加，故電位落常與其長度成正比。

(ii)截面：截面甚大，則邊界區可供復合之面積亦大，故陽極區電位落必須增加，以償補其損失；反之，倘截面太小，則邊界區之溫度極高，亦可以耗損大部份電能，使其電位落增加。故相當於某一種電流密度，必有一最適當之截面，其電位落可最小。

(iii)截面之形態：設比較各種形態之長柱，其容積與表面之比例最小者，當推圓柱形，此亦即陽極區電位落最小之形態。蓋其邊界面積最小，使復合之機會減少也。

(3)汞池之容積　汞池之容積，雖不直接影響整流器之運用，然汞量太多，則於製造者頗不經濟。倘汞量太少，則當負荷電流增加時，水銀之蒸發量增加，倘蒸發量較大於凝結量，水銀將感不足，而整流器亦將不能繼續工作矣。

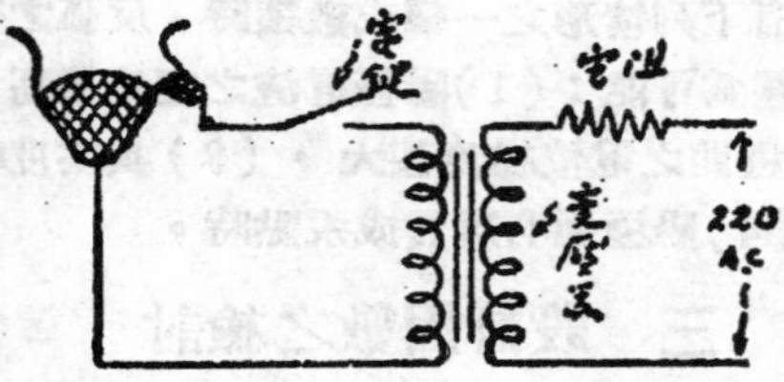

第二圖　始弧電路(一)

(4)始弧設備　小型汞弧整流器之始弧方法，通常皆用一始弧極，連以電路如第二圖。始弧時，用手搖動玻殼，使始弧極與陰極之間，發生火花，主要電極間之弧光放電，隨卽發生。此種始弧方法，雖較簡單，但運用時頗爲煩勞。

稍爲改進之始弧方法，乃用電磁設備，以代手搖。雖可免手搖之勞，但其不方便之程度，仍與整流器之容量俱增。

作者仍用一簡單電路，以作始弧設備，其電路如第三圖。其主要電路，乃一高壓感應圈，其次級接於汞池附近玻殼外之金屬圈

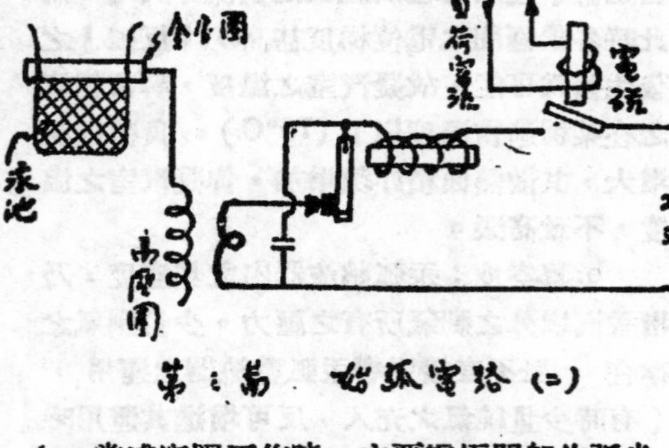

第三圖　始弧電路(二)

上，當感應圈工作時，主要電極間卽生弧光放電，待主弧穩定後，感應圈卽由電磁電鍵自動間斷。此法曾用以始弧一個三相之整流器，頗爲靈驗，其唯一優點，乃可省去始弧

極，及免去搖動之手續也。

四　製造程序

設汞弧整流器之玻殼，已按設計之尺寸吹就，於是接於抽空設備上，準備抽氣，其安置法如第四圖。玻殼之抽氣頭 S，連接於

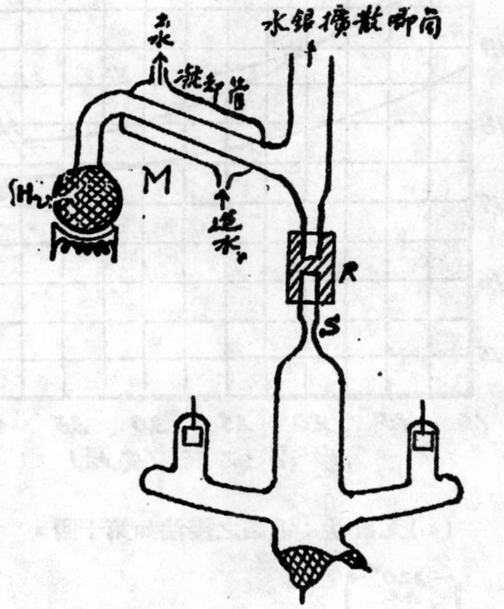

第四圖

水銀擴散唧筒之一端 (Mercury diffusion pump)，連接處用橡皮 R，以便可以搖動，S 處有一細頸，使易於封口。M 爲蒸溜水銀設備，以備於抽空時將水銀蒸溜至陰極池。玆將製造程序及手續，略述如下：

開用唧筒，同時注意眞空計 (Vacuum Indicator) 之指示，待至最高度時，即可繼續下列各項手續：

（1）玻殼卻氣　將整個玻殼，放入電爐內，以將 S 段沒入爐內爲度，然後漸漸將溫度加高。此時玻殼面上所含之氣體，漸漸放出，眞空計可察看卻氣(outgas)之程度。加熱之限度，以將近玻殼之軟化點爲度。繼續在此溫度烘烤約半小時，至眞空計回復原狀時爲止，然後漸漸使其冷卻，恢復原來室內溫度。

（2）金屬部份卻氣　用高週率感應電爐 (H. F. Induction Furnace) 將陽極及其他金屬質之電極，充分卻氣，至眞空計不再降落時爲止。

（3）蒸溜水銀　水銀必須在眞空時蒸溜入整流器，則可使水銀內之雜質及氣體，不渾入陰極池內。蒸溜之法，可用水銀蒸溜器，如第四圖 M，用電爐徐徐將貯水銀之池 H 加熱。已蒸發之水銀，經過凝卻管，沿傾斜管徐徐滴入陰極池，至適度爲止。

（4）始弧及負荷試驗　接電路如第一、二圖，搖動整流器，使始弧極與陰極間發生火花，至主極間之電弧發生爲止。調整 R，使負荷電流等於其正常值，令其工作半小時，然後復令其在50％－100％超負荷時工作半小時。

（5）封口　以上手續完畢後，乃用小火，將 S 處封口，整流器即可取下，以備試驗或應用。

五　試驗所用之汞弧整流器

玻璃：鉛質玻璃　重慶瑞華玻璃廠出品
　　　玻璃厚度　1公厘(mm.)

凝汽室：形態　圓筒形
　　　直徑　50　公厘
　　　長度　220　公厘
　　　總共散熱面積34,500平方公厘

陽極臂：玻管直徑：陽極附近　18mm.
　　　　　　　　　陽極臂　22mm.
　　　　　　　　　曲折次數　2 次
　　　　　　　　　參看第九圖（7）

陽極：材料：㊀鉬(Mo.)　㊁鐵(Fe)
　　　　　　㊂鎳(Ni)－塗炭
　　　形態：圓筒形
　　　長度：20 公厘
　　　直徑：㊀及㊁ 10公厘　㊂5公厘

陰極：容積：40 立方公分

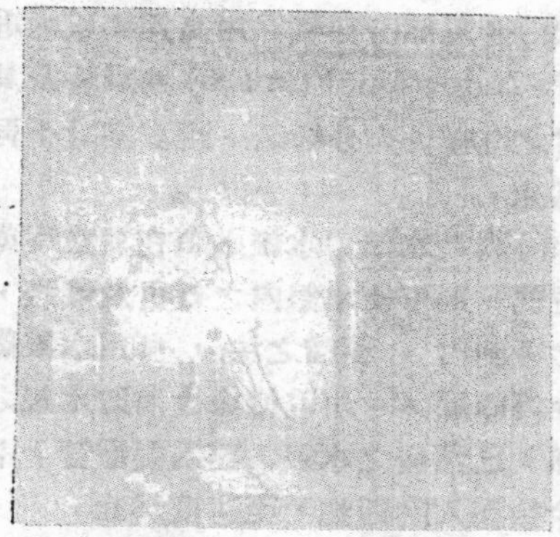

實驗中所用之三相汞弧整流器

（三相汞弧整流器，亦可用作變相，其電路之接法如第一圖）。

導線：銅質：B & S 24 號四股並聯

始弧極：容積：2 立方公分

六　試驗之方法及結果

（1）靜的特性(Static characteristics) 用直流電流，加於一個陽極與陰極之間（第五圖），電弧起始後，調整電阻 R，紀錄

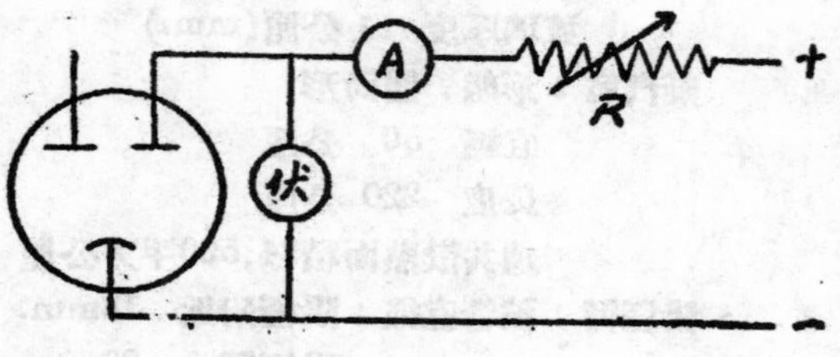

第五圖

電流與兩極間之電壓。試驗時用三種不同材料之陽極，各測其總弧位落與電流之關係，其試驗結果如第六圖。

（2）動的特性（Dynamic characteristics）——總弧位落之測定。

第六圖

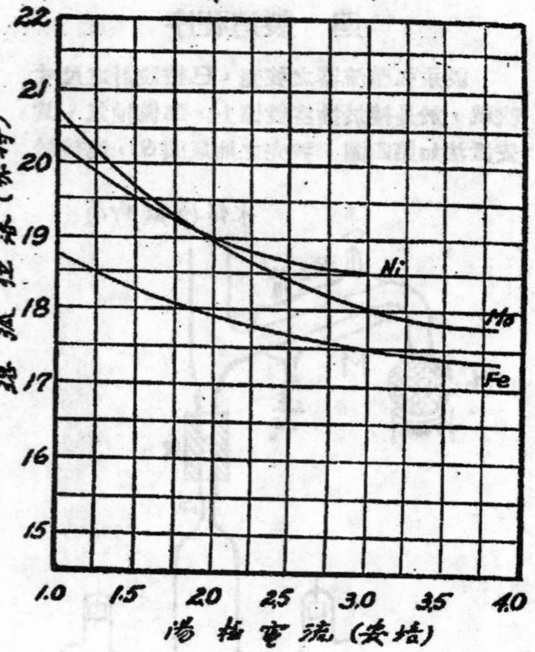

（i）瓦計法：電路之接法如第十圖，

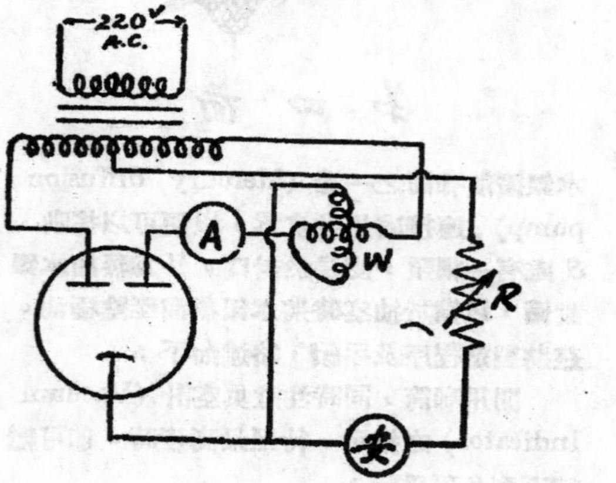

第十圖

A 爲一圈轉式 (moving coil) 直流電流計，W 爲一電動式瓦計，故 A 所示者乃陽極上之平均直流電流，即

$$I_{d.c.}=\frac{1}{2\pi}\int_0^{\pi} i d\theta$$

今假設 V_a 為整流器之總弧位落，當陽極導電時，V_a 之值恆不變，則瓦計所示者為：

$$W=\frac{1}{2\pi}\int_0^{\pi} V_a\, i\, d\theta = V_a I_{d.c.}$$

由此可求得

$$V_a=\frac{W}{I_{d.c.}}$$

以此法試驗之結果，如第七圖。

第七圖

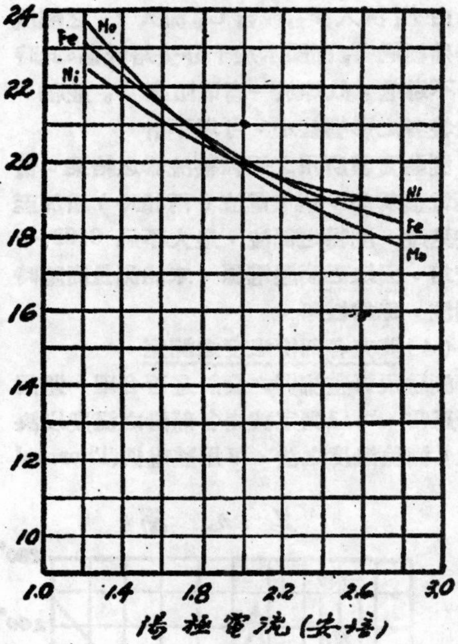

(ii)直流電壓計法：以直流電壓計直接測定總弧位落，似較簡捷，但當陽極導電時，其總弧位落約為 20 伏左右，不導電時，則為變壓器次級之交變電壓，且方向相反，故無直接用直流電壓計測定之可能。但倘用一同步電鍵 (Synchronous switch)，當陽極導電時，將直流電壓計接上，不導電時，將其拆去，則直接測定之法行矣。同步電鍵之工作，可以一雙極整

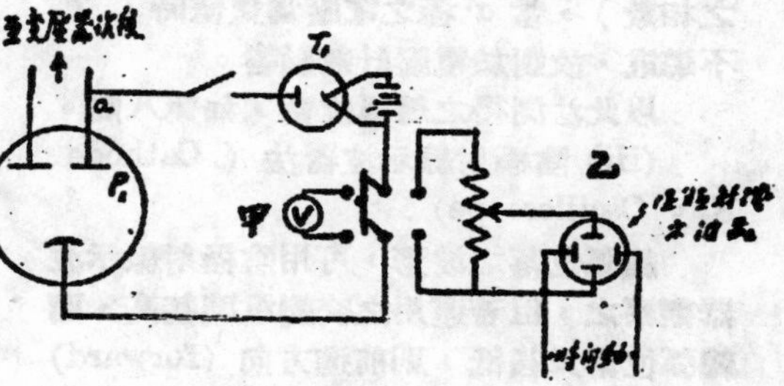

第十一圖

流管(Diode Rectifier) 完成之。其電路之接法，如第十一圖之甲部份。當 a 極之電壓為正值時，P_1 導電，T_1 亦導電，倘 T_1 之電阻為零，則直流電壓計所示 $(V_a)'$，乃總弧位落 (V_a) 之 $\frac{1}{p}$ ❶（p 為交變電流

第八圖

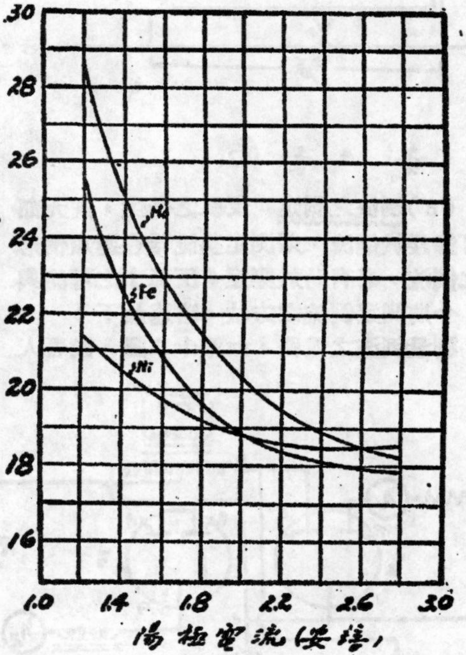

❶ 直流電壓計所示乃 $V_a'=\frac{1}{2\pi}\int_0^{\frac{2\pi}{p}} V_c\, d\theta$，倘波形為正長方形，則 $V_a=pV_a'$. 倘 T_1之電阻不為零，則可另以一直流電壓，將直流電壓計之讀數較準之。

之相數），當 a 極之電壓爲負值時，T_1 不導電，故對於電壓計無影響。

以此法測得之總弧位落，如第八圖。

(iii) 陰極射線示波器法（Cathode Ray Oscilloscope）：

總弧位落之波形，可用陰極射線示波器觀察之，但若運用之交變電壓甚高，而總弧位落又甚低，則前進方向（forward）與後進（backward）方向之電壓比例甚大，總弧位落之觀察，不易準確。校正之法，亦可用同步電鍵，如第十一圖之接法，而以陰極射線示波器代直流電壓，如第十一圖之乙部份。示波器所顯示者，祇爲整流器之總弧位落，且可任意擴大，以求準確。

用此法測得之波形，如第十三圖。

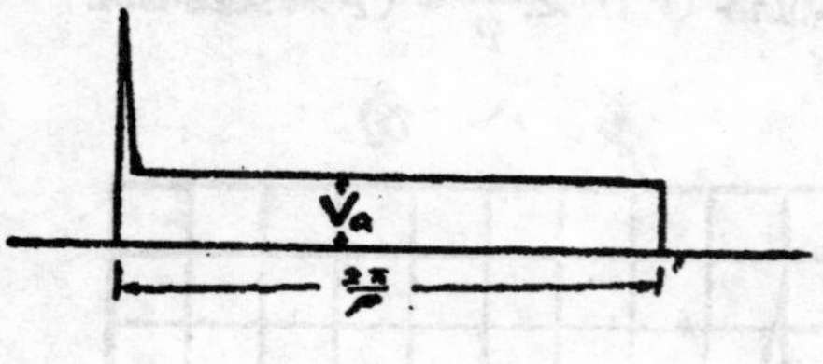

第十三圖

(3)倒流之測定　反弧之發生，旣大部份可歸諉於倒流，則測定整流器在運用情形時之倒流，必有助於鑒定『反弧』之可能與否，今將測定倒流之方法，略述如下：

測量倒流之電路，如第十二圖，設吾人

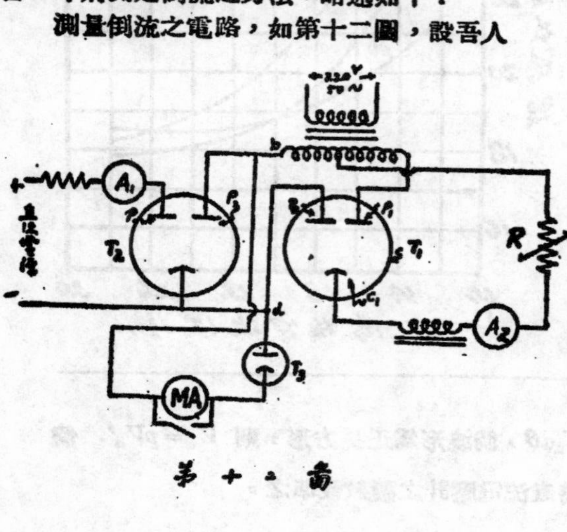

第十二圖

欲測量整流器 T_1 在運用情形時之倒流，T_2 爲另一汞弧整流器，其陽極 P 與陰極接於直流電源以保持電弧之常存，T_3 爲一眞空整流管，與一千分安培計相接，以測量倒流。

當變壓器之 b 端爲正値時，P_2 與 P_3 同時導電，T_3 不導電，故千分安培計應無所指示。當 b 端爲負値時，P_2 與 P_3 皆不導電，而 d 點之電壓，必高於 b 點，T_3 於是導電，由 P_1 流入 P_2，或自 C_1 流入 P_2 之倒流，必將經過 T_3 而顯示於千分安培計也。此時 P_3 不導電，故等於一高電阻與 T_3 並聯，對於後者之影響甚小，可以不計。

測驗實驗所用之汞弧整流器之結果。當陽極電壓爲 250 伏，電流（兩相時）增加至 6 安培時，測得之倒流，最大不過 0.02 千分安培，因缺乏高壓電源，未能測量高壓時之倒流，殊爲憾事。

(4)玻殼各部份溫度之測定。

測驗汞弧整流器之設計是否合理，運用是否正常，可以測定玻殼各部份之溫度以決定之。測驗溫度之法，可用熱電偶(Thermal

第九圖

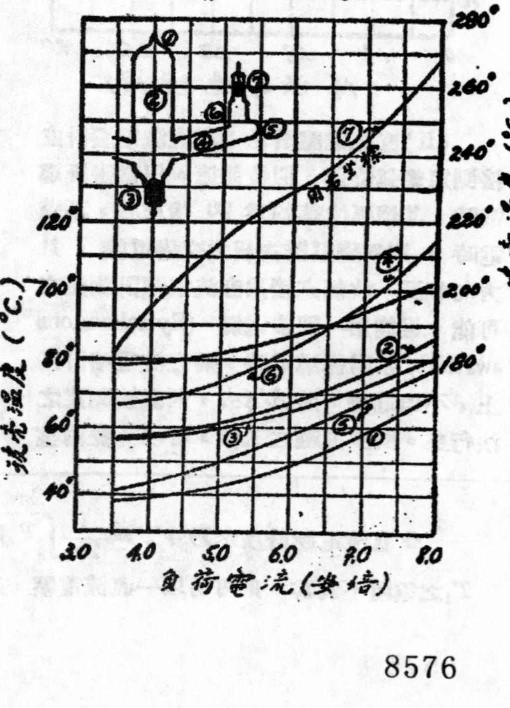

couple) 貼於玻殼之各部份，以千分伏特計量其熱電位以求得之。

測驗各部份溫度與電流之關係，如第九圖。

七　結論

此汞弧整流器之設計，因受材料之限制，未能將容量加大，試驗時復受儀器及電源之限制，未能充分測量，致所得結果，多感不足以定結論，誠爲憾事。關於材料方面最大之限制，莫如玻璃。因無氣之供給，故祇能限用軟性玻璃，於是導線之問題生矣。今勉强用 24 號之銅質導線四股並聯，其最大導電容量祇 8 安培。玆將試驗結果之可供檢討者，條列如下：

(1)用直流電源量得之總弧位落，因整流器之工作情形與其在實際運用時之情形不同，故其數值，未必卽可用以計算整流器之效率等。但由第六圖所示之結果，至少指示下列兩點。

(i)陽極材料與總汞位落之關係：三種材料之比較，鐵質陽極之總弧位落似最低。

(ii)電流密度較小時，增加電流，可使汞弧位落減少，此點似與第三節第二段所論者相吻合。

(2)用各種不同方法量得之總弧位落，其數值雖不相符，但其普通傾向相若，卽當電流增加時，總弧位落減低，此點亦與用第一法測得者相符合。至於數值之不相符，或可歸諉於試驗時依次測量，其最初與最後時之工作情形，如管內之汽壓等，必不相同，頗足以影響其結果。總之，測驗放電之實驗，其結果甚少可以重複者，蓋以放電之現象頗爲複雜，吾人現時之智識，尙不能完全解釋其究竟也。

(3)在運用情形下量得之總弧位落，皆高於用直流電源所量得者。蓋運用時每一陽極，祇工作一週之一部份，其附近之激發程度，必較弱於用直流電源者，故總弧位落必較高，此點尤以在電流密度較低時爲最著。

(4)鎳質陽極之面積，較小於其他兩種。從三種不同之方法測量之結果，皆可注意其總弧位落與電流之曲線之傾斜度，不若其他兩種之峻峭。由此點或可推論，當陽極上之電流密度較高時，其陽極電位落或將增加也。

(5)用瓦計法及直流電計法量總弧位落，皆假設當陽極導電時，其總弧位落恆不變。此假設可由第十三圖總弧位落之波形證明其與實驗情形相差不遠，但倘交變電壓愈低，其不符之程度將增高。

(6)測量玻殼上之溫度，可以測知汞弧整流器之設計是否合理，運用情形是否正常，今察試驗之結果，可知此整流器之設計，除陽極臂之上半段外，其餘各部份之設計，皆尙稱合理，當負荷電流在 8 安培時，其各點之溫度如下：

凝汽室頂點：　70°C.
凝汽室中部：　86°C.
陰　　極：　80°C.
陽極臂折曲處：78°C.
陽極臂中部：　104－115°C. ㊃及㊅
陽極臂上段：268°C.㊉

（參閱第九圖）

陽極臂上段之溫度，顯係甚高，或由其直徑太小所致也。蓋在陽極區之中線，據 Güntherschulze 及其他學者之計算，其溫度可達 10,000° C.,故陽極臂之直徑愈小，則愈近其中線，其溫度必愈高也。

(7)倘凝汽室之溫度，以 70° C. 爲合理，陽極臂之溫度，以 120°C. 爲合理，則吾人可以計算凝汽室散熱面積及陽極臂電流密度，玆得結果如下：

散熱面積　　　　40 平方公分/安培
陽極臂電流密度 0.70 安培/平方公分

據Müller 及 Lübeck 之結論，散熱面積爲 40 平方公分/安培，陽極臂電流密度 1.0 安培/平方公分。

8577

*[H]C 387(1)-29:4

新倒音法

徐均立　（中央電工器材廠）

摘要　倒音(Frequency Inversion)爲顚倒言語波動週率。凡週率之高者變爲低，而低者反爲高。如是非用倒音接收器，將音率恢復原狀，則音可聞而意不可達。

新倒音法，爲作者三年前研究之結果。在實用方面，亦試有成效。法係利用三極眞空燈四具，直接倒音，配置簡單，效力良好。

新倒音法，爲板極調幅，但亦可格極調幅，在載波電話上，頗可利用。本文先略敍通行之倒音法二種，繼述新法，以資比較。

一　說明

無線電之放射，充塞於宇宙之間，雖有強弱之分，實則無遠勿屆。凡有接收器者，都能隨意收取。如有人互談於無線電上者，莫能禁旁人之收聽也。

祕密性質，爲無線電中一大問題，而爲電話上必須具備之條件，其解決之方法甚多。近世通用者，厥爲亂音法 (Scrambling System) 與簡單之倒音法 (Inversion System)。

人之言語含有重要音波自 200 至 3000 週率。通用電話中所傳音率，僅限於 200 至 2400 週率。倒音之法，將 200 週率變爲 2400 週率，而 2400 週率變爲 200 週率。原有音率之低者爲高，高者爲低。如此原有音率盡變，非有特製接收器，將音率恢復原狀，則音可聞而意不可達。亂音法爲先將原音帶切成數段，再將此數段音率，顚倒而雜亂之。其祕密程度自較簡單之倒音法，良好多多。

音率經過改變，然後調幅 (Modulate) 於無線電上，卽所謂祕密無線電話。如再加用其他方法，則其祕密程度，自亦隨之增高。然而音率變換，要爲祕密之主要方法。而倒音一事，又爲音率變換之基本法則。本篇所述，僅及倒音法。

二　舊法略述

（1）雙重調幅法：

雙重調幅法，爲將音率經二次調幅而成倒音。法將音波先調幅於較高電波，假爲 50,000 週率（可以隨意擇定）。音率假定爲 200 至 3000～。經調幅後，得電波如下：——

低率帶	載波	高率帶
50,000－(200…3000)～	50,000～	50,000＋(200…3000)～
49,800………47,000～	50,000～	50,200………53,000～

50,000～之載波，可用載波抑止之調幅法先行去除。餘經濾波器後，剩餘

47,000～…………49,800～

47,000～卽爲原有之 3000～，49,800 卽爲原有之 200～。

第二次調幅用載波 46,800，結果得：

低率帶	載波	高率帶
46,800－(47,000……49,800)～	46,800～	46,800＋(47,000……49,800)～
卽　200……3,000～	46,800～	93,800……96,600～

經濾波器後得

200…………3,000～

如此，原有音波之 200 成爲 3,000～，而 3,000～成爲 200～。假第二次調幅所用之載波，較 46,8000～稍有高低，則所變之音率亦隨之高低。要其性質，則仍爲顚倒。

此法可避免用低率濾波器。如配製得宜，音質甚佳。惟二重調幅，較爲繁複耳。

（2）直接倒音法：

通用倒音法，其最可取者，厥如下圖：——

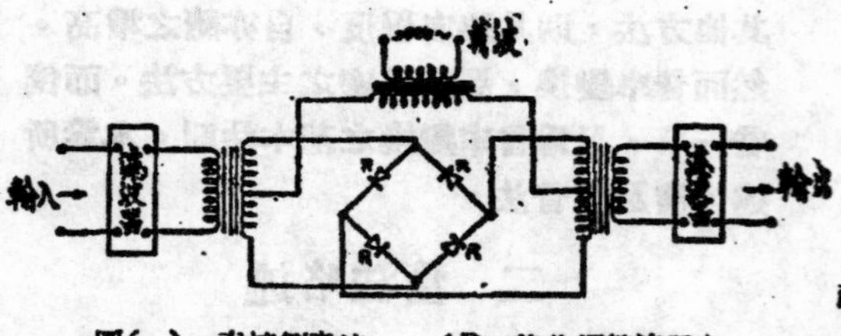

圖（一）　直接倒音法　（R＝養化銅整流器）

圖中R爲養化銅整流器，濾波器爲低率式，去除 3,000～ 以上之電波。在言語靜止之時，3,000～ 載波不能輸出於任何一端。載波停止發動時，言語亦無由輸出。在正常運用時，言語由一端輸入，載波隨語音之高低疾徐，由另一端輸出。未經濾波器之先，其波形如下圖：——

圖（二）　未經濾波器之輸出波形

將上圖分析，可得二波率帶 (Side bands)。經濾波器將高波帶去除後，即得倒音。此法極爲簡易，惟線路配置，必須完全平衡，3000～之載波及言語，方不致漏洩。同時載波變壓器必須有極小之阻抗 (Impedance)，方可減小損失；依此載波電力之來源必須強大，然後調幅方可生効。

其他倒音法甚多。不贅述。

三　新倒音法

新倒音法利用眞空管四隻，接法如下圖：——

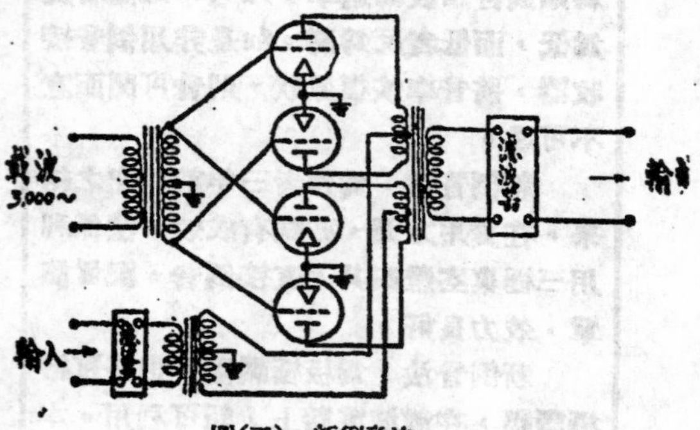

圖（三）　新倒音法

輸出波形，完全與圖（二）相似。所不同者，不論佈置平衡與否，在停止言語之時，板極電位爲零，載波無由發生。若在載波停止之時，言語以無路可由，亦不能輸出。利用適當眞空管，輸入輸出之電力損失極小，是其優點。其運動原理，分析如後。

取上圖分成上下二組，除去濾波器，其每組所成之波形爲斷續之波率，如下圖：——

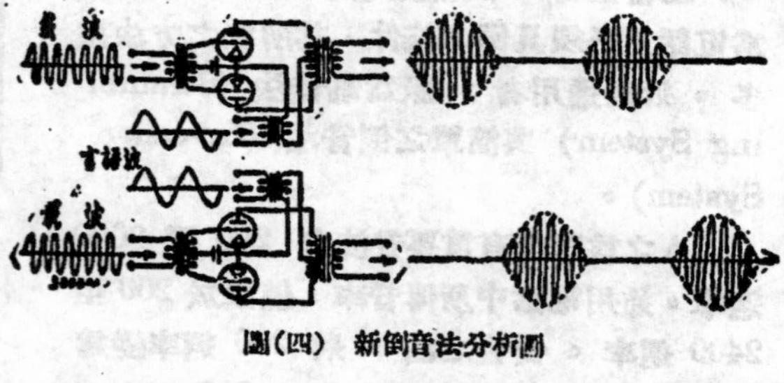

圖（四）　新倒音法分析圖

將上圖二組合而爲一，得下圖（圖五）：——

設　f_c＝載波週率，　$\omega_c=2\pi f_c$，

f_s＝言語電波週率，　$\omega_s=2\pi f_s$，

$E_s\sin\omega_s t$＝言語電壓，

K＝定數，視電路而定，

則輸出電力爲：——

$$E=KE_s\sin\ \omega_s t\sin\omega_c t \cdots\cdots\cdots\cdots (1)$$

E可分析如下：——

$$E=\frac{KE_s}{2}\left\{\cos(\omega_c-\omega_s)t-\cos(\omega_c+\omega_s)\right\}$$

$$=\frac{KE_s}{2}\left\{\cos 2\pi(f_c-f_s)t - \cos 2\pi(f_c+f_s)\right\}\cdots\cdots\cdots\cdots (2)$$

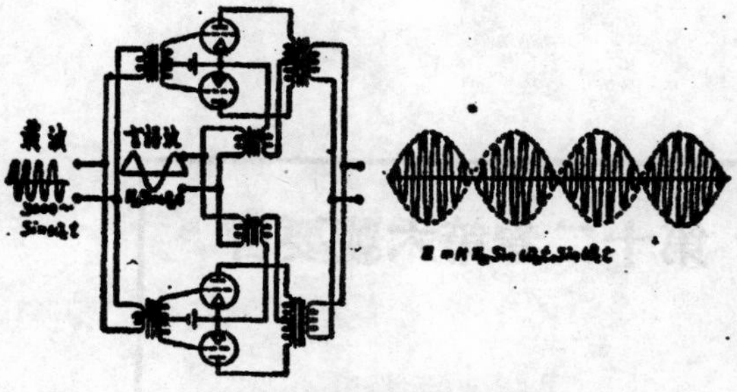

圖(五)　新倒音法分析接法

從算式(2)，知所發之電波，實具有兩種波帶，一為低率帶，其週率為 (f_c-f_s)；一為高率帶，其週率為(f_c+f_s)。

設音率為　$f_c=200\cdots\cdots2,400\sim$

載波率為　$f_c=3,000\sim$

則低率帶為　$f_c-f_s=3000-(200\cdots\cdots2400)$

$=2800\cdots\cdots600\sim$

高率帶為　$f_c+f_s=3000+(200\cdots\cdots2400)$

$=3200\cdots\cdots5400\sim$

使經濾波器後，其剩餘電流為2800....600～。可知原有之200～已易為2800～，而2400～易為 600～。

將圖(五)簡單化後，得線路如圖(三)。

四　變通接法

(1)如接線裝置極為平衡，不妨將乙電(B Bettery) 加入。在無言語時，使板極處於C類 (Class C) 放大器地位。如此配置，板極常有電流通過，而音質更為純正。乙電壓之高低，無須一定，惟最高僅許板極成為B類 (Class B) 放大器，最低則可以完全去除。接法如下圖：——

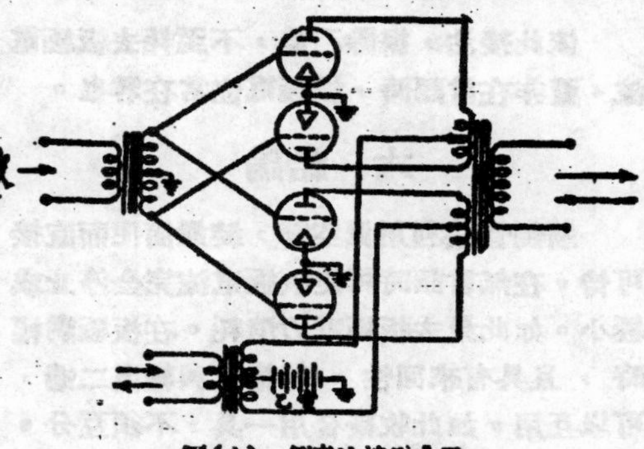

圖(六)　倒音法接入乙電

(2)調幅可加於格極如圖(七)：——

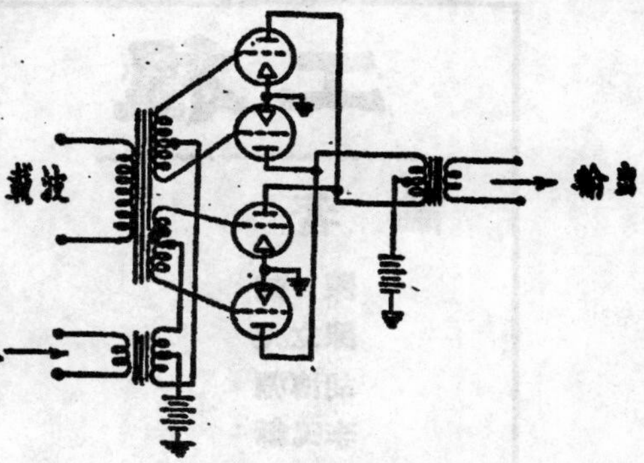

圖(七)　新倒音法格極調幅

上圖板極與格極電位，亦可隨意配置。使在靜止而僅有載波時，其板流自零至B類放大式為止。此種接法，需用之言語電力極小。

五　應用於載波電話上

載波電話之波帶，較之尋常言語之音率高出甚多。故其調幅之法，不須將言語音波自動抑止。其接法可依下圖為之。

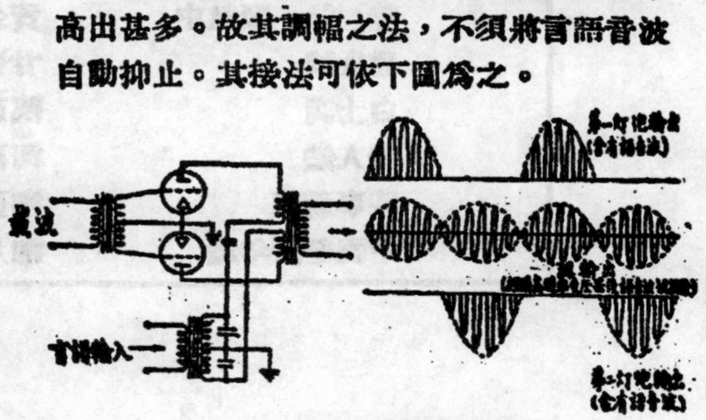

圖(八)　載波電話調幅法

依此接法，摒除乙電，不至耗去板極電流。蓋非在言語時，板極電位常在零也。

六 結論

新倒音法利用真空管，裝置簡便而直接可恃。在無言語時可使板極電流完全停止或極小。如此免去板極電力消耗。在板極調幅時，且具有來回性。即輸入與輸出二端，可以互用。如此收發合用一具，不須互分。

七 誌謝

本篇所述，曾經黃宏先生會同肇劃試驗，勞神之處最多，潘毅先生在應用方面爲助亦多，中央電工器材廠總經理惲震先生慨許將本文發表，用誌謝悃。

民國 28 年 12 月 12 日

工程 第十二卷第六號要目

論著

工程文摘

8582

長波無線電定向器

陳 嘉 祺　　　　畢 德 顯

（空軍軍官學校）　（國立淸華大學無線電學研究所）

摘要 以環形天線利用"A 與 N 制度"原理作成一飛行用無線電定向器。初步地面試驗最遠曾達十公里，方向準確在五度以內，因而航路必非直線，然此彎曲路線與直線之差至大僅千分之四。

一 導言

本實驗目的在利用無線電定向原理以製造最簡單飛行用定向器，通用波帶為 285—350 千週，廣播段內亦可應用。在此長波帶內環形天線尙屬適用。同時另用一無方向性天線，經適當耦合卽可指示航行時路線是否偏誤。工作原理約如第一圖所示。如線圈

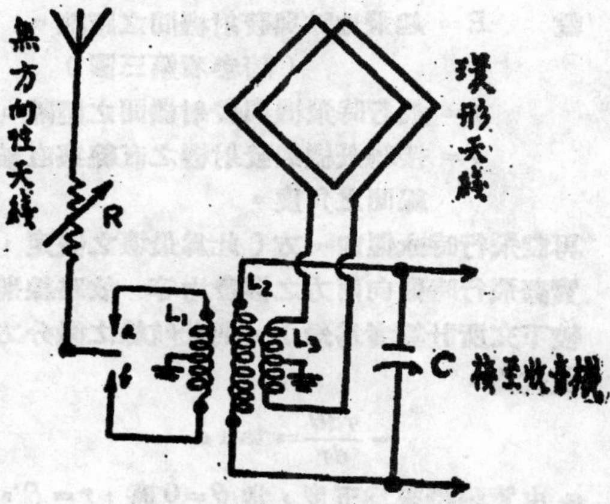

第一圖

用以節制該天線上之電流。當無向天線聯至 a 時，設線圈 L_1 及 L_3 內電流同相位，則 L_1，L_2，及 L_3 耦合相當緊密，則電容器 C 可同時調整兩天線至諧振狀態。電阻 R 係與 b 聯接時其相位必相反。該單極雙擲電鍵係用二偏輪(cam)代替之。二偏輪之形狀約如第二圖。此二輪係裝於同一電動機之軸上。軸轉動時一面為 A (·——)訊號，一面為 N (——·)訊號。A 之點正竄於 N 之空

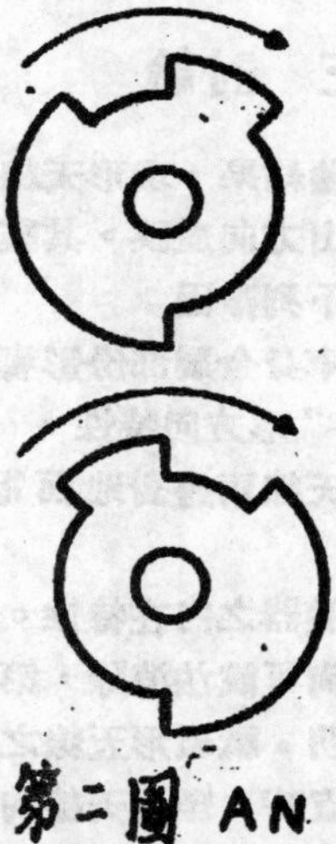

第二圖 AN
偏輪(cam)

隙內。如環形天線之平面與電波傳來方向垂直，則 L_3 內無電流，全部電能均由無向天線得來。故 A，N 兩種訊號強度相同卽變為連續訊號，將不克辨出其為 A 抑或 N，卽以此指示航路，如稍偏一方，二訊號之一卽增強，其他減弱，極易辨出。

二 實驗

所用收音機係 RCA Model AVR 7F，由飛機拆下。發射機則用一 Hartley，振盪

器 RCA 809 號眞空管一只。輸出電力約四十瓦特。線圈係用雙絲皮 Litz 銅線雙層繞於膠木管上。耦合線圈係作者之一(嘉祺)所作，AN 偏輪及十二伏打小電動機係由他處得來。以八百公尺波長曾在地面實驗數次，最遠曾達十公里。振盪器置於航空學校。收音機及天線等則裝於特備之汽車上，沿途均可實驗。無向天線係一長約 2.5 公尺之紫銅管豎於車頂。其長度尙可縮短。實驗結果環形天線左右須各轉動五度方能辨出 A或 N 訊號，故方向可準至五度以內，若經相當改良以後，準確程度尙有增加可能。

三 討論

由上述實驗結果，環形天線須左右各轉動五度方可辨出方向差誤。其靈敏度所以如斯之低，約有下列數因：

(一)汽車車身金屬部份影響環形天線之“8字”形方向特性。

(二)環形天線兩邊對地面電容之不平衡。

(三)此種儀器之內在特性。

第一，二兩項尙可設法消除，第三項則較困難。由理論證明，祇環形天線之平面與電波傳來方向正垂直時，環形天線內方無電流。無向天線內則永有相當強度之電流。因人類聽覺靈敏度適合對數定律，環形天線必須旋轉相當角度以期誘導電流達無向天線內電流之一定分數，人耳方能辨出 A 或 N 訊號。

因所定方向尙有五度之差誤，航路將非直線。在此長波帶內，一千瓦特發射機之可靠收音距離約爲一百英里(161 公里)。故設航程爲一百英里(161 公里)，飛行時永偏向一方，飛機至直航線之最大垂直距離僅 3.2 英里(5.1 公里)❶ 。此灣曲航路較直航線祇長千分之四。百里之內相差尙不及半里。

航行時如風向與直航線垂直，則其影響於航線之灣曲最大。設飛機由風所得之垂直速度爲其無風航行速度之半，(此處故意假設大風以觀其影響，實際上永不至如此)，飛機與直航線間至大垂直距離爲 23.8 英里(38 公里)，曲航線與直線之差約百分之十。此百分之十之差誤幾純由風速所致，與 α 角度之關係極小，故五度方向差誤似嫌過大，其影響於航行路線者則甚微。

四 結論

由上列結果觀之，此定向器構造雖極簡單，其功效頗值考慮。再經改良後，準確程度尙可增加。現有飛機多有收音機之設備。此項收音機稍經改造卽可用以定向，且仍可用以收聽其他電訊。偏輪及天線電動機等共重不過十磅，裝置亦易。各大城市之廣播電台均可利用以助航行。

本實驗多承任之恭及孟昭英二教授指導與航空學校機械處同仁熱心幫助，附此致謝。

(附 錄)

設 $R=$ 起飛地點與發射機間之距離。(請參看第三圖)

$r=$ 飛行時飛機與發射機間之距離。

$\theta=$ 接聯飛機與發射機之直線與直航線間之角度。

再設飛行時永偏向一方(此爲最壞之假定，實際飛行時偏向兩方之機會均等，故路線將較下文所計算者爲短)，則此航線之微分方程式爲：

$$-\frac{r d\theta}{dr}=\tan\alpha$$

α 由實驗得來爲五度，當 $\theta=0$ 時，$r=R$，故積分後航線之方程式爲：

$$r=Re^{-\theta/\tan\alpha}$$

設 $y=$ 飛機至直航線之垂直距離，則

$$y=r\sin\theta$$

由第三圖可推得當 $\theta=\alpha$ 時，y 爲最大，故

❶ 計算見附錄。

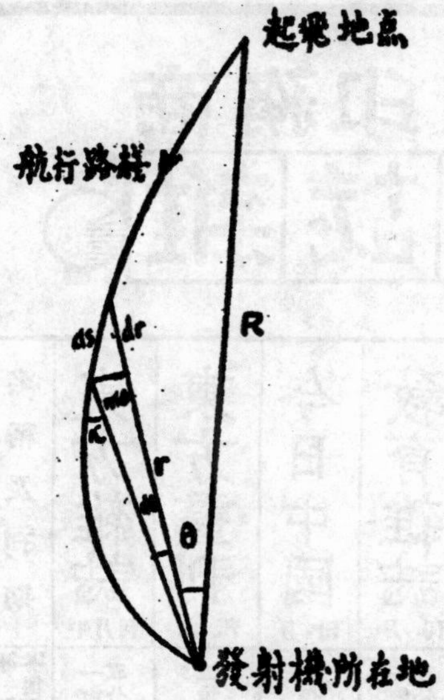

第三圖

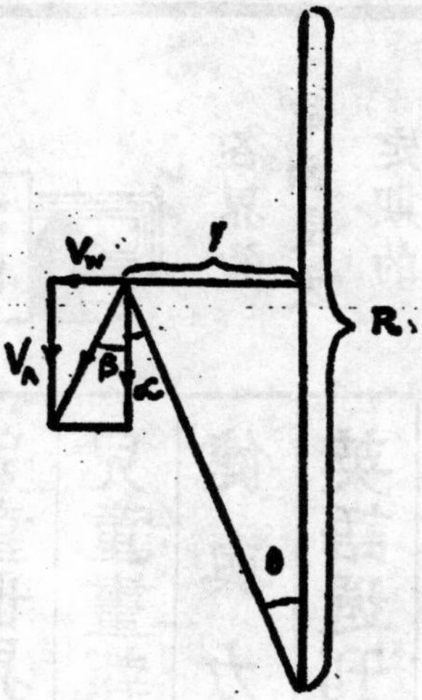

第四圖

$$y\max = R\sin\alpha e^{-\alpha/\tan\alpha}$$

設 $R=100$ 英里 $y\max=3.2$ 英里

彼時 $r=Re^{-\alpha/\tan\alpha}=36.9$ 英里。

此灣曲航路之總長可以下法計算之。

$$ds^2=r^2d\theta^2+dr^2$$

$$ds=\sqrt{1+\frac{1}{a^2}}\,Re^{-\frac{\theta}{a}}d\theta,\quad a=\tan\alpha$$

航線總長

$$S=\int_0^\infty\sqrt{1+\frac{1}{a^2}}\,Re^{-\frac{\theta}{a}}d\theta$$

$$=R\sqrt{1+a^2}$$

$$=R\sec\alpha$$

$$=1.0038\,R$$

當風向與直航線垂直時，設：

V_w= 飛機因被風吹動所得之垂直速度，

V_a= 無風時飛機之速度，

航線之微分方程式則為：

$$-\frac{rd\theta}{dr}=\tan(\alpha+\beta)\qquad\text{（見第四圖）}$$

β 與 θ 之關係為

$$\tan\beta=\frac{b\cos\theta_1}{1-b\sin\theta_1},$$

$$\theta_1=\theta-\alpha,\qquad b=V_w/V_a。$$

如 $b>a$，積分後得

$$r=R\frac{a+b\cos\alpha+ab\sin\alpha}{a+b\cos\theta_1-ab\sin\theta_1}\left[\frac{(a-b)\tan\frac{\theta_1}{2}-ab+\sqrt{b^2+a^2b^2-a^2}}{(a-b)\tan\frac{\theta_1}{2}-ab-\sqrt{b^2+a^2b^2-a^2}}\times\frac{(b-a)\tan\frac{\alpha}{2}-ab-\sqrt{b^2+a^2b^2-a^2}}{(b-a)\tan\frac{\alpha}{2}-ab+\sqrt{b^2+a^2b^2-a^2}}\right]^{\frac{1}{\sqrt{b^2+a^2b^2-a^2}}}$$

設 $b=\frac{1}{2}$，$\theta_1=30°$ 時 y 為最大。

$y\max=23.8$ 英里。

航路長度仍照上法計算之。

商務印書館

雜誌彙報

各界的
業餘良友
定期的
精神食糧

名稱	刊期	每册零售價	全年預定價	每册郵費 國內	每册郵費 國外	內容概況
東方雜誌	半月刊	一角五分	三元六角	四分	二角	創刊於民國紀元前八年，始終站在客觀的與進步的立場，擔負介紹新知與傳播文化的任務。內容於各科論著和檢討大時代前一切問題的文字外，闢有論壇、婦女與家庭、現代史料等欄。
東方畫刊	月刊	五角	六元	六分	二角	將全民族在大時代前所表現的精神及其一切活動，用眞實的寫影儘量反映出來。兼收關於新知識及調劑精神生活的材料。中英文對照說明。全部用影寫版印，封面四色套印，精美絕倫。
今日中國	月刊	五角	國內港幣六元 國外美金二元		國內六分	以圖畫代替文字，表現新的中國在抗戰中的建設工作，圖下各附中英法俄四國文字的簡短說明。全部用影寫版精印，彩色封面。今日中國出版社出版，本館香港分館總經售。
教育雜誌	月刊	一角五分	一元八角	四分	二角	本誌除介紹教育上的新學說新設施外，多刊實地從事教育者的實用文稿；並特闢世界著名教育雜誌論文摘要、教育文化史的新頁、教育文藝等欄。最近對於戰時教育問題，討論尤勤。
學生雜誌	月刊	一角五分	一元八角	四分	二角	本誌現以嶄新的姿態恢復刊行，內容分設各科論著、各科講座、文藝、名著介紹、學生作品、學生生活指導、時文摘錄等欄。儘量把學術和生活融為一體，使讀者得到活的知識。
少年畫報	月刊	二角五分	三元	四分	一角五分	內容以圖畫為主，文字為輔，除時事照片僅附簡單註釋外，關於自然科學、應用技術、社會、藝術等材料，均輔以有趣味的文字說明。適合小學高年級及初中兒童閱讀。正文影寫版印。
兒童世界	半月刊	一角	二元四角	二分	一角	內容充實，約可分為談話、詩歌、音樂、童話、故事、小說、劇本、傳記、作文指導、科學、美術、兒童新聞、兒童作品等欄。取材適合時令。為小學中高年級兒童的課外良友。
兒童畫報	半月刊	一角二分	二元八角八分	二分	五分	內容注重公民，衛生，修養，文藝，算術，常識，勞作，音樂，遊戲等材料，文字圖畫，力求明確活潑。可供幼稚園及小學低年級兒童之用。全部用四色精印。
健與力	月刊	三角	三元六角	四分	一角五分	在體育普遍化的原則下，以淺易的文字，清晰的插圖，闡明體育的眞義和健身運動的方法，旁及生理和心理上有關聯的知識。在形式上，文字和圖畫綜合編制，特闢影寫版精圖專欄。
英語週刊		八分	四元	二分	五分	旨在輔助初學者自習英語，培養其閱讀寫作之能力。內容包括短篇論著、故事、寓言、詩歌、短劇、文法、字義、翻譯、作文、書牘、會話等；英文材料多附漢釋或漢譯。
出版月刊		五分	六角		五分	內容包含讀書指導，讀物介紹，讀書隨筆，書評，世界名著解題，印刷常識，及本館出版消息，新書提要，出版物著作人略歷等項，為圖書館、學校及愛好讀書生活者必備之定期刊。

◆定價郵費概照港幣計算◆

稅格電動機 (Schräge Motor) 中之互感電抗

章 名 濤

稅格電動機因多一整流線捲之故，其計算較普通感應電動機複雜，原線捲與整流線捲間之互感計算法，在各雜誌中，尚未之見，著者特擬一計算法，證之如下：

(一)基本觀念

在旋轉子上之槽中，同時有兩種線捲，即三相之原線捲及整流線捲。在此兩種線捲之間有互感作用，因而發生互感電抗 (mutual reactance)，吾人所指之互感電抗，係由槽內磁漏而產生者。設 λ_k 爲當原線捲內電流 I_p 等於一安培時之整流線捲每槽之磁連 (linkage)，在此槽內，整流捲之互感電壓爲：

$$\frac{d\lambda_k I_p \cos(\omega_1 t+\alpha)}{dt}=\omega\lambda_k I_p \sin(\omega_1 t+\alpha)。$$

此中 ω_1 爲 $2\pi\times$ 電流週率，α 爲當 $t=0$ 時電流相角。

但在兩刷間之整流捲因旋轉而更換。吾人設想在空間中有一等於槽距之距離，當某槽在此距離中，其槽下有一原線捲，如此槽轉過此距離，另一槽繼之，在此槽下又有一原捲，而前後之原捲是否屬於同相，則視其接頭處 (tap) 之所在而定。槽數愈多而槽距亦愈短，最後吾人可以一固定之點代替上述在空間之距離。換言之，吾人可以幻想一固定之槽位，而此槽下之原線捲隨旋轉而變換。亦即謂整流線捲在此槽位時所得之互感電壓，亦隨轉而旋更換。

(二)固定槽位之互感電壓

設此電動機爲兩極式，全原線捲可分爲六相帶。如兩電刷間僅等於一槽之距離，則整流線捲內之電壓，亦即一槽中所得之電壓。當旋轉子轉過 $\frac{\pi}{3}$ 之時，整流捲之互感係得自相帶1，然後相帶2繼之，如此每一轉內有六個相帶經過此兩刷之間。第一圖示旋轉子速度等於 $\frac{3}{4}$ 同期速度時之情形。

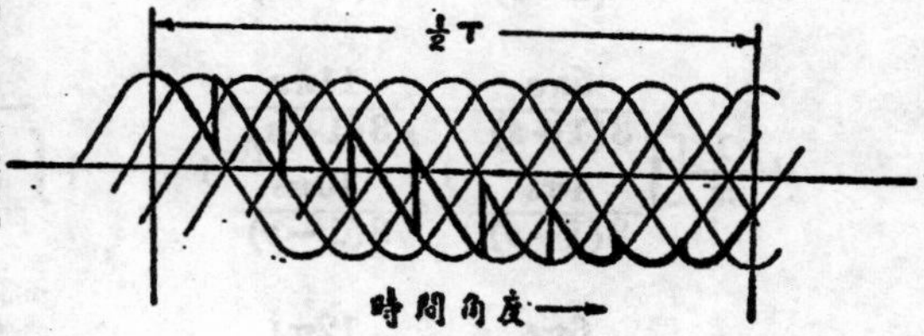

第一圖

假設旋轉子速度 $=(-s)$ 同期速度，則每當旋轉子轉過 $\frac{\pi}{3}$ 之時，原捲內電流之相角 (phase angle) 即變 $\frac{\pi}{3(1-s)}$ 度，當相帶1開始進入此固定槽位時，整流捲之互感電壓爲 $E\sin(\omega_1 t+\alpha)$。經過 $\frac{\pi}{3(-s)}$ 之角度，互感電壓即隨第二曲線而變，此亦即 $E\sin\left(\omega_1 t+\alpha-\frac{\pi}{3}\right)$。如此以至轉過之角度爲 $\frac{2\pi}{s}$。整流捲之互感電壓如第一圖之粗線所示，吾人所欲知者即此線之基波。

此基波之公式爲

$$E(A_1 \sin s\omega_1 t+B_1 \cos s\omega_1 t) \cdots\cdots\cdots\cdots (1)$$

公式中之恆數 A_1 及 B_1 求之如下：

$$A_1=\frac{1}{\pi}\Big[\int_0^{\frac{\pi s}{3(1-s)}}+\int_{\frac{6\pi s}{3(1-s)}}^{\frac{7\pi s}{3(1-s)}}+\cdots\cdots+\int_{\frac{6\pi-12s\pi}{3(1-s)}}^{\frac{6\pi-11s\pi}{3(1-s)}}\sin\Big(\frac{\theta}{s}+\alpha\Big)\sin\theta\,d\theta\Big]$$

$$+\frac{1}{\pi}\Big[\int_{\frac{\pi s}{3(1-s)}}^{\frac{2\pi s}{3(1-s)}}+\int_{\frac{7\pi s}{3(1-s)}}^{\frac{8\pi s}{3(1-s)}}+\cdots\cdots+\int_{\frac{6\pi-11s\pi}{3(1-s)}}^{\frac{6\pi-10s\pi}{3(1-s)}}\sin\Big(\frac{\theta}{s}-\frac{\pi}{3}+\alpha\Big)\sin\theta\,d\theta\Big]$$

$$+\frac{1}{\pi}\Big[\int_{\frac{2\pi s}{3(1-s)}}^{\frac{3\pi s}{3(1-s)}}+\int_{\frac{8\pi s}{3(1-s)}}^{\frac{9\pi s}{3(1-s)}}+\cdots\cdots+\int_{\frac{6\pi-10s\pi}{3(1-s)}}^{\frac{6\pi-9s\pi}{3(1-s)}}\sin\Big(\frac{\theta}{s}-\frac{2\pi}{3}+\alpha\Big)\sin\theta\,d\theta\Big]$$

$$+\frac{1}{\pi}\Big[\int_{\frac{3\pi s}{3(1-s)}}^{\frac{4\pi s}{3(1-s)}}+\int_{\frac{9\pi s}{3(1-s)}}^{\frac{10\pi s}{3(1-s)}}+\cdots\cdots+\int_{\frac{6\pi-9s\pi}{3(1-s)}}^{\frac{6\pi-8s\pi}{3(1-s)}}\sin\Big(\frac{\theta}{s}-\pi+\alpha\Big)\sin\theta\,d\theta\Big]$$

$$+\frac{1}{\pi}\Big[\int_{\frac{4\pi s}{3(1-s)}}^{\frac{5\pi s}{3(1-s)}}+\int_{\frac{10\pi s}{3(1-s)}}^{\frac{11\pi s}{3(1-s)}}+\cdots\cdots+\int_{\frac{6\pi-8s\pi}{3(1-s)}}^{\frac{6\pi-7s\pi}{3(1-s)}}\sin\Big(\frac{\theta}{s}-\frac{4\pi}{3}+\alpha\Big)\sin\theta\,d\theta\Big]$$

$$+\frac{1}{\pi}\Big[\int_{\frac{5\pi s}{3(1-s)}}^{\frac{6\pi s}{3(1-s)}}+\int_{\frac{11\pi s}{3(1-s)}}^{\frac{12\pi s}{3(1-s)}}+\cdots\cdots+\int_{\frac{6\pi-7s\pi}{3(1-s)}}^{\frac{6\pi-6s\pi}{3(1-s)}}\sin\Big(\frac{\theta}{s}-\frac{5\pi}{3}+\alpha\Big)\sin\theta\,d\theta\Big]$$

以上經過變化即得

$$A_1=\frac{3}{\pi}\cos\Big(\alpha+\frac{\pi}{6}\Big)\cdots\cdots\cdots\cdots\cdots\ (2)$$

同樣

$B_1=\frac{3}{\pi}\sin\Big(\alpha+\frac{\pi}{6}\Big)$，故 $A_1\sin s\omega_1 t$

$+B_1\cos s\omega_1 t=\frac{3}{\pi}\sin(s\omega_1 t+\alpha+30)$

以上之公式，乃假設 $\frac{1-s}{s}$ 爲一整數，蓋每一段之時間角度爲 $\frac{\pi}{3(1-s)}$，經六個相帶時，總角度爲 $\frac{2\pi}{1-s}$，而基波之一週爲 $\frac{2\pi}{s}$。故當 $\frac{1-s}{s}$ 爲整數時，則每一基波週所經過之相帶數亦爲整數。如 $\frac{1-s}{s}$ 爲非整數，吾人可覓一恆數 K，使 $K\frac{1-s}{s}$ 爲一整數，而所求之積分亦須加長 K 倍。現在所求者並非基波，而爲第 K 次之諧波，此亦即前之基波，其結果亦相同。當 $s=1$ 時，以上之公式不能應用，但在此情形時之互感電壓，用普通方法，即可求得，實爲最簡單之情形也。

前者卽證明，當兩刷間之距離爲一槽距時，整流線捲所得之互感電壓之週率爲 sf_1

而其值$\frac{3}{\pi}$倍普通所得者，(卽謂不轉動時所得者)。如兩刷間之電機角度爲β，旋轉子之槽數爲Z，並聯電路爲a，其互感應卽爲：

$$\lambda_{1k}\frac{\beta}{2\pi}\frac{Z}{a^2}\frac{3}{\pi}\frac{\sin\beta/2}{\beta/2} \quad\cdots\cdots\cdots\cdots(3)$$

故對於原線捲而言之互感電抗爲：

$$X'_{1k}=2\pi f_1\lambda_{1k}\frac{\beta}{2\pi}\frac{Z}{a^2}\frac{3}{\pi}\left(\frac{T_1k_1}{T_2k_2}\right)^2 \quad(4)$$

此中　T_1, T_2= 原捲或副捲之每相匝數，

　　　k_1, k_2 = 原捲或副捲之線捲因數。

(三)稅格電動機之矢量圖

第二圖爲電動機速度，在同期速度以下時之情形。

$$k=\frac{T_kk_k}{T_2k_2}$$ 原捲電流爲

$$I_1=I_a+I_c(1-ke^{j\rho}) \quad\cdots\cdots\cdots\cdots(5)$$

此中ρ爲電刷向後退之角度，$I_c=-I_2'$

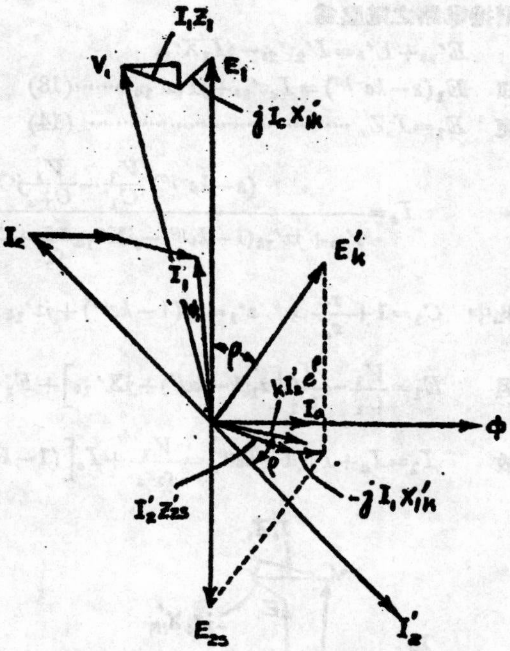

第二圖

自第二圖，吾人得：

$$\text{電力總輸入}=V_1I_1\cos\phi_1=E_1I_1\cos\theta_{I_1}^{E_1}+I_1^2r_1 \quad\cdots\cdots\cdots\cdots(6)$$

$$-I_cI_1X'_{1k}\sin\theta_{I_1}^{I_c}=E_1I_c\cos\theta_{I_1}^{E_1}-E_1kI_c\cos(\theta_{I_c}^{E_1}+\rho)+I_1^2r_1$$

$$-I_cI_1X'_{1k}\sin\theta_{I_1}^{I_c} \quad\cdots\cdots\cdots\cdots(7)$$

$$\text{機械力}=P_m=(1-s)I_cE_1\cos\theta_{I_c}^{E_1} \quad\cdots\cdots\cdots\cdots(8)$$

其餘一部爲：

$$SI_cE_1\cos\theta_{I_c}^{E_1}=E'_{2s}I'_2\cos\theta_{I'_2}^{E'_{2s}}=I'^2_2r'_2+E'_kI'_2\cos\theta_{I_c}^{E_k}+I_cI_1X'_{1k}\sin\theta_{I_1}^{I_c} \quad\cdots(9)$$

公式(9)示明第一項爲銅耗，第二第三項俱爲給還整流線捲之電力。自公式(7)(8)(9)，吾人卽得：

$$V_1I_1\cos\varphi_1=(1-s)I_cE_1\cos\theta_{I_c}^{E'}+I_1^2r_1+I'^2_2r'_2 \quad\cdots\cdots\cdots\cdots(10)$$

在此公式中，吾人假設鐵耗等於零。

又　$E'_k=kE_1e^{-j\rho}$ $\cdots\cdots\cdots\cdots(11)$

原捲電壓之公式爲

$$V_1-E_1=I_1z_1-jI'_2x'_{1k}=(1-ke^{j\rho})I_cz_1+I_az_1+jI_cX'_{1k}$$

$$=I_c[(1-ke^{j\rho})z_1+jX'_{1k}]+I_az_1 \quad\cdots\cdots\cdots\cdots(12)$$

副捲電路之電壓爲

$$E'_{2s}+E'_k=I'_2z'_{2s}-jI_1X'_{1k}$$

即 $E_1(s-ke^{-j\rho})=I_cz'_{2s}+jI_1x'_{1k}$ ……(13)

使 $E_1=I_aZ_a$ …………………………… (14)

此中 z_a＝原捲之磁化合抗(magnetising impedance)

z'_{2s}＝副捲電路之總合抗

除去 E_1 及 I_a，即得：

$$I_c=\frac{(s-ke^{-j\rho})\frac{V_1}{C_1}-\frac{V_1}{C_{1}z_a}j'X_{1k}}{z'_{2s}+jx'_{1k}(1-ke^{j\rho})-jX'_{1k}\frac{z'_1}{c_1}+\frac{z'_1}{c_1}(s-ke^{-j})} \quad \cdots\cdots(15)$$

此中 $C_1=1+\frac{z_1}{z_a}$， $z'_1=z_1(1-ke^{j\rho})+jx'_{1k}$

但 $E_1=\frac{V_1}{C_1}-\frac{I_c}{C_1}\left[z_1(1-ke^{j\rho})+jX'_{1k}\right]+E_1\frac{z_1}{z_a}$ ……………………(16)

故 $I_1=I_a+I_c(1-ke^{j\rho})=\frac{V_1}{c_1z_a}+I_c\left[(1-ke^{j\rho})-\frac{z_1(1-ke^{j\rho})+j'Z_{1k}}{c_1Z_a}\right]$ ……………(17)

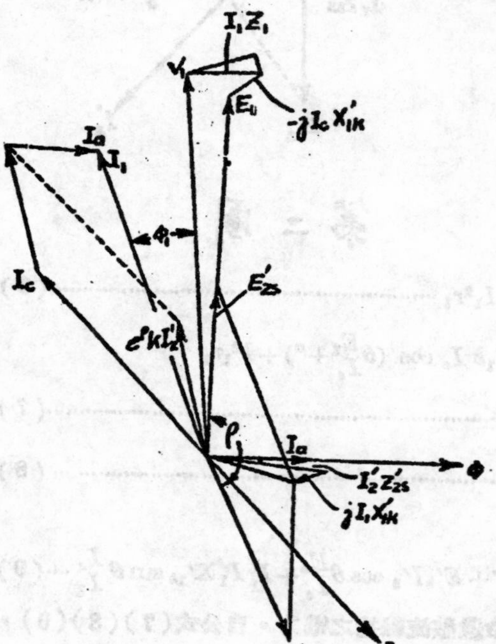

第三圖

以公式(15)代入公式(17)，即得I_1之值。

第三圖示電動機速度在同期速度以上時之情形，按此圖所示，以上公式中之X'_{1k}代以$-X'_{1k}$，則其他一切，不必變更，即可應用。此時整流捲自原線捲吸收電力而供之，與副線捲以補自氣隙過來電力之不足。

用以上之公式，吾人可以計算旋力，因率(power factor)，電流，速度矣。

工程

第十二卷 第五期要目

四川耐火材料之研究

指導者：戈福祥 徐宗涑 試驗者：徐廷荃

（中央工業試驗所）

摘要 （一）引言，（二）原料出產概況，（三）原料試驗，（四）成坯試驗，（五）燒成試驗，（六）成品試驗，（七）結論。

本試驗並多承周志宏，謝祚永，湯大綸，湯兆裕，諸先生，暨西南聯合工業研究社，四川水泥廠，兵工署材料試驗處，等團體之指導與協助，謹此敬致謝意。 廷荃附誌

一 引言

耐火材料問題爲工業上基本問題之一，其對工業上之重要，僅次於鋼鐵。故欲謀工業之發展，則不能忽視耐火材料問題之解決。在抗戰以前，我國各工廠所需耐火材料，一部份仰給於外貨，一部份仰給於開灤及上海各工廠之出品；自抗戰發動之後，海港多被敵人封鎖，外貨自不易入口；國內各工廠亦因受戰事影響，多不能繼續生產；至各原料之出產地，則大部分已淪陷，即未淪陷者，亦因交通困難，不能供給各地之所需。

四川現爲我國工業之中心，故尋求川產之耐火材料，實有迫切之需要。據中央工業試驗所調查所得，各種耐火材料在四川多有出產，如彭縣之石英石(含氧化硅 98%以上)沿江之鵝卵石（純者含氧化硅 97% 左右）均可充酸性耐火材料；各縣產之耐火石（含氧化硅 80% 左右）不經配合燒灼，即可直接製成耐火磚或玻料坩堝（參閱報告之三，利用川產原料製造坩堝之初步試驗）。實興之炭酸鎂礦（燒去二氧化炭後，含氧化鎂約 89%），合川之白雲石礦（含炭酸鈣 55% 炭酸鎂 38% 以上），均可充優良之鹼性耐火材料。至於可供製普通耐火器之耐火粘土 (fire-clay)，四川生產之地方尤多，如敍永，威遠，榮縣，江津，南川，廣元，樂山，江安，犍爲等縣均有生產。此種原料，川人多名之爲「滑石」，但據試驗結果，知非爲滑石 (talc)，實係耐火粘土，純者含雜質甚少，可視爲一種「眞正粘土」(true clay)，即一種高嶺土，非特堪作高級耐火材料，並可用製優良瓷器。

川產之耐火材料，過去毫無有系統之試驗，致其眞正科學之評價，無從知曉，孰優孰劣？何種堪作何種用途？均不得而知。玆先就敍永，威遠，南川及江津等縣生產之耐火粘土加以有系統之研究，以供各廠之參考。惟以設備關係，所有一部份試驗（如高溫下之機械強度導熱率及膨脹率等之測定），未能完成，實屬憾事。

本研究工作，所引用之一切試驗方法，除另加註釋或說明者外，餘均係根據美國陶業學會 (The American Ceramic Society)，所規定之陶業標準試驗法，附此聲明。

二 原料出產概況

(1)江津耐火土出產概況

江津出產耐火土之地，許有兩處：一處

爲距城132公里之龍洞（屬第二區），一處爲距城25公里之碑濟（屬丹鳳場），前處因交通不便，產量不豐，故未前往調查。

川人皆名此種耐火土爲滑石，因以手觸時微覺細膩故也。碑濟出產之耐火土，黑色者佔百分之九十以上，但黑塊中間常雜有白色土層。暴露於空間，經長期之風化後，顏色即漸轉淡，過去售與各瓷廠製造匣鉢。外產純白色之耐火土，過去多售與各中藥房中，價格較黑色者約貴五倍，不過白色者產量極少，現幾已開採殆盡。

碑濟在縣城之西北，位於江津與合川之邊界，左臨紅崖溝（交界），右臨大灣（山名），濟之南北長約5公里，東西約2公里，地勢略爲低窪，上層爲黃土，倘稱肥沃耐火土之出產，並不成層，乃爲鷄窩式，窩上之黃土層深約3公尺。耐火土之深度厚者約2公尺，薄者僅1公尺，耐火土之下層爲黃色之軟泥。現已開掘者，計有三十餘洞，各洞之儲量均不一致，有時開掘一洞僅得1500公斤，有時可掘出數萬至十萬公斤。至於總儲量，因不成層，不易作正確之估計。該地及附近除產耐火土外，並產一種含少量粘土之砂岩，附近居民常往採取將粘土淘出，以製粗碗，據稱附近并產天青石及水晶石，惟產量甚微。

該地交通倘稱便利，由碑濟至丹鳳場約一里（山道），由丹鳳場至吳溪子約八九里（山道），由吳溪子至油溪場約十七公里（大道），油溪場位於長江北岸，至此即可改用水路運輸，由產地至油溪場，因多係山路，不能行車，以人力擔挑或畜類運送，最爲普通。

產地地主爲劉姓王姓，有時彼自行採掘亦租與他人採掘，只收租費。開採及運輸費用：半年前在產地售價每萬斤（6000公斤）爲80元，由產地運至油溪場，每萬斤運費爲65元，由油溪運至重慶每萬斤水路運費約爲22元，採掘及運至重慶費用每萬斤總合爲一百七十餘元，現因人工工資變化甚巨，故開採及運輸費用亦均隨之而變更。

此次試驗所用者，即係由碑濟劉質彬礦內所採出之黑色耐火土。

（2）敘永耐火土出產概況

敘永（即永寧）出產耐火土之地點，計有兩河口，河苞田，沙苞樹，大碗場及附近等處。兩河口距敘永縣城約爲23公里，河苞田距縣城約15公里，河苞樹距河苞田約20公里，大碗場距沙苞樹約25公里。

就各處而論：以兩河口產者品質最優，純白塊狀者佔百分之四十，黑白相雜者佔百分之四十，其他綠色者，紅色者，黃色者均有之。他處產者品質較次，以前未曾開挖，現已由華西公司呈報立案，獲得開採權。兩河口者以前已經開採，均售與中藥鋪中，充作藥材，每年出產量僅爲六萬公斤，兩河口產地現歸梁和聲開採，面積約爲6.5平方公里，儲量約爲一百五十萬公斤，其他各處儲量亦甚豐富。

出產情形與其他各縣者略同，亦爲鷄窩式，各國之儲量亦甚不一定。耐火土上層爲寸許含雜質甚多之鐵礦，間有露出地面者；耐火土下層爲黃砂，再下層深約3—27公尺處，有甚厚之煤層；耐火土層厚約爲1.2—1.5尺。

白色耐火土甚爲細膩，手觸之有油潤之感，故川人均名之爲滑石。此次試驗所用者，即係兩河口產之白色耐火土。

敘永產地不臨河道，運輸較爲困難，普通轉運方法，係先由產地運至永寧河岸，再由河岸經永寧河，藉木舟划入長江，由長江再運至各處（由敘永縣城至長江岸約爲230公里），惟永寧河暗礁甚多，每屆冬季，河水甚淺，不易行舟，若逢夏秋之季，河水氾濫，水流湍急，故運輸亦頗困難。

（3）威遠耐火土出產概況

在威遠榮縣與仁壽交界處，山嶺連綿，

出產滑石之地點甚多，如程家溝之斑竹山及爛田灣，龔家溝之岩頭子及拘公石（在三縣交界之處），均產之。上列數地悉在縣城西北一帶，相距約爲 50 公里。

斑竹山及爛田灣二處，表面紅土層最厚者不過 1.5 公尺，淺處僅達，0.3 公尺可以露天開採。聞威遠火磚廠，卽係採用此處之原料。斑竹山產者白色黃色及黑色者均有之，白色者甚爲細膩，約佔總產量百分之四十左右，黃色及黑色者約佔百分之六十，爛田灣產者多爲淡黃色，間雜有黑色薄層或斑點。

龔家溝岩頭子，露出者爲暗黃色，較爲純潔優良之白色者，則深藏地面之下層，浮土厚度甚不一致。

拘公石產者爲淡黃色，耐火土上層爲紅色泡沙石，下層爲黃泥，浮層厚度約爲 1.5 公尺。

此次試驗所用者，卽係拘公石出產之耐火土。

威遠一帶所產之耐火土，純白者以前多採掘供製瓷器，雜質較多者多供製匣鉢及耐火磚等之用。

產地皆在山叢之中，交通路線祇有羊腸山道，運輸方法只有人力擡挑，翻山越嶺以達縣城，再輾轉運至鄧井關，改用大船藉水路運輸。由威遠縣城至鄧井關其途有二：一爲完全陸路，一爲水陸兼並。後者之路線如下．威遠至高洞(水路 46 公里)，高洞至東興寺(陸路 46 公里)，東興寺至鄧井關（水路 25 公里）。

(4)南川耐火土出產概況

南川縣出產耐火土之地，計有萬盛鎮之魚泉壩、界碑及蔡家山，茲將該數處出產情形概述如下：

(a)魚泉壩出產情形　魚泉壩在萬盛場南，相距約二十餘里，耐火土產於牛靑山中，三年前曾有本地農民挖採運售於重慶中藥舖及蜀瓷工廠，現已停採，該山山腰尙有一洞，深約四十餘尺，產出情形並非沿脈成層，常混存黃土及鐵礦之中。色黑間雜有白色者，不甚純淨，不宜製瓷，堪作耐火料材之用，儲量不甚豐富，此次試驗所用者，卽係魚泉壩之耐火土。該山山麓尙有二煤洞，現仍繼續出煤，附近礬礦甚多，當地人常採掘礬石製成礬磚，運銷重慶一帶。

由牛靑山運至小溪約 15 公里，須藉人力抬挑，由小溪藉小舟運至蒲河約 25 公里，再由蒲河運往重慶。

(b)界碑及蔡家山出產情形　界碑蔡家山在萬盛場北，相距約 20 公里，出產狀態亦係雞窩式，并不成層，品質較魚泉壩略低，含雜質較多，儲量極少，無開掘價值。

三　原料試驗

(1)化學分析

原料名稱 ＼ 成分	灼熱減量	氧化硅	氧化鋁	三氧化二鐵	氧化錳	氧化鈣	氧化鎂
江津黑耐火土	13.98	44.40	32.54	3.52	2.45	0.40	0.66
敘永白耐火土	14.20	44.90	39.55	0.62	——	0.42	0.16
威遠黑耐火土	13.56	45.04	37.93	2.55	——	0.67	0.11
南川灰耐火土	14.02	43.22	38.07	2.94	——	1.05	0.46
江津耐火土燒粉 *	——	53.11	38.87	4.22	2.82	0.47	0.77
敘永耐火土燒粉 *	——	52.20	46.31	0.73	——	0.49	0.18
威遠耐火土燒粉 *	——	52.11	42.90	3.01	——	0.78	0.13
東川耐火土燒粉 *	——	50.31	44.50	3.45	——	1.18	0.53

燒粉燒成溫度爲 1250°C.

根據以上化學分析結果，求出其實驗式 (Empirical formula) 如下：

原料名稱 \ 成分	RO	R_2O_3	RO_2	H_2O
江津耐火土	CaO 0.0231 MgO 0.0505 (MnO 0.1051)	Al_2O_3 1.0000 Fe_2O_3 0.0681	SiO_2 2.28	H_2O 2.39
敍永耐火土	CaO 0.0191 MgO 0.0094	Al_2O_3 1.0099 (Fe_2O_3 0.0099)	SiO_2 1.91	H_2O 2.01
威遠耐火土	CaO 0.0316 MgO 0.0073	Al_2O_3 1.0000 (Fe_2O_3 0.0425)	SiO_2 1.99	H_2O 2.00
南川耐火土	CaO 0.0496 MgO 0.0304	Al_2O_3 1.0000 (Fe_2O_3 0.0485)	SiO_2 0.0189	H_2O 2.03
江津耐火土燒粉	CaO 0.0232 MgO 0.0509 (MnO 0.1060)	Al_2O_3 1.0000 (Fe_2O_3 0.0695)	SiO_2 2.33	
敍永耐火土燒粉	CaO 0.0192 MgO 0.0098	Al_2O_3 1.0000 (Fe_2O_3 0.0103)	SiO_2 1.92	
威遠耐火土燒粉	CaO 0.0321 MgO 0.0075	Al_2O_3 1.0000 (Fe_2O_3 0.0431)	SiO_2 2.01	
南川耐火土燒粉	CaO 0.0480 MgO 0.0251	Al_2O_3 1.0000 (Fe_2O_3 0.0493)	SiO_2 1.92	

(2)簡單物理性質之測定

項目 \ 原料名稱		江津耐火土	敍永耐火土	威遠耐火土	南川耐火土
性狀		大小不等之塊狀體	塊狀體有的爲甚堅硬有的手捏即碎	極淡之黃色塊狀及粉狀體	黑白交錯之塊狀體
顏色		全部爲黑色中間夾有白層	90%爲純白色 7%爲淡黃色 3%爲淡綠色	全部均爲淡色	全部爲灰黑色在堅塊中間夾有白層或淡黃層
感觸試驗	舌尖試驗 (tongue test)	舌尖感觸有吸力 (moderately porous)	爲多孔體舌尖感吸力甚 (very porous)	爲多孔體舌尖感吸力甚強大於前者 (very porous)	舌尖感觸微有吸力 (moderately porous)
	手指試驗 (finger test)	手觸時微覺粗糙	斷面細潤油膩	手觸之感覺細膩	手觸之微覺粗糙
眞比重 (true Sp.Gr.)		1.88	2.01	1.95	1.90
熔點 (M. P.)		正在試驗中	正在試驗中	正在試驗中	正在試驗中

用通過 400 號篩之粒子製成三角錐之

項目 \ 原料名稱	江津 耐火土燒粉	敍永 耐火土燒粉	威遠 耐火土燒粉	南川 耐火土燒粉
顏色	黑褐色雜有白斑點	純白色	淡黃色中雜有黑色斑點	灰白色中雜有褐色斑點
性狀	堅硬塊狀	堅硬塊狀	堅硬塊狀	堅硬塊狀
眞比重 (true Sp. Gr.)	2.67	2.76	2.74	2.67

由以上試驗結果，可知此四種耐火土之實驗式均與高岺土 ($Al_2O_3 \cdot 2SiO_2 2 \cdot H_2O$) 相似，尤以敍永者含雜質甚少，可視爲一種「眞正粘土」(true clay)。

四　成坯試驗

本試驗所採用之原料及其產地，如下表所示：——

號數	產地	產地(代表之點)	原料名稱
1	江津	T	江津黑耐火土及其燒粉
2	敍永	S	敍永白耐火土及其燒粉
3	威遠	W	威遠黃耐火土及其燒粉
4	南川	N	南川灰耐火土及其燒粉

原料配合方法及其代表符號，如下表所示：

符號	A	B	C	D	E	F	G	H	I	J	K
生料	100%	90%	80%	70%	60%	50%	40%	30%	20%	10%	0%
燒粉	0%	10%	20%	30%	40%	50%.	60%	70%	80%	90%	100%

第一列爲配合符號，如"*F*"卽是，係用生料50%與燒粉50%配合而成者，"*K*"係純用燒粉配合而成者，因無粘力，非加入其他粘劑，不能成坯，故未加試驗。

第二列爲生料百分數，所謂生料卽係各種未經煅燒之耐火土。

第三列爲燒粉百分數，所謂燒粉(grog)亦稱熟料，係用耐火土在 1250°C. 燒成者。

以後文中如遇以上所列各種字母，卽係代表原料產地及原料配合比例：如

TA——係用江津耐火土 100% 配合而成。

SD——係用敍永耐火土 70% 敍永耐火土燒粉 30% 配合而成。

WJ——係用威遠耐火土 10%， 威遠耐火土燒粉 90% 配合而成。

NF——係用南川耐火土 50%， 南川耐火土燒粉 50% 配合而成。

餘以類推。

粒子大小之分佈——無論生料或燒粉，均以下列細度爲標準：

篩別	篩孔大小	百分數
16號(每平方公分16孔)—144號	1.5—0.49 公厘	50
144號以下者—	04.9 公厘	50

製試塊時之壓力——用鋼模或銅模以人力加壓（用一公斤之鐵錘，打擊三十次），對各試驗塊所施之壓力，大致同。

威遠及南川之原料，因未能全部運到，故有一部分試驗未作。

凡本文中所載之數值，均係四次至八次之平均值，至於計算所得之詳細記錄，茲不

8595

義。

(1)成坯水 (water of formation) 之測定

成坯水，即係欲使某種坯料，具有最適當之粘度，而最易於成坯時，所需加入之水量，實與粘性水 (water of plasticity) 具有相同之意義。計算公式如下：

$$T=\frac{W_p-W_d}{W_d}\times 100$$

T=成坯水(%)

W_p=濕時試塊之重

W_d=乾後試塊之重

測定結果，列表如下：——

產地 \ 配合 平均値	A	B	C	D	E	F	G	H	I	J
江津(T)	29.87	27.86	25.34	22.57	20.61	19.71	18.48	16.45	13.35	12.17
敍永(S)	42.39	40.23	36.75	34.12	29.53	27.26	25.51	21.67	18.33	15.11
威遠(W)	36.84	34.97	33.23	30.04	28.59	26.81	25.65	23.13	20.14	19.43
南川(N)	34.50					26.38				

上列結果，圖示如下：

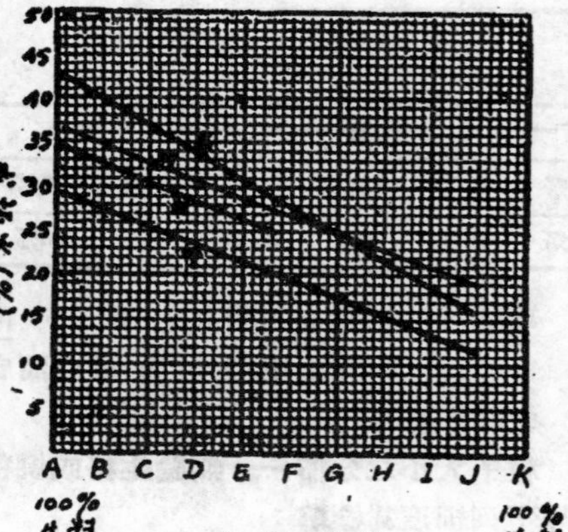

配合成分

粘土之粘性 (plasticity) 本與其成坯水成正比，粘性愈強者，成坯水愈高，成坯水低者，粘力亦弱。不過此係指粒子極細微之普通粘土而言，但對於此次所採用之各種耐火土 (fire-clay) 則不適用，按此種耐火土均係微孔體（所含微孔之體積各不相等），雖粘粉至極細，其中仍有許多微管存在；此種微孔吸水甚多，但并不能增加其粘力；故成坯水之多寡，不能決定其粘力之強弱。不過同一原料與同一燒粉作各種不同之配合時，仍可以之比較其粘性之高下。

由上圖可知生料愈多，成坯水愈高，燒粉愈多，成坯水愈低。就各種生料而言，以敍永耐火土之成坯水最高；江津者最低，威遠與南川居於二者之間。

成坯水愈高者，乾燥及煅燒時所釋放之水份愈多，其收縮度 (shrinkage)（表現於乾燥收縮或燒成收縮）亦愈大，愈易發生龜裂現象；成坯水低者則較差。

(2)收縮水 (shrinkage water) 之測定

收縮水即係試塊至乾燥收縮停止時，所總共釋放之水。收縮水愈高者，收縮度愈大；收縮水愈低者，收縮度愈小。計算收縮水之公式如下：

$$t_1=\frac{V_p-V_d}{W_d}\times 100$$

t_1=收縮水(%)

V_p=濕時試塊之體積(立方公分)

V_d=乾後試塊之體積(立方公分)

W_d=乾後試塊之重量(公厘)

測定之結果如下：——

配合平均值 / 產地	A	B	C	D	E	F	G	H	I	J
江津 (T)	3.43	6.85	4.69	3.71	2.55	2.25	1.41	0.94	0.86	0.65
敍永 (S)	6.32	4.61	3.34	2.61	2.43	1.47	1.04	0.66	0.45	0.37
威遠 (W)	7.85	6.37	4.53	3.20	2.35	1.41	1.26	0.72	0.62	0.53
南川 (N)	7.90					2.15				

上列結果，圖示如下：

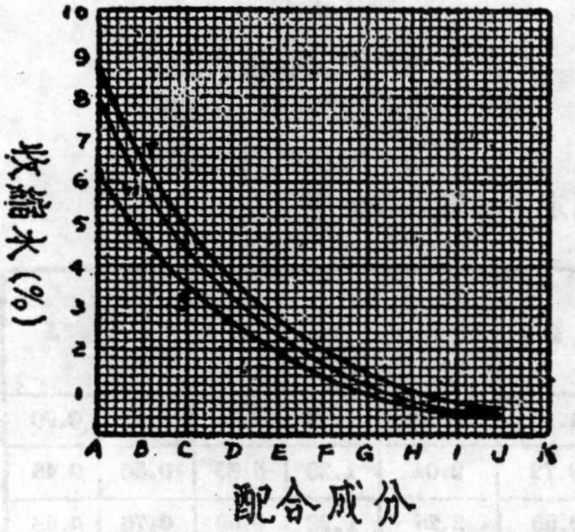

由上列圖表，可知生料愈多，收縮水愈高；熟料愈多，收縮水愈低。就各種原料而論，以江津耐火土之收縮水最高，敍永者最低，南川與威遠者居於二者之間，至熟料增加 60% 以上時，則收縮水相差甚微。

按收縮水多係包圍於各個微粒之表面（乾燥之，即行釋出）能左右粘力之強弱，收縮水高者，粘力較強，收縮水低者粘力較弱。此種解釋，雖無文獻根據，但證諸實際情形，亦甚吻合，江津耐火土粘力較強，其收縮水最高，敍永者其收縮水最低，其粘性最弱，威遠者其粘性略高於敍永者，南川者與威遠者相差甚微。

（3）孔隙水 (pore water) 之測定

孔隙水亦係成坯水之一部分，即試塊之乾燥收縮停止後，熱至 100°C ，且達重量不變時，所釋放之水分；至此成坯水已全部釋放，故可按下列公式求之：——

$$t_2 = T - t_1$$

t_2 = 孔隙水(%)

T = 成坯水(%)

t_1 = 收縮水(%)

所得結果，表列如下：

配合平均值 / 產地	A	B	C	D	E	F	G	H	I	J
江津 (T)	20.94	20.51	20.05	18.86	18.06	17.46	17.07	15.51	12.49	11.52
敍永 (S)	36.07	35.62	33.41	31.51	27.10	25.79	24.47	21.01	17.88	14.74
威遠 (W)	28.99	28.60	28.76	26.84	26.24	25.40	24.39	22.41	19.52	18.90
南川 (N)	26.60					24.23				

上列結果，圖示如下頁。

由上列圖表可知，生料愈多，孔隙水愈高；燒粉愈多者，孔隙水愈低。就各種原料而論，以敍永耐火土之孔隙水最高，江津者最低，威遠及南川者居於二者之間。

按孔隙水均存在於微管中間，非加熱不能全部釋出。孔隙水愈高，愈易使燒成之試塊表面發生龜裂，補救之方法，即係增加燒粉或砂粉等，不過孔隙水過高者，即將燒粉增加至 60—70% 時，有時仍有龜裂之

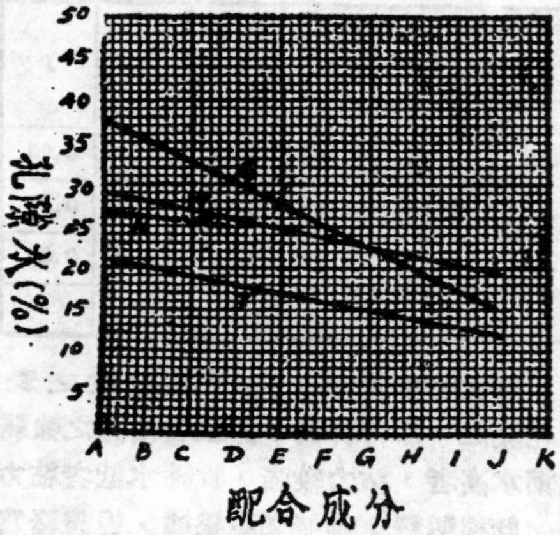

弊（龜裂現象當倘有其他原因，在試驗時儘量設法制止）。敍永耐火土，即係一顯明之例；至於用江津或南川耐火土配合者，在完全相同之情形下，燒成之試塊，則無此弊，即偶而發現，亦極輕微。

（4）乾燥體積收縮度 (drying volume shrinkage) 之測定

乾燥體積收縮，即係試塊由濕時至乾燥完全時，所發生之體積變化，可以百分率表之，其計算公式如下：

$$b=\frac{V_p-V_d}{V_d}\times 100$$

b = 乾燥收縮度(%)

V_p = 濕時試塊之體積

V_d = 乾後試塊之體積

測定之結果列表如下：

配合平均值 / 產地	A	B	C	D	E	F	G	H	I	J
江津（T）	11.49	10.29	7.69	5.77	4.15	3.16	1.98	1.10	0.91	0.90
敍永（S）	8.12	6.24	4.64	3.14	2.72	2.04	1.29	5.83	0.56	0.46
威遠（W）	11.34	9.34	6.78	4.72	3.56	2.25	1.23	0.99	0.76	0.58
南川（N）	11.40					3.10				

上列結果，圖示如下：

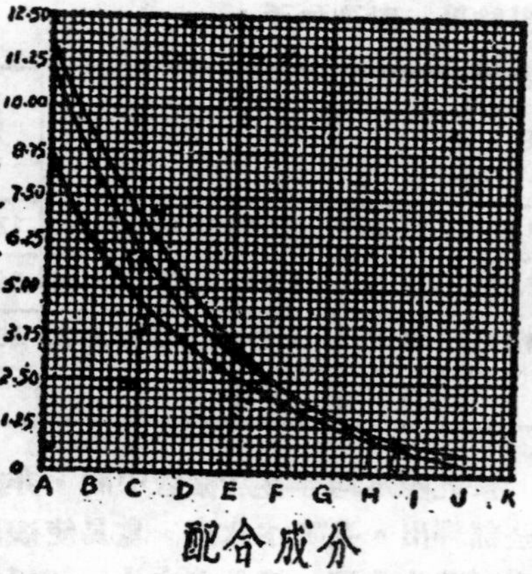

由上列圖表可知：生料愈多，乾燥體積收縮度愈大；燒粉愈多，收縮愈小。就各種原料而論：以江津耐火土乾燥體積收縮度較大，敍永者較小，威遠與南川者居二者之間，至燒粉增加至 70% 以上時，各個之體積收縮度相差甚微。

收縮度之變化甚大，無論原料之本性，粒子之細度，所含雜質及膠體粒子之多寡，成坯之方法，加壓之大小……均能影響之。收縮度與收縮水之關係，尤為明顯；收縮水高者，體積收縮度必大；低者，收縮度必小。故上圖之曲線與以前表示收縮水之曲線，極為近似，可以參閱。

（5）乾燥直線收縮度 (drying Linear shrinkage) 之測定

乾燥直線收縮度，係試塊由濕時至收縮停止時，所發生之直線收縮變化，可以百分率表之，計算公式如下：

$$a=\frac{L_p-L_d}{L_d}\times 100$$

a＝乾燥直線收縮度(%)

L_p＝濕時試塊之長度

L_d＝乾後試塊之長度

乾燥直線收縮度，又可由乾燥體積收縮度求之，其計算公式如下：——

$$a=\left[1-\sqrt[3]{1-\frac{b}{100}}\right]\times 100$$

b＝乾燥體積收縮度(%)

測定之結果列表如下：

產地 ＼ 配合成分	A	B	C	D	E	F	G	H	I	J
江津 (T)	3.88	3.29	2.58	1.81	1.41	1.05	0.66	0.41	0.32	0.26
敍永 (S)	2.74	2.10	1.65	1.23	1.01	0.81	0.45	0.30	.025	0.19
威遠 (W)	3.77	3.12	2.30	1.61	1.28	0.91	0.50	0.34	0.28	02.1
南川 (N)	3.82					1.04				

上列結果，圖示如下：——

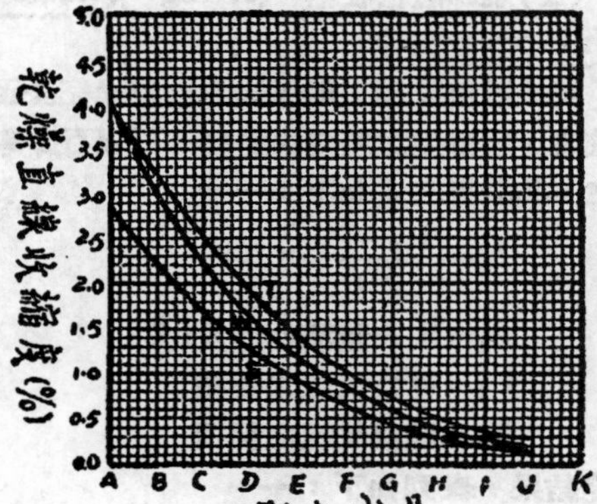

配合成分

由上列圖表可知，生料愈多者，乾燥直線收縮度愈大；燒粉愈多者，收縮愈小。就各種原料而論，以江津耐火土乾燥直線收縮度最大，南川者次之，威遠者又次之，敍永者最小，其變化情形與乾燥體積收縮度完全相同，可與前條參閱之。

乾燥直線收縮度，亦與收縮水成正比。江津耐火土之收縮水最高，其乾燥收縮度亦最大，敍永者收縮水最低，故其收縮度亦最小。

收縮度過大者，往往易發生變形、歪扭、破裂、彎曲等弊端，增加熟料即可補救之。與其他各種粘土比較時，此四種原料之乾燥收縮度不過高。

(6)乾坯耐壓力 (compressive strength)之測定

乾坯耐壓力與裝窰有重大之關係，如耐壓力過低，裝窰時往往發生傾倒之現象。

測定之結果表列如下：——

產地 ＼ 配合成分	A	B	C	D	E	F	G	H	I	J
江津 (T)	3.45	3.15	2.86	2.54	2.21	1.99	1.70	1.55	1.28	8.0
敍永 (S)	2.45	2.30	2.20	1.84	1.56	1.40	1.33	1.08	8.2	6.1

上列結果，圖示如下：——

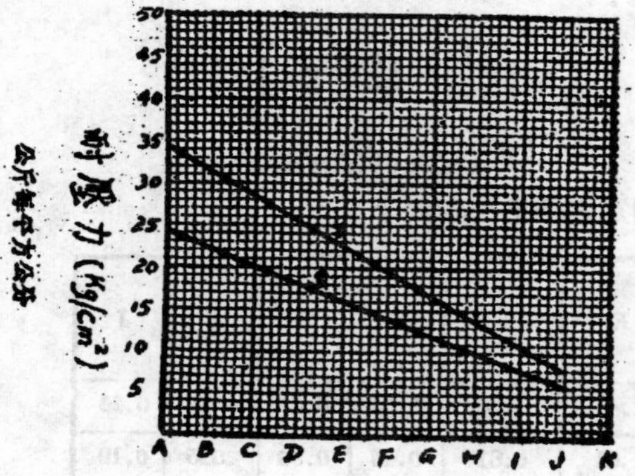

配合成分

由上圖可知：生料愈多者，耐壓力愈強；燒粉愈多者，耐壓力愈低。蓋生料多時，束力較大，故能抵抗較大之壓力；燒粉毫無束力，愈多則愈不能耐壓。

就各種原料而言：以江津耐火土之乾坯耐壓力較大，敍永者較次，其他兩種因原料不足，故未試驗。

由耐壓力之高低，亦可大概比較其粘性；粘力愈強者，乾坯耐壓力必大，粘力較小者，其乾坯耐壓力必低。

五　燒成試驗

燒成所用之窰，爲倒焰式方形試驗窰，窰之內容爲（70×70×70 公分），每次約可裝2×4×8（5×10×20 公分）寸磚計九十餘塊，燃料爲敍府吊黃樓塊煤，化驗結果（以乾煤爲標準）如下：

灰份	17.66%
揮發量	27.18%
固定炭	53.16%
硫質	——
發熱量	70.76 公熱單每公斤位

燒成火度爲 1250°C. 及 1350°C.，燒至 1250°C. 時所需時間爲二十二小時，所燃煤量爲四百公斤；燒至 1350°C. 時，所需時間爲二十七小時，所燃煤量爲五百五十公斤。測量溫度所用工具爲 Seger Cane 及 Optical Pyrometer。T_1，S_1，W_1，N_1，代表1250°C. 燒成者。T_2，S_2，W_2，N_2，代表 1350°C. 燒成者。

（1）燒成體積收縮 (firing volume shrinkage) 之測定

燒成體積收縮，即係試塊由乾燥完全至燒成時，所發生之體積的變化，可以百分率表之，其計算公式如下：——

$$b_1 = \frac{V_d - V_f}{V_d} \times 100$$

b_1＝燒成體積收縮度(%)

V_d＝乾後試塊之體積

V_f＝燒後試塊之體積

測定結果，表列如下：——

配合成分 / 產地	A	B	C	D	E	F	G	H	I	J
江津(T_1)	28.22	19.68	12.55	6.52	5.52	3.70	2.68	1.85	1.54	0.94
敍永(S_1)	44.11	31.63	20.20	13.54	9.16	6.95	4.95	2.99	1.95	1.52
威遠(W_1)	32.26	24.68	19.81	16.90	13.59	11.72	9.56	8.29	7.46	6.16
南川(N_1)	31.10					3.28				
江津(T_2)	24.06	17.03	11.42	7.12	4.74	3.82	2.07	1.39	1.17	0.80
敍永(S_2)	45.52	33.25	22.49	15.79	10.29	7.82	5.83	3.73	2.85	1.95
威遠(W_2)	33.56	25.50	4.38	19.31	14.89	13.36	11.08	10.40	9.42	7.46
南川(N_2)	32.77					3.38				

以上結果，圖示如下：——

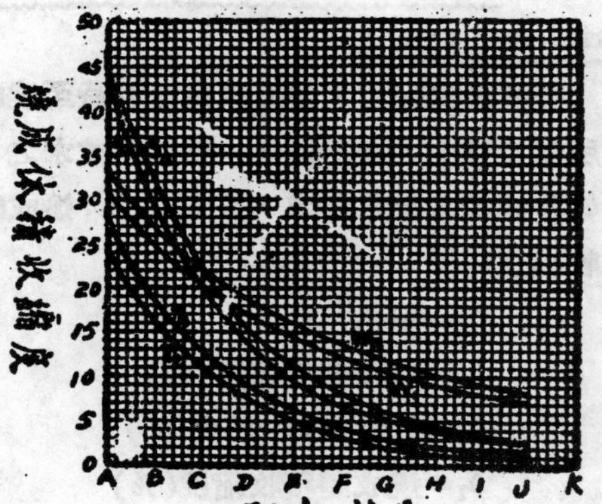

配合成分

由上表及圖，可知生料愈多，燒成體積收縮度愈大。燒粉愈多，收縮度愈小。就各種原料而言；以敍永者收縮度最大，江津者收縮度最小，威遠及南川者居於二者之間。再就燒成溫度之變化而言：敍永，威遠及南川者，溫度愈高，收縮度愈大，可知由1250°C.燒至1350°C.時，仍繼續收縮；至江津者，則不然，由1250°C.燒至1350°C.之階段，不但停止收縮，反有膨脹之現象，在1350°C.燒成者，其收縮反低於1250°C.燒成者，蓋因其中所含熔劑較多，燒至1350°C.時，其中一小部份已起熔化作用。

（2）燒成直線收縮度 (firing linear shrinkage) 之測定

燒成直線收縮度，即係試塊由乾燥完全至燒成時，所發生之長度的變化，可以百分率表之，其計算公式如下：——

a_1＝燒成直線收縮度(%)

$$a_1=\frac{L_d-L_f}{L_d}\times 100$$

L_d＝乾後試塊之長度

L_f＝燒後試塊之長度

燒成直線收縮度，又可由燒成體積收縮度計算其計算公式如下：——

$$a_1=\left[1-\sqrt[3]{1-\frac{b_1}{100}}\right]\times 100$$

b_1＝燒成體積收縮度(%)

測定結果，表列如下：——

產地＼配合成分	A	B	C	D	E	F	G	H	I	J
江津(T_1)	9.61	6.54	4.22	2.94	1.85	1.27	0.97	0.62	0.54	0.34
敍永(S_1)	14.74	10.58	7.01	4.51	3.07	2.34	1.70	0.99	0.63	0.52
威遠(W_1)	10.77	8.55	6.71	5.64	4.56	3.94	3.11	2.74	2.45	2.03
南川(N_1)	10.41					1.09				
江津(T_2)	8.05	5.93	3.62	2.40	1.60	1.31	0.76	0.45	0.40	0.30
敍永(S_2)	15.21	11.08	7.51	5.29	3.44	2.63	1.94	1.24	0.96	0.65
威遠(W_2)	11.21	8.51	7.02	6.40	4.86	4.40	3.62	3.40	3.04	2.80
南川(N_2)	10.92					1.12				

以上結果，圖示如下：——

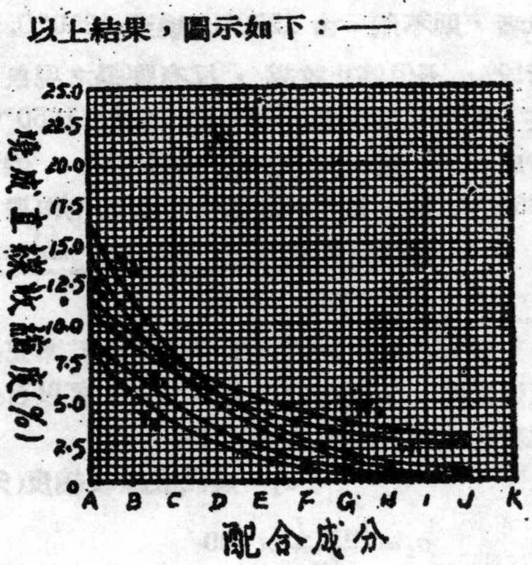

其解釋完全與燒成體積收縮度相同。

(3)體積總收縮度 (total volume shrinkage) 之測定

體積總收縮度，卽係試塊由濕時至燒成後所總共發生之體積變化，可依下式求之。以乾後體積爲計算標準，按 1250°C. 燒成時之收縮度計算：

$b_2=b+b_1$

b_2＝體積總收縮度(%)

b＝乾燥體積收縮度(%)

b_1＝燒成體積收縮度(%)

計算結果，表列如下：——

產地＼配合分号	A	B	C	D	E	F	G	H	I	J
江津(T)	39.71	29.97	20.24	13.98	7.67	6.86	4.66	2.99	2.45	1.64
敍永(S)	52.23	37.87	24.84	17.08	11.88	8.99	6.24	3.87	2.51	1.93
威遠(W)	43.60	34.02	26.59	21.62	17.15	13.97	10.97	7.28	5.22	6.74
南川(N)	42.50					6.38				

上列結果，圖示如下：——

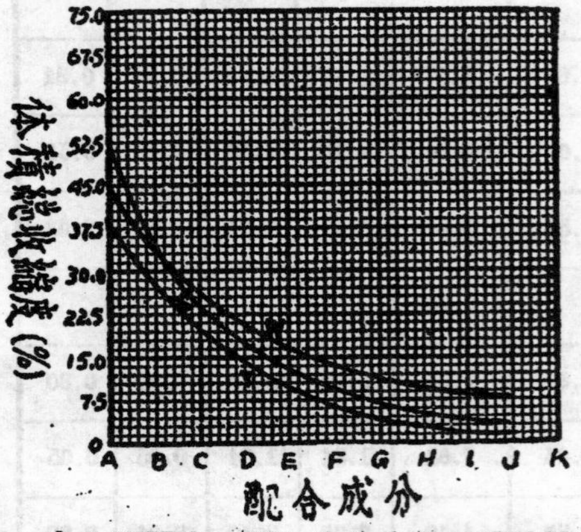

由上列圖表，可知生料愈多，體積總收縮度愈大；熟料愈多，則體積總收縮度愈小。就各種原料而言，以敍永者體積總收縮最大，江津者最小，威遠與南川者居二者之間。此種解釋與燒成體積收縮度之解釋，完全符合。

(4)直線總收縮度 (total linear shrinkage) 之測定

直線總收縮度，卽係試塊由濕時至燒成後，所總共發生之長度的變化，可依下式求之，以乾塊長度爲計算標準，按燒成火度1250°C. 時之收縮度計算。

$a_2=a+a_1$

a_2＝直線總收縮度(%)

a＝乾燥直線收縮度(%)

a_1＝燒成直線收縮度(%)

計算結果，表列如下：——

產地 \ 配合 平均值	A	B	C	D	E	F	G	H	I	J
江津（T）	13.49	9.83	6.80	4.75	3.26	2.32	1.63	1.03	0.86	0.60
敍永（S）	17.48	12.68	8.66	5.74	4.08	3.15	2.15	1.2[illegible]	0.93	0.71
威遠（W）	14.56	11.67	9.01	7.15	5.34	4.85	3.61	3.03	2.73	2.24
川南（N）	14.23					2.13				

上列結果，圖示如下：——

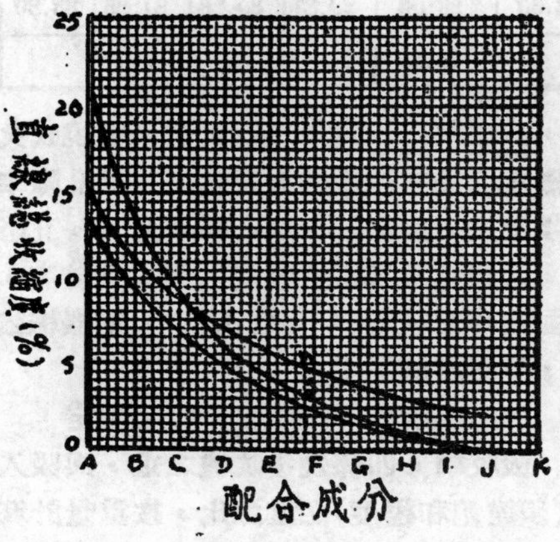

由上列圖表，可知生料愈多者，直線總收縮度愈大；熟料愈多者，直線總收縮度愈小。就各種原料而論，以敍永者直線總收縮度最大，江津者最小，威遠與南川者居於二者之間。

此項解釋與燒成體積收縮度及燒成直線收縮度之解釋完全相同。

六　成品試驗

（1）簡單物理性質之測驗

項目 \ 成品名項	江津耐火土成品	敍永耐火土成品	威遠耐火土成品	南川耐火土成品
顏色	褐黑色有白色斑點	純白色	淡黃色有黑色斑點	灰白色有褐色斑點
粕面分子之機構	嚴密	鬆懈，手指觸之即脫落	生料 50 % 以上者嚴密，以下者較鬆懈	嚴密
龜裂現象	含生料 50% 以上者均有龜裂現象，以下者無	任何配合均有龜裂現象	含生料 40% 以上者均有龜裂現象	含生料 50% 者無龜裂
音響	含生料 80% 以上者音響清脆	任何配合音響均甚重濁	含生料 40% 以上者音響較清脆	含生料 100—50% 者音響均較清亮

（2）近似孔隙率（apparent porosity）之測定

近似孔隙率，即係試塊總體積與吸入液體的體積（即開洞體積）之比，可按下式求之：——

$$P=\frac{S_f-W_f}{V_f}\times 100$$

p ＝近似孔隙率（%）（按體積計）

S_f ＝燒成試塊用水飽和後之重（公厘）

W_f ＝燒成試塊之重（公厘）

V_f ＝燒成試塊之體積（立方公分）

測定結果表列如下：——

產地 \ 配合 平均值	A	B	C	D	E	F	G	H	I	J
江津(T_1)	20.27	21.93	23.77	25.73	27.52	28.56	28.97	30.34	32.62	36.34
敍永(S_1)	25.16	29.26	36.14	36.76	37.45	37.96	38.26	38.53	39.03	39.60
威遠(W_1)	22.93	26.67	29.80	31.22	32.70	34.15	34.69	34.35	35.5[illegible]	38.72
南川(N_1)	23.07					34.04				
江津(T_2)	19.28	20.46	21.57	24.03	25.53	26.23	26.71	27.75	34.41	30.41
敍永(S_2)	24.07	27.32	34.90	35.47	36.17	36.61	36.83	37.23	33.00	39.30
威遠(W_2)	19.20	24.86	27.20	27,90	28.60	29.00	29.87	30.26	31.36	33.89
南川(N_2)	21.86					33.20				

上列結果，圖析如下：——

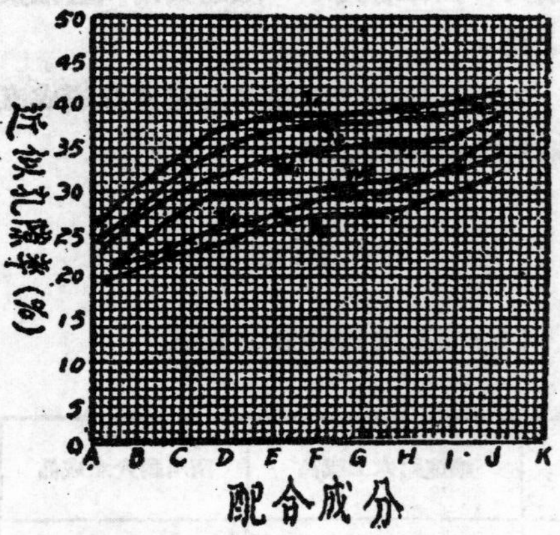

由上列圖表，可知生料愈多，近似孔隙率愈低；熱料愈多，則孔隙率愈高。就各種原料而論，以敍永者孔隙率最高，江津者最小，威遠與南川者居二者之間。就燒成火度的影響而論，燒成的火度愈高，則孔隙率愈小；燒成火度愈低，則孔隙率愈大。孔隙率高，則導熱及導電率較低，耐火度較高，且能耐溫度之驟變，但過高時，則機械強度低，不耐磨擦。

(3)吸收率 (absorption) 之測定

吸收率，即係燒後試塊之重，與吸入水份(須達飽和程度)之重之比，按重量計算，可依下列公式求之。

$$A=\frac{S_f-W_f}{W_f}\times 100$$

A＝吸收率(% 按重量)

S_f＝燒成試塊用水飽和後之重

W_f＝燒成試塊之重

測定結果表列如下：——

產地 \ 配合 平均	A	B	C	D	E	F	G	H	I	J
江津(T_1)	11.27	13.20	16.79	17.78	16.34	18.84	19.11	20.10	21.35	23.10
敍永(S_1)	13.28	18.58	22.88	23.50	24.63	24.96	25.14	25.51	26.72	27.84
威遠(W_1)	12.64	17.37	18.43	19.45	20.28	21.45	21.80	21.96	22.42	25.70
南川(N_1)	11.21					21.27				
江津(T_2)	10.98	12.11	14.43	15.52	16.41	16.70	16.92	17.14	18.69	19.19
敍永(S_2)	12.12	18.14	22.53	23.17	24.31	24.56	25,00	25.18	26.39	27.21
威遠(W_2)	10.14	14.45	16.36	16.83	17.40	17.67	18.20	18.31	17.60	22.37
南川(N_2)	19.75					20.40				

上列結果，圖析如下：——

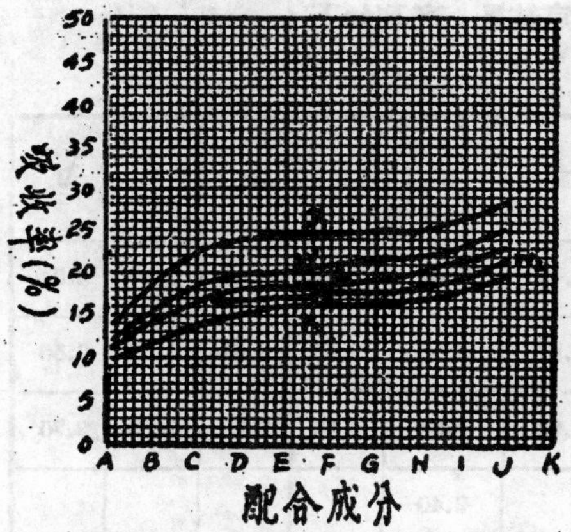

由上列圖表，可知生料愈多，吸收率愈低；熱料愈多，則吸收率愈高。就各種原料而論，以敍永者吸收率最高，威遠江津南川者次之，但後三者彼此相差較少。就燒成火度的影響而論，燒成火度愈高，則吸收率愈低；燒成火度愈低，則吸收率愈高。此種解釋與近似孔隙率者，完全相同，敍永耐火土在1250°C.及1350°C.燒成者，其吸收率相差甚微，故只作一線，以表之。

（4）總體比重 (bulk specific gravity) 之測定

總體比重，即係試塊全部體積之比重，所謂全部體積，即係指試塊本身實有體積加上閉孔，體積及閉孔體積，其值可依下式求之：

$$G_b=\frac{W_f}{V_f}$$

G_f＝總體比重(公厘/立方公分)

W_f＝燒成試塊之重(公厘)

V_f＝燒成試塊體積(立方公分)

測定結果，表列如下：——

配合平均 / 產地	A	B	C	D	E	F	G	H	I	J
江津(T_1)	1.85	1.84	1.75	1.72	1.72	1.74	1.73	1.71	1.68	1.58
敍永(S_1)	1.93	1.78	1.65	1.60	1.51	1.51	1.51	1.53	1.48	1.46
威遠(W_1)	1.88	1.73	1.67	1.64	1.62	1.61	1.63	1.65	1.58	1.06
南川(N_1)	1.85					1.61				
江津(T_2)	1.73	1.71	1.70	1.68	1.67	1.71	1.73	1.72	1.69	1.66
敍永(S_2)	1.99	1.80	1.67	1.61	1.52	1.52	1.52	1.54	1.50	1.47
威遠(W_2)	1.89	1.75	1.70	1.66	1.64	1.65	1.65	1.67	1.62	1.49
南川(N_2)	1.94					1.63				

上列結果，圖析如下：——

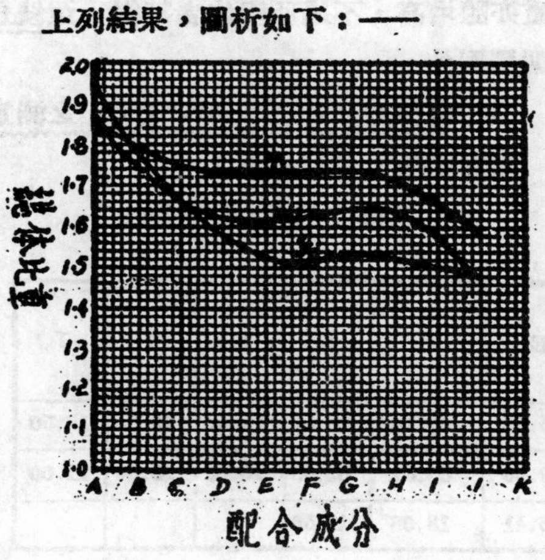

由上列圖表，可知生料愈多，則總體比重愈大；熱料愈多，則總體比重愈小，在中間一致，係一種不規則之變化。就燒成火度的影響而論，除江津一種外，餘皆係隨燒成火度之增高，而增加其總體比重，不過變化甚微，只作二線，以表之。

（5）近似比重 (apparent specific gravity) 之測定

近似比重，即係每單位不能滲入水的部分(試塊本身實有體積加閉孔體積)的重量，可按下式求之——

$$G_a=\frac{W_f}{V_f-(S_f-W_f)}$$

G_b＝近似比重（公厘/立公分）

W_f＝燒後試塊之重（公厘）

V_f＝燒後試塊體積（立方公分）

S_t＝燒成試塊用水飽和後之重（公厘）

測定結果，表列如下：——

配合次序 產地	A	B	C	D	E	F	G	H	I	J
江津（T_1）	2.34	2.35	2.40	2.41	2.43	2.44	2.45	2.47	2.49	2.51
敍永（S_1）	7.57	2.58	2.60	2.60	2.57	2.57	2.58	2.49	2.53	2.56
威遠（W_1）	2.44	2.51	2.62	2.65	2.66	2.67	2.68	2.69	2.69	2.70
南川（N_1）	2.48					2.40				
江津（T_2）	2.44	2.50	2.62	2.64	2.65	2.66	2.68	2.68	2.69	2.70
敍永（S_2）	2.54	2.55	2.43	2.50	2.37	2.45	2.39	2.52	2.50	2.52
威遠（W_2）	2.47	2.54	2.63	2.66	2.67	2.68	2.68	2.69	2.70	2.71
南川（N_2）	2.55					2.44				

上列結果，圖析如下：——

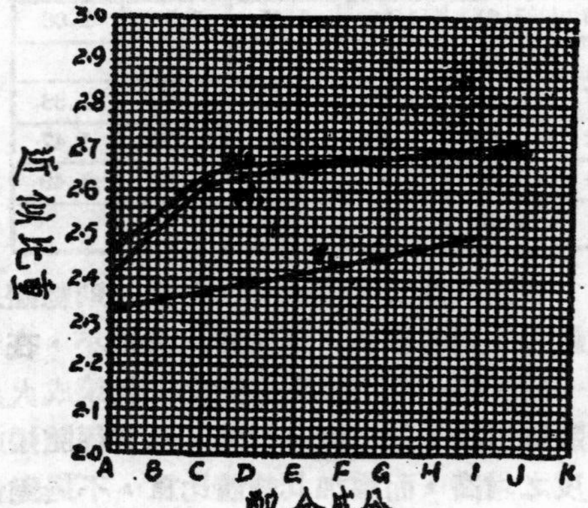

由上列結果，可知江津及威遠者，近似比重係隨熟料之增多而增高，敍永者，則作不規則之變化，南川者，因配合種類甚少，不易觀察。T_1 之變化，近於一直線變化，T_2 恰近於 W_1 之變化，故 T_2 線未另行繪出。就大部份而言，燒成火度增高，則近似比重亦隨增高，不過所變化者甚微，至敍永者則屬例外。

（6）耐伸力（tensile strength）之測定

測定結果，表列如下：——

（單位：公斤/平方公分）

配合次序 產地	A	B	C	D	E	F	G	H	I	J
江津（T_1）	48.40	42.19	40.31	38.52	35.50	40.74	28.54	25.56	23.50	18.50
江津（T_2）	55.05	49.80	45.60	44.80	39.00	38.51	32.48	28.55	25.50	21.00
敍永（S_2）	27.60	16.00	14.84	18.88	15.41	13.08	12.56			

上表結果，圖析如下：——

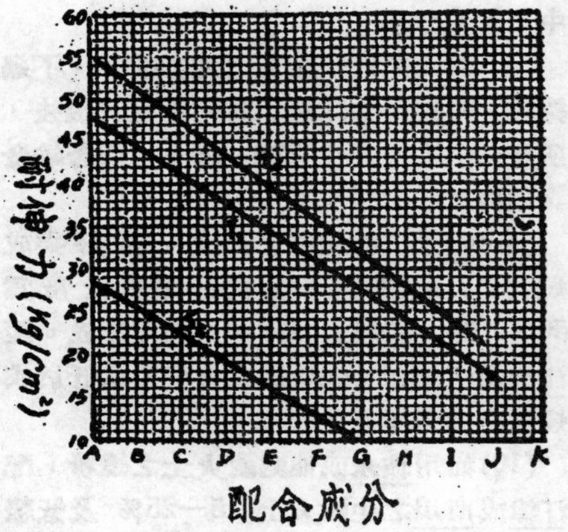

由上列圖表，可知生料愈多，耐伸力愈大；熟料愈多，耐伸力愈小。就各種原料而論，江津者較敍永者約大二倍，敍永者耐伸力過小，熟料超過 70% 時，其耐伸力則低於十公斤（以平方公分爲單位）。就燒成火度的影響而言：火度愈高，則耐伸力愈大，S_2 係敍永原料在 1350°C. 燒成者；其在 1250°C. 燒成者，耐伸力尤小矣。其耐伸力所以如此小之原因有二：(1)收縮度過大，試塊燒成後，龜裂甚劇。(2)敍永原料中含雜質及熔劑甚少，雖在 1350°C. 燒成，仍不能將其燒透。

(7)耐壓力 (compressive strength) 之測定

測定結果，表列如下：——

（單位：公斤/平方公分）

配合成分 / 產地	A	B	C	D	E	F	G	H	I	J
江津(T_1)	2.55	2.05	1.98	1.75	1.64	1.30	1.18	93.00	80.40	75.50
江津(T_2)	3.25	2.95	2.80	2.68	2.46	2.25	1.63	1.64	1.50	1.20
敍永(S_2)	1.60	1.35	1.08	7.85	43 4	2.65	2.03	—	—	—

上列結果，圖析如下：——

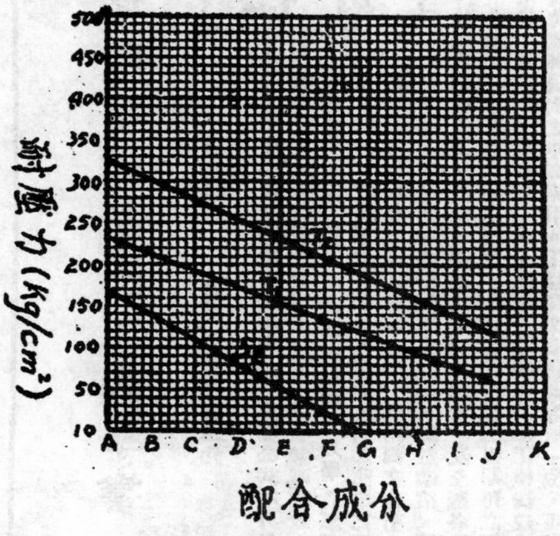

由上列圖表，可知生料愈多，耐壓力愈高；熟料愈多，耐壓力愈小。就各種原料而論：江津者較敍永者約大一倍，敍永者之耐壓力過小，在 1250°C. 燒成者尤小。就一般而言；燒成之火度愈高，則其機械強度愈大；燒成火度愈低，其機械強度愈小；在同一溫度燒成者，含雜質及熔劑多者，其機械強度必高，含雜質及熔劑少者，則機械強度必低。

如用敍永燒粉配入 30% 之低級粘土，在 1350°C. 燒成後，其耐壓力可增至 570 公斤每平方公分。

七　結論

(1)就化學成分而論：以敍永的耐火土爲最佳，所含氧化鋁最高，威遠及南川者次之，江津者含氧化鋁之成分最低。

(2)就粘性而論：以敍永者最小，最不易成型，江津與南川者粘性較深，成型稍易。就此四種原料而論，均嫌粘力不足，製造耐火磚時，尙不感重大困難，如製造特種耐火器時，則深感粘力之不足。

(3)就收縮度而言：以敍永者收縮度最大，江津者最小，用敍永生料與其燒粉，作任何比例之配合，燒成之物品，多有龜裂現象，威遠者亦有相同之劣點，不過稍次於敍永者。

(4)就成品機械強度而言：敍永者實屬過小，不能荷較重之力，江津者約大於敍永者一倍。

(5)用南川與江津耐火土配合其各個之燒粉，製造普通耐火磚時，絕無問題，其配合比例，熟料最好佔 50—60%，燒成之溫度最好爲 1250°C.，過低則斷面之份子，觸之卽行脫落，其機械強度亦低。

(6)欲增加敍永耐火土之粘力，減低其收縮度，增加其機械強度，最好將其燒粉中配入 20—30% 之低級粘土，在 1350°C. 下燒成，威遠者亦與敍永者有相同之劣點 故製造時最好亦配入適量之普通粘土。

(7)配入低級粘土(其中含熔劑較多)，固可增加其粘力及機械強度，但其耐火度亦必相當的降低，故採用此種方法，實乃不得巳中之補救方法。

(8)四川產低級粘土之地帶甚多，不過選擇時，亦應嚴加注意：其粘力固須很強，其所含氧化鋁最好在 22% 以上，所含鹼金屬氧化物最好勿超過 4%。

(9)敍永燒粉燒成之火度，最好與成品燒成之火度相同，例如成品燒成火度爲 1350°C. 時，燒粉最好亦在此溫度燒成。至於江津及南川者，燒粉燒成火度雖略低於成品燒成火度，亦無什影響。

(10)如用敍永或他處耐火土之燒粉，配入江津或南川之生耐火土 15—25% 及低級粘土 10—20%，在 1350°C. 燒成，亦必甚佳。如製耐火磚時，只配入 40—50% 之江津或南川生料亦可，不須再配入其他粘土。如需要甚高之機械強度時，仍須配入輕量之低級粘土。

•[H]C620(2)b-29:8

土法榨油改良之研究

顧毓珍（中央工業試驗所）

一 引言

吾國土法榨油方法，由來已久。惟世代相傳，墨守成法而不知改良。考我國土法榨油床，大都爲楔形橫臥式，明代宋應星氏所著之天工開物❶書中，載之甚詳。沿至今日，各地土法榨坊中所採之方法及榨床，與宋氏所述之方法，暨所繪之南方榨，絕無異樣，並未改進。以是我國之植物油工業，數千年來，仍停滯於手工業狀態之下。

試觀歐美各國，植物油之提取，無不採用水力壓榨機，或溶劑抽提機，其效率之高，決非土榨所可比擬。惟此項水力壓榨機，國內並無製造機廠，尙須仰給國外。祇在通商大埠，有用機器榨油之工廠，故我國植物油生產，什九仍賴土法榨坊，散佈於鄉村間，成爲農村副業。當此抗戰期間，國外新式壓榨機之輸入，旣感困難，則植物油工業之改進，不得不求土法榨油方法之改良。

本所有鑒於此，對於我國植物油工業之研究，數年來巳根據下列綱目進行中：

(甲)植物油籽試驗——基本因數之探求。

(乙)改良土法榨油試驗——增加產量與改進品質。

(丙)籽餅利用之研究。

(丁)籽殼利用之研究。

茲將甲乙兩項所述之試驗結果，分述於後，作供改良土法榨油之根據，其他兩項，容後續報。

二 植物油籽壓榨試驗基本數之探求

本所油脂試驗室於最近三年來，曾應用小型水壓機（可以紀錄壓力，並有加溫設備，）作有系統之植物油籽壓榨試驗，藉以澈底明瞭壓榨時對於產量及品質有關之基本因數，用以作爲改進土法榨油之根據。巳經試驗之植物油籽，計有棉籽、大豆、桐籽、桕籽及花生五種，芝麻尙在試驗中。在試驗各種不同之油籽時，對於產油量有關之因數，可分爲六項：(一)壓力，(二)時間，(三)溫度，(四)水份，(五)含油量，(六)籽粉細度(size)。

在每種規定之細度油籽壓榨時，對於產油量有關之因數爲(一)壓力，(二)時間，(三)溫度，(四)水份四項。因爲溫度直接影響動學黏度，故溫度一項，可直接用動學黏度表明之。經試驗結果，植物油籽壓榨，在一定之水份時，其產油量與壓力，時間及動學黏度之關係，可以一普通公式表明之。

$$W^2 = k\frac{P^x\theta^y}{(\mu/\rho)^z} \cdots\cdots\cdots\cdots (1)$$

其中：

W = 產油量百分率

k = 常數（以油籽種類而異）

P = 壓力（每平方英吋磅數）

θ = 壓榨時間（以小時計）

μ/l = 在壓榨溫度時之動學黏度(kinematic viscosity)

$x.y.z$ = 指數（視油籽種類而異）

❶宋應星天工開物第十二章膏液。

8609

關於棉籽、大豆、桐籽、菜籽、花生之試驗結果，已分別登載工業中心及化學工程雜誌內（❶、❷、❸、❹、❺）。此五種已經試驗油籽之含油量，壓榨籽粉之水份，及其常數與指數等，列入第一表。

第一表所列壓榨公式中，各種油籽之常

第一表　五種植物油籽在壓榨公式中之常數及指數

常數及指數等 / 油籽類別		K	x	y	z	水份%	產油率%
1.	棉籽	0.0288	1	1/3	1/2	8.20	31.72
2.	大豆	0.00623	1	1/3	1/2	10.00	17.56
3.	桐籽	0.164	1	1/3	1/3	6.60	44.72
4.	菜籽	0.0523	1	1/3	1/3	6.90	41.20
5.	花生	5.134	1	1/3	1/3	5.66	48.90

數，係根據規定水份時，若將籽粉中之含水量變更，此常數自亦變易。在榨油工業中，吾人所希望者，不外產量之增加，即使此常數加大。據各種籽之試驗結果，吾人知每種油籽有最優含水份量 (optimum range of moisture content)，或可稱最優濕度，即在此濕度時，其產油量最大。茲將五種油籽之壓榨公式及其最優濕度，列入第二表。

第二表　五種油籽之壓榨公式及最優濕度

	壓　榨　公　式	最　優　濕　度
1.　棉籽	$W^2=0.0288\dfrac{P\sqrt[3]{\theta}}{\sqrt{\mu/\rho}}$	❶　5–11%
2.　大豆	$W^2=0.00623\dfrac{P\sqrt[3]{\theta}}{\sqrt{\mu/\rho}}$	❷　——
3.　桐籽	$W^2=0.164\dfrac{P\sqrt[3]{\theta}}{\sqrt[3]{\mu/\rho}}$	❸　7–9%
4.　菜籽	$W^2=0.0523\dfrac{P\sqrt[3]{\theta}}{\sqrt[3]{\mu/\rho}}$	❹　7–11%
5.　花生	$W^2=0.134\dfrac{P\sqrt[3]{\theta}}{\sqrt[3]{\mu/\rho}}$	❺　6–8.5%

籽粉中所含水份對於產油量之關係，書籍雜誌中絕少記載，籽油工廠中視為祕密。美國推納set大學 (Tennesee University) 自一九二九年起，研究棉籽中水份與產油量之

❶顧毓珍鄭翠銘　棉籽仁壓榨試驗報告（工業中心第六卷第一期）。
　或顧毓珍　棉籽之壓榨（化學工程第四卷第一期）。
❷顧毓珍　大豆之壓榨（化學工程第四卷第三期）。
❸顧毓珍　桐油壓榨試驗報告（工業中心第七卷第二期）。
　或顧毓珍　桐籽之壓榨（化學工程第五卷第三期）。
❹顧毓珍　菜籽之壓榨（化學工程第五卷第四期）。
❺顧毓珍　花生之壓榨（化學工程第六卷第一期）。

8610

關係，經七年餘之繼續研究，得知棉籽在壓榨前須用加壓蒸煮，溫度須在華氏 265°（攝氏 130°）以上，則每噸棉籽之產油量可增加十磅，即合千分之五。❶美國在弗洛立達省試植之桐樹，據其實驗工廠之壓榨試驗結果，知桐籽仁中所含水份，不應超過百分之六，超過則桐油之產量，反而減少。❷於此可明水份對於產油量影響之研究，亦漸被工業界所重視矣。

壓榨試驗中，吾人已知水份，壓力，溫度與時間四因素，與產油量之密切關係。同時能影響於油之品質者，據試驗結果，僅為水份與溫度兩項。水份過多，將隨油溢出，而致油中不淨，極難去除。溫度過高，在品油之比重增高，鹹化價增高，與顏色變深，不合標準。故桐籽之壓榨溫度，須保持在攝氏八十度以下。花生之壓榨溫度，可保持在八十度以上。

三　改良土法榨油試驗

土法榨油，在後方尤關重要，其出品賴之以作民食，供給工業原料，並以之作為提煉液體燃料之原料。改良之目的，首在求其產量之增加，次而求其品質之改進。本所在經濟部小工業研究及指導計劃下，領到數千元之經費，設立土法榨油實驗工場，即就近購置土法油榨一套，以研究與試驗。茲將關於增加產量之試驗結果，述之於後。

(甲)蒸煮時間之調整

調整蒸煮時間之目的，在於求得籽粉中適宜之水份含量（即最優濕度）而以增加產量。茲將黃豆、菜籽、花生三種，在土法榨床中，增加蒸煮時間之結果，錄入第三表第四表及第五表。

第三表　蒸煮時間對於黃豆產油量之關係（未加溫）

黃豆重量	蒸煮時間	產油量	產油量百分率	附註
200 市斤	5分17秒	15.08 市斤	7.54%	
200	5分39秒	16.82	8.41	
200	6分10秒	17.26	8.63	
200	6分35秒	18.86	9.43	水份 18.80%

$$增加產油率=\frac{9.43-7.54}{7.54}\times 100=\frac{1.89}{7.54}\times 100=25.1\%$$

第四表　蒸煮時間對於菜籽產油量之關係（未加溫）

菜籽重量	蒸煮時間	產油量	產油量百分率	附註
327 市斤	5 分	97市斤	29.65%	水份 11.50%
315 市斤	8 分	97市斤	30.80%	水份 12.34%

$$增加產油率=\frac{30.80-29.65}{29.65}100=\frac{1.15}{29.65}\times 100=3.88\%$$

❶R. Brooks Taylor: Pressure Cooking Contributes Increased Cottonseed Profits (Chem. & Met. Vol. 44, 478 (1937)).

❷W. H. Beisler: Recovering Tung Oil from Nuts Grown in Florida (Chem. & Met. Engin. Vol. 37, 614 (1930)).

8611

第五表　蒸煮時間對於花生油產量之關係

花生產量	蒸煮時間	產油量	油量百分率產	附註
280 市斤	7 分	79.50 市斤	28.0%	
280 市斤	7 分	78.00 市斤		
280 市斤	7 分	76.00 市斤		
280 市斤	7 分	80.00 市斤		
280 市斤	9 分	81.00 市斤	28.9%	

$$\text{增加產油率}=\frac{28.9-28.0}{28.0}\times 100=3.21\%$$

由第三表至第五表，可明蒸煮時間之延長，即可增加籽粉中之水份，因而可以增加產油量。在土法榨油坊中，蒸煮時間之延長，最爲輕而易舉，即在籽粉上榨以前，命工人將籽粉多蒸煮些時間而已，並不需要添加任何設備。由上述三表，吾人可明黃豆中水份之存在，至關重要，蒸煮時間由五分餘鐘延長至六分半鐘，可以增加產油率四分之一。菜籽花生兩類，延長蒸煮時間，以增加產量百分之三以上，即每百斤油可增產三斤之譜，在整個植物油工業中，能增加百分之三之產量，實爲一值得注意之事。

(乙)加溫設備之添置

在壓榨公式中，吾人已知產油量與動學黏度成反比例，即動學黏度愈高，產油量愈低。惟油類溫度與其動學黏度之關係，亦爲反比例，故溫度愈高，動學黏度愈低。以是吾人可明溫度與產油量之關係爲正比例，即溫度愈高，產油量亦愈高。在土法油坊中，打油工匠，亦無不知冬日打桐油產量少，夏日打桐油產量多，蓋桐籽冬初收買，打油之時間直達夏季，就無形中從經驗上得知溫度與產油量之關係。從科學立場言，則冬日溫度低，故油之黏度高，經壓力打油後而不能盡行流出，故產量低；夏日溫度高，油之黏度低，易於榨出，故產量高。

再進一步，而考土法榨床與籽餅壓榨時之實際情形。油籽經烘乾或煎炒再磨碎後，籽粉先行蒸煮。蒸煮時籽粉用一假底圓形木桶盛之，置於鐵鍋之上，鍋中貯水，由水蒸汽之上昇，致使籽粉中之水份增加，溫度昇高至水之沸點以下。待蒸煮完畢，將籽粉搗出，以稻草包捆成餅，準備上榨床。是時溫度已稍降低，其溫度之降低度數，當須視室溫而異。天工開物稱「籽粉入釜甑受蒸，蒸氣騰足，取出，以稻稭與麥稭包裹如餅形，其餅外圍箍，或用鐵打成，……出甑之時，包裹怠緩，則水火鬱蒸之氣遊走，爲此損油，能者疾傾疾裹而疾箍之，得油之多，訣由於此」。蓋即言蒸煮後應速傾速裹而速箍，以保持原有之水份與溫度。故籽粉成餅後，於入油前之溫度，已與蒸煮時之溫度不同。據實際測定結果，得知春秋兩季，約在攝氏八十度左右，夏季可在九十度左右，若室溫在攝氏三十三、四度時，則籽餅入榨前之溫度，可達攝氏九十四、五度之高。

根據化學工程中之傳熱公式，吾人知

$$Q=HA\Delta t=HA(t_1-t_2) \cdots\cdots (7)$$

若應用於土法榨床中，則第七公式，成爲

$$Q=HA(t_r-t_c) \cdots\cdots (8)$$

其中：

Q＝損失熱量，

H＝傳熱係數

A＝傳熱面積

t_r＝室溫亦即籽餅外緣之溫度

t_c＝籽餅中心之溫度

因爲不論何季，籽餅中心之溫度，終較籽餅外緣之溫度爲高，故籽餅當壓時，熱量逐漸損失，迄至 $t_c=t_r$ 時為止。當冬日假定入榨前籽餅之溫度為 75°C. 而室溫僅為 5°C. 則第(8)公式為

$$Q=HA(5-75)=-70\,HA \cdots\cdots (9)$$

當夏日籽餅入榨前之溫度為 90°C. 而室溫為 30°C. 則第(8)公式當為：

$$Q=HA(30-90)=-60HA \cdots\cdots (10)$$

就熱量損失率之比例為 7:6。

$$\frac{(9)}{(10)}=\frac{-70HA}{-60HA}=\frac{7}{6} \cdots\cdots (11)$$

由第(11)公式，即知冬日之熱量損失率較夏日為大。

壓榨溫度，對於產油量尤為重要，當為 t_c 與 t_r 之對數平均數 (logarithmic mean)。在冬日之平均壓榨溫度為 26°C. 在夏日之平均壓榨溫度為 55°C. 合冬日之兩倍有奇。由上項熱量損失率，與平均壓榨溫度兩點而論，已可明為何冬日打油少，夏日打油多。

本所根據以上所述諸點，故在實驗榨油坊中，在榨床兩旁添設加溫設備一套。用小型鍋爐一具，供給蒸汽。加溫設備係按榨床弧形做保溫箱兩個，長約一尺五寸，高五寸，闊五寸。（43×12.5×12.5公分）蒸汽通過保溫箱，而由冷凝管流出。最近正在設計於榨床兩端，增添加溫設備。如是第(8)公式之 t_r，(即籽餅外緣之溫度)，可維持在 90°C. 左右，則 (t_r-t_c) 相差，將等於零，故可免除熱量之損失。在冬日非特可以免除執量損失，反可增加熱量，蓋 $(t_r-t_c)>0$。

茲將菜籽及花生兩類之加溫試驗結果，列入第六表及第七表。

第六表　加溫對於菜籽產油量之影響

菜籽重量	加溫與否	水份	產油量	產油率	平均數
315 市斤	未加溫	11.04%	97市斤	30.8%	30.8%
315 市斤	加溫	11.05%	98市斤	31.1%	31.57%
315 市斤	加溫	11.50%	100 市斤	31.8%	
315 市斤	加溫	11.09%	100 市斤	31.8%	

$$\text{增加產油率}=\frac{31.57-30.80}{30.80}\times 100=\frac{77}{30.8}=2.5\%$$

第七表　加溫對於花生產油量之影響

花生重量	加溫與否	產油量	產油率	平均數	附註
280 市斤	未加溫	78.4市斤	28.0%	28.0%	第五表四次平均數
280	加溫	81.5	29.1%	30.2%	
280	加溫	83.0	29.6%		
280	加溫	86.0	30.7%		
280	加溫	85.0	30.4%		
280	加溫	83.5	29.8%		
280	加溫	87.0	31.0%		
280	加溫	86.5	30.9%		

$$\text{增加產油率}=\frac{30.2-28.0}{28.0}\times 100=7.86\%$$

8613

由第六表，吾可知菜籽加温後之產油增加率爲百分之二．五。即於不加温時，如能出一百斤菜油，加温後可多得二斤半。至於花生加温後產油量之增加則更多，由第七表可知每百斤花生油，加温後可多得七斤餘。

據第八表四川省四種植物油籽之統計，吾人知菜籽年產量爲九百萬擔（540,000 公噸），可得油二百七十七萬擔（166,000 公噸）（按產油率 30.8% 計），若加温後能增加產油率百分之二．五，則全年可增加菜油產量約七十萬擔（42,000公噸）。四川花生年產五百萬擔（300,000 公噸），可得油一百四十餘萬擔（84,000公噸）（按產油率28.0%計），若加温後能增產 7.86% 則全年可增加花生油產量約十萬擔(6,000 公噸)。

第八表 近二年四川省菜油大豆花生芝蔴產量估計❶

	二十七年度	二十八年度
(1) 菜籽	890,238 千斤(530, 千公噸)	927,916 千斤(553, 千公噸)
(2) 大豆	704,413 (420, 千公噸)	833,653 (496, 千公噸)
(3) 花生	521,844 (310, 千公噸)	485,275 (55, 千公噸)
(4) 芝蔴	93,856 (55, 千公噸)	103,240 千斤(1,320 千公噸)
合計	2,210,351千斤(1,320千公噸)	2,350,034千斤(1,400 千公噸)

（附註：每舊斤=1.193632市斤）

由上述兩種改良土法榨油之試驗，一爲調整籽粉中之水份，一爲添置加温設備以增加壓榨温度，吾人可明兩項辦法，均能增加產油量，萬能參合並用，則收效必可更大。

四 改進土法榨油之建議

根據中央工業試驗所油脂試驗室之油籽壓榨試驗結果，以及該所附設之實驗榨油廠中之改良榨油辦法，對於吾國各地土法油坊，作下列之建議：

（甲）籽粉蒸煮時間之調整，及籽粉中水份含量之測定——將各類植物油籽，在每一批經磨碎後，於油坊內先加水份之測定，然後決定蒸煮時間之長短，務使達到籽粉之最優濕度後，方可上榨床壓榨。

（乙）加温設備之添置——在每一個土法榨油坊中，應添置一套榨床加温設備，如能力允許，應添置小型鍋爐或蒸汽設備。至少限度，應添置保温箱兩只，內灌滿沸水，時時更換，所以保持壓榨之温度，而增加產量。

爲達到上項推廣工作起見，應由農本局中央農業實驗所及中央工業試驗所，會同籌設「改良土法榨油訓練班」，派遣該訓練班畢業學員，深入鄉村油坊，實際指導改良工作。爲收速效起見，應先在川東產油區域如合川、萬縣等處，先劃爲改良榨油實驗區，然後推廣至其他各縣。

五 結論

以上所述，已將如何改良土法榨油之學理與試驗之結果，詳細說明，並將改進土法榨油之辦法，作一具體建議。如能按此辦法舉行，則吾國土法油坊中之產量，至少可增加百分之三至百分之五。即以四川一省而論，年產大豆、菜籽、芝蔴、花生、約二千二百餘萬擔，（第八表）再據全川桐油產量六十餘萬擔❷(36,000 公噸)推算，桐籽產

❶產量係根據中央農業實驗所最近估計。
❷張肖梅 四川經濟參考資料。

量爲二百萬擔(120,000 公噸)，則合計全川油籽產量爲二千四百餘萬擔（1,440,000 公噸）。若按平均產油率百分之三十計算，則平常產油量爲七百二十萬擔(432,000 公噸)。如能增加產量百分之三，則全川每年植物油之產量可增加二十二萬擔（13,200 公噸），每擔以五十元計，則合價值一千餘萬元之鉅。

增加產量，僅可爲改良土法榨油之第一步驟，再進而改良品質，使預備出口之植物油，合乎國外標準，則非特有裨於國內銷用，抑且可增加外匯之換取。

總之，吾國植物油工業，自古迄今，什九有賴於土法榨坊之生產。增加產量，實爲當務之急，再進一步而改良品質，大量輸出，則增加國外貿易，有賴於此。散佈於各省各地各鄉村間之土法油坊，吾人萬勿忽視，實爲吾國植物油工業之基礎。利用已有之土法油坊，改良其榨油方法，實爲樹立吾國植物油工業之基本工作，幸國內農工商各界，羣起促成此改良計劃。

國內各工科大學地址

自抗戰以來，國內各工科大學，多數遷至後方，茲經調查各校最近地址列下：

國立中央大學	重慶
國立西南聯合大學	昆明
國立清華大學	昆明
國立中山大學	雲南澂江
國立交通大學	上海愛麥虞限路 45 號
國立交通大學唐山工程學院	貴州平越
國立同濟大學	昆明
國立武漢大學	四川嘉定
國立浙江大學	貴州遵義
國立湖南大學	湖南辰谿
國立雲南大學	昆明
國立廣西大學	桂林
國立廈門大學	福建長汀
國立西北工學院	陝西城固
中法國立工學院	上海辣斐德路 1195 號
國立重慶商船專科學校	重慶
國立中央技藝專科學校	四川嘉定
國立西北技藝專科學校	甘肅蘭州
國立西康技藝專科學校	西康西昌
浙江省立英士大學	浙江麗水
四川省立重慶大學	重慶
山西省立山西大學	陝西三原
河南省立水利工程專科學校	河南鎮平
江西省立工業專門學校	江西萍鄉
南開大學	昆明
大同大學	上海貝勒路 572 號
復旦大學	重慶，又上海赫德路 574 號
光華大學	成都，又上海漢口路 422 號
大夏大學	貴陽，又上海靜安路 1081 號
嶺南大學	香港薄扶林道
廣東國民大學	廣東開平，九龍新填地街 470 號
齊魯大學	成都
震旦大學	上海呂班路 223 號
南通學院	上海江西路 451 號
之江文理學院	上海南京路 353 弄 1 號
天津工商學院	天津
廣州大學	廣東中山，九龍元洲街 165 號
金陵大學	成都
聖約翰大學	上海極司非而路 188 號
雷士德工學院	上海東熙華德路 505 號

此外，國立北平大學工學院，及北洋工學院，東北大學工學院，焦作工學院，均已併入西北工學院。又勷勤大學工學院，已併入中山大學。又國立山東大學，河北省立工業學院等數校，則已停辦。

8615

中國工程師學會職員名單

會　長：陳立夫　　副會長：沈　怡（君怡）

董　事：
吳承洛（澗東）　惲　震（蔭棠）　薩福均（少銘）
侯家源（蘇民）　趙祖康　裘維裕（次豐）
周象賢（企虞）　杜鎮遠（建勛）　鮑國寶
凌鴻勛（竹銘）　顏德慶（季餘）　馬君武
徐佩璜（君陶）　薛次莘（惺仲）　李書田（耕硯）
夏光宇　裘燮鈞（星遠）　胡博淵
侯德榜（致本）　黃伯樵　梅貽琦（月涵）
胡庶華（春藻）　陳體誠（子博）　顧毓琇
莊前鼎　任鴻雋（叔永）　許應期

基金監：韋以黻（作民）　孫越崎

執行部：
總幹事：顧毓琇　　文書幹事：歐陽崙（峻峯）
事務幹事：徐名材（伯雋）　　會計幹事：黃典華

重慶分會：
會　長：徐恩曾（可均）　　副會長：徐名材（伯雋）
書　記：歐陽崙（峻峯）　　會　計：楊簡初

成都分會：
會　長：凌鴻勛（竹銘）　　副會長：盛紹章
書　記：劉澄厚　　會　計：洪孟孚

桂林分會：
會　長：馬君武　　副會長：馮家錚（鐵聲）
書　記：汪德官　　會　計：譚頌獻

昆明分會：
會　長：惲　震（蔭棠）　　副會長：金龍章
書　記：莊前鼎　　會　計：周玉坤

香港分會：
會　長：黃伯樵　　副會長：利銘澤
書　記：張延祥　　會　計：李果能

地基沉陷與動荷載之關係

張有齡

摘要 普通之地基設計，目標有二：使建築物之沉陷極小，及使建築物各部之沉陷力求均匀。欲期各建築部份之地基沉陷相等，吾人必須在計算柱脚或牆脚面積時，估定其上所確實承受之動荷載，此項動荷載常小於設計時所定之數量，其比值則視動荷載與靜荷載之相差，及前者存在之時間而異。

本文乃藉重土壤之壓緊性，求一合理之解法；其通式需有土壤試驗爲其輔助；另有簡式一，可捷便應用。

由是得結論二：在估計等量低陷時所當用動荷載之命分數，乃與其存在之時間成平方根比；如是，則動靜二荷載之比，當根據確實存在之數量。此理論之結果與現時工程師所採用之常數，極爲符合。

文尾附昆明南屏大戲院地基設計之步驟，其按照所得公式以作核算，較之大略定一常數，可謂精確合理也。

一 序言

地基沉陷與動荷載之關係，遠在三十年以前，已有工程師注意及之。吾人皆知地基之作用在將建築之載重傳佈於較深之土層或岩石。欲求圓滿達到此目的，在設計地基時必須有以下兩目標：

(一)使全部建築物之沉陷愈小愈好；

(二)使全部建築物之沉陷愈均匀愈好。

地基設計之難題，亦即在此，蓋求满足以上二條件，頗非易事，因

(一)房地各部土壤之壓緊性及其他性質或有不同；

(二)地基之沉陷與其本身之面積、形狀、深度均有關係，不可以平均單位壓力作爲設計之根據；

(三)動荷載之重量與存在時間均無一定。

關於第一點，如建築地面並不甚廣闊，而地層組織亦無顯著差異時，其各部土壤之壓緊性，大致均匀；第二點困難已可藉土壤力學之知識，得一解答，此當以 Housel ❶ 法最爲簡便而合理；至於第三點，雖早經工程師注意研究之，但迄今仍乏一理論之解法。本文僅限於此問題求一解答，以爲地基設計工程師之參考焉。

二 地基沉陷與土壤壓緊

地基之沉陷實因土層受載重後而被壓緊故也。普通土壤受應力而生應變，其作用並非純彈性者。按諸專家之研究及試驗成績，關於土壤中應力與應變之結論，可有以下數端：

(一)有應力並不一定有應變。在土壤中某深度之一顆土粒，如其所受應力甚小時，並不移動，此與 Hooke 定律所謂“有應力必有應變”之法則不合，吾人稱此應力爲“無效應力”。

(二)應變作用必須不因方向而異，且土壤中任何一點毫無塑性流動狀態時，叠加原則 (principle of superposition) 方可應用。

(三)彈性應力之傳佈均爲直達，非純彈性應力（但須毫無塑性流動）之傳佈則爲曲

❶ "Schlupfbericht zum zweiten Internationalen Kongress für Brückenbau und Hochbau Berlin-München 1936." Berlin, 1938, S. 852.

8617

線，但與直線相差無幾。故土壤中應力之傳佈（除塑性流動外）均可設爲直線者。

（四）土壤愈深，其應力、應變之作用愈近似彈性者。

（五）如土壤中二主應力之差，超過一定限度後，即開始發生塑性流動，此限度稱爲"塑流常數"；是以深度愈大，主應力之差愈小，而塑性流動愈不易發生。

根據以上諸結論，吾人研究土壤壓緊時，可援用以下諸假設：

（一）土壤爲近似彈性之體質；

（二）叠加原則可以應用；

（三）地基以下土層，其深度展達及於無限。

一建築物在興造期中，地基之荷載逐漸增加，及至建築完成，載重卽行固定而不再移去，故稱爲靜荷載；設由建築開始以迄完成期間，其荷載之增加爲均勻者，則荷載與時間之關係，可以二直線 OAB 表示之，如圖(一)所示。其中 T 爲日數。如建造期爲

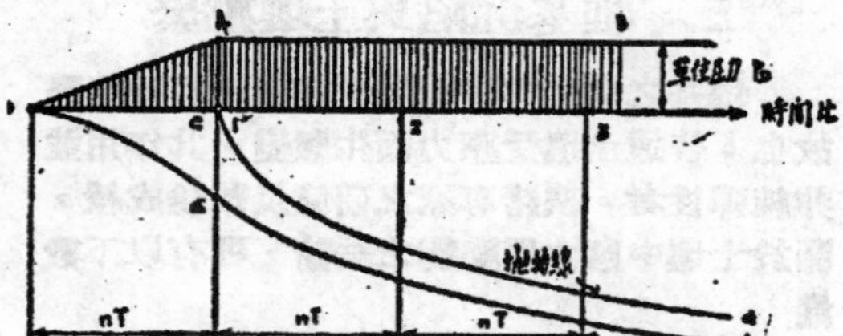

圖一

uT'，則在此期間荷載之增加可以直線 OA 表示之。以後此靜荷載不再增加，故 AB 爲一平線，其高度 P_a 代表靜荷載下地基所承受之單位壓力。平軸 v 下所示曲線 oab 卽表示地基沉陷與時間之關係，此係根據荷載逐漸增加而發生之低陷。如建造期較以後建築物應用期爲時甚短，則全部靜荷載可假設爲忽然間承放於地基之上者，其荷載線當以 cAB 代表之，而 cd 曲線則表示在此情形下地基沉陷與時間之關係也。

土壤受外力壓緊作用，其空隙中所含水量，必按其所受壓力之大小，及其承受此壓力之時間，而被擠出，故土壤之壓緊僅與其承受壓力之大小及時間之長久有關；換言之，問題卽求解下列微分方程式[1]也：

$$c\frac{\delta^2 p}{\delta z^2}=\frac{\delta p}{\delta t} \cdots\cdots\cdots\cdots\cdots\cdots\cdots \text{(1)}$$

$$c=\frac{\kappa}{u\gamma};\quad u=\frac{a}{1+\epsilon};\quad a=-\frac{d\epsilon}{dp}$$

其中 p 爲單位壓力，z 爲土層中某點之深度，t 爲時間，c 爲土壤之常數，因其僅含土之滲透率係數 κ，單位重量 γ，空隙比値 ϵ，及壓緊係數 a 也。實際 a 之值並非一常數，但吾人如在壓緊曲線（如圖三所示者）上取極微小之一段，則 $\frac{d\epsilon}{dp}$ 之傾斜度當可以一直線代表之也。

圖(一)中所示沉陷曲線 cd 已由 Fröhlich[2] 根據第三假設，卽土壤深度達於無限之條件下用 Gawss-Fehler[3] 積分函數解出，其式爲：

$$s_t=\frac{2}{\sqrt{\pi}}p\sqrt{\frac{a\kappa t}{(1+\epsilon)\gamma}} \cdots\cdots\cdots\cdots\cdots\cdots \text{(2)}$$

其中 s_t 爲在時間 t 時之沉陷度，由此可知地基沉陷之深度 s_t 與 p 及 $\sqrt{t}$ 成正比，其餘土壤諸常數在此壓力下，可假設無何變動。

公式(2)用於靜荷載自無問題，用於動荷載時其數量必須一定，而 t 則應用動荷載存在之時間；根據第二假設卽複加原則可以應用，吾人可分全部荷載爲二部：一爲靜荷載 D，其存在時間爲 T；一爲動荷載 L，其

[1] K. v. Terzaghi: "Erdbaumechanik." Leipzig und Wien, 1925. S. 143.

[2] K. v. Terzaghi und O. K. Fröhlich: "Theorie der Setzung von Tonschichten." Leipzig und Wien, 1936. S. 134.

[3] Jahnke und Emde: "Funktionentafeln" Leipzig und Berlin, 1933.

8618

存在時間爲 t；二者對於地基下陷所發生之影響，當等於建築物上靜荷載 D 加一部份動荷載 αL 所致之沉陷也。

三　等量地基沉陷之設計法[1]

茲先論普通設計地基時求其低陷均勻之方法，以動荷載存在之時間不常不定，其於地基沉陷之影響自較靜荷載者爲小，所以估計等量地基低陷時，應用全部靜荷載 D 加一部份動荷載 αL，亦有將全部動荷載略而不計者，表之公式較易明瞭，即：

$$\frac{D+L}{p}=A=\frac{D+\alpha' L}{P_a'} \quad \cdots\cdots\cdots\cdots (3)$$

其中 A 爲 $r=\frac{L}{D}$ 值最大柱脚之面積，p 爲其許可承量之單位壓力，而 P_a' 即爲用(3)計算其他柱脚面積而求全部建築低陷均勻時所需之單位壓力也。α 爲在此條件下動荷載之命分數，其值工程師評定不一：如……有人用 $\frac{1}{2}$，Robins Fleming 用 $\frac{1}{3}$，D. E. Moran 用 $\frac{3}{10}$，而 C. C. Schneider 則用零。

試舉例[2]以明其算法，設土壤之許可承量每方尺爲 7,000 磅，（每方公尺 34.2 公噸）今有四柱脚，其號碼與荷載如表(一)所例（荷載以千磅計）（0.454 公噸），試用 Fleming 之法，$\alpha'=\frac{1}{3}$，四柱脚中 24 號之 r 最大，故

$$A=\frac{D+L}{p}=\frac{632}{7}=90.3 \text{ 方呎}$$

$$P_a'=\frac{P+\alpha' L}{A}=\frac{379+\frac{1}{3}\times 253}{90.3}=\frac{463}{90.3}$$
$$=5.13$$

用此新承量單位壓力，求得其他三柱脚之面積如表下所示：

柱　脚　號　碼	1	24	29	44
靜荷載 D(千磅)	375	379	429	435
動荷載 L(千磅)	230	253	159	38
$D+L$	605	632	588	473
$r=L/D$	0.614	0.667	0.371	0.087
$D+\alpha' L(\alpha'=1/3)$	452	463	482	448
$P_{\alpha'}=\frac{1+\alpha' r}{1+r}P$		5.13		
A	88.3	90.3	94.0	87.4
$(D+L)/A$	6.77	7.00	6.26	5.41

由是可知四柱脚在 $\left(D+\frac{L}{3}\right)$ 荷載下，其壓力 $P_{\alpha'}$ 均爲每方呎 5130 磅（每方公尺 25.1 公噸），而在 $(D+L)$ 荷載下，其最大壓力未超過土壤之許可承量也。

上述 Moran, Fleming, Schneider 諸

[1] 此節大部參錄蔡方蔭，所編"地基工程"講義。

[2] 此例係採自 Jacoby-Davis: "Foundations of Bridges and Buildings" p. 509.

氏方法不同之點，僅在其 α' 之值，但三氏所定之值，各據一已之意見及經驗，皆乏理論之述明。α' 之值自當與動荷載之數量及其存在時間有關，大約在貯貨棧一類房屋，動荷載較重，且其存在時間亦久，故 α' 之值當較大，略在 $\frac{1}{2}$ 左右；在公事房一類建築，動荷載較輕，且其存在不常不定，故 α' 之值應較小，約在 $\frac{1}{3}$ 左右；動荷載再輕少時，則 α' 當大約等於 $\frac{1}{4}$。本文之目的在根據土壤之壓緊性，以求 α' 理論上之數值。

四 根據土壤之壓緊性以求 α' 之值

圖(二)中 v 平軸上之細線表示動荷載與時間之關係，t 與 T 乃任何時間之單位；如建築乃一禮拜堂或教堂，每週約用五六次(每次以四小時計)，則 $v=\frac{t}{T}=\frac{1}{7}$。如建築物為公事房或電影院，每日用八小時，則 $v=\frac{t}{T}=\frac{1}{3}$；若貯貨棧等房屋，空時極為短促，設每月空約三日，則 $v=\frac{t}{T}=\frac{1}{10}$；$v$ 之最大值為 1，換言之，即動荷載實乃靜荷載之一部耳。粗線表示全部靜荷載 D 加一部份動荷載 αL，當以計算等量低陷時所用長

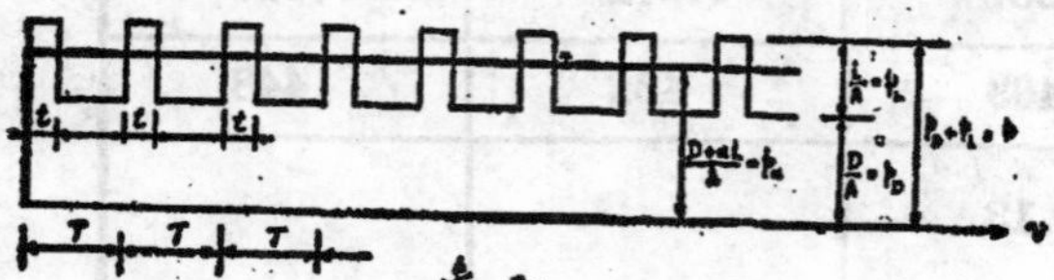

圖二

期存在之荷載也。

土壤受壓力後空隙減小，其關係可用此土壤作一壓力試驗而得一曲線，如圖(三)所示者，以表明之。圖中泥與沙二曲線之表形，雖差異甚大，實僅比尺不同之故耳，其本質乃一也。在採用此曲線以前，吾人當明瞭此曲線之特性如下：

(一)曲線 A 在〇點與垂軸 ϵ 正切；其傾斜度愈向下愈小，但 B 點並不與水平正切；

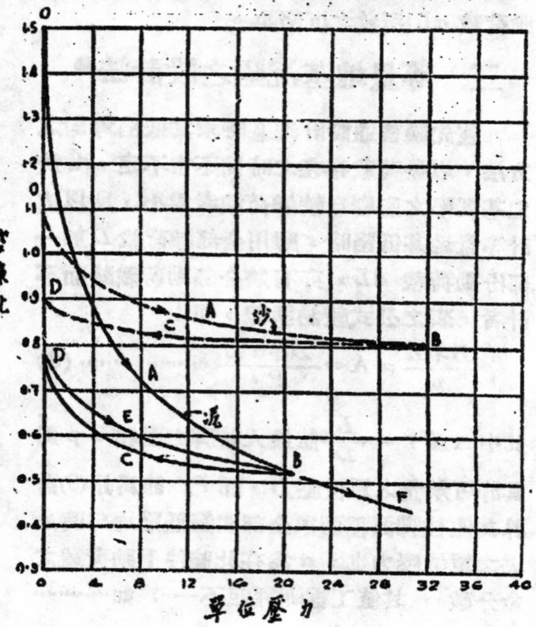

圖三

(二)曲線 C 之 B 點與水平正切，其傾斜度愈向上愈大，在 D 點又與垂軸略成正切；

(三)曲線 E 之傾斜度與曲線 C 相彷，但在其上；

(四)曲線 F 乃曲線 A 之延長。

Terzaghi 試驗所得各種土壤之曲線，均可用下式❶表示之：

$$\epsilon=-\frac{1}{A}ln(p+p_0)+C \quad\cdots\cdots\cdots\cdots\cdots (4)$$

其中 ϵ 為 p 外壓力下時之空隙比，A，p_0，C 乃關於土壤性質之常數，但無論何種土壤其 ϵ 與 p 之關係，均可寫成如式(4)之一對數函數也。

應用此對數函數以估計地基低陷時，非有一試驗之曲線不可。茲為求一簡式起見，

❶ O. K. Fröhlich: "Druckverteilung im Baugrunde" Wien 1934. S. 86.

8620

吾人可採用兩段直線以代所用曲線之一段。平時設計地基時所用之許可承量之單位壓力，其與動荷載之存在與否，無大改動，且實際所用部份，不過全曲線之一小段，其在平軸 p 上之長度有限，是以吾人可將靜、動荷載下之壓緊曲線以二直線代替之，如圖(四)所示 $\epsilon_0\epsilon_1$ 與 $\epsilon_1\epsilon_2$ 兩段是。至回漲曲線，因 ϵ 值升降有限，更可以直線代之，如圖中

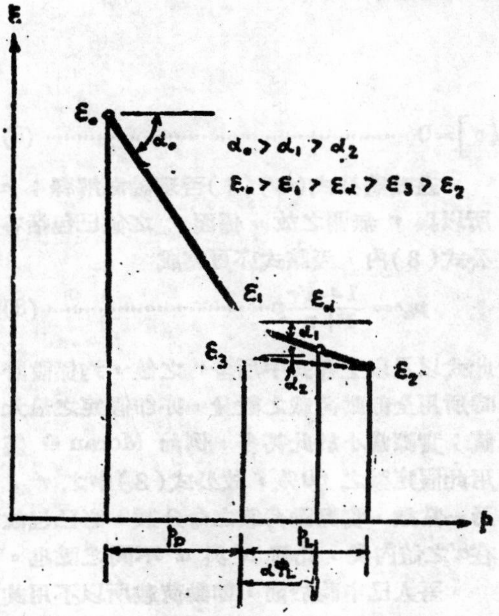

圖四

所示 $\epsilon_1\epsilon_3$ 一段是。其傾斜度極為平坦，在估計地基低陷可略而不計，故僅以虛線表示之。ϵ_d 係在 $\epsilon_1\epsilon_2$ 直線上之一點。❶

圖(五)平軸 v 以上所示之線，係表示動荷載之數量及其存在時間。如將圖(四)中 $\epsilon_1\epsilon_2$ 及 $\epsilon_1\epsilon_3$ 二線按同樣傾斜度移進圖(五)平軸之下，可得 oab 線，a 點表示動荷載存在期 t 時之地基下沉度 s_1，b 點表示動荷載移去後因土壤回漲而發生之上昇 s_2。α_1 大於 α_2 甚多，故平常(如圖所示) $s_1>s_2$，而 b 點則

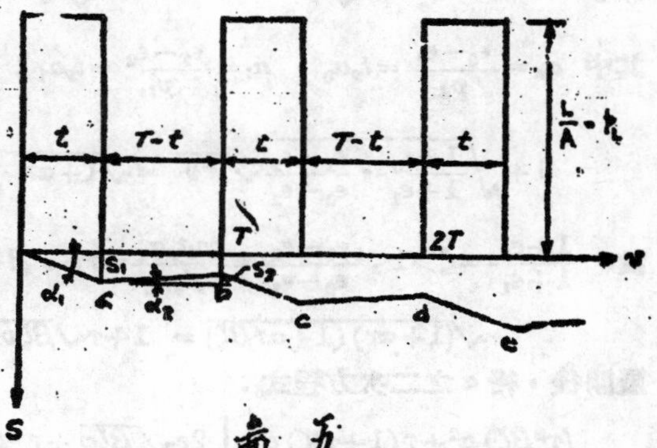

圖五

為 T 時後地基之總沉陷，即 $s_T=s_1-s_2$ 也。假設 $v=\dfrac{t}{T}\to 0$，即動荷載存在期間甚為短促，而土壤之回漲性甚大，b 點之總沉陷度亦可得一負數，換言之，即地基微有上昇也。但在普通情形下 $\alpha_2\to 0$，(參閱土壤壓緊曲線特性之第二條)，地基不致因土壤回漲而上昇，且其量甚微，故本文在核算地基沉陷時，此項從略不計也。

圖(四)中之曲線，係根據試驗之結果而得，所用土樣有一定厚度，不能假設其深度達於無限，是以不能將壓緊曲線，直接移用於圖(五)。但式(2)所示地基之沉陷與 $p, a, \kappa, t, \epsilon, \delta$ 之值有關，吾人如能求其在不同情形下以上諸相當值，則公式(2)自可應用矣。

茲者吾人如不計因土壤回漲而發生之上昇，採用圖(四)中 $\epsilon_1\epsilon_2$ 與 $\epsilon_1\epsilon_3$ 兩段直線以代表土壤之壓緊曲線，則根據疊加原則，可得等量低陷公式如下

❶ 此項簡化之應用法，亦見諸 "Theorie der Setzung von Tonschichten" 第 73 頁。

8621

靜荷載D所生之低陷＋全部動荷載L所生之低陷＝靜荷載 D 加一部份動荷載 αL 所生所生之低陷

$$\frac{2}{\sqrt{\pi}}p_d\sqrt{\frac{a_d\kappa T}{(1+\epsilon_0)\gamma}}+\frac{2}{\sqrt{\pi}}p_l\sqrt{\frac{a_l\kappa t}{(1+\epsilon_1)\gamma}}=\frac{2}{\sqrt{\pi}}(p_d+\alpha p_l)\sqrt{\left(\frac{a_d}{1+\epsilon_0}+\alpha r\frac{a_l}{1+\epsilon_1}\right)\frac{\kappa L}{(1+\alpha r)\gamma}}\cdots\cdots(5)$$

其中 $a_d=\frac{\epsilon_0-\epsilon_1}{p_d}=t_g a_0$， $a_l=\frac{\epsilon_1-\epsilon_2}{p_l}=t_g a_1$；上式簡化後得

$$1+\sqrt{\frac{1+\epsilon_0}{1+\epsilon_1}\cdot\frac{\epsilon_1-\epsilon_2}{\epsilon_0-\epsilon_2}}\sqrt{rv}=\sqrt{1+\alpha r}\sqrt{1+\alpha\frac{\epsilon_1-\epsilon_2}{\epsilon_0-\epsilon_1}\cdot\frac{1+\epsilon_0}{1+\epsilon_1}}$$

設 $\frac{1+\epsilon_0}{1+\epsilon_1}=\zeta>1$；$\frac{\epsilon_1-\epsilon_2}{\epsilon_0-\epsilon_1}=\frac{p_l t_g a_1}{p_d t_g a_0}=r\beta$，$\beta<1$；則上式可寫成：

$$\sqrt{(1+\alpha r)(1+\alpha r\beta\zeta)}=1+r\sqrt{\beta\zeta v}$$

展開後，得α之二次方程式：

$$(r^2\beta\zeta)\alpha^2+r(1+\beta\zeta)\alpha-\left[2r\sqrt{\beta\zeta v}+r^2\beta\zeta v\right]=0\cdots\cdots(0)$$

此乃解α之通式，應用時必須由壓緊曲線上求β與ζ之值；如未能作此試驗，而期藉用上式以求一α之大約值，則必須簡化之。吾人知β之值小於1，而ζ之值則大於1，其確實數字，自視土壤壓緊性質不同而異；玆爲求大略之估計，吾人可使$\beta\zeta=1$，則上式可簡化成

$$r^1\alpha^2+1\alpha-\left(2\sqrt{v}+rv\right)=0$$

解之得

$$\alpha=\sqrt{v+2\frac{\sqrt{v}}{r}+\frac{1}{r^2}}-\frac{1}{r}=\sqrt{v}\cdots\cdots(7)$$

此即求α值之一極簡便公式；若動荷載存在時間甚短，$\alpha=0$；如其存在時間甚長，實即爲靜荷載之一部，則$\alpha=1$。在$\beta\zeta=1$之假定下，α之值與r無關，而僅因v之大小而異，偶視之似有不合，但吾人需明瞭者，即公式（7）所給之答數未必確實，因其中已有$\beta\zeta=1$之假設在焉；其所隱含之錯誤或不允許有此假設也。欲求一精確之答案，必需有土壤試驗室之設備，則如圖（三）之壓緊曲線，極易繪出，β與ζ之值因之可以確定，代入公式（6）即得α值

玆略論公式（6）（7）否理論之解釋；α所以與r無關之故，係因r之值已包括在公式（8）內，因該式亦可寫成

$$p_{a'}=\frac{1+\alpha' r}{1+r}p\cdots\cdots(8)$$

此式以及以上各式中所含r之值，均係設計時所用全部動荷載之數量，亦即假定之最大值；實際當小於此甚多，例如 Moran ❶ 僅用此假定數之 60％，故公式（8）中之r，乃一常數，實際動荷載之命分數，必已包故在α'之值內矣，此即α'與α不同之點也。

吾人已申論於前，即動荷載所以不用其全部以估計低陷者，乃因其：

（一）非如靜荷載然永遠存在，如電影院劇場，其動荷載存在時間不過靜荷載之三分之一$\left(v=\frac{1}{3}\right)$。故在估計地基低陷時，僅用一部份動荷載$\alpha L$也；但此$L$乃指全部動荷載，譬如設計時用動荷載每方呎 100（每方公尺 487 公斤）磅，則$L=100$也。

（二）非如靜荷載然全部存在，吾人設計時假設動荷載爲 100 磅（487 公斤），但實際總不及此數，至少可斷言全部動荷載

❶ Kidder and Parkar: "Architects' and Builders' Handbook" Vol. 1, p. 159.

8622

（即$L=100$）存在之機會甚小，因吾人估定動荷載時，常有安全率在內，故實際之動荷載並非設計之動荷載，而僅其一部份也，設φ爲二者之比，其實際之動荷載當爲φL（即$r'=\varphi r$，$\varphi<1$）也。是以在實際情

$$p_{a'}=\frac{1+a'r}{1+r}p=\frac{1+ar'}{1+r}p=\frac{1+a\varphi r}{1+r}p\cdots(10)$$

設計時如根據所定之全部動荷載，則其命分數當用$a'=\varphi a=\varphi\sqrt{v}$表示其與實際存在之動荷載成正比也；此與公式（2）之意旨符合；爲根據實際存在之動荷載時，則其命分形下，公式(9)可寫成數可直用a之値，而上述 Moran, Fleming 與 Schneider 諸氏所用之命分數，均爲a'也。三氏之值係根據預計之實際情形及已往之經驗而得，故a已包括φ之値在內矣。

在估計φ之值時，並非如其他工程設計時之數量，需加一安全率因子在內；吾人如加一安全率在內，結果引起不均勻之地基沉陷現像，反成爲一危險。故φ之值估計愈精確實在，則其安全率愈大也。在無論何種情形下，土壤之許可承量，始終未超過也。

五　實例

昆明南屏大戲院位於舊護城河傍，附近有污物及新土填積而成之面層，是以設計此建築地基時，用較小之土壤許可承量之單位壓力每方呎 3000 磅(每方公尺 14.6 公噸)。樓廳及其下之懸層均用鋼筋混凝土建造，跨度爲 62 呎6吋（ 19 公尺）。因求其經濟起見，設計時用動荷載每方呎 75 磅（每方公尺 365 公斤）(較普通建築條例之規定爲小)，樓廳柱脚其動荷載與靜荷載之比爲

$$r=\frac{L}{D}=\frac{150,000}{256,000}=0.585$$

。電影院普通放映時間爲每日下午四時至夜十二時，則$v=\frac{1}{3}$，用式(8)得

$$a=\sqrt{\frac{1}{3}}=\frac{4}{7}$$

樓廳設座位約 400，每人平均體重以 135 磅（61 公斤）計，得 54,000 磅(24,600 公斤)，其下懸層設有人 100，計重 14,000 磅(6,300 公斤)，其餘 12,000 磅(5,400 公斤）計爲衣帽，存貯，桌椅等移動重量，則實際之動荷載不過 80,000 磅(36,200 公斤），比之設計時所用全部動荷載不過。

$$\varphi=\frac{80,000}{150,000}=\frac{8}{15}$$

耳。故實際動荷載之命分數當爲

$$a'=\varphi a=\frac{8}{15}\cdot\frac{4}{7}=0.3$$

此洽與 Moran 所用値相等，由此得

$$P_{a'}=\frac{1+0.3\times0.585}{1+0.585}\times3,000$$

$$=2,222$$ 磅/平方呎（ 10.85 公噸/方公尺）

著者即按此新單位壓力設計全部建築物之地基，其求各柱脚或牆脚之面積公式爲：

$$A=\frac{D+0.3L}{2222}\text{。}$$

六　討論

以上所述各節，僅關於$a'=\varphi a$中各值之決定方法。與本題有關者尙有兩項未行顧及：一爲動荷載中如有風雪之壓力，其與地基沉陷之影響若何？二爲上述各式均未包括地基面積大小之因子在內，其影響當若何？茲簡略分述如次。

雪壓力對於地基沉陷之影響與普通荷載同，惟其數量與時間，不易確定。致於風力對於地基沉陷之影響，尤其在高大樓房上，決不可略而不計，然其決定尤較困難。在求地基上風力所致之荷載，非確知房架上因風力所引起之應力不可；此項計算現下雖有較爲精確之法，但風之存在比普通建築物上之動荷載更形無定無常，此外，風力之方向及分佈，均須實地測量，方得明瞭其實際情形；而在建築物未完成以前，其關於天文上之預測，尤爲難事矣。普通吾人之假設乃在向風一面之柱脚，因風力推壓建築物之故，反受一部份拉力作用，即負數之壓力也，故

在估計地基上確實之動荷載時，須減去此項拉力；其背一面之柱脚，當加因風力所致之壓力；如是，則前式中之 φ 代表實際風力與設計時所假定最大風力之比，而 ν 則爲風力存在時間之比。中間之柱脚，其壓力之當增當減，全視風應力在地基之分佈情形，及其存在時間長久而定。如此項分佈與時間未能確定，則與其作一不正確之估定，不如略而不計；如建築物不高，更可從簡。

關於第二問題，卽地基面積不同之影響，吾人可採用 Housel ❶ 之法，作一大略校正。地基低陷時，不但其下土壤之壓力阻止其下沉，卽其週圍土壤之初應力亦反向之；此切應力之大小，全視土壤之黏性如何以爲斷，故地基之承量可略分爲二項，一爲地基下土壤之壓強度 p，一爲其週圍之切強度 σ；二者均與地基沉陷之深度成正比，在不同沉陷時，p 與 σ 均非常數；在平衡狀態下，其總承量爲

$$qA=pA+\tau S$$

或

$$q=p+\frac{S}{A}\sigma \text{。} \qquad \cdots\cdots\cdots\cdots(11)$$

其中 S 爲地基週圍之長度。此式表示地基承量之大小，除與土質有關外，亦因其本身面積之大小而異。試舉方形柱脚爲例，設其邊長爲 b，則 $\frac{S}{A}=\frac{4b}{l^2}=\frac{4}{b}$，代入公式(11)，知地基面積廣寬者，其單位承量減小也。欲求等量低陷之地基面積，可用形狀相似而大小不同之二面積，在工程地上作一試驗，如沉陷相等時，可得二式以解 p 與 σ 之值。公式(11)中之 p 亦卽本文以前各式中之許可承量 p 或等陷壓力 $p_{\alpha'}$ 也。以前所論各節，地基週圍之切強度皆未計及，換言之，卽面積不同之影響略而不顧也。如吾人欲包括土壤切強度之影響在內時，僅須由地基所承荷載中將土壤切強度所受之承量減去，表之以式，卽

$$\left.\begin{aligned} pA+\sigma S=D+L;\quad & A=\frac{D+L-\sigma S}{p} \\ p_{\alpha'}A+\sigma S=D+\alpha' L;\quad & A=\frac{D+\alpha' L-\sigma S}{p_{\alpha'}} \end{aligned}\right\}\cdots(12)$$

故如包括土壤之切強度時，地基之面積各略減小。在非黏性土壤中 $\sigma=0$，則上式與公式(3)相同，同時上式亦表示寬廣之地基其沉陷較大也。

本文因施嘉煬先生之鼓勵而筆成，其間多蒙蔡方蔭先生評閱，如公式曾荷袁隨善先生校正，均此申謝。

中國工程師學會第八屆年會籌備經過

中國工程師學會爲聯絡感情，研究學術，參觀地方建設，並商議會務進行起見，每屆秋季，例於國內重要都市，輪流舉行年會。民國二十六年七月中旬，原擬在太原舉行年會，二十八年七月初，香港分會，來電建議，在昆明籌備召開第八屆年會，當由昆明分會議決贊成，即電覆香港分會，並電重慶總會徵求意見，總會當即表示同意，並囑昆明分會負責籌備進行，於是成立年會籌備委員會，由總會聘請會員六十餘人，分任會程，總務，招待，講演編輯，論文，及提案各種委員會。徐佩璜爲籌備委員會委員長，楊克嶸，金龍章，副之。會程委員會以楊克嶸爲主任，鄒恩泳，陳鳳儀，副之。總務招待委員會以金龍章爲主任，莊前鼎副之。講演編輯委會員以沈怡爲主任，周仁副之。論文委員會以施嘉煬爲主任，鄭華副之。提案委員會以惲震爲主任，各地分會主持人員爲委員。各種委員會並視籌備情形之需要，分爲若干小組，如會程委員會分爲參觀，佈置，餐務，及遊覽四組。總務及招待委員會分爲招待，交通，旅館，遊覽，註册，文書，事務，糾察及會計等組，均由昆明各委員分任其事，負責進行。

年會籌備委員會既正式成立，即致函敦聘本省主席龍志舟先生，擔任本屆年會名譽會長，雲南全省經濟委員會主任委員繆雲台先生及雲南建設廳張廳長西林先生，擔任名譽副會長，均蒙慨允，並蒙雲南省政府會議議決補助年會經費國幣伍千元，至足感謝。

第八屆年會指南即由會程委員會鄒恩泳先生，參考重慶臨時大會指南，負責編輯。至於年會日期，初擬於雙十節前後舉行，後因接洽會場，徵求論文，收集提案，及印刷等籌備工作，均須相當時日，況交通梗阻，通告會員亦需時甚多，爰定於雲南護國起義紀念日(十二月二十五日)前後舉行年會。蓋當此抗戰建國期中，集全國工程界名流於後方重鎮之昆明，即以本省護國紀念日爲日期，實含有深遠之意義也。且爲便利會員踴躍參加年會起見，會程日期亦以選擇假期左右之時間較爲適當。年會指南編輯完成後，因昆明印刷極度困難，且需時恐在三個月以上，而招登廣告恐亦難有成就，乃商請香港分會負責印刷指南一千册，並在港設法招登廣告，抵補印刷費用。指南印就後，即由該分會直接分寄上海二百册，桂林一百册，南寧五十册，香港留用一百五十册，餘五百册逕寄昆明，其中除轉寄重慶二百册，貴陽三十册外，餘二百六十餘册即由當地分會分發各會員。所引爲憾事者，一則印刷指南爲數不多，而本會會員總數在四千以上，且在此抗戰期間，會員地址變更，難以調查，以致遺漏甚多；二則上海地方環境特殊，指南二百册寄到後，留存未發，致使滬地會員無由得知也。

年會籌備委員會爲推進籌備工作，分配職務起見，於八月中旬舉行茶會一次，九月十七日舉行聚餐會一次，並由昆明分會執行部職員，於每星期五下午五時，在金龍章先生處集會，商討接洽進行事宜。最後復於年會開會二星期前（十二月初），舉行全體籌備會議，以便互通消息，共策進行。並指定楊克嶸及丘勤寶兩先生，主持會場及年會宿舍佈置。朱健飛先生接洽聚餐與公宴，李熾昌先生接洽參觀與遊覽，徐佩璜先生主持交通，莊前鼎先生管理註册，金龍章，何元良兩先生主持會計，以及沈昌先生擔任特別招待等工作。

年會借用雲南大學至公堂爲開幕典禮及

大會會場，又課堂四間爲宣讀論文及專題討論會場，學生食堂爲昆明分會公宴全體出席年會會員之用。並假南菁學校新宿舍爲年會宿舍，臨時安裝電燈，佈置客房，會客堂，及食堂等，均頗費周章。總辦事處及演講，編輯，論文，提案，各委員會，皆設昆明分會會所（北門街七十一號）。此外會員沈昌先生並願以寓所太和街鸞廬，作爲年會嘉賓招待所。年會閉幕公宴，則假綏靖路省教育會大禮堂。特誌於此，以鳴謝忱。

年會日程，除舉行會務及專題討論等會，以及宣讀論文外，參觀當地工廠，如雲南紡織廠，資源委員會各工廠，及光學廠等。遊覽名勝，如西山，及黑龍潭等。所有出席會員之交通問題，至關重要，乃蒙西南運輸處副主任熊學遂先生，惠借卡車十輛，並捐助一切遊覽交通所需汽油。交通部川滇東路管理處處長馬軼羣先生，惠借新到大客車五輛，並捐助汽油。滇緬公路局局長譚伯英先生惠借客車五輛，並捐助汽油。至於辦公及招待所需用之小客車，則由會員各機關輪流捐值一日，急公好義，有足多者。

年會辦事職員，均由各機關調派充任。計蒙雲南大學工學院調派員工佈置會場，資源委員會化工廠派員管理交通，耀龍電力公司派員主持會計，雲南紡織廠派員協助辦理公宴事務，清華大學航空研究所派員主持註册。此外編輯方面如發表新聞及會場記錄等，除會員沈怡，丘勤寶先生等親自主持外，又蒙資源委員會技術室裘維平先生，大公報昆明辦事處主任戚長誠先生，及中央研究院工程研究所袁鴻藨先生，義務幫忙，本會敬致謝意。

第八屆年會致會員書摘錄

(一)工程師應認識抗戰建國時期本身所處地位之重要。蓋經濟建設不僅爲抗戰勝負所繫，亦爲建國成敗所關，無工程師卽無建設，更何經濟之足言。凡我會員旣知本身地位之重要，宜如何加緊團結，擁護領袖，加強奮鬪。

(二)工程設計必須根據國家政策，斟酌緩急輕重，製爲整個方案。歷屆年會論文雖多，關於各項工程應行致力之方及其進行程序，倘乏具體研究。本屆年會集羣彥於一堂，對於最近若干年內，各項工程建設提綱挈領之方案似應探討。

(三)西南爲中華民族之生命線，滇省尤佔西南重要地位。年來賴地方賢明長官之努力，各項建設已有良好基礎。目下因戰事推移，地位更形重要，舉凡前後方軍需日用品之供給，各種資源之開發，以求戰時自給自足之道，我工程師實責無旁貸。

(四)抗戰進入長期，本會此後使命似應同時注意戰後復興工作之規劃及準備。關於此點應與農鑛經濟各界取得聯絡。依照共同目標，各就範圍，分工合作，以期步調一致，而合乎計劃經濟之原則。

(五)工程師應確立信仰。物質賴精神而運用，近代新興國家工程建設有驚人之發展，察其原因，莫不有一中心思想以資推動；我中央頒佈全國精神總動員綱領中所列舉之信仰國家民族之利益高於一切，凡我工程師均應奉爲圭臬。

8626

中國工程師學會第八屆年會開會概況

中國工程師學會第八屆年會於民國二十八年十二月二十三日至二十六日，在昆明舉行。除原在昆明各會員外，全國各地會員，遠至西康，香港，紛紛來滇參加，到會會員計二百六十九人，中央及本地各機關長官及代表參加者，有蔣委員長代表曾養甫，孔副院長代表陳立夫，本省龍主席，各廳長，各省委等，濟濟一堂，極一時之盛。

二十三日上午九時，假雲南大學至公堂，舉行開幕典禮。會場門口，及昆明分會門口，皆高架松柏牌坊，禮堂佈置莊嚴肅穆，由曾會長養甫主席。首爲殉難工程師默哀，繼致開會詞，略謂：

『中國工程師學會成立至今已二十八年，現有會員約四千人，中國工程師十之八九皆爲本會會員，爲中國學術團體中最大之一個。本屆年會有二點特殊之意義：第一，此次抗戰乃五千年來最偉大最光榮的對外戰爭，亦爲國民革命之必經過程，要完成革命復興民族，必須使我們的國家現代化，要使國家現代化，必先使其工業化，本會應努力負起這種使命。第二，此次抗戰以西南爲復興民族之根據地，雲南更是西南各省中最重要之一省，蔣委員長曾說：「雲南一切工業化的條件都已具備，所以我們要建設工業，就要從雲南做起。」……在抗戰中，中國工程師必須具備兩種精神，第一，要有犧牲精神，第二，應有服務精神。……國民革命之目的，在求中國之自由平等，我們工程師的目的，不但求中國國家之自由平等，並且還須力求中國工程學術與世界工程學術平等』云云。繼宣讀蔣委員長訓詞，全體會員來賓肅立恭聽，訓詞另見專載。繼由陳部長立夫代表孔副院長祥熙致訓詞，略謂：

『中國有四千年優美悠久的文化，過去在工程方面，尤其是在水利工程方面，曾有許多極偉大的建樹，但是在近幾百年來，對於這方面沒有充分的繼續努力，遂造成了落後的局面。這次對日抗戰，因爲缺乏新式的武器，以致我們的將士及人民，遭受了許多不必要的犧牲。自從海岸線被敵人部份的封鎖之後，日用品亦處處感到缺乏，一時不能發明或製造出適宜的代用品。以上種種，可以說我們在科學和工程方面，還不曾發展到自給自足的地步，處處要仰給外國，對於抗戰建國，是有很深切的影響的。我們現在正與頑敵作殊死的鬬爭，同時在從事於建設一個現代國家的鉅業，擴展工業，開發資源，便利交通，改良農產，每一件事情都需要科學家與工程師的努力。我們國家能不能在這個艱苦困厄的環境中，保持着獨立自主的生存，我們四萬萬五千萬同胞的生活，能不能達到充裕健康的地步，一切都有賴於科學家與工程師的努力。希望本會會員不但能繼續的對國家有偉大的貢獻，並能多多造就優秀的人才爲國家效力』。

嗣由龍主席致詞，大意謂：

『工程師是實行家，不是理論家，故國人對工程師之期望特殷，我以爲工程師雖然能說能行，但是還有三點要注意：第一，要有公忠體國的精神，第二，要有強健耐勞的體格，第三，要有勇往邁進的魄力』。

次由省黨部代表張建設廳長西林演講，略謂：

『社會之進步，全賴科學之功能，望各位工程師能爲人羣服務，羣策羣力，努力抗戰建國，則中國前途，不難與歐美列強並駕齊驅』。

次由龔教廳長仲鈞演講，略謂：

『工程師學會歷史悠久，對中國工程貢獻甚大，現値抗戰建國時期，各位工程師的責任，更爲加重，希望工程師學會諸君努力工業建設，得到高度工業化，使全國文化生活之水準，亦因以提高』。

繼由熊校長演講，略謂：

『中國近二十年來，技術方面已有長足的進展，望諸君繼續努力，完成抗建大業，建立工業化的國家』。

最後由會員徐恩曾答詞，十一時半禮成攝影。

中午，由中國工程師學會昆明分會，假雲南大學公宴全體會員及來賓。午後二時，在至公堂討論會務，由曾會長主席，議案如下：

(1)組織康藏考察團案。

(2)函請中英庚款董事會，以後招考留學生，應請擴充各項工程學額案。

(3)請政府以後派遣製造方面留學生之資格，規定以學校畢業後，在工廠服務滿三年者爲限案。

(4)建議政府，特設專門機關，指導公私各事業新建築之偽裝，改善防空保護色案。

(5)擬由本會向國防最高委員會建議，今後各種國營及民營之工業建設，應配有防空建築案。

(6)擬由本會協助經濟部工業標準委員會，研究並編譯工業標準草案。

(7)擬請本會會員，儘量試用工業標準草案，以資倡導案。

所有各案討論結果，另在會務特刊發表。下午四時，全體會員赴翠湖公園及圓通公園遊覽，是日天寒，雨雪交加，而遊者豪興並不稍減。

午後五時，在省黨部大禮堂舉行公開演講，請會員西南聯合大學施嘉煬教授主講，題爲『雲南水力開發問題』，(演詞另載)，聽衆達三百餘人，由周仁主席，略爲介紹，卽由施君登台講述，並有詳圖十餘幅，逐步講解，內容譽闢。晚七時，由昆明市政府假華山小學，公宴全體會員。席次，由裴市長存藩致詞，略謂：

『滇省因地理的關係，因國家抗戰的關係，形成今日的重要，就大範圍說，軍事戰略上準備長期抗戰，恃西南爲根據地來復興國家，就小範圍說，雲南省尤其是昆明，完全是時代的寵兒，目前人才集中，人口薈萃，商業繁盛，工業勃興，最高領袖，本省當局，及有遠大眼光之人士，均希望把握着千載難逢的機會，來建設西南，建設雲南，進而求解決國家的百年大計，如西南的交通，西南的礦產，西南的機械工藝品，均急待完成與開發。此種責任無疑的需要諸位負起來，因爲無論是抗戰，無論是建國，工程建設總是一大支柱。昆明市的建設與繁榮，乃大建設中之一環，無論文化建設，國防建設，皆需要大家來設計，來努力，請諸位附帶的研究』。詞畢。由沈會員昌答謝：略謂：

『昆明雖爲省都市，但文化建設等方面均非常進步，而自然環境之優美，堪與北平南京媲美，前途極爲無限，裴市長如此招待，同人實深感謝』。

至九時半，始盡歡而散。

二十四日上午九時至十二時，在雲南大學舉行專題討論，共分三組：第一組討論題目爲：

(一)中國如何實行計劃經濟，

(二)如何解決中國技術員工缺乏問題，

由惲震主席，在會澤院第一教室舉行。第二組討論題目爲：

(一)中國如何實施工業化，

(二)如何能使技術員工與軍隊密切聯繫，

由沈怡主席，在會澤院第二教室舉行。第三組討論題目爲：

(一)雲南如何實施工業化，

(二)如何使公營事業合理化，

由徐佩璜主席，在會澤院第七教室舉行。其討論方法，先期由各組主席擬具「假結論」，卽於是日提出，分別作初步討論，分組討論之結果，復經各組主席整理，提出「結論」，訂期二十五日下午繼續討論。

中午十二時半，由雲南教育文化團體：雲南省教育會，西南聯合大學，雲南大學，同濟大學，中法大學，中正醫學院，中央研究院，海醫學院，藝術專科學校，中國藥物研究所，中央國術館，體育專科學校，北平圖書館，北平研究院，中山大學等，假西南聯大新校舍，公宴全體會員。賓主共四百餘人。席間，由中央研究院總幹事任鴻雋，雲南教育廳長龔仲鈞，雲大校長熊慶來，及西南聯大祕書長楊振聲，先後致詞，表示歡迎之意。並由會員薩福均答詞，以表謝忱。最後由陳會員立夫以最高教育當局地位起立致詞，「以禮義廉恥管教養衛」八字，互相排比，曰「崇禮以盡管之效」，所謂見禮而知其政，「尚義以成教之果」，所謂仁義乃教之中心，「守廉以達養之功」，所謂儉約以利人，「明恥以著衛之能」，所謂知恥近乎勇，爲在座同人互相勗勉。至下午四時半始散。

是日午後，原定在雲南大學宣讀論文，以時間不及，遂改期舉行。五時，假省黨部大禮堂，請會員教育部陳立夫部長主講「中國工程教育問題」，由沈怡主席，致介紹詞後，卽開始演講，(演詞另載)，發揮盡致，全體聽衆七百餘人，自始至終不稍懈。

晚七時半，由雲南建設廳，雲南經濟委員會，雲南全省公路局，敍昆滇緬兩鐵路局，在雲大至公堂歡宴全體會員。由省公路局楊局長代表致歡迎詞，由徐會員佩璜答謝，十時半始散席。

二十五日上午九時，在雲南大

8629

學會澤院宣讀論文。此次計共收到論文五十五篇，包括土木、化學、機械、航空、電訊，及電力等工程，分五組宣讀。至十二時止，共讀二十餘篇，或爲學理之發明，或爲實施之體驗，於工程前途之推進，關係至大。

午刻，由雲南紡紗廠及耀龍電力公司，假太和酒店，公宴全體會員。由兩公司當局金龍章代表致歡迎詞，並由杜會員鎮遠答謝，共到賓主三百餘人。

午後二時，假雲大至公堂繼續舉行專題討論。出席會員二百餘人，由沈怡主席，歷三小時之討論，始終保持濃厚之興趣，毫無倦容。是日討論結果，對結論內容略有修正，關於應否發表一問題，各會員僉主暫不發表，并主張將全部討論案交總會執行部推定負責人員，繼續研究，并將各該結論稿，分送各地分會，於舉行座談會時提出討論，以期完備。至五時半休息十分鐘，由曾養甫會長主席，繼續討論會務，共討論議案八件，如下：

(8)本會與各種專門工程學會，應如何取得密切聯繫案。

(9)請總會促成組織貴陽，成都，及蘭州分會案。

(10)請總會督促各地分會舉行定期公開學術演講案。

(11)請大會致電蔣總裁致敬案。

(12)請聯合委員會通知各專門工程學會，於每年本會開年會時，提出書面詳細報告，其範圍應包括會務情形，會員人數，及一般技術上事業上之進步發展，並在會刊內發表，以資觀摩案。

(13)擬請編輯軍事工程叢刊案。

(14)推定下屆司選委員案。

(15)下屆年會地點案。至七時半散會。

是日爲雲南起義紀念，雲南省政府龍主席特於晚間在省政府宴請全體會員，同時歡迎緬甸訪問團。席間並備有滇劇及平劇，以助餘興，本會由曾會長致答詞，至一時許始盡歡而散。

二十六日上午八時半，由昆明分會會長徐佩璜，率領全體會員二百餘人，分乘大客車四輛，赴郊外遊覽參觀。先至西南運輸處總修理廠，由陳宅桴領導參觀。旋至資源委員會煉銅廠，由廠長阮鴻儀領導參觀。中午，資源委員會電工器材廠，昆湖電廠，煉銅廠及化工材料廠，公宴於資源委員會招待所膳廳，由電工器材廠陳良輔代表各廠致歡迎詞。飯後參觀電工器材廠之銅綫廠及電話廠等，折赴昆湖電廠，最後至中央廣播電台參觀，至四時半乘車返城。

下午五時，請雲南全省經濟委員會繆主任委員雲台在省黨部大禮堂公開演講。題爲「雲南經濟建設問題」，（演詞另載），聽衆會員及來賓三百餘人，暢論雲南抗戰前後經濟建設之實施，及今後之方針。七時半，本屆年會假省教育會舉行公宴，到會員來賓三百餘人。席間由曾會長致閉幕詞，略謂：

『此次工程師學會在昆舉行年會，成績良好，結果圓滿，一方面固賴同人參加踴躍，而本省各地方機關長官，各團體以及各機關之熱心協助，有以促成，至爲感激。雲南省政府龍主席慨捐國幣五千元，尤爲本會所銘感不忘者。籌備年會，頗非易事，在困難之際，辦事如此週到，尤爲難得。雲南大學，南菁學校，省黨部，省教育會，均予年會以種種便利，慨借房屋，清華大學研究所借爲辦公之處，皆爲本會同人竭誠感謝者。其次，交通方面，如西南公路局，滇緬公路局，川滇鐵路公司，滇緬敍昆兩鐵路局，借用大小車輛，使便於參觀遊覽。並蒙各報館竭力宣揚，雲南日報，更賜以篇幅，日出專欄，大公報成長誠先生又親臨指教，各會員分頭分組辦事，日不暇給，坐不暖席，此種偉大精神，本人實深感慰。各機關各團體招待公宴，款款情殷，使本會感慚尤深，本人特代表全體至誠致謝。本屆年會收到論文六十四篇，如土木，機械，電機，化學，航空等無不具備，日後整理完畢，再行發刊。至專題有六種，前後討論兩次，將來足供政府設施之參考。公開演講，有繆雲台先生之雲南經濟建設問題，陳立夫先生之工程教育問題，施嘉煬先生之雲南水力問題，皆爲罕有之精論，文已見本市各報，不多贅。關於會務討論，應特別指出者，爲如何與國內各專門學術團體相聯繫，以謀密切之合作，此案與日後會務之擴充，及工程之推進，皆有莫大關係。謹以至誠，祝本會前途無量。』

次由來賓龔教育廳長致詞，略謂：

『賴陳部長之領導，及工程師學會全體會員之努力，將工程與教育密切聯繫，得收教學做相互爲用之功，殊堪慶幸』。

繼來賓中央國術館張之江館長致詞，略謂：

『工程師學會年會乃是運籌帷幄，以求決勝千里，欲達決勝千里，端賴實行，實行必須訓練，而體格之訓練尤爲重要，望提倡之，實行之，不特個人體格轉弱爲強，國家亦可轉弱爲強，於抗戰前途，關係至大。』

後由會員駱美輪報告西康建設狀況。駱君現任西康省交通局局長，此次不遠數千里，來昆參加年會，爲年會中最受注目者之一。是晚所講內容新穎，極有精采，令人恍然於邊疆民族問題之重要。飯後，由年會籌備委員會委員長徐佩璜報告重慶總會執行部來電，本屆選舉結果，陳立夫當選正會長，沈怡當選副會長，全場掌聲雷動。嗣卽舉行餘興，至十時許始盡歡而散。年會至此，宣告正式閉幕。次日卽二十七日上午，留昆未散之一部分會員，繼續參觀雲南紡織廠，由經理金龍章等分組領導。旋赴光學廠參觀。午刻各工廠聯合歡宴。下午參觀中央機器製造廠，至六時許返城。

本日上午有另一組會員參觀耀龍電力公司之水力發電廠。

此次年會，承各報館竭力宣揚，玆摘錄各報評論如次，以見社會上對本會輿論之一斑。

十二月二十三日昆明朝報評論，題爲「祝中國工程師學會年會」，關於扶植青年，研究工程，有下列一段之主張。『自抗戰以來，舉國青年，愛國心熱，對研習工程學科之認識其情至殷，此種青年界普遍的現象，可說是我們國家轉機的好現象。諸公對於此輩熱血青年，必須具有誨人不倦的精神，盡量奬掖教導，善爲扶植，使之學成以後，人人都能把他們的力量，充分的供獻給國家與社會，開闢建國復興的大業』。

十二月二十三日昆明中央日報伍正誠著論，題爲「歡迎工程師學會會員並略陳所見」，關於工程與經濟並重，論述如次：『工程的要素除技術而外，仍應着重的是經濟。如今國難嚴重到如此，物資人才兩感缺乏，工程的經濟更不能不特別重視，年來政府各機關之從事於建設，固已兢兢業業，但有一點應加以改善者，卽各種工程建設不能在一個機關領導之下進行，因此，各自爲謀，搶奪人才，以及其他不經濟之壞影響，往往隨處發生。……希望經到會諸公考慮，轉而向政府建議者，如設法成立一種機關，或一種顧問團體，統籌一切的工程建設。不問建設之屬於軍事性，非軍事性，地方性或國家性，甚至私人之一切大企業，都由這一個組織依據抗戰建國的目標，以及全民族的福利來決定：

(一)工程實施的程序，

(二)人力與財力的統制與支配，

(三)人才之培養與訓練，

(四)資源之開發與利用』

十二月二十三日雲南日報社論，題爲「迎中國工程師學會年會」，提出下述數點，足資參考。『本省爲後方重鎮，有豐富之鑛產，充裕之動力，開發之早已逾千年，卽水電廠之設立亦逾三十年，非特在國內爲首創，卽在歐美亦非落後。然而發揚光大，未收實效，民生憔悴，視昔有加，推原其其故，交通不便與人才缺乏，實爲主因。……吾國建設事業之人材，多仰賴異國，但以環境不同，風尚互異，每舉一事，恆須過鉅經費，與較長時間，……深盼會員對工程建設，統籌方策，尤須提攜本國學者，擔負建國之重責。……工程師者，以科學方法，應用於實際事物者也，守其所學，以改造環境，每任一事，必先有縝密之方案，進行之時必具有一定之程序，尤須有必要之時間，不阿人好，不求近功，依此精神，在我國今日實爲對症之良藥。乃近十年來，風尚所趨，工程師間有不免爲習俗所染者，急於成功，不免苟成，自詡速效，而不問實用，自詡淸廉，而不問修養。今我中國工程師學會會員來自各地，觀感所及，當感深切之痛苦，必有明澈之警覺矣』。

十二月二十四日香港大公報星期論文，載丘勤寶著「加緊建國工作」一文，論述今日工程師的地位，責任，及大時代裏工程師的中心信仰外，關於政府和工程師有如下述一段之文字，『今日專門技術家——工程師已是很多，在抗戰建國已佔這麼重要的地位，然而成績和效率卻不能令人十分滿意，好比一個戲班裏雖有很多的脚色，却唱演不出什麽頂好的戲來一樣，這是什麽毛病？這大半要歸於用人者負其責，因爲用人不當，則人不能盡其才。固然，政府當局對於技術家是很熱誠的，……很關切的，可是要做到「物盡其用，人盡其才」的地步，還要一方面希望政府注意下列數點：

(一)盡力擴充技術機關，如關於國防的輕重工業，和改善工程行政組織等，對於效率上盡以最大的努力，使盡量羅致一般技術人才，使各能盡其所長。

(二)竭力鼓勵事業家到後方投資開發資源，例如滬港國人的遊資不下數十萬萬元，如能移於內地作工業的生產，則技術家可大量的和他們合作，有如米炊之得飯。

(三)特別獎勵和援助技術專家的創作和發明，使人人能盡其天才。

另一方面則希望技術專家本身要有他自已的基本底忠實底態度，說到做到的信條，要運用大團體的系統組織。希望年會對於這點有特別的注意』。

十二月二十八日昆明朝報評論，題爲「工程學會年會閉幕」，表示如下之期望：『中國向來所吃的虧，不是缺乏人力，也不是缺乏物資，而是缺乏現代的建設，而建設之完成，卻端賴於工程界的技術。在這次抗戰中，這種弱點，暴露得最爲明白，同時，工程界努力的成績，也表現得最爲顯著。以中國土地之大，人口之衆，物產之豐，而蕞爾日本，敢於舉兵挑釁，便是我們過去的建設工作，做得不夠之故。自抗戰以來，我們的環境遠比從前困難了，同時工具亦比從前缺乏了，但是因受了刺激，我們的建設工作特別努力，所以進步也特別快，我們前次所不能成功的，現成卻成功了。譬如說，近來節省外匯，限制汽油的進口日嚴，而用植物油來代替汽油的試驗，近來已經成功。又譬如我們所需要的新聞報紙，以前完全仰給外國，現因外匯高漲，紙價日貴，所以有利用各種材料，製造紙張，亦已有相當成績，這不過一例，都是抗戰以前所屢試未成，而抗戰以後工程界所努力的結果。將來抗戰必勝與建國必成，就全賴工程界這種精神的發揮。

雲南是民族復興的根據地，是後方最重要的省分之一，物產富饒，人民辛勤，尤其年來在龍主席領導之下，政治建設，皆已有長足進步，各專家再加以技術之協助合作，將來發展尤不可限量。此次工程師學會年會，能注意及此，所以在專題討論中，特別列入「雲南如何的工業化」一項，以其討論結果，供給政府參考，以助成建設事業，尤爲滇中人士所感激』。

8632

中國工程師學會第八屆年會專題討論

第一題　中國應如何實行計劃經濟

（一）經濟建設之中心思想如何　中國經濟建設，應以　總理三民主義之民生主義爲出發點。其綱領爲平均地權，足食足兵，節制私人資本，發展國家資本，一切建設以國防爲中心，同時注重人民之衣食住行，管教養衛。

（二）何以必須實行計劃經濟　以往建設，多屬零星枝節，不相聯繫，不合現代國家條件。當茲強敵壓境，物力艱難，時不我與之時期，各國皆已實行計劃經濟，我國宜斷然集中全國人力物力財力，採用計劃經濟之制度。

（三）計劃經濟之制度及機構應如何　計劃經濟之設計及統制機構，應屬於政府治權之最高權力機關，俾其能以最高之效率，充分行使賦予之職權，管理全國經濟建設事業空間之分佈，與時間之次序。政府應在整個計劃之下，儘量提倡獎勵各種公私生產事業。凡重工業，不論國營民營，非經核准不得設立。統制範圍應視國家之需要，分別予以規定。一切建設之設計，暨統制機關之審核，均須根據物品需要量及分配量之數字，此項數字，最關重要，應由設計及統制機構，密切聯繫，精細調查，製成統計，並隨時加以修正。

凡外商在華設立之經濟事業，亦應由政府以政治或外交方法，使其同受統制。

（四）區域經濟之實施範圍如何　自給自足，祇有國家方談得到，一省一區，斷不能講求自給自足。反之，應分設若干經濟中心，各以其地利天賦之特殊資源，分別致力於各種事業部門之建設。每個區域，自有其相當配合，部分完整，然必與其他各區域配合，方能得到整個國家經濟的完整。沿海區域之輕工業，及其城市農村建設，必須同時配備以上武力之保證。

（五）計劃經濟之金融先決條件如何　計劃經濟之金融先決條件，在使外匯受絕對的合理統制。必需外匯及將來可賴以節省外匯之建設經費，若果有利於國防或民生，應爲之寬籌。其需要外匯之經費，應首先着重於重工業，軍需工業，及鐵道運輸諸大端。外匯來源，除儘量利用外資外，應鼓勵出口貿易，增加特種鑛產品，可換外匯或可減少漏卮之農產品，及工業品之生產，並提高其品質。

（六）資本主義應否預防及其方法如何　我國所行之經濟政策，應一面獎勵保護私人生產事業，一面預防資本主義之滋長，以符合節制私人資本之原則。其方法爲：

（１）勵行遺產稅所得稅，及過分利得稅；

（２）行政官吏絕對不得利用其地位經營民營事業。

（七）計劃經濟中勞工政策如何　勞工待遇，極應改善提高；勞工教育與訓練，應促進實施，並特別注重工作效率。勞工團體應嚴格管理，罷工、怠工應絕對禁止。公營事業更不應有勞資兩方之對立。

第二題　中國應如何促進工業化

（一）目標　工業化之目標，在求國家之富強，惟富而後能強，惟強始能保富。我國以往亦嘗提倡工業化，所惜未有顯明之目標。而戰前略有萌芽之輕工業，自七七事變以來，已爲敵人之砲火摧殘殆盡。爲懲前忠後計，今後一切工業建設，自應以國防為中心，同時斟酌國情，對於大多數人民之生活，亦須酌予改善，俾能滿足其人類生存上最低限度之要求。換言之，一面固應力求以加強國防為目標之重工業，早日樹立，一面亦不宜將以改善民生為目標之輕工業，完全置諸不顧。

(二)資本　建設資本之來源，不外外資與本國資金二種。在不損害國家主權條件之下，對於外資自應儘量歡迎。惟今後問題不在外資之應否利用，而為外資之如何可以獲得。在某一時期內，對於特種農產品生產技術之改良、特種鑛產品輸出之增進，實屬切不容緩，由此可以推廣對外貿易，換取大量外匯，以購買我國所無之機器，與必需之原料。蓋眞正之國民資本，必須由人民節省蓄聚而來，但以我國大多數人民生活之貧困，再責其節儉，實不可能，惟有力求生產之增進，而生活不必比例提高，乃能漸遂積聚資本之目的。此外能否仿照其他國家先例，推行二重幣制，使資金在本國以內，作極度敏活之運用，似可研究。至於在國家整個計劃之下，鼓勵海外華僑及國內人民之投資，更屬當然之事。

(三)人才　工業建設所需之人才，有工程師、技師、技工之分。工程師之性質，更有設計執行與管理之別。以上各項人才，在抗戰期內，已感不足。一旦大規模建設開始，勢將更見缺乏。極應趁此時機，從速為多方面之培植，并力求學校與工業界之聯繫配合。關於技術員工之分布，能否由政府規定，無論在機關學校或工廠，按其資歷，劃一名稱及待遇，並於必要時，作有計劃之支配，似可研究。在某一時期內，利用外國技術人才，作技術上之指導與協助，同時使之為我訓練人才，殊有必要。居於各級領袖地位之本國工程師，更應時時以身作則，以提掖後進為已責，對於技師及技工之訓練亦然。

(四)組織　關於設計方面，中央政府內應有一中央設計機關，主持一切。工業建設計劃，為整個國家建設之一部份，毋須另行設立設計機關。至於計劃之執行，責任主管事業機關。今後應力求此項機構之調整，與社會經濟組織之嚴密。

(五)其他　就原料交通動力三方面言之：

1我國礦產之蘊藏，經本國地質學界之努力調查，已有相當之資料，足供參考。今後更應由政府積極提倡，作大規模之探勘，以明眞象。至於工業上所需之農產品原料，亦應提倡獎勵，以期品質之改良與產量之增加。其有本國不產之原料，更須扶助學術機關，研究可能之代用品。為求農產品之改進，則應用科學方法，處理水患，振興農田水利，實有必要。

2在整個建設計劃之下，以國家力量，積極發展鐵路交通，同時提倡水道運輸，研究堪以利用之水道，加以必要之整理。

3在整個建設計劃之下，以國家力量，積極發展電氣事業。凡有水力之處，並應儘量利用水力發電。

第三題　如何解決中國技術員工缺乏問題

技術員，管理員：

(一)除各大學之外，應由各經濟建設主管機關，多設訓練所，養成各種特殊事業之技術人員及管理人員，其訓練期限，自六個月至二年為止，此種訓練所，應以長期繼續辦理為原則。此外應請教育部儘量提倡並設立各種職業學校及函授學校。

(二)政府應設法獎勵現在淪陷區域或僑居外國之技術員工，來後方服務，並津貼其本人及家屬之旅費，予以各種便利。

大學畢業生：

(三)各大學工學院之現行課程編制，尚有未盡適合現在工業需要之處，今後應由各大學加以改革，教員授課，以養成學生自動思考，解決難題，精熟原理，應用自如爲目標。同時尤須以身作則，久於其事，訓練學生人格修養，俾將來就業以後，亦能刻苦專一，明瞭服務之意義，不致好高騖遠，見異思遷。

技工：

(四)職業學校僅能養成中下級工程管理員，而不能養成技工。今後技工需要數極大，而在工廠內所訓練之藝徒，極易沾染舊式工人習氣，應由教育部多設技工學校，並由各經濟建設主管機關，視其需要，分別設立若干技工訓練廠。並可利用設備較好之工廠，開設技工訓練夜班。

(五)近來技工流動過甚，各廠互相招引，發生種種誤會，亟應由中央各主管部命令所屬各廠，不得以不正當之方法，招引他廠工人，違者處罰，每一區域內之公私各工廠，應會同商洽，共謀技工之供求相應，及其生活之安定。

(六)技工登記，如能由政府舉辦，可以確定其社會地位，保障其生活職業，應由主管機關，在適當時期內，設法實施。

普通工：

(七)抗戰期內，後方人力缺乏，雖普通工人，亦不易招致。西南各省工人之工作能力，亦遠不如東部北部，宜由政府以軍事及政治力量，設法向冀、魯、豫、江、浙數省，大規模爲勞工西遷之運動，其數量愈多愈佳。

第四題　如何使技術員工與軍隊聯繫配合

技術員工未能與軍隊達到密切配合之境地，爲此次抗戰中無可諱言之事實。考其原因，實由於技術員工平日缺乏軍事訓練，而對於現代戰爭，更屬毫未經歷，今一旦強其身臨前線，擔任工作，是無異平日不爲空軍之訓練，而於臨時驅使民用航空駕駛人員從事作戰，有同樣之困難。今後補救之道，謹試擬如下：

(一)宜在中央軍官學校內，添設軍事工程科，培養軍事工程人才，以期軍隊之日趨技術化。

(二)宜由中央軍官學校開辦工兵官佐訓練速成班，其投考資格，爲已有工程學識根底之國內外大學三四年級學生及畢業生，施以必要的軍事訓練，期滿後編入軍隊服務若干時，一旦遇有需要，隨時徵召入伍。

(三)宜開辦工兵訓練速成班，其投考資格，爲各種職業學校學生，初中學生，及有經驗之技工，施以必要的軍事訓練，期滿後之辦法，與上節同。

(四)宜在全國各大學工科職業學校內，增設軍事工程之學科，並施以必要的軍事訓練，一旦需要時，雖不能編入正式軍隊，至少亦可使之擔任後方一大部份有關軍事工程之工作。

(五)宜由參謀本部羅致各種專門人才，會同軍事專家，就此次抗戰中我國軍隊在技術方面所發現之一切弱點，分別研究其補救之法。

第五題　如何使公營事業合理化

(一)公營事業之上級管理機關，應爲單級制，如商營公司之董事會。其管理方法，應求簡單實在，無衙門氣象及官僚習氣，以增進工作效率。

(二)公營事業之主持人及工作人員，絕對不得兼理行政機關職務，或兼營類似事業，以防流弊，且勵薄俗。

(三)公營事業應有特別會計制度，並有特種管理法規，不適用政府機關之會計審計公庫法規。若欲以行政工作與工商事業同受一種法規之拘束，則互相牽制，膠柱鼓瑟，事業必歸失敗。

(四)國營事業之資本，應有規定。並應仿照商辦事業收股辦法，按照預定時期撥足，以免其分期請款，貽誤事機。

（五）公營事業經政府核准，得以股份有限公司方式吸收商股，以廣其資本之來源。並可取信於人民，分利於投資者。

第六題 滇省應如何促進工業化

（一）交通運輸

1交通。滇省交通頗感不便，欲使滇省成為工業化，當以發展交通為首要。目前興辦之敍昆鐵路及滇緬鐵路，必須趕速完成。滇桂之間，應有直達之鐵路，應從速興建。其擬興築之重要公路，亦宜迅速興建。至通至重要礦區，及農產品區域之交通線，則應由主管當局，從速興辦，使與公路之幹線銜接。可以利用之水路，亦應盡量改善航道，加以利用。此外尙有原有之舊道路，應即加以修整，以補公路之不足。其道路狹者，稍稍放寬之，不平者則加以平整。此項修築舊道路工程，並可利用農閒徵工辦理。

2運輸工具。滇省現有之運輸工具，有汽車，獸車，馱運，數種。汽車需用汽油，影響外匯，支出甚大，應設法利用本國出產之木炭、煤、酒精及代用油，以資替代。其原有之獸車，應加以改良，以增加其載重量。至馱運一項，則應請本省政府，將現有全省之牲畜數量，加以確實之調查及保護，並須注重獸醫，及增加牲畜之生產量。

（二）水力

雲南水力極富，尤多蓄水之湖沼，及高落差之瀑布。此種廉價之動力，亟宜從早開發，而長期水文紀錄及詳細勘測，尤為首要。又水利與水力每多相成而不相背，並應同時興辦。

（三）燃料

雲南燃料蘊藏，質量皆優，希望政府督促各採礦公司，改用最經濟方法，儘量開採。可以煉焦之煤，與工業有密切關係者，應請政府保留，以作工業上之需用。其通至產煤區域之交通線，並應趕速興築，以利運輸。至滇省石油，亦有發現，亦應從速探採，以資利用。

（四）礦產

1金屬。滇省礦產甚多，而地質調查與探勘，尙未能盡其蘊藏。就其已知者，則鐵、銅、鉛、鋅，均有可觀，已在計劃中之開採冶煉事業，亟宜趕速進行，以供各工業之需要。如錫及鎢銻，或為本省最著名之出產，或可補贛、湘、粵特產之不足，皆我國外匯之資源，亦應積極推進，多求生產。此外有關國防工業之貴重金屬，如鋁、錳、鈷、鉬、汞等，聞在滇省已有開採，惟因交通不便，開採方法不良，致不能大量生產，應請主管機關，速加指導。鎳亦為重要金屬，聞滇省亦有蘊藏，應請政府從速探勘，進行開採。金銀為國家之重要資源，滇省蘊藏頗富，應請政府獎勵開發，並指導冶煉方法。

2非金屬。與工業有關之非金屬，如石膏、石棉、燐灰石、水晶、雲母、硝、磺、砒、雄黃等，滇省均有蘊藏，因無確實調查，尙不知其藏量，亦應請中央及地方之地質機關，作有計劃之調查，並用新式之技術開採之。

（五）農林產品

工業之原料，不外乎農礦兩類。故農產之增加，亦為工業化之必要條件。滇省山地較多，耕種不易，惟因氣候溫和高爽，動植物皆易生長培養，除原有耕植之外，如蠶桑、桐樹、樟樹、棬樹、紫梗、茶、木棉、苧蔴、番薯、甘蔗、松脂及畜牧，皆可大規模提倡，使能大量生產，再以新式工業方法加工，必能富國裕民，交受其益。其他如本地著名藥材，亦應從速提倡種植並提煉。

（六）人力

滇省地廣人稀，工人極感缺乏，應請政府獎勵移民，以補人力之不足。鑛工之生活，應加改善，俾其健康得以保持；舊式錫鑛之童工，尤應禁止，以重人道。

(附錄)年會會員及來賓註册表

(以簽到先後爲次序)

周烹文　呂鳳章　孫振英　李樹棠
穆緯潤　富良濆　程達雲　方以炬
孫祥鵬　陳鴻振　鄒恩泳　丘勤寶
李熾昌　楊克嶸　莊前鼎　馮桂連
黃雪琴　陳德芬　汪菊潛　唐子穀
譚　識　翁文灝　薩本遠　魯承楓
金士奇　龍自立　唐文傑　徐紹年
譚溫良　丁宜增　邱式淦　華國英
王兆媚　朱　樾　吳　鵬　葉　鼎
林同棪　李吟秋　孫鹿宜　劉均衡
吳祥騏　林華寶　陸獻琪　張家端
薩福均　沈　怡　沈　昌　張澤熙
蔡方蔭　李輯祥　殷祖瀾　褚鳳章
胡兆煇　蕭冠英　孫洪芬　戴爾競
嚴　愷　張捷遷　中山大學(蕭冠英)
沈觀宜　范式正　張大煜　毛毅可
周君梅　唐　英　余昌菊　陳蔚觀
吳慶衍　惲　震　陳良輔　張承祜
黃修青　許應期　徐均立　姚南笙
歐陽藻　褚應璜　孫瑞珩　毛鶴年
陶壽康　劉恢先　朱物華　陶葆楷
王明之　大昌建築公司(胡錦山)夏安世
吳世鶴　劉峻峯　清華大學(沈　華齋)
陳昌賢　汪　瀏　彭祿炳　施嘉煬
章名濤　孟廣喆　張闓駿　劉仙洲
伍正誠　張有齡　陳永齡　黃　宏
方　剛　施洪熙　馬希融　張正平
孫瑞璋　秦紹基　龔繼成　李謨熾
范崇武　周自新　二十二廠(方壁恆)
馬軼羣　陳鐘祥　陳訓烜　曾　桐
李文東　同濟大學(葉雪安)　郭養剛
周五坤　程孝剛　夏堅白　蘇國楨
李宗海　高　鎔　周　仁　王懷琛
鈕因楚　盛祖均　胡命譔　孫洪鈞
光德坤　應家豪　張伯明　劉　鈞

顧敬心　秦大鈞　林榮向　俞日尹
陳廣沅　顧毅成　何元良　趙述完
陳鳳儀　金襄七　陳立夫　徐恩曾
駱美輪　劉振清　金龍章　徐燮煃
覃修典　金希武　高憲英　鄭大同
蘇延賓　李牧九　雷炳強　中央廣播
電台(劉振清)　翁　為　朱健飛
吳鋆銘　徐佩璜　楊石先　康泰洪
曾養甫　化工材料廠(章鏡權)　倪　超
杜鎮遠　張謹農　趙　琛　李瑞芸
王節堯　羅為垣　段　緯　司徒震東
王　度　大公報　朱蔭桐　錢昌淦
湯瑞鈞　袁鴻壽　王　緯　張稼益
雷　煥　張九垣　周家模　吳繼軌
敍昆鐵路局(徐承燠)　施子京　徐承燠
徐祖烈　梅貽琦　張聽聰　譚振華
劉同璧　胡鵬飛　許永綏　張學會
閻附松　李為駿　孫孟剛　張海平
華　怡　王之璽　齊耐寒　莊秉權
鄭翰西　朱光彩　雷兆鴻　馬崇周
李右襄　劉興亞　汪楚寶　夏行時
沈秉魯　孔祥勉　倪松壽　郭克悌
蕭揚勛　譚友岑　張　偉　秦鴻鈞
賴其芳　汪泰經　周承佑　徐　威
陳祖光　沈祖堃　薛桂輪　王德滋
顧光復　王敬立　貝季瑤　丁嗣賢
陸榮唐　名譽會長(龍主席)　名譽副
會長(張廳長西林繆委員雲台)　施　彬
盛　健　葉　楷　任鴻雋　孫嘉祿
崔華東　倪　俊　范緒筠　鄭　華
陳俊雷　沈從龍　馬開衍　曾廣樑
吳融清　彭立中　郭則溉　李鴻儒
陳世楨　周典禮　秦競南　王仍之
金士成　任之恭　陳安潤　倪驥德

工　程

THE JOURNAL
OF
THE CHINESE INSTITUTE OF ENGINEERS
FOUNDED MARCH 1925—PUBLISHED BI-MONTHLY

工程雜誌投稿簡章

(1)本刊登載之稿，概以中文爲限。原稿如係西文，應請譯成中文投寄。

(2)投寄之稿，或自撰，或翻譯，其文體，文言白話不拘。

(3)投寄之稿，望繕寫清楚，並加新式標點符號，能依本刊行格（每行 19 字，橫寫，標點佔一字地位）繕寫者尤佳。如有附圖，必須用黑墨水繪在白紙上。

(4)投寄譯稿，並請附寄原本。如原本不便附寄，請將原文題目，原著者姓名，出版日期及地點，詳細敍明。

(5)度量衡請盡量用萬國公制，如遇英美制，請加括弧，而以折合之萬國公制記於其前。

(6)專門名詞，請儘量用國立編譯館審定之工程及科學名詞，如遇困難，請以原文名詞，加括弧註於該譯名後。

(7)稿末請註明姓名，字，住址，學歷，經歷，現任職務，以便通信。如願以筆名發表者，仍請註明眞姓名。

(8)投寄之稿，不論揭載與否，原稿概不檢還。惟長篇在五千字以上者，如未揭載，得因預先聲明，寄還原稿。

(9)投寄之稿，俟揭載後，酌酬現金，每頁文圖以港幣二元爲標準，其尤有價値之稿，從優議酬。

(10)投寄之稿經揭載後，其著作權爲本刊所有，惟文責概由投稿人自負。在投寄之後，請勿投寄他處，以免重複刊出。

(11)投寄之稿，編輯部得酌量增删之。但投稿人不願他人增删者，可於投稿時預先聲明。

(12)投寄之稿，請掛號寄重慶郵政信箱 268 號，或香港郵政信箱 184 號，中國工程師學會轉工程編輯部。

中國工程師學會各地地址表

重慶總會	重慶上南區馬路 194 號之四
重慶分會	重慶川鹽銀行一樓
昆明分會	昆明北門街 71 號
香港分會	香港郵箱 184 號
桂林分會	桂林郵箱 1026 號
梧州分會	廣西梧州市電力廠龍純如先生轉
成都分會	成都慈惠堂31號盛紹章先生轉
貴陽分會	貴陽禹門路西南公路管理處薛次莘先生轉
平越分會	貴州平越交通大學唐山工程學院茅唐臣先生轉
遵義分會	貴州遵義浙江大學工學院李振吾先生轉
麗水分會	浙江麗水電政特派員辦事處趙曾珏先生轉
宜賓分會	四川宜賓郵箱 3000 號鮑國寶先生轉
嘉定分會	四川嘉定武漢大學工學院邵逸周先生轉
瀘縣分會	四川瀘縣兵工署二十三廠吳欽烈先生轉
城固分會	陝西城固賴景瑚先生轉
西昌分會	西康西昌經濟部西昌辦事處胡博淵先生轉

工程雜誌 第十三卷 第四號

民國二十九年八月一日出版

內政部登記證　　警字第 788 號

香港政府登記證　　第 358 號

編輯人　沈　怡

發行人　中國工程師學會　張延祥

印刷所　商務印書館香港分廠（香港英皇道）

總經售處　商務印書館香港分館（香港皇后大道）

分經售處　商務印書館分館

長沙，重慶，成都，西安，金華，梧州，

昆明，貴陽，福州

本　刊　定　價　表

每兩月一册　　全年六册雙月一日發行

本刊定價表

	册數	價目（港幣）	郵費（港幣）	
			國內及本港澳門	國外
零售	一册	四角	六分	一角五分
預定全年	六册	二元四角	三角六分	九角

香港政府登記證第三五八號